国家出版基金项目
NATIONAL PUBLICATION FOUNDATION

中国碳排放总量确定、指标分配、实现路径机制设计综合研究

ZHONGGUO TANPAIFANG ZONGLIANG QUEDING, ZHIBIAO FENPEI, SHIXIAN LUJING JIZHI SHEJI ZONGHE YANJIU

王文举 等 著

首都经济贸易大学出版社
Capital University of Economics and Business Press
·北 京·

图书在版编目（CIP）数据

中国碳排放总量确定、指标分配、实现路径机制设计综合研究/王文举等著. --北京：首都经济贸易大学出版社，2018.2
（“十二五”国家重点图书）
ISBN 978-7-5638-2713-8

Ⅰ.①中… Ⅱ.①王… Ⅲ.①二氧化碳—总排污量控制—研究—中国 Ⅳ.①X511.06

中国版本图书馆 CIP 数据核字（2017）第 237317 号

中国碳排放总量确定、指标分配、实现路径机制设计综合研究
王文举 等 著

责任编辑 周 欣
封面设计 风得信·阿东 FondesyDesign
出版发行 首都经济贸易大学出版社
地　　址 北京市朝阳区红庙（邮编 100026）
电　　话 （010）65976483 65065761 65071505（传真）
网　　址 http：//www.sjmcb.com
E-mail publish@cueb.edu.cn
经　　销 全国新华书店
照　　排 北京砚祥志远激光照排技术有限公司
印　　刷 北京建宏印刷有限公司
开　　本 710 毫米×1000 毫米 1/16
字　　数 524 千字
印　　张 29.75
版　　次 2018 年 2 月第 1 版 2022 年 10 月第 3 次印刷
书　　号 ISBN 978-7-5638-2713-8/X·17
定　　价 98.00 元

“中国碳排放总量确定、指标分配、实现路径机制设计综合研究”课题组

课题负责人：

王文举　北京物资学院教授，博士，博士生导师

课题组成员：

向其凤　云南财经大学副教授，博士

李　峰　首都经济贸易大学博士后

聂　力　首都经济贸易大学副教授，博士

范允奇　江南大学副教授，博士

任志娟　北京工商大学嘉华学院副教授，博士

滕　飞　首都经济贸易大学博士，吉林师范大学副教授

前　言

低碳经济已经成为世界发展潮流与关注焦点。我国发展低碳经济、减少碳排放是贯彻科学发展观、转变经济发展方式、促进经济结构调整、实现经济又好又快发展的必然选择与必由之路。

国外有许多关于碳减排和低碳经济的研究文献。尼古拉斯等（Nicholas et al，2006）评估了气候变化背景下向低碳经济转变以及采取不同适应办法的可能性，并分析了气候变化对英国等国家经济的影响。约翰斯顿等（Johnston et al，2005）、特雷弗斯等（Treffers et al，2005）分别探讨了英国和德国减少碳排放的技术可行性，认为通过采取相关政策措施，经济强劲增长和温室气体排放减少的共同实现是可能的。葛亭吉尔（Gottinger，1998）采用 CGE 模型，模拟了欧盟主要成员国单边和多边政策工具对温室气体减排的影响。凯姆弗特和韦尔施（Kemfert & Welsch，2000）、罗纳德（Ronald，2001）、古坎（Gurkan，2003）、弗兰克等（Frank et al，2005）、卡盖塔伊等（Cagatay et al，2008）采用 CGE 模型研究了各国实行碳减排政策的经济效应。

近年来，我国学者也开始关注碳减排和低碳经济的研究。高鹏飞、陈文颖（2002）研究了征收碳税对中国碳排放和宏观经济的影响。贺菊煌等（2002）建立静态 CGE 模型分析了征收碳税对国民经济的影响。王灿等（2005）采用动态 CGE 模型分析了在中国实施碳减排政策的经济影响。王群伟等（2010）测度了 1996—2007 年我国 28 个省、直辖市、自治区二氧化碳的排放绩效。朱启荣（2010）利用投入产出模型测算了 2002 年和 2007 年我国出口贸易活动产生的碳排放总量。王峰等（2010）研究了中国能源消费的碳排放增长率的 11 种驱动因素及其贡献率。樊纲等（2010）研究了国际贸易影响下各国碳排放责任的确定。李小平、卢现祥（2010）采用环境投入产出模型和净出口消费指数等方法实证检验了国际贸易是否使中国成为发达国家的“污染产业天堂”。

综上所述，国内外关于碳排放的研究越来越多。其中，国外的研究侧重于分析碳减排政策的实现效果、方法和途径，而国内的研究主要集中在对我国发展低碳经济必要性和条件的论述、低碳经济概念及国外经验的介绍等方面。但是关于我国碳排放目标的确定，特别是我国进出口产品的碳排放量的责任分担问题，碳排放指标如何在不同时期、不同产业、不同地区之间进行分配等核心和关键问题，研究还不多。同时，目前的研究大都是定性研究，从定量角度，特别是利用博弈论、动态模拟方法的研究文献还较少。事实上，发展低碳经济会对中央政府、地方政府、产业、企业、消费者产生深远影响，必将形成新的博弈格局，需要对此进行分析与评价。而博弈论与动态模拟研究方法能够对此给出较好的分析与评价。

本书是国家哲学社会科学基金重点项目（项目编号：10AJY002）“我国碳排放总量确定、指标分配、实现路径机制设计综合研究”和北京市属高等学校高层次人才引进与培养计划“长城学者”资助项目（项目批准号：CIT & TCD 20140321）“碳排放与博弈计量研究”的研究成果。本书采用博弈论、机制设计理论、投入产出理论、计量经济学理论、可计算一般均衡等方法，深入研究我国碳排放总量的确定，碳排放指标在不同时期、不同产业、不同地区之间的分配以及碳排放目标的实现路径机制设计问题，并利用动态模拟方法进行模拟研究，为我国发展低碳经济提供指导与借鉴。

本著作内容共分为 5 篇 19 章，具体研究内容如下：

第一篇　中国碳排放总量的确定。随着全球变暖和极端气候的频繁发生，发展低碳经济已经成为世界发展潮流与关注焦点。全球各国气候谈判和博弈的焦点实际上都是碳排放权的初始分配。

本篇分析我国碳排放的基本情况，碳排放总量的确定。基于最终消费理论建立合作博弈模型，确定我国进出口产品的碳排放量的责任分担问题，并使用相对剥夺系数对国际碳排放核算标准选择的公平性进行定量分析。

第 1 章　碳排放权与碳减排目标。本章针对我国碳排放权与碳减排目标，围绕“共同但有区别的责任”，从各种公平、效率的原则出发，对国际上影响较大的 7 种方案做出评估，分析了这 7 种方案下各国人均排放权的差异，列出了 7 种分配方案下中国未来的碳排放权。

第 2 章　中国碳排放总量核算。本章介绍碳排放总量核算的基本原则，基于生产者原则确定碳排放总量，对中国直接和间接碳排放量从整体、区域及省际三个方面进行估算。

第 3 章　国际贸易中隐含碳核算及其责任分配。本章对贸易中二氧化碳净转移问题，运用 LMDI 进行分解，结果表明净出口额、产品结构、技术水平和汇率都是影响二氧化碳净转移量的因素。因此，对于隐含碳排放的构成因素，如规模效应、汇率效应、结构效应、进出口产品及技术效应等，提出按照生产者责任和消费者责任区别对待的结论。

第 4 章　国际碳排放核算标准选择的公平性。本章基于相对剥夺理论的基尼系数子群分解方法，以单个国家和国家子群为研究对象，对国际碳排放核算标准选择的公平性进行度量，并对单个国家和国家子群的相对剥夺系数进行静态和动态分析。

第二篇　碳排放指标的产业间分配。本篇首先以国民经济系统为整体，从投入产出关系中的最终需求出发，在消费和出口产品结构刚性的前提下，以投资作为调整对象，构建了产业结构调整的动态投入产出模型。其次，通过调整投资，改变最终需求分配结构，评估了经济均衡增长时的节能减排潜力，为产业结构的低碳调整提供决策依据和数据支持。

第 5 章　碳排放的产业差异。产业结构的变动会影响能源消费量和能源强度，进而影响碳排放量和碳排放强度。本章根据我国的产业结构及其演变特征，深入研究我国各产业的能源消费特点与能源结构，核算各产业碳排放量。

第6章　产业结构调整及其节能减排潜力。本章首先建立产业结构调整的动态投入产出模型，估计资本系数矩阵 $\boldsymbol{K}$。其次，综合运用回归分析和最优化技术预测2020年的消费产品结构，结合出口产品结构预测，给出不同消费率和出口率组合下经济均衡增长的增长率以及对应的均衡产业结构，并根据均衡产业结构计算高、中、低GDP目标下2020年的碳排放量。

第7章　能源结构调整及其节能减排潜力。本章首先建立超越对数生产函数模型，对能源产出弹性进行估计，分析能源内部替代对提高能源效率的作用。其次，建立供给和替代约束下的能源结构优化模型，得到各部门调整后的能源消费量和能源结构，进而计算能源结构调整的节能减排潜力。

第8章　碳排放指标的产业间分配。本章分别根据最终消费排放强度和直接排放强度两种核算方法计算碳排放指标，并提出实现碳排放轻度目标的政策建议。

第三篇　碳排放总量的地区间分配及地方政府碳减排博弈分析。本篇首先对中国碳排放的区域进行划分，并就区域特征进行分析，研究碳排放区域差异的成因。其次，定义中国碳减排成熟度概念，并应用成熟度测度模型对省际配额分配公平和效率进行检验，以“十二五”期间碳减排目标分解为例进行实证分析。最后，以地方政府为局中人，围绕碳减排困境，分别构建静态博弈模型、信号博弈模型和演化博弈模型，提供了“静态博弈—动态博弈—演化博弈”这一较为系统的中国碳减排困境博弈分析框架。不仅弥补了当前研究对地方政府之间碳减排博弈行为关注的不足，还完善了对地方政府之间碳减排行为长期互动和演化的研究。

第9章　碳排放的区域划分及碳排放指标。本章通过政策梳理和统计分析，对中国碳排放的区域进行划分，并就区域特征进行分析，研究碳排放区域差异的成因。

第10章 碳排放指标地区分配的公平与效率检验。本章定义了中国碳减排成熟度概念，并应用成熟度测度模型对省际配额分配公平和效率进行检验，以“十二五”期间碳减排目标分解为例进行实证分析。

第11章 地方政府的碳减排困境与博弈分析。本章以地方政府为局中人，围绕碳减排困境，分别构建了静态博弈模型、信号博弈模型和演化博弈模型，提供了“静态博弈—动态博弈—演化博弈”这一较为系统的中国碳减排困境博弈分析框架。

第四篇 碳排放权交易博弈及机制分析。本篇首先使用博弈论与机制设计理论，完成碳排放权初始分配博弈分析。其次，就供求关系、交易成本、市场势力对碳排放权交易价格的影响进行分析，针对碳排放权交易中厂商直购行为建立碳排放权价格的讨价还价模型，分析买卖双方的预期和成本因素对碳排放权成交价格的影响，并探讨市场势力下的碳排放权定价公式。最后，分析拍卖机制具有的良好的揭示信息和减少代理成本的功能，以及在碳排放权交易的分配和流通市场中的重要应用。

第12章 碳排放权初始分配博弈分析。本章应用博弈论与机制设计理论，对碳排放权初始分配进行博弈分析。对碳排放权初始分配的三种主要方式进行介绍及评价，并就免费分配方式下市场参与者围绕碳排放权初始分配额度进行的协商谈判展开分析，围绕政策设计的动态一致性对碳排放权分配政策的制定提出建议。

第13章 碳排放权交易价格博弈分析。本章首先就供求关系、交易成本、市场势力对碳排放权交易价格的影响进行分析。其次，针对碳排放权交易中厂商直购行为建立碳排放权价格的讨价还价模型，分析买卖双方的预期和成本因素对碳排放权成交价格的影响。最后，探讨市场势力下的碳排放权定价公式，给出规避市场势力的政策建议。

第14章 碳排放权交易形成机制分析。本章首先围绕厂商和政府基于违规排放的博弈均衡展开分析，对政府的规制提出建议，同时指出激励厂商参与碳排放权交易的内在因素。其次，分析交易成本对厂商参与碳排放权交易意愿度的影响。最后，通过建立、分析碳排放权交易中低碳技术转移机制，为提高厂商参与碳排放权交易积极性提供建议。

第 15 章 碳排放权交易拍卖机制分析。本章首先比较分析了常用的碳排放权拍卖机制，选取一阶密封拍卖和双向拍卖作为本章碳排放权拍卖机制设计的基础。其次，在引入竞拍方预算约束和支付佣金约束的基础上，设计多轮一阶密封的碳排放权拍卖模型，着重分析竞拍方的报价策略以及拍卖参与者的期望收益。最后，建立买卖双方价值服从均匀分布、成交价格体现管理者偏好的双方叫价拍卖模型，给出其线性报价战略均衡。

第五篇 碳税效应、最优税率及配套机制。本篇运用面板数据模型、分位数回归模型和对应分析等方法研究发现，碳税对我国不同区域能源消费、经济增长和收入分配存在较大的系统性差异。这就要求我国的碳税政策不但需要考虑产业间差异，还需要重视区域间差异。由于区域差异化的税收政策可能诱发多层级政府间产生策略行为的风险，区域化碳税政策的有效实施必须依赖其他一系列配套机制。本篇结合中国式财政分权的特征分别构建完全信息动态博弈模型和多任务委托代理模型进行分析，对我国有效实施区域差异化碳税政策需要采取的配套机制改革提出建议。

第 16 章 碳税的政策效应及其区域差异。本章运用面板数据模型、分位数回归模型和对应分析等方法研究发现，碳税对我国不同区域能源消费、经济增长和收入分配存在较大的系统性差异。

第 17 章 差异化区域最优碳税税率研究。本章梳理了三代最优碳税理论的演变过程，借鉴第三代最优碳税理论，同时考察多个经济部门以及时间、空间与各经济部门间关系三个维度的优点，结合上一章对我国碳税政策效应区域差异实证研究的结果，提出动态多部门优化模型对最优碳税税率决定因素进行研究，并在此基础上结合我国实际数据对区域最优碳税税率进行推导。

第 18 章 碳税减排机制博弈分析。本章首先建立碳税的一般模型。其次，构建东西部厂商竞争的博弈模型，分析开征碳税对于东西部地区厂商的产量、利润以及社会福利的影响。最后，研究开征碳税的同时对厂商的产量进行补贴的情况，分析有补贴下的碳税对于不同地区厂商的产量、利润以及社会福利的影响。

第19章 中国式财政分权下区域碳税政策配套机制研究。本章结合中国式财政分权的特征，分别构建了完全信息动态博弈模型和多任务委托代理模型进行分析，对我国有效实施区域差异化碳税政策需要采取的配套机制改革提出建议。

本著作研究方法的创新主要集中体现在以下三个方面：

第一，构建了系统的碳减排行为博弈模型分析框架。以地方政府为局中人，围绕碳减排困境，分别构建了静态博弈模型、信号博弈模型和演化博弈模型。提供了“静态博弈—动态博弈—演化博弈”这一较为系统的中国碳减排困境博弈分析框架。不仅弥补了当前研究对地方政府之间碳减排博弈行为关注的不足，也为地方政府间碳排放指标分配提供了参考依据。

第二，构建了碳排放总量核算的动态投入产出模型。以国民经济系统为整体，从投入产出关系中的最终需求出发，在消费和出口产品结构刚性的前提下，以投资作为调整对象，构建了基于产业结构调整的中国碳排放动态投入产出模型，不仅评估了经济均衡增长时的潜在碳排放总量规模，也为中国碳减排目标实现路径机制设计提供了决策依据和数据支持。

第三，构建了我国最优碳税政策的理论分析模型，并进行了实证检验。结合我国财政分权的特征，分别构建了我国有效实施区域差异化碳税政策的完全信息动态博弈模型和多任务委托代理模型，并运用面板数据模型、分位数回归模型和对应分析等方法，实证检验了碳税对我国不同区域能源消费、经济增长和收入分配的影响，从而为我国碳减排实现路径机制设计提供了理论依据。

本著作的突出特色是：基于博弈论和机制设计理论对中国碳排放相关问题进行系统而广泛的研究，为中国碳排放指标分配和实现路径机制设计提供依据和参考。其中，构建的主要博弈模型包括：我国进出口产品碳排放量责任分担的合作博弈模型，我国地方政府碳减排困境的静态博弈模型、信号博弈模型和演化博弈模型，我国碳排放权初始分配博弈模型，我国碳排放权交易价格形成的讨价还价博弈模型，我国碳排放权交易一阶密封的拍卖模型，以及我国地方政府碳税政策实施的完全信息动态博弈模型，等等。

本著作的主要建树包括以下几个方面：

第一，对国际贸易中的隐含碳排放核算及责任分配的研究。研究认为，关于国际碳排放责任的分配，应区分规模效应、结构效应、纯技术效应和汇率效应，由“生产者”和“消费者”分别承担。这种方法相对于单纯的“生产者负责”或“消费者负责”更加公平，而且可以避免发达国家通过贸易向发展中国家进行“碳泄漏”。

第二，对中国产业结构调整及其节能减排潜力的评估。结果发现，如果能源结构和各部门的单位产品能耗保持在2005年的水平，仅仅依靠产业结构调整，可使2020年生产能耗减少18亿～25亿吨标准煤，使二氧化碳排放量减少39亿～56亿吨，使生产能源强度和生产碳排放强度下降26%～31%，产业结构调整对实现中国碳排放强度目标的贡献最高可达60%左右。

第三，对国际碳排放核算标准选择的公平性研究。结果表明，不同核算标准下的公平性度量结果存在较大差异。以人均累计碳排放作为核算标准，八国集团对其他两个国家子群有很高的相对剥夺系数。而以单位GDP碳排放作为核算标准，情况正好相反。基于国际贸易隐含碳排放调整的人均累计碳排放核算标准更能体现“共同但有区别的责任”原则，以此制订全球减排方案将更具公平性。

本著作的学术价值和应用价值主要有：

第一，学术价值。本著作采用博弈论、机制设计理论、投入产出理论、计量经济学理论、可计算一般均衡等方法，深入研究我国碳排放总量的确定，碳排放指标在不同时期、不同产业、不同地区之间的分配以及碳排放目标的实现路径机制设计问题，取得了系列学术成果，并获得学界广泛认同。据知网2016年4月14日的查询结果，《国际贸易中的隐含碳排放核算及责任分配》累计被下载1 753次，引用42次；《欧洲碳税政策实践对比研究与启示》累计被下载1 038次，引用34次；《碳税对区域能源消费、经济增长和收入分配的影响实证研究》累计被下载1 022次，引用24次。

第二，应用价值。为政府决策提供支持，是本著作研究的着力点。本著作从我国碳排放量的指标分配、我国碳排放目标的实现路径机制设计问题出发，共计提出近100项对策性建议，对于我国碳排放目标实现和低碳经济发展的政策制定具有重要的应用参考价值。其中，部分成果已成为政府制定节能减排政策、开征碳税等的决策参考。

本课题组课题负责人为王文举博士，其担任北京物资学院教授、首都经济贸易大学数量经济学博士生导师，中国数量经济学会副理事长，全国数理经济学专业委员会理事长，博弈论与实验经济学专业委员会副理事长。课题组其他成员情况为：向其凤博士，云南财经大学统计学院副教授；李峰，首都经济贸易大学博士后；聂力博士，首都经济贸易大学统计学院副教授；范允奇博士，江南大学工商管理学院副教授；任志娟博士，北京工商大学嘉华学院副教授；滕飞，首都经济贸易大学经济学院博士研究生、吉林师范大学数学学院副教授。课题组成员发扬团队精神，紧密配合，团结协作，发表和出版了多项研究成果，为本课题的完成奠定了良好的基础。呈现在您面前的这项研究成果，是课题组全体成员辛勤劳动的结晶！

本著作撰写分工如下：王文举撰写前言、第1章，王文举、向其凤撰写第2，3，5，6，7，8，9章，王文举、李峰撰写第4，10，11章，聂力、王文举撰写第12，13，14，15章，范允奇、王文举撰写第16，17，19章，任志娟、王文举撰写第18章。课题负责人设计课题框架、提出课题突破的难点与方法、组织课题研究、审定课题成果、修改并总撰课题最终报告，博士研究生滕飞、向其凤、李峰、徐齐利、田永杰、沈兰、薛寒冰等人做了大量的编辑、排版和校订工作。报告中可能出现的任何偏颇、不足和错误，均由课题负责人负责。

本书的出版得到了首都经济贸易大学出版社社长杨玲总编的大力支持和热心帮助，尤其是本书的责任编辑为本书的出版付出了辛勤的劳动，对此一并表示衷心的感谢。

为了完成本著作，我们参阅了国内外的大量资料，由于文献很多，没有一一列出，只将其中的一部分列在参考文献中。

虽然我们为本著作的研究做出了很大的努力，但能力和水平有限，一定存在很多缺点、不足甚至错误，敬请读者批评和指正！

王文举

目　录
Contents

第一篇　中国碳排放总量的确定/ 1

1　碳排放权与碳减排目标/ 3

1.1　碳排放问题的产生/ 3

1.1.1　碳排放与低碳经济/ 3

1.1.2　碳排放总量的研究现状/ 4

1.2　碳排放权与中国碳减排目标/ 9

1.2.1　碳排放权问题的产生和现状/ 9

1.2.2　中国未来的碳排放权/ 10

1.2.3　2020 年中国碳减排的国际国内目标/ 13

2　中国碳排放总量核算/ 15

2.1　碳排放总量核算原则/ 15

2.1.1　生产者原则和消费者原则/ 15

2.1.2　按生产者原则确定的碳排放总量/ 16

2.1.3　最终消费排放的核算方法/ 19

2.2　中国能源消费碳排放现状/ 19

2.2.1　中国能源消费现状分析/ 20

2.2.2　中国一次能源消费结构/ 20

2.2.3　中国能源碳排放的现状/ 21

3　国际贸易中隐含碳核算及其责任分配/ 24

3.1　国际贸易中隐含碳核算/ 24

3.1.1　核算原理和方法/ 24

3.1.2　数据来源/ 26

3.1.3 国际贸易中隐含碳排放核算结果/ 28
3.2 国际贸易中隐含碳责任的分配/ 32
3.2.1 二氧化碳净转移的 LMDI 分解/ 32
3.2.2 排放净转移的分解结果/ 33
3.2.3 隐含碳责任的分配/ 35

4 国际碳排放核算标准选择的公平性/ 37
4.1 国际碳排放核算标准选择的公平性度量/ 37
4.1.1 国际碳排放核算标准及其公平原则/ 37
4.1.2 公平性度量——国际碳排放的相对剥夺/ 39
4.1.3 国际贸易对碳排放相对剥夺系数的影响/ 42
4.2 不同标准下国际碳排放核算/ 43
4.2.1 分析对象和数据来源/ 43
4.2.2 不同核算标准下国际碳排放比较/ 44
4.3 国际碳排放核算标准选择的公平性分析/ 46
4.3.1 相对剥夺系数的静态分析/ 46
4.3.2 相对剥夺系数的动态分析/ 49
4.3.3 国际贸易隐含碳调整后的公平性分析/ 53
4.4 国际碳排放核算标准选择结论与建议/ 55

第二篇 碳排放指标的产业间分配/ 59

5 碳排放的产业差异/ 61
5.1 产业结构对碳排放的影响/ 61
5.1.1 产业结构与碳排放/ 61
5.1.2 我国的产业结构及其演变特征/ 64
5.1.3 各产业的能源消费特点与能源结构/ 66
5.2 各部门的碳排放核算/ 68
5.2.1 各产业二氧化碳排放量的核算方法/ 68
5.2.2 碳排放系数/ 70
5.2.3 各部门的碳排放/ 73

6 产业结构调整及其节能减排潜力/ 75

6.1 产业结构调整的动态投入产出模型/ 75

6.1.1 产业结构调整的方向和基本假设/ 75

6.1.2 产业结构调整的动态投入产出模型/ 78

6.2 消费和出口的产品结构预测/ 79

6.2.1 城乡居民消费结构预测/ 80

6.2.2 居民消费结构和产品结构的对应/ 89

6.2.3 政府部门的消费以及产品结构预测/ 94

6.2.4 消费的产品结构预测/ 95

6.2.5 出口的产品结构预测/ 96

6.3 资本系数矩阵 *K* 的估计/ 98

6.3.1 固定资本形成的分配系数矩阵/ 98

6.3.2 资本系数矩阵 *K*/ 101

6.4 均衡产业结构及其节能减排潜力测算/ 104

6.4.1 均衡产业结构/ 104

6.4.2 能源需求预测/ 107

6.4.3 产业结构调整的节能减排潜力估计/ 109

7 能源结构调整及其节能减排潜力/ 112

7.1 能源生产和能源供给预测/ 112

7.1.1 能源生产/ 112

7.1.2 能源供给预测/ 113

7.2 能源的内部替代与能源效率/ 116

7.2.1 能源的内部替代/ 116

7.2.2 能源产出弹性的估计/ 122

7.2.3 能源效率和能源内部替代/ 128

7.3 供给和替代约束下的能源结构调整/ 129

7.3.1 供给和替代约束下的能源结构优化模型/ 129

7.3.2 能源结构调整的结果/ 132

7.3.3 能源结构调整的节能减排潜力/ 136

8 碳排放指标的产业间分配/ 139

8.1 碳排放指标在产业间的分配/ 139

8.1.1 最终消费排放和部门直接排放/ 139

8.1.2 碳排放总量的产业间分配/ 141

8.1.3 碳排放强度的产业间分配/ 143

8.2 实现碳排放强度目标的政策建议/ 146

8.2.1 产业结构调整和能源结构调整对碳排放强度目标的贡献/ 146

8.2.2 实现碳排放强度目标的政策建议/ 147

第三篇 碳排放总量的地区间分配及地方政府碳减排博弈分析/ 151

9 碳排放的区域划分及碳排放指标/ 153

9.1 各地区碳排放基本情况分析/ 153

9.1.1 分地区碳排放量核算方法/ 153

9.1.2 能源二氧化碳排放系数/ 154

9.1.3 分地区碳排放量基本情况/ 155

9.2 碳排放区域划分及区域特征分析/ 159

9.2.1 多指标面板数据聚类方法/ 159

9.2.2 区域划分结果及其特征/ 162

9.3 碳排放区域差异成因分析/ 167

9.3.1 全国面板数据计量模型/ 167

9.3.2 区域差异成因/ 170

10 碳排放指标地区分配的公平与效率检验/ 178

10.1 配额分配理论/ 178

10.1.1 配额分配依据/ 178

10.1.2 配额分配理论述评/ 180

10.2 统一碳市场配额分配机制设计/ 183

10.2.1 主要国际配额分配方案的公平原则比较/ 183

10.2.2 不同公平原则的统一碳市场配额分配方案/ 185

10.3 地区配额分配公平与效率检验/ 190

10.3.1 “十二五”碳减排目标分解分析/ 190

10.3.2 碳减排成熟度测度模型/ 193

10.3.3 基于成熟度的省际配额分配公平检验/ 195

10.3.4 基于成熟度的整体配额分配效率检验/ 200

11 地方政府的碳减排困境与博弈分析/ 203

11.1 中国碳市场现状/ 203

11.1.1 中国碳市场建设推进政策/ 203

11.1.2 中国试点碳市场运行情况/ 208

11.1.3 中国试点碳市场发展困境/ 214

11.2 地方政府碳减排困境和技术合作困境的静态博弈分析/ 219

11.2.1 地方政府碳减排困境的静态博弈分析/ 220

11.2.2 地方政府碳减排技术合作困境的静态博弈分析/ 223

11.3 地方政府碳减排困境的信号博弈分析/ 224

11.3.1 博弈假设分析/ 225

11.3.2 博弈均衡分析/ 228

11.3.3 主要结论/ 233

11.4 地方政府碳减排困境的演化博弈分析/ 234

11.4.1 博弈假设分析/ 234

11.4.2 策略适应度分析/ 236

11.4.3 策略稳定性分析/ 238

11.4.4 主要结论/ 241

第四篇 碳排放权交易博弈及机制分析/ 243

12 碳排放权初始分配博弈分析/ 245

12.1 碳排放权初始分配的主要方式/ 245

12.1.1 免费分配/ 245

12.1.2 公开拍卖/ 246

12.1.3 混合方式/ 247

12.2 碳排放权分配额度的协商博弈分析/ 248

12.2.1 协商博弈模型建立/ 248

12.2.2 博弈模型求解/ 249

12.2.3 博弈均衡分析/ 250
12.2.4 其他情形/ 251
12.2.5 具体建议/ 252
12.3 碳排放权分配政策的动态一致性分析/ 253
12.3.1 博弈模型建立/ 254
12.3.2 不同时序博弈模型求解分析/ 255
12.3.3 动态一致性分析/ 258
12.4 小结/ 260

13 碳排放权交易价格博弈分析/ 262
13.1 碳排放权交易价格影响因素的理论分析/ 262
13.1.1 影响碳排放权价格的供给与需求因素/ 262
13.1.2 影响碳排放权价格的市场交易因素/ 265
13.2 直购碳排放权价格的讨价还价博弈分析/ 268
13.2.1 讨价还价博弈模型建立/ 268
13.2.2 博弈模型求解/ 270
13.2.3 博弈均衡分析与建议/ 274
13.3 市场势力影响下碳排放权定价研究/ 277
13.3.1 研究意义/ 277
13.3.2 博弈模型建立与求解/ 278
13.3.3 模型评价与政策建议/ 282
13.4 小结/ 283

14 碳排放权交易形成机制分析/ 285
14.1 政府规制作用分析/ 286
14.1.1 博弈背景分析/ 286
14.1.2 规制博弈模型建立/ 287
14.1.3 博弈模型求解/ 288
14.1.4 博弈均衡分析/ 288
14.2 交易成本影响作用分析/ 289
14.2.1 博弈模型建立/ 290
14.2.2 博弈模型求解/ 291

14.2.3 厂商决策行为分析/ 292
14.2.4 降低碳排放权交易成本的建议/ 293
14.3 低碳技术转移机制分析/ 294
14.3.1 博弈模型建立/ 295
14.3.2 博弈模型求解/ 296
14.3.3 模型解的分析与建议/ 297
14.4 小结/ 298

15 碳排放权交易拍卖机制分析/ 300
15.1 碳排放权拍卖机制/ 300
15.1.1 碳排放权拍卖机制比较/ 300
15.1.2 碳排放权拍卖机制选择/ 302
15.1.3 碳排放权拍卖的意义/ 302
15.2 碳排放权交易中的多轮一阶密封拍卖/ 303
15.2.1 碳排放权一阶密封拍卖基础模型/ 303
15.2.2 改进的碳排放权多轮一阶密封拍卖模型/ 304
15.3 碳排放权交易中的双向拍卖/ 310
15.3.1 双向拍卖的基准报价模型/ 310
15.3.2 改进的碳排放权双向叫价拍卖模型/ 311
15.4 小结/ 315

第五篇 碳税效应、最优税率及配套机制/ 317

16 碳税的政策效应及其区域差异/ 319
16.1 碳税政策效应经济机制分析/ 319
16.2 碳税政策效应区域差异的实证分析/ 321
16.2.1 模型设定与数据说明/ 321
16.2.2 面板数据模型分析/ 324
16.2.3 面板分位数模型分析/ 326
16.3 我国建立区域差异化碳税政策的必要性分析/ 329

17 差异化区域最优碳税税率研究/ 331

17.1 最优碳税理论及其发展/ 331

17.1.1 最优碳税理论起源/ 331

17.1.2 “双重红利”下的最优碳税理论/ 334

17.1.3 经济增长框架下的最优碳税理论/ 335

17.2 我国区域最优碳税模型设计/ 338

17.2.1 生产模块/ 338

17.2.2 消费模块/ 339

17.2.3 环境模块/ 344

17.2.4 模型求解/ 344

17.3 碳税效应差异化的区域划分和我国区域最优碳税税率估算/ 348

17.3.1 碳税效应差异化的区域划分/ 348

17.3.2 我国区域最优碳税税率估算/ 349

17.4 结论与分析/ 358

18 碳税减排机制博弈分析/ 360

18.1 一般模型/ 360

18.2 碳税下厂商竞争博弈模型/ 362

18.3 碳税补贴下厂商竞争博弈模型/ 371

19 中国式财政分权下区域碳税政策配套机制研究/ 379

19.1 西方联邦制下区域环境政策执行有效性分析/ 379

19.2 中国式财政分权下地方政府行为特征分析/ 397

19.3 中国式财政分权下区域碳税配套机制设计/ 398

19.3.1 完全信息动态博弈分析/ 398

19.3.2 多任务委托代理模型分析/ 404

19.4 结论与建议/ 408

附表/ 411

参考文献/ 437

第一篇

中国碳排放总量的确定

随着全球变暖和极端气候的频繁发生，发展低碳经济已经成为世界发展潮流与关注焦点。我国发展低碳经济、减少碳排放是贯彻科学发展观、转变经济发展方式、促进经济结构调整、实现经济又好又快发展的必然选择与必由之路。

碳排放权就是一个国家的发展权。2012 年后，世界各国对碳排放权的争夺更加激烈。本篇首先探讨了国际、国内的碳排放权分配方案给中国分配的初始排放权，比较了各种方案的合理性与可实现性。其次，从碳排放核算的原则出发，分析了“生产者原则”与“消费者原则”的利弊，指出国际贸易中隐含碳排放核算及其责任分配是解决核算问题的关键。利用 2005 年的相关数据，本篇基于投入产出模型给出了一种合理的贸易隐含碳排放核算方法，结果表明，国际贸易对碳排放的影响巨大，国际贸易导致产生大量的“碳泄漏”，也是导致中国温室气体排放增加的重要原因，中国相当一部分的碳排放是为了满足发达国家的生产和生活需求，即因出口大量廉价产品而排放，中国不是碳减排的唯一责任方。

对于贸易中隐含碳的责任分配问题，根据对国际贸易中隐含碳净转移（碳净出口）的 LMDI 分解，将其分为规模效应、结构效应、纯技术效应和汇率效应四部分，首次提出由消费者负责规模效应、结构效应和汇率效应部分的碳减排，生产者和消费者共同负责纯技术效应部分的碳减排。使用相对剥夺系数对国际碳排放核算标准选择的公平性进行定量分析的结果证明，这是目前最公平合理的一种贸易碳排放的责任分配方法。

1　碳排放权与碳减排目标

1.1　碳排放问题的产生

1.1.1　碳排放与低碳经济

随着全球变暖和极端气候的频繁发生，发展低碳经济已经成为世界发展潮流与关注焦点。我国发展低碳经济、减少碳排放是贯彻科学发展观、转变经济发展方式、促进经济结构调整、实现经济又好又快发展的必然选择与必由之路。

国外有许多关于碳减排和低碳经济的研究文献。尼古拉斯等（Nicholas et al，2006）评估了气候变化背景下向低碳经济转变以及采取不同适应办法的可能性，并分析了气候变化对英国等国家经济的影响。约翰斯顿等（Johnston et al，2005）、特雷弗斯等（Treffers et al，2005）分别探讨了英国和德国减少碳排放的技术可行性，认为通过采取相关政策措施，经济强劲增长和温室气体排放减少的共同实现是可能的。葛亭吉尔（Gottinger，1998）采用 CGE 模型模拟欧盟主要成员国单边和多边政策工具对温室气体减排的影响。凯姆弗特和韦尔施（Kemfert & Welsch，2000）、罗纳德（Ronald，2001）、古坎（Gurkan，2003）、弗兰克等（Frank et al，2005）、卡盖塔伊等（Cagatay et al，2008）采用 CGE 模型研究了各国实行碳减排政策的经济效应。

近年来，我国学者也开始关注碳减排和低碳经济的研究。高鹏飞、陈文颖（2002）研究了征收碳税对中国碳排放和宏观经济的影响。贺菊煌等（2002）建立静态 CGE 模型分析了征收碳税对国民经济的影响。王灿等（2005）采用动态 CGE 模型分析了在中国实施碳减排政策的经济影响。王群伟等（2010）测度了 1996—2007 年我国 28 个省、直辖市、自治区二氧化碳的排放绩效。朱启荣（2010）利用投入产出模型测算了 2002 年和 2007 年我国出口贸易活动产生的碳排放总量。王峰等（2001）研究了中国能源消费的碳排放增长率的 11 种驱动因素及其贡献率。樊纲等（2010）研究了国际贸易影响下各国碳排放责任的确定。李小平、卢现祥（2010）采用环境投入产出模型和净出口消费指数等方法实证检验了国际贸易是否使中国成为发达国家的“污染产业天堂”。

综上所述，国内外关于碳排放的研究越来越多。国外的研究侧重于分析碳减排政策的实现效果、方法和途径，而国内的研究主要集中在对我国发展低碳经济必要性和条件的论述、低碳经济概念及国外经验的介绍等方面。但是关于我国碳排放目标的确定，特别是我国进出口产品的碳排放量的责任分担问题，碳排放指标如何在不同时期、不同产业、不同地区之间的分配等核心和关键问题的研究还不多。同时，目前的研究大都是定性研究，从定量角度，特别是利用博弈论、动态模拟方法的研究文献还较少。事实上，发展低碳经济会对中央政府、地方政府、产业、企业、消费者产生深远影响，必将形成新的博弈格局，需要对此进行分析与评价。而博弈论与动态模拟研究方法对此能够给出较好的分析与评价。

1.1.2 碳排放总量的研究现状

1.1.2.1 碳排放权问题

为了应对全球变暖，《联合国气候变化框架公约》提出了一个长期目标，即大气中温室气体的浓度应当稳定在“防止气候系统受到危险的人为干扰的水平上”，并在 2009 年哥本哈根气候会议上，将这一目标具体化到“将全球气温升幅控制在 2℃以下”。按照这个要求，2005—2050 年，大气层中能增加的二氧化碳非常有限，根据丁仲礼（2009）的测算，仅仅为 191.33GtC（合 701.61GtCO_2，1Gt = 10 亿吨，1 吨二氧化碳含碳量为12/44 吨）。在这种情形下，为了平衡各国利益，鼓励减少二氧化碳排放，2005 年生效的《京都议定书》为世界提供了一个“减排机制”：给每一个发达国家确定一个“排放额度”，允许那些额度不够用的国家向额度富裕或者没有限制的国家购买“排放指标”。自此，人类生活的大气层不再是无产权的，碳排放使大气层变成了一种准公共物品。王明远（2010）也从法理上论述了碳排放权的准物权属性和发展权属性。当然，追根究底，碳排放权是一种发展权（杨泽伟，2011）。

既然碳排放权是一种发展权，对碳排放权的争夺就是对经济发展空间的争夺。因此，全球各国气候谈判和博弈的焦点实际上都是碳排放权的初始分配。在分配方法上，目前全世界已经提出了有广泛影响的 20 多种分配方案，影响较大的方法有 IPCC 方案、G8 方案、UNDP（联合国开发计划署）方案、OECD 方案、Garnaut 方案、趋同方案、GCI 紧缩与趋同分配模型、RIVM 的逐渐参与法、RIVM 的多阶段参与法、Triptych 方法、多部门趋同法、美国基于碳排放强度下降的替代方案、二元强度目标和南非的 SD－PAMs 法等。发达国家的代表倾向于人均排放趋同的分配方案，而以巴西、印度和中国为首的发展中国家则提出了按历史、人均和最终消费来分配的方案。曾静静等（2009）在比较了这些方案后，发现它们的温室气体控制目标虽然一致，但具体的减排量和减排措施差异很大；王翊、黄余（2011）也认为，所有的分配方案在对公平原则的认识上都存在分歧，并且分配后所产生的生态和经济影响不确定。

在碳排放权的初始分配方案上，国内学者也提出了一些自己的看法。樊纲（2010）认为，从福利公平的角度，应该根据累计最终消费来衡量各国碳排放责任。王伟中等（2002）认为，发展中国家应坚持人均碳排放权均等的分配原则，且发达国家所承担的减排义务仍然不够。何建坤等（2009）认为，人均排放趋同原则回避了发达国家的历史责任。邱俊永（2011）评价了二氧化碳累计排放量的公平性程度，发现国土面积、人口、生态生产性土地面积和当前化石能源探明储量的基尼系数均处在不公平和非常不公平状态。陈文颖等（2005）则认为，“两个趋同”的方法符合公平、共同但有区别的责任以及可持续发展的原则。李开盛（2012）建议，应用罗尔斯的正义论来分配碳排放权。杨通进（2010）分析了历史基数原则、历史责任原则、功利主义原则和平等主义原则的合理性和局限性，认为只有综合这 4 条原则的优点，才是最理想的伦理原则。在实证方面，丁仲礼（2009）对 IPCC 方案、UNDP 方案和 OECD 方案等 7 个全球二氧化碳减排方案做了模拟，发现这些方案不仅没有考虑历史责任，在未来的碳排放权分配中也偏向于发达国家。他认为，只有“人均累计排放指标”最能体现“共同但有区别的责任”原则和公平正义准则。目前，丁仲礼的观点得到了国内很多学者的认同。

对于碳排放权的分配原则，目前发达国家和发展中国家分歧很大，短期内恐怕难以达成一致。国内学者提出的按历史、人均、最终消费的原则进行分配，无疑是对我国最有利的分配方案，但最终按什么原则进行分配，还要取决于各利益集团在气候谈判中的博弈结果。

1.1.2.2 碳排放量核算方法

以历史责任为原则的碳排放分配方案涉及各国的历史排放问题，因此很多学者开始研究各国历史排放的核算问题。朱江玲等（2010）从生产者排放的角度，以美国橡树岭国家实验室二氧化碳信息中心的碳排放数据为基础，计算了1850—2008年全球主要国家及我国的累计碳排放量与人均累计碳排放量，结果表明，发达国家历史累计排放量与人均累计排放量均远远高于发展中国家，是大气中二氧化碳浓度升高的主要贡献者；中国历史累计排放量和人均累计排放量都远低于发达国家，但近年来我国碳排放总量和人均排放量增加很快。樊纲（2010）则从最终消费的角度出发，分别计算了世界主要国家1850—2005年的累计消费排放和累计人均消费排放，结果显示，中国累计国内实际排放量占世界累计碳排放总量的比例虽然高达10.19%，但中国的累计消费排放量仅占世界累计消费碳排放量的6.84%～8.76%，而大部分发达国家的累计消费排放量都大于其累计国内实际排放量。

基于历史责任的分配原则，我国学者还对未来的碳排放权进行了估计和分配。国务院发展研究中心课题组（2009，2011）应用产权理论和外部性理论，建立了一个界定各国历史排放权和未来排放权的理论框架，并在此基础上设计了一个既开放包容，又能够促进排放空间优化配置、减排和技术进步的国别排放账户框架，并按人均相等原则对全球碳排放预算在国别间进行了公平的初始分配核算，还基于可得数据核算了各国账户当前可用预算。其中，中国的初始排放预算减去累计排放后约为394.94Gt，但大部分发达国家的预算余额是负的。王胜民等（2010）模拟了人口动态变化的4种可能情况下按人均历史累计排放权分配的结果，证实了它的可操作性，并估计2013—2050年中国可支配的剩余排放权约为28Gt。丁仲礼等（2009）按照人均累计排放均等原则计算了各国2006—2050年的排放配额，发现G8国家大多已经在2005年前用完配额，形成了排放赤字，中国尽管可占全球2006—2050年总排放份额的30%以上，但仍然要降低排放，才能在配额内排放。

除此以外，学者们还对各种情形下中国未来的碳排放量进行了估计。张建民（2011）以2005年为基期，对我国2015年与2020年一次能源需求以及碳排放量进行了预测，估计中国 2015 年、2020 年的二氧化碳排放量将分别达到 19.98 亿吨碳和 24.24 亿吨碳，人均二氧化碳排放量将分别达到 1.45 吨碳和 1.72 吨碳。王怡（2012）将环境规制因素纳入 Kaya 公式中，构建改进的人均碳排放量分解计算公式，情景预测 2010—2020 年中国人均碳排放量在 13.0 ~ 18.1 吨。王铮（2010）从能源消费、水泥生产和森林碳汇三个方面对中国未来的碳排放进行了较为全面的估计，认为中国能源消费碳排放将在 2031 年达到高峰，为 2 637MtC，碳净排放也于 2033 年达到峰值，为 2 748MtC。岳超等（2010）对我国 2050 年的碳排放量进行了预测，结果表明：我国 2050 年碳排放量最佳可能范围为 2.4 ~ 3.3PgC/a，人均碳排放量为 1.7 ~ 2.3tC；最佳可能上限预测的碳排放量峰值年为 2035 年，碳排放量峰值为 4.4PgC/a，人均碳排放量峰值为 3.0tC。2006—2050 年我国累计碳排放总量的最佳可能范围为 102 ~ 156PgC，人均累计碳排放量为 71 ~ 109tC，人均累计排放最佳预测上限低于美国同期累计人均排放，与发达国家同期累计人均排放相差不大①。

1.1.2.3 贸易中的隐含碳排放及减排责任问题

早在 20 世纪后期，国际贸易对自然资源利用和环境变化的影响就引起了学者们的广泛关注。许多学者开始对国际贸易中隐含的碳排放进行测算，并强调要重视国际贸易对国家和全球二氧化碳排放的影响。这部分学者主要从投入产出法出发开展研究。其中，芒克葛特（Munksgaard，2001）、佩德森（Pedersen，2001）基于丹麦的投入产出表，分别根据生产者负责和消费者负责原则，测算了其 1989—1994 年的二氧化碳排放量，结果表明，国外需求导致的二氧化碳排放量增加使其达到排放目标更困难。彼德斯和赫特维茨（Peters & Hertwich，2008）则利用 GTAP 数据和全球跨国投入产出模型（MRIO）计算了 2001 年 87 个国家和地区的贸易隐含排放，发现贸易隐含排放量已经占到世界碳排放总量的 1/4，其中，中国出口碳排放占国内实际碳排放的 24%，进口碳排放则占 7%。周新（2010）采用多区域投入产出分析，对包括中国在内的 10 个国家或地区的国际贸易中隐含的碳排放进行了核算，分别依据“消费者污染负担”原则和“生产者与消费者共同负担”原则，重新测试了各国或地区的温室气体排放量，

---

① 不同的文献往往会使用不同的碳的计算单位，有的文献使用的计量单位是 Gt，有的是 Mt，有的是 Pg。其相互关系是：1Gt = 1Pg = 1 000Mt = 10 亿吨。因此 GtC 表示 10 亿吨碳，PgC 也表示 10 亿吨碳，MtC 表示百万吨碳，tC 表示吨碳。未做说明的情况下，GtC 表示 10 亿吨碳，PgC 也表示 10 亿吨碳，MtC 表示百万吨碳。此外，PgC/a 表示 10 亿吨碳/年。

结果表明，美国为贸易中隐含碳排放的最大净进口国，日本次之，中国为最大的净出口国。

中国作为世界上的贸易大国，从2004年后，进出口贸易总额已居世界前三位。2007年，中国的商品贸易出口总额高达1.218万亿美元，占全球商品出口贸易的8.8%。随着中国出口贸易量的迅猛增长，贸易中的隐含碳问题也引起了国内的广泛关注。国内许多学者就中国的进出口贸易隐含碳排放进行了测算。李艳梅、付加锋（2010）对1997年和2007年中国出口贸易中隐含碳排放进行了测算，结果分别为290.61Mt和940.69Mt，占中国生产活动碳排放总量的比重分别为28.47%和45.53%。朱启荣（2010）测算了2002年和2007年中国出口贸易活动产生的二氧化碳排放量，发现中国出口贸易产生的二氧化碳排放量呈现出迅速增长态势，且一些高碳产品正向中国出口行业转移。李小平（2010）对中国对外贸易中隐含的二氧化碳进行测算，结果表明，出口产品隐含的二氧化碳中，国内投入隐含的二氧化碳比重正在逐步减少，进口中间产品中隐含的二氧化碳比重却在逐步增加。马述忠、陈颖（2010）以国内消费活动为标准，利用单区域的投入产出模型，估算中国2000—2009年的隐含碳排放量，发现结果比国际公布的数据有所减少。

关于国际贸易中隐含碳排放的责任分担，目前的争议在于是由生产者负责还是由消费者负责。伦曾等（Lenzen et al，2007）就国际贸易中的隐含碳在生产者和消费者共同负责方面的原理和实践进行了一些探讨，指出了存在的困难。魏本勇等（2010）提出，在未来的国际谈判中，对一国温室气体的核算不应该只局限于国家边界之内，而应该先从对商品或服务的消费角度来重新界定排放责任。李丽平、任勇（2008）认为，中国由于贸易顺差所导致的二氧化碳等温室气体排放增加是显著的，西方消费需求加剧了中国的碳排放增长，“全球的消费者特别是发达国家的消费者，对中国在海外日渐增长的生态影响负有责任，中国不是其生态足迹的唯一责任方”①。纪玉山、赵红亮（2010）认为，目前国际上主要以国界为基准核算一国排放和减排量，而不考虑谁是最终消费者，导致发展中国家存在大量的“碳泄漏”，而发达国家享受发展中国家为其提供的廉价产品，却要求发展中国家承担减排责任，违背了人际公平原则。

总的看来，上述研究有一定的局限性，主要表现在大多数研究只以一

① 世界自然基金会（WWF）在2007年4月发布的调查报告。

国为研究对象，计算进口排放时多采用本国同类商品或服务的碳排放强度来替代进口产品的碳排放强度。虽然彼得斯和赫特维茨（Peters & Hertwich）利用GTAP数据和全球跨国投入产出模型（MRIO）很好地解决了这些问题，但年份（2001）相隔较远。周新的多区域投入产出分析也是较好的方法，但由于其关注的是二氧化碳在国与国之间的流向，且仅研究包括中国在内的10个国家或地区，难以反映全球的状况。在隐含碳的减排责任方面，虽然国外的学者开始主导生产者和消费者共同负责，但在如何区分责任方面还有待研究，国内学者则一直坚持消费者负责，但如何依据各个国家的经济发展阶段、能源禀赋、自然环境来承担“共同但有区别的责任”，尚缺乏合理的量化方法。

1.2 碳排放权与中国碳减排目标

1.2.1 碳排放权问题的产生和现状

一直以来，人类赖以生存的大气层空间是没有产权问题的，属于典型的公共产品，人类的生产活动对大气层的影响很小，几乎不构成任何威胁。只是近年来，随着全球变暖、环境恶化以及气候灾难频繁发生，人类才意识到可能由于自身无节制地排放二氧化碳，引发了全球气候系统的变化，给人类带来了巨大的灾难。因此，1992年5月，在联合国总部，各国政府间谈判委员会就气候变化问题首次达成了一个公约，即《联合国气候变化框架公约》（United Nations Framework Convention on Climate Change, UNFCCC），以求全面控制二氧化碳等温室气体排放，应对全球气候变暖给人类社会带来的不利影响。

然而，二氧化碳排放空间的无产权性和外部性使得大气层成为一个“公共地”。在现阶段，能源是经济发展最重要的投入要素之一，依靠各国自觉自愿地减排根本不可能全面控制温室气体排放。因此，在1992年的基础上，1997年12月，《联合国气候变化框架公约》第三次缔约方大会通过了《京都议定书》。《京都议定书》规定了第一承诺期内（2008—2012）各国的温室气体减排量。其中，附件Ⅰ国家（主要是发达国家和地区）必须强制减排，附件Ⅱ国家则根据自身情况自愿减排。在附件Ⅰ国家中，欧盟成员国要将6种温室气体的排放量削减8%，美国削减7%，日本削减6%，这些国家温室气体排放总量要在1990年的基础上平均减少5.2%。但布什就任美国总统后，以美国的经济发展需要和气候变化的不确定性为由，拒绝签署《京都议定书》，导致《京都议定书》一直不能生效。直到2005年，俄罗斯总统普京的签字，才使《京都议定书》如期在2005年2月生效。

为了平衡各国利益，鼓励减少二氧化碳排放，生效的《京都议定书》为世界提供了一个“减排机制”：给每个发达国家确定一个“排放额度”，允许那些额度不够用的国家向额度富裕或者没有限制的国家购买“排放指标”。自此，人们可以像买卖股票一样，在交易所里进行二氧化碳排放指标的交易，这才有了碳排放权的概念。

随着2012年《京都议定书》法律效力的终止，各国为了争夺更大的碳排放空间，开始了新一轮的气候政治博弈，争夺的焦点在于未来一段时期各国能免费向大气层排放二氧化碳的数量，即碳排放的初始分配权。

在二氧化碳排放权的分配原则中，各国对于历史原则分歧最大。从工业革命开始前的1751年至2009年，人类因为化石燃料燃烧、水泥生产累计排放的二氧化碳超过1.3万亿吨。其中，1850年前的累计排放仅占0.35%，1850—1949年的累计排放也只占16.71%，而1950—1991年的二氧化碳排放量却占全球累计排放总量的46.39%。二氧化碳在大气中存留的时间相当长，正是其累积效应导致全球变暖。因此，《联合国气候变化框架公约》在序言中明确提出“共同但有区别的责任”——“注意到历史上和目前全球温室气体排放的最大部分源自发达国家；发展中国家的人均排放仍相对较低，发展中国家在全球排放中所占的份额将会增加，以满足其社会和发展需要”。因此，碳排放权分配的基石是“共同但有区别的责任”。

1.2.2 中国未来的碳排放权

围绕“共同但有区别的责任”，从各种公平、效率的原则出发，全球共提出了20多种碳排放权的分配方案。针对这些方案，中国科学院院士丁仲礼（2009）对国际上影响较大的7个方案做出了评估，分析了这7种方案下各国人均排放权的差异。本章根据丁仲礼的分析结果，列出了7种分配方案下中国未来的碳排放权。

第一个方案是IPCC方案。该方案把工业革命以来到20世纪末的气温变化控制在2℃以内作为目标，设定了全球的中长期减排目标。其中，附件Ⅰ国家到2050年要在1990年的基础上减排80%～95%，非附件Ⅰ国家则在基线水平上大幅减排；在中期（2020），附件Ⅰ国家需要在1990年的基础上减排25%～40%，非附件Ⅰ国家中，拉美、中东、东亚地区及亚洲中央计划国家要在基线水平上大幅减排。丁仲礼按照2005年的不变人口数计算，计算得到了中国2006—2050年碳排放总量和人均碳排放量。

第二个方案是G8国家（美国、英国、法国、德国、意大利、加拿大、日本和俄罗斯）在2009年提出来的，仅要求在2050年将全球化石能源和水泥生产的二氧化碳排放削减50%，发达国家削减80%。丁仲礼以1990年为基准，以2050年大气的二氧化碳浓度为445ppmv为控制目标，计算得到了发达国家的碳排放权约为84.23GtC，将剩余的146.98GtC按2005年的人口数在附件Ⅱ国家分配。据此，计算得到中国在2006—2050年的碳排放权约为1 278.62亿吨二氧化碳①。

第三个方案是联合国开发计划署（UNDP）提出的方案，它要求将2050年的大气二氧化碳浓度控制在445ppmv左右，在此目标下，规定2050年减排50%，2020年则达到碳排放的峰值。对于发展中国家和地区，UNDP方案允许2020年比现今多排放80%。以2005年为基准计算，中国2020年的碳排放权为2.842GtC，合104.22亿吨二氧化碳②。

第四个方案是经济合作与发展组织（OECD）提出的，简称OECD方案。它要求2030年全球在2000年的基础上减排3%。其中，OECD国家减排18%，其他国家也可增排7%；到2050年，全球在2000年的基础上，OECD国家减排55%，其他国家减排25%，全球碳排放总量共减少41%。据此，计算得到中国2006—2050年的碳排放权约为1 030.04亿吨二氧化碳。

第五个方案是由澳大利亚人加纳特（Garnaut）提出的，他认为以2001年为基准年，从2005年开始减排，到2020年全球可增排29%，到2050年要减排50%，并给出了中国2020年的目标，比2001年多195%，照此计算，中国2050年前的累计碳排放权为2 952.30亿吨二氧化碳，2020年的排放权为102.81亿吨二氧化碳。

第六个方案由美国、荷兰和意大利的几位科学家坦克拉瓦蒂（Chakravarty）、奇卡图（Chikkatur）和德科尼卡等（Chakravarty，Chikkatur & Coninck et al）共同提出，简称CCCPST方案。该方案要求2050年将全球温室气体减排到8.18GtC，2020年达到排放的峰值9.03GtC。根据

---

① 二氧化碳浓度单位ppmv（parts per million by volume），直译为百万份中的一份，表示1立方米空气中含二氧化碳的毫升数量。

② 不同的文献往往会使用不同的碳计算单位，有的文献使用的计算单位为吨二氧化碳（tCO_2），有的文献使用的计算单位为吨碳（tC）。二者相互关系是：吨二氧化碳 = ［二氧化碳分子量（12 + 2 × 16）/碳分子量（12）］吨碳 = 3.67吨碳。

它给中国分配的碳排放权，2050 年前的中国累计碳排放权为 1 918.57 亿吨二氧化碳，2020 年中国的碳排放权为 2.32GtC，约合 85.07 亿吨二氧化碳。

第七个方案简称 Sorensen 方案，2008 年由丹麦人索伦森（Sorensen）提出。该方案基于“人均未来排放趋同”的原则，计算了 13 个主体国家的碳排放空间。其中，中国的碳排放空间总量约为 250Gt 二氧化碳，允许中国以 2007 年的排放水平再排放 64 年，此后的二氧化碳排放量减为 0。按照2007 年的排放水平，那么他分配给中国 2020 年的碳排放权约为 67.92 亿吨二氧化碳。

对于上述 7 个分配方案，丁仲礼从人均排放权的巨大差异方面论证了其不公平性。这 7 个方案均没有考虑历史排放问题，并且在未来也为发达国家和地区分配了更多的人均碳排放权，势必难以为发展中国家和地区所接受。

2008 年后，中国、印度、德国三国相继提出了“碳预算”的方案。中国社会科学院提出以“历史累计人均排放均等”为分配原则，构建各国的碳排放账户，分配碳排放权需扣减掉历史排放。根据他们的测算，以 1850—2050 年为预算期间，按 2005 年人口计算的全球人均年碳排放量为 2.33 吨二氧化碳/（人·年），中国当前的账户余额为 3 949.40 亿 ~ 4 819.40亿吨二氧化碳，与中国科学院的丁仲礼基于“人均历史累计平等”原则计算的我国 2006—2050 年碳排放配额指标 4 030.27 亿吨二氧化碳基本一致。

印度方案根据碳排放轨迹的三个阶段来分配“碳预算”，以 1970—2009 年为历史排放阶段，2009—2050 年为未来排放预算阶段一，2050—2100 年为未来排放预算阶段二，分配给第一、二、三阶段的碳预算分别为 223Gt、1 440Gt和 225Gt 二氧化碳，并据此按 2009 年人口，给出了全球今后的人均碳排放预算：2009—2020 年碳预算不超过 7 吨二氧化碳/（人·年），2020—2040 年碳预算不超过 4 吨二氧化碳/（人·年），2040 年后碳预算不超过 2 吨二氧化碳/（人·年）。

德国气候变化顾问委员会（WBGU）2009 年提出的“碳预算”分配方案以 2010 年人口为分配方案，以 2010—2050 年碳排放总量 750Gt 二氧化碳为控制目标，以未来人均排放权均等为分配原则，计算得到 2011—2050 年人均碳排放量为 2.7 吨二氧化碳/（人·年）。对于 1990—2009 年的历史排放（约 500 Gt 二氧化碳），该方案建议按人均排放差距由人均排放高的国家通过资金和技术手段对人均排放低的国家给予补偿。

中国、印度、德国的“碳预算”方案均以人均排放权均等为前提，考虑了历史排放的责任问题，虽然由于历史排放期间的计量标准不同，导致预算量的结果差异较大，但至少体现了“碳排放权的人际公平”。中国方案计算的历史期从1900年开始，印度方案的历史期从1970年开始，而德国方案的历史期则从1990年开始。核算的历史期越短，在历史责任的承担上越不公平。

根据各种方案给予中国的碳排放权，扣除2010年以前的排放量（其中2001—2009年的碳排放量为美国橡树岭实验室二氧化碳信息中心的数据，2010年的二氧化碳排放量系根据能源消费量估计得到），2011—2050年中国的碳排放权数量列于表1.1中。

表1.1　中国未来的碳排放权估计

亿吨二氧化碳

分配方案	时　期	累计二氧化碳排放量	2011年后的二氧化碳排放量
IPCC	2006—2050	1 405.84 ~ 1 599.55	1 061.22 ~ 1 254.93
G8	2006—2050	1 278.62	934.00
UNDP	2020	104.22	—
OECD	2006—2050	1 030.04	685.42
Garnaut	2006—2050	2 952.30	2 607.68
CCCPST	2004—2030	1 918.57	1 466.95
Sorensen	2000—2100	2 500	1 933.19
中国社会科学院	2006—2050	3 949.40 ~ 4 819.40	3 604.78 ~ 4 474.78
丁仲礼	2006—2050	4 030.27	3 685.65
印度	2010—2050	2 362.06	2 285.15
德国	2011—2050	1 448.18	1 445.43

从表中可以看出，除了中国自己提出的方案外，其他方案给中国的碳排放权相当少，最多的是Garnaut方案，为2 607.68亿吨，最少的是OECD方案，仅仅为685.42亿吨，距离中国按“人均历史累计均等”测算的余额（约3 700亿吨）都相差甚远。

1.2.3　2020年中国碳减排的国际国内目标

根据学者们对碳排放规律的研究，中国的碳排放量还将持续上升，预计到2035年达到峰值，此后开始下降。以中国2011年化石燃烧的二氧化碳排放估计量 80 亿吨为起点，预计 2035 年的碳排放量至少为 80 亿吨，则 2011—2035 年的累计二氧化碳排放量不低于 2 000 亿吨。对照表 1.1 的结果可以看出，IPCC 方案、G8 方案、OECD 方案、CCCPST 方案、Sorensen 方案和德国方案的减排目标，中国无论如何也实现不了，Garnaut 方案和印度方案也几乎不可能实现。

剩余的方案中，UNDP 直接给出了 2020 年中国的碳排放量，约为 104.22 亿吨二氧化碳。按照中国社会科学院给出的“碳预算”余额，2011—2050 年，我国的年均二氧化碳排放权约为 111.87 亿吨，而根据丁仲礼的分配方案，2011—2050 年均二氧化碳排放权约为 92.14 亿吨。除了国内学者所提方案，UNDP 方案是对我们最为有利的方案，其排放权 104.22 亿吨介于丁仲礼方案与中国社会科学院方案之间，比较合理。此外，Garnaut 方案给出的 2020 年的二氧化碳排放权约为 102.81 亿吨，也比较接近。

由于《京都议定书》之后，并未产生具有法律约束力的国际碳减排公约，所以从 2013 年开始，各国的碳减排目标变得不确定，成为各国政府的自主行动。我国目前所有的碳排放研究是基于 2009 年温家宝在政府工作会议上公布的相对减排目标进行的，即到 2020 年，中国单位国内生产总值二氧化碳排放比 2005 年下降 40% ~45%。已知 2005 年中国的碳排放强度为 3.062 吨二氧化碳/万元，那么预计 2020 年中国的单位国内生产总值二氧化碳排放应该控制在 1.837 吨二氧化碳/万元以下。如果中国经济总量继续以 6.5% ~8.5% 的速度增长，以 2011 年的国内生产总值为基准，按 2005 年不变价计算，2020 年中国的国内生产总值（GDP）将达到 60.60 万亿 ~71.65 万亿元，相应的二氧化碳排放总量需要控制在 110.34 亿 ~131.64 亿吨以下，即使按中国社会科学院核算的碳排放权 111.94 亿吨二氧化碳来实施，也不可能做到完全免费排放。由此看来，比较而言，中国政府制定的碳减排目标对减排的要求低于国际社会的要求。

2 中国碳排放总量核算

2.1 碳排放总量核算原则

2.1.1 生产者原则和消费者原则

所谓“生产者原则”，也称“污染者负责原则”，即要求污染者为其造成的污染支付费用，简言之，谁污染谁负责。一直以来，国际社会对碳排放的计量都采用生产者原则，也就是基于领土责任的污染者负责原则，直接核算各国领土内产生的污染排放。这一核算方法对于封闭的经济系统没有任何争议，生产者即消费者，生产排放也等于消费排放，但是，在当前开放的国际环境中，生产者原则带来了碳减排上的一系列争议。

由于世界的开放程度越来越高，经济全球化使资本开始在全球配置资源，许多产品从生产到销售需要跨越几个国度，生产者和消费者不再是统一的。跨国产品流动使得发达国家和地区可以通过把资本和原材料输出到发展中国家和地区加工生产，然后运回成品和半成品的方式把生产过程中的污染排放转移到其他国家，减少自身的碳排放，规避碳减排约束。发展中国家和地区暂时不受碳减排约束，技术水平相对落后，这样反而增加了全球的碳排放，造成“碳泄漏”。

消费者原则因此被提出。消费者原则认为，消费者应该对产品生产过程中所产生的整个生态影响负责，也应该为与此过程相关的全部温室气体的排放负责。芒克葛特和佩德森（Munksgaard & Pedersen，2001）分别计算了1994年丹麦的生产碳排放和消费碳排放，结果发现，其生产碳排放比消费碳排放少780万吨二氧化碳，由此证实了国际贸易中确实存在碳排放的转移。而阿曼德和威科夫（Ahmad & Wyckoff，2003）通过投入产出模型核算OECD成员1995年的生产碳排放和消费碳排放后，发现OECD成员的消费碳排放比生产碳排放高出5.5亿吨二氧化碳，由此证实发达国家和地区通过贸易向发展中国家和地区实施“碳泄漏”的问题确实存在。由此，他们建议，在核算二氧化碳排放量时，应该以消费者原则为核算基础，这样才可以有效避免国际贸易中的碳泄漏，最终从总量上减少全球二氧化碳排放量。

但是，也有学者怀疑消费者原则对于全球碳减排的效果。他们认为，如果产品生产过程中的碳排放完全由消费者负责，那么生产者不会主动去减少碳排放，也可能会降低发展中国家创造更加清洁和有效的生产过程的积极性；虽然消费者可以选择那些积极减少温室气体排放的生产者，但由于信息不对称，以及缺乏激励和政策约束，消费者可能会忽略他们的环境责任（魏本勇，2010）。

无论是“生产者负责”还是“消费者负责”，争议的部分仅仅是国际贸易中产品的隐含碳。因此，只要解决了国际贸易中隐含碳的核算及责任分配，碳排放的责任归属就不会有任何争议了。

2.1.2 按生产者原则确定的碳排放总量

无论按何种方案分配碳排放权，碳排放总量的核算都是碳排放权分配的基础。根据美国二氧化碳信息中心的碳排放数据，简要计算2009年世界主要国家和地区的二氧化碳人均排放，以及1850—2009年分阶段的累计排放量，结果如表2.1和表2.2所示。

表2.1 2009年各国和地区碳排放总量和人均碳排放量

序号	国家和地区	碳排放总量（亿吨二氧化碳）	占全球碳排放的比例（%）	人均碳排放（吨二氧化碳/人）
1	中国（中国台湾地区另计）	76.871	25.35	5.757
2	美国	52.996	17.48	17.015
3	印度	19.794	6.53	1.650
4	俄罗斯	15.744	5.19	11.001
5	日本	11.011	3.63	8.691

续表

序号	国家和地区	碳排放总量（亿吨二氧化碳）	占全球碳排放的比例（%）	人均碳排放（吨二氧化碳/人）
6	德国	7.346	2.42	8.911
7	加拿大	5.139	1.69	15.255
8	韩国	5.094	1.68	10.634
9	南非	4.990	1.65	10.048
10	英国	4.746	1.56	7.664
11	印度尼西亚	4.518	1.49	1.907
12	墨西哥	4.462	1.47	3.997
13	意大利	4.008	1.32	6.637
14	澳大利亚	4.002	1.32	18.262
15	巴西	3.671	1.21	1.907
16	法国	3.634	1.20	5.831
17	波兰	2.989	0.99	7.811
18	西班牙	2.882	0.95	6.307
19	土耳其	2.778	0.92	3.850
20	泰国	2.717	0.90	3.960
21	中国台湾地区	2.391	0.79	10.341
22	阿根廷	1.747	0.58	4.364
23	荷兰	1.697	0.56	7.407
24	越南	1.423	0.47	1.650
25	合计	246.651	81.33	
26	附件Ⅰ	129.126	42.58	
27	全球	303.254	100.00	4.4748

资料来源：人口数据来自世界银行数据库：http：//data.worldbank.org/。

从表2.1可以看出，2009年中国的二氧化碳排放量居世界第一位，达到了76.871亿吨，比排名第二位的美国高出23.875亿吨。排放量居前24位的国家和地区总共排放了246.651亿吨二氧化碳，占全球总排放量的81.33%。附件Ⅰ国家和地区总共排放了129.126亿吨二氧化碳，占全球总排放量的42.58%。2009年人均二氧化碳排放量最大的是澳大利亚，为18.262吨/人；其次是美国，为17.015吨/人。虽然中国的碳排放总量很大，但人均碳排放量并不高，只有5.757吨二氧化碳，仅为美国的1/3。

表 2.2　1850—2009 年各国和地区分阶段及累计碳排放量

亿吨二氧化碳

序号	国家和地区	1850—1949 年	1950—1991 年	1992—2009 年	1850—2009 年	累计占比（%）
1	中国（中国台湾地区另计）	17. 943	428. 360	796. 438	1 242. 742	9. 56
2	美国	883. 562	1 621. 909	991. 320	3 496. 791	26. 91
3	印度	22. 378	112. 716	221. 412	356. 506	2. 74
4	俄罗斯	103. 377	1 024. 604	300. 465	1 428. 446	10. 99
5	日本	41. 006	268. 627	215. 212	524. 845	4. 04
6	德国	285. 913	391. 079	153. 021	830. 014	6. 39
7	加拿大	43. 564	130. 560	91. 771	265. 896	2. 05
8	韩国	0. 052	34. 101	76. 346	110. 499	0. 85
9	南非	14. 943	75. 630	69. 092	159. 665	1. 23
10	英国	358. 999	246. 205	98. 332	703. 536	5. 41
11	印度尼西亚	3. 177	25. 023	52. 445	80. 646	0. 62
12	墨西哥	4. 743	65. 307	70. 826	140. 875	1. 08
13	意大利	16. 517	106. 956	79. 711	203. 184	1. 56
14	澳大利亚	14. 416	65. 507	61. 598	141. 521	1. 09
15	巴西	3. 356	46. 440	57. 301	107. 096	0. 82
16	法国	114. 942	156. 584	69. 143	340. 670	2. 62
17	波兰	53. 986	127. 581	58. 115	239. 681	1. 84
18	西班牙	11. 323	53. 468	52. 964	117. 754	0. 91
19	土耳其	1. 745	23. 956	38. 604	64. 305	0. 49
20	泰国	0. 006	10. 880	39. 668	50. 553	0. 39
21	中国台湾地区	1. 542	19. 161	39. 526	60. 230	0. 46
22	阿根廷	5. 266	32. 655	26. 286	64. 207	0. 49
23	荷兰	18. 118	50. 253	31. 043	99. 413	0. 76
24	越南	1. 341	6. 190	12. 138	19. 669	0. 15
25	合计	2 022. 215	5 123. 753	3 702. 777	10 848. 744	83. 47
26	全球	2 179. 665	6 050. 403	4 766. 587	12 996. 655	

从各国和地区 1850—2009 年的累计碳排放量看，累计排放量最多的是美国，为 3 496. 791 亿吨二氧化碳，占世界同期总排放量的 26. 91%；其次是俄罗斯，为1 428. 446亿吨二氧化碳，占 10. 99%；中国的累计排放量居世界第三位，达到1 242. 742亿吨二氧化碳，占世界的 9. 56%。从分阶段的

排放量来看，中国的碳排放量集中在1992—2009年，占中国累计排放总量的64.1%；而美国的碳排放量在第二期间最多，接近累计排放总量的一半。俄罗斯在第二阶段的碳排放量占比最大，约占其累计总排放的71.7%。总的看来，已经完成了工业化的发达国家，如法国、日本等，第二阶段的累计碳排放量都相对较多；而发展中国家，如中国、巴西、越南等，由于第三阶段的碳排放量增加较快，累计碳排放量集中在第三阶段。

2.1.3 最终消费排放的核算方法

自从消费者原则提出以后，关于消费者排放的计算问题就成为各国学者研究的对象。对于生产者排放，现有的研究普遍以美国二氧化碳信息中心的数据为基础计算，没有任何争议。消费者排放由于涉及国际贸易中产品的隐含碳排放问题，尤其是历史贸易中的排放问题，存在着核算上的困难和争议。

对于国际贸易中的隐含碳排放，很多学者利用一国或区域间投入产出模型，对进出口产品中的隐含碳排放进行了计算，但受历史数据缺失的限制，目前运用该方法无法进行各国累计消费者排放的核算。

我国学者樊纲（2010）从最终消费的角度出发，分别以各国消费结构和消费产品相同、各国单位消费的碳排放强度存在差异为假设，根据各国最终消费数据，计算了两种假设情景下1950—2005年世界主要国家的累计消费碳排放，由此给出了各国累计消费排放的可能区间。

国务院发展研究中心课题组（2011）在提出建立“碳预算”的国别账户时，给出了处理历史贸易隐含碳转移的一种方法：通过一般均衡模型估计出碳排放和其他产品的影子价格，以及该影子价格体系下的影子贸易格局，之后，以该影子贸易格局作为比照基准，把超过该基准的出口中的隐含排放从出口实际排放中扣除，对进口国进行对称处理。但该方法核算的结果如何，至今没有见到。

事实上，贸易中的隐含碳归属问题就是贸易中隐含碳的责任分配问题。如果能够核算国际贸易中的隐含碳并区分隐含碳的生产者责任和消费者责任，那么，在生产者排放中扣除他国消费者负责的部分，加上本国消费者负责的部分，就是生产者的最终消费排放。

2.2 中国能源消费碳排放现状

化石能源消费排放的二氧化碳是人类活动碳排放的主要构成部分，中国的化石能源消费排放约占人类活动二氧化碳排放量的91%（2008）。因此，二氧化碳的排放量主要取决于能源消费量和能源消费结构。

2.2.1 中国能源消费现状分析

能源资源是人类生存和社会发展不可或缺的重要资源，直接关系着国家的经济命脉和国防安全。随着中国经济的起飞，中国对能源的需求也急剧增加。改革开放后，中国经济的发展进入快车道，连续30年国内生产总值以两位数增长，能源的消费量也同步快速增长，年均增长率达到5.2%。如今，中国已经是世界上第二大能源生产国，能源的消费总量也居全球第二位。2010年中国的一次能源消费总量为32.49亿吨标准煤，约占世界能源消费总量的20.3%。

我国能源消费趋势的变化分为4个阶段：第一阶段是1997年以前，这一阶段我国的能源消费总量增长较慢，增长趋势较为平稳；第二阶段是1997—2002年，受亚洲金融危机影响，国内经济增长速度减缓，同时，国务院关停了一批高能耗、高物耗、污染严重的“十五小”和“新五小”企业，降低了对能源的消耗，使得能源消费量的增长大幅下降，甚至接近零增长；第三阶段，2002—2007年，这一阶段世界经济增长的脚步放缓，受国际贸易影响，中国新一轮经济增长开始偏向重工业化，导致能源消费增长更快，能源消费增长的速度连续多年高于10%，甚至一度超过经济增长速度；第四阶段，2008年后，一方面世界金融危机爆发，全球经济不景气，导致中国出口贸易大幅下滑，另一方面国内经济增长减速，气候变化和环境污染形成巨大压力，节能减排作为政府考核指标纳入管理体制中，能源消费增长的速度回归到5%左右。

2.2.2 中国一次能源消费结构

根据《科学技术百科全书》中对能源的分类，可以把能源按照形态分为两类：一次能源和二次能源。所谓一次能源，是指不可再生的能源，如煤炭、石油、天然气等；二次能源则指由一次能源加工转化后的能源，如热力、电力等。通常，一个国家的能源结构是指一次能源中煤炭、石油、天然气和清洁能源的构成。随着我国能源工业的发展，我国的能源结构也发生了明显的变化，出现多元化的趋势。煤炭在常规能源消费中的比例有所下降，按发电煤耗法统计，2010年煤炭的比例已经降到了68%。虽然石油的比例曾经一度超过20%，但近年略有下降。2010年，在一次能源中石油占比19%。清洁能源的比例近年来有所提高（图2.1）：水、核、风电的比例达到了8.6%，天然气的比例也超过了4%。我国的能源结构正在朝清洁化和多样化发展。

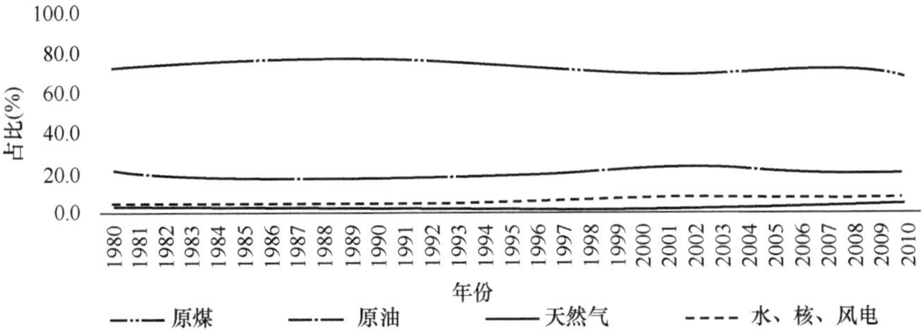

图 2.1　我国一次能源消费结构变化

虽然中国能源消费的结构已经开始朝着清洁方向迈进，但总的来说，迈进的幅度并不大。图 2.1 给出了 1980—2010 年 4 种一次能源消费占比的变化，从中可以看出，我国以煤炭为主的能源消费格局基本没有改变，煤炭占比一直在 70% 左右，石油的占比也基本维持在 20% 左右。虽然近年来，天然气和水电等清洁能源的比重已经逐步提高，但受供给能力的影响，短期内大幅增加天然气和清洁能源的比重很困难。我国“富煤、少油、贫气”的能源储备决定了我国的能源消费结构只能以煤炭为主，并将长期以煤炭为主。

以煤炭为主的能源消费，不仅能源利用效率低下、经济效益差，而且污染严重。一方面，煤炭的开采给采煤区的环境带来灾难性的破坏，如植被被毁、水土流失、地表塌陷等，造成生态环境破坏；另一方面，煤炭在加工和使用过程中，排放出大量的二氧化碳和二氧化硫，形成温室效应，带来酸雨、酸雾等，是我国局部地区空气质量恶化的主要原因。

面对全球气候变化的巨大影响，人们已经意识到由温室气体排放引起的全球变暖以及空气污染等环境问题，正在威胁人类的生产、生活和健康。无论是应对全球气候变化框架公约的要求，还是考虑到我们自身的长远发展而维护我们生存、生活的环境，都必须改变这种以煤为主的能源消费格局，进行能源结构优化。

2.2.3　中国能源碳排放的现状

温室气体的排放导致全球气温升高，进而引发气候灾难，这一点已经成为人们的共识。温室气体的作用是使地球表面变得更暖，类似于温室截留太阳辐射，并加热温室内空气的作用。人们把这种温室气体使地球变得更温暖的影响称为“温室效应”。严格说来，温室气体并不止二氧化碳一种，水汽（H_2O）、氧化亚氮（N_2O）、甲烷（CH_4）、臭氧（O_3）等也都是地球大气中的主要温室气体。《京都议定书》中列出了急需控制的6种温室气体：二氧化碳（CO_2）、甲烷（CH_4）、氧化亚氮（N_2O）、氢氟碳化合物（HFCs）、全氟碳化合物（PFCs）、六氟化硫（SF_6）。虽然水汽是含量最多的温室气体，但已有研究表明，水蒸气确实有使温室效应加倍的效果，但真正引起温室效应的是二氧化碳，且在人类排放的温室气体中，二氧化碳比例最大，约占80%。因此，控制温室气体的排放主要是控制二氧化碳的排放。

二氧化碳排放量有两种计算法：一种是计算二氧化碳气体的质量，单位用亿吨二氧化碳、10亿吨二氧化碳（$GtCO_2$）或者吨二氧化碳（tCO_2）度量；另一种是计算二氧化碳气体中碳元素的质量，单位用10亿吨碳（GtC）或者吨碳（tC）。二氧化碳的质量是对应碳元素质量的3.667倍（即二氧化碳与碳的分子量之比44/12）。通常所说的碳排放即指二氧化碳排放，只是计量单位可能有所不同。本书所说的碳排放量，在不言明的情况下均指二氧化碳排放质量，用吨二氧化碳（tCO_2）、亿吨二氧化碳、10亿吨二氧化碳（$GtCO_2$）等单位计算。

我国的二氧化碳排放量和能源消费的增长几乎完全同步。从图2.2可以看出，在2002年以前，二氧化碳排放量增长较为平缓，从1980年的15.52亿吨增长到2002年的36.98亿吨，年均增长率4.03%。但是2002年后，二氧化碳的排放量增速加快了，到2010年前，年均增长率已经超过9%。目前，中国已经超过美国，成为世界上第一大碳排放国。据估计，2010年中国的化石能源燃烧的碳排放量接近74.12亿吨二氧化碳，约占世界同期碳排放总量的22.1%。

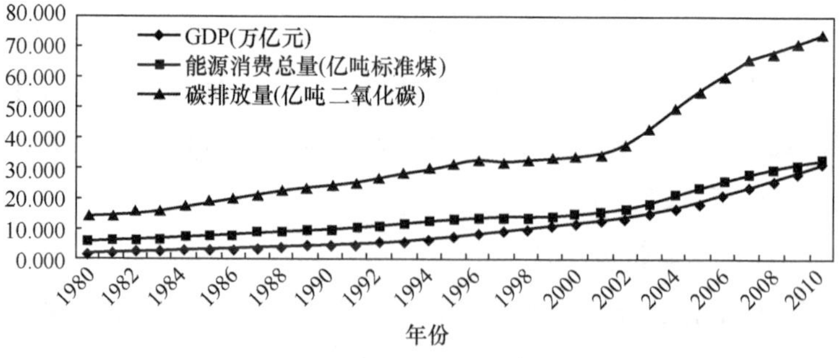

图2.2　我国历年的GDP、能源消费总量和碳排放量

虽然我国的碳排放总量一直持续快速地增长，但碳排放强度却在不断下降。纵观1980—2010年中国的碳排放强度序列，以名义GDP计算的碳排放强度下降得很快，从1980年的32.277吨/万元降到了2010年的2.066吨/万元，年均下降9.6%，但扣除物价因素后，我国的碳排放强度30年间仅下降5.694吨/万元，年均下降速度3.76%。按照2005年不变价计算，1980—2000年，碳排放强度从8.337吨/万元降到了2.954吨/万元，平均每年下降5.06%。但在2000年后的10年间，碳排放强度的下降速度大幅减缓，碳排放强度仅下降了0.310吨/万元，年均下降速度仅1.10%，在2003年、2004年甚至出现了上升，表明我国减排的空间正逐步减小，减排已经进入瓶颈阶段，如图2.3所示。

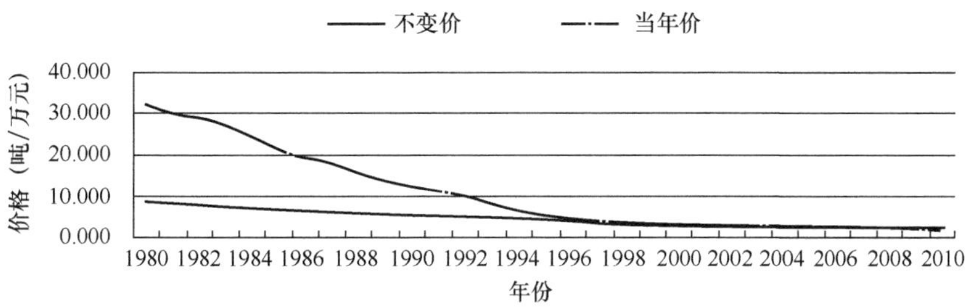

图2.3 1980—2010年中国碳排放强度的趋势图

资料来源：二氧化碳排放量来自世界银行数据库（http://data.worldbank.org.cn/），GDP数据来自《中国统计年鉴（2011）》，并按2005年的不变价进行了折算。

3 国际贸易中隐含碳核算及其责任分配

3.1 国际贸易中隐含碳核算

国际贸易中的隐含碳排放核算是一国按“消费者负责”原则核算碳排放量的关键。受数据资料限制，本章仅以2005年的数据为例，给出一种核算和分配国际贸易中隐含碳排放的方法，累计最终消费排放的核算方法还有待探讨。

3.1.1 核算原理和方法

3.1.1.1 核算框架

根据投入产出表，总投入分为两部分：国内中间投入和进口中间投入。总产出有三个去向：形成固定资产和存货、国内消费以及出口。此外，还有一部分进口产品直接供给国内消费。其中，进口中间投入和进口消费在国外生产，碳排放在境外；本国生产的最终产品中，出口部分由他国公民消费，碳排放却在国内。固定资产、存货和国内消费一起构成当年的国内需求。设 G_k^D 为第 k 国的国内需求排放，G_k^{OUT}，G_k^{EX}，G_k^{IM} 分别为该国的国内燃烧排放、出口产品隐含排放和进口产品隐含排放，则：

$$G_k^D = G_k^{OUT} - G_k^{EX} + G_k^{IM} \tag{3.1}$$

考虑到各国进、出口产品的结构不同，假设共有 n 个部门，记 G_{kj}^{IM}，G_{kj}^{EX} 分别为第 k 国第 j 部门的进、出口隐含排放，IM_{kj}，EX_{kj} 分别为第 k 国第

j 部门的进、出口额，Q_{kj} ，P_{kj} 分别为第 k 国第 j 部门的进、出口产品单位排放强度，则：

$$G_k^{IM} = \sum_{j=1}^{n} G_{kj}^{IM} = \sum_{j=1}^{n} IM_{kj} \cdot Q_{kj} \text{ , } G_k^{EX} = \sum_{j=1}^{n} G_{kj}^{EX} = \sum_{j=1}^{n} EX_{kj} \cdot P_{kj} \quad (3.2)$$

3.1.1.2　各部门出口产品的碳排放强度计算

由于缺少各国分部门的能源消耗数据或二氧化碳排放量数据，只能根据投入产出表和化石燃料的二氧化碳排放量数据，测算各国分部门的二氧化碳排放量。下面以某一国为例进行说明。已知投入产出表中第 s 部门生产煤，第 t 部门生产石油和天然气，G_1 为该国煤燃烧产生的二氧化碳排放，G_2 为该国石油和天然气燃烧产生的二氧化碳排放。根据投入产出原理，各部门的二氧化碳排放量与其对化石能源的消耗量成正比，因此，可根据投入产出系数将该国的二氧化碳排放量按各部门消耗煤、石油和天然气的比例进行分配。记 X 为该国的总产出向量，Y 为最终产品向量，A 为列昂惕夫矩阵。投入产出模型为：

$$x_{i1} + x_{i2} + \cdots + x_{in} + y_{i1} + y_{i2} + y_{i3} + y_{i4} = X_i \quad (3.3)$$

式中，x_{ij} 为第 j 部门消耗的第 i 部门的产品数；y_{i1} ，y_{i2} ，y_{i3} 和 y_{i4} 分别表示 i 部门的最终产品用于国内消费、固定资产形成、存货增加和出口的数量；X_i 表示 i 部门当年生产的总产品数。

产生 G_1 的是 $X_s - y_{s3} - y_{s4}$（增加的能源存货当年不排放，出口的能源排放在国外），第 j 部门消耗的能源为 x_{sj} ，第 t 部门的计算同理。由此可计算出第 j 部门的二氧化碳排放量：

$$G_j = \frac{x_{sj}}{X_s - y_{s3} - y_{s4}} \cdot G_1 + \frac{x_{tj}}{X_t - y_{t3} - y_{t4}} \cdot G_2 \quad (j = 1,\cdots,n) \quad (3.4)$$

因此，第 j 部门的直接排放系数为：

$$C_j = G_j / X_j \quad (j = 1,\cdots,n) \quad (3.5)$$

由 $Y = (I - A)^{-1}X$ ，可得完全排放系数，也就是该国各产业部门出口产品的碳排放强度：

$$P_j = C_j \cdot (I - A)^{-1} \quad (j = 1,\cdots,n) \quad (3.6)$$

3.1.1.3　各部门进口产品的碳排放强度计算

由于现有的国际贸易数据很难把一国所有进口商品按部门类别区分原产国，在计算进口产品的碳排放强度时，多数研究采用本国同类商品或服务的碳排放强度来替代。这样做确实简便易行，但由于并未采用真正的贸易污染流，往往会高估或低估进口贸易中的隐含碳排放，最后导致全球的进出口隐含碳排放失衡。在这里，我们对进口产品的碳排放强度，按照主要国家（m 个）该类产品的出口平均碳排放强度计算。这样做有两点好处：一是能够保证全球的进出口隐含碳排放大体上平衡；二是处理起来比较公平和方便，便于进行各国之间的技术水平比较。因此，各国第 j 部门的进口产品碳排放强度是相同的，即为：

$$Q_j = \sum_{k=1}^{m} G_{kj} / \sum_{k=1}^{m} EX_{kj} \quad (j = 1, \cdots, n) \tag{3.7}$$

3.1.2 数据来源

本章选取世界上目前二氧化碳排放量较大且 OECD 能够提供投入产出表的 28 个国家和地区①作为主要国家和地区进行 2005 年的二氧化碳排放量核算。其中，大部分国家和地区的投入产出表为 2005 年度的，少数国家和地区为与 2005 年相近年度的，如俄罗斯（2000）、印度（2003—2004）、澳大利亚（2004—2005）、墨西哥（2003）、土耳其（2002）、越南（2000）。由于投入产出关系在相近的几年变化很小，在计算一国或地区需求和出口的碳排放时，按投入产出的比例进行分配的方法不受年份不同的影响，无须调整。在计算进口产品的隐含二氧化碳排放时，对主要国家和地区的分部门进出口产品额，根据 2005 年的国际贸易数据②，按投入产出关系进行调整。

各国和地区的二氧化碳排放数据来自美国能源署的网站，其二氧化碳排放量被区分为来自煤、石油和天然气，但不包括水泥生产等的排放。因此，和世界银行数据库、美国二氧化碳信息中心的二氧化碳数据略有不同。主要国家和地区 2005 年二氧化碳排放总量数据如表 3.1 所示，单位为百万吨，简记为 Mt。

表 3.1　2005 年各国和地区二氧化碳排放总量　　百万吨

国家和地区	全部的二氧化碳排放	来自煤的二氧化碳排放	来自石油的二氧化碳排放	来自天然气的二氧化碳排放
美国	5 994.29	2 162.38	2 614.79	1 217.12
中国（中国台湾地区另计）	5 429.30	4 448.99	888.58	91.73
俄罗斯	1 698.56	450.79	383.03	864.74
日本	1 249.62	427.33	641.48	180.81

① 这 28 个国家和地区的投入产出表均来源于：http：//www.oecd.org/sti/inputoutput/。

② 数据来源：http：//comtrade.un.org/。

续表

国家和地区	全部的二氧化碳排放	来自煤的二氧化碳排放	来自石油的二氧化碳排放	来自天然气的二氧化碳排放
印度	1 194.01	808.34	314.15	71.52
德国	852.57	318.67	346.37	187.53
加拿大	632.01	142.00	301.10	188.90
英国	584.65	145.31	246.10	193.24
韩国	496.64	194.14	238.60	63.90
意大利	472.78	61.95	245.48	165.35
南非	437.76	356.47	76.70	4.59
澳大利亚	416.89	236.30	126.28	54.31
法国	414.36	49.66	264.88	99.81
墨西哥	406.53	36.19	266.65	103.69
西班牙	384.04	83.54	232.39	68.10
巴西	370.55	41.75	288.07	40.73
印度尼西亚	323.51	55.34	183.61	84.57
中国台湾地区	290.41	153.19	115.66	21.55
波兰	289.80	202.91	58.21	28.68
荷兰	272.69	48.18	141.63	82.89
泰国	242.68	46.22	136.85	59.60
土耳其	231.23	96.17	81.71	53.35
比利时	151.11	19.37	97.76	33.98
捷克	114.84	69.43	27.41	18.00
希腊	105.28	35.36	64.41	5.51
罗马尼亚	98.30	33.35	30.98	33.96
越南	82.07	37.21	36.46	8.40
奥地利	79.43	16.79	43.30	19.34

资料来源：http：//www.eia.doe.gov/emeu/international/carbondioxide.html。

这28个国家和地区的二氧化碳排放总量占全球2005年二氧化碳排放量的81.85%。二氧化碳排放量较大的国家和地区还有伊朗（445.77Mt）、沙特阿拉伯（405.44Mt）、乌克兰（349.85Mt）、哈萨克斯坦（203.30Mt）、埃及（161.22Mt）、马来西亚（160.24Mt）、阿根廷（151.93Mt），这几个国家和地区的二氧化碳排放量合计占全球的6.6%。但由于缺少相应国家和地区的投入产出表，没有进行核算。

3.1.3 国际贸易中隐含碳排放核算结果

3.1.3.1 主要国家和地区最终产品的单位碳排放强度

根据各国和地区的投入产出表，可以计算得到各国和地区最终产品的单位排放强度，以及最终产品中国内和地区内需求和出口产品的单位碳排放强度。由于OECD提供的48个部门的投入产出表均以本国和地区货币单位计算，为了便于比较，我们分别根据相应年份的市场汇率和购买力平价汇率进行了折算。相应的数据如表3.2所示。

表3.2 各国和地区最终产品的单位碳排放强度

吨/千美元

国家和地区	按市场汇率折算			按购买力平价汇率折算		
	最终产品	国内需求	出口产品	最终产品	国内需求	出口产品
美国	0.317 3	0.317 3	0.380 7	0.317 3	0.317 3	0.380 7
中国（中国台湾地区另计）	1.706 8	1.706 8	1.842 4	0.718 1	0.718 1	0.775 2
俄罗斯	4.452 7	4.452 7	7.035 6	2.005 0	2.005 0	3.168 0
日本	0.200 2	0.200 2	0.294 4	0.235 3	0.235 3	0.346 0
印度	0.159 6	0.159 6	0.196 0	0.052 9	0.052 9	0.064 9
德国	0.156 5	0.156 5	0.238 7	0.168 7	0.168 7	0.257 3
加拿大	0.295 6	0.295 6	0.361 1	0.296 1	0.296 1	0.361 7
英国	0.132 7	0.132 7	0.151 9	0.153 5	0.153 5	0.175 7
韩国	0.311 6	0.311 6	0.531 1	0.240 0	0.240 0	0.409 1
意大利	0.152 8	0.152 8	0.192 3	0.164 7	0.164 7	0.207 3
南非	1.324 9	1.324 9	1.796 4	0.806 7	0.806 7	1.093 8
澳大利亚	0.390 9	0.390 9	0.806 7	0.408 0	0.408 0	0.842 0
法国	0.111 6	0.111 6	0.161 0	0.128 1	0.128 1	0.184 9
墨西哥	0.374 0	0.374 0	0.239 2	0.244 6	0.244 6	0.156 4
西班牙	0.202 6	0.202 6	0.398 0	0.192 7	0.192 7	0.378 6
巴西	0.287 2	0.287 2	0.500 6	0.160 1	0.160 1	0.279 0
印度尼西亚	0.761 5	0.761 5	0.713 9	0.308 7	0.308 7	0.289 4
中国台湾地区	0.339 0	0.339 0	0.606 3	0.200 0	0.200 0	0.357 6
波兰	0.601 3	0.601 3	0.615 8	0.347 4	0.347 4	0.355 7
荷兰	0.153 6	0.153 6	0.387 4	0.171 2	0.171 2	0.431 7
泰国	0.591 9	0.591 9	0.572 4	0.234 5	0.234 5	0.226 7
土耳其	0.746 1	0.746 1	0.860 8	0.461 3	0.461 3	0.532 2
比利时	0.153 6	0.153 6	0.266 1	0.171 8	0.171 8	0.297 7

续表

国家和地区	按市场汇率折算			按购买力平价汇率折算		
	最终产品	国内需求	出口产品	最终产品	国内需求	出口产品
捷克	0.566 2	0.566 2	0.467 7	0.338 3	0.338 3	0.279 5
希腊	0.251 4	0.251 4	0.598 2	0.223 2	0.223 2	0.531 2
罗马尼亚	0.273 9	0.273 9	0.434 1	0.133 8	0.133 8	0.212 0
越南	1.776 2	1.776 2	1.593 7	0.528 0	0.528 0	0.473 7
奥地利	0.131 3	0.131 3	0.154 7	0.144 7	0.144 7	0.170 5

注：OECD提供以本国货币和百万美元为单位的投入产出表，但以百万美元为单位的投入产出表部门较少。因此，根据同一国的这两张表，折算出相应的汇率（约等于同年的市场汇率）。

从表3.2可以看出，由于各国和地区的能源分布、产品结构和技术存在很大差别，各国和地区的单位最终产品的碳排放强度差异明显。而且根据两种汇率折算的单位碳排放强度差异也很明显。单位碳排放强度最高的是俄罗斯，其按市场汇率计算的单位碳排放强度达到了4.452 7吨/千美元，按购买力平价计算的单位碳排放强度也达到了2.005 0吨/千美元，这和俄罗斯的生产结构密切相关，其生产部门以能耗高的能源、机械和有色金属等为主。单位碳排放强度最低的是法国，其按市场汇率计算的单位碳排放强度仅为0.111 6吨/千美元。大部分发展中国家和地区①按购买力平价计算的碳排放强度远低于按市场汇率计算的碳排放强度，而发达国家按购买力平价计算的碳排放强度略高于按市场汇率计算的碳排放强度。

3.1.3.2 主要国家和地区的需求排放和进出口隐含碳排放

从表3.3可以看出，进出口贸易对一国或地区的二氧化碳排放影响是巨大的。出口隐含碳排放最多的是中国，高达1 563.90Mt，占国内总排放量的28.8%；其次是俄罗斯，为758.93Mt，占俄罗斯国内总排放量的44.68%。出口隐含碳排放量占国内总排放量比例最高的是荷兰，为60.29%。进口隐含碳排放量最多的是美国，为1 200.40Mt，占美国当年国内总排放量的20.03%；其次是德国，为530.62Mt，占德国当年国内总排放量的62.24%。进口隐含碳排放量占国内总排放量比例最高的是比利时，为156.57%。

① 本章中的发达国家和地区按照2007年4月国际货币基金组织的《世界经济展望报告》给出，发达经济体为29个，与经济合作与发展组织略有差异，分别为美国、德国、法国、意大利、西班牙、荷兰、比利时、奥地利、芬兰、希腊、葡萄牙、爱尔兰、卢森堡、日本、英国、加拿大、韩国、澳大利亚、中国台湾地区、瑞典、瑞士、中国香港特别行政区、丹麦、挪威、以色列、新加坡、新西兰、塞浦路斯、冰岛。其余视为发展中国家和地区。

表 3.3 各国和地区的需求排放和进出口隐含碳排放

国家和地区	需求的二氧化碳排放（Mt）	出口产品的二氧化碳排放（Mt）	出口排放所占比例（%）	进口产品的二氧化碳排放（Mt）	进口排放所占比例（%）	二氧化碳排放的净转移（Mt）
美国	5 573.60	420.69	7.02	1 200.40	20.03	-779.71
中国（中国台湾地区另计）	3 865.40	1 563.90	28.80	440.28	8.11	1 123.62
俄罗斯	939.63	758.93	44.68	88.95	5.24	669.98
日本	1 068.60	181.04	14.49	368.06	29.45	-187.02
印度	1 016.50	177.55	14.87	97.69	8.18	79.86
德国	598.83	253.72	29.76	530.62	62.24	-276.90
加拿大	470.77	161.24	25.51	177.61	28.10	-16.37
英国	498.72	85.93	14.70	316.13	54.07	-230.20
韩国	315.59	181.05	36.45	181.14	36.47	-0.09
意大利	394.94	77.85	16.47	247.33	52.31	-169.48
南非	339.34	98.42	22.48	54.32	12.41	44.10
澳大利亚	315.94	100.95	24.21	76.42	18.33	24.53
法国	334.41	79.95	19.29	326.24	78.73	-246.29
墨西哥	370.95	38.58	9.42	139.47	34.31	-100.89
西班牙	290.76	93.27	24.29	191.50	49.86	-98.23
巴西	300.98	69.57	18.78	49.13	13.26	20.44
印度尼西亚	252.37	71.15	21.99	50.10	15.49	21.05
中国台湾地区	135.57	154.84	53.32	120.34	41.44	34.50
波兰	223.89	65.91	22.74	72.00	24.84	-6.09
荷兰	108.28	164.41	60.29	199.19	73.05	-34.78
泰国	166.56	76.11	31.37	76.65	31.58	-0.54
土耳其	197.66	33.56	14.52	92.94	40.19	-59.38
比利时	76.63	74.48	49.29	236.59	156.57	-162.11
捷克	74.25	40.59	35.35	50.95	44.37	-10.36
希腊	81.81	23.48	22.30	37.19	35.32	-13.71
罗马尼亚	83.73	14.56	14.81	26.23	26.68	-11.67
越南	57.77	24.29	29.60	32.59	39.71	-8.30
奥地利	57.33	22.10	27.83	83.81	105.51	-61.71

国际贸易对碳排放的影响巨大，国际贸易导致产生大量的“碳泄漏”。中国是二氧化碳净移入最多的国家，为 1 123.62Mt，美国则是二氧化碳净移出最大的国家，为 779.71Mt，表明通过国际贸易，中国为他国的消费者

排放了 1 123.62MtCO_2，而其他国家为美国的消费者排放了 779.71MtCO_2。二氧化碳净移入的国家和地区还有俄罗斯、印度、南非等，这些国家和地区要么资源比较丰富，要么技术相对落后。主要发达国家，如日本、德国、英国、意大利、法国、墨西哥、比利时等国的二氧化碳净移出量都比较大，均超过了100Mt。总的来说，发达国家和地区以二氧化碳净移出为主，发展中国家和地区以二氧化碳净移入为主，发达国家和地区通过出口贸易将高污染、高能耗及资源性行业转移到发展中国家和地区，由发展中国家和地区进行加工，再通过进口贸易购回半成品和成品，减少了自己的碳排放，却增加了发展中国家以及全球的碳排放。因此，国际贸易是导致中国温室气体排放增加的重要原因。中国温室气体相当一部分排放是为了满足发达国家和地区的生产和生活需求，即因为出口大量廉价产品而排放的，中国不应是碳减排的唯一责任方。

3.1.3.3　2005 年的人均需求排放

根据一国或地区产品的最终需求排放和进口产品的排放，可以计算得到该国或地区需求部分的总排放，除以该国或地区当年的人口数[①]，可以得到2005 年该国或地区的人均需求排放，如表3.4 所示。

表3.4　各国和地区2005 年的人均需求排放

国家和地区	需求总排放（Mt）	人口数（万人）	人均排放（吨/人）	国家和地区	需求总排放（Mt）	人口数（万人）	人均排放（吨/人）
美国	6 774.00	29 575.30	22.90	西班牙	482.26	4 339.82	11.11
中国（中国台湾地区另计）	4 305.68	130 372.00	3.30	巴西	350.11	18 607.46	1.88
俄罗斯	1 028.58	14 315.00	7.19	印度尼西亚	302.47	21 921.03	1.38
日本	1 436.66	12 777.30	11.24	中国台湾地区	255.91	2 277.10	11.24
印度	1 114.19	109 458.30	1.02	波兰	295.89	3 816.55	7.75
德国	1 129.45	8 246.94	13.70	荷兰	307.47	1 631.99	18.84
加拿大	648.38	3 231.20	20.07	泰国	243.21	6 594.57	3.69
英国	814.85	6 022.65	13.53	土耳其	290.60	7 116.90	4.08
韩国	496.73	4 813.80	10.32	比利时	313.22	1 047.87	29.89

① 数据来源：http：//data. worldbank. org/。

续表

国家和地区	需求总排放（Mt）	人口数（万人）	人均排放（吨/人）	国家和地区	需求总排放（Mt）	人口数（万人）	人均排放（吨/人）
意大利	642.27	5 860.71	10.96	捷克	125.20	1 023.58	12.23
南非	393.66	4 719.85	8.34	希腊	119.00	1 110.40	10.72
澳大利亚	392.36	2 039.48	19.24	罗马尼亚	109.96	2 163.44	5.08
法国	660.65	6 087.30	10.85	越南	90.36	8 310.63	1.09
墨西哥	510.42	10 308.91	4.95	奥地利	141.14	823.33	17.14

从表3.4可以看出，发展中国家和地区的人均需求排放显著低于发达国家和地区的人均需求排放。发达国家和地区的年人均需求排放都在10吨以上，少数国家和地区甚至超过了20吨，而大多发展中国家和地区年人均需求排放不到10吨，一些国家和地区甚至不到5吨。人均需求排放最小的国家是印度，年人均排放1.02吨。年人均排放最大的国家是比利时，达到29.89吨。美国的年人均排放位居第二，为22.90吨；中国的年人均排放为3.30吨，约为美国的1/7。

3.2 国际贸易中隐含碳责任的分配

3.2.1 二氧化碳净转移的LMDI分解

一国出口与进口所产生的隐含碳排放量通常是不一样的，其结果是形成了二氧化碳的净转移。当一国的出口产品隐含碳大于进口产品隐含碳时，该国必然替国外的消费者排放了二氧化碳，二氧化碳为净移入；反之，其他国家就为该国的消费者排放了二氧化碳，二氧化碳为净移出。

LMDI方法（对数平均迪氏指数法）是孙（Sun，1998）、安格和乔伊（Ang & Choi，1997）、安格和刘（Ang & Liu，2001）、阿尔布雷克特等（Albrecht et al，2002）提出的一种能源消费分解方法，用来客观测量经济增长、产业结构变动和节能降耗措施等分别对能源消费总量和单位能耗的影响。仿照对能源消费的分解，可以运用LMDI方法对贸易导致的二氧化碳净转移进行分解。

设EX_k，IM_k为k国的总出口、进口额，$SE_{kj} = EX_{kj}/EX_k$，$SI_{kj} = IM_{kj}/IM_k$分别表示第j部门的出口额和进口额占总出口、总进口的比例。结合式（3.2），记 $w_{kj}=\dfrac{G_{kj}^{EX}-G_{kj}^{IM}}{\ln G_{kj}^{EX}-\ln G_{kj}^{IM}}$，有：

$$G_k^{EX}-G_k^{IM}=\sum_{j=1}^{n}w_{kj}\cdot\ln\frac{EX_k}{IM_k}+\sum_{j=1}^{n}w_{kj}\cdot\ln\frac{SE_{kj}}{SI_{kj}}+\sum_{j=1}^{n}w_{kj}\cdot\ln\frac{P_{kj}}{Q_{kj}}\quad(3.8)$$

式中，第一部分为规模效应，如果一国有较大的贸易规模或顺差，则二氧化碳的净转移较大；第二部分是由进出口产品的结构不一致所导致的，视为结构效应；第三部分由进出口产品的单位碳排放强度不同所致，视为技术效应。

一国以美元计量的碳排放强度必然和该国对美元的汇率有关。OECD 提供两种汇率，一种是市场汇率，另一种是购买力平价汇率（PPP）。一般而言，一国发展程度越高（以人均实际 GDP 来衡量），其 PPP 就会越接近于市场汇率，而对发展中国家和地区，市场汇率往往被低估了。市场汇率反映的仅仅是可贸易的商品和服务的价格转换关系，并不反映那些没有在国际市场上交易的产品和服务的价格比例。因此，在计算碳排放强度时，购买力平价汇率可能比市场汇率更合适。在二氧化碳净转移的 LMDI 分解式（3.8）中，我们依然按照国际惯例，使用市场汇率换算碳排放强度，实际上式（3.8）中的技术效应应该是纯技术效应和汇率效应的组合。

设 Q_{kj}'，P_{kj}' 分别为第 k 国以购买力平价计量的第 j 部门进口、出口产品的单位碳排放强度，T_k 为该国购买力平价转换因子（T_k =购买力平价汇率/市场汇率），则有：

$$P_{kj}'=P_{kj}\cdot T_k\ ,\ Q_{kj}'=Q_{kj}\cdot\sum_{k=1}^{m}EX_{kj}/\sum_{k=1}^{m}(EX_{kj}/T_k)\quad(3.9)$$

$$\sum_{j=1}^{n}w_{kj}\cdot\ln\frac{P_{kj}}{Q_{kj}}=\sum_{j=1}^{n}w_{kj}\cdot\ln\frac{P_{kj}'}{Q_{kj}'}+\sum_{j=1}^{n}w_{kj}\cdot\ln\left[\left(\sum_{k=1}^{m}EX_{kj}\right)/T_k/\sum_{k=1}^{m}(EX_{kj}/T_k)\right]\quad(3.10)$$

式中，第一项反映按购买力平价汇率折算的进出口产品碳排放强度差异，视为纯技术效应；第二项可以看作不同汇率（转换因子）导致的二氧化碳净转移，称为汇率效应。

3.2.2 排放净转移的分解结果

根据 LMDI 分解方法，可对主要国家和地区的二氧化碳净转移进行分解，结果如表 3.5 所示。

表 3.5　各国和地区二氧化碳净转移的分解

百万吨

国家和地区	二氧化碳的净转移	规模效应	结构效应	纯技术效应	汇率效应
美国	-779.71	-415.34	-162.37	-44.87	-157.12
中国（中国台湾地区另计）	1 123.62	117.40	44.62	503.50	458.06
俄罗斯	669.98	139.37	497.37	-45.02	78.26
日本	-187.02	29.34	-71.78	-60.93	-83.66
印度	79.86	-28.04	10.53	8.77	88.60
德国	-276.90	78.96	-56.39	-191.96	-107.51
加拿大	-16.37	22.44	28.06	-26.96	-39.90
英国	-230.20	-46.66	-20.38	-101.21	-61.95
韩国	-0.09	13.11	9.36	-26.65	4.10
意大利	-169.48	-3.00	-1.45	-121.07	-43.96
南非	44.10	-11.05	-6.69	45.37	16.48
澳大利亚	24.53	-8.53	17.77	37.74	-22.45
法国	-246.29	-14.43	-1.19	-170.92	-59.75
墨西哥	-100.89	-2.31	-21.87	-85.71	9.00
西班牙	-98.23	-50.55	9.78	-34.30	-23.16
巴西	20.44	25.90	4.84	-27.63	17.34
印度尼西亚	21.05	20.32	7.61	-39.29	32.41
中国台湾地区	34.50	10.33	7.77	-15.92	32.32
波兰	-6.09	-7.76	-0.62	-15.59	17.88
荷兰	-34.78	19.10	47.06	-45.70	-55.24
泰国	-0.54	-3.54	22.85	-51.89	32.04
土耳其	-59.38	-22.54	-8.89	-37.71	9.77
比利时	-162.11	5.47	15.06	-131.13	-51.51
捷克	-10.36	0.94	-6.10	-16.84	11.65
希腊	-13.71	-22.87	8.54	3.09	-2.47
罗马尼亚	-11.67	-6.49	3.93	-17.19	7.62
越南	-8.30	-2.30	-0.23	-22.39	16.62
奥地利	-61.71	-0.81	-5.52	-40.44	-14.93

表 3.5 的分解结果表明，一国或地区的二氧化碳净转移首先受到贸易规模和净出口的影响。从规模效应看，一国或地区的净出口额越大，则二

氧化碳的净转移越大。当净出口为正时，二氧化碳净移入；反之，净出口为负时，二氧化碳净移出。美国是世界上贸易逆差最大的国家，因此，美国的规模效应最大，由贸易逆差导致的二氧化碳净移出高达415.34Mt。德国、俄罗斯、中国和日本是贸易顺差较大的国家，这些国家由于贸易顺差导致的二氧化碳净移入也较大。

一国或地区的进出口产品结构对二氧化碳的净转移有不可忽略的影响。当一国或地区的进口以高碳产品为主、出口以低碳产品为主时，二氧化碳排放向国外或地区外转移；反之，则二氧化碳排放向国内或地区内转移。美国和俄罗斯是结构效应最大的两个国家，分别代表这两种情况。

技术进步是减少碳排放的主要驱动因素之一。世界上主要发达国家都依靠先进的节能减排技术和开发可再生的清洁能源，使本国产品的碳排放强度低于世界同类产品的平均碳排放强度，反映在纯技术效应里，表现为发达国家的纯技术效应小于0，二氧化碳净移出。技术效应导致二氧化碳净移出量最大的是德国，为191.96Mt；其次是法国、比利时、意大利和英国，这些西欧国家受本国自然资源条件的限制，这些年来大力发展核能、太阳能、风能等清洁能源，取得了较明显的效果。技术效应导致二氧化碳净移入的基本上都是发展中国家和地区，其中，中国的二氧化碳技术移入效应最大，达到503.50Mt；其次是南非，为45.37Mt。

汇率差异对二氧化碳净转移的影响也相当大。发展中国家和地区为了拉动国内经济增长，多数选择出口导向型发展模式，市场汇率处于严重低估的状态，使得发展中国家和地区在出售大量廉价商品的同时，还要承担出口商品带来的碳减排义务。汇率效应最大的是中国，其2005年的购买力平价汇率只有市场汇率的42%，由此导致当年二氧化碳净移入458.06Mt。转换因子（即购买力平价汇率/市场汇率）较低的俄罗斯、印度，情况和中国类似。一般而言，发达国家和地区的购买力平价汇率和市场汇率较接近，甚至略高于市场汇率。因此，发达国家的汇率效应通常导致二氧化碳净移出。由汇率效应导致二氧化碳净移出量最多的是美国，达到157.12Mt；其次是德国，为107.51Mt。

3.2.3　隐含碳责任的分配

隐含碳排放的核算结果表明，贸易确实产生了大量的“碳泄漏”。发达国家通过出口贸易将高污染、高能耗及资源性行业转移到发展中国家和地区，由发展中国家和地区进行加工，再通过进口贸易购回半成品和成品，减少了自己的碳排放，却增加了发展中国家以及全球的碳排放。如果贸易中隐含碳的排放责任不能很好地分担，那么“碳泄漏”会加剧全球的气候变化进程。

中国是世界上最大的隐含碳出口国，中国碳排放量急剧增长的一大部分是为了满足发达国家和地区的生产和生活需求，即通过大量出口廉价产品而排放的。对此，发达国家和地区的消费者负有不可推卸的责任。

2005 年的人均需求排放数据显示，发达国家和地区的年人均排放远高于发展中国家和地区，发达国家和地区的碳排放已是奢侈性排放，而发展中国家和地区的碳排放乃是满足基本需要的生存性排放，要求发展中国家和发达国家承担同等的减排义务是违背人际公平原则的。

要找到一个公平合理、为大多数国家所接受的隐含碳排放责任分配方案，除了需要准确测算国际贸易中的隐含碳排放数量外，还要根据隐含碳排放的构成区别对待，分清生产者责任和消费者责任。对贸易中二氧化碳净转移的分解表明，净出口额、产品结构、技术水平和汇率都是影响二氧化碳净转移量的因素。对于规模效应和汇率效应部分，笔者以为，消费者负责是比较合理的。消费者享受了生产者提供的大量廉价商品，应该对由此产生的生态效应负责。对于结构效应，笔者以为也应该由消费者负责。结构效应反映了各国进出口产品的差别，通常情况下，出口的是本国资源丰富的产品，进口的是本国资源稀缺的产品，进口产品弥补了本国资源的不足，进口国获得的好处大于出口国。因此，消费者理应负责。至于技术效应，笔者认为应该由生产者和消费者共同负责。首先，消费者的需求是排放产生的原因；其次，从历史的角度看，发达国家和地区的低排放技术是建立在先发展、先排放的基础上的，发达国家和地区有义务帮助发展中国家和地区提高技术，节能减排；最后，生产者有义务主动减少自身的排放。技术效应的共同负担原则将有利于生产者和消费者共同努力，创造清洁环境。

4　国际碳排放核算标准选择的公平性

4.1　国际碳排放核算标准选择的公平性度量

4.1.1　国际碳排放核算标准及其公平原则

自 1990 年 12 月联合国批准气候变化公约谈判以来，几乎所有国家都加入了国际碳排放的博弈。虽然《联合国气候变化框架公约》第 18 次缔约方暨《京都议定书》第 8 次缔约方会议在卡塔尔多哈落下帷幕，但各缔约方为本国争取更为合理和公平的碳排放权的努力不会停止。如何全面地反映各国的真实碳排放量、如何公平地分配各国的碳排放权、如何有效地保障碳减排机制得以有效实施，这三个问题的讨论依然在继续，贯穿这三个问题始终的国际碳排放核算标准选择及其公平性内涵解释也在不断涌现和演进。如表 4.1 所示，最初的国际碳排放核算标准为各国当年碳排放[①]。其后，2001 年美国在宣布退出《京都议定书》后所提出的《晴朗天空与全球气候变化行动》中将碳排放活动与经济发展相结合，使得单位 GDP 碳排放作为核算标准受到关注。2002 年巴西在向联合国气候大会提交的《巴西案文》中建议考虑各国碳排放的历史责任，使得以累计碳排放作为核算标准开始被热议。而 2004 年英国全球公共资源研究所提出的“紧缩趋同”

---

① 参见《联合国气候变化框架公约》（1992）及《京都议定书》（1997）。

方案和2008年前世界银行首席经济学家尼古拉斯·斯特恩撰写的《打破气候变化僵局：低碳未来的全球协议》，则使得以人权平等为基础的人均碳排放作为核算标准得到重视。上述核算标准均以单一公平原则为基础。2007年由中国社会科学院潘家华和陈迎向联合国气候大会提交的“碳预算”方案开始考虑将综合人权平等和历史责任等多种公平原则的人均累计碳排放作为核算标准。2008年瑞典斯德哥尔摩环境研究所在其所提出的《温室气体发展权方案》中则主张兼顾人口规模、经济能力和历史责任等多种公平原则，虽然其提出的是“责任－能力”指数，但也可将此理解为以单位GDP累计碳排放作为核算标准。此外，2007年英国廷德尔气候变化研究中心发布的报告《谁应对中国的碳排放负责》，还促使人们对国际贸易中隐含碳排放进行核算探索，并用以对上述核算标准下各国碳排放进行修正，从而更好地体现《联合国气候变化框架公约》（1992）第四条所明确的“共同但有区别的责任”原则。

表4.1　各种国际减排方案中隐含的碳排放核算标准及其公平原则

序号	方案名称	设计者	时间	核算标准	公平原则
1	联合国气候变化框架公约和京都议定书	联合国气候大会	1992/1997	当年碳排放	考虑当期责任
2	晴朗天空与全球气候变化行动	美国政府	2001	单位GDP碳排放	考虑经济发展
3	巴西案文	巴西政府	2002	累计碳排放	考虑历史责任
4	紧缩趋同方案和斯特恩方案	英国全球公共资源研究所和尼古拉斯·斯特恩	2004/2008	人均碳排放	考虑人权平等
5	中国碳预算方案	中国社会科学院	2007	人均累计碳排放	考虑人权平等、历史责任和未来需求等
6	温室气体发展权方案	瑞典斯德哥尔摩环境研究所	2008	单位GDP累计碳排放	考虑人口规模、经济能力和历史责任等

资料来源：作者整理于张志强等（2008）、潘家华等（2009）、郑艳等（2011）的相关论述，以及联合国与气候变化网站（http：//www. un. org/zh/climatechange/）和政府间气候变化委员会（IPCC）网站（http：//www. ipcc. ch/index. htm）。

国际碳排放核算标准是反映各国碳排放量、确定各国碳排放权和构建有效减排机制的基础，其不同的核算标准会导致人们对公平有着不同的评判与解释。上述每一种核算标准的提出，既经过大量的论证也经历长期的争论，但依然缺少共识和定论，且相关研究往往带有明显的国别倾向。国内，张志强等（2008）、潘家华等（2009）和郑艳等（2011）在对上述核算标准及其公平原则进行分析的基础上，对适合于我国选择的碳排放核算标准进行了探索。除了核算标准选择及其公平原则阐释的研究外，既定核算标准下的全球碳排放公平性度量也是研究和探索的一个重要领域，为核算标准选择及其公平原则阐释提供重要的量化依据。在度量方法和指标选择上，国外相关研究主要使用的是基尼系数和泰尔指数，前者如海尔和沃登（Heil & Wodon，1997）、帕迪拉和塞拉诺（Padilla & Serrano，2006），后者如杜罗和帕迪拉（Duro & Padilla，2006）。国内的相关研究较少，仅有少数学者基于基尼系数度量了全球碳排放的公平性（邱俊永，2011）。值得一提的是，国内针对我国地区间碳排放的差异和公平性问题进行了较多有意义的探索，主要也是使用基尼系数（肖黎姗，等，2011；刘华军，等，2012）和泰尔指数（杨骞，等，2012；周建，等，2012）。此外，克拉克等（Clarke et al，2011）在基尼系数和泰尔指数基础上，还使用变异系数对我国省际碳排放的公平性进行了综合度量。

上述研究主要存在两方面局限。一是针对核算标准选择和公平原则阐释。已有文献主要以规范研究为主，缺乏定量分析和综合比较。二是针对既定核算标准下国际碳排放公平性度量。首先，核算标准的选择，国外已有文献主要以单位 GDP 碳排放作为核算标准，这一指标的选择依然站在以美国为代表的西方发达国家立场上，而有利于评判发展中国家碳排放的人均累计碳排放核算标准则很少被考虑。其次，研究对象的选择。已有文献主要以特定数量国家的整体作为研究对象，虽然部分文献也对研究对象按照富裕程度进行了群体分类比较，但均未体现历次联合国气候变化大会争论中发达国家和发展中国家以群体形式出现的这一主要特征。最后，公平性度量方法和指标的选择。虽然已有文献均以基尼系数和泰尔指数为主，但在进行群体差距分解时，泰尔指数分解法仅考虑了子样本的不同，没有考虑子样本在群体内的分布状况，而基尼系数分解法也存在背后经济解释缺乏说服力的困境。

4.1.2 公平性度量——国际碳排放的相对剥夺

基尼系数是被最广泛应用的度量社会各个领域不平等或公平性的重要

指标之一。自20世纪初由意大利学者基尼提出以来，基尼系数已经历近百年的研究与发展。在其发展的早期，研究者们关注的是群体内的不平等度量。但自20世纪60年代开始，群体间的不平等开始受到越来越多的关注，诸多学者的共同努力推动着基尼系数子群分解方法不断发展和丰富。但正如洪兴建（2008）所指出的，对任何一个不平等指标进行子群分解时，都需要根据该指标的内涵构造群体间不平等的度量方法。其中，朗西曼（Runciman，1966）所定义的相对剥夺（relative deprivation）就是很具有现实内涵的不平等度量方法之一，能更为直接地表达人们对不平等所产生的心理感觉。在朗西曼之后，伊塔卡伊（Yitzhaki，1979）研究了相对剥夺和基尼系数的关系，认为基尼系数可以用相对剥夺来解释，海伊和兰伯特（Hey & Lambert，1980）则在伊塔卡伊（1979）研究基础上给出了更为一般的相对剥夺分析公式。国内，洪兴建（2008）对上述理论进行了综述性介绍，任国强等（2011）则在洪兴建（2008）研究的基础上对基于相对剥夺理论的基尼系数子群分解方法进行了全面的分析和论证。本章关注的是以单个国家和国家子群为研究对象的国际碳排放公平性度量问题，同样适用基于相对剥夺理论的基尼系数子群分解方法，但更加侧重对国际碳排放相对剥夺的度量而非基尼系数的分解。基于洪兴建（2008）和任国强等的（2011）研究，本章的研究可以分为如下几个层面进行阐述。

4.1.2.1 单个国家间相对剥夺的度量

假设共有 n 个同质国家，按上述6种核算标准中的任一种计算，每个国家被分配的碳排放指标为 $x_i(i = 1,2,\cdots,n)$ ，用相对剥夺对各国在将被分配到的碳排放与其他国家相比较后的公平感受进行度量，当一国被分配的碳排放指标高于其他国家的时候往往不会感受到不公平或相对剥夺，只有当一国被分配的碳排放指标低于其他国家的时候才会感受到不公平或相对剥夺。则其中第 i 国跟第 j 国相比的相对剥夺，或第 j 国对第 i 国的相对剥夺，可以表示为：

$$d_{ij} = \begin{cases} x_j - x_i, 若\ x_i < x_j \\ 0, 若\ x_i \geqslant x_j \end{cases} \tag{4.1}$$

同理，第 i 国跟所有 n 个同质国家相比的平均相对剥夺，可以表示为：

$$d_i = \sum_{j=1}^{n} d_{ij}/n \tag{4.2}$$

4.1.2.2 国家子群间相对剥夺的度量

假设上述 n 个国家被分为 s 个子群，第 k 个子群为 $\Omega_k(k = 1,\cdots,s)$ ，该子

群中包含的国家数目为 n_k 个，则子群 Ω_k 中第 i 国的平均相对剥夺可以分解为：

$$d_i = \frac{\sum_{j=1}^{n} d_{ij}}{n} = \frac{\sum_{j\in\Omega_1} d_{ij} + \sum_{j\in\Omega_2} d_{ij} + \cdots + \sum_{j\in\Omega_s} d_{ij}}{n}$$

$$= \frac{n_1}{n}\frac{\sum_{j\in\Omega_1} d_{ij}}{n_1} + \frac{n_2}{n}\frac{\sum_{j\in\Omega_2} d_{ij}}{n_2} + \cdots + \frac{n_s}{n}\frac{\sum_{j\in\Omega_s} d_{ij}}{n_s} \tag{4.3}$$

式中，$\sum_{j\in\Omega_k} d_{ij}/n_k$ 为第 i 国与其所在子群内其他国家之间相比的平均相对剥夺。

当 $i\in\Omega_k, j\in\Omega_l, k\neq l$ 时，$\sum_{j\in\Omega_l} d_{ij}/n_l$ 表示第 i 国与另一子群 Ω_l 内所有国家之间相比的平均相对剥夺。由此可得出子群 Ω_k 跟子群 Ω_l 相比的平均相对剥夺 d_{kl} 以及子群 Ω_k 内部的平均相对剥夺 d_{kk}，分别为：

$$d_{kl} = \frac{\sum_{i\in\Omega_k}\left(\sum_{j\in\Omega_l} d_{ij}/n_l\right)}{n_k} = \sum_{i\in\Omega_k}\sum_{j\in\Omega_l} d_{ij}/n_k n_l \tag{4.4}$$

$$d_{kk} = \frac{\sum_{i\in\Omega_k}\left(\sum_{j\in\Omega_k} d_{ij}/n_k\right)}{n_k} = \sum_{i\in\Omega_k}\sum_{j\in\Omega_k} d_{ij}/n_k n_k \tag{4.5}$$

同理可得子群 Ω_l 跟子群 Ω_k 相比的平均相对剥夺 d_{lk}，通常容易将 d_{kl} 和 d_{lk} 相混淆，其实二者往往并非相等，所表达的意义也完全不同。前者度量的是子群 Ω_k 相比于子群 Ω_l 所感受到的不公平，关注的是子群 Ω_k 的平均不公平感受，而后者则正好相反。

4.1.2.3　相对剥夺系数

上述相对剥夺的计算均为绝对数，从而给单个国家或国家子群之间的相互比较带来困难。为了研究的方便，我们对所得到的相对剥夺绝对值进行比率化处理：①用单个国家的相对剥夺绝对值除以本国对应的碳排放指标；②用每个子群的平均相对剥夺绝对值除以本子群各国碳排放指标的均值。上述处理也符合相对剥夺的核心内涵，即度量人们因为外部差异与自身状况相比较所产生的心理落差和不公平感受。由此可以得到单个国家 i 的相对剥夺系数 d_{if}，子群 Ω_k 相比于子群 Ω_l 的相对剥夺系数 d_{klf} 以及子群 Ω_k 内部的相对剥夺系数 d_{kkf}，分别为：

$$d_{if} = \sum_{j=1}^{n} d_{ij}/n x_i \tag{4.6}$$

$$d_{klf} = \frac{\sum_{i \in \Omega_k} \sum_{j \in \Omega_l} d_{ij}/n_k n_l}{\sum_{i=1}^{n_k} x_i / n_k} = \sum_{i \in \Omega_k} \sum_{j \in \Omega_l} d_{ij}/n_l \sum_{i=1}^{n_k} x_i \tag{4.7}$$

$$d_{kkf} = \frac{\sum_{i \in \Omega_k} \sum_{j \in \Omega_k} d_{ij}/n_k n_k}{\sum_{i=1}^{n_k} x_i / n_k} = \sum_{i \in \Omega_k} \sum_{j \in \Omega_k} d_{ij}/n_k \sum_{i=1}^{n_k} x_i \tag{4.8}$$

通常也将 d_{klf} 和 d_{kkf} 称作衡量子群间和子群内不平等的基尼系数，与基尼系数取值不同的是，反映单个国家或国家子群间不公平的相对剥夺系数取值为 $[0, +\infty)$，相对剥夺系数越大，表示感受到的不公平程度越高。在对历史和现状做度量时，一国或一个国家子群的相对剥夺系数越大，对应分配到的减排责任越少，才能越体现减排方案的公平性。

4.1.3　国际贸易对碳排放相对剥夺系数的影响

正如英国廷德尔气候变化研究中心的报告所述，在进行国际碳排放核算时考虑国际贸易的影响将更为科学合理。根据式（4.6）~式（4.8），我们可以计算出国际贸易对单个国家或国家子群间碳排放相对剥夺系数的影响。同样假设两个国家 i 国和 j 国，在未考虑国际贸易影响的情况下，两国的碳排放分别为 x_i 和 x_j，j 国的碳排放大于 i 国的碳排放，即 $x_j > x_i$，两国间存在国际贸易，且两国出口与进口所产生的隐含碳排放存在差异，国际贸易导致碳排放在两国间发生转移。如果一国的出口产品隐含碳排放大于进口产品隐含碳排放，则该国必然替他国承担了碳排放，可称之为存在他国对该国的碳排放净移入；反之，如果一国的进口产品隐含碳排放大于出口产品隐含碳排放，则他国必然替该国承担了碳排放，则可称之为存在该国对他国的碳排放净移出。基于此，考虑国际贸易引起碳排放在国际转移的情况，则单个国家或国家子群间碳排放相对剥夺系数的度量存在如下两种情形：

情形1，如果 j 国存在对 i 国碳排放的净移出 Δt，则对国际贸易影响调整后的 j 国对 i 国碳排放的相对剥夺系数为：

$$\begin{aligned} d_{ij} &= [(x_j + \Delta t) - (x_i - \Delta t)]/(x_i - \Delta t) \\ &= (x_j - x_i)/(x_i - \Delta t) + 2\Delta t/(x_i - \Delta t) \end{aligned} \tag{4.9}$$

情形2，如果 j 国存在对 i 国碳排放的净移入 Δt，则对国际贸易影响调整后的 j 国对 i 国碳排放的相对剥夺系数为：

$$d_{ij} = [(x_j - \Delta t) - (x_i + \Delta t)]/(x_i + \Delta t)$$
$$= (x_j - x_i)/(x_i + \Delta t) - 2\Delta t/(x_i + \Delta t) \qquad (4.10)$$

比较式（4.9）和式（4.10）可以发现，调整国际碳排放转移的影响对计算国际碳排放相对剥夺系数的影响存在明显的不对称性。同样是 Δt 的碳排放净转移，造成第一种情形下相对剥夺系数的增加要明显大于造成第二种情形下相对剥夺系数的降低，即除了 $2\Delta t/(x_i - \Delta t)$ 明显大于 $2\Delta t/(x_i + \Delta t)$ 外，$(x_j - x_i)/(x_i - \Delta t) - (x_j - x_i)/x_i$ 也要大于 $(x_j - x_i)/x_i - (x_j - x_i)/(x_i + \Delta t)$ 。

当年碳排放核算标准是其他核算标准计算的基础，国际贸易引起当年碳排放在国际转移，同样会影响到其他核算标准的计算，上述分析同理可以推广到国际贸易对其他核算标准下单个国家或国家子群间碳排放相对剥夺系数造成影响的度量与分析。

4.2　不同标准下国际碳排放核算

4.2.1　分析对象和数据来源

考虑当前国际气候谈判主要在发达国家和发展中国家之间展开，本章选取 20 国集团成员国作为分析对象，其中包括美国、日本、德国、法国、英国、意大利、加拿大、俄罗斯等 8 个工业化国家（又称“G8 国集团”，以下简称“G8 国”）和中国、印度、巴西、南非等 4 个发展中国家（又称“基础四国”，以下简称“B4 国”），以及阿根廷、澳大利亚、印度尼西亚、墨西哥、沙特阿拉伯、韩国、土耳其等 7 个重要的新兴工业发展中国家（以下简称“N7 国”）。因欧盟由多个国家构成，其中也包括 G8 国的部分国家，所以没有将其作为研究对象。为了更全面地度量工业化国家的累计碳排放，本章碳排放数据取自美国橡树岭国家实验室二氧化碳信息分析中心①，其提供的世界各国化石燃料碳排放数据可以追溯到 1751 年。上述各国碳排放数据的起始年份分别为：美国，1800 年；英国，1751 年；日本，1868 年；德国，1792 年；法国，1802 年；意大利，1860 年；加拿大，1785 年；俄罗斯，1992 年；中国，1899 年；印度，1858 年；巴西，1901 年；南非，1884 年；澳大利亚，1851 年；韩国，1945 年；阿根廷，1887 年；土耳其，1865 年；墨西哥，1891 年；印度尼西亚，1889 年；沙特阿

① 数据来源：http://cdiac.ornl.gov/。

拉伯，1935 年。此外，其提供的碳排放数据主要包括固体燃料、液体燃料、气体燃料、水泥生产、废气燃烧的碳排放量以及各项合计的碳排放量，本章采用的数据为各项合计的碳排放量，截止年份为 2011 年。为保证各国数据来源的统一性和可比性，国内生产总值和人口规模的数据均来自世界银行网站①。初步统计显示，2011 年上述 19 国的碳排放占到全球的 74.88%，其中，G8 国占 30.92%，B4 国占 35.45%，N7 国占 8.51%；国内生产总值占全球的 76.89%，其中，G8 国占 50.68%，B4 国占 17.22%，N7 国占 8.99%；人口占全球的 61.53%，其中，G8 国占 12.71%，B4 国占 40.62%，N7 国占 8.20%。可见，上述国家的选择和分类具有很强的代表性。

4.2.2 不同核算标准下国际碳排放比较

不同核算标准的出发点和考虑因素往往不同，由此对公平性度量的结果也会不同。表 4.2 为 2011 年不同核算标准下各国及国家子群碳排放的描述性统计。

从表 4.2 我们可以看出，以当年碳排放作为核算标准，中国位列世界之首，为 24.85 亿吨，超出排名第二的美国近 70%，但考虑人口规模和历史责任等因素，以人均累计碳排放作为核算标准，中国仅位列上述 19 个国家的第 15 位，不足美国的 10%。同理，如果仅以累计碳排放量作为核算标准，美国位居世界第一，为 983.75 亿吨，是排名第二的中国的 2.5 倍，如果仅考虑经济发展因素，以单位 GDP 碳排放作为核算标准，则美国在上述 19 个国家的排名可以降为第 11 位，不足中国的 30%。可见，不同核算标准下国际社会对各国碳排放的公平性和合理性的确存在不同判断，这也是各国纷纷提出有利于本国的核算标准和减排方案的关键所在。

从表 4.2 还可以看出，不同核算标准下的国家子群间碳排放公平性度量结果同样存在巨大差异。例如，以当年碳排放作为核算标准，G8 国均值是 N7 国均值的 3 倍多，而不足 B4 国均值的一半；但以累计碳排放作为核算标准，G8 国均值是 N7 国的 8 倍多，且是 B4 国均值的 1.6 倍。此外，以当年碳排放、人均碳排放和单位 GDP 碳排放作为核算标准，G8 国和 N7 国之间的差距相对较小，而以人均累计碳排放作为核算标准，B4 国和 N7 国之间的差距相对较小。不同核算标准下国家子群间碳排放指标差异的大小为国际气候谈判中国家子群间的合作提供了重要的量化依据。

上述分析均未考虑国际贸易所引起的国际碳排放转移的问题。随着国

---

① 数据来源：http：//www.worldbank.org.cn/。

际贸易的蓬勃发展，各国贸易中隐含碳排放的规模越来越大，从而给国际碳排放核算带来的影响也越来越大。受篇幅限制，相关论述详见王文举等（2011）的相关文章。

表 4.2 2011 年不同核算标准下各国及国家子群的碳排放情况

	当年碳排放（千吨）	累计碳排放（千吨）	人均碳排放（吨/人）	人均累计碳排放（吨/人）	单位 GDP 碳排放（吨/千美元）	单位 GDP 累计碳排放（吨/千美元）
美国	1 473 381	98 375 259	4. 73	315. 72	0. 98	65. 62
英国	124 886	20 416 763	1. 99	325. 93	0. 51	83. 49
日本	320 838	14 945 980	2. 51	116. 93	0. 55	25. 47
德国	202 056	23 111 715	2. 47	282. 80	0. 56	64. 18
法国	93 848	9 572 509	1. 43	146. 29	0. 34	34. 52
意大利	108 976	5 765 671	1. 79	94. 88	0. 50	26. 28
加拿大	145 961	7 562 975	4. 23	219. 33	0. 84	43. 56
俄罗斯	458 108	9 047 544	3. 23	63. 75	2. 47	48. 70
中国	2 484 812	38 636 558	1. 85	28. 74	3. 40	52. 79
印度	615 500	10 926 665	0. 50	8. 80	3. 33	59. 13
巴西	115 737	3 125 834	0. 59	15. 90	0. 47	12. 62
南非	141 624	4 651 396	2. 80	91. 95	3. 47	113. 94
澳大利亚	106 947	4 062 938	4. 73	179. 61	0. 78	29. 45
韩国	157 565	3 334 501	3. 17	66. 99	1. 41	29. 87
阿根廷	53 334	1 839 613	1. 31	45. 13	1. 20	41. 24
土耳其	84 451	1 906 415	1. 15	25. 89	1. 09	24. 60
墨西哥	125 325	4 063 799	1. 09	35. 40	1. 09	35. 23
印度尼西亚	141 459	2 494 137	0. 58	10. 29	1. 67	29. 45
沙特阿拉伯	137 256	2 786 406	4. 89	99. 22	2. 38	48. 31
G8 国均值（1）	366 007	23 599 802	2. 80	195. 70	0. 84	48. 98
B4 国均值（2）	839 418	14 335 113	1. 43	36. 35	2. 67	59. 62
N7 国均值（3）	115 191	2 926 830	2. 42	66. 08	1. 37	34. 02
(2)/(1)(%)	229. 35	60. 74	51. 20	18. 57	316. 24	121. 72
(3)/(1)(%)	31. 47	12. 40	86. 31	33. 76	162. 85	69. 46

注：本章未加“累计”的各项碳排放指标均为当年数据计算所得。

资料来源：作者根据美国橡树岭国家实验室二氧化碳信息分析中心网站（http：//cdiac. ornl. gov/）和世界银行网站（http：//www. worldbank. org. cn/）提供的数据计算。

4.3 国际碳排放核算标准选择的公平性分析

4.3.1 相对剥夺系数的静态分析

4.3.1.1 单个国家情形

根据式（4.6），我们可以计算出不同核算标准下 2011 年上述 19 个国家的相对剥夺系数，如表 4.3 所示。而如前所述，不同相对剥夺系数隐含着不同的减排责任，一个国家的相对剥夺系数越高，表明其感受到的不公平程度越高，对应承担的减排责任越小才能越体现减排责任分配体系的公平性。由此，根据相对剥夺系数我们还可以计算出不同核算标准下上述 19 个国家的减排责任排名情况（表 4.3）。通过表 4.3 我们可以发现，不同核算标准下同一个国家存在不同的相对剥夺系数和减排责任排名。以美国为例，在单位 GDP 碳排放核算标准下，其相对剥夺系数为 0.62，对应需要承担的减排责任仅排名第 11 位，但以累计碳排放或人均碳排放等其他核算标准计算，其相对剥夺系数均趋于 0，从而对应需要承担的减排责任排名均居前 3 位，这也是美国率先倡议以单位 GDP 碳排放作为核算标准的一个主要原因。同样，以当年碳排放和单位 GDP 碳排放作为核算标准，我国的相对剥夺系数均趋于 0，而对应需要承担的减排责任也相应排在前 3 位，但以单位 GDP 累计碳排放、人均碳排放和人均累计碳排放作为核算标准，则我国相对剥夺系数会明显提高，而对应需要承担的减排责任排名也分别降为第 6 位、第 11 位和第 15 位。

表 4.3　2011 年不同核算标准下各国的相对剥夺系数

	当年碳排放		累计碳排放		人均碳排放		人均累计碳排放		单位 GDP 碳排放		单位 GDP 累计碳排放	
	责任排名	系数值	责任排名	系数值	责任排名	系数值	责任排名	系数值	责任排名	系数值	责任排名	系数值
美国	2	0.04	1	0.00	2	0.00	2	0.00	11	0.62	3	0.05
英国	13	2.07	4	0.25	10	0.39	1	0.00	16	1.81	2	0.02
日本	5	0.61	5	0.43	8	0.21	7	0.35	15	1.64	17	0.82
德国	6	1.13	3	0.21	9	0.22	3	0.01	14	1.58	4	0.06
法国	17	3.01	7	0.82	13	0.78	6	0.21	19	3.20	12	0.42
意大利	15	2.47	10	1.65	12	0.50	9	0.51	17	1.88	16	0.77

续表

	当年碳排放		累计碳排放		人均碳排放		人均累计碳排放		单位 GDP 碳排放		单位 GDP 累计碳排放	
	责任排名	系数值	责任排名	系数值	责任排名	系数值	责任排名	系数值	责任排名	系数值	责任排名	系数值
加拿大	8	1.69	9	1.14	4	0.02	4	0.06	12	0.83	9	0.23
俄罗斯	4	0.37	8	0.89	5	0.09	12	1.02	4	0.06	7	0.16
中国	1	0.00	2	0.08	11	0.46	15	3.08	2	0.00	6	0.12
印度	3	0.23	6	0.68	19	3.78	19	12.00	3	0.00	5	0.08
巴西	14	2.28	15	3.55	18	3.04	17	6.24	18	2.06	19	2.62
南非	9	1.76	11	2.17	7	0.15	10	0.55	1	0.00	1	0.00
澳大利亚	16	2.53	13	2.57	3	0.00	5	0.12	13	0.95	14	0.60
韩国	7	1.54	14	3.28	6	0.10	11	0.95	7	0.31	13	0.58
阿根廷	19	6.00	19	6.63	14	0.92	13	1.70	8	0.43	10	0.27
土耳其	18	3.44	18	6.36	15	1.15	16	3.51	9	0.51	18	0.88
墨西哥	12	2.06	12	2.57	16	1.25	14	2.36	10	0.51	11	0.40
印度尼西亚	10	1.76	17	4.65	17	1.64	18	10.12	6	0.21	15	0.60
沙特阿拉伯	11	1.83	16	4.08	1	0.00	8	0.47	5	0.07	8	0.16
均值		1.83		2.21		0.77		2.28		0.88		0.47
标准差		1.37		2.02		1.02		3.40		0.88		0.58
变异系数		0.75		0.91		1.32		1.49		1.00		1.24

资料来源：根据计算公式，作者整理计算。

从表4.3还可以看出，不同核算标准下样本国家整体的相对剥夺系数也存在较大差异。例如，以人均累计碳排放作为核算标准，整体相对剥夺系数的均值、标准差、变异系数均最大，表明该核算标准下整体不公平感最强，且不同国家间不公平感的差异也最大。而以单位 GDP 累计碳排放作为核算标准，整体相对剥夺系数的均值和标准差最小，表明该核算标准下整体不公平感最弱。以当年碳排放作为核算标准，整体相对剥夺系数的变异系数最小，表明该核算标准下国家间不公平感的差异最小。值得注意的是，整体不公平感受的强弱并非核算标准选择的判断依据，若以减弱整体不公平性作为出发点，则反映整体不公平性最强的核算标准往往更值得关注和选择。

4.3.1.2 国家子群情形

根据式（4.7）和式（4.8），我们可以计算出不同碳排放核算标准下2011年G8国、B4国和N7国3个国家子群之间的相对剥夺系数，如表4.4所示。从表4.4我们可以看出，不同核算标准下不同国家子群间存在不同的相对剥夺系数。以G8国和B4国为例，无论是以累计碳排放、人均碳排放还是以人均累计碳排放作为核算标准，G8国对B4国均有很高的相对剥夺系数而应承担更多的减排责任，尤其是以人均累计碳排放作为核算标准，G8国对B4国的相对剥夺系数高达4.41，这反映出了B4国因人口因素而产生的碳排放压力和G8国因过去的工业化道路所应承担的历史责任。但以单位GDP碳排放作为核算标准，则情况正好相反，B4国对G8国有很高的相对剥夺系数而需要承担更多的减排责任，原因是G8国已实现工业化，单位GDP碳排放在技术推动下已进入下行通道，而发展中国家依然需要借助高能耗推动经济发展。此外，以当年碳排放、累计碳排放和单位GDP累计碳排放作为核算标准，G8国和B4国还存在明显的彼此相对剥夺现象，这表明上述核算标准下两个国家子群间碳排放存在明显的重叠，从而模糊化了两个国家子群间碳排放的人口因素和技术等方面的差异，这也是上述核算标准的局限所在。

表4.4 2011年不同核算标准下各国家子群的相对剥夺系数

	当年碳排放	累计碳排放	人均碳排放	人均累计碳排放	单位GDP碳排放	单位GDP累计碳排放
G8国内的相对剥夺系数	0.51	0.51	0.22	0.28	0.34	0.22
B4国内的相对剥夺系数	0.56	0.49	0.36	0.45	0.21	0.33
N7国内的相对剥夺系数	0.16	0.16	0.38	0.42	0.19	0.12
G8国对B4国的相对剥夺系数	0.18	1.06	1.05	4.41	0.04	0.20
B4国对G8国的相对剥夺系数	1.70	0.25	0.05	0.00	2.28	0.46
N7国对B4国的相对剥夺系数	0.00	0.01	0.94	1.12	0.08	0.09
B4国对N7国的相对剥夺系数	6.32	3.92	0.15	0.16	1.11	0.91
G8国对N7国的相对剥夺系数	2.24	7.06	0.44	2.05	0.10	0.51
N7国对G8国的相对剥夺系数	0.02	0.00	0.24	0.03	0.80	0.05

资料来源：根据计算公式，作者整理计算。

从表4.4我们还可以看出，国家子群内的相对剥夺系数要小于国家子群间的相对剥夺系数，这反映出在国际减排谈判中发展中国家与发达国家群体间的利益之争，要强于群体内不同国家之间的利益之争。如果将新兴工业化国家看作谈判中发达国家和发展中国家积极争取的合作对象，那么从表4.4还可以看出，以当年碳排放、累计碳排放、人均累计碳排放和单位 GDP 累计碳排放作为核算标准，G8 国对 N7 国也具有较高的相对剥夺系数，而以单位 GDP 碳排放作为核算标准，N7 国对 G8 国具有较高的相对剥夺系数。以当年碳排放、累计碳排放、单位 GDP 碳排放和单位 GDP 累计碳排放作为核算标准，B4 国对 N7 国具有较高的相对剥夺系数，而以人均碳排放和人均累计碳排放作为核算标准，N7 国对 B4 国具有较高的相对剥夺系数。可见，在国际减排谈判中，若使用人均累计碳排放作为核算标准，B4 国更易争取 N7 国的合作。

4.3.2 相对剥夺系数的动态分析

4.3.2.1 国家子群间情形

在对 2011 年国家子群间碳排放的相对剥夺系数的分析中我们发现，以人均累计碳排放作为核算标准，G8 国对 B4 国的相对剥夺系数最高，而以单位 GDP 碳排放作为核算标准，B4 国对 G8 国的相对剥夺系数最高。表4.5为以这两种核算标准分别计算的 1992 年《联合国气候变化框架公约》签署以来至 2011 年，不同国家子群间相对剥夺系数的动态变化情况。

表 4.5 1992—2011 年两种核算标准下各国家子群间的相对剥夺系数动态变化

年份	以人均累计碳排放作为核算标准			以单位 GDP 碳排放作为核算标准		
	G8 国对 B4 国的相对剥夺系数	G8 国对 N7 国的相对剥夺系数	N7 国对 B4 国的相对剥夺系数	B4 国对 G8 国的相对剥夺系数	N7 国对 G8 国的相对剥夺系数	B4 国对 N7 国的相对剥夺系数
1992	5.73	3.01	1.14	2.24	0.53	1.87
1993	5.66	2.92	1.15	2.33	0.53	1.94
1994	5.60	2.84	1.17	2.13	0.58	1.65
1995	5.55	2.77	1.18	1.92	0.52	1.61
1996	5.51	2.70	1.19	1.84	0.51	1.57
1997	5.47	2.64	1.20	1.82	0.50	1.53
1998	5.44	2.58	1.21	1.43	0.52	1.20
1999	5.41	2.53	1.22	1.16	0.37	1.34
2000	5.40	2.48	1.24	1.34	0.42	1.35
2001	5.36	2.44	1.24	1.50	0.53	1.20

续表

年份	以人均累计碳排放作为核算标准			以单位 GDP 碳排放作为核算标准		
	G8 国对 B4 国的相对剥夺系数	G8 国对 N7 国的相对剥夺系数	N7 国对 B4 国的相对剥夺系数	B4 国对 G8 国的相对剥夺系数	N7 国对 G8 国的相对剥夺系数	B4 国对 N7 国的相对剥夺系数
2002	5.31	2.40	1.24	1.65	0.64	1.08
2003	5.24	2.37	1.23	1.71	0.64	1.11
2004	5.14	2.32	1.23	1.99	0.78	1.08
2005	5.05	2.28	1.22	2.06	0.74	1.15
2006	4.96	2.24	1.20	2.26	0.76	1.23
2007	4.86	2.21	1.19	2.30	0.78	1.18
2008	4.75	2.17	1.17	2.66	0.81	1.32
2009	4.63	2.14	1.15	2.39	0.92	1.08
2010	4.52	2.10	1.13	2.13	0.79	1.04
2011	4.41	2.05	1.12	2.28	0.80	1.11

资料来源：根据计算公式，作者整理计算。

从表 4.5 我们可以看出，不同核算标准下不同国家子群间相对剥夺系数的变化情况存在较大差异。以人均累计碳排放作为核算标准，G8 国对 B4 国和 N7 国的相对剥夺系数呈逐年下降趋势，N7 国对 B4 国的相对剥夺系数相对稳定。其中，G8 国对 B4 国的相对剥夺系数 20 年下降了 23.04%，G8 国对 N7 国的相对剥夺系数 20 年下降了 31.89%，这主要由 B4 国和 N7 国相对 G8 国经济以更快的速度增长而推动碳排放不断攀升所致。以单位 GDP 碳排放作为核算标准，B4 国对 G8 国的相对剥夺系数呈现先下降后上升的趋势，上升趋势主要发生在美国提出以单位 GDP 碳排放作为核算标准，西方发达国家开始关注经济发展过程中对碳排放强度的控制之后。N7 国对 G8 国的相对剥夺系数的变化呈现更为明显的上升趋势，这反映出在经济快速增长过程中，新兴工业化国家的碳排放控制力相对较弱。而 B4 国对 N7 国相对剥夺系数的下降趋势则反映出以中国为代表的发展中大国在经济增长过程中开始更加关注对碳排放强度的控制。从表 4.5 我们还可以看出，虽然以人均累计碳排放作为核算标准，G8 国对 B4 国和 N7 国的相对剥夺系数呈逐年下降趋势，但该核算标准下，G8 国对 B4 国和 N7 国的相对剥夺系数依然要远远高于以单位 GDP 碳排放作为核算标准下 B4 国和 N7 国对 G8 国的相对剥夺系数，且以单位 GDP 碳排放作为核算标准，N7 国对 G8 国的相对剥夺系数呈上升趋势，而 B4 国对 N7 国的相对剥夺系数呈下降趋势。可见，3 个国家子群在以单位 GDP 碳排放作为核算标准所展开的国际气候谈判中，N7 国将处于更为不利的地位，而在以人均累计碳排放作为核算标准所展开的国际气候谈判中，B4 国和 N7 国之间存在更强的利益趋同，G8 国需要承担更多的减排责任。

4.3.2.2　国家子群内情形

虽然国家子群内的相对剥夺系数小于国家子群间的相对剥夺系数，已经反映出国家子群间的利益之争强于国家子群内的利益之争。但国家子群内的相对剥夺系数作为国家子群对其内部公平性感受的衡量指标，不仅能够反映国家子群内的利益之争强度，还能够反映国家子群内各国对外进行利益之争的一致性情况。国家子群内的相对剥夺系数越高，表明其内部各国针对碳排放的利益之争越强，而对外进行利益之争的一致性越弱。表 4.6为同样以人均累计碳排放和单位 GDP 碳排放作为核算标准分别计算的 1992—2011 年不同国家子群内相对剥夺系数的动态变化情况。

从表 4.6 我们可以看出，不同核算标准下不同国家子群内相对剥夺系数的变化同样存在较大差异。以人均累计碳排放作为核算标准，G8 国内、B4 国内和 N7 国内的相对剥夺系数均呈逐年下降趋势，其中，1992—2011 年 20 年间 G8 国内的相对剥夺系数下降幅度最大，为 24.32%，其次是 B4 国内的相对剥夺系数，下降了 15.09%，N7 国内的相对剥夺系数下降了 12.50%。

表 4.6　1992—2011 年两种核算标准下各国家子群内的相对剥夺系数动态变化

年份	以人均累计碳排放作为核算标准			以单位 GDP 碳排放作为核算标准		
	G8 国内的相对剥夺系数	B4 国内的相对剥夺系数	N7 国内的相对剥夺系数	G8 国内的相对剥夺系数	B4 国内的相对剥夺系数	N7 国内的相对剥夺系数
1992	0.37	0.53	0.48	0.53	0.36	0.22
1993	0.36	0.52	0.48	0.52	0.36	0.25
1994	0.36	0.52	0.47	0.53	0.34	0.25
1995	0.35	0.52	0.47	0.54	0.33	0.19
1996	0.35	0.51	0.47	0.53	0.30	0.19
1997	0.34	0.51	0.46	0.51	0.28	0.17
1998	0.34	0.50	0.46	0.58	0.25	0.25
1999	0.33	0.50	0.46	0.65	0.22	0.20

续表

年份	以人均累计碳排放作为核算标准			以单位 GDP 碳排放作为核算标准		
	G8 国内的相对剥夺系数	B4 国内的相对剥夺系数	N7 国内的相对剥夺系数	G8 国内的相对剥夺系数	B4 国内的相对剥夺系数	N7 国内的相对剥夺系数
2000	0. 33	0. 49	0. 46	0. 60	0. 21	0. 22
2001	0. 32	0. 49	0. 45	0. 56	0. 22	0. 24
2002	0. 32	0. 48	0. 45	0. 55	0. 22	0. 20
2003	0. 31	0. 48	0. 45	0. 53	0. 22	0. 19
2004	0. 31	0. 48	0. 45	0. 49	0. 24	0. 23
2005	0. 31	0. 47	0. 44	0. 45	0. 26	0. 21
2006	0. 30	0. 47	0. 44	0. 41	0. 26	0. 20
2007	0. 30	0. 47	0. 44	0. 38	0. 26	0. 18
2008	0. 29	0. 46	0. 43	0. 35	0. 23	0. 18
2009	0. 29	0. 46	0. 43	0. 39	0. 24	0. 19
2010	0. 28	0. 46	0. 43	0. 35	0. 22	0. 21
2011	0. 28	0. 45	0. 42	0. 34	0. 21	0. 19

资料来源：根据计算公式，作者整理计算。

以单位 GDP 碳排放作为核算标准，虽然 G8 国内、B4 国内和 N7 国内的相对剥夺系数整体上也呈下降趋势，但其趋势的稳定性要远弱于以人均累计碳排放作为核算标准的情形。例如，1998 年 G8 国内的相对剥夺系数曾出现较大幅度的提高，直至 2004 年才又重新降到 1998 年以前的水平。2000—2007 年，B4 国内的相对剥夺系数还出现一段上升趋势，2008 年后才又重新出现下降趋势。N7 国内的相对剥夺系数则一直围绕 0. 2 上下波动。这表明经济发展的不确定性也带来了以单位 GDP 碳排放作为核算标准计算相对剥夺系数的不确定性。从表 4. 6 我们还可以发现，以人均累计碳排放作为核算标准，B4 国内的相对剥夺系数最大，其次是 N7 国内的相对剥夺系数，G8 国内的相对剥夺系数最小；而以单位 GDP 碳排放作为核算标准，G8 国内的相对剥夺系数最大，其次是 B4 国内的相对剥夺系数，N7 国内的相对剥夺系数最小。这表明以人均累计碳排放作为核算标准，G8 国对其内部公平性感受最强，且各国对外利益之争的一致性也最强；而以单位 GDP 碳排放作为核算标准，B4 国和 N7 国对其内部公平性感受较强，且各国对外进行利益之争的一致性也较强。可见，从趋势稳定性角度看，以人均累计碳排放作为核算标准要优于以单位 GDP 碳排放作为核算标准。从减轻国家子群内不公平感受和增强子群内国家对外一致性角度看，G8 国子群内应该考虑以人均累计碳排放作为核算标准，而 B4 国和 N7 国子群内应该考虑以单位 GDP 碳排放作为核算标准。

4.3.3　国际贸易隐含碳调整后的公平性分析

4.3.3.1　考虑国际贸易影响的相对剥夺系数分析

由于国际贸易中的产品和服务种类众多，目前国内外还没有完善的基于国际碳排放转移的数据库。本章以王文举等（2011）的研究为基础，以 G8 国和 B4 国为研究对象，以当年碳排放作为核算标准，计算了 2005 年对碳排放国际转移进行调整对各国相对剥夺系数所带来的影响，如表 4.7 所示。

表 4.7　2005 年国际贸易影响调整对各国相对剥夺系数的影响情况

国家	调整前的碳排放（百万吨）	国际贸易中碳排放移出（百万吨）	碳排放移出率（%）	调整前的相对剥夺系数	调整后的相对剥夺系数	相对剥夺系数下降率（%）
美国	1 307.31	212.63	16.26	0.00	0.00	—
英国	73.23	62.78	85.73	3.86	1.68	-56.40
日本	240.41	51.00	21.21	0.85	0.57	-32.79
德国	87.79	75.51	86.01	3.09	1.32	-57.42
法国	24.03	67.16	279.49	13.60	2.85	-79.06
意大利	61.48	46.22	75.17	4.76	2.29	-51.76
加拿大	123.92	4.46	3.60	2.04	1.82	-10.72
俄罗斯	438.94	-182.71	-41.62	0.34	0.69	102.67
中国	1 360.52	-306.41	-22.52	0.00	0.04	—
印度	298.98	-21.78	-7.28	0.62	0.61	-0.73
巴西	87.65	-5.57	-6.36	3.10	3.26	5.28
南非	104.57	-12.03	-11.50	2.50	2.79	11.51

注：此处碳排放量由引文中二氧化碳排放量除以 3.667（即二氧化碳分子量与碳分子量之比）所得。

资料来源：根据王文举等（2011）的研究，作者整理计算。

从表 4.7 我们可以看出，G8 国（俄罗斯除外）普遍存在对 B4 国的碳排放净移出。在不考虑国际贸易影响的情况下，B4 国普遍存在对 G8 国的相对剥夺。但考虑国际贸易影响后，除了美国和俄罗斯，G8 国中其他 6 个国家碳排放的相对剥夺系数均出现了大幅下降，其中法国相对剥夺系数下降的幅度达到近80%。相比之下，由此给4个发展中国家带来的相对剥夺系数增加比重则很小，其中，相对剥夺系数增幅最大的南非仅增长了11.51%。由此可见，对国际贸易所引起的国际碳排放转移进行调整，其结果对国际碳排放相对剥夺系数的影响具有很强的不对称性，在稍微增加发展中国家相对剥夺系数的同时，也带来了发达国家相对剥夺系数的大幅下降。

4.3.3.2 考虑国际贸易影响的国家子群间相对剥夺系数分析

同理，我们还计算了2005年对碳排放国际转移进行调整对国家子群间相对剥夺系数所带来的影响，如表4.8所示。从表4.8我们可以发现，对碳排放国际转移进行调整后，各子群内的相对剥夺系数均得到了不同程度的下降，表明对碳排放国际转移进行调整可以降低各子群内碳排放的不公平感受。此外，调整在降低B4国对G8国碳排放的相对剥夺系数的同时，还增加了G8国对B4国碳排放的相对剥夺系数，且前者下降的幅度要小于后者上升的幅度，这表明在当年碳排放核算标准下，对国际贸易的影响进行调整，可以降低G8国的相对剥夺系数从而降低B4国的减排责任，同时增加B4国的相对剥夺系数而增加G8国的减排责任。由此可见，对国际贸易的影响进行调整更显公平，更能体现国际碳减排责任分配中的“共同但有区别的责任”原则。

表4.8 2005年国际贸易影响调整对各国家子群相对剥夺系数的影响情况

	国际贸易调整前	国际贸易调整后	调整前后变化率（%）
G8国内的相对剥夺系数	0.60	0.53	-13.10
B4国内的相对剥夺系数	0.54	0.51	-4.99
B4国对G8国的相对剥夺系数	1.06	0.65	-38.79
G8国对B4国的相对剥夺系数	0.31	0.47	52.76
整体的相对剥夺系数	0.59	0.54	-9.39

资料来源：根据王文举等（2011）的研究，作者整理计算。

受数据局限，此处仅对以当年碳排放作为核算标准的情况进行了分析。但从国际贸易影响调整对相对剥夺系数影响的计算公式来看，上述分析同样适用于其他核算标准和数据来源下的国际贸易影响调整的分析，且结论不失一般性。

4.4 国际碳排放核算标准选择结论与建议

本章基于相对剥夺系数对6种国际碳排放核算标准的公平性进行了度量。结果显示，不同核算标准下，计算出的各国相对剥夺系数不同，其隐含的国际减排责任分配建议同样不同。当年碳排放核算标准下，中国、美国、印度等大国显示出对他国较高的相对剥夺系数，理应承担更多的减排责任；但如果将历史责任考虑在内，即在累计碳排放核算标准下，美国、英国、德国等工业化起步较早的国家显示出对他国较高的相对剥夺系数，理应承担更多的减排责任。如果仅考虑人口规模，即在人均碳排放核算标准下，美国、加拿大、俄罗斯等地广人稀的大国会显示出对他国较高的相对剥夺系数，理应承担更多的减排责任；但仅考虑经济发展，即在单位GDP碳排放核算标准下，中国、印度、南非等发展中国家则显示出对他国较高的相对剥夺系数，理应承担更多的减排责任。如果同时考虑人口规模和历史责任，即在人均累计碳排放核算标准下，美国、英国、德国等国显示出对他国较高的相对剥夺系数，理应承担更多的减排责任；而同时考虑经济发展和历史责任，即在单位GDP累计碳排放量核算标准下，则南非、英国、美国等国显示出对他国较高的相对剥夺系数，理应承担更多的减排责任。不同核算标准所隐含的减排责任分配建议还会反向推动各国为推广更有利于本国的核算标准而做出努力，自《联合国气候变化框架公约》(1992) 签订以来，国际碳排放核算标准经历了一系列的演化，其趋势是考虑更多公平因素的核算标准正在成为主导。

考虑更多公平因素的核算标准成为主导趋势的另一个主要原因是，当前国际气候谈判中，发展中国家和发达国家以群体形式出现已经成为常态，如作为发展中国家代表的B4国和77国集团，作为发达国家代表的欧盟和G8国集团，国家集团对核算标准的选择必然会考虑其内部成员间的差异性。静态研究显示，不同核算标准下计算出的国家子群间相对剥夺系数及其隐含碳的减排责任分配建议也不同。以累计碳排放、人均碳排放和人均累计碳排放作为核算标准，G8国对B4国和N7国有较高相对剥夺系数，G8国理应承担更多减排责任；但以单位GDP碳排放作为核算标准，B4国和N7国对G8国有较高相对剥夺系数，B4国和N7国理应承担更多减排责任；而以当年碳排放和单位GDP累计碳排放作为核算标准，B4国对G8国和N7国有较高相对剥夺系数，B4国理应承担更多减排责任。可见，以单位 GDP 碳排放作为核算标准对以美国为代表的发达国家减排责任分配更有利，而以人均累计碳排放作为核算标准则对以中国为代表的发展中国家和新兴工业化国家更有利。动态分析显示：以单位 GDP 碳排放作为核算标准，由于新兴工业化国家对发达国家的相对剥夺程度呈上升趋势，新兴工业化国家将会在国际碳排放谈判中处于更为不利的地位；而以人均累计碳排放作为核算标准，发展中国家和新兴工业化国家具有更强的利益趋同和更大的合作空间。且从相对剥夺系数波动的稳定性来看，以人均累计碳排放作为核算标准要优于以单位 GDP 碳排放作为核算标准。值得关注的是，虽然国家子群内的相对剥夺系数小于国家子群间的相对剥夺系数，已经反映出国家子群关注其外部的利益之争要强于关注其内部的利益之争，但国家子群内的相对剥夺系数不仅反映国家子群内的利益之争强度，还能够反映国家子群内各国对外进行利益之争的一致性情况，从减轻国家子群内不公平感受和增强子群内国家对外一致性角度出发，G8 国在对外积极提倡以单位 GDP 碳排放作为核算标准的同时，还要考虑在其内部推广以人均累计碳排放作为核算标准；而 B4 国和 N7 国则在对外积极提倡以人均累计碳排放作为核算标准的同时，也要考虑在其内部推广以单位 GDP 碳排放作为核算标准。

无论是以人均累计排放还是以单位 GDP 碳排放作为核算标准，其出发点和基本逻辑依然是以国家本土碳排放作为依据，忽略了发达国家通过国际贸易将本国部分减排责任转移给发展中国家，从而对发展中国家造成不公平的现象。基于王文举等（2011）的研究，计算发现，对国际碳排放转移进行调整会使得发达国家和发展中国家子群内的相对剥夺系数均得到降低，且引起发达国家和发展中国家子群间相对剥夺系数的变化具有明显不对称性。这表明，基于国际贸易隐含碳排放调整的核算标准更有利于体现国际碳排放的公平性，更能体现“共同但有区别的责任”原则。这也就要求我们重新审视当前的各种核算标准，构建一套基于国际贸易中隐含碳排放的核算标准，完善历史上各国国际贸易中的隐含碳排放数据，并跟踪其未来的变化。

据世界银行统计数据显示，中国作为最大的发展中国家，目前当年碳排放已超过美国，居世界之首。面对越来越大的国际舆论压力，要想在未来的气候谈判中更好地维护国家利益，并获得更为有利的排放权和更为公平的减排责任，中国不仅需要关注国际社会对碳排放核算标准的选择及其公平性阐释，还必须积极发展有利于自己且能体现“共同但有区别的责任”原则的核算标准及其公平性阐释，从而寻求获得国际社会更为积极和公平的评价。基于王文举等（2011）的思想，本章研究支持以建立在国际贸易隐含碳排放调整基础上的人均累计碳排放作为国际碳排放核算标准。相信随着数据的不断完善，这一领域的研究空间会越来越大，其成果的现实指导意义也会越来越大。

第二篇

碳排放指标的产业间分配

产业结构调整是节能减排的三大途径之一，但其节能减排的潜力一直缺乏定量的评估。产业结构与碳排放的关系研究可以分为三个方面：不同产业的碳排放强度存在显著差异；产业结构的变动会影响能源消费和能源效率；产业结构的变动最终会影响到碳排放量以及碳排放强度。

产业结构的变动对能耗以及碳排放有正向影响，驱动了能耗和碳排放的增长，这一点基本得到了证实；但是，产业结构调整的节能减排潜力到底有多大？由于学者们研究的对象、方法不一致，结果差别很大，且缺少全国范围内节能减排潜力的定量研究。本篇以国民经济系统为整体，从投入产出关系中的最终需求出发，建立产业结构调整的动态投入产出模型，估计资本系数矩阵 K；综合运用回归分析和最优化技术预测了2020年的消费产品结构，结合出口产品结构的预测，给出了不同的消费率和出口率组合下，经济均衡增长的增长率以及对应的均衡产业结构，并根据均衡产业结构计算了高、中、低GDP目标下2020年的碳排放量；在消费和出口产品结构刚性的前提下，以投资作为调整对象，构建了产业结构调整的动态投入产出模型；通过调整投资，改变最终需求分配结构，评估了经济均衡增长时的节能减排潜力，结果表明，如果能源结构和各部门的单位产品能耗保持在2005年的状态，仅仅依靠产业结构调整，可使2020年生产能耗和生产碳排放量下降25.6%~31.0%，产业结构调整对实现中国碳排放强度目标的贡献最高可达60%左右。

在产业结构调整的基础上，结合中国2020年的能源供给量和供给结构预测，运用超越对数生产函数对各行业的能源生产函数进行估计，计算各行业煤炭、石油、天然气、热力和电力的产出弹性，建立能源供给和替代约束下最小碳排放量的优化模型，给出分部门的能源结构调整方案，并计算能源结构调整的节能减排潜力，发现能源结构调整能减少20.17%~24.87%的能耗，减少27.12%~32.08%的碳排放。

最后，根据产业结构调整后各产业的增加值、总能耗以及各产业的能源结构，计算出各产业的碳排放强度，给出各部门的总量排放指标和碳排放强度指标，并就实现碳排放目标提出相应的对策建议。

5　碳排放的产业差异

5.1　产业结构对碳排放的影响

5.1.1　产业结构与碳排放

5.1.1.1　产业结构与碳排放的理论研究

能源作为生产中最重要的物质投入要素之一，其对经济增长的重要性不言而喻。但是，在不同的经济发展阶段，能源在经济增长中的作用不一样。能源消费与经济发展的关系，取决于经济发展所处阶段的产业结构。按照经济发展理论，人类经济发展的历史可以分为 4 个阶段：第一阶段是指农业为主的阶段，这一阶段，农业在国民经济中占有主要地位，工业以手工业为主，逐步向轻纺工业发展，由于农业本身不需要太多的能源，经济增长对能源的需求很低，能源对经济增长的约束不会显现出来；第二阶段是指以轻纺工业为主的发展阶段，这一阶段，经济发展对能源的需求有所增大，能源开始成为重要的生产要素；第三阶段是指以重化工业为主的发展阶段，这一阶段，经济增长对能源的需求以及能源作为原材料的需求都急剧增大，经济对能源依赖严重；第四阶段是指以高新技术产业为主的发展阶段，这一阶段，由于技术进步以及新兴产业的出现，能源的效率大幅提高，经济增长对能源的需求开始下降，并逐步趋于一个稳定水平。

在经济发展的第一阶段，工业化尚未进行，第一产业比重很大，能源的需求有限，由此导致二氧化碳排放量很少，人类对自然环境的影响微乎其微。自第一次工业革命开始，人类逐步迈入工业时代，与此同时，人类对能源的需求开始逐步增加，由此导致二氧化碳排放量也逐年增加，但这期间的二氧化碳排放还没有对气候产生明显的影响。伴随着第二次工业革命，化石能源开始大量使用，二氧化碳排放量急剧增长。根据美国橡树岭国家实验室二氧化碳信息中心的数据，1850 年以前，人类活动排放的二氧化碳累计仅 46 亿吨；1850—1949 年的 100 年间，人类活动排放的二氧化碳累计量上升到 1 799.67 亿吨；而最近的 60 年（1950—2009），人类活动排放的二氧化碳累计量达到惊人的 10 817 亿吨。

我国工业化起步较晚，累计碳排放量相对较少，但二氧化碳排放的增长速度很快。这一方面源于经济总量的增长，另一方面也和我国的产业结构变化密切相关。早在 1676 年，威廉·配第就描述过产业结构变化的趋势：因为工业的收入比农业多，商业的收入又比工业多，收入的差距必然吸引劳动力逐渐从农业向工业转移，然后又从工业向商业转移。这就意味着，人类社会的发展历程必然是从农业社会开始，然后进入工业社会，最后由第三产业占主导。经济学家克拉克总结了上述规律，其理论称为“配第 - 克拉克定理”。此后，1932 年，日本的经济学家赤松指出了落后国家追赶发达国家实现产业结构提升的办法，即“雁行形态发展模式”论，该理论认为，后进国家追赶先进国家时，产业结构的演进呈现雁行形态，即后进国家的产业发展是按“进口—国内生产—出口”的模式相继交替发展。这个模式有两个变形：一是产业发展的次序，一般是从消费资料产业到生产资料产业，从农业到轻工业，进而到重工业的不断高级化过程；另一个是消费资料产业的产品不断从粗制品向精制品转化，生产资料产业的产品不断从生产生活用的生产资料向生产生产用的生产资料转化，最终就使产业结构趋向多样化和高级化。当产业结构以轻工业为主转到以重工业为主的形态下时，高污染、高排放就不可避免了。

20 世纪 90 年代，美国经济学家格罗斯曼和克鲁格（Grossman & Krueger）研究了环境与经济增长的关系后，提出了著名的“环境库兹涅茨曲线”，认为随着经济的发展，污染会逐渐上升，环境趋于恶化；经济发展到一定水平后，污染的排放到达顶点，环境恶化达到极限；随后，污染会逐渐减小，环境得到改善，即污染和国民收入呈“倒 U”形曲线。这也是发达国家自身发展历程所经过的“先污染、后治理”的道路。

无论是“配第 - 克拉克定理”，还是“环境库兹涅茨曲线”，都说明在经济发展的过程中，都必然会经历一个污染和排放上升的阶段。当产业结构经历了重工业化阶段之后，随着收入的提高，消费向第三产业转移，人类利用能源的技术不断进步，碳排放量必然随之减少。由此看来，如果能根据产业结构的演变规律，不断调整和优化产业结构，主动引导产业结构向高级化方向演进，就能尽快迈过“环境库兹涅茨曲线”的拐点，走上低碳经济的发展道路。

5.1.1.2 产业结构与碳排放的实证研究

产业结构与碳排放的关系研究可以分为三个方面：①不同产业的碳排放强度存在显著差异；②产业结构的变动会影响能源消费和能源效率；③产业结构的变动最终会影响到碳排放量以及碳排放强度。

肖腊珍和陈琰（2011）运用 Kruskal - Wallis 检验发现，8 个行业的碳排放强度存在显著差异，其中，电力、燃气及水的生产供应业排放强度最高，农业、建筑业、批发零售餐饮住宿业、其他行业排放强度较低。徐大丰（2011）通过投入产出分析也发现，我国的碳生产率存在明显的行业差异。

产业结构首先直接影响能源消费总量，路正南（1999）、郭志军等（2003）通过回归分析，证实了能源消费总量与产业结构高度相关。张雷和黄园淅（2008）运用“结构演进 - 能源消费”模型、“结构演进 - 单位能耗”模型，证实了第二产业为主的经济结构对能源消费需求有加速效应。陈首丽和马立平（2011）的分析结论略有不同，他们使用因素分解分析发现，产业结构调整在 2002 年前降低了能源消费的总量，但此后产业结构的变化在一定程度上加大了能源的消费。产业结构也间接影响能源效率，虞义华等（2011）通过面板数据回归，证实了第二产业比重同碳排放强度存在正相关关系。方夏青等（2008）认为，我国历年能耗强度降低是由各产业能源利用效率提高引起的，因此，产业结构对能源利用效率有重要影响。张元元（2012）将能源效率与产业结构组建到一个函数内，对陕西省产业结构和能源效率的关系进行了实证分析，结论和张雷的基本一致。王达（2008）以广州市作为样本，分析了产业结构变动对能源效率的影响，结果显示：技术进步是能源效率提升的根本原因，但产业结构变动能在很大程度上影响能源效率。郭广涛等（2008）以中国西部能源投入占用产出表为基础，建立了能源投入产出的多目标优化模型，求得在 GDP 和劳动者报酬增长超过 8%，技术、产品价格等条件保持不变的情况下，仅通过产业结构调整可以降低单位 GDP 能耗 2.7%。李科（2010）基于经济结构与能源效率的变动特征设定了非线性阈值协整模型，检验和估计结果表明，1976年以前，经济结构的变化抑制了能源强度降低，但1977—2002年经济结构对能源强度变化的影响恰好相反。

具体到产业结构与碳排放的关系，学者们也开展了相关研究。于左和孔宪丽（2011）运用1978—2008年的能源和经济数据，研究了中国产业结构、经济增长等与煤炭消费量的关系，发现它们之间存在着长期均衡，现有产业结构负面效应过大，不可持续，且过多的煤炭消费导致碳排放过高。郑长德、刘帅（2011）采用2000—2008年省际面板对我国各省份的产业结构与碳排放的关系进行了实证分析，结果发现，经济增长是导致我国碳排放增加的主要因素，具体到各产业，第二产业对碳排放的影响最大，第一、三产业的影响较小。郭朝先（2012）采用LMDI分解方法，对中国1996—2009年的碳排放进行分解发现，1996—2009年中国二氧化碳排放增长46.467 8亿吨，其中，产业结构效应4.988 7亿吨，对碳排放增长的贡献度为10.7%。尽管产业结构不是最主要的因素，但产业结构变动驱动了碳排放的增长是肯定的。

同时，学者们对产业结构的减排效果也进行了研究，得出了一些有益的结论。张雷等（2011）在原有研究基础上增加了“能源结构－碳排放”模型，得出结论：第二产业的比重过高是导致单位能耗形成“倒U”形的过程放缓的原因，产业结构的减排贡献可能达到60%。谭飞燕和张雯（2011）用省际面板数据验证的结论和张雷一致。文淑惠等（2012）应用“产业结构演进－能源消费关联”模型、“产业结构演进－单位能耗关联”模型对云南产业演进的能源消费效应和碳排放效应进行实证分析后认为，产业结构调整对提高能效和减少排放都具有重要作用。牛鸿蕾、江可申（2012）以江苏省为例，采用带精英策略的非支配排序遗传算法模拟运算，求得帕累托最优解集，结果表明，在保证稳定增长与就业的前提下，产业结构调整在一定范围内仍然是一种减少碳排放的手段。

对于产业结构变动和能源消费总量、能源效率、碳排放量以及碳排放强度的关系，大多数学者认为是相关的，但关系是线性还是非线性、是正相关还是负相关结论很不一致。这一方面源于研究方法、代表产业结构的经济变量不同，另一方面也可能源于选择的样本期间不同。总之，产业结构的变动会影响能源消费量和能源强度，进而影响碳排放量和碳排放强度。

5.1.2 我国的产业结构及其演变特征

自1978年改革开放以来，我国的产业结构发生了很大的变化。总的来说，三次产业中，第一产业的比重不断下降，在国民经济中的份额已经从最初的 30% 左右下降到了 10%，第二产业的比重一直维持在 40% ~50%，第三产业发展较快，比重由改革初期的 20% 上升到了 40%（图 5.1）。我国已经由一个农业大国转变为工业大国，正在向一个工业强国迈进，在这个过程中，三大产业的比例关系相比以前有了很大的改善，产业结构正向合理化的方向推进。然而，第三产业发展相对滞后，工业的重工化程度加大，近年来工业在经济中的比例不降反升，由此带来的环境问题凸显，产业结构的调整已经迫在眉睫。

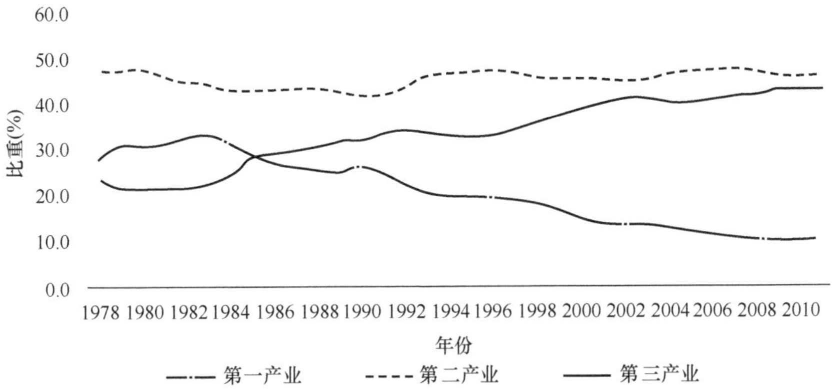

图 5.1　我国三次产业在国民经济中的比重变化

从总体上看，第一产业呈不断下降的趋势。在 20 世纪 80 年代初期，第一产业在国民经济中的比重一直维持在 30% 左右，比例最高的年份是 1982 年，该年第一产业的占比甚至达到了 33.4%。此后，第一产业的比重开始逐年下降，90 年代以后下降更为明显，2000 年后，下降趋势减缓，产业比重趋于稳定。2010 年第一产业在 GDP 中的比重降到了 10.1%。就劳动力投入而言，和产业结构的变动趋势基本一致。第一产业劳动力占总劳动力的比重自改革开放以后就不断下降，从 1978 年的 70.5% 下降到 2010 年的 36.7%。但是，农、林、牧、渔各产业发展不均衡，内部结构不合理，农业生产率低下，劳动力过剩等问题一直困扰着第一产业的发展。

第二产业是国民经济的命脉，有着举足轻重的地位。从总体上看，第二产业在 GDP 中的比重没有大幅的变化，从 1980 年的 48.2% 下降到 1990 年的 41.34%，此后几经起伏，在 2006 年回升到 48.0%，到 2010 年复降到 46.8%。第二产业吸纳的劳动力一直呈现出持续上升的趋势，从 1978 年的 17.3% 逐步增加到了 2010 年的 28.7%，但工业吸纳的劳动力总量相比第一、三产业明显不足。

从工业的内部结构看，中国的工业先后经历了以轻为主、轻重同步、重工业化三个阶段。在20世纪80年代初期，为了调整轻重工业结构的不合理，轻纺工业被优先发展，轻工业的比重迅速上升到50%。80年代中后期到90年代初，轻、重工业基本平衡，保持稳定发展的态势。1992年后，我国的工业结构出现了较为明显的重工业化趋势，到1998年，重工业增加值占全部工业的比重已接近60%。从1999年开始，重工业呈现快速发展势头，工业增长再次形成以重工业为主导的格局。2002年以后，重工业在工业增加值中的比重继续上升，到2010年重工业的比重已经达到71.36%。轻重工业的比例差距明显拉大，重工业化趋势日益显著。重工业化给我国的经济发展模式带来了重大影响，使我国重新步入高能耗、高排放、高投入的粗放增长模式。

第三产业在经济中的比重总体呈现上升趋势。在20世纪80年代初期，第三产业在GDP中的比重一直保持在22%左右。自1983年开始，第三产业的比重开始迅速上升，到2001年首次超过40%。但在2002年后，第三产业的比重开始出现微弱的下降，2009年回升到43.4%。与此相一致的是，第三产业吸纳的劳动力比例从12.2%增加到2010年的34.6%。在第三产业占国民经济比重日趋增大的同时，第三产业内部结构也在发生变化。经过30年的发展，第三产业的重心已经从传统的商业、餐饮、居民服务、交通、邮电等产业领域逐步转移到旅游、信息、科技、教育、文化、金融和房地产等新兴行业。虽然我国的第三产业发展较快，但依然落后于国民经济的发展，且与世界发达国家的差距较大。

5.1.3 各产业的能源消费特点与能源结构

能源的消费有显著的行业差异，表5.1给出了2010年按终端能源消费[①]统计的分行业能源消费总量和行业的能源消费结构。2010年，各行业加上生活能源总共消费了305 009.6万吨标准煤，其中，生产耗能270 451.7万吨标准煤，占全部能源消费的88.67%，而生活消费耗能不足12%。在生产耗能中，第一产业的消耗最少，仅占能源总消费的2.12%；其次是第三产业，占能源总消费的15.12%；能源消费主要集中在第二产业，占能源总消费的70%以上。

---

① 终端能源消费是指终端用能设备入口得到的能源量，它等于一次能源消费量减去能源加工、转换和储运过程中的损失和能源工业所用能源后的能源量。

表 5.1 2010 年分行业的能源消费结构

行 业	能源总消费（万吨标准煤）	煤炭（%）	石油（%）	天然气（%）	热力（%）	电力（%）
农业	6 477. 3	20. 50	31. 16	0. 10	0. 05	48. 19
采矿业	15 040. 9	37. 31	11. 10	9. 23	1. 11	41. 24
食品饮料制造及烟草制品业	5 437. 8	38. 09	6. 02	1. 44	8. 16	46. 28
纺织服装及皮革产品制造业	7 316. 9	19. 35	3. 73	0. 36	10. 23	66. 32
其他制造业	7 275. 7	29. 34	4. 08	0. 65	7. 66	58. 27
电力热力及水的生产供应业	13 592. 6	17. 00	1. 00	0. 08	1. 71	80. 20
炼焦燃气及石油加工业	13 303. 5	13. 81	59. 51	3. 44	7. 66	15. 58
化学工业	35 489. 9	30. 79	14. 28	6. 96	7. 17	40. 80
非金属矿物制品业	27 655. 8	59. 75	9. 75	2. 04	0. 16	28. 30
金属产品制造业	72 700. 9	58. 08	1. 41	0. 60	1. 64	38. 26
机械设备制造业	13 812. 1	17. 14	7. 77	3. 53	2. 27	69. 29
建筑业	6 226. 3	8. 49	66. 09	0. 25	0. 36	24. 81
运输仓储邮电业	25 614. 7	1. 76	83. 86	5. 00	0. 22	9. 17
批发零售贸易住宿餐饮业	6 826. 8	21. 67	10. 58	5. 31	1. 95	60. 50
其他行业	13 680. 5	10. 85	27. 45	2. 53	1. 88	57. 29
生活消费	34 557. 9	21. 48	15. 73	8. 73	6. 65	47. 40

资料来源：根据《中国能源统计年鉴（2011）》中的数据，作者整理计算。

第二产业中，工业能源消费量占绝大部分。自 1990 年以来，我国工业能源消费占比一直在 70% 左右。在“十五”期间，工业能源消费占能源总消费的比例还呈现出增长趋势，工业能源消费对能源总消费增长的贡献也超过 70% 。因此，工业行业面临的节能减排压力最大。具体来说，终端能源消费最多的是金属产品制造业，2010 年的能源消费量超过 7 亿吨标准煤，占全部能源消费的 28% 以上；其次是化学工业，耗能也较多，为 35 489. 9万吨标准煤；除此之外，运输仓储邮电业和非金属矿物制品业也是能源消耗较大的部门。除了能源消费总量存在显著的行业差异外，行业的能源结构也存在较大的差异。从细分行业的能源结构看，农业的能源消费以电力和石油为主，二者合计占农业部门能源消费的 80% 以上。第三产业中，运输仓储邮电业的能源消费主要是石油，高达 83. 86% ；批发零售贸易住宿餐饮业以及其他行业的能源消费以电力为主，电力占比超过 55% ；生活能源的消费也是电力居多，占 47. 40% ，煤和石油的消费相对较少，分别占21.48%和15.73%。

第二产业内部的能源消费结构差异也很大，与能源的生产和转化相关的部门表现出对能源消费品种的不同偏好：采矿业的能源消费以电力和煤炭为主，二者合计占比接近80%；电力热力及水的生产供应业的能源消费以电力为主，电力在部门的能源总消费中占到了80.20%；炼焦燃气及石油加工业的能源消费中，石油份额最大，占59.51%。其他的行业中，非金属矿物制品业、金属产品制造业的能源结构以煤炭为主，煤炭的份额均接近60%；建筑业以石油消费为主，石油在建筑业能源消费中的比重高达66.09%；剩余的5个行业（食品饮料制造及烟草制品业、纺织服装及皮革产品制造业、其他制造业、化学工业和机械设备制造业），能源消费以电力居多，煤炭也占有相当比例。

如果考虑到我国的电力生产主要依赖火电，清洁电源仅占电力总消耗的15%左右，那就意味着除炼焦燃气及石油加工业、建筑业和运输仓储邮电业以外，其他行业都直接或间接消耗以煤炭为主的能源。作为清洁能源的天然气，由于供应量较小，目前主要用在生活消费中，其他行业中只有采矿业、化学工业、运输仓储邮电业三个部门中的比例超过5%。

5.2 各部门的碳排放核算

5.2.1 各产业二氧化碳排放量的核算方法

我国的各种统计并不提供产业和地区层面的二氧化碳排放量数据，因此只能根据行业和地区的能源消费量来进行核算。我国的《能源统计年鉴》提供两种分行业的能源消费数据：一种是按行业分的能源消费总量数据，包括煤炭、焦炭、原油、汽油、煤油、柴油、燃料油、天然气和电力的消费总量；另一种是分行业的终端能源消费量，结合工业行业的终端能源消费量和能源平衡表，可以得到全部53个行业20种能源的终端消费量。

现有的研究大多采用第一种能源消费数据来计算行业的二氧化碳排放量，如李艳梅（2011）、袁鹏等（2012）用每一行业的能源消费总量，乘以对应的二氧化碳排放系数，得到每一行业的二氧化碳排放量。尽管刘竹等（2012）在城市能源消费碳排放核算方面的研究表明，基于能源平衡表和能源消费总量计算得到的碳排放相差不大，且高于根据终端能源消费量计算的碳排放量，但在行业的二氧化碳排放量核算方面，利用分行业的能源消费总量来计算二氧化碳排放量却存在一些问题。首先，按行业分的能源消费总量是每个行业的生产用能源，并非最终消费，更不等于最终排放。对于非能源生产部门，能源消费总量即生产消耗，也是最终消费。而对于能源生产部门，生产消耗的能源远大于本部门的最终消费。其次，按行业分的能源消费总量既包括一次能源，也包括部分二次能源，按照该数据乘以相应的二氧化碳排放系数来计算行业的二氧化碳排放量，会同时存在遗漏和重复计算的问题。例如，二次能源中的焦炭，是由煤炭炼焦而来，在煤炭中已经核算过了，再计算焦炭的话，就属于重复计算。而石油类产品中，除了汽油、煤油、柴油、燃料油外，还有液化石油气、炼厂干气等，按行业分的能源消费总量数据中并不提供，这样计算二氧化碳排放量时又存在遗漏。

相比较而言，根据分行业的终端能源消费量来计算二氧化碳排放量，似乎更合理一些。终端能源消费是每个行业的最终消费，根据 OECD/IEA 的相关定义，终端能源消费仅计量终端用能设备入口得到的能源量，它等于一次能源消费量减去能源加工、转换和储运过程中的损失和能源工业所用能源后的能源量。然而，在中国能源平衡表统计中，按等价值计算的终端能源消费中只扣除选煤、炼焦、油田、炼油、输配电损失，未扣除发电损失和能源工业所用能源。因此，计算得出的中国终端能源消费量远高于按照国际通行准则计算得出的数量①，而比较接近于能源的总消费量。

但是按照终端能源消费计算碳排放量也存在问题。一是部门的实际二氧化碳排放量并不等于该部门的终端能源消费排放，主要与二次能源中的热力和电力有关，虽然各个部门都消耗了热力和电力，但发电和供热所产生的排放却是在电和热的生产部门。二是电和热的排放如何核算的问题。由于技术进步，各年的能源转化效率有差异，因此，各年的电热排放系数也应有所区别。在本章中，计算电和热所产生的二氧化碳排放量时，我们首先根据发电和供热所消耗的化石能源数量，计算出生产电力和热力所排放的二氧化碳总量，然后除以生产和生活消耗的总电力和热力，得到电力和热力的单位排放系数，并由此计算各部门电力和热力的二氧化碳排放量。由于使用电力和热力的过程并不产生排放，所以这部分排放量只是该部门的间接排放量。但是，从另一个角度看，需求是生产的根本原因，根据谁消费谁负责的原则，将电力和热力的排放归口于对应的消费部门，也

① 来源于百度百科的说明：http：//baike. baidu. com/view/1486796. htm。

有一定的合理性，这样计算的二氧化碳排放量可以看作最终消费产生的二氧化碳排放量。

5.2.2 碳排放系数

根据能源消费量来计算各行业的碳排放，首先需要计算各种能源的碳排放系数。在终端能源消费中，能源消费被细分为20个品种，除去热力和电力，其他各种能源均在使用过程中产生排放。根据IPCC清单中的碳排放系数，结合《中国能源统计年鉴》中各种能源的平均低位发热量，可以计算得到各种能源的二氧化碳排放系数。其中，碳氧化率中的部分数据来源于《省级温室气体清单编制指南》（发改办气候〔2011〕1041号），其余能源的碳氧化率取同类能源的碳氧化率值计算。在能源的二氧化碳排放系数中不包括炼焦产生的其他焦化产品和炼油产生的其他石油产品，是因为“其他焦化产品”主要指初苯、煤焦油等焦化产品，“其他石油产品”主要指润滑油、润滑脂、石脑油、石蜡、石油沥青等（见《能源统计报表》中相关说明），这些产品在使用中以非燃料用途为主，不产生二氧化碳排放，因此不计算相应排放①。能源中的其他能源为化石能源和电热能以外的其他能源，如生物质能、太阳能等，虽然也会产生少量二氧化碳排放，但由于其排放系数无法获得，且占全部能源消费的比重极小，故忽略不计。除此之外的15种能源的二氧化碳排放系数如表5.2所示。

对于电力和热力的排放系数，需要结合能源平衡表来进行计算。首先根据能源平衡表，得到火力发电消耗的各种能源量，然后根据各种能源的二氧化碳排放系数，计算得到各种能源消耗所产生的排放，加总后得到火力发电产生的二氧化碳排放。结合当年电力中一次能源（水、核、风电）生产量和电力传输损失，得到终端电力消费。据此得到每单位的终端电力消费所产生的二氧化碳排放，具体数据如表5.3所示。热力的二氧化碳排放系数可类似计算，结果如表5.4所示。

表5.2 各种能源碳排放参考系数

能源种类	平均低位发热量（kJ/kg）	折标准煤系数（kgce/kg）	单位热值含碳量	碳氧化率	二氧化碳排放系数（$kg-CO_2/kg$）
原煤	20 908	0.714 3	26.4	0.94	1.900 3
洗精煤	26 344	0.900 0	26.8	0.94	2.433 6

① 刘竹，耿涌，薛冰，等．城市能源消费碳排放核算方法［J］．资源科学，2011（7）．

续表

能源种类	平均低位发热量（kJ/kg）	折标准煤系数（kgce/kg）	单位热值含碳量	碳氧化率	二氧化碳排放系数（kg－CO_2/kg）
其他洗煤	8 363	0.285 7	26.6	0.94	0.766 8
型煤	15 910	0.542 9	26.6	0.94	1.458 8
焦炭	28 435	0.971 4	29.5	0.93	2.860 4
焦炉煤气	17 354	0.592 9	12.1	0.98	0.754 6
其他煤气	16 308	0.557 1	12.1	0.98	0.709 1
原油	41 816	1.428 6	20.1	0.98	3.020 2
汽油	43 070	1.471 4	18.9	0.98	2.925 1
煤油	43 070	1.471 4	19.5	0.98	3.017 9
柴油	42 652	1.457 1	20.2	0.98	3.095 9
燃料油	41 816	1.428 6	21.1	0.98	3.170 5
液化石油气	50 179	1.714 3	17.2	0.98	3.101 3
炼厂干气	46 055	1.571 4	18.2	0.98	3.011 9
油田天然气	38 931	1.330 0	15.3	0.99	2.162 2

说明：1. 低（位）发热量等于29 307千焦（kJ）的燃料，称为1千克标准煤（1kgce）。

2. 表中前两列数据来源于《综合能耗计算通则》（GB/T 2589—2008）。

3. 表中后两列数据来源于《省级温室气体清单编制指南》（发改办气候〔2011〕1041号）。

4. “二氧化碳排放系数”计算方法：以原煤为例，$1.900\ 3 = 20\ 908 \times 10^{-9} \times 26.37 \times 0.94 \times 1\ 000 \times 3.667$。

5. 表中原煤等10种能源的碳排放系数来源于中国合同能源管理网（http://www.emcsino.com/html/news_ info.aspx? id=9267），另外5种能源（洗精煤、其他洗煤、型煤、焦炉煤气和其他煤气）根据同样的计算方法得到。

6. 天然气、煤气的计量单位为立方米。

表5.3　1995—2005年终端电力排放系数

年份	火电排放（万吨二氧化碳）	火力发电量（亿千瓦·时）	火电碳排放系数（千克二氧化碳/千瓦·时）	其他电力供应量（亿千瓦·时）	损失量（亿千瓦·时）	终端电力排放系数（千克二氧化碳/千瓦·时）
1995	86 260.71	8 043.16	1.072 5	1 980.24	744.52	0.929 6
1996	98 885.17	8 777.13	1.126 6	1 987.16	769.45	0.989 4
1997	97 316.47	9 240.70	1.053 1	2 043.70	798.38	0.928 1
1998	97 084.96	9 441.00	1.028 3	2 157.43	790.93	0.898 3
1999	102 598.59	10 257.04	1.000 3	2 048.16	861.93	0.896 6
2000	108 761.79	11 141.86	0.976 2	2 330.82	936.71	0.867 6

续表

年份	火电排放（万吨二氧化碳）	火力发电量（亿千瓦·时）	火电碳排放系数（千克二氧化碳/千瓦·时）	其他电力供应量（亿千瓦·时）	损失量（亿千瓦·时）	终端电力排放系数（千克二氧化碳/千瓦·时）
2001	116 389.92	11 834.25	0.983 5	2 889.84	1 033.47	0.850 1
2002	133 224.71	13 381.36	0.995 6	3 084.60	1 168.66	0.870 9
2003	158 985.42	15 803.61	1.006 0	3 228.55	1 260.68	0.894 6
2004	178 876.67	17 955.88	0.996 2	4 016.46	1 420.60	0.870 4
2005	199 779.14	20 473.36	0.975 8	4 467.41	1 706.47	0.859 8
2006	228 934.76	23 696.03	0.966 1	4 892.41	1 859.30	0.856 5
2007	250 379.38	27 229.33	0.919 5	5 483.05	2 062.28	0.816 9
2008	259 009.35	27 900.78	0.928 3	6 640.02	2 137.33	0.799 3
2009	275 402.91	29 827.80	0.923 3	7 204.90	2 258.77	0.792 0
2010	297 798.59	33 319.28	0.893 8	8 617.18	2 570.21	0.756 5

表 5.4 1995—2005 年热力的二氧化碳排放系数

年份	供热排放（万吨二氧化碳）	供热量（万百万千焦）	损失量（万百万千焦）	终端使用量（万百万千焦）	终端热力排放系数（千克二氧化碳/万千焦）
1995	10 325.40	107 200.21	1 485.56	105 714.65	0.976 7
1996	11 280.66	114 830.13	1 705.08	113 125.05	0.997 2
1997	12 884.64	117 569.51	1 664.70	115 904.81	1.111 7
1998	13 364.25	127 067.73	1 072.33	125 979.42	1.060 8
1999	16 427.16	134 446.33	1 678.81	132 791.57	1.237 1
2000	18 139.19	146 136.16	1 760.58	144 374.18	1.256 4
2001	18 497.32	153 203.45	1 795.58	151 406.65	1.221 7
2002	18 470.42	164 190.77	2 005.84	162 179.84	1.138 9
2003	21 993.01	177 300.00	2 026.06	175 278.41	1.254 7
2004	23 311.50	192 586.50	2 260.48	190 322.38	1.224 8
2005	26 872.15	228 894.66	2 631.20	226 259.34	1.187 7
2006	29 573.90	246 811.92	2 973.26	243 835.54	1.212 9
2007	30 399.07	258 602.67	3 168.90	255 426.55	1.190 1
2008	29 805.67	257 763.00	3 168.90	254 588.50	1.170 7
2009	30 403.92	266 747.95	3 168.90	263 753.11	1.152 7
2010	30 569.82	293 422.74	3 400.00	321 885.43	0.949 7

5.2.3 各部门的碳排放

根据各部门的终端能源消耗量和排放系数，可以计算各部门的总排放。由于电力和热力在使用过程中不产生排放，这部分排放是各部门的间接排放。去掉间接排放后，剩余的排放均为该部门在生产过程中直接消耗化石能源产生的排放，记为该部门的直接排放。所有部门的间接排放均为电力、热力及水的生产和供应业（部门6）的直接排放。

表5.5列出了15个部门的总排放和直接排放。从总排放量看，金属制品业（部门10）的总排放量最大，占终端能源总排放量的21%～30%，其次是化学工业（部门8）和非金属矿物制品业（部门9），这三个部门的排放量之和占到了总排放量的47.7%～51.8%。从直接排放来看，如果将所有的间接排放都记为电力热力及水的生产和供应业的直接排放，则电力热力及水的生产和供应业的直接排放是最大的，占总排放的34.3%～46.4%；金属制品业、非金属矿物制品业和化学工业的直接排放也较大，这三个部门的直接排放之和占总排放的31.7%～37.5%。电力热力及水的生产和供应业、金属制品业、非金属矿物制品业和化学工业是直接排放量最大的4个部门，是减排的重点部门；运输邮电业（部门13）和采掘业（部门2）的直接排放也很大，是减排的关键部门。

表5.5 各部门的二氧化碳排放量

万吨二氧化碳

部门	1995年总排放	1995年直接排放	2000年总排放	2000年直接排放	2005年总排放	2005年直接排放	2010年总排放	2010年直接排放
1. 农林牧渔业	13 500.52	7 972.33	9 011.13	4 382.32	14 177.65	7 496.41	14 998.32	7 602.53
2. 采掘业	17 632.05	9 705.83	20 586.51	11 074.84	29 792.21	16 262.98	35 660.38	20 514.87
3. 食品饮料及烟草制品业	10 696.45	7 213.87	9 383.99	5 709.00	11 200.97	6 085.56	13 692.67	6 500.63
4. 纺织及皮革制品业	10 197.79	5 530.51	8 624.36	3 909.97	15 116.03	4 977.31	17 961.40	4 392.27
5. 其他制造业	10 302.19	6 545.97	10 638.39	4 909.48	15 292.36	6 042.75	18 024.64	6 439.50
6. 电力热力及水的生产和供应业	10 482.68	87 452.80	18 450.38	117 745.45	26 674.03	202 342.10	33 893.29	287 382.05
7. 炼焦燃气及石油加工业	7 697.95	4 227.87	11 849.37	6 147.17	14 592.18	8 236.43	16 043.62	8 962.72
8. 化学工业	42 493.58	27 371.70	40 474.29	22 026.72	63 142.98	30 380.09	75 370.63	34 015.46

续表

部门	1995年总排放	1995年直接排放	2000年总排放	2000年直接排放	2005年总排放	2005年直接排放	2010年总排放	2010年直接排放
9. 非金属矿物制品业	32 987.28	27 363.30	34 277.86	27 505.15	49 470.34	37 191.19	62 152.38	43 502.96
10. 金属产品制造业	55 556.36	40 837.99	60 076.89	40 158.61	128 211.20	86 506.06	190 032.85	120 879.31
11. 机械设备制造业	12 845.97	7 665.41	12 156.82	5 393.63	20 451.52	7 244.37	33 045.99	9 522.13
12. 建筑业	3 100.10	1 607.10	3 560.33	2 157.12	5 058.83	2 992.22	7 582.77	3 864.21
13. 运输邮电业	12 473.47	10 770.39	23 394.99	20 861.86	38 399.26	34 573.07	53 988.06	48 275.78
14. 批发零售贸易住宿和餐饮业	4 769.66	2 910.23	7 215.07	3 446.39	11 519.24	4 788.78	15 897.41	5 752.84
15. 其他服务业	10 336.11	7 896.88	12 865.66	7 138.32	21 377.51	9 356.99	31 174.76	11 911.91
合计	255 072.17	255 072.17	282 566.04	282 566.04	464 476.30	464 476.30	619 519.17	619 519.17

6　产业结构调整及其节能减排潜力

6.1　产业结构调整的动态投入产出模型

6.1.1　产业结构调整的方向和基本假设

6.1.1.1　产业结构调整的方向

最近几年，由于片面追求经济总量的增长，经济结构的矛盾越来越突出。2002 年以来的重工业化使得工业产品和产能严重过剩，污染严重，第三产业的比重不升反降。经济增长的三驾马车，即消费、投资和出口中，消费严重不足，对经济增长的贡献已降至最低。2008 年世界金融风暴后，出口也严重受挫，使得中国经济增长的动力严重依赖于投资。投资的过热、过剩又加剧了重工业化趋势。这些变化又进一步恶化了产业结构的矛盾。因此，目前的中国，只有通过调整产业结构、提升经济效益、改善投资与消费的比例，才能扩大就业，促进低碳经济的发展，从而推动中国经济增长方式的转变。

由于经济系统存在复杂的产业关联，单纯地调整某一个或者几个行业，虽然可以达到调整产业结构、降低某一部门的碳排放量的目的，但会对我国经济增长的稳定性构成较大的冲击。因此，在进行产业结构调整时，不仅要考虑产业结构调整对经济增长的影响和产业对碳排放的影响力，还要考虑如何尽可能地保持经济系统的稳定。

投入产出模型以经济活动中各部门投入与产出的数量依存关系为研究对象，反映了各个部门之间直接和间接的关联以及经济系统的综合平衡。利用投入产出模型研究产业结构变动，可以避免单一产业结构调整给经济系统稳定造成的冲击。而且，根据经济增长理论，长期的经济增长是通过资本的积累和技术进步实现的，但是短期的经济增长则依赖于需求的增长。消费、投资和出口的增长是短期内经济增长的动力。在最终需求总量一定的情况下，不同的最终需求结构对应不同的产业结构，同时也对国民经济产生不同的影响。

在投入产出模型中，最终使用也即最终需求，可分为三大部分：最终消费 C、资本形成 I 以及净出口 E。最终消费 C 包括居民消费和政府消费，最终消费 C 的总量和结构变动取决于收入和消费倾向的变动；资本形成 I 由投资倾向和投资结构决定；一国的净出口 E 则由该国的经济发展水平、经济结构以及国际贸易环境决定。

如图 6.1 所示，当最终消费 C、资本形成 I 和净出口 E 的总量和结构确定后，最终使用 Y 的总量和结构也随之确定，当投入产出关系不变时，总产出 X 和产业结构也就确定了。因此，通过调整最终需求的结构来调整产业结构，兼顾了经济系统中复杂的产业关联，这种产业结构调整不会对经济增长的稳定性构成较大的冲击，保证了经济的稳定均衡增长。一般而言，最终需求的结构调整包括两种，一是调整最终使用中消费、投资和净出口的比例，二是调整消费、投资和净出口的内部结构。长期以来，以投资和出口为主的外向型经济增长方式，使得我国的产业结构不尽合理，也使得我国单位 GDP 的碳排放量居高不下。表 6.1 是根据 1995 年、2000 年、2005 年投入产出表的国内部分结合能源消费数据计算得到的我国单位最终产品的碳排放量数据。

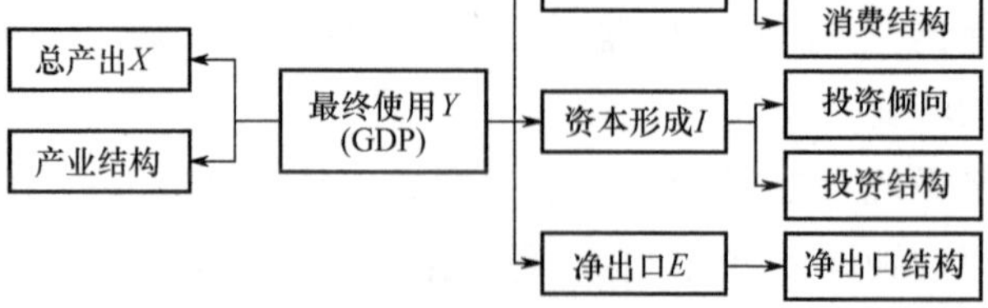

图 6.1 产业结构调整原理

表6.1　消费、投资、出口产品的碳排放强度以及最终产品结构的比较

	1995年		2000年		2005年	
	单位产品排放（吨/万元）	最终产品结构（%）	单位产品排放（吨/万元）	最终产品结构（%）	单位产品排放（吨/万元）	最终产品结构（%）
消费	3.321 0	50.11	2.240 0	50.19	1.494 5	39.78
投资	4.907 2	30.74	3.224 7	29.03	2.356 5	31.27
出口	5.148 1	19.15	3.380 6	20.78	2.440 5	28.95

从表6.1可以看出，最终使用中，消费的单位产品排放最低，出口的单位产品排放最高，投资的单位产品排放比较接近于出口产品。因此，当最终使用中投资和出口的比例较大时，是非常不利于减排的。从1995年、2000年和2005年我国最终产品的结构看，2000年前结构变化较小，2000年后消费的比例下降较多，降到了近40%，而出口的比例大幅增加，已经接近30%。需求结构的这种变动使得产业向高碳方向演进，从而使得我国这一时期的碳排放强度难以下降。

由此看来，产业结构的调整首先要从需求出发，调整需求结构，增加消费尤其是居民消费在最终需求中的比重，降低净出口产品的比例，使整个国民经济从投资和出口拉动为主转到消费拉动为主的轨道上来，才能使产业结构向低碳方向演进。

6.1.1.2　产业结构调整的基本假设

在最终产品结构的调整中，首先要调整投资需求、消费需求和出口需求的比例。一般而言，消费需求在总需求中的比例取决于国民经济的分配结构，只要调整分配结构，就可以使得最终需求中投资、消费和出口的比例趋于合理。

在内部结构调整中，消费倾向和消费结构的刚性比较强，调整时间长、调整难度大，而且调整的效果不明显。出口产品的结构取决于该国的资源、技术水平、劳动力成本以及国际经济环境等，短期内难以改变。相对而言，投资倾向和投资结构受政策的影响较大，调整较容易。

我国目前正处于工业化中期，人民的生活还不富裕，经济还比较落后，当前的首要任务依然是发展经济。因此，本章的产业结构调整目标并不是直接减少碳排放，而是经济的均衡稳定增长。但由于产业结构调整的方向是低碳化的，进行产业结构调整也能减少碳排放。

为了更好地考察产业结构变动对碳排放量的影响，我们做出以下几点假设：①投入产出结构不变；②各部门单位产品的能耗不变；③各部门的能源结构不变；④消费是刚性的，因此，消费倾向和消费结构按自身的规律演变，即居民对各部门产品的边际消费倾向是不同的，但在一定时期内基本保持不变；⑤投资倾向和投资结构可以用宏观调控来改变；⑥出口产品的结构短期内不变。

6.1.2　产业结构调整的动态投入产出模型

相比静态投入产出模型，动态投入产出模型将投资从最终使用中分离出来，并使之内生化，用来研究和分析国民经济前行时期投资总量和构成与后续时期各经济部门产品生产的规模和结构之间的数量关系及其内在联系（陈锡康，杨翠红，等，2011）。

已知投入产出模型：

$$X - AX = Y = Y^C + Y^I + Y^E \tag{6.1}$$

式中，X 为总产出向量；A 为直接消耗系数矩阵；Y 为最终使用向量；Y^C，Y^I，Y^E 分别为最终使用中的消费、资本形成和净出口。

为了剔除进口中间使用产品的隐含碳对计算排放系数和碳排放量的影响，本章的投入产出模型和数据均为不包含进口中间使用和进口最终使用的国内部分。因此，A 实际上是国内直接消耗系数矩阵 A_d，Y^E 为出口。

对于本期的总产出 X，AX 部分用作中间消耗，Y^C 和 Y^E 用于消费和出口，余下的 Y^I 用于扩大再生产。总产出 X 的增加量取决于上一年的资本形成额 Y^I。由此：

$$Y^I = K[X(t+1) - X(t)] \tag{6.2}$$

式中，K 为资本系数矩阵，$K = (k_{ij})_{n\times n}$；$k_{ij} = \dfrac{\Delta S_{ij}}{\Delta x_j}$，$\Delta S_{ij}$ 为第 j 部门的总产出增加，Δx_j 需要第 i 部门的产品作为新增资本数。

将式（6.2）代入式（6.1）有：

$$X(t) - AX(t) - K[X(t+1) - X(t)] = Y^C(t) + Y^E(t) \tag{6.3}$$

一个理想的稳态产业结构是所有部门以固定的增长速度持续增长，这样的产业结构我们称为均衡增长的产业结构，即：

$$X(t+1) = (E + P)X(t) \tag{6.4}$$

式中，E 为单位矩阵；$P = \begin{bmatrix} p_1 & & \\ & \ddots & \\ & & p_n \end{bmatrix}$，$p_i$ 为第 i 部门总产出的增长率。

根据式（6.3）和式（6.4），可得：

$$X(t) = (E - A - KP)^{-1}[Y^C(t) + Y^E(t)] \quad (6.5)$$

$$Y(t) = (E - A)(E - A - KP)^{-1}[Y^C(t) + Y^E(t)] \quad (6.6)$$

进一步，记 $C = \begin{bmatrix} C_1 \\ C_2 \\ \vdots \\ C_n \end{bmatrix}$ 为消费产品结构；$E = \begin{bmatrix} E_1 \\ E_2 \\ \vdots \\ E_n \end{bmatrix}$ 为出口产品结构；α 为最终需求中消费的份额，即消费率；β 为最终需求中出口的份额，即出口率；$y = \sum_{i=1}^{n} Y_i$ 为最终产品总量，则 $Y^C = \alpha y C$，$Y^E = \beta y E$。令 $\mu^T = [1 \quad 1 \quad \cdots \quad 1]$，各部门的总产出增长速度相同，即 $p_1 = p_2 = \cdots = p_n = p$ 时，有：

$$\mu^T Y = \mu^T(E - A)(E - A - pEK)^{-1}(\alpha C + \beta E)y \quad (6.7)$$

因此有：

$$\mu^T(E - A)(E - A - pEK)^{-1}(\alpha C + \beta E) = 1 \quad (6.8)$$

显然式（6.8）为 p 的一元方程，求解得到 p，也即给定消费率和出口率，以及消费结构和出口结构的总产出均衡增长率。

均衡产业结构的解 p 除了和最终产品中消费的比例 α、出口的比例 β 有关外，还和消费的内部结构 C、出口的内部结构 E 以及资本系数 K 有关。下面首先预测 C 和 E，然后估计 K。

6.2 消费和出口的产品结构预测

消费是生产的动力，也是生产的目的和终点。消费结构和产业结构的关系是由消费和生产的关系决定的，消费结构与产业结构具有同一性，二者互为前提；产业结构决定消费结构，没有产业结构的变化，消费结构的变化就失去了物质基础；消费结构在一定意义上又决定产业结构，消费结构升级是终极拉动力量，产业结构必须与消费结构相适应（祝捷，2007）。

消费需求的变动必然会引起市场需求的变化，从而带动相关产业的发展，引起产业结构的变动。消费需求的升级会推动产业的不断创新，同时潜在的消费需求也为产业结构的调整和升级留下了巨大空间，可见消费需求结构与产业结构之间存在一定的因果关系。在消费需求中，居民消费需求是消费需求因素中影响产业结构的最主要因素，它对产业结构的影响是直接的，它通过收入和价格来引导产业结构的变动。居民收入的提高引起需求结构发生变化，要求产业结构做出相应的调整来适应这一变化；同样，居民消费需求变化引发的商品价格变化会引导生产资源进行重新配置，实现产业结构的调整。

6.2.1 城乡居民消费结构预测

在经济学上，根据消费资料对人们生活的重要性及人们消费它们的形式，把消费资料分为生存资料、享受资料、发展资料三大类，并把三大类消费资料再划分为食品、衣着、住房、用品、交通、燃料、服务等不同消费对象。消费结构就是指这些消费对象在消费支出中各自所占的比例。影响消费结构的因素很多，包括社会发展水平、经济制度、产业结构、人口结构、物价、消费者的收入水平以及心理等。当社会处于平稳发展阶段时，居民的消费倾向和消费结构刚性较强，不容易改变；但随着收入的增长，居民的消费行为会缓慢地发生变化，使得居民的消费结构也随之变化。

众多学者的研究表明，我国现阶段影响居民消费行为的唯一重要因素是收入，居民的消费行为基本符合凯恩斯的绝对收入假说。我国是一个城乡二元分割严重的国家，城乡居民的收入差距较大，消费需求处于不同的阶段，对各类商品的消费需求差异显著，消费行为也明显不同。下面对城乡居民的消费结构进行预测。

6.2.1.1 城乡居民分类商品的边际消费倾向估计

（1）城镇居民分类商品的边际消费倾向。我国城镇居民的人均消费支出增长较快，2011 年全国城镇居民的人均消费支出高达 15 160. 89 元，扣除价格因素，是 1993 年的 3. 68 倍。随着消费支出水平的提高，城镇居民的消费结构也发生了变化。虽然食品的消费支出持续增加，但食品在总消费中的比重逐年下降，恩格尔系数已经从 1978 年的 57. 5% 降至 2011 年的 36. 3%，与此相对应的是居民的交通通信、衣着、居住、文教娱乐等支出快速增长，2011 年在城镇居民的人均消费总支出中分别占到了 14. 18%，11. 05%，9. 27% 和 12. 21%，这表明我国城镇居民的消费正在从生存消费向生活消费转变。

图 6. 2 给出了按照当年价计算的城镇居民各类消费支出随时间变化的趋势图。从图上可以看出，在人均消费支出中，食品的消费最多，但增长的趋势较为平缓。其他消费支出中，交通通信的增长速度最快，其次是文教娱乐的消费支出。衣着的支出在 2003 年以前一度呈现下降趋势，但

2003 年以后呈现出加速增长的态势。交通通信、文教娱乐、家庭设备以及杂项等消费支出的变化趋势在 2003 年前后有明显的区别。人均消费支出结构的变化反映出城镇居民的消费正随着收入水平提高呈现出多样化、丰富化的特点。

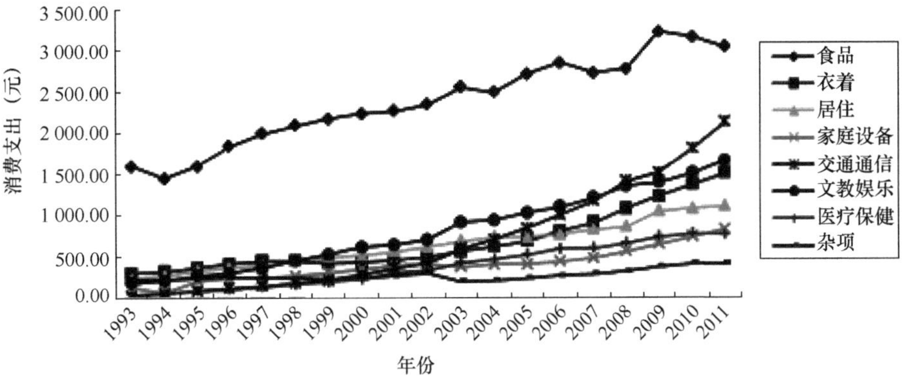

图 6.2 城镇居民各类商品消费随时间变化的趋势图

对于城镇居民，设 INC_t^U 为 t 年城镇居民的人均可支配收入，C_{it}^U 为第 t 年城镇居民对第 i 类商品的人均消费支出，$i = 1,2,\cdots,8$，分别代表食品、衣着、居住、家庭设备及服务、交通通信、文教娱乐、医疗保健以及其他（杂项）。为了剔除价格的影响，使不同年份之间的收入和消费具有可比性，本书对收入和消费支出均进行了折算，其中收入按 GDP 指数，消费支出按居民消费价格分类指数，均统一折算成 2005 年的不变价。由于《中国统计年鉴》只能提供 1994—2011 年的居民消费价格分类指数，本书所选变量的样本期间为 1993—2011 年。

根据凯恩斯的绝对收入假说，建立消费函数模型：

$$C_{it}^U = \beta_{0i} + \beta_{1i} INC_t^U + \mu_{it} \quad (i = 1,2,\cdots,8) \tag{6.9}$$

从图 6.2 可以看出，消费行为在 2003 年前后不一致，因此引入虚拟变量

$$D_t = \begin{cases} 1, & t \geqslant 2003 \\ 0, & t < 2003 \end{cases} \tag{6.10}$$

表示消费行为的改变。将上述模型修改为：

$$C_{it}^U = \beta_{0i} + \beta_{1i} INC_t^U + \beta_{2i} D_t + \beta_{3i} D_t \cdot INC_t^U + \mu_{it} \quad (i = 1,2,\cdots,8) \tag{6.11}$$

运用 EViews6 软件估计模型（6.11），删除不显著的变量后，得到城

镇居民分类商品的消费函数，结果如表 6. 2 所示。

从估计结果来看，城镇居民各类商品的边际消费倾向存在明显差异，并且城镇居民的消费行为在 2003 年前后发生了显著改变。在 2003 年以前，城镇居民的食品支出边际消费倾向最大，为 0. 240 1 元；其次是文教娱乐支出，为 0. 153 5 元；消费倾向第三的是交通通信，为 0. 109 6 元；居住的边际消费倾向也很大，为 0. 101 3 元。边际消费倾向最小的是其他服务支出，仅为 0. 012 8 元；其次是衣着，边际消费倾向为 0. 042 5 元。在 2003 年以后，食品、居住、家庭设备及用品、文教娱乐和医疗保健支出的边际消费倾向有不同程度的下降，下降最多的是食品，其次是文教娱乐和居住支出，医疗保健的边际消费倾向也有所下降；与之相反的是，衣着、交通通信、杂项类商品的边际消费倾向有不同程度的上升，其中，衣着类支出的上升幅度最大，其次是交通通信，杂项类支出的边际消费倾向也有小幅上升。

表 6. 2　城镇居民分类商品的消费函数估计

因变量	解释变量				t 统计量				$\bar{R}^2$
	常数	INC	D	$D\cdot$INC	t（常数）	t（X）	t（D）	t（$D\cdot$INC）	
C_1^U	522. 37	0. 240 1	1 385. 58	-0. 171 8	2. 228	5. 787	4. 218	-3. 861	0. 936 1
C_2^U	166. 50	0. 042 5	-562. 90	0. 062 4	3. 002	4. 574	-7. 662	6. 276	0. 993 4
C_3^U	-163. 76	0. 101 3	389. 45	-0. 051 8	-2. 563	9. 474	4. 602	-4. 519	0. 983 4
C_4^U	-152. 53	0. 072 5	—	-0. 019 5	-3. 183	8. 838	—	-3. 832	0. 954 8
C_5^U	-447. 80	0. 109 6	-384. 86	0. 049 0	-6. 341	9. 277	-4. 114	3. 866	0. 996 5
C_6^U	-466. 31	0. 153 5	651. 52	-0. 073 1	-6. 965	13. 696	7. 346	-6. 088	0. 994 0
C_7^U	-304. 41	0. 081 4	416. 30	-0. 042 7	-8. 048	12. 857	8. 308	-6. 286	0. 993 5
C_8^U	178. 74	0. 012 8	-195. 85	0. 011 9	7. 765	3. 324	-6. 423	2. 875	0. 959 6

根据国家统计局住户调查办公室的解释：我国现行的城镇居民人均居住支出仅包括水电燃料费、住房装潢支出、维修用建筑材料支出、租赁房租、取暖费、物业管理费、维修服务费等，不包括购建房支出和自有住房虚拟租金。因此，城镇居民的居住支出存在严重的低估。从 2003 年开始，我国的房价开始持续上扬，住房居住支出实际上已经超过食品、交通通信、教育文化娱乐服务等，成为城镇居民日常开销的大头。这也是城镇居民的消费行为在 2003 年发生转折的原因。根据 2005 年不变价计算的城镇居民消费和收入，可以估计得到：2003 年前城镇居民的边际消费倾向为 0. 826 元，而 2003 年后降到了 0. 574 元。边际消费倾向大幅下降的原因在

于过高的房价使得城镇居民购房支出过大，只能不断挤压食品、教育、医疗等支出，导致居民总消费支出呈下降趋势。

在8项消费支出中，衣着和交通通信支出的边际消费倾向有较大幅度的上升，原因在于：一方面，这两类产品的价格指数较低，长期低于100，因此以不变价计算的份额有所上升；另一方面，随着汽车、移动电话、网络等逐步进入普通家庭，城镇居民在交通通信工具上的花费增长较快，导致衣着和交通通信的支出份额增加。

由此看来，随着收入的提高，我国城镇居民的消费开始了第三次结构升级。城镇居民在住房、汽车和通信等方面的支出增长迅速，作为生存消费的食品类支出，增长相对缓慢。2003年以后，城镇居民的购房支出急剧增加，导致其食品、文教娱乐、居住和医疗保健的边际消费倾向下降较多，城镇居民的消费结构由此发生了较大的改变。

（2）农村居民分类商品的边际消费倾向。从20世纪90年代开始，我国农民收入增长速度减缓，逐渐低于城镇居民的收入增速，导致其消费的增长乏力，消费结构的变动相对缓慢。2011年，我国农村居民的家庭人均纯收入为6 977.29元，除去价格因素后，为1993年的2.97倍。农村居民的恩格尔系数从1978年的67.7%降至2011年的40.4%，下降了27.3个百分点，但2006年后，恩格尔系数的下降很缓慢，到2011年的6年里，仅下降了2.64个百分点。图6.3给出了按当年价计算的各类商品在总消费支出中的比重变化。从图中可以看出，目前农村居民消费中最大的一块依然是食品，其次是居住支出，除杂项外的其他各类商品支出的比重比较接近，在10%以下。

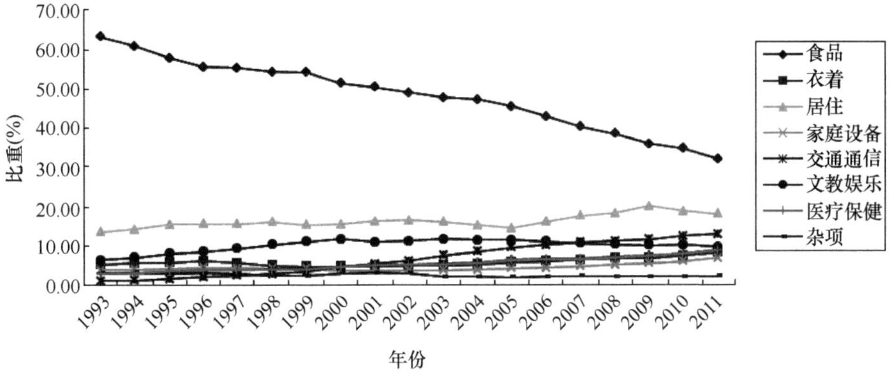

图6.3　农村居民的消费结构变化

对于农村居民，设 INC_t^R 为 t 年农村居民的人均纯收入，C_{it}^R 为第 t 年农村居民第 i 类商品的人均消费支出，$i=1,2,\cdots,8$，分别代表食品、衣着、居住、家庭设备及服务、交通通信、文教娱乐、医疗保健以及其他。为了剔除价格的影响，使不同年份之间的收入和消费具有可比性，本节对收入和消费支出均进行了折算，其中，收入按 GDP 指数，消费支出按居民消费价格分类指数，均统一折算成 2005 年的不变价。由于《中国统计年鉴》只能提供 1994—2011 年的居民消费价格分类指数，本节所选变量的样本期间为 1993—2011 年。

根据凯恩斯的绝对收入假说，建立消费函数模型：

$$C_{it}^R = \beta_{0i} + \beta_{1i}INC_t^R + \mu_{it} \quad (i = 1,2,\cdots,8) \tag{6.12}$$

由于消费行为在整个样本期间并不一致，分别引入虚拟变量：

$$D_{it} = \begin{cases} 1, & t \geqslant 2000 \\ 0, & t < 2000 \end{cases} \quad (i = 2,4,5) \tag{6.13}$$

$$D_{it} = \begin{cases} 1, & t \geqslant 2005 \\ 0, & t < 2005 \end{cases} \quad (i = 1,3,6,7,8) \tag{6.14}$$

表示消费行为转折，将上述模型修改为：

$$C_{it}^R = \beta_{0i} + \beta_{1i}INC_{it}^R + \beta_{2i}D_{it} + \beta_{3i}D_{it} \cdot INC_{it}^R + \mu_{it} \quad (i = 1,2,\cdots,8) \tag{6.15}$$

运用 EViews6 软件估计模型（6.15），剔除不显著的变量后，得到农村居民分类商品的消费函数，结果如表 6.3 所示。

表 6.3　农村居民分类商品的消费函数估计

因变量	解释变量				t 统计量				$\bar{R}^2$
	常数	INC	D_i	$D_i \cdot$ INC	t（常数）	t（INC）	t（D_i）	t（$D_i \cdot$ INC）	
C_1^R	532.35	0.170 3	423.71	-0.106 7	22.740	17.698	11.879	-9.305	0.994 5
C_2^R	—	0.040 6	-124.83	0.041 8	—	26.237	-12.252	13.374	0.988 3
C_3^R	-109.15	0.161 2	—	—	-5.417	26.022	—	—	0.975 5
C_4^R	—	0.031 9	-115.04	0.037 6	—	24.245	-13.299	14.161	0.987 7
C_5^R	-109.59	0.068 0	-147.60	0.078 0	-1.937	2.594	-2.480	2.921	0.991 9
C_6^R	-170.05	0.145 3	314.74	-0.099 8	-10.298	21.397	12.510	-12.328	0.992 6
C_7^R	-127.12	0.087 1	—	—	-18.171	40.487	—	—	0.989 7
C_8^R	20.158	0.012 4	—	—	4.404	8.827	—	—	0.820 9

从表 6.3 的估计结果来看，在消费行为改变之前，以不变价计算的农村居民的消费支出中，食品支出的边际消费倾向最高，为 0.170 3 元，但

2005 年后食品的边际消费倾向下降较多，降到了不足 0.07 元；其次是居住，其边际消费倾向为 0.161 2 元，且在整个样本期没有明显的变化；文教娱乐的边际消费倾向也较大，为 0.145 3 元；消费行为改变后，交通通信支出的边际消费倾向最大，在 2005 年前为 0.068 0 元，2005 年后上升了 0.078 0 元，达到了 0.146 0 元，仅次于居住的边际消费倾向，这可能源于农村的生活逐步开放以及很多农村剩余劳动力向城镇的转移；食品和文教娱乐支出的边际消费倾向下降较多，分别下降了 0.106 7 元、0.099 8 元。总的看来，食品和文教娱乐支出的边际消费倾向在下降，衣着、家庭设备及服务、交通通信的边际消费倾向有不同程度的上升，其他各类商品的边际消费倾向保持不变，表明我国农村居民的消费也在逐步升级。

6.2.1.2　城乡居民分类商品消费支出和居民总消费的预测

（1）城乡居民分类消费支出的预测。根据城乡居民不同类别商品的消费函数，预测居民在未来的分类商品人均消费支出，必须知道城乡居民在未来的收入状况。根据相关报道，2020 年前，城乡居民收入有望保持 7.3% ~7.4% 的增速，实现 2020 年收入翻番①。以年均增速 7.3% 估计，以 2005 年不变价计算的 2011 年的收入数据作为基准，可以得到 2012—2020 年的城乡居民人均收入估计，如表 6.4 所示。

表 6.4　城乡居民人均收入的估计

元

年份	城镇居民人均可支配收入	农村居民人均纯收入
2011	18 075.49	5 541.26
2012	19 395.00	5 945.77
2013	20 810.84	6 379.81
2014	22 330.03	6 845.54
2015	23 960.12	7 345.26
2016	25 709.21	7 881.47
2017	27 585.98	8 456.82
2018	29 599.76	9 074.16
2019	31 760.54	9 736.58
2020	34 079.06	10 447.35

① 参考资料：http：//money.163.com/12/1113/19/8G7CMSDM00253B0H.html。

根据预测，按2005年不变价格计算，2020年我国城镇居民的人均可支配收入将达到34 079.06元，而农村居民的人均纯收入也将达到10 447.35元。假设城乡居民对不同类别商品的边际消费倾向基本保持不变，将收入数据代入消费函数模型（6.11）和模型（6.15），由此可估计2020年的城乡居民的人均分类商品消费支出，并计算对应的消费结构，如表6.5所示。

表6.5　2020年城乡居民的人均分类商品消费支出和消费结构

分　类	城镇居民		农村居民	
	消费支出（元）	消费结构（%）	消费支出（元）	消费结构（%）
食　品	4 267.78	20.55	1 620.49	22.01
衣　着	3 178.41	15.31	736.59	10.00
居　住	1 912.39	9.21	1 574.47	21.38
家庭设备服务	1 655.18	7.97	610.77	8.30
交通通信	4 573.23	22.02	1 268.19	17.22
文教娱乐	2 922.99	14.08	620.13	8.42
医疗保健	1 431.99	6.90	782.44	10.63
其　他	823.91	3.97	149.90	2.04
合　计	20 765.87	100.00	7 362.98	100.00

根据预测，2020年我国城镇居民以2005年不变价计算的消费支出将达到20 765.87元。用于交通通信的支出最多，为4 573.23元，占全部消费支出的22.02%；其次是食品消费支出，为4 267.78元，占全部消费支出的20.55%；衣着和文教娱乐的消费支出分居第三和第四，占全部消费支出的15.31%和14.08%。对于农村居民而言，以2005年不变价计算的消费支出将达到7 362.98元。食品和居住是最大的两项支出，为1 620.49元和1 574.47元，分别占全部消费支出的22.01%和21.38%；交通通信的支出为1 268.19元，位居第三，占全部消费支出的17.22%；医疗保健支出的比例有所上升，将达到10.63%。根据联合国粮农组织提出的标准，恩格尔系数在59%以上为贫困，50%～59%为温饱，40%～50%为小康，30%～40%为富裕，低于30%为最富裕。2020年我国城乡居民的恩格尔系数均已经低于30%，表明人民生活已经相当富裕。当然，这样的计算没有考虑物价因素，通常在消费者物价指数中，食品的物价指数是最高的，远远高于物价综合指数。因此，在按不变价推测的消费支出中，食品支出的占比会被低估，恩格尔系数同样也会被低估。

（2）我国总人口和城乡人口比例的预测。要得到居民总消费的结构，必须根据未来的城镇人口和农村人口总数估计城乡居民的总消费。因此，首先要预测 2020 年我国的人口总量和城镇人口比例。图 6. 4 给出了我国 1980—2010 年各年年末人口总数的变化趋势。从图上可以看出，我国人口增长率逐年缓慢下降，人口总数的增长越来越小。因此，本节采用 Logistic 模型预测我国人口增长。

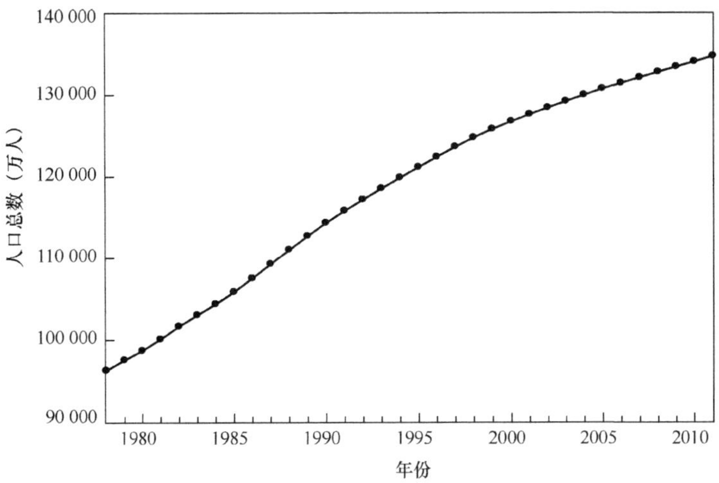

图 6. 4　年末人口总数的时序图

已知 Logistic 模型：

$$X_t = \frac{L}{1 + a\mathrm{e}^{-bt}} \quad (t = 0, \cdots, 34) \tag{6.16}$$

式中，L 为人口总数的极限值。

为避免估计 L，将模型转化为线性模型：

$$\frac{1}{X_t} = \frac{1}{L}(1 - \mathrm{e}^b) + \mathrm{e}^b \frac{1}{X_{t-1}} + \mu_t \tag{6.17}$$

利用人口数据估计模型（6. 17），得：

$$\frac{1}{X_t} = 2.68 \times 10^{-7} + 0.958\,246 \frac{1}{X_{t-1}} \tag{6.18}$$

$$(9.999) \qquad (308.083)$$

$$R^2 = 0.999\,673 \qquad F = 94\,914.98$$

图 6. 5 给出了 1978—2011 年我国城镇人口比例的变化图。从图上可知，1995 年之前，我国城镇人口的比例增长较为缓慢；1995 年以后，城市化进程加快，城镇人口的比例上升很快。考虑到 1995 年前后城市化的速度

不一致，引入虚拟变量：

$$D_t = \begin{cases} 1, & t \geqslant 1995 \\ 0, & t < 1995 \end{cases} \tag{6.19}$$

假设城镇人口比例是时间 t 的函数：

$$CT_t = \beta_0 + \beta_1 t + \beta_2 D_t + \beta_3 t D_t + \mu_t \quad (t = 0, \cdots, 34) \tag{6.20}$$

运用 EViws6 软件估计模型得：

$$\hat{CT_t} = 16.205 + 0.9979t - 8.589D_t + 0.2907t \cdot D_t \tag{6.21}$$

$$(34.090)\ (35.881)\ (-4.987)\ (5.100)$$

$$\bar{R}^2 = 0.9806 \qquad F = 557.45 \qquad D.W. = 0.3096$$

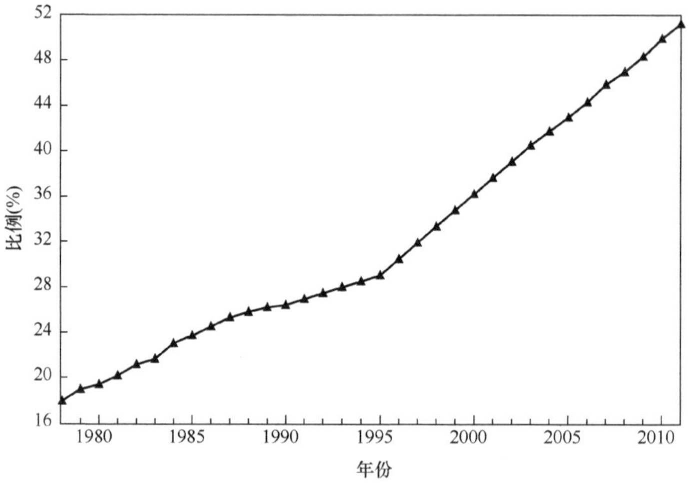

图 6.5　城镇人口比例变化的时序图

根据人口总量的预测模型以及城镇人口比例的预测模型，分别预测总人口数和城镇人口比例，并据此计算城乡人口总数，如表 6.6 所示。根据预测结果，可知 2020 年我国人口总数将达到 14.11 亿，届时城镇人口比例可达到 61.74%。

表 6.6　2020 年前总人口数和城乡人口数的预测

年份	总人口（万人）	城镇人口比例（%）	城镇人口数（万人）	农村人口数（万人）
2011	135 216.4	50.140 59	67 798.30	67 418.10
2012	135 961.0	51.429 23	69 923.70	66 037.30
2013	136 682.2	52.717 87	72 055.94	64 626.26
2014	137 380.5	54.006 51	74 194.41	63 186.09

续表

年份	总人口（万人）	城镇人口比例（%）	城镇人口数（万人）	农村人口数（万人）
2015	138 056.5	55.295 15	76 338.55	61 717.95
2016	138 710.4	56.583 79	78 487.60	60 222.80
2017	139 342.9	57.872 43	80 641.12	58 701.78
2018	139 954.4	59.161 07	82 798.52	57 155.88
2019	140 545.4	60.449 71	84 959.29	55 586.11
2020	141 116.5	61.738 35	87 123.00	53 993.50

（3）城乡居民各类商品消费总量的预测。根据城乡人口数以及分类商品的人均消费支出，可得到未来分类商品的总消费支出，由此可估计2020年城乡居民的人均分类商品消费支出，如表6.7所示。

表6.7　2020年城乡居民的分类商品总消费支出和总消费结构

分　类	城镇居民		农村居民	
	总消费支出（亿元）	消费结构（%）	总消费支出（亿元）	消费结构（%）
食　品	37 182.18	20.55	8 749.59	22.01
衣　着	27 691.26	15.31	3 977.11	10.00
居　住	16 661.32	9.21	8 501.11	21.38
家庭设备及服务	14 420.42	7.97	3 297.76	8.30
交通通信	39 843.35	22.02	6 847.40	17.22
文教娱乐	25 465.97	14.08	3 348.30	8.42
医疗保健	12 475.93	6.90	4 224.67	10.63
其　他	7 178.15	3.97	809.36	2.04
合　计	180 918.49	100.00	39 755.31	100.00

6.2.2　居民消费结构和产品结构的对应

由于消费结构是按消费资料对人们生活的重要性及人们消费它们的形式来划分的，通常某一类的商品很难说明它是由哪个生产部门生产的。通过调整最终需求结构来调整产业格局，必须得到各类消费商品和产品部门的对应关系。受统计资料的限制，从现有的公开的统计数据无法得到这种对应关系，本节将其转化为规划问题求解。

6.2.2.1 居民消费结构和产品结构的对应关系

根据居民消费结构，居民消费的最终产品被归为 8 类商品，设 Y_{ij}^C 为居民消费的第 j 类商品（$j = 1,2,\cdots,8$），它是来源于第 i 部门（$i = 1,2,\cdots,17$）的最终产品。显然，第 i 部门的产品中用于居民消费的总量 Y_i^C 是 $Y_{ij}^C(j = 1,2,\cdots,8)$ 的和，即 $Y_i^C = \sum_{j=1}^{8} Y_{ij}^C$，而居民消费的第 j 类商品，是 $Y_{ij}^C(i = 1,2,\cdots,17)$ 的和，即 $C_j = \sum_{i=1}^{17} Y_{ij}^C$。记 $d_{ij} = Y_{ij}^C/C_j$，则 d_{ij} 表示单位 j 类商品中所含 i 部门的产品数，称为消费品的分配系数（distribution coefficient）。因此有：

$$\begin{bmatrix} Y_1^C \\ Y_2^C \\ \vdots \\ Y_m^C \end{bmatrix} = \begin{bmatrix} d_{11} & d_{12} & \cdots & d_{1n} \\ d_{21} & d_{22} & \cdots & d_{2n} \\ \vdots & \vdots & & \vdots \\ d_{m1} & d_{m2} & \cdots & d_{mn} \end{bmatrix} \begin{bmatrix} C_1 \\ C_2 \\ \vdots \\ C_n \end{bmatrix} \quad (m=17,\ n=8) \tag{6.22}$$

且：

$$\sum_{i=1}^{m} d_{ij} = 1 \qquad (j = 1,2,\cdots,8) \tag{6.23}$$

记 $D = [d_{ij}]_{17\times 8}$ 为消费品分配系数矩阵。理论上居民消费的商品总数和最终使用的居民消费总和应该相等。建立如下规划模型：

$$\min \sum_t \sum_{i=1}^{17} [Y_i^C(t) - \sum_{j=1}^{8} d_{ij} C_j(t)]^2 \qquad (t = 1997,\ 2000,\ 2002,\ 2005,\ 2007) \tag{6.24}$$

$$\text{s.t.} \quad \sum_{i=1}^{m} d_{ij} = 1 \qquad (j = 1,2,\cdots,8) \tag{6.25}$$

$$d_{ij} \geqslant 0 \qquad (i = 1,2,\cdots,17, j = 1,2,\cdots,8) \tag{6.26}$$

运用 Lingo11.0 软件求解上述规划程序，考虑到规划程序求解对某些接近于 0 的系数偏误较大，因此结合孟彦菊（2010）根据北京市统计局的统计资料整理出的系数矩阵，做了一些微调，具体结果如表 6.8 和表 6.9 所示。

表 6.8　城镇居民的消费品分配系数

部门	食　品	衣　着	居　住	家庭设备及服务	交通通信	文教娱乐	医疗保健	其　他
1	0.153 8	0.000 0	0.000 0	0.499 3	0.000 0	0.000 0	0.000 0	0.000 0
2	0.008 5	0.000 0	0.000 0	0.000 0	0.000 0	0.000 0	0.000 0	0.000 0

续表

部门	食　品	衣　着	居　住	家庭设备及服务	交通通信	文教娱乐	医疗保健	其　他
3	0.369 2	0.000 0	0.000 0	0.000 7	0.000 0	0.000 0	0.000 0	0.500 0
4	0.103 0	0.490 3	0.005 4	0.140 7	0.000 0	0.052 4	0.058 6	0.037 9
5	0.044 9	0.000 0	0.009 3	0.020 3	0.000 0	0.000 0	0.000 0	0.069 3
6	0.009 6	0.000 0	0.332 0	0.000 0	0.000 0	0.000 0	0.000 0	0.000 0
7	0.019 9	0.000 0	0.001 0	0.000 0	0.008 8	0.000 0	0.000 0	0.000 0
8	0.040 7	0.000 0	0.000 0	0.041 9	0.000 0	0.001 7	0.308 3	0.194 2
9	0.017 1	0.000 0	0.008 1	0.032 7	0.000 0	0.000 0	0.000 0	0.000 0
10	0.013 8	0.000 0	0.000 0	0.000 0	0.000 0	0.000 0	0.000 0	0.000 0
11	0.084 5	0.000 0	0.074 0	0.224 0	0.165 4	0.075 0	0.006 8	0.041 5
12	0.000 0	0.051 4	0.166 0	0.000 0	0.000 0	0.000 0	0.000 0	0.000 0
13	0.000 0	0.020 5	0.000 0	0.000 0	0.167 7	0.000 0	0.349 1	0.000 0
14	0.121 7	0.231 6	0.040 9	0.000 0	0.177 7	0.186 9	0.000 0	0.018 4
15	0.013 7	0.056 8	0.363 4	0.000 0	0.234 5	0.001 0	0.000 0	0.045 6
16	0.000 0	0.139 8	0.000 0	0.000 0	0.032 6	0.000 0	0.091 0	0.000 0
17	0.000 0	0.009 8	0.000 0	0.040 5	0.213 5	0.683 1	0.186 3	0.093 3

表 6.9　农村居民的消费品分配系数

部门	食　品	衣　着	居　住	家庭设备及服务	交通通信	文教娱乐	医疗保健	其　他
1	0.319 3	0.000 0	0.000 1	0.000 0	0.000 0	0.021 1	0.500 0	0.000 0
2	0.004 4	0.000 0	0.069 9	0.000 0	0.000 0	0.000 0	0.000 0	0.000 0
3	0.421 4	0.287 4	0.054 3	0.500 0	0.000 0	0.000 0	0.000 0	0.000 0
4	0.027 2	0.702 9	0.018 0	0.140 2	0.000 0	0.021 7	0.057 0	0.010 2
5	0.020 0	0.000 0	0.103 3	0.032 6	0.000 0	0.000 0	0.000 0	0.085 3
6	0.000 0	0.000 0	0.224 3	0.000 0	0.000 0	0.000 0	0.000 0	0.000 0
7	0.002 7	0.000 0	0.003 8	0.000 0	0.018 6	0.000 0	0.235 8	0.000 0
8	0.026 2	0.000 0	0.002 9	0.075 0	0.000 0	0.000 0	0.000 0	0.233 1
9	0.007 5	0.000 0	0.043 0	0.004 5	0.000 0	0.000 0	0.000 0	0.000 0
10	0.006 9	0.000 0	0.005 0	0.000 0	0.000 0	0.000 0	0.000 0	0.000 0
11	0.034 4	0.000 0	0.104 2	0.241 4	0.192 7	0.092 4	0.000 5	0.048 6
12	0.000 0	0.000 0	0.045 3	0.000 0	0.000 0	0.000 0	0.000 0	0.000 0

续表

部门	食　品	衣　着	居　住	家庭设备及服务	交通通信	文教娱乐	医疗保健	其　他
13	0.007 5	0.000 0	0.061 2	0.000 0	0.168 9	0.000 0	0.000 0	0.000 0
14	0.082 0	0.000 0	0.127 1	0.000 0	0.282 6	0.000 0	0.000 0	0.040 1
15	0.029 2	0.000 0	0.073 4	0.000 0	0.141 4	0.208 8	0.000 0	0.244 6
16	0.007 0	0.000 0	0.064 7	0.000 0	0.000 0	0.000 0	0.000 0	0.000 0
17	0.004 7	0.009 8	0.000 0	0.006 5	0.195 9	0.656 1	0.206 8	0.338 3

6.2.2.2　居民消费的最终产品结构

根据2020年居民八大类商品的消费支出预测，结合城乡居民消费品的分配系数矩阵，可以得到2020年居民总消费的产品结构，如表6.10和图6.6所示。

表6.10　2020年居民总消费的产品结构预测

部门	城镇人均（元）	农村人均（元）	城镇总消费（亿元）	农村总消费（亿元）	城乡合计（亿元）	消费结构（%）
1	1 482.82	921.88	12 918.74	4 977.58	17 896.32	8.11
2	36.28	117.19	316.05	632.73	948.77	0.43
3	1 988.78	1 285.45	17 326.83	6 940.59	24 267.42	10.99
4	2 509.47	735.38	21 863.27	3 970.58	25 833.86	11.70
5	300.11	227.75	2 614.61	1 229.70	3 844.31	1.74
6	675.88	353.15	5 888.51	1 906.80	7 795.31	3.53
7	127.09	218.45	1 107.21	1 179.47	2 286.67	1.04
8	849.51	127.77	7 401.15	689.89	8 091.03	3.67
9	142.59	82.60	1 242.32	446.01	1 688.33	0.76
10	58.90	19.05	513.11	102.88	615.99	0.28
11	1 892.47	676.60	16 487.77	3 653.21	20 140.98	9.13
12	480.83	71.32	4 189.11	385.10	4 574.21	2.07
13	1 332.00	322.71	11 604.75	1 742.42	13 347.16	6.05
14	2 707.86	697.40	23 591.65	3 765.49	27 357.14	12.39
15	2 046.88	508.36	17 833.04	2 744.79	20 577.82	9.32
16	723.74	113.21	6 305.44	611.27	6 916.71	3.13
17	3 414.91	886.63	29 751.74	4 787.23	34 538.97	15.65
合计	20 770.09	7 364.91	180 955.29	39 765.72	220 721.01	100.00

从表6.10可以看出，居民消费需求最大的是部门17，包括教育、医疗、公共服务等，占总需求的15.65%；其次是部门14（批发零售贸易住宿和餐饮业），占总需求的12.39%；对部门3（食品饮料制造及烟草制品业）和部门4（纺织服装及皮革产品制造业）的需求也很大，分别占总需求的10.99%和11.70%。居民消费需求较小的行业主要集中在第二产业，如采矿业（0.43%）、炼焦燃气及石油加工业（1.04%）、非金属矿物制品业（0.76%）和金属产品制造业（0.28%），这些行业的产品用途以投资为主，且都是碳排放强度较高的行业。

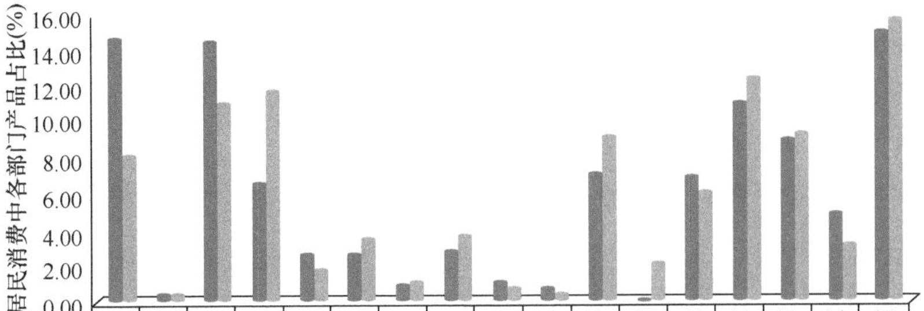

	1	2	3	4	5	6	7	8	9	10	11	12	13	14	15	16	17
2005	14.6	0.33	14.3	6.44	2.51	2.58	0.80	2.88	1.07	0.64	7.12	0.00	6.82	11.0	8.89	4.86	14.9
2020	8.11	0.43	10.9	11.7	1.74	3.53	1.04	3.67	0.76	0.28	9.13	2.07	6.05	12.3	9.32	3.13	15.6

图6.6　居民消费产品结构的对比

1—农业；2—采矿业；3—食品饮料制造及烟草制品业；4—纺织服装及皮革产品制造业；5—其他制造业；6—电力热力及水的生产和供应业；7—炼焦燃气及石油加工业；8—化学工业；9—非金属矿物制品业；10—金属产品制造业；11—机械设备制造业；12—建筑业；13—运输仓储邮电业；14—批发零售贸易住宿和餐饮业；15—房地产业租赁和商务服务业；16—金融业；17—其他服务业。

将预测的2020年的居民消费产品结构与2005年居民消费产品结构进行对比，可以发现，按照城乡居民消费结构的变动趋势，居民消费部门1（农业）、部门3（食品饮料制造及烟草制品业）、部门13（运输仓储邮电业）、部门16（金融业）的产品比例将有不同程度的下降，其中，农业部门和食品饮料制造及烟草制品业的产品比例降幅较大，这是因为食品支出的份额大幅下降；受衣着类消费支出大幅增加的作用，部门4（纺织服装及皮革产品制造业）的产品比例将有大幅上升；此外，电力热力及水的生产和供应业（部门6）、机械设备制造业（部门11）、建筑业（部门12）、批发零售贸易住宿和餐饮业（部门14）、房地产业租赁和商务服务业（部门15）和其他服务业（部门17）的产品占比也有小幅增加。

6.2.3 政府部门的消费以及产品结构预测

政府部门的消费是指政府部门为全社会提供公共服务的消费支出和免费或以较低价格向住户提供货物和服务的净支出。政府消费支出主要包括政府在教育、文化科技、医疗卫生、社会保障等方面的支出以及政府自身的行政运行成本。政府消费和居民消费构成社会最终需求中的消费需求，因此，提高政府消费在一定程度上可以扩大社会需求，促进社会产出的增加，拉动经济增长。

从图 6.7 可以看出，我国政府的消费呈逐年迅速上升的趋势。2011 年，我国政府的总消费已经达到 63 616.1 亿元，占 GDP 的 13.66%。政府消费在总消费中的比例近年来也呈逐年上升趋势，最低的年份仅 20%（1988），2000 年后开始持续超过 25%，2011 年更是达到 27.8%。随着全民医疗和全民养老的全面铺开，预计 2020 年政府消费占总消费的比例将达到甚至超过 30%，在 GDP 中的比重也会上升到 15% 左右。

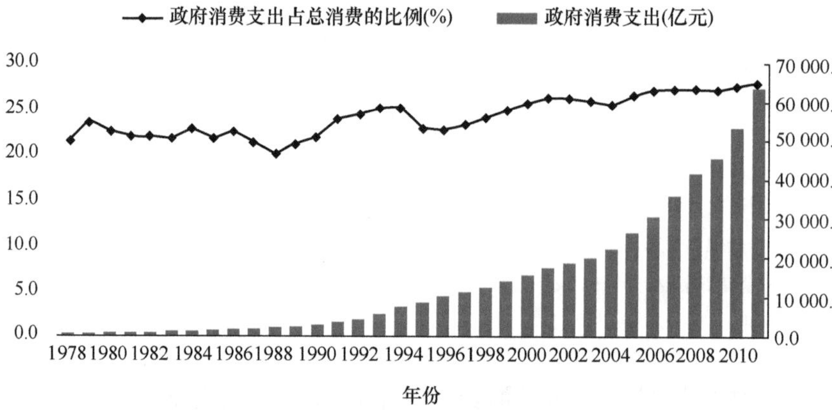

图 6.7 我国历年政府消费额以及政府消费占总消费的比例

从表 6.11 中可以看出，我国政府消费的产品部门较为集中，2002 年以前，主要集中在其他服务业，有少量的在房地产及租赁和商务服务业；自 2002 年开始，政府消费的产品部门增加了农业和运输仓储邮电业。总的说来，其他服务业占主体，2002 年后的其他服务业均占到了 92% 以上。由此，按 2007 年的政府消费产品结构可简单估计：2020 年政府的消费中，农业占 1%，运输仓储邮电业占 5%，房地产业租赁和商务服务业占 2%，金融业占 1%，其他服务业占 91%。

表 6.11 编表年份政府消费的产品结构

%

部门	1997年	2000年	2002年	2005年	2007年
农业	0.00	0.00	0.86	1.06	0.97
采矿业	0.00	0.00	0.00	0.00	0.00
食品饮料制造及烟草制品业	0.00	0.00	0.00	0.00	0.00
纺织服装及皮革产品制造业	0.00	0.00	0.00	0.00	0.00
其他制造业	0.00	0.00	0.00	0.00	0.00
电力热力及水的生产和供应业	0.00	0.00	0.00	0.00	0.00
炼焦燃气及石油加工业	0.00	0.00	0.00	0.00	0.00
化学工业	0.00	0.00	0.00	0.00	0.00
非金属矿物制品业	0.00	0.00	0.00	0.00	0.00
金属产品制造业	0.00	0.00	0.00	0.00	0.00
机械设备制造业	0.00	0.00	0.00	0.00	0.00
建筑业	0.00	0.00	0.00	0.00	0.00
运输仓储邮电业	0.00	0.00	1.60	2.24	4.61
批发零售贸易住宿和餐饮业	0.00	0.00	0.00	0.00	0.00
房地产业租赁和商务服务业	7.19	10.29	0.53	0.40	1.62
金融业	0.00	0.00	0.00	0.00	0.77
其他服务业	92.81	89.71	97.01	96.30	92.03

6.2.4 消费的产品结构预测

由于消费品中有部分为直接进口，这部分的消费需求不会对国内的生产活动产生影响，也不会对经济产生拉动作用。因此，消费品中直接来源于进口的部分必须去掉。由于国家统计局不提供非竞争型投入产出表，本节根据 OECD 组织提供的 2005 年中国内地投入产出表，按照该表中进口消费产品的占比进行了扣减，并以最终消费中居民消费占 70%、政府消费占 30% 计算，得到最终消费中国内产品部分的产品结构，如表 6.12 所示。

表 6.12 2020 年消费结构的预测

%

部门	总消费结构			国内产品的消费结构		
	居民消费	政府消费	总消费	居民消费	政府消费	总消费
农业	8.11	1	5.98	8.19	1	6.03
采矿业	0.43	0	0.30	0.44	0	0.31

续表

部门	总消费结构			国内产品的消费结构		
	居民消费	政府消费	总消费	居民消费	政府消费	总消费
食品饮料制造及烟草制品业	10.99	0	7.69	11.09	0	7.76
纺织服装及皮革产品制造业	11.7	0	8.19	11.22	0	7.85
其他制造业	1.74	0	1.22	1.70	0	1.19
电力、热力及水的生产供应业	3.53	0	2.47	3.73	0	2.61
炼焦燃气及石油加工业	1.04	0	0.73	1.03	0	0.72
化学工业	3.67	0	2.57	3.29	0	2.30
非金属矿物制品业	0.76	0	0.53	0.79	0	0.55
金属产品制造业	0.28	0	0.20	0.27	0	0.19
机械设备制造业	9.13	0	6.39	8.42	0	5.89
建筑业	2.07	0	1.45	2.19	0	1.53
运输仓储邮电业	6.05	5	5.74	6.22	5	5.85
批发零售贸易住宿和餐饮业	12.39	0	8.67	12.54	0	8.78
房地产业租赁和商务服务业	9.32	2	7.12	9.85	2	7.50
金融业	3.13	1	2.49	3.21	1	2.55
其他服务业	15.65	91	38.26	15.84	91	38.39

从表6.12中可以看出，在总消费中，其他服务业的需求是最大的，占全部消费的38.39%，这主要源于政府消费的90%以上在该部门。消费需求较大的几个产业部门是批发零售贸易住宿和餐饮业（8.78%）、房地产业租赁和商务服务业（7.50%）、食品饮料制造及烟草制品业（7.76%）和纺织服装及皮革产品制造业（7.85%）。总的看来，消费对第三产业产品的需求最大，合计占总消费的63.06%；对第一产业的需求最小，占6.03%。因此，扩大消费必然使得产业结构向“三二一”的模式发展，也必然会促进经济的低碳转型。

6.2.5 出口的产品结构预测

出口需求的增长一直是我国经济增长的主要动力之一。根据OECD提供的中国内地国内部分的投入产出表，在三大最终需求中，1995年出口需求占19.5%，2000年出口需求上升到20.78%，到2005年出口需求已经高达28.95%。我国经济对出口的依赖是非常严重的，而且，2000年后中国出口产品的结构更加集中于少数几类。从表6.13可以看出，我国出口产品份额最大的是机械设备制造业，其次是纺织服装及皮革产品制造业，其他制造业、金属产品制造业和化学工业的份额也较大。2000年后，出口产品中纺织服装及皮革产品制造业的份额有所下降，但机械设备制造业的份额上升较多。虽然已有研究表明，我国的出口产品结构已经发生了较大的变化，出口产品中初级产品的比重已经大幅下降，工业制成品的比重已经远超初级产品的比重，工业制成品中资本密集型产品的比重也超过了劳动密集型产品，然而出口产品中劳动密集型产品比重过大、出口工业制成品的档次较低、高附加值高科技含量的产品比重过低仍然是我国出口贸易需要面对的问题。

表6.13 2020年出口产品结构的估计

%

部门	1997年	2000年	2002年	2005年	2007年	2020年预测
农业	2.47	2.52	1.53	0.88	0.70	1.04
采矿业	2.36	1.73	1.45	1.16	0.67	1.09
食品饮料制造及烟草制品业	4.43	4.01	2.89	2.29	2.00	2.39
纺织服装及皮革产品制造业	23.38	19.22	17.76	14.45	14.54	15.58
其他制造业	8.34	5.63	6.72	6.22	6.31	6.42
电力热力及水的生产供应业	0.23	0.00	0.17	0.08	0.07	0.10
炼焦燃气及石油加工业	1.08	0.97	0.85	1.03	0.80	0.89
化学工业	9.15	8.27	7.03	7.50	7.58	7.37
非金属矿物制品业	1.81	1.70	1.35	1.32	1.55	1.41
金属产品制造业	6.86	6.25	4.93	7.00	9.12	7.02
机械设备制造业	23.43	35.16	33.75	42.16	42.35	39.42
建筑业	0.15	0.11	0.34	0.31	0.43	0.36
运输仓储邮电业	3.54	3.28	4.69	4.62	4.69	4.66
批发零售贸易住宿和餐饮业	7.79	6.46	9.33	7.28	4.97	7.19
房地产业租赁和商务服务业	4.56	4.33	3.24	0.93	3.36	2.51
金融业	0.10	0.07	0.07	0.08	0.09	0.08
其他服务业	0.31	0.29	3.89	2.71	0.78	2.46

对一个国家而言，出口产品的结构不仅真实地反映了该国的资源禀赋状况，同时也在一定程度上反映了该国的社会、经济、科技以及产业的发展水平。因此，短期内大幅调整出口产品结构是很困难的。从表6.13可以看出，2002年前后的出口产品结构变化较大，且2002年后的出口产品结构相对稳定。2000年后，受全球IT泡沫破灭、发达国家经济增速放缓和

“9·11”事件的影响，国际贸易形势恶化，全球国际贸易量急剧缩减。中国的对外贸易也因此有所衰退，且贸易产品的种类更为集中。此后的几年里，国际经济虽然缓慢复苏，但前景并不乐观。2002 年后我国纺织服装及皮革产品制造业的出口份额下降就是一个明证。此后世界经济又因为 2008 年的金融危机倍受打击，复苏受阻。在全球经济不景气的情况下，中国要大幅调整出口产品的结构会更加困难。因此，本节用 2002 年、2005 年和 2007 年各产业部门在出口产品中的平均份额作为 2020 年出口产品结构的预测。

6.3 资本系数矩阵 *K* 的估计

在投入产出模型的最终使用栏里，资本的形成包括两部分，一部分是固定资本的形成，记为 Y^{FI}，另一部分是存货的形成，记为 Y^{SI}，通常存货作为流动资产投入到下一年的生产中。因此，资本形成额 Y^{I} 的分配也包括两部分，一部分是固定资本形成额的分配，另一部分是存货的分配。

6.3.1 固定资本形成的分配系数矩阵

从全社会来看，固定资本主要是由各个部门的固定资产投资形成的。对于任一部门 i，用于投资的那部分产品，可以提供给国民经济各个部门，用于补偿和增加各个部门的固定资产投资。

设 I_{ij} 表示第 i 部门作为投资用于第 j 部门的那些产品，矩阵

$$I = \begin{bmatrix} I_{11} & I_{12} & \cdots & I_{1n} \\ I_{21} & I_{22} & \cdots & I_{2n} \\ \vdots & \vdots & & \vdots \\ I_{n1} & I_{n2} & \cdots & I_{nn} \end{bmatrix}$$

表示用于投资的产品在各个部门间的转移数量。

从矩阵 I 的横向看，第 i 部门用于投资的产品总量之和等于第 i 部门的固定资本形成，即：

$$\sum_{j=1}^{n} I_{ij} = Y_i^{FI} \quad (i = 1,2,\cdots,n) \tag{6.27}$$

从矩阵 I 的纵向看，各部门投入到第 j 部门的投资产品之和应该等于第 j 部门的固定资产投资，记第 j 部门的固定资产投资为 FI_j，有：

$$\sum_{i=1}^{n} I_{ij} = FI_j \quad (j = 1,2,\cdots,n) \tag{6.28}$$

假设投资的周期为 1 年，那么从理论上看，全社会第 t 年的固定资产

投资总量应该等于第 t 年的资本形成总额，亦即：

$$\sum_{i=1}^{n} Y_i^I = \sum_{j=1}^{n} FI_j \tag{6.29}$$

记 $g_{ij} = I_{ij}/Y_i^{FI}$，g_{ij} 表示产品部门 i 的固定资本形成的单位产品分配给部门 j 作为固定资本投资的产品数量。显然，$\sum_{i=1}^{n} g_{ij} = 1\ (j = 1,2,\cdots,n)$。矩阵 $G = (g_{ij})_{n\times n}$ 称为固定资本形成的分配系数矩阵。由 $I_{ij} = g_{ij} \cdot Y_i^{FI}$，有：

$$\begin{bmatrix} g_{11} & g_{21} & \cdots & g_{n1} \\ g_{12} & g_{22} & \cdots & g_{n2} \\ \vdots & \vdots & & \vdots \\ g_{1n} & g_{2n} & \cdots & g_{nn} \end{bmatrix} \begin{bmatrix} Y_1^{FI} \\ Y_2^{FI} \\ \vdots \\ Y_n^{FI} \end{bmatrix} = \begin{bmatrix} FI_1 \\ FI_2 \\ \vdots \\ FI_n \end{bmatrix} \tag{6.30}$$

然而，在统计中，固定资本形成总额和固定资产投资的统计口径并不一致。固定资本形成总额，一般是指常住单位购置、转入和自产自用的固定资产，扣除固定资产的销售和转出后的价值，通常分为有形固定资产形成总额和无形固定资产形成总额。有形固定资产形成总额包括一定时期内完成的建筑工程、安装工程和设备器具购置或减处置价值，以及土地改良及新增役、种、奶、毛、娱乐用牲畜和新增经济林木价值；无形固定资产形成总额包括矿藏的勘探、计算机软件、娱乐和文学艺术品原件等获得的减处置。全社会固定资产投资是以货币表现的建造和购置固定资产活动的工作量。二者的区别主要表现在：一是固定资产投资额中不包括 5 万元以下的固定资产投资，固定资本形成总额则包括相应投资的统计；二是固定资本形成总额中包括部分无形固定资产的净增加额，固定资产投资额不包括相应部分；三是固定资本形成总额中扣除了由于出售、易货交易和实物资本转移而转出的旧固定资产价值，而固定资产投资额不扣除相应的价值①。

即便这样，对于整个社会而言，由于固定资本形成总额中的无形固定资产和全社会固定资产投资中用于出售、易货交易和实物资本转移而转出的旧固定资产价值所占比例不大，一定时期内固定资本形成总额和全社会固定资产投资的数额应该大致相当。因此：

$$\sum_{i=1}^{n} Y_i^I \approx \sum_{j=1}^{n} FI_j \tag{6.31}$$

通过调查途径得到固定资本形成的分配系数矩阵 G 很困难，因此，参

---

① 参考资料：http://baike.baidu.com/view/918374.htm。

照范德成和王晓辉（2011）的办法，将其转化为规划问题求解。由于2000年前后经济行为不一致，2000年后投资需求过热，经济结构失衡更严重，投资系数在2000年前后可能不一样，因此，本节仅选取2000年后的2002年、2005年和2007年作为样本期。分部门的固定资本形成额数据来源于对应年份的投入产出表，分部门的固定资产投资额系根据对应年份《中国统计年鉴》上的固定资产投资数据整理而来。具体的数据如表6.14所示。

表6.14　固定资产投资和固定资本形成

亿元

部　门	固定资产投资			固定资本形成		
	2002年	2005年	2007年	2002年	2005年	2007年
农业	849.65	2 323.66	3 403.50	772.73	1 411.94	1 067.17
采掘业	1 636.36	3 587.35	5 878.80	0.00	0.00	0.00
食品制造业	644.37	2 450.49	4 309.78	0.00	0.00	0.00
纺织及皮革产品制造业	535.57	2 143.96	3 281.40	0.00	0.00	0.00
其他制造业	468.64	2 160.61	3 091.01	259.51	621.36	1963.21
电力、热力水的生产供应业	4 843.86	7 554.42	9 467.60	0.00	0.00	0.00
炼焦煤气及石油加工业	313.01	1 043.54	1 775.58	0.00	0.00	0.00
化学工业	1 179.84	3 909.99	5 841.88	0.00	0.00	0.00
非金属矿物制品业	658.04	2 695.71	5 148.53	0.00	0.00	0.00
金属产品制造业	1 243.54	4 964.00	6 890.09	321.59	883.42	952.95
机械设备制造业	1 996.69	7 207.66	14 166.87	12 581.78	26 636.07	35 501.64
建筑业	513.36	1 118.98	1 302.30	27 275.36	41 239.41	58 846.59
运输邮电业	9 318.03	11 195.79	16 003.10	197.57	1 146.11	1 497.44
批发零售贸易住宿和餐饮业	751.24	2 525.15	4 399.80	954.78	1 786.89	1 882.11
房地产业租赁和商务服务业	12 372.87	20 054.88	33 388.20	1 142.67	3 373.03	3 406.26
金融保险业	1 243.54	4 964.00	6 890.09	0.00	0.00	0.00
其他服务业	1 996.69	7 207.66	14 166.87	126.11	206.57	318.50
合　计	40 565.30	87 107.86	139 405.39	45 634.10	79 309.80	107 442.87

根据式（6.30）和式（6.31），构建优化模型：

$$\min = \sum_{t}\sum_{j=1}^{n}\left[FI_j(t) - \sum_{i=1}^{n} g_{ij} Y_i^{FI}(t)\right]^2 \quad (t = 2002,\ 2005,\ 2007) \tag{6.32}$$

$$\text{s.t.} \sum_{i=1}^{n} g_{ij} = 1 \quad (j = 1, 2, \cdots, n) \tag{6.33}$$

$$g_{ij} \geqslant 0 \qquad (i = 1,2,\cdots,n; j = 1,2,\cdots,n) \qquad (6.34)$$

运用 Lingo11.0 软件，求得固定资本形成的分配系数矩阵 G，如表 6.15 所示。

6.3.2 资本系数矩阵 K

（1）存货的分配系数。资本形成总额中的存货增加 Y^{SI}，通常是作为流动资产或者易耗品进入下一年的生产环节，采用直接消耗系数矩阵将存货向量分解到各使用部门。因此，部门 j 第 $t+1$ 年消耗的部门 i 第 t 年的存货公式为：

$$\Delta S_{ij}^{CA}(t+1) = \frac{a_{ij}}{\sum_{j=1}^{n} a_{ij}} Y_i^{SI}(t) \qquad (i = 1,2,\cdots,n; j = 1,2,\cdots,n) \qquad (6.35)$$

式中，a_{ij} 为直接消耗系数。

已知 $\Delta x_j = X_j(t+1) - X_j(t)$，由于《中国统计年鉴》仅提供工业分部门的总产值数据，对于未编表的年份，不提供总产值数据。第 $t+1$ 年非工业部门的总产值增加量，可以利用投入产出表和部门增加值得到。首先将 17 个部门的投入产出表合并为 8 个部门，即工业下属的 10 个部门合并为 1 个部门，已知第 $t+1$ 年这 8 个部门的增加值分别为 $v_j(t+1)$，根据第 t 年的投入产出模型

$$X(t+1) = [E - \hat{\Phi}(t)]^{-1} V(t+1) \qquad (6.36)$$

可以计算得到 8 个部门的总产出 $X_j(t+1)$。式中，$\hat{\Phi}(t)$ 表示中间投入率向量 $\left[\sum_{i=1}^{n} a_{i1} \quad \sum_{i=1}^{n} a_{i2} \quad \cdots \quad \sum_{i=1}^{n} a_{in}\right]'$ 生成的对角阵。

由于各年部门的存货变动比较大，本节采用最近的 2007 年的投入产出表计算存货分配系数。由 2008 年 8 个部门的增加值和 2007 年的直接消耗系数矩阵，根据模型（6.35），计算得到 2008 年对应 8 个部门的总产值。工业部门下 10 个细分行业的总产出系根据工业部门的总产值以及主要企业分部门的工业总产值估计得来。记存货的分配系数矩阵：

$$H = [h_{ij}] = [\Delta S_{ij}^{CA} / \Delta x_j] \qquad (6.37)$$

（2）资本系数矩阵。根据固定资本形成的分配系数矩阵 G，结合 2007 年的固定资产形成，可以求得第 j 部门中第 i 部门产品的投资量 I_{ij}，新增资本 $\Delta S_{ij} = I_{ij} + \Delta S_{ij}^{CA}$，已知 $k_{ij} = \dfrac{\Delta S_{ij}}{\Delta x_j}$，据此可以求得资本系数矩阵 K，具体结果如表 6.16 所示。

表 6.15 固定资本形成的分配系数矩阵 G

部门	1	2	3	4	5	6	7	8	9	10	11	12	13	14	15	16	17
1	0.091 8	0.000 0	0.000 0	0.024 9	0.000 0	0.598 1	0.285 2	0.000 0	0.000 0	0.000 0	0.000 0	0.000 0	0.000 0	0.000 0	0.000 0	0.000 0	0.000 0
2	0.000 0	0.000 0	0.000 0	0.000 0	0.000 0	0.000 0	0.000 0	0.000 0	0.000 0	0.000 0	0.000 0	0.000 0	0.000 0	0.000 0	0.000 0	0.000 0	1.000 0
3	0.000 0	0.000 0	0.000 0	0.000 0	0.000 0	0.000 0	0.000 0	0.000 0	0.000 0	0.000 0	0.000 0	0.000 0	0.000 0	0.000 0	0.000 0	0.000 0	1.000 0
4	0.000 0	0.000 0	0.000 0	0.000 0	0.000 0	0.000 0	0.000 0	0.000 0	0.000 0	0.000 0	0.000 0	0.000 0	0.000 0	0.000 0	0.000 0	0.000 0	1.000 0
5	0.000 0	0.000 0	0.000 0	0.000 0	0.000 0	0.000 0	0.000 0	0.000 0	0.000 0	0.000 0	0.000 0	0.000 0	0.000 0	0.000 0	1.000 0	0.000 0	0.000 0
6	0.000 0	0.000 0	0.000 0	0.000 0	0.000 0	0.000 0	0.000 0	0.000 0	0.000 0	0.000 0	0.000 0	0.000 0	0.000 0	0.000 0	0.000 0	0.000 0	1.000 0
7	0.000 0	0.000 0	0.000 0	0.000 0	0.000 0	0.000 0	0.000 0	0.000 0	0.000 0	0.000 0	0.000 0	0.000 0	0.000 0	0.000 0	0.000 0	0.000 0	1.000 0
8	0.000 0	0.000 0	0.000 0	0.000 0	0.000 0	0.000 0	0.000 0	0.000 0	0.000 0	0.000 0	0.000 0	0.000 0	0.000 0	0.000 0	0.000 0	0.000 0	1.000 0
9	0.000 0	0.000 0	0.000 0	0.000 0	0.000 0	0.000 0	0.000 0	0.000 0	0.000 0	0.000 0	0.000 0	0.000 0	0.000 0	0.000 0	0.000 0	0.000 0	1.000 0
10	0.219 3	0.000 0	0.000 0	0.251 6	0.000 0	0.270 3	0.000 0	0.000 0	0.000 0	0.258 8	0.000 0	0.000 0	0.000 0	0.000 0	0.000 0	0.000 0	0.000 0
11	0.000 0	0.000 0	0.000 0	0.000 0	0.000 4	0.099 1	0.000 0	0.033 4	0.000 0	0.087 5	0.000 0	0.000 0	0.276 2	0.000 0	0.000 0	0.000 0	0.503 4
12	0.000 0	0.067 0	0.040 1	0.000 0	0.031 7	0.000 0	0.000 0	0.074 2	0.026 0	0.000 0	0.182 3	0.000 0	0.072 7	0.041 7	0.464 3	0.000 0	0.000 0
13	0.182 9	0.000 0	0.000 0	0.261 9	0.000 0	0.277 6	0.000 0	0.000 0	0.000 0	0.277 6	0.000 0	0.000 0	0.000 0	0.000 0	0.000 0	0.000 0	0.000 0
14	0.223 7	0.000 0	0.000 0	0.307 1	0.000 0	0.247 3	0.000 0	0.000 0	0.000 0	0.221 9	0.000 0	0.000 0	0.000 0	0.000 0	0.000 0	0.000 0	0.000 0
15	0.150 6	0.000 0	0.000 0	0.045 8	0.000 0	0.564 3	0.000 0	0.000 0	0.000 0	0.239 2	0.000 0	0.000 0	0.000 0	0.000 0	0.000 0	0.000 0	0.000 0
16	0.000 0	0.000 0	0.000 0	0.000 0	0.000 0	0.000 0	0.000 0	0.000 0	0.000 0	0.000 0	0.000 0	0.000 0	0.000 0	0.000 0	0.000 0	0.000 0	1.000 0
17	0.000 0	0.000 0	0.000 0	0.000 0	0.000 0	0.000 0	0.000 0	0.000 0	0.000 0	0.000 0	0.000 0	0.000 0	0.000 0	0.000 0	1.000 0	0.000 0	0.000 0

注：部门序号1～17分别代表农业、采矿业、食品饮料制造及烟草制品业、纺织服装及皮革产品制造业、其他制造业、电力热力及水的生产供应业、炼焦燃气及石油加工业、化学工业、非金属矿物制品业、金属产品制造业、机械设备制造业、建筑业、运输仓储邮电业、批发零售贸易住宿和餐饮业、房地产业租赁和商务服务业、金融业、其他服务业。

表 6.16 投资系数矩阵 *K*

部门	1	2	3	4	5	6	7	8	9	10	11	12	13	14	15	16	17
1	0.031 5	0.000 4	0.055 0	0.043 3	0.026 2	0.349 3	0.083 0	0.003 5	0.000 1	0.000 0	0.000 0	0.000 3	0.003 1	0.004 2	0.000 2	0.000 0	0.000 4
2	0.000 0	0.001 8	0.000 1	0.000 3	0.000 4	0.013 2	0.036 0	0.001 3	0.006 4	0.001 9	0.000 0	0.000 2	0.000 2	0.000 0	0.000 0	0.000 0	0.000 0
3	0.021 5	0.000 5	0.042 8	0.013 7	0.003 1	0.003 2	0.003 0	0.003 0	0.001 5	0.000 4	0.000 3	0.000 5	0.003 4	0.016 9	0.002 7	0.003 0	0.001 6
4	0.000 0	0.000 2	0.000 1	0.055 7	0.005 1	0.000 8	0.000 1	0.000 5	0.000 5	0.000 1	0.000 1	0.000 1	0.000 8	0.000 4	0.001 3	0.000 8	0.000 4
5	0.000 1	0.000 5	0.001 1	0.001 8	0.031 8	0.000 7	0.000 2	0.000 8	0.004 3	0.001 1	0.000 3	0.000 6	0.001 0	0.000 6	0.476 0	0.007 7	0.001 2
6	0.000 0	0.000 0	0.000 0	0.000 0	0.000 0	0.000 0	0.000 0	0.000 0	0.000 0	0.000 0	0.000 0	0.000 0	0.000 0	0.000 0	0.000 0	0.000 0	0.000 0
7	-0.000 1	-0.000 4	0.000 0	-0.000 1	-0.000 2	-0.002 3	-0.001 7	-0.000 7	-0.000 8	-0.000 3	0.000 0	-0.000 1	-0.004 1	-0.000 1	-0.000 5	-0.000 5	-0.000 1
8	0.003 9	0.001 9	0.001 5	0.011 8	0.013 7	0.001 2	0.002 2	0.019 5	0.007 9	0.000 6	0.001 1	0.001 2	0.001 3	0.000 4	0.002 2	0.000 9	0.002 4
9	0.000 0	0.000 2	0.000 1	0.000 1	0.000 3	0.000 1	0.000 1	0.000 1	0.004 6	0.000 1	0.000 1	0.001 7	0.000 0	0.000 0	0.000 0	0.000 0	0.000 0
10	0.024 4	0.004 9	0.000 5	0.068 6	0.013 0	0.143 7	0.001 1	0.001 5	0.009 8	0.035 9	0.006 1	0.010 3	0.001 3	0.000 1	0.002 9	0.000 4	0.000 3
11	0.001 5	0.012 9	0.001 0	0.005 2	0.014 9	1.983 5	0.007 5	0.128 5	0.011 4	0.207 5	0.021 1	0.006 4	2.789 1	0.002 8	0.027 3	0.010 6	1.036 8
12	0.000 0	0.452 2	0.273 8	0.000 0	0.566 4	0.000 0	0.000 0	0.460 6	0.358 7	0.000 0	0.463 2	0.000 0	1.201 3	0.204 0	6.567 9	0.000 0	0.000 0
13	0.031 7	0.000 2	0.000 1	0.111 1	0.000 3	0.227 9	0.000 3	0.000 1	0.000 4	0.027 3	0.000 0	0.000 2	0.000 8	0.000 2	0.000 2	0.001 4	0.000 1
14	0.049 1	0.000 6	0.000 7	0.164 6	0.001 5	0.255 9	0.001 0	0.000 5	0.001 4	0.027 7	0.000 3	0.000 5	0.001 7	0.000 6	0.002 4	0.006 7	0.000 7
15	0.059 3	0.000 0	0.000 0	0.044 1	0.000 0	1.051 9	0.000 0	0.000 0	0.000 0	0.053 4	0.000 0	0.000 0	0.000 0	0.000 0	0.000 0	0.000 0	0.000 0
16	0.000 0	0.000 0	0.000 0	0.000 0	0.000 0	0.000 0	0.000 0	0.000 0	0.000 0	0.000 0	0.000 0	0.000 0	0.000 0	0.000 0	0.000 0	0.000 0	0.000 0
17	0.000 0	0.000 0	0.000 0	0.000 0	0.000 0	0.000 0	0.000 0	0.000 0	0.000 0	0.000 0	0.000 0	0.000 0	0.000 0	0.000 0	0.076 6	0.000 0	0.000 0

注：部门序号 1 ~ 17 分别代表农业、采矿业、食品饮料制造及烟草制品业、纺织服装及皮革产品制造业、其他制造业、电力热力及水的生产供应业、炼焦燃气及石油加工业、化学工业、非金属矿物制品业、金属产品制造业、机械设备制造业、建筑业、运输仓储邮电业、批发零售贸易住宿和餐饮业、房地产业租赁和商务服务业、金融业、其他服务业。

6.4 均衡产业结构及其节能减排潜力测算

6.4.1 均衡产业结构

6.4.1.1 对最终需求组成结构的假定

近年来，在我国的经济增长中，投资与净出口一直占据着主要地位。在最终需求中，我国的投资需求比重一直在30%左右，出口需求占比也一直超过20%，消费需求尤其是居民消费需求严重不足。2000年以前，消费需求在最终需求中的占比还在50%左右，2005年已经不足40%。在消费需求中，政府消费需求占比还一直处于增长中，居民消费的比例持续下降，2005年降到了28.56%的低点。这样的需求结构使得我国投资持续过热，投资拉动经济增长的效率持续降低，出口依赖加大，贸易顺差不断增加，工业产能过剩的问题更加严重。如果不改变经济结构，要想继续保持GDP的高增长，只有不断扩大出口和增加投资在GDP中的份额，而消费的份额会不断降低，经济的结构陷入一个恶性循环，经济增长的最终效率也必然会下降。

在政府的“十二五”规划中，已经明确提出要逐步调整产业结构和国民收入分配结构，增加劳动在初次分配中的比例，提高人民的收入水平，扩大内需。调整需求结构，目的就是要增加消费对经济增长的拉动，把依靠投资、出口拉动的经济增长，转变为消费、投资和出口共同拉动的经济增长，使国民经济能够长期协调发展。

如果不考虑调整的过程，并假设国民收入的分配结构与之相适应，那么意味着经过不断调整后，居民收入增长能够满足对最终消费结构的调整要求。对于2020年的需求结构，按照调整的幅度，假设为5种情形。情形1，假设最终需求结构恢复到2000年的情况，消费占50%，投资占30%，出口占20%。以情形1为基准，假设消费的比例逐渐上升，依次上升5%，然后设定投资率和出口率。具体设定如表6.17所示。

表6.17 不同情形下的均衡增长率

%

	情形1	情形2	情形3	情形4	情形5
消费	50	55	60	65	70
投资	30	30	25	25	20
出口	20	15	15	10	10
增长率 *P*	11.389	11.304	9.319	9.249	7.320

6.4.1.2 均衡增长率

在已知消费结构向量 C、出口结构向量 E 和投资系数矩阵 K 的情况下，方程（6.8）为一元方程。对直接消耗系数矩阵 A 而言，显然 2007 年的系数矩阵在时间上更近一些，但在需求的拉动中，进口产品不对国内生产产生拉动，且进口产品的隐含碳排放会对碳排放强度的估计造成影响，必须扣减进口中间投入。统计局提供的 2007 年中国投入产出表并不区分进口中间投入和国内中间投入，鉴于直接消耗系数短期内变化很小，本节仍然使用 2005 年 OECD 提供的国内部分的投入产出表，为表示区别，将国内中间投入计算得到的直接消耗系数矩阵记为 Ad。方程（6.8）变为：

$$\mu'(E-A)(E-Ad-pEK)^{-1}(\alpha C+\beta E)=1 \qquad (6.38)$$

运用数值法可求得近似解，不同情形下的均衡增长率求解结果如表 6.17所示。

从表 6.17 可以看出，不同的最终需求结构对投资的需求不一样，由此导致总产出的增长率也不一样。5 种情形下，情形 1 所需要的总产出增长率最高，为 11.389%；情形 5 所需要的增长率最低，为 7.320%。5 种情形中，前两种情形的投资率为 30%，相应的总产出增长率都在 11% 以上，情形 3 和 4 的投资率为 25%，相应的总产出增长率在 9.2% 左右；情形 5 的投资率为 20%，相应的总产出增长率仅为 7.320%。可见投资率越高，对总产出增长率的要求越高。在相同的投资率下，消费率越高，总产出增长率也越高，但变化的幅度较小，这可能源于消费结构中居住和交通等产品比例的增加以及出口产品中轻工业产品比重的上升。

6.4.1.3 均衡增长的产业结构

根据动态投入产出模型，当各部门的总产出都以速率 p 增长时，经济结构达到稳定状态，此时的产业结构称为均衡产业结构。有：

$$V=\hat{A}_v X \qquad (6.39)$$

式中，V 表示各部门的增加值向量；$\hat{A}_v$ 表示由各部门的增加值系数组成的对角矩阵，$\hat{A}_v=E-\hat{\Phi}(t)$。

根据式（6.5）至式（6.7），在给定最终使用总量 y 后，各部门的增加值为：

$$V=\hat{A}_v(E-A-KP)^{-1}(\alpha C+\beta E)y \qquad (6.40)$$

理论上，最终使用总量 y 和增加值合计 GDP 是相等的。因此，国民经济的产业结构 T（按增加值计算的产业结构）为：

$$T=\hat{A}_v(E-A-pEK)^{-1}(\alpha C+\beta E) \qquad (6.41)$$

式中，$T = [t_1 \quad t_2 \quad \cdots \quad t_n]^T$，$t_i$ 表示 i 部门的增加值占 GDP 的比重。根据式（6.41），可以计算得到 5 种情形下的产业结构，如表 6.18 所示。

表 6.18　不同情形下各产业的增加值比重

%

产　业	部　门	2005 年	情形 1	情形 2	情形 3	情形 4	情形 5
1	1	12.39	10.12	10.31	10.52	10.71	10.91
	合　计	12.39	10.12	10.31	10.52	10.71	10.91
2	2	4.87	5.10	5.00	4.91	4.83	4.74
	3	3.95	3.08	3.19	3.36	3.46	3.63
	4	3.46	3.71	3.54	3.69	3.51	3.66
	5	3.43	3.42	3.29	3.25	3.12	3.08
	6	3.65	3.77	3.76	3.77	3.76	3.76
	7	1.40	1.46	1.44	1.43	1.41	1.40
	8	4.79	4.77	4.62	4.63	4.49	4.51
	9	2.31	2.02	1.99	1.80	1.77	1.60
	10	4.78	4.59	4.32	4.04	3.78	3.51
	11	10.09	9.61	9.06	8.55	8.00	7.47
	12	5.84	5.52	5.51	4.73	4.71	3.96
	合　计	48.57	47.05	45.71	44.16	42.85	41.32
3	13	8.41	8.72	8.68	8.67	8.62	8.61
	14	9.01	9.61	9.59	9.73	9.71	9.86
	15	6.01	7.14	7.27	7.35	7.48	7.56
	16	3.39	3.49	3.57	3.66	3.74	3.82
	17	12.21	13.85	14.86	15.92	16.89	17.93
	合　计	39.04	42.82	43.97	45.32	46.45	47.78

注：部门序号 1 ~ 17 分别代表农业、采矿业、食品饮料制造及烟草制品业、纺织服装及皮革产品制造业、其他制造业、电力热力及水的生产和供应业、炼焦燃气及石油加工业、化学工业、非金属矿物制品业、金属产品制造业、机械设备制造业、建筑业、运输仓储邮电业、批发零售贸易住宿和餐饮业、房地产业租赁和商务服务业、金融业、其他服务业。

从表 6.18 可以看出，相比 2005 年的产业结构，5 种情形下，第一产业的比重都有所下降，第二产业的比重下降比较明显，第三产业的比重增加了。比较而言，情形 1 结构调整的幅度最小，但第一产业的比重却是下降最多的，第二产业的比重下降了 1.5 个百分点，第三产业的比重上升了 3.8 个百分点，但总的经济结构依然是“二三一”格局。在情形 2、情形 3 下，最终需求结构中幅调整，调整后第二、三产业的比重相差不大，都在

45%左右。在情形4、情形5下，最终需求结构调整幅度较大，调整后第一产业的增加值略有增加，接近11%，但是第二产业的比重降到了43%以下，第三产业的比重超过了46%，明显高于第二产业比重，经济结构实现了从“二三一”到“三二一”的转变。

从细分部分的情况看，大部分部门的增加值比重变化不大。增加值比重下降较多的是农业，下降了约2个百分点。在第二产业内部，大部分产业的增加值比重都有所下降，只有采掘业、纺织服装与皮革制品业、电力热力和水的生产供应业的比重变化很小，而机械设备制造业和建筑业的比重下降较明显。第三产业各部门的增加值比重均有不同幅度的上升，其中，其他服务业的上升幅度最大，其次是房地产业租赁和商务服务业。这表明，最终需求结构调整，消费比重增加，必然带动消费升级，居民消费的热点必然向教育、文化、医疗保健、服务等方向转移，从而带动第三产业的发展，促进产业结构升级。

6.4.2 能源需求预测

6.4.2.1 生产部门的能源需求预测

影响能源需求的因素很多，但最主要的因素是经济增长。现有的研究表明，能源消耗量和GDP之间有着长期均衡的关系。因此，能源需求的大小首先取决于经济总量GDP的大小。为了评估产业结构调整对能源需求的影响，本节假设投入产出关系保持不变，各部门总产品按终端能源消费计算的直接能耗强度保持不变，能源的结构保持不变，仅仅改变产业结构，来预测2020年的能源需求。

根据各产业部门直接能耗以及2005年的投入产出表（原第15、第16、第17部门合并为第15部门），可以计算各产业部门的直接能耗强度，如图6.8所示。从图6.8可以看出，在2005年，直接能耗强度最大的是非金属矿物制品业，为3.395吨/万元，远远高于其他行业；其次是金属制品业，为1.120吨/万元；其他部门的直接能耗强度均不超过1吨/万元。

假设经济平稳增长，GDP高速增长时的年均增长速度为8.5%，中速增长时的年均增长速度为7.5%，低速增长时的年均增长速度为6.5%。以2011年的GDP总量为基础（按2005年不变价计算），预计2020年经济高、中、低速增长情形下GDP总量分别为716 511.55亿元、659 222.06亿元和606 061.02亿元。又，理论上最终消费等于增加值合计，根据式（6.5），有：

$$X(t) = (E - A - KP)^{-1}(\alpha C + \beta E) \cdot \mathrm{GDP} \tag{6.42}$$

若各部门总产品的直接能耗系数向量为$L = [l_1 \quad l_2 \quad \cdots \quad l_n]^{\mathrm{T}}$，则各

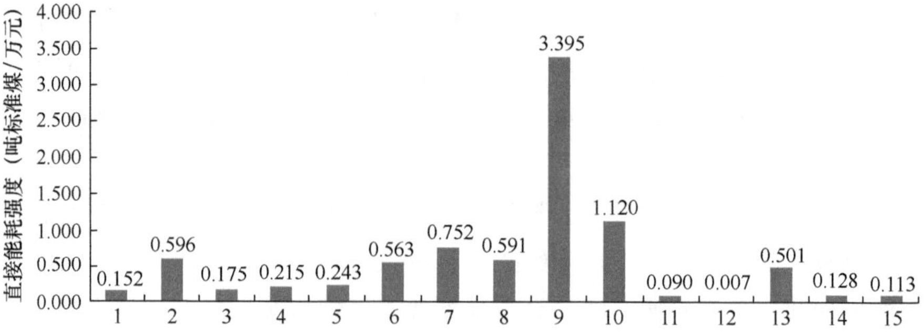

图 6.8　2005 年各产业部门的直接能耗强度

1—农业；2—采矿业；3—食品饮料制造及烟草制品业；4—纺织服装及皮革产品制造业；5—其他制造业；6—电力热力及水的生产和供应业；7—炼焦燃气及石油加工业；8—化学工业；9—非金属矿物制品业；10—金属产品制造业；11—机械设备制造业；12—建筑业；13—运输仓储邮电业；14—批发零售贸易住宿和餐饮业；15—房地产业租赁和商务服务业、金融业以及其他服务业。

部门的能源消费总量为：

$$NE = L^{T}X \tag{6.43}$$

假设能源结构和能源效率不变，以 2005 年各部门的单位总产品能耗计算（数据如图 6.8 所示），根据不同增速下 GDP 的估计，可以计算得到产业结构调整后的能耗。

6.4.2.2　*居民生活消费的能源需求预测*

由于能源统计中生产耗能和生活耗能是分开的，上面计算的仅仅是生产耗能。对于生活耗能，根据消费理论，各种消费函数的统一形式为：

$$CS_t = \beta_0 + \beta_1 \mathrm{INC}_t + \beta_2 CS_{t-1} + \mu_t \tag{6.44}$$

考虑到生活耗能与消费水平提高同步，对生活耗能和居民总消费的 2 阶格兰杰因果关系检验也表明：生活能耗是居民总消费的格兰杰原因，但居民总消费不是生活能耗的格兰杰原因，且收入与消费高度线性相关。因此，将上述模型修改为：

$$\ln CS_t = \beta_0 + \beta_1 \ln CS_{t-1} + \beta_2 \ln \mathrm{ENE}_t + \mu_t \tag{6.45}$$

即居民总消费取决于上一年的居民总消费和生活能耗。

根据 1993—2010 年的居民总消费数据（按 2005 年价格计算），运用 EViews6 软件估计模型（6.45）得：

$$\ln \hat{CS}_t = -0.1184 + 0.9565 \ln CS_{t-1} + 0.0681 \ln \mathrm{ENE}_t \tag{6.46}$$

$$(-1.111) \qquad (46.453) \qquad (2.459)$$

$$R^2 = 0.9991 \quad \bar{R}^2 = 0.9990 \quad F = 8633.2$$

估计结果表明，模型拟合很好，能源变量显著，可以用此模型对2020年的生活能耗进行预测。

根据最终需求结构，消费占比为α，按消费需求中居民消费占70%计算，居民消费应占GDP的0.7α，由此可计算得到各种情形下的居民消费总额以及上一年的居民总消费。将其代入式（6.46），可以得到2020年的居民生活总能耗，如表6.19所示。

表6.19 不同情形下居民消费总能耗的预测

万吨标准煤

GDP增速	情形1	情形2	情形3	情形4	情形5
低速	34 806.17	36 991.03	39 105.20	41 156.59	43 151.70
中速	41 878.37	44 507.17	47 050.92	49 519.12	51 919.61
高速	50 302.38	53 459.98	56 515.41	59 480.11	62 363.47

6.4.3 产业结构调整的节能减排潜力估计

为了评估产业结构调整的节能减排能力，本节计算了按照2005年模式，经济高、中、低速增长时2020年的总能耗。2005年的GDP总量为184 937.4亿元，居民总消费70 906.0亿元，总能耗23.60亿吨标准煤，生活耗能2.53亿吨标准煤，由此计算得到：生产单位GDP的能耗1.139 3吨标准煤/万元，居民生活的单位能耗0.356 9吨标准煤/万元。在其他条件保持不变的情况下，按照2005年的产业结构，GDP增速分别为6.5%，7.5%和8.5%时，可计算得总能耗分别为77.339亿吨标准煤、84.122亿吨标准煤和91.433亿吨标准煤。

如表6.20所示，经过产业调整后，经济低速增长的最低能耗为51.951亿吨标准煤，最高能耗为54.881亿吨标准煤；经济中速增长的最低能耗为57.007亿吨标准煤，最高能耗为60.096亿吨标准煤；经济高速增长的最低能耗为62.554亿吨标准煤，最高能耗为65.797亿吨标准煤。这些能耗都远远低于2005年模式下的能耗。各种增速中，情形5都是最节能的，情形1的能耗最高，表明最终需求结构向消费方向转移是低碳化的。

表6.20 各种情形下的生产、生活和总能耗

亿吨标准煤

		2005年模式	情形1	情形2	情形3	情形4	情形5
生产耗能	低速	69.046	51.400	50.431	49.513	48.546	47.636
	中速	75.102	55.908	54.855	53.856	52.804	51.815
	高速	81.629	60.767	59.622	58.536	57.393	56.318

续表

		2005年模式	情形1	情形2	情形3	情形4	情形5
生活耗能	低速	8.293	3.481	3.699	3.911	4.116	4.315
	中速	9.020	4.188	4.451	4.705	4.952	5.192
	高速	9.804	5.03	5.346	5.652	5.948	6.236
能源总消费	低速	77.339	54.881	54.130	53.424	52.662	51.951
	中速	84.122	60.096	59.306	58.561	57.756	57.007
	高速	91.433	65.797	64.968	64.188	63.341	62.554

在能源结构保持不变的前提下，节能潜力和减排潜力等同。根据表6.20，计算得到各种情形下的能源节约量以及节能减排的潜力。如表6.21所示，在情形1下，即最终需求中消费、投资和出口分别占比50%，30%和20%时，生产能耗减少17.646亿~20.862亿吨，可节能减排22.817%；在情形2下，即最终需求中消费、投资和出口分别占比55%，30%和15%时，生产能耗减少18.615亿~22.007亿吨，可节能减排24.069%；在情形3下，即最终需求中消费、投资和出口分别占比60%，25%和15%时，能耗减少19.533亿~23.093亿吨，可节能减排25.257%；在情形4下，即最终需求中消费、投资和出口分别占比65%，25%和10%时，能耗减少20.500亿~24.236亿吨，可节能减排26.507%；在情形5下，即最终需求中消费、投资和出口分别占比70%，20%和10%时，能耗减少21.410亿~25.311亿吨，可节能减排27.683%。

表6.21 各种情形下的节能减排潜力估计

	GDP增速	情形1	情形2	情形3	情形4	情形5
生产能耗减少（亿吨标准煤）	低速	17.646	18.615	19.533	20.500	21.410
	中速	19.194	20.247	21.246	22.298	23.287
	高速	20.862	22.007	23.093	24.236	25.311
生活能耗减少（亿吨标准煤）	低速	4.812	4.594	4.382	4.177	3.978
	中速	4.832	4.569	4.315	4.068	3.828
	高速	4.774	4.458	4.152	3.856	3.568
总能耗减少（亿吨标准煤）	低速	22.458	23.209	23.915	24.677	25.388
	中速	24.026	24.816	25.561	26.366	27.115
	高速	25.636	26.465	27.245	28.092	28.879

续表

	GDP 增速	情形 1	情形 2	情形 3	情形 4	情形 5
生产节能减排潜力（%）	低速	22.817	24.069	25.257	26.507	27.683
	中速	22.817	24.069	25.257	26.507	27.683
	高速	22.817	24.069	25.257	26.507	27.683
生活节能减排潜力（%）	低速	6.222	5.940	5.666	5.401	5.144
	中速	5.744	5.431	5.129	4.836	4.551
	高速	5.221	4.876	4.541	4.217	3.902
总节能减排潜力（%）	低速	29.039	30.009	30.923	31.908	32.826
	中速	28.561	29.500	30.386	31.342	32.233
	高速	28.038	28.944	29.798	30.724	31.585

在生活能耗方面，按照 1993—2010 年居民总消费与生活能源消费的关系，计算得到的生活能源消费总量低于 2005 年模式下的能源消费，节能减排量也很可观。在情形 1 下，居民消费占比 50%，生活能耗减少 4.8 亿吨左右，可节能减排 5.221% ~6.222%；在情形 2 下，生活能耗减少 4.5 亿吨左右，可节能减排 4.876% ~5.940%；在情形 3 下，居民消费占比达到 60%，生活能耗减少 4.3 亿吨左右，可节能减排 4.541% ~5.666%；在情形 4 下，生活能耗减少 4.0 亿吨左右，可节能减排 4.217% ~5.401%；在情形 5 下，居民消费占比提高到 70%，生活能耗减少 3.8 亿吨左右，可节能减排 3.902% ~5.144%。从长期来看，生活能耗的节约源于相关的技术进步和广大居民有意识的节能活动以及低碳生活方式。

总的看来，结构减排的潜力巨大，即使只对最终需求中的消费率和出口率做小幅调整，使其恢复到 2000 年的情况（情形 1），也能减排 28.5% 左右。消费在总需求中的比例越大，节能减排的潜力越大。当消费的比例达到 65% 时，总能耗相应也能下降 30% 以上。

7　能源结构调整及其节能减排潜力

7.1　能源生产和能源供给预测

7.1.1　能源生产

能源供给是指在一定时期内，能源生产部门在各种可能的价格下，愿意并能在市场上提供的能源数量。必要的能源供给是维持社会经济生产和人民群众生活有序运转的重要保证。当今世界，能源供给以化石能源为主，化石能源资源的绝对稀缺性和分布区域的不均衡性，加之能源需求近似刚性增长的趋势，使得能源供给经常处于市场供需力量的短边。因此，增加能源供给成为全球各国非常关注的一个重要问题。

一国的能源供给量由其国内供给量和国外供给量决定。国内供给量即通常所说的能源生产量。受能源消费需求的拉动，我国能源产量增长相当迅猛。1980 年我国能源生产总量仅 6.37 亿吨标准煤，到 2010 年，我国的能源生产总量已经达到 29.69 亿吨标准煤，30 年时间增加了 3.66 倍。

由于我国的能源禀赋以煤为主，我国能源的生产也以煤为主，煤炭的产量在能源总产量中一直占 70% 以上，近两年已经超过了 75% 。我国石油的产量虽然也在增长，但石油产量在能源总产量中的比重一直在下降，已经从 1980 年的接近 24% 降到了 2010 年的 9.8% 。随着天然气勘探技术的进步，我国天然气的产量有了大幅提高，2010 年在能源总产量中的份额达到了4.2%。伴随着一大批水电站的兴建，风电和核电的快速发展，我国的清洁电源产量增加很快，2010年清洁电源的产量在能源总产量中的比例超过了9%。总的说来，我国的能源生产有了很大的发展，产量大幅提高，结构也日趋多元化，如图7.1所示。

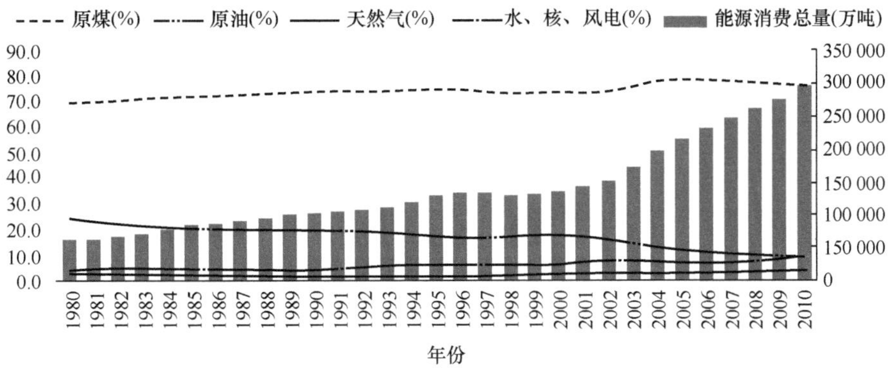

图7.1　我国能源生产总量及能源生产结构

即便如此，我国能源的生产结构与需求结构依旧不匹配，能源供求结构的矛盾越来越严重。在20世纪80年代以前，我国的能源完全能自给自足，甚至还有部分出口。随着我国经济的发展，我国对能源的需求越来越大，尤其是对石油的需求越来越多，使得石油供需的缺口越来越大。我国自1993年开始进口石油以来，进口量逐年增加，近年来更是以年增20%的速度上升，2010年我国原油的进口依存度已经超过了50%，石油的供应安全已经成为能源安全最大的隐患。

7.1.2　能源供给预测

影响能源供给的因素有很多，主要有能源禀赋、能源价格、能源投资等，其中对能源供给影响最大的是能源禀赋。所谓能源禀赋，是指一个国家或地区的各种能源资源的储备量。一个国家或地区的能源供给量很大程度上由这个国家的能源禀赋决定。总的说来，能源禀赋在世界的分布高度不均衡，数量和质量上都存在着显著的地区差异。

全球目前已探明的煤炭储量约15 980亿吨，美国、俄罗斯、中国是世界上煤炭储量最大的国家。美国的储量最大，为2 466.4亿吨，约占全球煤炭储量的27.1%。中国也是煤炭储量比较丰富的国家，已经探明的煤炭储量有1 145.0亿吨，占全球的12.6%。石油资源的分布比煤炭更加集中，已探明的石油储量中，有75%集中在东半球，储量排名前10位的国家拥有的储量占全球的83%，且一半在中东地区。中国的石油储量较少，已探明的储量仅22亿吨。天然气资源的分布也同样不均衡。最新统计数据显示，2011年全球天然气探明的剩余可采储量为191.05万亿立方米。俄罗斯的天然气储量居世界第一，为475 725.6亿立方米，占全球储量的近1/4。中国的天然气储量很少，目前已探明的储量30 299.2亿立方米，仅占全球储量的1.59%。

能源价格也是影响能源供给的重要因素之一。一般说来，在其他条件一定的情况下，能源价格越高，能源的供给量越大。但是，与其他产品不同的是，由于能源生产的前期投入非常大，且物质资本的投入非常多，从投入到生产还有一个较长的时滞，能源的短期供给几乎不受价格的影响。而且，能源的生产受技术的影响，在技术不变的情况下，短期内大幅提高产量很困难。

从长期来看，能源投资是影响能源供给的主要因素。能源生产前期所需的生产要素投入非常大，且建设的周期长。能源的研发技术投入也相当大。已有的经验表明：能源供给的增加很大程度上依赖于能源探明储量的增加和开采技术的提高。因此，要想在以后获得大量的能源，一定的投资额保证是首要基本要求。

由于影响能源供给的主要因素能源禀赋受技术影响，具有较大的不确定性，且不同的能源品种，能源禀赋和市场结构完全不同，对能源供给的预测相比能源需求的预测要困难一些。目前常用的能源供给预测方法有趋势外推法、时间序列分析法、神经网络法、灰色系统预测法、系统动力学法等。

已有的对能源供给预测的研究并不多，有少量的基于时间序列分析法进行的短期预测，如周扬等（2010）的预测，预测的时间段仅限于样本期后5年左右。李延明和张传平（2011）运用时间序列分析和最优化模型对2020年的能源结构进行了预测，估计终端能源消费中煤炭占比约为60.85%，石油占比约为32.89%，天然气占比约为6.27%。对能源供给系统的、长期的预测仅见于几篇博士论文中。

张丽锋（2006）所做的预测相对较早一些，他综合运用时间序列的趋势外推法、灰色系统的GM（1，1）模型、产量组合预测法等，对我国的能源生产总量以及分品种的一次能源生产量进行了预测。根据他的预测结果，2020年，我国能源生产总量约为27.35亿吨标准煤，其中，煤炭的生产量约为20.10亿吨标准煤，石油的生产量约为2.62亿吨标准煤，天然气的生产量约为1.27亿吨标准煤，水电和核电的生产量约为3.36亿吨标准煤。

邓志茹（2011）分别运用 GM（1，1）模型、趋势法和组合预测法，对我国的能源生产总量以及4种一次能源的产量进行了长期预测，三种方法预测的结果较为接近。其中，2020年的能源总产量为44.74亿~46.18亿吨标准煤，煤炭产量为35.85亿~36.72亿吨标准煤，石油产量为3.21亿~3.46亿吨标准煤，天然气产量为1.91亿~4.56亿吨标准煤，清洁电力产量为3.90亿~5.17亿吨标准煤。

张丽峰和邓志茹的预测方法都是基于能源产量的时间序列数据进行的，虽然方法基本一样，但预测的结果差异较大，究其原因，在于时间序列数据是反映经济现象在样本期内的行为规律的，当行为规律在样本期内外一致的时候，可以较好地预测事物未来的发展趋势。如果样本期内外行为规律不一致或者样本期与预测时间间隔较长，预测就不太准确。由于张丽峰所做预测较早，此后，我国的能源生产又经历了一个快速增长阶段，预测的结果严重偏小，事实上2010年我国能源的产量已经达到了29.69亿吨标准煤。邓志茹的预测更为接近真实情况。

和上述两位学者研究的方法不一样，李明玉（2008）在综合考虑能源资源、能源需求、能源运输、能源投资和生态环境等因素后，运用能源哈伯特（Hubbert）曲线系统动力学模型，预测我国2020年的煤炭产量和石油产量分别为34.43亿吨标准煤和1.992 5亿吨标准煤。

除此之外，刘卫东、马丽等（2010）根据我国未来的能源供应情景对我国各类能源的供应进行了预测。根据该课题组的预测：2020年我国煤炭的生产量约为40亿吨（合28.7亿吨标准煤），石油的国内产量可继续保持在1.8亿~2.0亿吨，国外进口原油3.6亿~4.0亿吨，可供消费的石油为5.2亿~6亿吨（合7.43亿~8.57亿吨标准煤），国内天然气的产量可达2 000亿立方米，进口天然气850亿~1 000亿立方米，合计可供应天然气2 850亿~3 000亿立方米（合3.79亿~3.99亿吨标准煤）；根据可再生能源的发展目标，我国2020年可再生能源的比例将占15%，预计可再生能源（风电、水电、核电、生物能源）的发电量为16 243亿~19 393亿千瓦·时，合6.5亿~7.7亿吨标准煤；能源供给总量可达46亿~55亿吨标准煤。

综合几位学者的预测结果来看，在能源产量的预测方面，张丽锋所做预测的时间较早，结果严重偏小，其总量已经小于我国2010年能源产量，因此不做参考。李延明等和刘卫东等预测的煤炭产量低于我国2010年煤炭的实际产量（29.10亿吨标准煤），也不做参考。邓志茹和李明玉对煤炭产量的预测较为接近，分别为35.85亿~36.72亿吨标准煤和34.43亿吨标准煤，张运洲等（2007）的预测也为34.4亿吨标准煤。因此，本节以34.43亿吨标准煤作为2020年煤炭供应量的预测。

在石油的产量预测方面，李明玉的预测最小，为1.992 5亿吨标准煤；刘卫东等预测的国内产量居中，为2.57亿~2.86亿吨标准煤，均小于我国2010年的石油产量（2.91亿吨标准煤）；邓志茹的预测结果为3.21亿~3.46亿吨标准煤，比较合理，本节取预测的中间值3.335亿吨标准煤。对于进口部分，根据刘卫东等的预测，为5.14亿~5.71亿吨标准煤，中间值为5.425亿吨标准煤。因此，预计2020年石油的供应量为8.76亿吨标准煤。

随着勘探技术的发展，我国天然气的储量有了大幅增加。因此，单纯依赖过去产量所做的预测偏差可能较大，如邓志茹的预测。已知2010年我国天然气的产量为1.247亿吨标准煤，近两年基本保持了接近7%的增速，以此计算，2020年的天然气产量预计为2.67亿吨标准煤，与刘卫东等的估计基本一致。刘卫东等估计的天然气进口量为1.13亿~1.33亿吨标准煤。因此，可估计2020年我国天然气的供应量为4.0亿吨标准煤。

对于一次电力（水、核、风电）供应量的估计，按照中国政府承诺的清洁能源占15%的比例计算，若能源供应总量为55亿吨标准煤，则一次电力的供应量要达到8.25亿吨标准煤，而我国2010年一次电力的产量仅为2.79亿吨标准煤。根据刘卫东等的预测，2020年一次电力的最大供应可能为7.7亿吨标准煤。

综上所述，可知2020年能源的可能供应总量为54.89亿吨标准煤。其中，煤炭34.43亿吨标准煤，占62.73%；石油8.76亿吨标准煤，占15.96%；天然气4.0亿吨标准煤，占7.29%；水、核、风电7.7亿吨标准煤，占14.03%。能源的自给量为48.135亿吨标准煤，自给率为87.69%，基本能保证国家的能源安全。其中，石油的对外依存度最大，达到61.9%。对于国内能源的生产，一次电力的压力最大，需要年增产10.7%才能满足要求。

7.2 能源的内部替代与能源效率

7.2.1 能源的内部替代

7.2.1.1 能源内部替代与节能减排

能源替代问题是能源经济学研究中一个非常重要的问题，也是一个一直困扰经济学界的问题。能源替代分为外部替代和内部替代。能源外部替代主要研究能源与非能源之间的替代，当能源价格变化或者碳减排压力较大时，可以通过调整原材料、劳动力和能源的投入比例来实现能源的边际产出最大化，从而节约能源减少排放。能源的外部替代侧重于经济关系的研究，一般选择成本函数。能源外部替代一般通过资本、劳动和能源要素的重新配置来实现，短期内即可达到提高能源效率和节约能源的效果。

能源的内部替代主要研究不同品种的能源之间的相互替代问题。能源的内部替代包括用石油替代煤炭，用天然气替代石油或煤炭，用可再生能源替代化石能源等。能源的内部替代实际上就是能源的结构优化。各种能源由于热效率和使用技术存在差异，所以经济产出能力不同。据陈权宝等（2005）的分析，化石能源中，天然气的产出效益最高，煤炭的产出效益最低，天然气的产出效益比煤炭高 30%，石油的产出效益比煤炭高 23%。此外，单位热值的燃烧产生的二氧化碳排放差异也较大，1 吨标准煤的能源，煤炭排放的二氧化碳最多，石油次之，天然气最少。因此，无论是从节能还是从减排的角度考虑，用石油和天然气替代煤炭，是能源结构优化的必然选择。关于能源内部替代能够影响能源效率的实证研究（Han，2007）也证实了这一点。

国内学者关注较多的是能源的外部替代。杨中东（2007）利用超越对数生产函数研究了制造业的能源替代问题，发现资本和能源之间、劳动和能源之间均有较强的替代性。但鲁成军等（2008）却有不同的看法，在分别研究中国制造业分行业的能源替代以及中国工业部门的能源替代问题后，发现劳动和能源之间的替代关系较为明显，而资本和能源之间的替代关系并不明显。吴力波（2011）对中国工业生产中的劳动、资本与能源之间的替代关系进行研究后，也得到了和鲁成军同样的结论。黄光晓和林伯强（2011）在分析了众多学者研究的模型、数据和假设后，利用元分析方法得出结论：资本和能源之间存在确定的替代关系，可以通过资本投入减少工业的能源消耗。

国内对能源内部替代的研究比较少，目前能找到的相关论文只有三篇。最早的是 2008 年黄磊和周勇对中国能源内部替代问题的研究，结果表明：电力产出弹性最大，为 0.497，石油次之，煤炭又次之，天然气的产出弹性最低，为 0.164。能源要素对经济产出呈现总体规模报酬递增效应，电力和石油的经济产出率高于煤炭，并且可以有效替代煤炭，煤炭、石油和天然气的技术进步速度依次减小，但天然气没有体现出优质、高效能源的特征。史红亮和陈凯（2010）对钢铁业的内部能源替代进行研究的结论略有不同：电力和煤炭的产出弹性相对稳定，电力的产出弹性在0.9～1.0，煤炭的产出弹性在0.3～0.4。石油和天然气的产出弹性低，这可能跟钢铁行业内部的能源结构有关。王明益（2012）通过引入时间趋势变量反映经济系统自身的技术进步，研究了山东省的能源内部替代，结果表明：电力资源的产出弹性最高，在0.80～0.89；石油和煤炭的产出弹性总体看来大致相同，石油的产出弹性在0.60～0.69，煤炭的产出弹性在0.58～0.68；天然气的产出弹性较低，在0.11～0.19，且产出弹性随时间有上升趋势。

对比上述研究可以发现，虽然采用的都是超越对数生产函数模型，但由于选择的研究对象不一样，能源内部替代的性质表现出很大的差异。就产出弹性而言，共同的结论是电力的产出弹性最高，天然气的产出弹性较低，但测算的数量差别比较大。具体到电力的产出弹性，钢铁行业的在0.9～1.0，山东省的在0.80～0.89，而全国平均水平只有0.497。这表明不同的区域、不同的行业、不同能源品种之间的能源产出弹性以及相互替代的可能性是有较大区别的，有必要分别开展研究。而且上述研究是基于一次能源的研究，电力仅指清洁电源，而在能源的终端消费中，电力的使用量远远大于清洁电源，且主要来自燃煤发电。因此，使用一次能源的数据进行替代研究可能会高估电煤之间的替代性能。

7.2.1.2 超越对数生产函数和能源的替代性质

不同品种的能源之间可以替代，替代受当前的能源结构和技术水平的影响。因此，在研究能源内部替代时，多选择反映技术关系的生产函数。超越对数生产函数模型是一种易于估计和包容性很强的变弹性生产函数模型，它在结构上属于平方反映面模型，可以较好地研究生产函数中投入的相互影响、各种投入技术进步的差异等。本节以资本、劳动和能源为投入要素，建立了一个超越对数生产函数模型。考虑到当年经济生产中资本、劳动、技术水平等要素在很大程度上是由上年的经济总量决定的，为节省变量，用滞后一期的经济总量代替资本和劳动等解释变量。

对于能源投入，以各行业的终端能源消费来计算。根据《中国能源统计年鉴》中能源平衡表和工业分行业的能源消费数据，各行业终端消费中能源的品种有20种左右。按其性质，可以分为五大类：第一类是煤炭，主要是原煤及煤加工后的产品，包括焦炭以及相关的炼焦副产品；第二类是石油，包括原油、汽油、煤油、柴油等，均来自石油或石油化工的副产品；第三类是天然气，包括天然气和液化天然气；第四类是热力；第五类为电力。上述5种能源分别用 C，O，G，H 和 E 表示，单位统一用万吨标准煤计量，产出（GDP）用 Y 来表示，均按GDP指数统一折算为2005年不变价，单位亿元。

已知能源的生产函数模型：

$$\begin{aligned}\ln Y_t = &\beta_0 + \beta_1 \ln Y_{t-1} + \beta_C \ln C_t + \beta_O \ln O_t + \beta_G \ln G_t + \beta_H \ln H_t + \beta_E \ln E_t + \\ &\beta_{CC}(\ln C_t)^2 + \beta_{CO}\ln C_t \ln O_t + \beta_{CG}\ln C_t \ln G_t + \beta_{CH}\ln C_t \ln H_t + \\ &\beta_{CE}\ln C_t \ln E_t + \beta_{OO}(\ln O_t)^2 + \beta_{OG}\ln O_t \ln G_t + \beta_{OH}\ln O_t \ln H_t + \\ &\beta_{OE}\ln O_t \ln E_t + \beta_{GG}(\ln G_t)^2 + \beta_{GH}\ln G_t \ln H_t + \beta_{GE}\ln G_t \ln E_t + \\ &\beta_{HH}(\ln H_t)^2 + \beta_{HE}\ln H_t \ln E_t + \beta_{EE}(\ln E_t)^2 + \mu_t \end{aligned} \quad (7.1)$$

产出弹性（output elasticity），是指当其他投入要素保持不变时，一种投入要素的百分比变动所引起的产量的百分比变动。产出弹性通常表示生产中产品产量变动对生产要素投入量变动的敏感程度，可以用来评价资源投入的转化效果。根据式（7.1），可以计算各类能源的产出弹性。

煤炭的产出弹性为：

$$\varepsilon_C = \beta_C + 2\beta_{CC}\ln C_t + \beta_{CO}\ln O_t + \beta_{CG}\ln G_t + \beta_{CH}\ln H_t + \beta_{CE}\ln E_t \quad (7.2)$$

石油的产出弹性为：

$$\varepsilon_O = \beta_O + \beta_{CO}\ln C_t + 2\beta_{OO}\ln O_t + \beta_{OG}\ln G_t + \beta_{OH}\ln H_t + \beta_{OE}\ln E_t \quad (7.3)$$

天然气的产出弹性为：

$$\varepsilon_G = \beta_G + \beta_{CG}\ln C_t + \beta_{OG}\ln O_t + 2\beta_{GG}\ln G_t + \beta_{GH}\ln H_t + \beta_{GE}\ln E_t \quad (7.4)$$

热力的产出弹性为：

$$\varepsilon_H = \beta_H + \beta_{CH}\ln C_t + \beta_{OH}\ln O_t + \beta_{GH}\ln G_t + 2\beta_{HH}\ln H_t + \beta_{HE}\ln E_t \quad (7.5)$$

电力的产出弹性为：

$$\varepsilon_E = \beta_E + \beta_{CE}\ln C_t + \beta_{OE}\ln O_t + \beta_{GE}\ln G_t + \beta_{HE}\ln H_t + 2\beta_{EE}\ln E_t \quad (7.6)$$

当两种要素可以相互替代时，就可以采用不同的要素组合生产相同数量的产出。要素的边际替代率指在产量一定的情况下，某一种要素的增加与另一种要素减少之间的比例。各种能源之间的替代能力可以用边际替代率来反映，如石油对煤炭的替代。用 $\mathrm{MRS}_{O\to C}$ 表示石油（O）对煤炭（C）的边际替代率，即在产量保持不变的前提下，减少使用1单位的煤炭需要增加的石油使用量。因此：

$$\mathrm{MRS}_{O\to C} = \frac{\Delta O}{\Delta C} = \frac{\mathrm{d}O}{\mathrm{d}C}\text{（}Y\text{保持不变）} \quad (7.7)$$

已知产出弹性之比：

$$\frac{\varepsilon_C}{\varepsilon_O} = \frac{\mathrm{dln}Y/\mathrm{dln}C}{\mathrm{dln}Y/\mathrm{dln}O} = \frac{\mathrm{dln}O}{\mathrm{dln}C} = \frac{\mathrm{d}O/O}{\mathrm{d}C/C} \tag{7.8}$$

所以：

$$\mathrm{MRS}_{O\to C} = \frac{\mathrm{d}O}{\mathrm{d}C} = \frac{\varepsilon_C}{\varepsilon_O}\frac{O}{C} \tag{7.9}$$

两种要素之间替代的可能性大小可以用要素的替代弹性来表示，要素之间的替代弹性是指两种要素比例的变化率与边际替代率的变化率之比，即：

$$\begin{aligned}\sigma_{OC} &= \frac{\mathrm{d}(O/C)}{O/C}\Big/\frac{\mathrm{d}(\mathrm{MRS}_{O\to C})}{\mathrm{MRS}_{O\to C}} = \mathrm{dln}\left(\frac{O}{C}\right)/\mathrm{dln}(\mathrm{MRS}_{O\to C}) \\ &= \mathrm{dln}\left(\frac{O}{C}\right)/\left[\mathrm{dln}\left(\frac{\varepsilon_C}{\varepsilon_O}\right) + \mathrm{dln}\left(\frac{O}{C}\right)\right] \\ &= \left(1 + \frac{\mathrm{d}\varepsilon_C/\varepsilon_C - \mathrm{d}\varepsilon_O/\varepsilon_O}{\mathrm{d}O/O - \mathrm{d}C/C}\right)^{-1} \\ &= \left(1 + \frac{2\alpha_{OO}\cdot\varepsilon_C/\varepsilon_O - \alpha_{CO}}{\varepsilon_O - \varepsilon_C}\right)^{-1}\end{aligned} \tag{7.10}$$

从式（7.9）可以看出，两种要素之间的边际替代率取决于两种要素的产出弹性以及两种要素的投入比例，两种要素之间的替代弹性则取决于两种要素之间的产出弹性和投入比例的变化率。产出弹性主要受技术水平的限制，因此，能源的内部替代也受技术水平的限制。在现有的技术水平下，尽可能地使用经济产出效率高、单位热值排放低的能源，能够提高能源的使用效率，从而节约能源，降低排放。

从降低碳排放的角度考虑，单位热值的清洁能源排放最低，天然气次之，石油又次之，煤炭的排放最高。因此，用天然气替代煤炭，石油替代煤炭，天然气替代石油，清洁电源替代煤炭、石油、天然气等，都能有效减少相等热值的碳排放量。

7.2.1.3 偏最小二乘（PLS）估计

虽然超越对数生产函数为参数线性函数，可以使用最小二乘法（least square method）进行估计，但是，由于模型（6.1）变量个数很多，变量之间存在严重的多重共线性，而现有的统计资料又不能提供足够时间长度的样本数据，再使用传统的最小二乘（OLS）估计会使得参数估计量的方差严重偏大，回归系数难于解释，甚至有时无法得到参数估计值。

逐步回归、岭回归和主成分回归都是常用的解决多重共线性的方法。逐步回归法通过不断剔除引起共线性的变量，达到减轻共线性的目的。一方面，会造成变量信息的损失，使得估计的精度降低；另一方面，可能会剔除目标关注的解释变量，使研究偏离预定目的。鉴于多重共线性造成矩阵 $X'X$ 的奇异性，使得 OLS 估计的精度降低，岭回归给 $X'X$ 加上一个正常数矩阵 λI，来降低 $X'X$ 的奇异程度，虽然可以有效解决估计精度的问题，但随着岭参数 λ 的增加，岭回归参数对期望的偏离会越来越大。主成分回归利用提取变量主成分的方法，将自变量通过线性变换组合成几个互不相关的主成分，然后用被解释变量对主成分回归，从而避免了共线性问题，但是，由于主成分只概括了自变量的信息，选取哪些主成分进行回归难以抉择，也往往缺乏对因变量的解释能力。

偏最小二乘回归（partial least squares regression）被称为第二代回归分析方法，是近年来产生和发展的一种新型的多元统计数据分析方法，它于 1983 年由伍德和阿巴诺等人首次提出。它将多元线性回归、主成分分析和典型相关分析方法结合起来，有效地解决了在样本量不足以及存在多重共线性等问题时，多因变量对自变量的回归建模问题。偏最小二乘回归不仅吸取了主成分回归从解释变量提取信息的思路，同时还注意到了主成分回归中所忽略的自变量对因变量的解释问题。它把因变量和自变量两方面的数据都看成一些隐藏变量的函数，并以此为基础考虑如何提取最有解释性，同时又尽可能地包含最大信息成分。同时，它还允许在样本个数少于变量个数的条件下进行回归建模，并在最终模型中包含原有的所有自变量，且每一个自变量的回归系数更容易解释。近 10 年来，它在理论、方法和应用方面都得到了迅速发展。

偏最小二乘回归通常假设有 q 个因变量 $\{y_1,\cdots,y_q\}$ 和 p 个自变量 $\{x_1,\cdots,x_p\}$。为了研究因变量和自变量的统计关系，我们观测了 n 个样本点，由此构成了自变量与因变量的数据表 $X=\{x_1,\cdots,x_p\}$ 和 $Y=\{y_1,\cdots,y_q\}$。偏最小二乘回归分别在 X 与 Y 中提取出成分 t_1 和 u_1（也就是说，t_1 是 $x_1,\cdots,x_p$ 的线形组合，u_1 是 $y_1,\cdots,y_q$ 的线形组合）。在提取这两个成分时，为了回归分析的需要，有下列两个要求：一是 t_1 和 u_1 应尽可能大地携带它们各自数据表中的变异信息；二是 t_1 与 u_1 的相关程度能够达到最大。这两个要求表明，t_1 和 u_1 应尽可能好地代表数据表 X 和 Y，同时自变量的成分 t_1 对因变量的成分 u_1 又有最强的解释能力。在第一个成分 t_1 和 u_1 被提取后，偏最小二乘回归分别实施 X 对 t_1 的回归以及 Y 对 u_1 的回归。如果回归方程已经达到满意的精度，则算法终止；否则，将利用 X 被 t_1 解释后的残余信息以及 Y 被 u_1 解释后的残余信息进行第二轮成分提取。如此往复，直到能达到一个较满意的精度为止。若最终对 X 共提取了 m 个成分 $t_1,t_2,\cdots,t_m$，偏最小二乘回归将通过实施 y_k 对 $t_1,t_2,\cdots,t_m$ 的回归，然后再表达成 y_k 关于原变量 $x_1,x_2,\cdots,x_p$ 的回归方程，其中，$k=1,2,\cdots,q$。

7.2.2 能源产出弹性的估计

7.2.2.1 分部门的超越对数生产函数的估计

为了研究各个行业部门的能源内部替代关系，本节根据 1993—2010 年的《中国能源统计年鉴》整理了分行业的终端能源消费量数据，并将每个行业的终端能源消费合并为 5 类，前 15 个部门为生产部门，最后 1 个部门为生活消费部门。对于产出（GDP）数据，《中国统计年鉴 2011》的国民经济核算部分提供了历年第一产业、工业、建筑业、交通运输仓储和邮政业、批发零售贸易住宿和餐饮业、金融业、房地产业和其他行业的 GDP。各年的《中国统计年鉴》对工业部门提供了工业细分行业的增加值，但缺少 2004 年、2008 年、2009 年和 2010 年的数据。本节首先采用插值和平滑技术估计 2003 年、2005—2007 年这 4 年的增加值率，然后根据工业分行业的总产值和增加值率计算得到工业分行业增加值。

运用自编的 MATLAB 程序，对每个部门分别运用 PLS 估计模型，结果如表 7.1 和表 7.2 所示。

表 7.1 1～8 部门的 PLS 估计结果

变 量	部门 1	部门 2	部门 3	部门 4	部门 5	部门 6	部门 7	部门 8
1	0.184 8	0.109 0	0.117 1	0.182 0	0.163 1	0.172 3	0.136 4	0.267 1
2	-0.030 8	0.167 4	-0.221 7	-0.359 0	-0.230 1	0.038 0	0.142 6	-0.335 4
3	0.009 1	-0.012 7	0.062 2	0.039 5	-0.039 4	-0.105 0	-0.019 7	-0.020 2
4	0.000 5	0.022 2	-0.002 0	0.001 4	-0.045 6	-0.005 1	0.111 3	0.057 3
5	0.047 0	-0.002 3	0.127 6	0.056 5	0.201 1	0.021 6	-0.102 8	0.058 5
6	0.116 4	0.274 8	0.141 5	0.157 9	0.203 7	0.281 5	0.045 6	0.258 0
7	-0.002 3	0.010 2	-0.014 8	-0.024 5	-0.015 8	0.002 6	0.010 9	-0.017 9
8	-0.000 6	0.010 2	0.006 7	-0.011 4	-0.015 4	-0.001 6	0.002 6	-0.009 8
9	0.000 1	0.007 6	-0.000 3	-0.000 7	-0.006 3	0.000 5	0.012 0	-0.000 9
10	0.006 7	0.005 3	0.014 6	0.002 3	0.018 7	0.002 3	0.008 5	-0.001 7
11	0.002 1	0.013 3	0.015 3	0.011 1	0.017 5	0.010 0	0.008 4	0.008 5
12	0.000 7	-0.000 7	0.006 0	0.004 3	-0.003 3	-0.009 8	-0.000 8	0.000 3
13	0.000 1	0.001 3	-0.000 3	0.000 4	-0.006 6	-0.001 4	0.003 0	0.004 1

续表

变　量	部门1	部门2	部门3	部门4	部门5	部门6	部门7	部门8
14	0.006 5	-0.000 4	0.013 3	0.007 7	0.015 5	-0.003 3	-0.001 9	0.004 1
15	0.002 9	0.009 2	0.009 2	0.014 1	0.012 0	0.018 0	0.000 4	0.015 8
16	0.000 0	0.002 1	0.000 4	-0.004 5	-0.004 7	-0.011 5	0.011 2	0.002 8
17	0.000 8	0.000 7	-0.000 2	0.001 7	-0.002 6	0.000 7	0.008 3	0.003 4
18	0.000 1	0.007 2	-0.000 2	0.002 2	-0.002 8	0.001 4	0.008 7	0.007 8
19	0.050 7	-0.000 3	0.011 8	0.004 9	0.017 9	0.001 1	-0.006 1	0.004 0
20	0.006 1	0.003 2	0.010 8	0.007 3	0.015 3	0.009 1	0.001 6	0.009 2
21	0.007 5	0.016 4	0.009 7	0.009 8	0.013 2	0.016 5	0.004 3	0.013 3
C	6.619 4	-1.086 2	4.154 7	6.648 8	3.087 5	1.798 1	2.430 0	3.690 6
R^2	0.976 6	0.960 7	0.962 1	0.858 3	0.905 6	0.949 6	0.967 8	0.978 7

注：变量1～21分别代表模型中的第1～21个自变量，C代表常数项，R^2为模型的拟合优度；部门1～8分别为农业、采矿业、食品饮料制造及烟草制品业、纺织服装及皮革产品制造业、其他制造业、电力热力及水的生产和供应业、炼焦燃气及石油加工业、化学工业。

表7.2　9～16部门的PLS估计结果

变　量	部门9	部门10	部门11	部门12	部门13	部门14	部门15	部门16
1	0.104 3	0.041 8	0.184 1	0.154 8	0.085 1	0.244 9	0.123 9	0.101 1
2	0.149 4	0.068 0	-0.245 9	-0.240 5	-0.085 1	-0.019 5	-0.145 2	-0.156 9
3	0.028 6	0.117 1	-0.013 4	0.092 3	0.040 7	0.125 0	0.273 9	0.007 7
4	0.022 1	0.023 3	0.091 0	0.006 1	0.025 9	-0.027 4	-0.001 1	0.052 1
5	0.036 2	0.136 0	-0.214 1	0.026 7	-0.004 7	-0.005 4	0.092 5	0.019 8
6	0.070 7	0.081 1	0.162 4	0.167 2	0.061 6	0.141 7	0.097 3	0.039 9
7	0.007 9	0.003 3	-0.016 8	-0.019 6	-0.006 1	-0.000 6	-0.010 4	-0.008 4
8	0.004 5	0.008 3	-0.007 0	0.010 1	-0.000 4	0.007 6	0.000 3	-0.000 7
9	0.002 2	0.002 0	0.010 3	0.000 9	0.004 3	-0.002 4	-0.000 2	0.005 4
10	0.009 8	0.006 0	-0.025 8	0.003 6	-0.002 4	0.000 1	0.005 3	0.001 1
11	0.005 6	0.003 9	0.014 3	0.011 8	-0.004 6	0.010 8	0.006 9	0.003 0
12	0.002 0	0.008 1	-0.000 7	0.006 6	0.002 5	0.010 6	0.017 2	0.000 8
13	0.002 5	0.003 4	0.008 2	0.002 0	0.002 5	-0.002 6	-0.000 1	0.003 2
14	0.006 0	0.016 3	-0.007 0	0.005 3	0.000 5	0.000 9	0.010 1	0.001 2
15	0.003 6	0.009 8	0.008 1	0.009 5	0.003 5	0.014 4	0.009 2	0.001 5
16	0.002 3	0.002 3	0.008 0	-0.014 0	0.003 3	0.001 4	0.000 2	0.004 1

续表

变 量	部门9	部门10	部门11	部门12	部门13	部门14	部门15	部门16
17	0.007 9	0.003 2	0.010 2	0.004 4	0.004 4	0.003 9	-0.000 1	0.003 4
18	0.002 3	0.002 3	0.007 8	0.001 5	0.003 3	0.000 6	-0.000 1	0.003 5
19	0.005 0	0.009 9	-0.019 4	0.007 1	0.002 2	0.004 8	0.009 2	0.001 6
20	0.010 0	0.006 6	0.010 0	0.005 1	0.000 6	0.002 6	0.007 8	0.001 9
21	0.004 2	0.004 2	0.009 4	0.012 4	0.004 8	0.009 9	0.006 0	0.002 4
C	1.380 1	0.197 7	8.453 3	5.459 9	7.140 9	3.043 5	3.800 9	9.149 4
R^2	0.982 3	0.987 0	0.989 8	0.993 6	0.997 6	0.984 9	0.987 7	0.997 8

注：变量1~21分别代表模型中的第1~21个自变量，C代表常数项，R^2为模型的拟合优度，部门9~16分别为非金属矿物制品业、金属产品制造业、机械设备制造业、建筑业、运输仓储邮电业、批发零售贸易住宿和餐饮业、其他服务业、居民消费。

从16个部门的估计结果看，模型的拟合优度都比较高，除了部门4略低以外，其他部门模型的拟合优度都超过了0.9，表明拟合较好。回归系数中，除了部门9和部门10以外，其他部门均存在交叉影响项和平方影响项为负的情况，说明只有这两个部门（非金属矿物制品业和金属产品制造业）是规模报酬递增的，其他部门则呈总体规模非递增状态。

7.2.2.2 各种能源的产出弹性

根据式（7.2）至式（7.6），可以计算各行业中煤炭、石油、天然气、热力和电力的产出弹性。计算的结果列于附表7.2中，这里仅给出2010年的产出弹性，如表7.3所示。根据计算结果绘制了各部门分品种的能源产出弹性的时序图，如图7.2至图7.6所示。

表7.3 2010年各行业分品种的能源产出弹性

部 门	煤 炭	石 油	天然气	热 力	电 力
1	-0.042 9	0.046 7	0.002 8	0.310 4	0.282 3
2	0.618 2	0.152 3	0.194 9	0.070 3	0.812 2
3	-0.201 5	0.334 6	-0.005 4	0.543 6	0.528 8
4	-0.671 8	0.177 3	-0.001 4	0.250 2	0.539 7
5	-0.319 0	-0.021 5	-0.207 1	0.777 1	0.712 7
6	0.177 0	-0.066 6	-0.047 1	0.121 4	0.806 9
7	0.525 9	-0.006 3	0.489 5	-0.077 1	0.241 7
8	-0.689 0	0.109 9	0.230 8	0.255 8	0.860 6

续表

部　门	煤　炭	石　油	天然气	热　力	电　力
9	0.440 0	0.174 5	0.142 3	0.355 8	0.280 6
10	0.290 7	0.554 1	0.142 1	0.541 0	0.337 7
11	-0.508 9	0.006 7	0.457 8	-0.531 7	0.607 6
12	-0.302 1	0.357 4	-0.023 7	0.187 8	0.521 9
13	-0.178 3	0.135 3	0.167 7	0.039 1	0.168 5
14	0.096 8	0.429 6	-0.021 3	0.092 4	0.497 2
15	-0.205 4	0.697 4	-0.001 9	0.384 6	0.373 2
16	-0.231 2	0.064 9	0.253 6	0.109 8	0.168 3

（1）煤炭的产出弹性。从图7.2可以看出，各行业煤炭产出弹性均呈现出上升趋势，但上升的趋势很平缓，而且各行业煤炭产出弹性的大小差异很大，产出弹性最大的是部门2（采掘业），产出弹性在0.6左右；产出弹性大于0的部门有6个，分别为采掘业、电力热力及水的生产供应业、炼焦燃气及石油加工业、非金属矿物制品业、金属产品制造业、批发零售和住宿餐饮业；有1个部门的煤炭产出弹性接近于0，为农业部门；剩余9个部门煤炭的产出弹性明显小于0，最小的是化学工业，产出弹性接近于-0.7，除此之外，部门4（纺织服装及皮革产品制造业）和部门11（机械设备制造业）的煤炭产出弹性也远小于0。

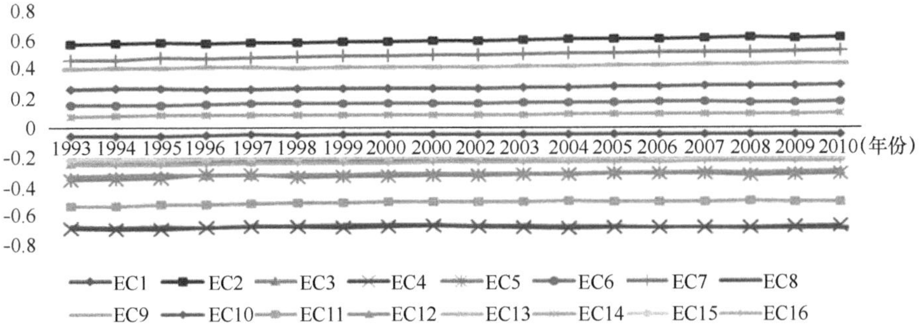

图7.2　各部门煤炭的产出弹性

（2）石油的产出弹性。图7.3给出了各部门石油产出弹性的变化趋势。从图上可以看出，各行业石油产出弹性均呈现出缓慢上升趋势，产出弹性最大的是部门15，产出弹性接近0.7；产出弹性最小的是部门6（电力热力及水的生产供应业），2010的产出弹性为-0.066 6。大部分行业石油的产出弹性是大于0的，只有其他制造业、电力热力及水的生产供应业、炼焦燃气及石油加工业三个行业的石油产出弹性小于0。总的来说，石油产出弹性高的部门不多，产出弹性在0.3以上的部门仅有5个，分别是食品饮料制造及烟草制品业、金属产品制造业、建筑业、批发零售和住宿餐饮业、其他行业，其他部门的石油产出弹性均低于0.2。

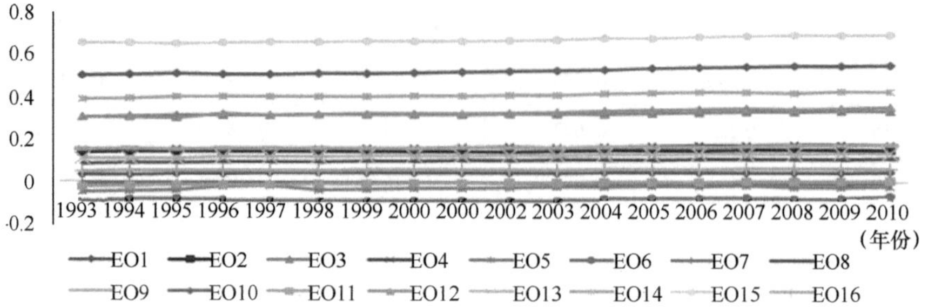

图7.3　各部门石油的产出弹性

（3）天然气的产出弹性。相比较而言，天然气的产出弹性更低一些。从图7.4可以看出，有2个部门（炼焦燃气及石油加工业、机械设备制造业）的天然气产出弹性在0.4～0.5，属于天然气弹性较高的部门，其余部门天然气的产出弹性都低于0.3。有6个部门（采掘业、化学工业、非金属矿物制品业、金属产品制造业、交通运输仓储和邮政业、生活部门）的天然气产出弹性超过0.1。有1个部门（其他制造业）的天然气产出弹性明显小于0，在-0.2左右，其他部门的天然气产出弹性都比较接近于0。

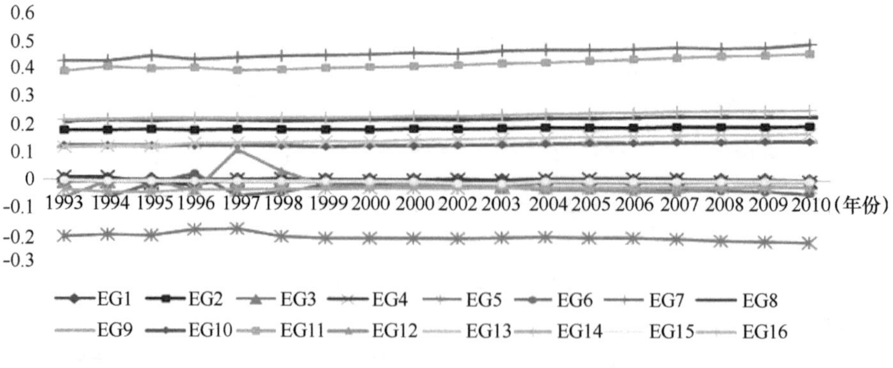

图7.4　各部门天然气的产出弹性

（4）热力的产出弹性。从图7.5可以看出，各部门热力的产出弹性差异也很大，其中，弹性最大的其他制造业接近0.8，而弹性最小的机械设

备制造业在 -0.5 左右。热力的产出弹性普遍大于0，仅有2个部门（炼焦燃气及石油化工业、机械设备制造业）的产出弹性小于0。其余部门的热力产出弹性在0~0.6，分散得较均匀。

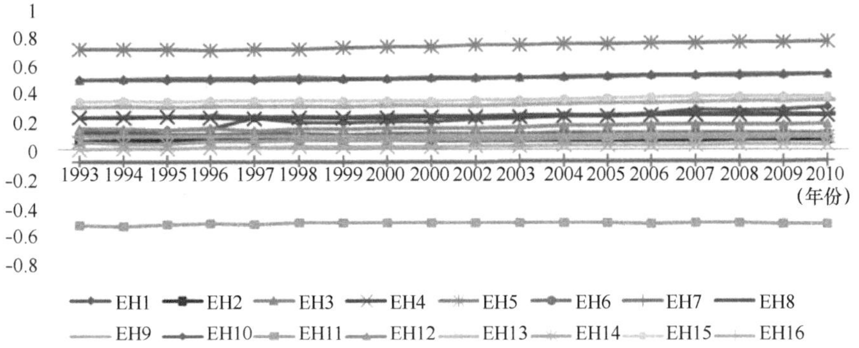

图 7.5　各部门热力的产出弹性

（5）电力的产出弹性。从图7.6可以看出，各部门的电力产出弹性均大于0，且呈上升趋势。电力产出弹性最大的是化学工业，2010年的产出弹性达到0.860 6，采掘业的电力产出弹性也超过了0.8；电力产出弹性最小的是生活部门，为0.168 3。各产业部门的电力产出弹性差异较为明显，在0.1~0.9上分散比较均匀。

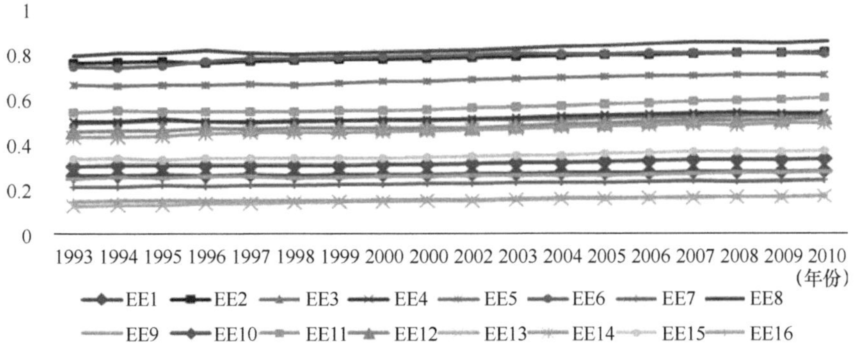

图 7.6　各部门电力的产出弹性

从各部门5种能源的产出弹性变化趋势看，除了天然气的产出弹性在1996—1999年有一些较大的波动外，其余各种能源的产出弹性均出现上升趋势，表明技术进步使得各种能源的产出弹性增加，但趋势非常平稳，表明技术进步的速度很慢，使得1993—2010年各部门产出对这5种能源的产出弹性变化很小。

7.2.3 能源效率和能源内部替代

能源效率就是单位能源所带来的经济效应多少的问题，带来的经济效应多，说明能源效率高，这涉及能源利用效率的问题。世界能源委员会对能源效率的定义为“减少提供同等能源服务源投入”。我国学者也对能源效率进行了定义，从物理学角度来看，“能源效率，是指能源利用中发挥作用的与实际消耗的能源量之比”；从经济学角度来看，能源效率是指用较少的能源生产同样数量的服务或者有用的产出。

一般说来，能源的产出弹性应该为正，表示能源消费的增长率和产出增长率的比值，实际情况中也大多如此，尤其是产出对能源总消费的弹性，在“环境库兹涅茨曲线”的拐点之前，能源的总产出弹性一定是为正的。但是，具体到某一能源品种，其产出弹性就不一定为正了。由于技术进步和部门能源内部结构优化，也有可能出现随着产出增长，某种能源的消费反而减少的情况，这种情况下能源的产出弹性就不再为正。

能源的产出弹性越大，表示能源的经济效益越高，意味着相比经济增长率，能源投入的增长率越低；能源的产出弹性为负，意味着随着经济的增长，能源的投入是负增长。如果这种效应是由技术进步导致的，那么这种技术进步就是节约能源型的；如果这种效应是由能源内部调整导致的，那么能源结构是优化的。就目前的研究方法而言，我们很难把技术的影响和能源结构的影响分开。总之，能源的产出弹性小于0，意味着能源强度下降，能源效率提高。

根据式（7.7），在产出不变的前提下，如果增加的石油投入量少于减少的煤炭投入量，也即边际替代率小于1，那么这种能源内部替代就是节约能源提高效率的。边际替代率越小，替代的节能效应越大。再由式（7.9）可知，两种能源之间的边际替代率取决于两种能源的产出弹性之比与能源投入量之比，简而言之，两种能源的边际替代率与产出弹性之比成正比，与能源投入量之比成反比。以石油替代煤炭为例，石油对煤炭的边际替代率与 $\varepsilon_C/\varepsilon_O$ 成正比，与投入量之比 C/O 成反比，即煤炭的产出弹性越大，煤炭的投入量越小，石油的投入量越大，边际替代率也就越大，用石油替代煤炭的节能效应越小；反之，石油的产出弹性越大，石油的投入量越小，煤炭的投入量越大，边际替代率越小，用石油替代煤炭的节能效应越大。能源的内部替代是提高能源效率的主要方式之一。

7.3 供给和替代约束下的能源结构调整

7.3.1 供给和替代约束下的能源结构优化模型

在能源的结构调整中，各行业内部的能源结构存在较大的差异，部门的技术进步速度也不一样，导致各部门的能源内部替代性能和目标也不一致。因此，能源的结构调整必须考虑当前技术水平下，各品种能源相互替代的可能性大小。能源的消费结构受能源供给结构的制约，尤其是我国，虽然明知石油、天然气的经济效益高，单位热值的碳排放量低，但由于石油、天然气的供给量有限，不可能全面大量地替代煤炭，因此，我国的能源结构调整只能在供给和替代的约束下进行。

记 C_i , O_i , G_i , H_i , $E_i(i=1,2,\cdots,16)$ 分别为按照2010 年的部门能源结构分配的 2020 年第 i 部门的煤炭、石油、天然气、热力、电力终端消费量。设第 i 部门的煤炭、石油、天然气、热力、电力能源调整量分别为 DC_i , DO_i , DG_i , DH_i , DE_i ($i=1,2,\cdots,16$)，一次能源总量中煤、石油、天然气用于供热的比例为 x_1 , x_2 , x_3 ，用于发电的比例为 y_1 , y_2 , y_3 。

（1）能源结构调整的供给约束。煤炭的使用分为三部分：第一部分是各部门终端的直接使用量，已知第 i 部门按 2010 年结构分配的终端煤炭使用量为 C_i ，煤炭的调整量为 DC_i ，因此，调整后终端直接使用的煤炭量为 C_i 与 DC_i 之和；第二部分是供热用煤，消耗的煤炭为供应总量乘以供热的煤炭比例 x_1 ；第三部分是发电用煤，消耗的煤炭为供应总量乘以发电的煤炭比例 y_1 。这三者之和应该小于煤炭的总供给量，按照对 2020 年各种能源供给量的设定，煤炭总供给 344 300 万吨标准煤，石油总供给 87 600 万吨标准煤，天然气总供给 40 000 万吨标准煤，即有：

$$\sum_{i=1}^{16} C_i + \sum_{i=1}^{16} DC_i + 344\,300 \cdot x_1 + 344\,300 \cdot y_1 \leqslant 344\,300 \quad (7.11)$$

石油和天然气的约束可同样得到，其中：

石油的供给约束：

$$\sum_{i=1}^{16} O_i + \sum_{i=1}^{16} DO_i + 87\,600 \cdot x_2 + 87\,600 \cdot y_2 \leqslant 87\,600 \quad (7.12)$$

天然气的供给约束：

$$\sum_{i=1}^{16} G_i + \sum_{i=1}^{16} DG_i + 40\,000 \cdot x_3 + 40\,000 \cdot y_3 \leqslant 40\,000 \quad (7.13)$$

热力本身是二次能源，是由煤炭、石油、天然气转化而来，在转化的过程中，存在着热量损失，即生产热力的能耗与终端使用的热能之差。根据2010年中国能源平衡表，计算得到该年的热力损失率约为25.84%。由于能源转化技术进步的速度非常慢，所以假设2020年的能源转化效率仍然同2010年。由各部门的终端热力消费之和小于热力的总供给量，得到热力的供给约束：

$$\sum_{i=1}^{16} H_i + \sum_{i=1}^{16} DH_i \leqslant 0.741\,6 \cdot (344\,300 \cdot x_1 + 87\,600 \cdot x_2 + 40\,000 \cdot x_3) \tag{7.14}$$

电力的情况相比热力更为复杂一些。电力中有一次电源和二次电源。一次电源主要指水电、核电和风电，包括极少量的生物质电，这部分电源不产生排放，是最清洁的能源。电力中的二次电源主要是煤电，通过煤燃烧，将热能转化为电能，在这个过程中会产生大量的能量损失和污染排放。在我国的能源统计中，关于能源总量的统计有两种，一种是发电煤耗法，一种是热值当量法。按热值当量计算，1度（1千瓦·时）电约合0.122 9千克标准煤，但按发电煤耗法计算，一度电就折成0.404 0千克标准煤，意味着生产1度电大约消耗0.404 0千克标准煤，这个巨大的差距就是煤转化为电的过程中的损耗。因为本节对电力的计算统一按发电煤耗法，所以在计算电力供给约束的时候，就不必计算发电过程中的能量损失率。电力在传输的过程中也存在损失，即输电损失，因此，到达能源消费终端的电力小于生产的总电力。根据2010年的中国能源平衡表，计算得到输电损失率约为6.06%，2020年的输电损失率也按此计算。因此，2020年的电力总供给量为一次电源77 000万吨标准煤加上煤电部分，各部门的终端电力总消费应不超过终端的电力总供给，即：

$$\sum_{i=1}^{16} E_i + \sum_{i=1}^{16} DE_i \leqslant 0.939\,4 \cdot (344\,300 \cdot y_1 + 87\,600 \cdot y_2 + 40\,000 \cdot y_3 + 77\,000) \tag{7.15}$$

（2）部门的能源内部替代约束。对部门的能源生产函数式（7.1）求导，可得：

$$\frac{\mathrm{d}Y_t}{Y_t} = \beta_1 \frac{\mathrm{d}Y_{t-1}}{Y_{t-1}} + \varepsilon_C \frac{\mathrm{d}C}{C} + \varepsilon_O \frac{\mathrm{d}O}{O} + \varepsilon_G \frac{\mathrm{d}G}{G} + \varepsilon_H \frac{\mathrm{d}H}{H} + \varepsilon_E \frac{\mathrm{d}E}{E} \tag{7.16}$$

在经济学中，对数变量$\ln y_t$的导数$\mathrm{d}y_t/y_t$表示变量y_t的增长率，因此，式（7.16）表示部门产出的增长率由6部分构成，第一部分是$\beta_1 \cdot \mathrm{d}Y_{t-1}/Y_{t-1}$，表示上一年的总产出增长率（代表资本、劳动和技术等）的影响，第二到第六部分分别表示不同种类的能源增长对部门产出增长率的影响。

显然，能源的结构调整至少不应该使得部门的产出增长率下降，由此假设第 t 年的产出增长率和第 $t-1$ 年的产出增长率是相同的，都为 η_Y，且部门产出的增长率至少大于0。即要求：

$$\frac{\varepsilon_C}{C}\mathrm{d}C+\frac{\varepsilon_O}{O}\mathrm{d}O+\frac{\varepsilon_G}{G}\mathrm{d}G+\frac{\varepsilon_H}{H}\mathrm{d}H+\frac{\varepsilon_E}{E}\mathrm{d}E=(1-\beta_1)\eta_Y\geqslant 0 \quad (7.17)$$

其中，各品种能源的微分 $\mathrm{d}C$，$\mathrm{d}O$ 等就是各品种能源的调整量，按前述约定，仍记为 DC，DO，DG，DH 和 DE。从式（7.17）可以看出，部门产出增长率中的能源因素只和能源的产出弹性以及各品种的能源使用量相关，而能源内部的替代弹性也只决定于各种能源的产出弹性和两种能源使用量的比例。因此，在部门的能源结构调整中保持部门产出增长率不下降的约束，式（7.17）实质上就是能源的内部替代约束。

（3）部门能耗约束。对各部门进行能源结构调整后，至少应该使得部门的总能耗不会增加。因此，部门的能源调整量之和应小于等于0，即：

$$DC_i+DO_i+DG_i+DH_i+DE_i\leqslant 0 \quad (i=1,2,\cdots,16) \quad (7.18)$$

（4）调整幅度约束。由于技术进步的速度很慢，技术水平在一段时间内相对稳定，各种能源的比例相对稳定，这样能源的替代性能不会发生突变，能源结构的调整只能在一定的幅度内，否则根据以前的数据计算得到的替代规律就不适用以后的预测，本节假设调整的幅度在 -30% ~30%。这一调整幅度的假设，主要考虑石油的供应短缺问题。以 GDP 中速增长情况为例，按照2010年的部门能源结构，石油的总需求为11.69亿~11.71亿吨标准煤，而石油的总供给仅为8.76亿吨标准煤，相应的缺口必须由其他能源来弥补。因此，至少要允许25.20%的石油需求由能源内部替代解决。因此：

$$-0.30\leqslant\frac{DC_i}{C_i}\leqslant 0.30 \quad (i=1,2,\cdots,16) \quad (7.19)$$

$$-0.30\leqslant\frac{DO_i}{O_i}\leqslant 0.30 \quad (i=1,2,\cdots,16) \quad (7.20)$$

$$-0.30\leqslant\frac{DG_i}{G_i}\leqslant 0.30 \quad (i=1,2,\cdots,16) \quad (7.21)$$

$$-0.30\leqslant\frac{DH_i}{H_i}\leqslant 0.30 \quad (i=1,2,\cdots,16) \quad (7.22)$$

$$-0.30 \leqslant \frac{DE_i}{E_i} \leqslant 0.30 \quad (i = 1,2,\cdots,16) \tag{7.23}$$

（5）供热发电的能源结构。在能源的转化过程中，往往需要各种能源按一定的比例组合才能完成一次能源到二次能源的转化。由于热能的转化较为容易，使用煤炭、石油、天然气中的任何一种都可以转化，只需要求 $x_i \geqslant 0$ 即可，但电的转化中必须消耗一定比例的石油，根据能源平衡表中往年发电的能源中石油占比，假设 $y_j \geqslant 0.03(j = 2)$；对于能源转化的最大比例，假设不超过该种能源的60%。综上所述，有：

$$0 \leqslant x_i, y_j \leqslant 0.60 \quad (i = 1,2,3; j = 1,3) \tag{7.24}$$

$$0.03 \leqslant y_j \leqslant 0.60 \quad (j = 2) \tag{7.25}$$

（6）能源结构调整的目标。在满足了能源供给的约束和能源的内部替代约束后，能源结构调整的唯一目标是最小化碳排放。能源消耗的碳排放量可按一次能源中使用的煤炭、石油、天然气简单计算。根据第 4 章中原煤、原油和天然气的碳排放系数和折标准煤的系数，可知煤炭的排放系数为2.660 4 吨二氧化碳/吨标准煤，原油的排放系数为2.114 1 吨二氧化碳/吨标准煤，天然气的排放系数为1.625 7 吨二氧化碳/吨标准煤。因此，最小化碳排放的目标函数为：

$$\begin{aligned} \min 2.6604\left[\sum_{i=1}^{16}(C_i + DC_i) + 344\,300 \cdot x_1 + 344\,300 \cdot y_1\right] + \\ 2.1141\left[\sum_{i=1}^{16}(O_i + DO_i) + 87\,600 \cdot x_2 + 87\,600 \cdot y_2\right] + \\ 1.6257\left[\sum_{i=1}^{16}(G_i + DG_i) + 40\,000 \cdot x_3 + 40\,000 \cdot y_3\right] \end{aligned} \tag{7.26}$$

7.3.2 能源结构调整的结果

根据第6章的产业结构调整结果，以经济的不同增速和不同的产业结构调整情况组合的15种情形下各部门的能耗为基准，分别按2010年的能源结构分配各部门的煤炭、石油、天然气、热力和电力消耗量，即 C_i，O_i，G_i，H_i，E_i（$i = 1,2,\cdots,16$），部门增加值的增长率按GDP总量的增长率计算，以部门的能源调整量 DC_i，DO_i，DG_i，DH_i，$DE_i(i = 1,2,\cdots,16)$，以及一次能源总量中煤、石油、天然气用于供热、供电的比例 x_1，x_2，x_3，y_1，y_2，y_3 为未知变量，运用MATLAB程序求解上述规划模型，可得到各部门调整后的能源消费量和能源结构，模型的具体解可查找附表7.3和附表7.4。

本节中的表7.4和表7.5分别给出了经济低速增长和经济中速增长时的部门能源总消耗。由于经济高速增长时的能源需求超过能源供给，在给定的调整幅度下模型没有可行解。这意味着，给定的能源供给总量和结构不能满足经济高速增长时的能源需求。

表 7.4 调整后经济低速增长时 2020 年分部门的能耗

亿吨标准煤

部门	情形 1	情形 2	情形 3	情形 4	情形 5
农业	1.005	1.030	1.056	1.081	1.107
采矿业	3.423	3.374	3.335	3.287	3.249
食品饮料制造及烟草制品业	0.740	0.771	0.815	0.845	0.889
纺织服装及皮革产品制造业	1.271	1.218	1.278	1.225	1.285
其他制造业	1.193	1.156	1.146	1.109	1.098
电力、热力及水的生产和供应业	3.035	3.047	3.062	3.074	3.090
炼焦燃气及石油加工业	2.182	2.164	2.159	2.142	2.137
化学工业	5.754	5.606	5.653	5.505	5.551
非金属矿物制品业	4.112	4.055	3.712	3.657	3.320
金属产品制造业	8.772	8.298	7.804	7.330	6.837
机械设备制造业	1.469	1.392	1.320	1.243	1.168
建筑业	0.654	0.657	0.566	0.569	0.480
运输仓储邮电业	3.659	3.660	3.674	3.676	3.690
批发零售贸易住宿和餐饮业	1.150	1.154	1.178	1.182	1.206
其他行业	2.163	2.289	2.416	2.541	0.636
生活消费	2.652	2.818	2.980	3.136	3.288
合计	43.234	42.690	42.153	41.601	39.031

表 7.5 调整后经济中速增长时 2020 年分部门的能耗

亿吨标准煤

部门	情形 1	情形 2	情形 3	情形 4	情形 5
农业	1.113	1.140	1.169	1.197	1.226
采矿业	3.740	3.687	3.644	3.592	3.550
食品饮料制造及烟草制品业	0.804	0.836	0.885	0.917	0.965
纺织服装及皮革产品制造业	1.388	1.331	1.396	1.339	1.404
其他制造业	1.299	1.259	1.248	1.208	1.196

续表

部　　门	情形1	情形2	情形3	情形4	情形5
电力热力及水的生产和供应业	3.329	3.342	3.359	3.372	3.389
炼焦燃气及石油加工业	2.380	2.361	2.355	2.337	2.331
化学工业	6.275	6.114	6.165	6.003	6.053
非金属矿物制品业	4.725	4.694	4.295	4.267	3.877
金属产品制造业	9.566	9.049	8.510	7.993	7.455
机械设备制造业	1.599	1.516	1.437	1.353	1.271
建筑业	0.715	0.718	0.619	0.622	0.524
运输仓储邮电业	4.007	4.008	4.023	4.025	4.041
批发零售贸易住宿和餐饮业	1.264	1.269	1.295	1.300	1.326
其他行业	2.363	2.500	2.639	2.776	2.916
生活消费	3.214	3.415	3.611	3.800	3.984
合　　计	47.780	47.239	46.649	46.099	45.509

同时，根据优化模型的求解结果，可以计算得到各种情形组合下调整后的部门能源结构，下面仅给出经济中速增长时情形5的部门能源结构，如表7.6所示。

表7.6　中速增长情形5下的部门能源优化结构

%

部　　门	煤　炭	油　类	天然气	热　力	电　力
农业	18.13	27.56	0.16	0.08	54.06
采矿业	26.21	7.80	12.04	1.45	52.51
食品饮料制造及烟草制品业	34.77	7.84	1.31	13.83	42.24
纺织服装及皮革产品制造业	18.31	6.55	0.34	12.06	62.74
其他制造业	27.98	3.89	0.62	11.94	55.57
电力热力及水的生产和供应业	22.29	0.71	0.06	2.24	74.71
炼焦燃气及石油加工业	17.13	55.32	5.94	7.12	14.48
化学工业	27.53	12.77	11.56	11.67	36.48
非金属矿物制品业	48.74	7.55	2.92	0.23	40.56
金属产品制造业	56.54	2.16	1.08	2.97	37.25
机械设备制造业	17.01	7.71	4.27	2.25	68.75
建筑业	7.58	58.98	0.22	0.60	32.63

续表

部　门	煤　炭	油　类	天然气	热　力	电　力
运输仓储邮电业	1.63	77.70	8.60	0.38	11.68
批发零售贸易住宿和餐饮业	17.58	15.94	4.31	2.94	59.23
其他行业	9.57	34.59	2.23	3.08	50.53
生活消费	19.59	14.35	14.79	8.03	43.24

将2020年的部门能源消费结构和2010年的部门能源结构进行对比，具体的比例变化如表7.7所示。从中可以看出，16个部门中，有14个部门要削减煤炭的使用比例，其中削减最多的是采矿业和非金属矿物制品业，削减幅度在11个百分点以上。有2个部门可以适度增加煤炭的使用比例，电力热力及水的生产供应业可增加5.29个百分点，炼焦燃气及石油加工业可增加3.32个百分点。有11个部门要减少石油的使用比例，建筑业、运输仓储邮电业、炼焦燃气及石油加工业是减幅最大的三个部门，要分别减少7.11个、6.16个和4.19个百分点。有5个部门可以适当提高能源中石油的消耗比例：其他行业中石油的使用比例可提高7.14个百分点；批发零售贸易住宿和餐饮业可提高5.36个百分点；纺织服装及皮革制品业可提高2.82个百分点；食品饮料制造及烟草制品业可以提高1.82个百分点；金属产品制造业可提高0.75个百分点。由于天然气原本在各部门的能源结构中占比很小，大部分部门调整的幅度不是很明显。有9个部门需要提升天然气在能源结构中的份额：最多的是生活部门，可提高6.06个百分点；其次是化学工业和运输仓储邮电业，可分别提高4.60和3.60个百分点；采矿业、炼焦燃气及石油加工业的能源结构中，天然气的占比也可适度上升，分别提高2.81和2.50个百分点。热力在整个能源消费总量中比例最小，热力的使用部门相对集中于轻工业部门，食品饮料制造及烟草制品业、纺织服装及皮革产品制造业、其他制造业和化学工业可以较大幅度提高热力的使用比例。电力是终端能源消费中用量最多的能源，16个部门中，有11个部门需要减少电力消耗的比例，其他行业、电力、食品、化学工业和生活消费需要减少4个百分点以上，需要增加电力消耗比例的有5个部门：非金属矿物制品业增加得最多，为12.26个百分点；其次是采矿业，为11.27个百分点；建筑业、农业和运输仓储邮电业的电力消耗比例也需要分别提高7.82个、5.87个和2.51个百分点。

表 7.7　相比 2010 年部门能源结构的变化

%

部　门	煤　炭	石　油	天然气	热　力	电　力
农业	-2.37	-3.60	0.06	0.03	5.87
采矿业	-11.10	-3.30	2.81	0.34	11.27
食品饮料制造及烟草制品业	-3.32	1.82	-0.13	5.67	-4.04
纺织服装及皮革产品制造业	-1.04	2.82	-0.02	1.83	-3.58
其他制造业	-1.36	-0.19	-0.03	4.28	-2.70
电力热力及水的生产和供应业	5.29	-0.29	-0.02	0.53	-5.49
炼焦燃气及石油加工业	3.32	-4.19	2.50	-0.54	-1.10
化学工业	-3.26	-1.51	4.60	4.50	-4.32
非金属矿物制品业	-11.01	-2.20	0.88	0.07	12.26
金属产品制造业	-1.54	0.75	0.48	1.33	-1.01
机械设备制造业	-0.13	-0.06	0.74	-0.02	-0.54
建筑业	-0.91	-7.11	-0.03	0.24	7.82
运输仓储邮电业	-0.13	-6.16	3.60	0.16	2.51
批发零售贸易住宿和餐饮业	-4.09	5.36	-1.00	0.99	-1.27
其他行业	-1.28	7.14	-0.30	1.20	-6.76
生活消费	-1.89	-1.38	6.06	1.38	-4.16

从各产业的能源内部替代情况看，农业和采掘业应开展电力、天然气对煤炭和石油的替代；食品饮料制造及烟草制品业、纺织服装及皮革产品制造业和其他制造业则需要用热力替代煤炭和电力；电力热力及水的生产和供应业、炼焦燃气及石油加工业需要用煤炭和天然气替代石油和电力；化学工业则应该用天然气和热力替代其他三种能源；非金属矿物制品业可用电力替代煤炭；金属产品制造业和机械设备制造业的能源调整幅度整体最小，各种能源的比例变化不大；建筑业应该使用电力替代石油；运输仓储邮电业则需要用天然气和电力代替石油；批发零售贸易住宿餐饮业和其他行业需要用石油和天然气代替煤炭和电力；生活消费中则应该使用天然气和热力代替其他能源。

7.3.3　能源结构调整的节能减排潜力

以 2010 年各部门的能源结构为基准，可以计算能源结构调整的节能减排潜力。具体结果如表 7.8 所示。

表 7.8 能源结构调整的节能效应

	GDP 增速	情形 1	情形 2	情形 3	情形 4	情形 5
调整前能耗（亿吨标准煤）	低速	54.881	54.130	53.424	52.662	51.951
	中速	60.096	59.306	58.561	57.756	57.007
调整后能耗（亿吨标准煤）	低速	43.234	42.69	42.153	41.601	39.031
	中速	47.780	47.239	46.649	46.099	45.509
能耗减少（亿吨标准煤）	低速	11.647	11.440	11.271	11.061	12.920
	中速	12.316	12.067	11.912	11.657	11.498
节能贡献（%）	低速	21.22	21.13	21.10	21.00	24.87
	中速	20.49	20.35	20.34	20.18	20.17

从表 7.8 可以看出，经济低速增长时，能源结构调整可节省能源 11.061 亿～12.920 亿吨标准煤；经济中速增长时，能源结构调整可节约能源 11.498 亿～12.316 亿吨标准煤。以 2005 年模式中能源总消耗，经济低速增长时需 77.34 亿吨标准煤、经济中速增长时需 84.12 亿吨标准煤计算，能源结构调整的节能效应对能耗下降的贡献在 21.17%～24.87%。

根据 2010 年能源构成情况，可计算能源结构调整的减排效应。首先根据 2010 年的能源平衡表，可计算供热和发电所消费的煤炭、石油、天然气数量，计算得到发电的碳排放约为 27.73 亿吨，供热的碳排放约为 3.46 亿吨。已知火力发电总量为 10.59 亿吨标准煤，热力供应总量为 1.00 亿吨标准煤，结合清洁电源的数据，以及输电损失率和供热损失率，可计算得到终端消费的电力排放系数为 2.203 6 吨二氧化碳/吨标准煤，热力的排放系数为 3.456 1 吨二氧化碳/吨标准煤。根据各部门的能源消费结构可以计算得到各种情形下的二氧化碳排放总量，具体结果如表 7.9 所示。

表 7.9 能源结构调整的减排效应

	GDP 增速	情形 1	情形 2	情形 3	情形 4	情形 5
调整前排放（亿吨二氧化碳）	低速	129.323	127.435	125.640	123.725	116.167
	中速	141.600	139.605	137.709	135.681	133.775
调整后排放（亿吨二氧化碳）	低速	90.462	88.956	87.517	85.987	78.902
	中速	103.204	101.704	100.120	98.593	97.007
排放减少（亿吨二氧化碳）	低速	38.861	38.479	38.123	37.738	37.265
	中速	38.396	37.901	37.589	37.088	36.768

续表

	GDP 增速	情形 1	情形 2	情形 3	情形 4	情形 5
减排贡献（%）	低速	30.05	30.20	30.34	30.50	32.08
	中速	27.12	27.15	27.30	27.33	27.48

从表 7.9 可以看出，经济低速增长时能源结构调整可减少排放 37.265 亿～38.861 亿吨二氧化碳，经济中速增长时能源结构调整可减少排放 36.768 亿～38.396 亿吨二氧化碳。相比 2010 年的能源结构，经济低速增长时可减排 30.05%～32.08%，经济中速增长时可减排 27.12%～27.48%。

8　碳排放指标的产业间分配

8.1　碳排放指标在产业间的分配

8.1.1　最终消费排放和部门直接排放

按照终端能源消费计算第 i 部门的碳排放时，通常将二次能源中电力和热力的生产排放按部门所使用的电力和热力数量分摊到每个部门。因此，这样计算的部门碳排放是基于最终消费原则核算的。实际上电力和热力生产的排放发生在部门 6（电力热力及水的生产供应业），各部门在使用过程中并不产生碳排放，我们将各部门在生产过程中产生的排放记为直接排放，部门 6 以外的部门，其直接排放为最终消费排放减去热力和电力的排放，部门 6 的直接排放为本部门的最终消费排放加上其他部门的热力和电力排放之和。根据最终消费排放计算的碳排放强度记为最终消费排放强度，根据部门直接排放计算的碳排放强度记为部门直接排放强度。

根据 2005 年的能源数据和分部门的 GDP、总消费数据计算的直接排放强度和最终消费排放强度列于表 8.1 中。

表 8.1　2005 年分部门的碳排放量和碳排放强度

部门	2005 年总排放（亿吨二氧化碳）	2005 年直接排放（亿吨二氧化碳）	GDP/总消费（亿元）	直接排放强度（吨二氧化碳/万元）	最终消费排放强度（吨二氧化碳/万元）
1	1. 417 8	0. 749 6	22 420. 0	0. 334 4	0. 632 4
2	2. 979 2	1. 626 3	9 457. 2	1. 719 6	3. 150 2
3	1. 120 1	0. 608 6	7 637. 9	0. 796 8	1. 466 5
4	1. 511 6	0. 497 7	5 996. 1	0. 830 1	2. 521 0
5	1. 529 2	0. 604 3	3 761. 3	1. 606 5	4. 065 7
6	2. 667 4	23. 332 7	6 399. 4	31. 618 9	4. 168 2
7	1. 459 2	0. 823 6	2 264. 0	3. 637 9	6. 445 2
8	6. 314 3	3. 038 0	8 852. 6	3. 431 8	7. 132 7
9	4. 947 0	3. 719 1	3 004. 1	12. 380 0	16. 467 4
10	12. 821 1	8. 650 6	10 056. 8	8. 601 8	12. 748 7
11	2. 045 2	0. 724 4	19 801. 8	0. 365 8	1. 032 8
12	0. 505 9	0. 299 2	10 367. 1	0. 288 6	0. 488 0
13	3. 839 9	3. 457 3	10 666. 3	3. 241 3	3. 600 1
14	1. 151 9	0. 478 9	18 161. 9	0. 263 7	0. 634 3
15	2. 137 8	0. 935 7	46 091. 2	0. 203 0	0. 463 8
16	5. 923 4	2. 824 9	72 652. 5	0. 388 8	0. 815 3
总计	52. 371 0	52. 371 0		3. 062	3. 062

注：部门 1 ~ 16 分别为农业、采矿业、食品饮料制造及烟草制品业、纺织服装及皮革产品制造业、其他制造业、电力热力及水的生产和供应业、炼焦燃气及石油加工业、化学工业、非金属矿物制品业、金属产品制造业、机械设备制造业、建筑业、运输仓储邮电业、批发零售贸易住宿和餐饮业、其他服务业、居民消费。

从表 8. 1 可以看出，部门的直接排放强度和最终消费排放强度相差较大。对于部门 6 以外的部门而言，在部门消耗的能源，即煤炭、石油、天然气、热力和电力中，只有前面的三种直接产生排放，因此，这部分能源的全部减排责任都在该部门。热力和电力的直接排放产生于部门 6，其他部门只能通过减少使用量来间接减少排放，只有间接减排责任。对于部门 6 而言，该部门为其他部门生产电力和热力，替其他部门排放了大量的二氧化碳，虽然对终端消费以外的排放负有直接减排责任，但不应该承担全部的减排责任。鉴于两种计算方法在碳排放量和减排责任上的巨大差别，下面分列了两种核算方法下的碳排放指标。

8. 1. 2 碳排放总量的产业间分配

根据第 6 章、第 7 章的计算结果，可以得到经产业结构调整和能源结构调整后 2020 年各部门的最终消费碳排放量，据此调整电力和热力的排放数据后得到各部门的直接碳排放量。表 8. 2 和表 8. 3 分别给出了经济低速、中速增长时的部门排放控制指标。

表 8. 2 经济低速增长时各部门的最终消费排放和直接排放总量指标

部门	最终消费排放量（亿吨二氧化碳）					直接排放量（亿吨二氧化碳）				
	情形 1	情形 2	情形 3	情形 4	情形 5	情形 1	情形 2	情形 3	情形 4	情形 5
1	1. 963	2. 003	2. 047	2. 085	2. 071	1. 093	1. 120	1. 148	1. 175	1. 204
2	6. 698	6. 576	6. 480	6. 356	6. 092	3. 640	3. 589	3. 547	3. 496	3. 456
3	1. 637	1. 700	1. 795	1. 857	1. 904	0. 860	0. 895	0. 946	0. 981	1. 032
4	2. 572	2. 455	2. 568	2. 452	2. 470	0. 806	0. 773	0. 811	0. 777	0. 816
5	2. 520	2. 435	2. 407	2. 322	2. 221	1. 000	0. 970	0. 961	0. 930	0. 921
6	5. 750	5. 737	5. 740	5. 722	5. 494	36. 943	36. 276	35. 913	35. 229	31. 282
7	4. 753	4. 713	4. 700	4. 660	4. 602	3. 752	3. 722	3. 713	3. 683	3. 675
8	12. 350	12. 009	12. 096	11. 756	11. 575	6. 872	6. 695	6. 751	6. 574	6. 629
9	9. 103	8. 956	8. 184	8. 040	7. 183	6. 937	6. 841	6. 262	6. 169	5. 601
10	19. 880	18. 759	17. 610	16. 496	15. 089	13. 806	13. 060	12. 282	11. 536	10. 760
11	2. 750	2. 592	2. 447	2. 289	2. 061	1. 006	0. 953	0. 904	0. 851	0. 800
12	1. 310	1. 311	1. 127	1. 130	0. 936	0. 955	0. 959	0. 826	0. 830	0. 700
13	7. 426	7. 422	7. 445	7. 441	7. 425	6. 727	6. 729	6. 754	6. 757	6. 784
14	2. 222	2. 219	2. 257	2. 253	2. 218	1. 018	1. 021	1. 042	1. 046	1. 067
15	4. 193	4. 418	4. 651	4. 871	1. 182	2. 202	2. 329	2. 459	2. 586	0. 648
16	5. 334	5. 652	5. 963	6. 256	6. 381	2. 847	3. 025	3. 198	3. 366	3. 529
合计	90. 462	88. 956	87. 517	85. 987	78. 902	90. 462	88. 956	87. 517	85. 987	78. 902

从表 8. 2 可以看出，在经济低速增长的情况下，碳排放总量为 78. 902 亿 ~90. 462 亿吨二氧化碳。从直接碳排放量看，部门 6（电力热力及水的生产供应业）排放量最大，为 31. 282 亿 ~36. 943 亿吨二氧化碳；其次是金属产品制造业（部门 10），排放总量为 10. 760 亿 ~13. 806 亿吨二氧化碳。非金属矿物制品业（部门 9）的排放量也很大，为 5. 601 亿 ~6. 937 亿吨二氧化碳。和直接排放量略有区别的是，最终消费排放中，金属产品制造业的排放总量最大，为 15. 089 亿 ~19. 880 亿吨二氧化碳；其次是化学工业（部门 8），为 11. 575 亿 ~12. 350 亿吨二氧化碳；位居第三的是非金

属矿物制品业，为7.183亿~9.103亿吨二氧化碳。电力热力及水的生产供应业本身的最终消费排放量并不高，仅为5.494亿~5.750亿吨二氧化碳。

表8.3 经济中速增长时的最终消费排放和直接排放总量指标

部门	最终消费排放量（亿吨二氧化碳）					直接排放量（亿吨二氧化碳）				
	情形1	情形2	情形3	情形4	情形5	情形1	情形2	情形3	情形4	情形5
1	2.259	2.308	2.361	2.408	2.460	1.189	1.218	1.249	1.278	1.310
2	7.624	7.493	7.389	7.258	7.154	3.959	3.903	3.858	3.803	3.759
3	1.865	1.937	2.045	2.115	2.222	0.895	0.931	0.985	1.021	1.075
4	2.979	2.845	2.977	2.842	2.973	0.877	0.841	0.882	0.846	0.887
5	2.883	2.787	2.754	2.657	2.624	1.088	1.055	1.045	1.012	1.002
6	6.693	6.690	6.700	6.694	6.701	45.195	44.491	44.028	43.285	42.810
7	5.271	5.225	5.209	5.162	5.147	4.100	4.068	4.057	4.025	4.016
8	13.961	13.574	13.665	13.275	13.366	7.475	7.282	7.343	7.151	7.211
9	10.487	10.419	9.515	9.461	8.581	7.011	7.002	6.404	6.419	5.837
10	22.263	21.020	19.737	18.500	17.225	15.015	14.204	13.358	12.547	11.702
11	3.169	2.991	2.827	2.649	2.480	1.096	1.039	0.985	0.928	0.872
12	1.467	1.470	1.264	1.268	1.068	1.039	1.043	0.898	0.903	0.761
13	8.196	8.193	8.219	8.217	8.244	7.317	7.319	7.346	7.350	7.379
14	2.560	2.560	2.605	2.605	2.649	1.107	1.111	1.134	1.138	1.161
15	4.779	5.040	5.308	5.565	5.829	2.416	2.556	2.699	2.839	2.981
16	6.747	7.152	7.545	7.919	8.285	3.425	3.640	3.848	4.050	4.246
合计	103.20	101.70	100.12	98.593	97.007	103.20	101.70	100.12	98.593	97.007

经济中速增长的情况与经济低速增长的情况类似。从表8.3可以看出，在经济低速增长的情况下，碳排放总量为97.01亿~103.20亿吨二氧化碳。从直接碳排放量看，部门6（电力热力及水的生产供应业）排放量最大，为42.810亿~45.195亿吨二氧化碳；其次是金属产品制造业（部门10），排放总量为11.702亿~15.015亿吨二氧化碳。和直接排放量有区别的是，最终消费排放中，金属产品制造业的排放总量最大，为17.225亿~22.263亿吨二氧化碳；其次是化学工业（部门8），为13.275亿~13.961亿吨二氧化碳，位居第三的是非金属矿物制品业（部门9），为8.581亿~10.487亿吨二氧化碳。电力热力及水的生产供应业本身的最终消费排放量并不高，不到7亿吨二氧化碳。

从碳排放的总量目标看，低速增长情形下，我国的碳排放总量在78.90亿~90.46亿吨二氧化碳；中速增长情形下，我国的碳排放总量在97.01亿~103.20亿吨二氧化碳，低速增长下的排放量小于丁仲礼方案（92.21亿吨二氧化碳）、Garnaut方案（102.81亿吨二氧化碳）、UNDP方案（104.22亿吨二氧化碳）和中国社会科学院方案（111.94亿吨二氧化碳）分配的碳排放权；中速增长下的碳排放量高于丁仲礼方案分配的碳排放权，和Garnaut方案相当，但低于UNDP方案和中国社会科学院方案分配的碳排放权。由此看来，即便是按国内学者设计的对我国最有利的碳排放权分配方案，也必须大力节能减排，才能做到配额内排放。

8.1.3 碳排放强度的产业间分配

碳排放总量受部门增加值的影响较大，在产业调整的过程中，各部门的增加值变动较大，因此，本节也给出了产业结构调整和能源结构调整后的碳排放强度指标。经济低速增长的碳排放强度指标以及和2005年部门碳排放强度相比下降的幅度分别列于表8.4和表8.5中。

表8.4 经济低速增长时最终消费碳排放的强度指标和减排比例

部门	单位增加值碳排放强度（吨二氧化碳/万元）					强度减排比例（%）				
	情形1	情形2	情形3	情形4	情形5	情形1	情形2	情形3	情形4	情形5
1	0.382	0.380	0.379	0.377	0.365	39.67	39.93	40.13	40.42	42.21
2	2.403	2.390	2.387	2.373	2.300	23.73	24.13	24.24	24.68	26.98
3	0.968	0.967	0.965	0.964	0.938	33.98	34.04	34.21	34.30	36.05
4	1.077	1.072	1.070	1.065	1.021	57.27	57.49	57.56	57.77	59.48
5	1.227	1.221	1.218	1.212	1.171	69.83	69.96	70.04	70.18	71.20
6	2.680	2.659	2.646	2.630	2.511	35.70	36.21	36.53	36.91	39.76
7	3.961	3.947	3.957	3.943	3.914	38.55	38.75	38.61	38.82	39.27
8	3.665	3.656	3.655	3.646	3.557	48.62	48.74	48.75	48.88	50.14
9	7.548	7.501	7.502	7.495	7.361	54.17	54.45	54.44	54.49	55.30
10	5.386	5.374	5.361	5.347	5.241	57.75	57.85	57.95	58.06	58.89
11	0.315	0.313	0.312	0.310	0.297	69.49	69.66	69.79	69.98	71.24
12	0.395	0.394	0.393	0.393	0.385	19.03	19.26	19.44	19.56	21.08
13	1.547	1.546	1.545	1.544	1.535	57.03	57.05	57.08	57.10	57.36
14	0.442	0.440	0.438	0.436	0.421	30.36	30.71	30.93	31.29	33.68
15	0.321	0.321	0.320	0.319	0.074	30.72	30.88	30.97	31.18	84.07
16	0.176	0.170	0.164	0.159	0.150	78.41	79.20	79.89	80.52	81.55
合计	1.493	1.468	1.444	1.419	1.302	51.25	52.06	52.84	53.66	57.48

表 8.5　经济低速增长时直接碳排放的强度指标和减排比例

部门	单位增加值碳排放强度（吨二氧化碳/万元）					强度减排比例（%）				
	情形 1	情形 2	情形 3	情形 4	情形 5	情形 1	情形 2	情形 3	情形 4	情形 5
1	0.212	0.212	0.212	0.212	0.212	36.48	36.48	36.50	36.50	36.46
2	1.306	1.304	1.306	1.305	1.305	24.07	24.15	24.03	24.11	24.12
3	0.509	0.509	0.508	0.509	0.508	36.17	36.09	36.19	36.12	36.21
4	0.338	0.337	0.338	0.337	0.337	59.34	59.35	59.29	59.36	59.35
5	0.487	0.486	0.486	0.486	0.486	69.70	69.72	69.72	69.77	69.78
6	17.219	16.813	16.552	16.192	14.298	45.54	46.83	47.65	48.79	54.78
7	3.127	3.117	3.126	3.116	3.126	14.05	14.31	14.08	14.34	14.08
8	2.039	2.038	2.040	2.039	2.037	40.57	40.61	40.55	40.59	40.65
9	5.752	5.730	5.740	5.751	5.740	53.54	53.72	53.63	53.55	53.63
10	3.741	3.741	3.739	3.740	3.738	56.51	56.51	56.53	56.53	56.55
11	0.115	0.115	0.115	0.115	0.115	68.49	68.51	68.49	68.48	68.48
12	0.288	0.288	0.288	0.288	0.288	0.18	0.13	0.16	0.10	0.20
13	1.401	1.402	1.402	1.402	1.403	56.76	56.75	56.75	56.73	56.72
14	0.202	0.202	0.202	0.202	0.202	23.26	23.31	23.30	23.27	23.26
15	0.169	0.169	0.169	0.169	0.040	16.87	16.75	16.62	16.52	80.05
16	0.094	0.091	0.088	0.085	0.083	75.84	76.66	77.38	78.02	78.61
合计	1.493	1.468	1.444	1.419	1.302	51.25	52.06	52.84	53.66	57.48

从表 8.6 和表 8.7 中可以看出，经济中速增长时，就碳排放强度而言，通过产业结构调整和能源结构调整，可使总的碳排放强度降到 1.472 ~ 1.565 吨二氧化碳/万元，减排的幅度略低于经济低速增长的情形，为 48.87% ~51.94%。分部门的碳排放强度目标和减排幅度，与经济低速增长时的情况类似。

表 8.6　经济中速增长时最终消费碳排放的强度指标和减排比例

部门	单位增加值碳排放强度（吨二氧化碳/万元）					强度减排比例（%）				
	情形 1	情形 2	情形 3	情形 4	情形 5	情形 1	情形 2	情形 3	情形 4	情形 5
1	0.404	0.402	0.402	0.400	0.399	36.18	36.37	36.51	36.74	36.89
2	2.514	2.504	2.502	2.491	2.483	20.19	20.53	20.58	20.93	21.17
3	1.014	1.013	1.010	1.009	1.006	30.85	30.91	31.10	31.20	31.39
4	1.147	1.142	1.140	1.135	1.130	54.50	54.71	54.76	55.00	55.16

续表

部门	单位增加值碳排放强度（吨二氧化碳/万元）					强度减排比例（%）				
	情形 1	情形 2	情形 3	情形 4	情形 5	情形 1	情形 2	情形 3	情形 4	情形 5
5	1. 290	1. 285	1. 281	1. 275	1. 272	68. 27	68. 39	68. 48	68. 63	68. 72
6	2. 868	2. 851	2. 839	2. 829	2. 816	31. 19	31. 61	31. 89	32. 14	32. 45
7	4. 038	4. 023	4. 031	4. 016	4. 025	37. 34	37. 58	37. 45	37. 70	37. 56
8	3. 809	3. 799	3. 797	3. 785	3. 776	46. 60	46. 74	46. 77	46. 93	47. 07
9	7. 994	8. 023	8. 019	8. 108	8. 085	51. 46	51. 28	51. 31	50. 76	50. 90
10	5. 545	5. 536	5. 524	5. 513	5. 501	56. 50	56. 58	56. 67	56. 75	56. 85
11	0. 334	0. 332	0. 331	0. 330	0. 329	67. 68	67. 82	67. 91	68. 06	68. 19
12	0. 407	0. 406	0. 405	0. 405	0. 404	16. 63	16. 77	16. 93	17. 02	17. 21
13	1. 570	1. 569	1. 568	1. 568	1. 567	56. 40	56. 41	56. 44	56. 45	56. 47
14	0. 468	0. 466	0. 465	0. 463	0. 462	26. 24	26. 50	26. 71	26. 96	27. 18
15	0. 337	0. 336	0. 336	0. 335	0. 335	27. 40	27. 51	27. 57	27. 72	27. 78
16	0. 205	0. 197	0. 191	0. 185	0. 180	74. 89	75. 81	76. 60	77. 33	77. 98
合计	1. 565	1. 543	1. 519	1. 496	1. 472	48. 87	49. 62	50. 40	51. 16	51. 94

表 8.7　经济中速增长时直接碳排放的强度指标和减排比例

部门	单位增加值碳排放强度（吨二氧化碳/万元）					强度减排比例（%）				
	情形 1	情形 2	情形 3	情形 4	情形 5	情形 1	情形 2	情形 3	情形 4	情形 5
1	0. 212	0. 212	0. 212	0. 212	0. 213	36. 47	36. 49	36. 48	36. 50	36. 44
2	1. 306	1. 304	1. 306	1. 305	1. 305	24. 08	24. 16	24. 03	24. 10	24. 12
3	0. 487	0. 487	0. 487	0. 487	0. 487	38. 93	38. 88	38. 92	38. 88	38. 91
4	0. 338	0. 337	0. 338	0. 338	0. 337	59. 32	59. 34	59. 30	59. 32	59. 38
5	0. 487	0. 486	0. 486	0. 486	0. 486	69. 69	69. 72	69. 73	69. 76	69. 77
6	19. 367	18. 958	18. 656	18. 290	17. 989	38. 75	40. 04	41. 00	42. 16	43. 11
7	3. 141	3. 132	3. 140	3. 131	3. 140	13. 66	13. 89	13. 69	13. 93	13. 68
8	2. 039	2. 038	2. 040	2. 039	2. 037	40. 57	40. 61	40. 55	40. 58	40. 64
9	5. 344	5. 392	5. 397	5. 501	5. 500	56. 83	56. 45	56. 41	55. 56	55. 58
10	3. 740	3. 741	3. 739	3. 739	3. 737	56. 52	56. 51	56. 54	56. 53	56. 55
11	0. 115	0. 115	0. 115	0. 116	0. 116	68. 44	68. 43	68. 43	68. 40	68. 42
12	0. 288	0. 288	0. 288	0. 288	0. 288	0. 16	0. 14	0. 21	0. 08	0. 25
13	1. 401	1. 402	1. 402	1. 402	1. 403	56. 76	56. 75	56. 76	56. 73	56. 72
14	0. 202	0. 202	0. 202	0. 202	0. 202	23. 28	23. 28	23. 25	23. 25	23. 23

续表

部门	单位增加值碳排放强度（吨二氧化碳/万元）					强度减排比例（%）				
	情形1	情形2	情形3	情形4	情形5	情形1	情形2	情形3	情形4	情形5
15	0.170	0.171	0.171	0.171	0.171	16.15	16.01	15.86	15.75	15.62
16	0.104	0.100	0.097	0.095	0.092	73.27	74.18	74.98	75.69	76.33
合计	1.565	1.543	1.519	1.496	1.472	48.87	49.62	50.40	51.16	51.94

8.2 实现碳排放强度目标的政策建议

8.2.1 产业结构调整和能源结构调整对碳排放强度目标的贡献

表8.8所示为产业结构调整和能源结构调整的碳减排效应。

表8.8 产业结构调整和能源结构调整的碳减排效应

吨二氧化碳/万元

	GDP增速	情形1	情形2	情形3	情形4	情形5
单位排放	低速	1.493	1.468	1.444	1.419	1.302
	中速	1.565	1.543	1.519	1.496	1.472
强度下降	低速	1.569	1.594	1.618	1.643	1.760
	中速	1.497	1.519	1.543	1.566	1.590
产业结构	低速	0.906	0.936	0.964	0.994	1.022
	中速	0.892	0.920	0.947	0.976	1.003
能源结构	低速	0.663	0.658	0.654	0.649	0.738
	中速	0.605	0.599	0.596	0.590	0.587

表8.9所示为产业结构调整和能源结构调整对碳排放强度下降的贡献。

表8.9 产业结构调整和能源结构调整对碳排放强度下降的贡献

%

	GDP增速	情形1	情形2	情形3	情形4	情形5
排放强度下降	低速	51.25	52.06	52.84	53.66	57.48
	中速	48.87	49.62	50.40	51.16	51.94
产业结构使排放强度下降	低速	29.60	30.57	31.47	32.45	33.36
	中速	29.13	30.06	30.94	31.89	32.77

续表

	GDP 增速	情形 1	情形 2	情形 3	情形 4	情形 5
能源结构使排放强度下降	低速	21.65	21.49	21.37	21.21	24.12
	中速	19.74	19.56	19.46	19.27	19.17
产业结构对排放强度下降的贡献	低速	57.76	58.72	59.56	60.47	58.04
	中速	59.61	60.58	61.39	62.33	63.09
能源结构对排放强度下降的贡献	低速	42.24	41.28	40.44	39.53	41.96
	中速	40.39	39.42	38.61	37.67	36.91

根据政府设定的2020年单位GDP碳排放强度下降40%～45%的目标，以2005年的单位GDP碳排放强度3.062吨二氧化碳/万元计算，根据本节的估计，即使不考虑节能技术和能源转化技术的进步，单纯依靠产业结构调整和能源结构调整，也基本可以实现减排目标。在经济低速增长的情况下，经过产业结构调整和能源结构调整后，可以使单位GDP的排放降到1.302～1.493吨二氧化碳/万元，碳排放强度的下降幅度达到51%以上；在经济中速增长的情形下，可以使单位GDP的排放降到1.472～1.565吨二氧化碳/万元，碳排放强度的下降幅度也超过48%。

产业结构调整对节能减排的影响较大，在本节的模拟研究中可以看到，经济低速增长时，产业结构调整（包括生活部门的技术节能等）可使碳排放强度下降29.60%～33.36%，对减排的贡献在57.76%～60.47%；经济中速增长时，产业结构调整可使碳排放强度下降29.13%～32.77%，减排贡献可达59.61%～63.09%。如果以相对减排45%作为目标，产业结构调整对实现碳减排目标的贡献最大可达70%以上，这个估计和张雷、李艳梅（2010）等人的估计比较接近。因为能源结构调整包括技术进步的影响，所以节能减排潜力非常大。经济低速增长时，能源结构调整可使碳排放强度下降21.21%～24.12%，减排贡献在39.53%%～42.24%；在中速增长时，能源结构调整可使碳排放强度下降19.17%～19.74%，减排贡献可达36.91%～40.39%。二者之间的差异源于经济低速增长时能源的总需求量小，能源结构调整的余地大，消费的清洁能源比例高于经济中速增长时，能源结构的优化程度更高一些。经济增长的速度越快，对能源的需求总量越大，能源的供给约束越紧，能源结构调整的余地越小，能源结构调整的减排效果也越小。

8.2.2 实现碳排放强度目标的政策建议

综合上述结论，就现阶段我国的碳减排行动，本节特提出以下建议：

（1）在国际气候谈判中，只有坚持人均累计最终消费排放趋同的原则，才能为中国争取到更多的碳排放权。按照现有的发达国家提出的碳排放权分配方案，中国所能获得的碳排放权远远小于中国今后发展所需。面对这样的现实，中国只能一方面力争更多的碳排放权，一方面加快向低碳经济转型。

（2）提高能源转化效率，优化能源结构。现阶段我国电力需求依然旺盛，在化石能源直接替代电力还很困难的情况下，提高能源的转化效率是最现实的办法。通过提高煤炭发电的效率，大力发展水电、核电和风电等清洁能源，提高无排放能源的比例，降低输电损失率，可以大幅减少电力生产部门的碳排放。

（3）加强节能技术的研发，提高能源使用效率，降低各部门的直接能耗强度。一方面，对于能源的使用部门尤其是高能耗部门，应不断通过科技创新和技术进步，降低生产过程中的能耗水平，实现少投入、高产出、低污染。另一方面，企业也可通过投入技术的变革，以非能源要素替代能源投入，达到间接节能减排的目的。

（4）加快产业结构优化和升级，改善贸易结构。我国能源供给不足，资源密集型产品出口增长不可持续，出口能力下降，必须加快产业结构优化和升级，促进传统重化工业向低消耗、轻污染、高素质产业拓展和结构优化升级，延长产业链，提高附加值，改变我国出口以高碳产品为主的贸易格局，减少贸易中的碳泄露。

（5）改革国民收入的分配制度，增加居民收入，以此拉动消费内需，提高消费率，促使经济增长方式由外向型的投资拉动逐步转变为消费、投资和出口共同拉动，而且要使消费需求的拉动成为最主要的驱动因素。

（6）着力引导消费方式和方向的转变。自 2002 年后，城乡居民的消费逐步转向住房、汽车等大宗商品，虽然这也是消费升级换代的必然过程，但我国的居民消费升级和当前经济形势下的投资热、房地产热是分不开的。居民消费结构在和产业结构相互适应的过程中，也成为推动重工业化的因素之一。这样的变动趋势显然不利于产业结构的升级和低碳产业结构的调整。因此，必须把城乡居民消费的热点引导到教育、文化、服务上来，以推动第三产业的发展，促进产业结构升级。

（7）鼓励科技创新，促进和居民生活相关的节能技术、节能用品的开发推广，培养居民的环保意识，推动“低碳”生活方式。在广大居民中树立起全新的生活观和消费观，提倡低能量、低消耗、低开支的生活方式，减少使用化石能源，从而减少生活领域的二氧化碳排放。

（8）在能源结构的调整方面，应该鼓励各产业部门根据部门的能源消费特点，以及部门现有的能源结构，研究适合自身发展的能源替代品种，积极鼓励节约能源型的技术进步，以及以气代煤、以气代油、以气代电的能源替代，使能源结构朝着清洁优化的方向迈进。

第三篇
碳排放总量的地区间分配及地方政府碳减排博弈分析

低碳发展已经成为中国当前现实国情下的国家长远发展战略，建立高效运行的市场机制也已成为中国未来低碳发展的必然选择。低碳政策方面，政府已出台专门方案对“十二五”期间碳减排目标进行责任分解，但作为责任主体的部分省、直辖市、自治区碳减排依然行动迟缓、成效甚微；市场建设方面，试点碳市场建设已取得了突破性进展，7 个试点碳市场已全部启动运行，但由于缺乏有效的配额分配机制，各试点碳市场融合性较弱，统一碳市场建设也困难重重。在此背景下，对中国碳减排成熟度和配额分配机制展开研究，无疑具有重要的理论价值和现实意义。

本篇首先通过政策梳理和统计分析，对中国碳排放的区域进行划分，并就区域特征进行分析，研究碳排放区域差异的成因。其次，定义了中国碳减排成熟度概念，并应用成熟度测度模型对省际配额分配公平和效率进行检验，以“十二五”期间碳减排目标分解为例进行实证分析。最后，本篇以地方政府为局中人，围绕碳减排困境，分别构建了静态博弈模型、信号博弈模型和演化博弈模型，提供了“静态博弈—动态博弈—演化博弈”这一较为系统的中国碳减排困境博弈分析框架。这不仅弥补了当前研究对地方政府之间碳减排博弈行为关注的不足，还完善了对地方政府之间碳减排行为长期互动和演化的研究。

9 碳排放的区域划分及碳排放指标

9.1 各地区碳排放基本情况分析

9.1.1 分地区碳排放量核算方法

我国现有的各种统计资料并不直接提供地区和行业层面二氧化碳排放量的数据，只能根据地区和行业的能源消费量来进行核算。《中国能源统计年鉴》提供两种分地区的能源消费数据：一种是按地区分的能源消费总量数据，包括煤炭、焦炭、原油、汽油、煤油、柴油、燃料油、天然气和电力的消费总量；另一种是分地区的能源平衡表，可以得到 30 个地区的 28 种一次能源的终端消费量。

现有的文献在计算地区二氧化碳排放量的数据时主要有两种方法。一种方法是按照分地区的能源平衡表中的各个地区的煤合计、油品合计和天然气的消费总量来计算二氧化碳排放量，用各种能源的消费总量乘以对应能源的碳排放系数，得到每一个地区的二氧化碳排放量（刘明磊，等，2011；蒋金荷，2011）。这种方法相对粗糙，因为煤和油品中有各种具体不同类型的细分能源，其碳排放系数都是不相同的，将其不加细分地用一种能源的碳排放系数去计算，会有较大误差。另一种方法是按照分地区能源平衡表上的 28 种一次能源的终端消费量来计算二氧化碳排放量，但是在选择具体细分能源时有所不同，如杨源等（2012）选择了 16 种能源的终端消费量来进行二氧化碳排放量的计算，易伊等（2011）选择了18种能源进行计算，李国志（2010）、张先锋（2013）选择了9种能源进行计算。

相比较而言，使用分地区的终端能源消费量来计算二氧化碳排放量更合理一些。具体来说，各个地区化石能源燃烧产生的二氧化碳排放量由下式计算：

$$E_{CO_2} = \sum_i A_i \times c_i \tag{9.1}$$

式中，第 i 种能源的消费量（单位：吨或者立方米）为 $A_i = F_i + T_i + H_i - N_i$，$F_i, T_i, H_i, N_i$ 分别为能源 i 的终端消费量、用于发电的能源消费量、用于供热的能源消费量以及用于工业原材料的消费量，其中各种能源的数据来源于历年的《中国能源统计年鉴》；c_i 为第 i 种能源的二氧化碳排放系数（单位：kg - CO_2/kg），具体数据如表9.1所示。

9.1.2 能源二氧化碳排放系数

在终端能源消费中，一次能源消费被细分为28种，剔除炼焦产生的其他焦化产品和炼油产生的其他石油产品（包括润滑油、润滑脂、石脑油、石蜡、石油沥青、石油焦、其他石油产品）等8种能源。因为这8种能源在使用中以非燃料用途为主，不产生二氧化碳排放，所以将其剔除。煤中的转炉煤气和煤矸石消费比例较小且相关排放数据难以得到，故忽略不计。能源中的液化天然气和其他能源消费比重极小，而且排放系数无法获得，故忽略不计。除此之外的16种能源的二氧化碳排放系数如表9.1所示。

表9.1 16种能源二氧化碳排放系数

(1) 能源名称	(2) 平均低位发热量 (kJ/kg)	(3) 标准煤系数 (kgce/kg)	(4) 单位热值含碳量 (t - c/TJ)	(5) 碳氧化率	(6) 二氧化碳排放系数 (kg - CO_2/kg)
原　煤	20 908	0.714 3	26.37	0.94	1.900 3
洗精煤	26 344	0.900 0	25.41	0.93	2.282 9
其他洗煤	8 363	0.285 7	25.41	0.93	0.724 7
型　煤	15 910	0.542 9	33.56	0.90	1.762 2
焦　炭	28 435	0.971 4	29.42	0.93	2.860 4
焦炉煤气	17 354	0.592 9	13.58	0.98	0.846 9
高炉煤气	3 763	0.128 6	12.1	0.98	0.163 6
其他煤气	16 308	0.557 1	12.1	0.98	0.709 1
原　油	41 816	1.428 6	20.08	0.98	3.020 2

续表

(1) 能源名称	(2) 平均低位发热量 (kJ/kg)	(3) 标准煤系数 (kgce/kg)	(4) 单位热值含碳量 (t-c/TJ)	(5) 碳氧化率	(6) 二氧化碳排放系数 ($kg-CO_2/kg$)
汽　油	43 070	1.471 4	18.9	0.98	2.925 1
煤　油	43 070	1.471 4	19.6	0.98	3.017 9
柴　油	42 652	1.457 1	20.2	0.98	3.095 9
燃料油	41 816	1.428 6	21.1	0.98	3.170 5
液化石油气	50 179	1.714 3	17.2	0.98	3.101 3
炼厂干气	46 055	1.571 4	18.2	0.98	3.011 9
天然气	38 931	1.330 0	15.32	0.99	2.162 2

注：1.（2）（3）列来源于《综合能耗计算通则》（GB/T 2589—2008）的附录 A。

2.（4）（5）列来源于《省级温室气体清单编制指南》（发改办气候〔2011〕1041 号）的表 1.5 和表 1.7，高炉煤气缺乏相关数据，采用其他煤气的数据。

3. 最后一列计算方法：(6) = (1) × (4) × (5) $\times 10^{-6}$。

4. 除天然气和煤气的计量单位是立方米，其余能源的计量单位都是吨。

9.1.3 分地区碳排放量基本情况

利用式（9.1）计算出2003—2010 年我国30 个省、直辖市、自治区（西藏除外）的碳排放量数据。我们从碳排放总量、碳排放强度、人均碳排放量三个方面（具体数据见附表 9.1 ~ 9.3）来观察各个省、直辖市、自治区碳排放量的情况。其中，碳排放强度为碳排放总量与 GDP 的比值，各个省、直辖市、自治区的 GDP 是按照 1996 年不变价格进行调整的。

从分地区的碳排放量数据看，各个省、直辖市、自治区的平均碳排放量持续增长。从图 9.1 可以看出，2003—2010 年全国碳排放总量的均值在持续上升，但是上升的趋势较为平缓。其中，碳排放量最大的山东省（2003 年为河北），碳排放量的增幅相对较大，碳排放量最小的海南省增幅相对较小。

全国各个省、直辖市、自治区的碳排放量差异较大，发展极不平衡。由图 9.2 可知，可以按照碳排放量的高低将全国划分为 5 类地区：一类是碳排放量在 50 000 万吨二氧化碳以上的高排放量地区，包括山东、河北、江苏、河南相邻的 4 个省；一类是碳排放量在 30 000 万 ~ 50 000 万吨二氧化碳的较高排放量地区，包括内蒙古、广东、辽宁、山西、浙江、湖北 6

个省和自治区；一类是碳排放量在20 000万~30 000万吨二氧化碳的中等排放量地区，包括四川、湖南、安徽、黑龙江、陕西、吉林6省；一类是碳排放量在10 000万~20 000万吨二氧化碳的较低排放量地区，包括贵州、上海、福建、云南、新疆、广西、江西、天津、重庆、甘肃、北京11个省、直辖市、自治区；最后一类是排放量低于10 000万吨二氧化碳的低排放量地区，包括宁夏、青海、海南3个省和自治区。在所有30个省、直辖市、自治区中，海南省碳排放量最小，为2 582万吨二氧化碳，是碳排放量最大的山东省的3.36%。

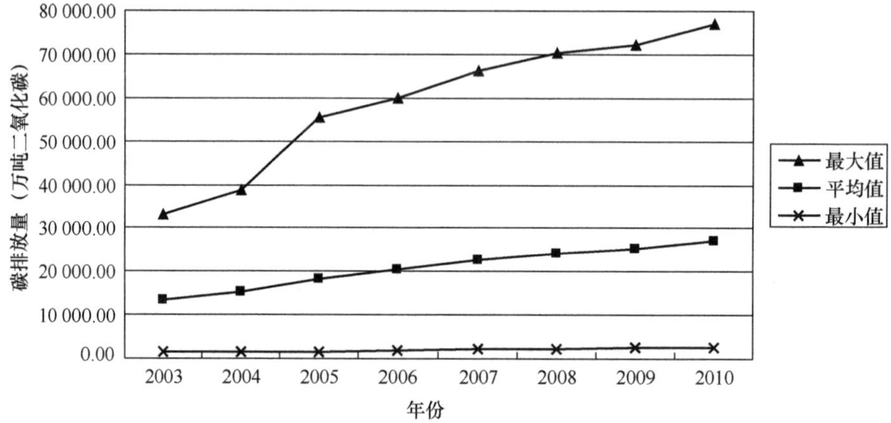

图9.1 各个地区碳排放量平均值、最大值和最小值变化趋势图

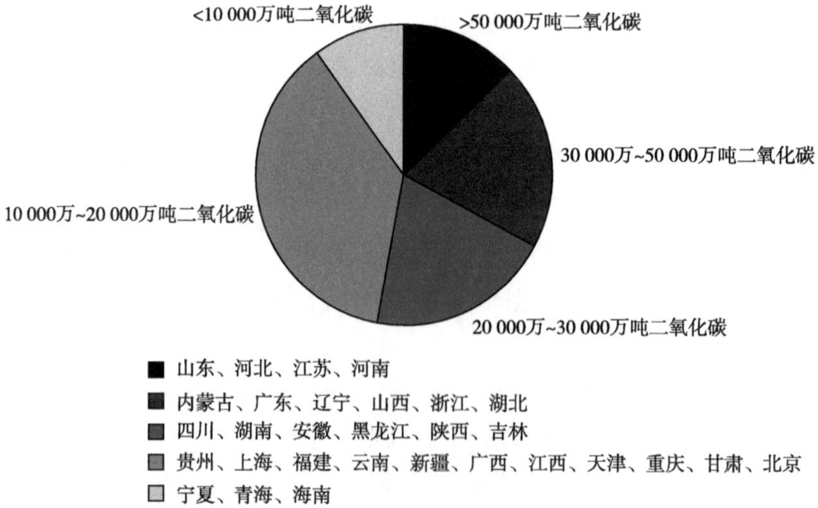

图9.2 2010年全国碳排放总量差异

我们来观察碳排放的两个相对指标，即碳排放强度（单位：吨二氧化碳/万元）和人均碳排放（单位：吨二氧化碳/人）的变化以及差异情况。由图 9.3 和图 9.4 可知，从总体趋势来看，碳排放强度和人均碳排放的变化趋势不同，在样本期内，人均碳排放是温和上升的，但是碳排放强度是稳中有降的。碳排放强度均值和最小值的变化相同，都是稳中有降，二者在 2005—2010 年都有小幅下降；但是碳排放强度的最大值（2003—2010 年最大值都出现在宁夏）在 2004—2007 年小幅增加，2010 年也较 2009 年有所上升。人均碳排放温和上升，而且人均碳排放最大值（2004—2010 年都出现在内蒙古）上升幅度相对较大。

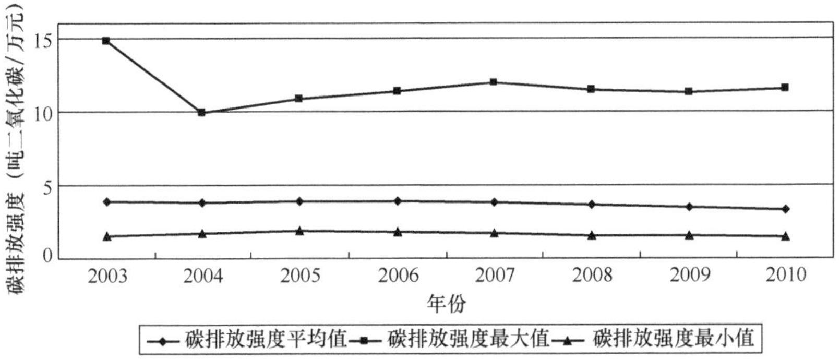

图 9.3　碳排放强度平均值、最大值和最小值的演变趋势

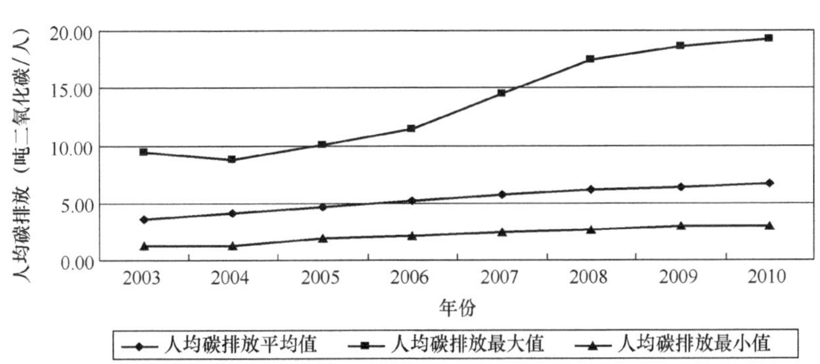

图 9.4　人均碳排放平均值、最大值和最小值的演变趋势

全国各省份的碳排放强度差异也较大。如图 9.5 所示，2010 年全国碳排放强度在 5 吨二氧化碳/万元以上的有 5 个省和自治区，依次是宁夏、山西、内蒙古、贵州、新疆，其中，宁夏的碳排放强度高达 11.47 吨二氧化碳/万元；甘肃、河北等 7 个省、直辖市、自治区碳排放强度在 3 ~ 5 吨二氧化碳/万元；辽宁、山东等 7 个省、直辖市、自治区的碳排放强度在 2 ~ 3 吨二氧化碳/万元；江西等 11 个省、直辖市、自治区的碳排放强度不到 2 吨二氧化碳/万元，广东省碳排放强度最小，仅为 1.42 吨二氧化碳/万元。

全国各省、直辖市、自治区的人均碳排放差异也较大。如图 9.6 所示，2010 年全国人均碳排放在 10 吨二氧化碳/人以上的有内蒙古、宁夏、山西和天津，其中，内蒙古的人均碳排放高达 19.28 吨二氧化碳/人；辽宁、河北、上海等 8 个省、直辖市、自治区的人均碳排放在 6~10 吨二氧化碳/人；陕西、黑龙江等 12 个省、直辖市、自治区的人均碳排放在 4~6 吨二氧化碳/人；云南、湖南等 6 个省、直辖市、自治区的人均碳排放在 4 吨二氧化碳/人以下，海南的人均碳排放最小，为 2.97 吨二氧化碳/人，仅为内蒙古人均碳排放的 15%。

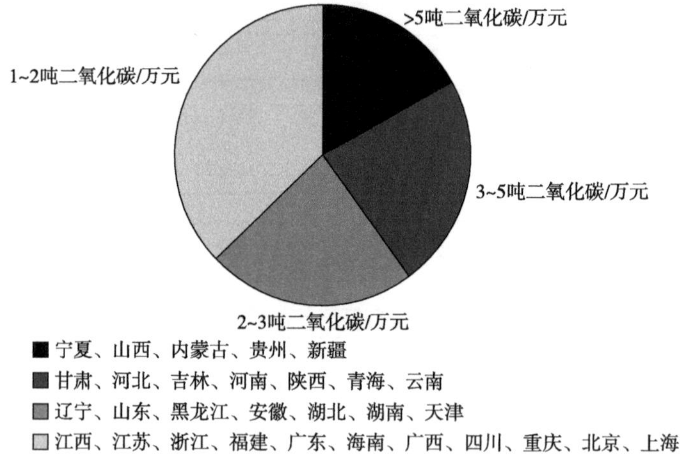

图 9.5　2010 年全国碳排放强度差异

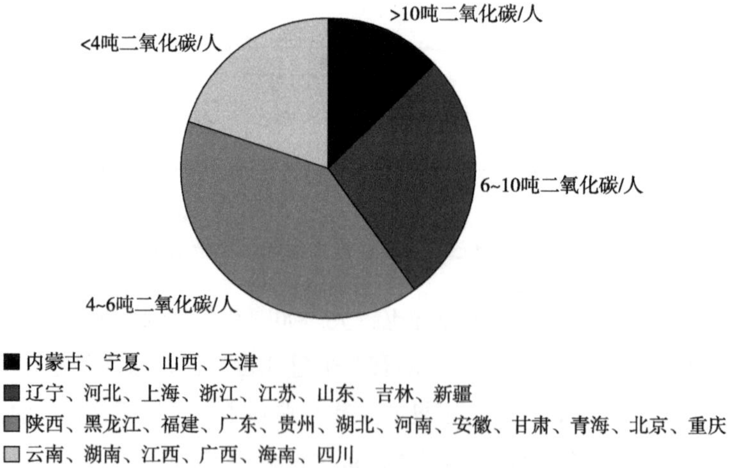

图 9.6　2010 年全国人均碳排放差异

综上所述，我们从碳排放总量、碳排放强度、人均碳排放三个指标观察了我国碳排放量的变化趋势以及地区差异，有些省、直辖市、自治区碳排放比较接近，有些省、直辖市、自治区差异较大。接下来我们对碳排放的区域进行划分，重点考察不同区域的碳排放差异及其变化。

9.2　碳排放区域划分及区域特征分析

9.2.1　多指标面板数据聚类方法

如前所述，从多元统计视角对面板数据开展的研究相对较少。邦佐（Bonzo）和赫蒙思拉（Hermosilla）首次将多元统计方法引入面板数据分析中。国内学者朱建平和陈民垦研究了单指标面板数据聚类分析，郑兵云提出了多指标面板数据聚类方法，任娟和陈圻提出了基于形状特征的多指标面板数据系统聚类方法。这三种方法都是使用指标来测度距离，忽视了指标间相关性的影响，使得聚类结果出现偏误。肖泽磊、李帮义和刘思峰采用主成分分析方法对多指标面板数据进行降维处理得到一维指标，然后对获得的单指标面板数据进行聚类。这种方法仍然是在每一时间上单独对截面数据进行主成分分析，不能满足系统分析统一性的要求。任若恩和王惠文对时序立体数据表提出全局主成分分析，但是没有讨论因子分析。任娟（2013）提出了一种新的多指标面板数据的聚类方法，该方法首先对原始数据按照样品数进行扩展，然后通过因子分析对原始数据进行降维，简化观测系统的同时不损失数据信息量，更重要的是还解决了多指标之间的相关性问题，将降维后的数据再转化为普通的多指标面板数据形式，然后按照欧式时空距离进行聚类分析。实证结果显示，这种方法能满足系统分析的统一性要求，保证指标之间不相关，能够克服时间维度上均值处理造成的偏误，信息损失较少。本节采用这种方法来进行我国二氧化碳排放区域的划分。

多指标面板数据 X，因为具有样本、指标、时间三个维度，应该用三维表或者矩阵来表示。假设一个样本 X 包括 q 个样品，每个样品用 p 个指标来描述其特征，时间长度为 T，X_{it}^{j} 表示第 i 个样品第 t 期第 j 个指标的值，样本 X 的矩阵表示为：

$$
\begin{matrix}
X_{11}^1 & \cdots & X_{11}^j & \cdots & X_{11}^p & \cdots & X_{1t}^1 & \cdots & X_{1t}^j & \cdots & X_{1t}^p & \cdots & X_{1T}^1 & \cdots & X_{1T}^j & \cdots & X_{1T}^p \\
\vdots & \ddots & \vdots & \ddots & \vdots & \ddots & \vdots & \ddots & \vdots & \ddots & \vdots & \ddots & \vdots & \ddots & \vdots & \ddots & \vdots \\
X_{i1}^1 & \cdots & X_{i1}^j & \cdots & X_{i1}^p & \cdots & X_{it}^1 & \cdots & X_{it}^j & \cdots & X_{it}^p & \cdots & X_{iT}^1 & \cdots & X_{iT}^j & \cdots & X_{iT}^p \\
\vdots & \ddots & \vdots & \ddots & \vdots & \ddots & \vdots & \ddots & \vdots & \ddots & \vdots & \ddots & \vdots & \ddots & \vdots & \ddots & \vdots \\
X_{q1}^1 & \cdots & X_{q1}^j & \cdots & X_{q1}^p & \cdots & X_{qt}^1 & \cdots & X_{qt}^j & \cdots & X_{qt}^p & \cdots & X_{qT}^1 & \cdots & X_{qT}^j & \cdots & X_{qT}^p
\end{matrix}
$$

9.2.1.1 多指标面板数据的因子分析

在进行聚类分析之前，我们首先要消除各个指标之间的相关性，运用的方法是因子分析，利用因子分析得到统一的公共因子，提取多指标面板数据的重要信息。为此，我们将 X 按照指标的顺序展开为二维表，用 $X^V = [X^1 \cdots X^j \cdots X^P]$ 表示。样本 X 的一个指标 X^j 的矩阵表示为：

$$X^j = [X_{11}^j \cdots X_{1t}^j \cdots X_{1T}^j \cdots X_{i1}^j \cdots X_{it}^j \cdots X_{iT}^j \cdots X_{q1}^j \cdots X_{qt}^j \cdots X_{qT}^j]^T$$

X^V 实际上是将原来的 X 矩阵改写为 qT 行、p 列，将原来的数据变成一组多指标截面数据。多指标面板数据的因子分析实质上是对 qT 个样品统一进行经典因子分析（任娟，2013）。按照均值和方差的定义，这一组指标构成的均值和方差分别为：

第 j 个指标的均值：

$$\overline{X^j} = \frac{1}{Tq} \sum_{t=1}^{T} \sum_{i=1}^{q} X_{it}^j \tag{9.2}$$

第 j 个指标的方差：

$$\operatorname{var}(X^j) = \frac{1}{Tq-1} \sum_{t=1}^{T} \sum_{i=1}^{q} (X_{it}^j - \overline{X^j})^2 \tag{9.3}$$

对 X^V 的数据进行标准化处理：

$$z_{it}^j = \frac{x_{it}^j - \overline{X^j}}{\operatorname{var}(X^j)} \tag{9.4}$$

对标准化后的数据进行因子分析，R 型因子分析的正交因子模型为：

$$X_{p\times1} = A_{p\times m} F_{m\times1} + \varepsilon_{p\times1}$$

并且满足：

(1) $m \leq p, E(F) = 0, E(\varepsilon) = 0$;

(2) $\operatorname{cov}(F, \varepsilon) = 0$;

(3) $\operatorname{var}(F) = I_m, \operatorname{var}(\varepsilon) = \operatorname{diag}(\sigma_1^2, \cdots, \sigma_j^2, \cdots, \sigma_p^2)$。

式中，$F = (F_1, \cdots, F_m)$ 是 X 的公共因子，是不可观测的向量；矩阵 $A = (a_{ij})_{p\times m}$ 为因子载荷矩阵，a_{ij} 为第 i 个变量 X_i 在第 j 个公共因子 F_j 上的因子

载荷；$\varepsilon = (\varepsilon_1, \cdots, \varepsilon_m)$ 为 X 的特殊因子。

9.2.1.2　多指标面板数据的聚类分析

通过多指标面板数据因子分析方法进行降维后，将获得的因子得分作为指标值进行聚类分析。与 X_{it}^j 对应，得到的因子得分我们记为 f_{it}^j ，其构成的矩阵 F 为：

$$\begin{matrix} F_{11}^1 & \cdots & F_{11}^j & \cdots & F_{11}^p & \cdots & F_{1t}^1 & \cdots & F_{1t}^j & \cdots & F_{1t}^p & \cdots & F_{1T}^1 & \cdots & F_{1T}^j & \cdots & F_{1T}^p \\ \vdots & \ddots & \vdots & \ddots & \vdots & \ddots & \vdots & \ddots & \vdots & \ddots & \vdots & \ddots & \vdots & \ddots & \vdots & \ddots & \vdots \\ F_{i1}^1 & \cdots & F_{i1}^j & \cdots & F_{i1}^p & \cdots & F_{it}^1 & \cdots & F_{it}^j & \cdots & F_{it}^p & \cdots & F_{iT}^1 & \cdots & F_{iT}^j & \cdots & F_{iT}^p \\ \vdots & \ddots & \vdots & \ddots & \vdots & \ddots & \vdots & \ddots & \vdots & \ddots & \vdots & \ddots & \vdots & \ddots & \vdots & \ddots & \vdots \\ F_{q1}^1 & \cdots & F_{q1}^j & \cdots & F_{q1}^p & \cdots & F_{qt}^1 & \cdots & F_{qt}^j & \cdots & F_{qt}^p & \cdots & F_{qT}^1 & \cdots & F_{qT}^j & \cdots & F_{qT}^p \end{matrix}$$

样本 F 在空间维度上可以表示为一组“空间样品”，也就是将 F 在空间上展开为二维表，即：$F^S = [F_1 \cdots F_i \cdots F_q]^T$ 。样本 F 的一个“空间样品” F_i 的矩阵表示为：

$$F_i = [F_{i1}^1 \cdots F_{i1}^j \cdots F_{i1}^p \cdots F_{it}^1 \cdots F_{it}^j \cdots F_{it}^p \cdots F_{iT}^1 \cdots F_{iT}^j \cdots F_{iT}^p]$$

上述一组“空间样品”构成的样本 F^S 的几个统计量为：

第 j 个指标在时间 t 上的均值：

$$\overline{F_t^j} = \frac{1}{q}\sum_{i=1}^{q} F_{it}^j \tag{9.5}$$

第 j 个指标在时间 t 上的方差：

$$\mathrm{var}(F_t^j) = \frac{1}{q-1}\sum_{i=1}^{q}(F_{it}^j - \overline{F_t^j})^2 \tag{9.6}$$

第 j 个指标的均值：

$$\overline{F^j} = \frac{1}{Tq}\sum_{t=1}^{T}\sum_{i=1}^{q} F_{it}^j \tag{9.7}$$

第 j 个指标的方差：

$$\mathrm{var}(F^j) = \frac{1}{T(q-1)}\sum_{t=1}^{T}\sum_{i=1}^{q}(F_{it}^j - \overline{F_t^j})^2 \tag{9.8}$$

聚类分析需要处理的核心问题是：用什么统计量表示样品之间的相似程度；用什么准则来确定类与类之间的相似程度。现有文献，无一例外选取欧式距离描述样品之间的相似程度。加入时间维度的多指标面板数据的欧式距离，实际为欧式时空距离（郑兵云，2008），第 r 个样品与第 k 个样品之间的欧式时空距离记为 d_{rk} ，其距离为：

$$d_{rk} = \left[\sum_{t=1}^{T} \sum_{j=1}^{p} (F_{rt}^{j} - F_{kt}^{j})^2 \right]^{\frac{1}{2}} \tag{9.9}$$

计算出样品之间的距离后，选择离差平方和（wald 法）来进行聚类，记第 g 类样品间的离差平方和为 S_g：

$$S_g = \sum_{t=1}^{T} \sum_{j=1}^{p} \sum_{i \in i^g} (F_{it}^{j} - \overline{F}_{gt}^{j})^2 \tag{9.10}$$

式中，i^g 表示第 g 类中所有样品序号的集合；$\overline{F}_{gt}^{j}$ 表示第 g 类中所有样品第 j 个指标在 t 时间上的平均值。

第 r 类与第 k 类合并时所增加的离差平方和可以作为度量第 r 类与第 k 类之间的距离，并将增加的离差平方和最小的两类优先合并。第 r 类与第 k 类合并时，它们之间的距离函数为：

$$D_{rk} = \Delta S_{rk} = \frac{n_r + n_p}{n_r + n_k} S_{rp} + \frac{n_r + n_q}{n_r + n_k} S_{rp} - \frac{n_r}{n_r + n_k} S_{pq} \tag{9.11}$$

式中，n_r 表示第 r 类样品的数目；S_{rp} 表示第 r 类与第 p 类合并成新类的离差平方和；其余符号类似。

9.2.2 区域划分结果及其特征

在划分碳排放区域时，除了单纯考虑碳排放量的差异外，还要考虑影响碳排放量差异的经济因素、能源消耗因素、人口因素等。因此，首先要选取合理的指标综合反映各个地区的碳排放情况、经济发展水平以及能源消耗水平等。在指标的选取上，现有文献的做法有所区别，其中，孙欣（2010）提出了全面反映地区或者企业节能减排效率的指标体系评价法，认为所选取的指标既能反映能源效率和污染排放效率，也能反映节能水平和污染排放减少水平，还应该能反映经济发展质量状况，并且按照国家“十一五”规划纲要节能减排指标要求，对化学需氧量、二氧化硫等主要污染物提出了综合评价指标体系，主要包括节能系统指标、减排系统指标和经济系统发展三大指标。本书借鉴孙欣的方法来选取二氧化碳排放量的评价指标，但是由于数据可得性和研究问题的不同，剔除了一部分指标（如各个省、直辖市、自治区的单位工业增加值能耗，数据不易直接获得，自行计算时不同企业的规模以及能源消耗总量的数据计算口径难以统一，会造成较大的偏差，被迫将其舍弃），仅使用单位 GDP 能耗来表示能源消耗的情况。另外，在孙欣的指标中，有一些是反映节能水平的速度指标，如单位 GDP 能耗降低率、二氧化碳排放降低率等，考虑到现在的二氧化碳减排工作处于初期，我们忽略了现有各个地区在节能方面做出的努力，剔除了这部分速度指标，最后选取了5个指标来反映我国各个省、直辖市、自治区的碳排放情况，具体指标和数据来源如表9.2所示。

表9.2　各个省、直辖市、自治区碳排放量评价指标

指标名称	指标的计算	数据来源
单位GDP的二氧化碳排放量（X_1）	碳排放总量/1996年不变价格计算的GDP	碳排放总量按照2.1中的方法自行计算
人均二氧化碳排放量（X_2）	碳排放总量/人口数量	人口数据来源于《中国统计年鉴》
单位GDP能耗（X_3）	能源消耗总量/以1996年不变价格计算的GDP	《中国能源统计年鉴》《中国统计年鉴》
人均GDP（X_4）	以1996年不变价格计算	《中国统计年鉴》
第三产业增加值占GDP的比重（X_5）	直接来自年鉴，无须进行计算	《中国统计年鉴》

按照9.2.1中的方法，对30个省、直辖市、自治区2003—2010年共8年的 X_1，X_2，X_3，X_4，X_5 5个指标的数据进行聚类分析。首先按照9.2.1.1的方法，将数据按照指标顺序展开成二维表，并且对5个指标进行因子分析，提取出两个因子，一个是反映能源消耗的因子，一个是反映经济状况的因子，利用2010年的这两个因子作图（图9.7），其中，横轴是能源消耗因子，纵轴是经济发展因子。本章所有分析均通过r软件完成。

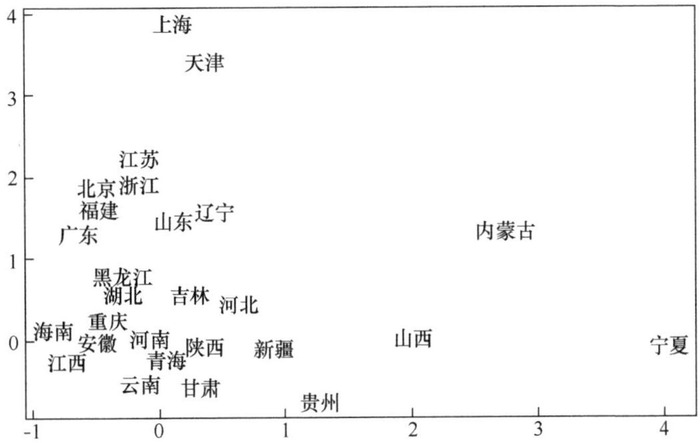

图9.7　2010年全国各省、直辖市、自治区能源消耗因子与经济发展因子矩阵图

从图9.7可以看出，有些省、直辖市、自治区的碳排放情况是非常接近的，如北京、浙江、江苏和福建，黑龙江和湖北，海南、江西、安徽和重庆等。但是图 9.7 仅仅反映了 2010 年的情况，综合 2003—2010 年的数据，进一步利用因子 1 和因子 2 按照 9.2.1.2 的方法进行聚类分析，结果表明，全国可以划分为 5 类地区，按照平均碳排放强度从低到高进行排序，如表 9.3 所示。

表 9.3　基于多指标面板数据聚类分析进行的全国碳排放区域划分

类别	省、直辖市、自治区	平均碳排放强度（吨二氧化碳/万元）							
		2010 年	2009 年	2008 年	2007 年	2006 年	2005 年	2004 年	2003 年
第 1 类	天津、上海	1.72	1.89	2.01	2.18	2.35	2.54	2.58	2.62
第 2 类	江苏、浙江、广东、福建、辽宁、山东、湖北、北京、黑龙江	1.98	2.11	2.24	2.44	2.53	2.51	2.47	2.43
第 3 类	广西、四川、安徽、重庆、湖南、海南、陕西、河南、云南、江西	2.44	2.64	2.75	2.86	2.86	2.90	2.63	2.75
第 4 类	河北、吉林、甘肃、青海、新疆	4.08	4.28	4.53	4.68	4.90	4.97	4.85	4.48
第 5 类	山西、贵州、宁夏、内蒙古	8.02	8.48	8.75	9.07	9.15	9.08	9.10	9.93

由图 9.8 可知，利用聚类分析进行中国碳排放区域划分的结果和我国的行政区域划分有着较大的不同。计算出这 5 类地区的各个经济指标，如表 9.4 所示。

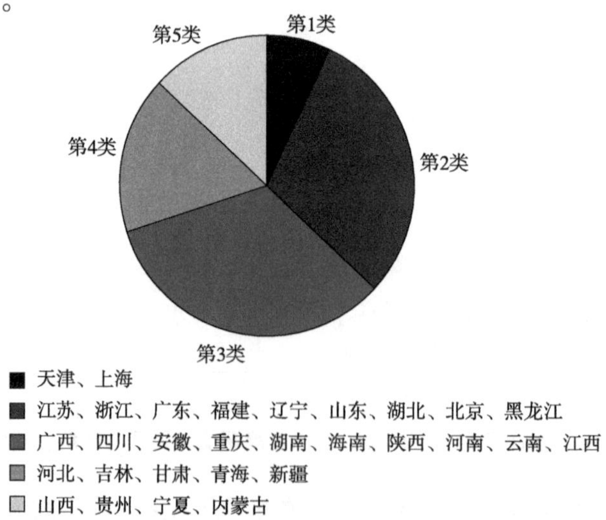

图 9.8　基于聚类方法进行的碳排放区域划分

表 9.4　2010 年 5 类地区各项指标的比较

类别	省、直辖市、自治区	碳排放强度（吨二氧化碳/万元）	人均碳排放（吨二氧化碳/人）	单位 GDP 能耗（吨标准煤/万元）	人均 GDP（万元/人）
全国		3.271 3	6.684 4	1.552 0	2.394 7
第 1 类	天津、上海	1.719 1	9.242 8	0.937 9	5.414 5
第 2 类	江苏、浙江、广东、福建、辽宁、山东、黑龙江、湖北、北京	1.983 8	6.334 1	1.011 7	3.248 4
第 3 类	广西、四川、安徽、重庆、湖南、海南、陕西、河南、云南、江西	2.436 1	3.995 1	1.215 2	1.673 4
第 4 类	河北、吉林、甘肃、青海、新疆	4.079 6	6.811 2	2.152 4	1.703 5
第 5 类	山西、贵州、内蒙古、宁夏	8.021 4	12.758 0	3.165 9	1.631 1

注：表中的数据均是每类指标的平均值。

我们以 2010 年为例，观察表 9.4，发现这 5 类地区在经济发展、二氧化碳排放和能源消耗方面存在较大的差异。

第 1 类地区的特点是高水平、高排放、低能耗。高水平指的是这类地区的经济水平最发达、人均 GDP 最高，高排放指的是这类地区的人均碳排放量较高，低能耗指的是这类地区的碳排放强度和单位 GDP 能耗最低。以 2010 年为例，第 1 类地区的人均 GDP 最高，为 5.414 5 万元/人，其中，上海以 5.68 万元/人位居全国第一。同时，第 1 类地区的人均碳排放也较高，仅次于第 5 类地区，其中，天津为 10.10 吨二氧化碳/人，上海为 8.39 吨二氧化碳/人。从全国来看，天津的人均碳排放仅次于内蒙古、宁夏和山西，位于全国的第 4 名。

第 2 类地区的特点是高水平、中排放、低能耗。这类地区的经济也相对发达；但是人均碳排放中等，略低于全国平均水平。在这类地区中，除了辽宁和山东的人均碳排放高于全国水平外，其余地区的人均碳排放均低于全国水平。这类地区的碳排放强度和单位 GDP 能耗都不高。

第 3 类、第 4 类、第 5 类地区经济相对都不是很发达，人均 GDP 低于全国水平，但是在人均碳排放和能源消耗方面存在较大的差异。

第 3 类地区的特点是低水平、低排放、低能耗。这类地区经济发展水平低于全国平均水平；人均碳排放也是所有地区中最低的，仅为3.995 1吨二氧化碳/人，不到第1类地区的一半；单位GDP能耗为1.215 2吨标准煤/万元，低于全国平均水平。

第4类地区的特点是低水平、中排放、高能耗。这类地区人均GDP略高于第3类和第5类地区，但低于全国平均水平；这类地区的人均碳排放和全国平均水平较为接近；单位GDP能耗和碳排放强度较高，分别高出全国平均水平39%和25%。

第5类地区的特点是低水平、高排放、高能耗。这类地区经济发展水平是最低的，该地区内仅有内蒙古人均GDP高于全国平均水平，其余各省、直辖市、自治区人均GDP均比全国平均水平低，特别贵州和宁夏两省的人均GDP位列全国的倒数第3名和第4名；同时，这类地区的人均碳排放是最高的，约为人均碳排放最低的第3类地区的3.2倍；碳排放强度和单位GDP能耗是最高的，分别是最低地区的4.67倍和3.38倍。

这5类地区的碳排放强度和人均碳排放的变化趋势是不同的（图9.9、图9.10）。由图9.11可知，在2003—2010年，5类地区的碳排放强度基本都呈下降趋势。第1类地区的碳排放强度逐年减少，8年间从未上升过；第5类地区仅在2006年、第3类地区仅在2005年出现过上升，且上升幅度较小，其余年份碳排放强度均呈下降趋势。第2类和第4类地区碳排放强度的走势最为接近，都呈现出先小幅上升，然后逐年递减的趋势。其中，第2类地区2003—2006年碳排放强度小幅上升，2006年以后排放强度逐年下降；第4类地区2003—2005年小幅上升，2005年之后逐年下降。

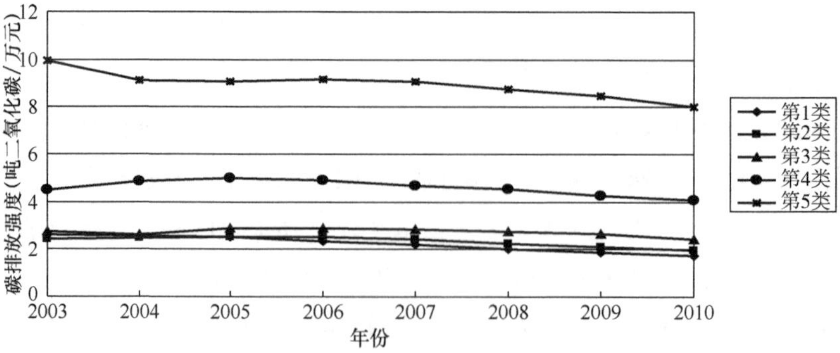

图9.9　5类地区的碳排放强度走势图

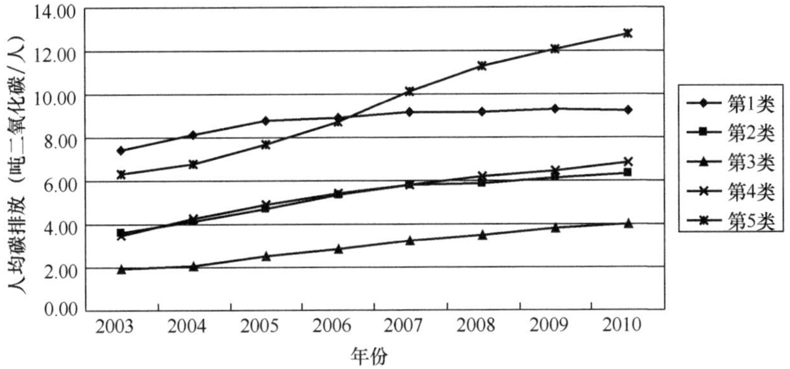

图 9.10 5 类地区的人均碳排放变化图

5 类地区的碳排放强度差异较大。第 5 类和第 4 类地区的碳排放强度较大，第 1 类、第 2 类、第 3 类地区的碳排放强度相对较小，且 2003—2005 年第 1 类、第 2 类、第 3 类地区的年碳排放强度相差非常小，2005 年以后，三者之间的差距才逐渐明显起来。经济最发达的第 1 类和第 2 类地区的人均碳排放增幅较小，特别是第 1 类地区在 2008 年和 2010 年的人均碳排放增幅为负。经济欠发达的第 3 类、第 4 类、第 5 类地区的人均碳排放增幅较大，年均增长在 10% 左右，尤其是第 5 类地区在 2005—2008 年人均碳排放增幅最大，分别为 13.30%，13.82%，16.24%，11.55%。

9.3 碳排放区域差异成因分析

9.3.1 全国面板数据计量模型

本节通过分析不同区域的碳排放强度和人均碳排放的影响因素，分析造成 5 类地区碳排放差异形成的原因。在进行碳排放影响因素的分析时，我们选取 STIRPAT 模型进行处理。

STIRPAT 模型是在 IPAT 模型的基础上发展起来的。传统的库兹涅茨曲线着重考虑经济增长对于环境的影响，为了在多影响因素背景下解释经济增长对碳排放的影响，埃利希等（Ehrlich et al，1970）提出了 IPAT 模型，认为环境受到人口、富裕度和技术 3 个因素的共同影响。瓦戈纳等（Waggoner et al，2002）把技术因素进一步分解为使用强度和使用效率两个因素，并提出了 ImPACT 模型。约克等（York et al，2003）针对 IPAT 和 ImPACT 模型不能反映影响因素之间影响力非对称的缺陷，提出了STIRPAT

模型。

IPAT 模型认为，环境退化（I，通常用污染物的排放量来衡量）与经济增长（A，通常用人均 GDP 来表示）、人口规模（P）、技术水平（T，通常用单位 GDP 的污染物排放来衡量）有关：

$$I = PAT \tag{9.12}$$

约克等（2003）指出 IPAT 模型不能对环境退化的影响因素进行假设检验，并且模型假设不同时期环境退化的影响因素是同比例的，为了克服上述不足，约克等提出了 STIRPAT 模型：

$$I_t = aP_t^b A_t^c T_t^d e_t \tag{9.13}$$

式中，a，b，c，d 为模型待估参数；e_t 为随机误差项。

在实际中，一般采取对数形式来估计上式：

$$\ln(I_t) = \ln(a) + b\ln(P_t) + c\ln(A_t) + d\ln(T_t) + \varepsilon_t \tag{9.14}$$

借鉴上述 STIRPAT 模型，用人均碳排放和碳排放强度分别作为被解释变量，用经济水平、产业结构、能源结构、城市化水平作为影响因素，具体模型如下：

$$\ln(\mathrm{CEI}_{it}) = \beta_0 + \beta_1\ln(\mathrm{PGDP}_{it}) + \beta_2[\ln(\mathrm{PGDP}_{it})]^2 + \beta_3\mathrm{INDU}_{it} + \beta_4\mathrm{COAL}_{it} + \beta_5\ln(\mathrm{EC}_{it}) + \beta_6\mathrm{NONA}_{it} + u_{it} \tag{9.15}$$

$$\ln(\mathrm{PEC}_{it}) = \beta_0 + \beta_1\ln(\mathrm{PGDP}_{it}) + \beta_2[\ln(\mathrm{PGDP}_{it})]^2 + \beta_3\mathrm{INDU}_{it} + \beta_4\mathrm{COAL}_{it} + \beta_5\ln(\mathrm{EC}_{it}) + \beta_6\mathrm{NONA}_{it} + u_{it} \tag{9.16}$$

式中，CEI 是碳排放强度；PEC 代表人均碳排放。

解释变量的选取如下：

（1）经济水平。大量的文献表明，二氧化碳排放量和人均收入存在非线性关系。环境库兹涅茨曲线表明，环境污染与经济增长长期呈现“倒 U”形。借鉴该理论，本节选取人均 GDP 作为代表经济水平的指标，模型中同时包含其一次项和二次项，并取人均 GDP 的对数形式。人均 GDP 的数据处理与 9.1 节所述相同。

（2）产业结构。产业结构的变动对于碳排放的影响是明显的。首先，不同产业的碳排放强度差异显著，第二产业，尤其是工业的能源消耗比较多。因此，在其他条件相同的情况下，第二产业，特别是工业、重工业的比重较大的话，二氧化碳的排放量会相对较大。而且产业结构的变动会影响能源效率，最终也会影响碳排放总量和碳排放强度。本节选取第二产业增加值占 GDP 的比重来代表产业结构，数据由历年的《中国统计年鉴》直接得到。因为数据本身已经是比例形式，所以在模型中不再对其进行对数变换。

（3）能源结构与能源强度。二氧化碳的排放主要是由化石燃料的燃烧产生的，不同能源的碳排放系数差异较大。燃烧煤炭所产生的二氧化碳排放量是天然气的 1.6 倍、石油的 1.2 倍。我们将煤炭消费量占一次能源（煤、石油、天然气）消费量的比重作为能源消费结构。计算中所需的分地区的煤炭消费量、原油消费量、天然气消费量由历年的《中国能源统计年鉴》得到。除了能源消费结构外，还将能源强度，即能源消费量与 GDP 的比重纳入能源结构，其他条件不变时，能源强度越高，碳排放量越大。在模型中，能源强度取对数形式，煤炭消费量占一次能源的比例因为本身已经是比例，无须进行对数处理。

（4）城市化水平。城市化的进程，必将伴随着大规模的基础建设，引起水泥、钢材等生产资料消耗量大增，从而大大增加二氧化碳的排放。当然，城市化会改变人们的生活习惯，城市人口的能源消费也远高于农村人口的能源消费，而能源消费的大幅度增加则是二氧化碳排放增加的主要原因（杜立民，2010）。与现有文献相同，我们选取非农业人口占总人口的比重作为城市化水平的标识，该数据可直接来源于《中国人口与就业统计年鉴》。

所有解释变量的名称、含义、来源详见表 9.5，本节的样本数据包含 30 个省、直辖市、自治区 2003—2010 年的数据，每个变量的观测值都是 240 个，具体的解释变量和被解释变量的描述统计量如表 9.6 所示。

表 9.5 碳排放影响因素指标

解释变量	指 标	变量名	数据计算与来源
经济水平	人均 GDP（单位：万元/人）	PGDP	GDP 以 1996 年不变价格计算
产业结构	第二产业占 GDP 的比重（%）	INDU	直接来于《中国统计年鉴》
能源结构	煤炭占一次能源的比重（%）	COAL	煤炭、原油、天然气的消费量按照 0.714 3，1.428 6，12.143 的系数折算成标准煤后进行计算
	能源消费量与 GDP 的比重（吨标准煤/万元）	EC	GDP 以 1996 年不变价计算
城市化水平	非农业人口占总人口的比重（%）	NONA	直接来源于《中国人口与就业统计年鉴》

表 9.6 变量的描述统计

变 量	均 值	标准差	最小值	最大值	样本容量
CEI	3.719 3	2.378 7	1.420 1	14.797 7	240
PEC	5.316 1	2.986 6	1.271 6	19.283 7	240
PGDP	1.695 1	1.024 3	0.335 8	5.683 0	240
INDU	0.478 1	0.074 9	0.225 8	0.614 8	240
COAL	0.767 2	0.169 8	0.173 5	0.997 9	240
EC	1.790 9	1.024 9	0.775 5	5.662 6	240
NONA	0.367 7	0.163 5	0.155 8	0.885 6	240

9.3.2 区域差异成因

利用面板数据进行碳排放的影响因素分析，在使用面板数据分析前，首先应对面板数据的模型设定形式进行检验。面板数据一共有 3 种类型，即无个体影响的不变系数模型、变截距模型和变系数模型（高铁梅，2009）。

面板数据模型可以简化为以下形式：

$$y_i = \alpha_i e + x_i\beta_i + u_i \quad e = (1,1,\cdots,1)' \quad (i = 1,2,\cdots,N) \tag{9.17}$$

无个体影响的不变系数模型的形式为：

$$y_i = \alpha e + x_i\beta + u_i \quad (i = 1,2,\cdots,N) \tag{9.18}$$

变截距模型的形式为：

$$y_i = \alpha_i e + x_i\beta + u_i \quad (i = 1,2,\cdots,N) \tag{9.19}$$

变系数模型的形式为：

$$y_i = \alpha_i e + x_i\beta_i + u_i \quad (i = 1,2,\cdots,N) \tag{9.20}$$

$$H_1: \beta_1 = \beta_2 = \cdots = \beta_N$$

$$H_2: \alpha_1 = \alpha_2 = \cdots = \alpha_N$$

$$\beta_1 = \beta_2 = \cdots = \beta_N$$

如果不拒绝假设 H_2，认为样本数据符合不变系数模型，无须进行进一步的检验。如果拒绝假设 H_2，则需检验假设 H_1。如果不拒绝假设 H_1，则认为样本数据符合变截距模型，否则，符合变系数模型。

检验 H_2 的 F 统计量为：

$$F_2 = \frac{(S_3 - S_1)/[(N-1)(K+1)]}{S_1/[NT - N(K+1)]} \sim F[(N-1)(K+1), NT - N(K+1)] \tag{9.21}$$

检验 H_1 的 F 统计量为：

$$F_1 = \frac{(S_2 - S_1)/[(N-1)K]}{S_1/[NT - N(K+1)]} \sim F[(N-1)K, NT - N(K+1)] \tag{9.22}$$

式中，S_1，S_2 和 S_3 分别为变系数、变截距、不变系数模型估计得到的残差平方和；N 为截面个数；T 为时期数；K 为解释变量个数。

分别利用全国及 5 类地区的数据检查模型的设定形式，结果如表 9.7 所示。

表 9.7 模型 9.21 和模型 9.22 的设定形式检验

	统计量名	统计量值（模型 9.21）	统计量值（模型 9.22）	临界值	结论（模型 9.21）	结论（模型 9.22）
全 国	F_2	3.51	3.51	1.66	变截距	变截距
	F_1	1.01	1.01	1.67		
第 1 类地区	F_2	4.57	6.44	19.35	不变系数	不变系数
	F_1	5.22	7.20	19.33		
第 2 类地区	F_2	17.25	17.23	2.79	变系数	变系数
	F_1	11.90	11.89	2.81		
第 3 类地区	F_2	1.38	1.38	2.62	不变系数	不变系数
	F_1	0.47	0.47	2.63		
第 4 类地区	F_2	16.10	16.10	4.50	变系数	变系数
	F_1	11.72	11.71	4.53		
第 5 类地区	F_2	0.44	0.44	5.79	不变系数	不变系数
	F_1	0.47	0.47	5.82		

从表 9.7 可以看出，全国应该使用变截距模型，5 类地区中有 3 类地区使用不变参数模型，这也一定程度上反映了地区分类的合理性。

接下来，利用全国的数据进行估计，表 9.7 显示全国的数据应该使用变截距模型，但是变截距模型区分为固定效应和随机效应两种，一般使用豪斯曼（Hausman）检验来进行判断，但是此处豪斯曼检验失效。因此，同时用固定效应和随机效应两种模型来进行估计，而且估计时为了消除序列相关性，引入 AR（1），并且为了消除异方差，使用截面异方差的 GLS 进行估计，估计结果如表 9.8 所示。

表 9.8 全国的碳排放量影响因素估计结果

被解释变量：ln（PCE）			被解释变量：ln（CEI）	
解释变量	列 1	列 2	列 3	列 4
ln（PGDP）	1.202 3 ***	1.132 1 ***	0.202 4 ***	0.132 1 ****
ln（PGDP）^2	-0.088 0 ***	-0.048 6 **	-0.088 0 ***	-0.048 6 ***
INDU	-0.020 7	0.100 5	-0.020 7	0.100 4
COAL	0.384 4 ***	0.357 3 ***	0.384 5 ***	0.357 3 ***
ln（EC）	1.174 7 ***	1.039 7 ***	1.174 8 ***	1.039 7 ***
NONA	-0.563 3 ***	-0.164 3	-0.563 7 ***	-0.164 3
AR（1）	0.257 3 ***		0.257 4 ***	
模型	固定效应变截距	随机效应变截距	固定效应变截距	随机效应变截距
Adjusted R^2	0.992 0	0.887 4	0.994 9	0.687 2
DW	2.018 9	1.358 3	2.018 8	1.358 2

注：* 表示在 10% 显著性水平下显著；** 表示在 5% 显著性水平下显著；*** 表示在 1% 显著性水平下显著。

从表 9.8 我们可以看出，固定效应和随机效应模型估计的结果差别不大，固定效应模型加入 AR（1）后能较好地控制模型的自相关且提高了模型整体的拟合优度，因此以下选用固定效应模型进行解释。通过表 9.8 考察人均碳排放和碳排放强度的影响因素。

（1）在人均碳排放的影响因素中，人均 GDP、能源强度、煤炭占一次能源的比重依次位于前 3 名。在碳排放强度的影响因素中，能源强度、煤炭占一次能源的比重、人均 GDP 依次位于前 3 名。对比表中的列 1、列 3，列 2、列 4，发现人均碳排放和碳排放强度的影响因素中，差异较大的仅仅是人均 GDP，其余影响因素的作用几乎相同。人均 GDP 对于人均碳排放的一次项的系数为 1.202 3，但是对于碳排放强度的一次项的系数为 0.202 4。由此可见，人均 GDP 对于人均碳排放的影响要远远大于其对碳排放强度的影响。这样就可以解释为什么各个地区的碳排放强度基本下降，但是人均碳排放却持续上升。在样本期内，各个地区的人均 GDP 都是持续上升的，上升的 GDP 带动了人均碳排放的上升。虽然上涨的 GDP 也会提高碳排放强度，但是在样本期另一个重要的影响因素——能源强度的大幅下降，使得碳排放强度的变化最终呈现出下降的趋势。

（2）在人均碳排放的影响因素中，人均 GDP 的正向影响最大，而且人均 GDP 对于人均碳排放的影响符合库兹涅茨曲线，即经济增长和人均碳排放是呈“倒 U”形的。能源强度也是重要的影响因素，能源强度降低 1%，人均碳排放降低 1.174 7%。煤炭占一次能源的比重对于人均碳排放的影响也是显著的，煤炭占一次能源的比重下降 1%，人均碳排放将会降低 0.384 4%。我国在 2013 年发布的《大气污染防治行动计划》中提出要在 2017 年将煤炭占能源消费的比重控制在 65% 以下，这一任务如果能够顺利实现，那么将对降低人均碳排放和碳排放强度起到非常显著的作用。

（3）在碳排放强度的影响因素中，能源强度是最重要的影响因素，能源强度降低 1%，碳排放强度降低 1.174 8%。煤炭占一次能源的比重对于碳排放强度的影响次之，煤炭占一次能源的比重下降 1%，碳排放强度将会降低 0.384 5%。人均 GDP 的影响对于碳排放强度的影响也符合库兹涅茨曲线，但是影响的程度要比对人均碳排放的影响程度小得多。

（4）产业结构的变动对于人均碳排放和碳排放强度的影响都不显著。对于碳排放强度而言，在样本期内，各地区的碳排放强度都呈向下的趋势，但是第二产业增加值占 GDP 的比重的变化，各个省、直辖市、自治区都不相同。不同地区的第二产业增加值占 GDP 的比重如图 9.11 至图 9.13 所示。

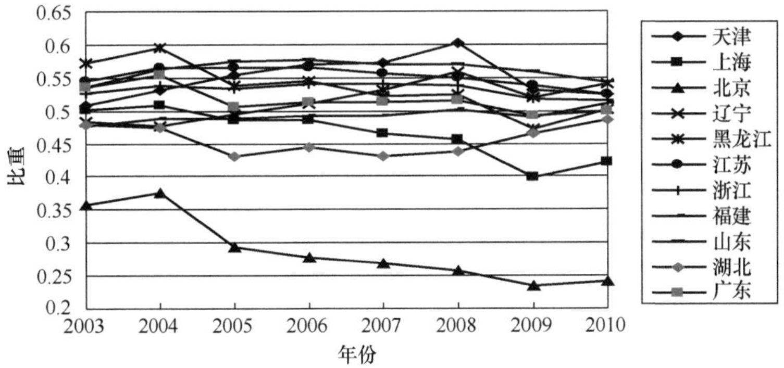

图 9.11　第 1 类、第 2 类地区的第二产业增加值占 GDP 比重的变化

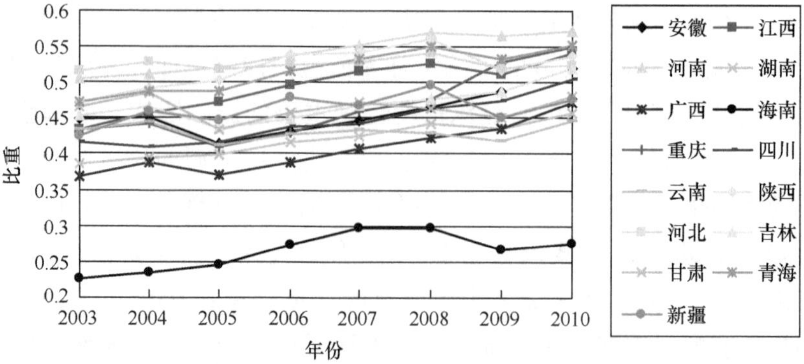

图 9.12　第 3 类、第 4 类地区的第二产业增加值占 GDP 比重的变化

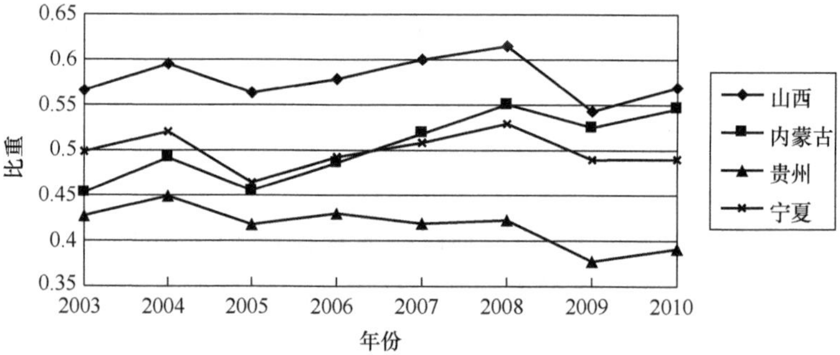

图 9.13　第 5 类地区的第二产业增加值占 GDP 比重的变化

由图 9.11 可知，在 2003—2010 年，第 1 类、第 2 类地区中，第二产业增加值占 GDP 的比重出现下降的有北京、上海、黑龙江、广东、江苏、浙江 6 个省、直辖市、自治区，其中，北京下降幅度最大，其余 5 个省、直辖市、自治区的比重有所上升。

由图 9.12 可知，第 3 类、第 4 类地区，在样本期内，全部 15 个省、直辖市、自治区的第二产业增加值占 GDP 的比重都是上升的，其中，广西、重庆、江西的增幅最大。

由图 9.13 可知，第 5 类地区中，内蒙古的第二产业增加值占 GDP 的比重上升明显，山西变化不大，贵州和宁夏还出现了下降。

第 3 类、第 4 类、第 5 类地区的大部分省、直辖市、自治区和第 1 类、第 2 类地区中的个别省、直辖市、自治区的第二产业增加值的比重大都呈现向上的趋势，也就是说这些地区的工业化进程仍在加强，工业化趋势明显。

综上所述，从第二产业增加值的比重来看全国的产业结构的话，产业结构出现了明显的分化，在样本期内，有 13 个省、直辖市、自治区① 的第二产业增加值占 GDP 的比重下降，另外有 17 个省、直辖市、自治区的比重上升。产业结构的变化对于人均碳排放量和碳排放强度的影响不显著。

（5）非农业人口比重的增加并没有带来碳排放强度和人均碳排放的上升，对其反而有相反的作用。在样本期内，各个省、直辖市、自治区的非农业人口比重都呈现出增加的趋势，特别是海南、陕西、重庆等增幅最大，分别为 40.7%，39.4%，39.1%。非农业人口的比重是城市化进程的重要指标，城市化进程应该与居民消费习惯的改变、城镇基础设施规模扩大等相伴随，从而导致碳排放总量增加；但是在我国现阶段，可能有些城市的非农业人口比重的提高仅仅停留在户籍改革的层面，对碳排放的影响尚未真正体现出来。

接下来，我们以碳排放强度为例，观察一下碳排放强度的各个影响因素在不同区域之间的差异。由表 9.5 可知，碳排放强度的影响因素按照影响力从大到小的顺序依次为能源强度、煤炭占一次能源的比重、经济发展。首先是能源强度。能源强度是影响碳排放强度的最主要的因素，由图 9.14 可知，不同地区的能源强度相差非常大，第 1 类、第 2 类、第 3 类区域的能源强度较低且差距较小，第 4 类、第 5 类地区的能源强度较大，特别是第 5 类地区的能源强度最大。以 2010 年为例，5 类地区的能源强度依次为 0.937 9，1.011 7，1.215 2，2.152 3，3.165 9，能源强度最高的第 5 类地区是能源强度最低的第 1 类地区的 3.4 倍；能源强度从高到低排序的前 6 个省和自治区分别为宁夏、青海、山西、贵州、新疆、内蒙古，其中，宁夏的能源强度最高，高达 4.46 吨标准煤/万元，是能源强度最低的福建省的 5.7 倍。能源强度是造成不同地区碳排放强度差异较大的首要原因。

其次，观察煤炭占一次能源的比重。由图 9.15 可知，5 类地区的煤炭占一次能源的比重差别也较大。以 2010 年为例，第 5 类地区煤炭占一次能源的比重为 96%，贵州、山西、内蒙古的比重分别为 99.35%，98.38%，96.25%；第 1 类、第 2 类地区的煤炭占一次能源的比重较低，在 65% 左

---

① 13 个省、直辖市、自治区分别是北京、广东、江苏、浙江、山东、上海、海南、贵州、陕西、内蒙古、新疆、贵州、甘肃。

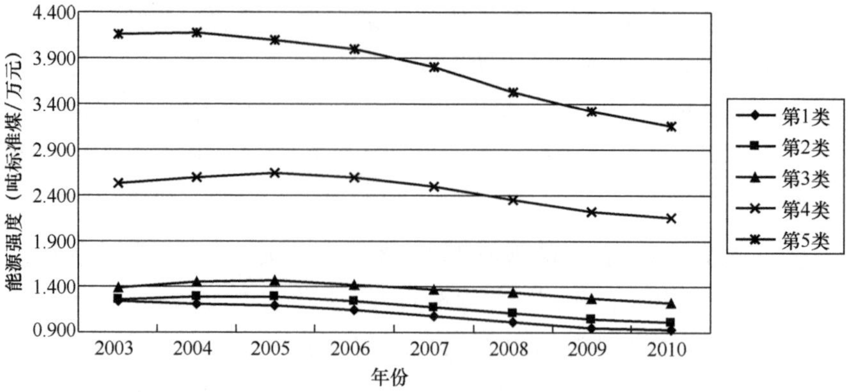

图 9.14　5 类地区能源强度的变化趋势

右，北京的比重最低，仅为 42.92%，不到第 5 类地区该比重的一半。

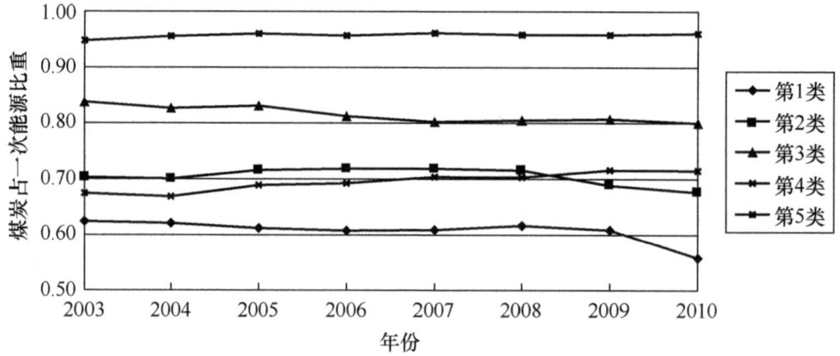

图 9.15　5 类地区的煤炭占一次能源的比重

最后，观察各个地区的经济发展水平。由图 9.16 可知，第 1 类、第 2 类地区的人均 GDP 远远高于第 3 类、第 4 类、第 5 类地区。以 2010 年为例，人均 GDP 最高的上海（5.68 万元/人）是最低的贵州（0.84 万元/人）的 6.76 倍。由此可知，我国的经济发展和碳排放强度符合库兹涅茨曲线，经济发展水平较高的第 1 类、第 2 类地区很有可能较早进入库兹涅茨曲线的下降通道，那样就会形成经济发展和改善环境的双赢局面；但是经济发展水平较低的第 3 类、第 4 类、第 5 类地区将面临经济发展和降低碳排放的两难境地。

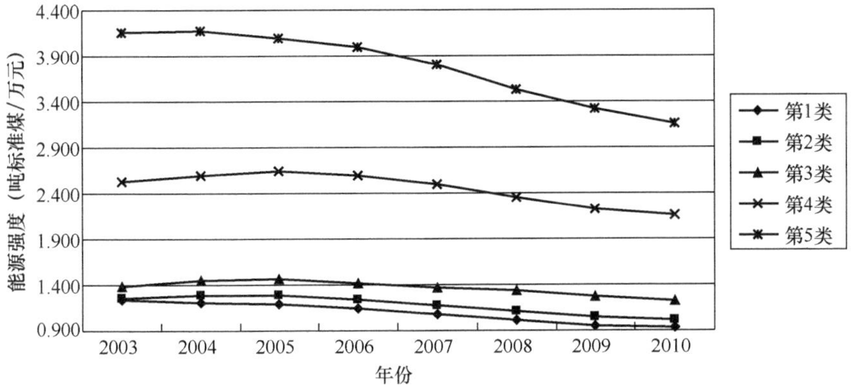

图 9.16　5 类地区的人均 GDP

综上所述，正是各个区域差异较大的能源强度、煤炭占一次能源的比重以及经济发展水平最终造成了不同区域碳排放的差异。

10　碳排放指标地区分配的公平与效率检验

10.1　配额分配理论

10.1.1　配额分配依据

自 1990 年 12 月联合国常委会批准气候变化公约谈判以来，国内外许多学者对国际碳减排配额分配方案设计展开了讨论，讨论主要集中于基于何种标准来构建配额分配方案和如何测度构建出来的配额分配方案的公平性。根据王文举和李峰（2013）的研究（表 10.1），目前国际上配额分配方案所依据的核算标准主要为当年碳排放、单位 GDP 碳排放、累计碳排放、人均碳排放、人均累计碳排放和单位 GDP 累计碳排放 6 种，各种核算标准所对应的公平原则分别为：①考虑当期责任的公平原则；②考虑经济发展的公平原则；③考虑历史责任的公平原则；④考虑人权平等的公平原则；⑤考虑人权平等、历史责任和未来需求等的公平原则；⑥考虑人口规模、经济能力和历史责任等的公平原则。

表 10.1　各种国际减排方案中隐含的碳排放核算标准及其公平原则

序号	方案名称	设计者	时　间	核算标准	公平原则
1	联合国气候变化框架公约和京都议定书	联合国气候大会	1992/1997	当年碳排放	考虑当期责任

续表

序号	方案名称	设计者	时　间	核算标准	公平原则
2	晴朗天空与全球气候变化行动	美国政府	2001	单位 GDP 碳排放	考虑经济发展
3	巴西案文	巴西政府	2002	累计碳排放	考虑历史责任
4	紧缩趋同方案和斯特恩方案	英国全球公共资源研究所和尼古拉斯·斯特恩	2004/2008	人均碳排放	考虑人权平等
5	中国碳预算方案	中国社会科学院	2007	人均累计碳排放	考虑人权平等、历史责任和未来需求等
6	温室气体发展权方案	瑞典斯德哥尔摩环境研究所	2008	单位 GDP 累计碳排放	考虑人口规模、经济能力和历史责任等

如何在全球碳交易机制下构建一个对中国来说相对公平的全球碳排放配额分配方案①，则是自 1997 年《京都议定书》签订和第一次缔约方会议召开以来，国内大量学者关注的焦点。陈文颖和吴宗鑫（1998a）在估算全球主要国家累计碳排放量的基础上，基于是否考虑历史责任对 4 种人均排放配额分配方案进行了比较研究，发现是否考虑历史责任会对碳排放配额分配的结果产生显著影响，且以人口为基数并考虑历史责任的人均累计碳排放原则更加公平、对中国更加有利。陈文颖和吴宗鑫（1998b）对遵循公平原则的以人均碳排放量为核算标准的碳排放配额分配方案和强调效率原则的以 GDP 碳排放强度为核算标准的碳排放配额分配方案两种配额分配方案下的全球碳排放权交易情况进行了模拟研究，研究的结果显示，以 GDP 碳排放强度为核算标准的碳排放配额分配方案，将会使发达国家和地区成为全球碳交易市场的卖方，而发展中国家和地区则成为全球碳交易市场的买方，从而与发达国家和地区应该承担绝大部分碳排放历史责任的事实相违背，而以人均碳排放量为核算标准的碳排放配额分配方案

① 未有详细说明，本节所提到的碳排放配额分配和碳减排配额分配具有同等含义，在碳排放总量限制的情况下，碳减排配额分配和碳排放配额分配只是一个问题的正反两面。例如，对一个实际年碳排放量为 1 000 万吨的国家来说，则该国下一年度碳减排配额为 200 万吨和下一年度碳排放配额为 800 万吨，其意义是一样的。

更符合实际。国务院发展研究中心课题组（2009）从“不对他国施加无偿外部危害”的原则出发，构建了一个全球温室气体减排配额分配方案，并得出结论：只有在综合考虑各国累计碳排放量的基础上，按照人均相等的原则对未来碳排放权进行配额分配才是合理的，各国才能都实现不对他国产生无偿外部危害。潘家华和陈迎（2009）在以保证气候安全为刚性约束设定全球碳预算总量的情况下，对全球碳排放配额分配方案进行全面分析，研究结论认为，基于人文发展基本碳排放需求的全球减排碳预算方案才是公平的和可持续的，这种方案也是以人均累计碳排放指标作为根本标准。丁仲礼等（2009）在设定2050年全球大气碳浓度目标情况下，以1900年为起始点，对世界各国1900—2050年应得碳排放权配额进行了核算，并得出结论：最能体现公平原则和“共同但有区别的责任”原则的碳排放权配额分配方案也是基于人均累计排放指标的配额分配方案。

除了关于配额分配核算标准选择及其公平原则阐释的研究外，在既定核算标准下对碳排放配额分配公平性进行度量则是配额分配理论的另一个重要的研究和探索领域。针对国际碳排放配额分配公平性测度，相关研究主要使用的是基尼系数方法和泰尔指数方法。使用基尼系数方法的包括海尔和沃登（Heil & Wodon，1997）、帕迪利亚和赛雷诺（Padilla & Serrano，2006）以及邱俊永等（2011）的研究，使用泰尔指数方法的有杜罗和帕迪利亚（Duro & Padilla，2006）的研究。针对国内地区间碳排放配额分配公平性测度，相关研究主要使用的也是基尼系数方法和泰尔指数方法。使用基尼系数方法的包括肖黎姗等（2011）、刘华军和赵浩（2012）的研究，使用泰尔指数方法的包括杨骞和刘华军（2012）、周建和易点点（2012）的研究。虽然基尼系数方法和泰尔指数方法都为碳排放配额分配公平性测度提供了一个中量化方法，但基尼系数方法很难对整体样本中子样本的公平性进行完全分解，泰尔指数方法虽然能够对样本子群进行完全分解，但也无法体现子样本在群体内的分布特征。而且无论是基尼系数方法还是泰尔指数方法，都无法解决跨期比较的困境，因为不同时期样本子群的排序和分布将会存在较大的变动。基于此，王文举和李峰（2013）使用相对剥夺系数对基于各种公平原则的全球碳排放配额分配方案进行了综合比较。其计算原理见第4.3节。

10.1.2 配额分配理论述评

目前有关碳排放配额分配理论的研究主要集中于国际层面的配额分配

方案的参照依据和公平性测度。但自2011年国家发改委发布《关于开展碳排放权交易试点工作的通知》，同意北京、天津、上海、重庆、湖北、广东及深圳7个地区开展碳排放权交易试点后，国内部分学者便开始对碳交易市场参与主体的交易配额分配方法展开研究。一方面，研究集中于对国外已运行碳交易市场中的配额分配方法的经验总结和介绍，尤其是对欧盟碳排放交易体系中针对交易主体的配额分配方法的经验总结和分析。例如，宣晓伟和张浩（2013）对欧盟温室气体排放交易市场所采取的按照免费发放的祖父法对碳排放权在具有碳减排目标的企业中进行配额分配、对美国区域温室气体减排行动体系所采取的按照拍卖法对碳排放权在具有碳减排目标的企业中进行配额分配、对澳大利亚碳交易市场所采取的按照按固定价格购买法对碳排放权在具有碳减排目标的企业中进行配额分配，以及对新西兰碳交易市场所采取的按照混合法对碳排放权在具有碳减排目标的企业中进行配额分配进行了综合比较和分析；周茂荣和谭秀杰（2013）在对欧盟碳排放交易体系在其第一期和第二期实施过程中所存在的问题进行全面梳理的基础上，对欧盟碳排放交易体系第三期在配额分配的覆盖范围、总量设定和分配方法等方面所进行的改革进行了综合评价。此外，李凯杰和曲如晓（2012）还对国内外有关碳交易市场初始碳排放权配额分配的文献进行了综合述评。另一方面，经过近两年的筹备，2013年6月18日深圳市碳排放交易市场正式开市，成为国内首个启动的试点碳市场，至2014年6月19日重庆市碳排放交易市场开市，全国7个省、市试点碳市场全部启动交易。也有部分学者对中国试点碳市场中的初始碳排放权配额分配方法进行了综合比较和研究。李峰和王文举（2015）对除重庆采取企业自主申报外的中国其他6个已试点碳市场所采用的初始碳排放权配额分配方法进行了综合比较，研究发现，6个已试点碳市场配额分配方法具有一定的共同特征，但又各有特点，目前还没有出现统一的配额分配方法。此外，段茂盛和庞韬（2014）还对中国统一碳市场情形下的各地区配额分配方案进行了探索性研究，其研究重点在于讨论在中央、地区和企业等级主体假设情况下采取“自上而下”和“自下而上”两种配额分配方案的优劣，并提出一种以属地化分级管理制度为基础的全新的配额分配方案。

综合上述研究可见，目前有关碳排放配额分配理论研究主要集中于国际层面的配额分配方案公平性原则的讨论。对中国试点碳市场和统一碳市场中的配额分配方案设计关注较少。虽然也有部分研究对中国统一碳市场中的配额分配方案进行了探索性研究，但主要集中于在不同责任主体之间的配额分配规模的确定，而对国际层面已经积累的有关公平性原则的大量讨论没有给予关注，从而使得相关研究很难在公平性上取得共识，而公平性则是配额分配方案获得共识的基础和核心。目前中国 7 个试点碳市场已全部启动交易，建立全国统一碳市场开始进入关键期。但幅员辽阔且区域差异巨大的国情使得公平分配省际碳排放权配额成为全国统一碳市场顺利启动的必要前提。未来依然需要在梳理主要的全球碳排放权配额分配方案及其公平原则基础上，对全国统一碳市场中的省际初始配额分配方案的设计进行研究，从而为统一碳市场的省际配额分配方案选择提供建议。此外，当前关于国际碳排放配额分配方案公平性测度，采取的测度指标主要有当年碳排放、累计碳排放、人均碳排放、人均累计碳排放、单位 GDP 碳排放和单位 GDP 累计碳排放等 6 种基础指标，未来基于成熟度指数对碳减排配额分配方案进行公平测度，也会提供一种新视角。此外，当前以当年碳排放、累计碳排放、人均碳排放、人均累计碳排放、单位 GDP 碳排放和单位 GDP 累计碳排放等 6 种基础指标为核算标准的国际碳排放配额分配研究，主要集中于碳排放配额分配公平性的测度，缺少对碳排放配额分配效率的测度，未来使用成熟度测度模型还可以对不同碳排放配额分配方案的碳减排效率进行测度和比较，从而可以更进一步完善碳排放配额分配理论。

碳排放配额分配是碳减排市场机制设计的关键，公平原则是碳排放配额分配方案获得一致同意的基础。王伟中等（2002）认为，虽然 1997 年 12 月通过的《京都议定书》规定工业化国家至 2012 年的温室气体排放量应该比 1990 年至少削减 5%，但这一规定并没有确定各国具体的碳排放权配额。因此，各国碳减排行动在很大程度上依然依赖于各国的自觉性，从而很难逆转温室气体排放量的持续上升趋势。王翊和黄余（2011）认为，一个国际碳排放配额分配方案能够在各国间达成一致同意，主要受两个因素的影响：一是对公平原则认识上的分歧；一是碳排放所产生的生态和经济影响的不确定性。其中，公平问题是碳排放配额分配研究的焦点，是全球气候市场机制建设的基础。郑艳和梁帆（2011）认为，一个国际碳排放配额分配方案能否为世界各国所接受并最终成为国际气候制度的现实方案，也主要取决于两个方面因素的影响：一是这一国际碳排放配额分配方案是否基于某种坚实的公平原则；一是这一国际碳排放配额分配方案是否具有较强的可操作性和可行性。王文军和庄贵阳（2012）认为，在《京都议定书》的议程中，国际气候谈判主要围绕各国的温室气体减排配额分配而展开，即在全球温室气体确定的减排目标下，各国通过协商承诺各自的碳减排义务和获得碳排放配额，并积极建设市场机制或者采取行政手段履行各自的减排义务，最终通过全球碳市场建设和完善促进碳排放权配额在各国之间进行交易，从而实现全球碳减排的目标。可见，配额分配是否“公平”对碳减排配额分配方案的一致同意和碳市场机制建设的顺利实施起着举足轻重的作用。

10.2　统一碳市场配额分配机制设计

10.2.1　主要国际配额分配方案的公平原则比较

前述各种方案大都包括三个方面的核心内容：①基于全球气候目标，量化温室气体浓度和全球未来排放空间；②基于特定公平原则，制定国际碳排放配额分配方案；③为各国履行碳减排义务设计市场机制。其中，各种国际碳排放配额方案的落脚点和关键点依然是公平原则的确定。和其他任何权利分配方案相类似，不同的分配标准设定会直接带来不同的分配结果。因此，分配标准的设定是否“公平”成为各种国际碳排放权配额分配谈判争论的焦点。各国出于各自不同的立场，都会采用各种利己的方式来解释和应用不同的公平原则，并提出相应的国际碳排放权配额分配方案。表 10.1 为王文举和李峰（2013）整理的《联合国气候变化框架公约》签署以来的几种主要的全球碳排放权配额分配及其公平原则。

从表 10.1 可以看出，《联合国气候变化框架公约》和《京都议定书》是根据各国碳排放水平及占全球比重来分担碳减排责任和分配碳排放权配额的，其参照的依据是 1990 年全球各国温室气体排放量。可见，1992 年《联合国气候变化框架公约》确定的“共同但有区别的责任”原则，虽然在一定程度上考虑了发达国家与发展中国家所处不同发展阶段的碳减排能力差异，但实际上依然是以“当期责任”作为碳排放权配额分配的公平评价原则，显然“忽略了个体上的公平性，忽略了发展中国家的发展权益”（潘家华，郑艳，2009）。其后，2001 年美国宣布退出《京都议定书》，与此同时提出《晴朗天空与全球气候变化行动》，并期望《晴朗天空与全球气候变化行动》能够替代《京都议定书》。《晴朗天空与全球气候变化行动》的核心思想是在保持经济持续增长的情况下，逐渐降低单位 GDP 温室气体排放强度，从而将碳排放权配额分配和经济发展相结合（张志强，曲建升，曾静静，2008）。可见，虽然美国方案是在最大限度地为自己开脱碳减排责任，但以“经济发展”作为碳排放权配额分配的公平评价原则，对发展中国家实施大幅度碳减排行动具有积极意义。中国2009年首次对外公开的量化减排目标也选择了以单位GDP碳排放量作为度量指标。2002年巴西向联合国气候大会提交《巴西案文》，提出温室气体在大气中具有累积效应，发达国家自工业革命以来200多年的温室气体排放，是造成今天全球气候变化的主要成因。因此，在制定国际碳减排配额分配方案时，不仅要考虑各国当前碳排放责任，还需要追溯各国历史碳排放责任，只有这样才能更好地体现碳排放权配额在各国间分配的公平性。可见，《巴西案文》充分体现了有利于发展中国家的“历史责任”原则，但其过于强调过去的责任追溯，没有考虑不同发展阶段中各国当前及未来的发展需求，依然有失偏颇。2004年英国全球公共资源研究所提出的“紧缩趋同”方案和2008年前世界银行首席经济学家斯特恩撰写的《打破气候变化僵局：低碳未来的全球协议》研究报告，都提出应该以人均碳排放量作为度量指标，在发达国家和发展中国家共同努力下，最终在未来某个时点实现全球人均碳排放水平的趋同。这两种方案虽然隐含着以“人际平等”为基础的碳排放权配额分配原则，但两种方案都更加侧重终点趋同的公平性，而忽略了起点一致的公平性，亦即两种方案都忽略了碳排放的累积效应以及不同国家不同的发展阶段和发展需求，忽略了发达国家的历史责任，也限制了发展中国家未来的发展空间（王文军，庄贵阳，2012）。

上述方案均以单一公平原则为基础，无法全面反映各国碳排放存在的多方面差异。2007年，由中国社会科学院的两位学者——潘家华和陈迎向《联合国气候变化框架公约》第14次缔约方会议提交的“碳预算”方案，开始综合考虑多种公平原则，其以人均累计碳排放作为碳排放权配额分配的度量指标，一方面延续了《巴西案文》对发达国家历史排放责任的追溯，另一方面其从“人际公平”出发与人际平等原则的基本出发点一致，从而将人际平等和历史责任等多种公平原则进行了很好的结合，更好地体现出不同国家和群体在碳减排责任、能力与发展需求方面的差异性（王文军，庄贵阳，2012）。2008年瑞典斯德哥尔摩环境研究所在其提出的《温室气体发展权方案》中，也兼顾了人口规模、经济能力和历史责任等多种公平原则，其主张的只有富人才有责任和能力进行碳减排并赋予富人和穷人以不同的碳排放权配额的理念具有积极意义，其设计的以历史累计碳排放量和国内生产总值为核心指标对全球碳减排量进行碳减排责任分摊的方案也充分考虑了多维的公平原则。正是兼顾了多种公平性原则，同时将碳减排和可持续发展的多重目标连接起来，才使得碳预算方案和瑞典方案在国际社会取得了较大的反响。

综合来看，全国统一碳市场中的省际配额分配方案设计，需要充分借鉴全球配额分配公平原则的最新进展，尽可能借鉴各方案的优点并兼顾多种公平原则。

10.2.2 不同公平原则的统一碳市场配额分配方案

公平原则是碳排放权配额分配方案制订的基础，碳排放测度指标选择则是公平原则得以体现的关键。不同的公平原则往往对应着不同的碳排放测度指标，不同碳排放测度指标的测度结果反过来又会导致人们对碳排放权配额分配的公平性有着不同的评判与解释。如表 10.1 所示，当期责任原则对应的是当年碳排放量，经济发展原则对应的是单位 GDP 碳排放量，历史责任原则对应的是累计碳排放量，人际平等原则对应的是人均碳排放量，综合考虑人际平等原则和历史责任原则对应的是人均累计碳排放量，而综合考虑经济发展原则和历史责任原则对应的是单位 GDP 累计碳排放量。基于不同公平原则和碳排放测度指标往往会制订出不同的省际配额分配方案（王文举，李峰，2015）。以下为基于上述不同公平原则和碳排放测度指标，以单一地区为例对省际配额分配情况进行的量化设计。

10.2.2.1 基于当期责任原则的情况

假设有 $i = 1,2,\cdots,n$ 个地区，$t = 1,2,\cdots,m$ 个时期，1 为起始时期，j 为参考时期，m 为终止时期，k 为 j 至 m 之间的任一目标时期。根据当期责任原则，在第 j 时期分配第 i 地区第 m 时期的配额额度时应该充分考虑其在第 j 时期的实际碳排放量和第 m 时期的目标碳排放量。通常在考虑第 j 时期的实际碳排放量和第 m 时期的目标碳排放量之间的数量关系时，会将第 m 时期的目标碳排放量设定为第 j 时期实际碳排放量的某个特定百分比，并将目标碳排放量作为其配额分配额度。在此原则下，假设第 i 地区第 k 时期的目标碳排放量为其第 j 时期实际碳排放量的线性函数，则第 i 地区第 k 时期的配额分配额度为：

$$E_{ik}^{*} = \delta_{ik}E_{ij} \tag{10.1}$$

式中，δ_{ik} 为第 i 地区第 k 时期目标碳排放量与其第 j 时期实际碳排放量之间的线性函数关系系数。

根据当期责任原则，相比于其他地区，第 i 地区第 j 时期的实际碳排放量 E_{ij} 越大，其 δ_{ik} 应该越小。根据趋同原则，终止时期的理想状态应该是各地区的碳排放量相等，即：

$$E_{1m} = E_{2m} = \cdots = E_{nm} \tag{10.2}$$

10.2.2.2 基于历史责任原则的情况

根据历史责任原则，在第 j 时期分配第 i 地区第 m 时期的配额额度时，应该充分考虑其在第 1 至 j 时期的实际累计碳排放量和第 j 至 m 时期的目标累计碳排放量。在此原则下，假设第 i 地区第 k 时期的目标碳排放量为其第 1 至 k 时期的预期累计碳排放量的线性函数，则第 i 地区第 k 时期的配额分配额度为：

$$E_{ik}^{*} = \gamma_{ik}\sum_{t=1}^{k} E_{it} \tag{10.3}$$

式中，γ_{ik} 为第 i 地区第 k 时期目标碳排放量与其第 1 至 k 时期预期累计碳排放量之间的线性函数关系系数。

根据历史责任原则，第 i 地区至第 j 时期的实际累计碳排放量 $\sum_{t=1}^{j} E_{it}$ 越大，则其 γ_{ik} 应该越小。根据趋同原则，终止时期的理想状态应该是各地区的累计碳排放量相等，即：

$$\sum_{t=1}^{m} E_{1t} = \sum_{t=1}^{m} E_{2t} = \cdots = \sum_{t=1}^{m} E_{nt} \tag{10.4}$$

10.2.2.3 基于人际平等原则的情况

根据人际平等原则，在第 j 时期分配第 i 地区第 m 时期的配额额度时，应该充分考虑其第 j 时期的实际人均碳排放量和第 m 时期的目标人均碳排放量。此原则下，假设第 i 地区在第 k 时期的目标人均碳排放量为其第 j 时期的实际人均碳排放量的线性函数，则第 i 地区第 k 时期的配额分配额度为：

$$E_{ik}^{*} = P_{ik}[\lambda_{ik}(E_{ij}/P_{ij})] \tag{10.5}$$

式中，P_{ij} 为第 i 地区在第 j 时期的人口规模；P_{ik} 为第 i 地区在第 k 时期的预期人口规模；λ_{ik} 为第 i 地区第 k 时期目标人均碳排放量与其第 j 时期实际人均碳排放量之间的线性函数关系系数。

根据人际平等原则，与其他地区相比，第 i 地区第 j 时期的实际人均碳排放量 E_{ij}/P_{ij} 越大，其 λ_{ik} 应该越小。根据趋同原则，终止时期的理想状态应该是各地区的人均碳排放量相等，即：

$$E_{1m}/P_{1m} = E_{2m}/P_{2m} = \cdots = E_{nm}/P_{nm} \tag{10.6}$$

10.2.2.4　基于人际平等原则和历史责任原则的情况

根据人际平等原则和历史责任原则，在第 j 时期分配第 i 地区第 m 时期的配额额度时，应该充分考虑第 j 时期的实际人均累计碳排放量和第 m 时期的目标人均累计碳排放量。此原则下，假设第 i 地区在第 k 时期的目标人均累计碳排放量为其在第 j 时期的实际人均累计碳排放量的线性函数，则第 i 地区第 k 时期的配额分配额度为：

$$E_{ik}^{*} = P_{ik}\{\beta_{ik}[(\sum_{t=1}^{j} E_{it})/P_{ij}]\} \tag{10.7}$$

式中，$\sum_{t=1}^{j} E_{it}$ 为第 1 至 j 时期的实际累计碳排放量；β_{ik} 为第 i 地区第 k 时期目标人均累计碳排放量与其第 j 时期实际人均累计碳排放量之间的线性函数关系系数。

根据人际平等原则和历史责任原则，相比于其他地区，第 i 地区第 j 时期的实际人均累计碳排放量 $(\sum_{t=1}^{j} E_{it})/P_{ij}$ 越大，则其 β_{ik} 应该越小。根据趋同原则，终止时期的理想状态应该是各地区的人均累计碳排放量相等，即：

$$(\sum_{t=1}^{m} E_{1t})/P_{1m} = (\sum_{t=1}^{m} E_{2t})/P_{2m} = \cdots = (\sum_{t=1}^{m} E_{nt})/P_{nm} \tag{10.8}$$

10.2.2.5　基于经济发展原则的情况

根据经济发展原则，在第 j 时期分配第 i 地区第 m 时期的配额额度应该充分考虑其第 j 时期的实际单位 GDP 碳排放量和第 m 时期的目标单位 GDP 碳排放量。此原则下，假设第 i 地区第 k 时期的目标单位 GDP 碳排放量为其第 j 时期的实际单位 GDP 碳排放量的线性函数，则第 i 地区第 k 时期的配额分配额度为：

$$E_{ik}^{*} = \mathrm{GDP}_{ik}[\alpha_{ik}(E_{ij}/\mathrm{GDP}_{ij})] \tag{10.9}$$

式中，GDP_{ik} 为第 i 地区第 k 时期预期经济规模；GDP_{ij} 为第 i 地区第 j 时期经济规模；α_{ik} 为第 i 地区第 k 时期目标单位 GDP 碳排放量与其第 j 时期实际单位 GDP 碳排放量之间的线性函数关系系数。

根据经济发展原则，相比于其他地区，第 i 地区第 j 时期的实际单位 GDP 碳排放量 E_{ij}/GDP_{ij} 越大，则其 α_{ik} 应该越小。根据趋同原则，终止时期的理想状态应该是各地区的单位 GDP 碳排放量相等，即：

$$E_{1j}/\mathrm{GDP}_{1j} = E_{2j}/\mathrm{GDP}_{2j} = \cdots = E_{nj}/\mathrm{GDP}_{nj} \tag{10.10}$$

10.2.2.6　基于经济发展原则和历史责任原则的情况

根据经济发展原则和历史责任原则，在第 j 时期分配第 i 地区第 m 时期的配额额度应该充分考虑其第 j 时期的实际单位 GDP 累计碳排放量和第 m 时期的目标单位 GDP 累计碳排放量。此原则下，假设第 i 地区第 k 时期的目标单位 GDP 累计碳排放量为其第 j 时期的实际单位 GDP 累计碳排放量的线性函数，则第 i 地区第 k 时期的配额分配额度为：

$$E_{ik}^{*} = GDP_{ik}\{\chi_{ik}[(\sum_{t=1}^{j} E_{it})/GDP_{ij}]\} \tag{10.11}$$

式中，χ_{ik} 为第 i 地区第 k 时期实际单位 GDP 累计碳排放量与其第 j 时期目标单位 GDP 累计碳排放量之间的线性函数关系系数。

根据经济发展原则和历史责任原则，相比于其他地区，第 i 地区第 j 时期的实际单位 GDP 累计碳排放量 $(\sum_{t=1}^{j} E_{it})/GDP_{ij}$ 越大，则其 χ_{ik} 应该越小。根据趋同原则，终止时期的理想状态应该是各地区的单位 GDP 累计碳排放量相等，即：

$$(\sum_{t=1}^{m} E_{1t})/GDP_{1j} = (\sum_{t=1}^{m} E_{2t})/GDP_{2j} = \cdots = (\sum_{t=1}^{m} E_{nt})/GDP_{nj} \tag{10.12}$$

10.2.2.7 不同配额额度分配方案的综合比较分析

从上述分析可以发现，不同碳排放权配额分配方案依据的公平原则不同，其结果也各异。从各方案对公平原则的兼顾性来看，基于历史责任原则的方案不仅考虑了当期责任分摊，还考虑了对历史责任的追溯，因而优于基于当期责任原则的方案；基于人际平等和历史责任原则的方案兼顾了人际平等、历史责任和现实发展等多方面公平原则，因而不仅优于基于人际平等原则的方案，也优于基于历史责任原则的方案；基于经济发展和历史责任原则的方案作为基于历史责任原则和基于经济发展原则两个方案的结合和延伸，自然优于两个原则各自独立的方案。可见，基于人际平等和历史责任原则的方案与基于经济发展和历史责任原则的方案两个方案可以全面地反映前述 4 种基于不同公平原则的方案的核心主旨，前者侧重反映人类生存基本需求的公平，后者侧重反映社会经济发展的公平，两个方案在公平内涵上重叠性较小，在全国统一碳市场中的省际配额分配方案中可同时借鉴和综合应用。例如，在经济快速发展阶段，可以适当调低人际平等和历史责任原则的权重，而在经济发展到一定程度后，可以适当调低经济发展和历史责任原则的权重。朱潜挺等（2015）采用自底向上和自顶向下两种建模方法，对碳排放水平控制方案、单一原则方案和加权原则方案进行了情景模拟和分析，也认为碳排放水平控制方案具有很大的不确定性，单一原则方案在某些原则下可能出现极端的分配结果，而加权原则方案更具公平性和可行性，从而也支持对不同公平原则的综合应用。

虽然全国统一碳市场的建成尚需时日，目前尚未有实质性的省际碳排放配额分配方案，也缺乏相关研究（李峰，王文举，2015），但《国务院关于印发“十二五”控制温室气体排放工作方案的通知》已将2015年全国单位GDP二氧化碳排放下降目标任务分解落实到各省、直辖市、自治区。随着中国统一碳市场建设的不断推进，未来中国政府将会基于特定配额分配方案对各省、直辖市、自治区碳排放实行配额分配控制计划管理，并在总量控制条件下科学分配各省、直辖市、自治区的约束性配额。如前所述，碳排放量配额分配是个很复杂的问题，不仅涉及公平原则和碳排放核算指标的选择问题，还涉及碳排放权配额分配的整体公平性和减排效果的测度问题。其中，后者在构建全国统一碳市场配额分配机制中更为关键和重要。正如宋德勇和刘习平（2013）所指出的，在总量控制条件下实现碳排放空间的相对公平是一项基础性工作。为此，杨俊、王佳和张宗益（2012）通过1997—2009年中国各省、直辖市、自治区的能源消耗实物量来估算其二氧化碳排放量，并运用收入不平等的度量工具——洛伦兹曲线和基尼系数等，对中国省际二氧化碳排放差异、跨省二氧化碳排放均等化及中国减排目标的实现问题进行了研究，发现有别于中国地区经济发展不平衡的状况，中国省际二氧化碳排放呈收敛特征。宋德勇和刘习平（2013）以1978—2010年中国各地区碳排放数据为依据，基于人均历史累计碳排放的视角，重新定义了碳排放公平中的碳洛伦兹曲线和碳基尼系数，并测算出碳基尼系数为0.24，认为中国省际碳排放相对公平，并基于人均历史累计碳排放的视角，对中国各地区2020年的碳排放量进行了空间分配。王文举和李峰（2013）基于基尼系数思想，使用相对剥夺系数分析了各种国际碳排放核算标准的公平性问题，计算出了1992—2011年G8国、B4国和N7国之间的碳排放相对剥夺系数，发现不同核算标准下的公平性度量结果存在较大差异，基于国际贸易隐含碳排放调整的人均累计碳排放核算标准更能体现“共同但有区别的责任”原则，以此制订碳减排方案将更具公平性。

前述分析中，根据趋同原则所得出的终止时期的理想状态往往很难实现，现实的情况应该是终止时期根据不同碳排放测度指标所得出的各地区碳排放差异度应该小于参照时期的各地区碳排放差异度。关于各地区碳排放差异度的测度，可简单地采用上述基尼系数方法，也可采用更具完备性的相对剥夺系数方法。本章采用的成熟度指数也能为不同配额分配方法对各地区碳减排进程及其对各地区碳排放差异度所造成的影响提供公平性检验。同时，上述分析都是在总量控制假设下进行的，均考虑了不同配额分配方案所带来的整体碳减排效率。本章采用的成熟度指数同样能为不同配额分配方法对中国整体碳减排进程所造成的影响提供效率上的检验，从而将碳减排成熟度测度和配额分配机制设计进行了很好的融合，配额分配机制设计也可以为成熟度指数提升提供实现途径。

鉴于中国目前尚未有具体的省际碳排放配额分配方案，国家对外承诺又主要以 GDP 碳排放强度为目标，本章如下部分将以《国务院关于印发"十二五"控制温室气体排放工作方案的通知》关于碳减排目标在各省、直辖市、自治区中的分解为例，对基于成熟度指数的碳排放配额分配公平和效率进行检验。

10.3 地区配额分配公平与效率检验

10.3.1 "十二五"碳减排目标分解分析

为了更好地落实"十二五"规划中有关 2015 年中国碳减排目标，国家发改委下发《国务院关于印发"十二五"控制温室气体排放工作方案的通知》（以下简称《通知》），将 2015 年全国 GDP 碳排放强度比 2010 年下降 17% 的目标，分解到了各个省、直辖市、自治区。表 10.2 为根据《通知》整理的"十二五"期间中国各省、直辖市、自治区 GDP 碳排放强度和 GDP 能耗强度下降目标分解情况。从表 10.2 可以看出，《通知》将 2015 年全国碳减排目标在各省、直辖市、自治区间的分解，具有明显的"一刀切"特征。除了新疆、青海、西藏和海南，其他各地区的 GDP 碳排放强度下降幅度都是在 16% ~20%。东部区域各地区的 GDP 碳排放强度下降幅度相对较高，东北部区域和中部区域各地区的 GDP 碳排放强度下降幅度次之，西部区域各地区的 GDP 碳排放强度下降幅度最低。与各地区社会经济发展水平相比较，各地区之间 GDP 碳排放强度下降幅度缺乏明显的差异。

表 10.2 “十二五”期间各省、直辖市、自治区 GDP 碳排放强度和 GDP 能耗强度下降目标情况

%

地区	GDP 碳排放强度下降目标	GDP 能耗强度下降目标	地区	GDP 碳排放强度下降目标	GDP 能耗强度下降目标
北京	18.00	17.00	湖北	17.00	16.00
天津	19.00	18.00	湖南	17.00	16.00
河北	18.00	17.00	广东	19.50	18.00
山西	17.00	16.00	广西	16.00	15.00
内蒙古	16.00	15.00	海南	11.00	10.00
辽宁	18.00	17.00	重庆	17.00	16.00
吉林	17.00	16.00	四川	17.50	16.00
黑龙江	16.00	16.00	贵州	16.00	15.00
上海	19.00	18.00	云南	16.50	15.00
江苏	19.00	18.00	西藏	10.00	10.00
浙江	19.00	18.00	陕西	17.00	16.00
安徽	17.00	16.00	甘肃	16.00	15.00
福建	17.50	16.00	青海	10.00	10.00
江西	17.00	16.00	宁夏	16.00	15.00
山东	18.00	17.00	新疆	11.00	10.00
河南	17.00	16.00			

从表 10.2 可以看出，各地区 GDP 能耗强度下降目标具有与 GDP 碳排放强度下降目标一样的特征。根据前述改进的 Kaya 恒等式，可以计算出如表 10.3 所示的能耗碳排放强度下降幅度。

表 10.3 各地区 2010 年和 2015 年三项基本指标情况

%

地区	2010 年			2015 年			GDP 能耗强度下降幅度
	GDP 能耗强度	能耗碳排放强度	GDP 碳排放强度	GDP 能耗强度	能耗碳排放强度	GDP 碳排放强度	
北京	43.27	81.94	35.45	42.75	68.01	29.07	1.2
天津	61.74	94.34	58.25	60.99	77.36	47.18	1.2

续表

地区	2010年			2015年			GDP能耗强度下降幅度
	GDP能耗强度	能耗碳排放强度	GDP碳排放强度	GDP能耗强度	能耗碳排放强度	GDP碳排放强度	
河北	115.12	104.60	120.42	113.74	86.82	98.75	1.2
山西	141.29	95.35	134.71	139.61	80.09	111.81	1.2
内蒙古	121.40	101.35	123.04	119.97	86.15	103.35	1.2
辽宁	98.55	99.17	97.73	97.36	82.31	80.14	1.2
吉林	84.96	90.07	76.52	83.95	75.66	63.51	1.2
黑龙江	73.54	90.75	66.74	73.54	76.23	56.06	0.0
上海	49.46	88.84	43.94	48.86	72.85	35.59	1.2
江苏	49.70	100.73	50.07	49.10	82.60	40.55	1.2
浙江	47.36	91.44	43.30	46.78	74.98	35.08	1.2
安徽	67.45	91.63	61.80	66.65	76.97	51.29	1.2
福建	55.63	79.65	44.31	54.64	66.90	36.55	1.8
江西	61.78	88.63	54.76	61.05	74.45	45.45	1.2
山东	72.45	95.05	68.87	71.58	78.90	56.47	1.2
河南	72.70	101.92	74.10	71.84	85.61	61.50	1.2
湖北	94.78	75.95	71.99	93.66	63.80	59.75	1.2
湖南	80.21	74.78	59.99	79.26	62.82	49.79	1.2
广东	44.02	84.58	37.23	43.22	69.35	29.97	1.8
广西	71.94	79.31	57.06	71.10	67.41	47.93	1.2
海南	58.86	77.67	45.71	58.21	69.90	40.69	1.1
重庆	93.34	72.99	68.12	92.23	61.31	56.54	1.2
四川	83.32	68.37	56.96	81.83	57.43	46.99	1.8
贵州	138.55	87.94	121.84	136.92	74.75	102.35	1.2
云南	96.29	80.49	77.50	94.59	68.41	64.71	1.8
陕西	75.95	88.35	67.09	75.04	74.21	55.69	1.2
甘肃	112.86	89.93	101.49	111.53	76.44	85.25	1.2
青海	135.09	57.33	77.44	135.09	51.60	69.70	0.0
宁夏	183.80	112.15	206.13	181.64	95.32	173.15	1.2
新疆	124.86	82.62	103.16	123.47	74.36	91.81	1.1

从表10.3可以看出，30个省、直辖市、自治区“十二五”期间能耗

碳排放强度下降幅度，除了黑龙江和青海保持不变，其他地区大部分为1.2%，少数为1.8%和1.1%。这主要受《通知》对各省、直辖市、自治区GDP碳排放强度下降目标和GDP能耗强度下降幅度目标基本一致的影响。这也反映当前中国碳减排更加侧重于强化GDP能耗强度下降的现实。此外，如前所述，《通知》对各省、直辖市、自治区GDP碳排放强度下降目标和GDP能耗强度下降目标具有明显的“一刀切”特征，这也决定了对各省、直辖市、自治区能耗碳排放强度下降目标也会具有明显的“一刀切”特征。

10.3.2 碳减排成熟度测度模型

本章有关中国碳减排成熟度测度模型的构建可以分以下四个层面进行阐述。值得说明的是，考虑当前中国对外公布的碳减排目标主要为GDP碳排放强度指标，中国碳减排成熟度测度模型基础指标的选择将基于转换后的Kaya恒等式，即 $CO_{2i}/GDP_i = (E_i/GDP_i)(CO_{2i}/E_i)$。从转换的Kaya恒等式可以看出，GDP碳排放强度由GDP能耗强度和能耗碳排放强度共同决定。以GDP碳排放强度作为基础指标可以反映各地区经济增长碳减排的最终成效情况，以GDP能耗强度和能耗碳排放强度作为基础指标可以反映各地区碳减排的驱动因素情况。这三个基础指标数值与碳减排水平呈反向关系，数值越小表示各地区碳减排水平越高。

（1）省际碳减排相对发展度测度模型。邓氏灰色关联度分析的基本思想，是依据序列对应点之间的距离测度系统因素变化趋势的相近性。实际应用中，需要首先确定参考序列和若干个比较序列，然后再通过关联度模型求解出各比较序列与参考序列之间的关联度系数，系数越大表明比较序列与参考序列关联度越大，序列曲线越接近。如果参考序列为最优发展序列，则比较序列与参考序列的关联度系数越大，表示比较序列的发展路径与最优发展路径越接近，其相对发展水平越高。假设评价对象为 m 地区，比较时期为 n 个年份，x 为产值碳排放强度、产值能耗强度或能源消耗碳排放强度等基础指标，第 i 地区比较序列 x_i 组成的集合为：$x_i = \{x_i(1), x_i(2), \cdots, x_i(n)\}$，参考序列 x_0 组成的集合为：$x_0 = \{x_0(1), x_0(2), \cdots, x_0(n)\}$。由于基础指标与地区碳减排水平呈负相关关系，参考序列选择基础指标在各地区的最低值，$x_0(k) = \min\limits_{1 \leqslant i \leqslant m}\{x_i^k\}, k = 1, 2, \cdots, n$。第 i 地区在第 k 年的灰色关联度系数的计算公式如下：

$$\xi_i(k) = \frac{\Delta_{\min} + \rho\Delta_{\max}}{\Delta_{ik} + \rho\Delta_{\max}} \tag{10.13}$$

式中，ρ 为分辨系数。

按照通常做法，ρ 取值为0.5。关于分辨系数 ρ 的取值，吕峰（1997）进行了专门研究。$\Delta_{\min} = \min_i \min_k |x_0(k) - x_i(k)|$ 为整个时期所有比较序列与参考序列绝对差的最小值，$\Delta_{\max} = \max_i \max_k |x_0(k) - x_i(k)|$ 为整个时期所有比较序列与参考序列绝对差的最大值，$\Delta_{ik} = |x_0(k) - x_i(k)|$ 为第 k 年第 i 地区的比较序列与参考序列的绝对差。可见，$\xi_i(k)$ 即第 k 年第 i 地区的碳减排相对发展度指数，其数值越大，表示相对发展水平越高。第 i 地区在整个期间的平均碳减排相对发展度指数计算公式如下：

$$D_i = \frac{1}{n}\sum_{k=1}^{n}\xi_i(k) \tag{10.14}$$

（2）整体碳减排相对发展度测度模型。类似于式（10.14），第 k 年各地区的整体平均发展度指数计算公式如下：

$$D_k = \frac{1}{m}\sum_{i=1}^{m}\xi_i(k) \tag{10.15}$$

由于简单算术平均方法无法体现区域格局变化对中国碳减排整体进程的影响，本节构造了考虑区域格局变化的第 k 年各地区的整体平均发展度指数计算公式：

$$D_k^{\dagger} = \sum_{i=1}^{m}\omega_i\xi_i(k) \tag{10.16}$$

式中，ω_i 为第 i 地区的 GDP 在整体中的占比；$D_k^{\dagger} - D_k$ 为区域格局变化对中国碳减排整体发展度指数造成的影响，数值越大表示区域格局变化对中国碳减排整体发展度指数的影响越大。

（3）整体碳减排协调度测度模型。距离协调度模型的本质，是通过测度经济系统现实状态与理想状态的欧式距离与切比雪夫距离之间的比率关系来衡量经济系统的协调水平。基于前述假设，第 k 年各地区或各行业的基础指标实际值与最优值的欧式距离测度公式为：

$$o_k = \sqrt{\sum_{i=1}^{m}[x_0(k) - x_i(k)]^2} \tag{10.17}$$

第 i 地区在整个期间的基础指标实际值与最优值的切比雪夫距离测度公式为：

$$q_i = \max_{1\leqslant k\leqslant n}\{|x_0(k) - x_i(k)|\} \tag{10.18}$$

基于式（10.17）和式（10.18）构建的第 k 年各地区的碳减排整体协

调度指数测度公式为：

$$C_k = 1 - \sqrt{(o_k)^2 \Big/ \sum_{i=1}^{m} (q_i)^2} \tag{10.19}$$

很明显，$0 \leqslant C_k \leqslant 1$，$C_k$ 值越大，表示各地区实际状态偏离理想状态越小，各地区或各行业的碳减排整体协调性越高。

（4）整体碳减排协调发展度测度。虽然距离协调度模型存在很强的合理性，但计算结果也可能出现范柏乃等（2013）所提到的低水平协调问题，即经济系统有可能在较低的发展水平上实现较高的协调度，从而导致协调度系数不能有效地反映经济系统协调发展的全貌。基于此，通过整体平均发展度指数和整体协调度指数构建的整体协调发展度指数测度公式如下：

$$H_k = \sqrt{D_k C_k} \tag{10.20}$$

可见，H_k 的取值同样在 0 ~ 1。H_k 取值越大，表示中国碳减排整体协调发展状态越好。

10.3.3 基于成熟度的省际配额分配公平检验

表 10.4 为根据前述省际碳减排发展度公式，计算所得的各地区 2010 年和 2015 年三项基本指标的发展度指数情况。

表 10.4 各地区 2010 年和 2015 年三项基本指标的发展度指数情况

%

区域	地区	GDP 能耗强度		能耗碳排放强度		GDP 碳排放强度	
		2010 年	2015 年	2010 年	2015 年	2010 年	2015 年
东部	北京	100.00	100.00	56.58	66.15	100.00	100.00
	天津	92.89	92.97	46.43	55.46	89.03	91.08
	河北	77.05	77.26	40.42	47.66	68.53	72.64
	上海	97.50	97.53	50.45	60.15	95.61	96.60
	江苏	97.40	97.43	42.50	50.85	92.68	94.16
	浙江	98.33	98.35	48.47	57.84	95.93	96.86
	福建	95.12	95.30	58.97	67.70	95.43	96.11
	山东	89.21	89.32	45.95	54.02	84.70	87.10
	广东	99.69	99.81	54.07	64.37	99.05	99.52
	海南	93.93	93.98	61.20	63.67	94.75	94.09
东北部	辽宁	81.35	81.54	43.39	51.08	74.81	78.37
	吉林	85.26	85.41	49.49	57.14	81.83	84.31
	黑龙江	88.85	88.68	48.98	56.56	85.54	87.27

续表

区域	地区	GDP 能耗强度		能耗碳排放强度		GDP 碳排放强度	
		2010 年	2015 年	2010 年	2015 年	2010 年	2015 年
中部	山西	71.10	71.35	45.76	52.96	65.08	69.10
	安徽	90.89	90.98	48.33	55.84	87.53	89.28
	江西	92.87	92.95	50.61	58.39	90.55	91.87
	河南	89.12	89.24	41.84	48.53	82.72	85.09
	湖北	82.40	82.57	63.27	72.44	83.51	85.78
	湖南	86.72	86.85	64.76	74.09	88.29	89.93
西部	内蒙古	75.53	75.75	42.15	48.15	67.87	71.35
	广西	89.37	89.48	59.34	66.98	89.54	90.75
	重庆	82.81	82.98	67.20	76.76	84.99	87.07
	四川	85.76	86.06	74.40	84.61	89.59	91.17
	贵州	71.68	71.92	51.17	58.08	68.17	71.63
	云南	81.98	82.31	58.08	65.61	81.48	83.85
	陕西	88.07	88.19	50.84	58.65	85.40	87.42
	甘肃	77.61	77.81	49.60	56.36	73.69	76.71
	青海	72.43	72.31	100.00	100.00	81.50	81.99
	宁夏	63.18	63.46	36.92	42.32	52.01	56.22
	新疆	74.72	74.92	55.92	58.50	73.21	74.68

从表 10.4 可以看出：①基于 GDP 能耗强度的发展度指数，相对于 2010 年，2015 年除了东部区域的北京没有发生变化，东北部区域的黑龙江和西部区域的青海出现了小幅下降，其他地区均出现了小幅上升。②基于能耗碳排放强度的发展度指数，相对于 2010 年，2015 年东部区域除了海南，其他区域均出现 15% ~20% 的上升；东北部区域和中部区域各地区均出现了 15% 左右的上升；西部区域除了青海和新疆，其他区域均出现了 10% ~15% 的上升。③基于 GDP 碳排放强度的发展度指数，相对于 2010 年，2015 年东部区域除了海南，其他区域均出现 0 ~6% 的上升；东北部区域均出现 3% 左右的上升，中部区域各地区均出现了 2% ~6% 的上升；西部区域均出现了 1% ~8% 的上升。可见，虽然 2015 年能耗碳排放强度相对于 2010 年出现小幅下降，但基于能耗碳排放强度的各地区碳减排发展度指数均出现了 10% 以上的提升，而虽然 2015 年 GDP 能耗强度相对于 2010 年均出现 15% 以上的增长，但基于 GDP 能耗强度的各地区碳减排发展度指数均只出现低于 1% 的微幅增长。

表10.5为计算所得的各地区2010年和2015年三项基本指标的发展度指数排序变化情况。

表10.5 各地区2010年和2015年三项基本指标的发展度指数排序变化情况

区域	地区	GDP能耗发展度		能耗碳排放发展度		GDP碳排放发展度	
		排名变化	增幅（%）	排名变化	增幅（%）	排名变化	增幅（%）
东部	北京	0	0.00	2	16.90	0	0.00
	天津	0	0.09	0	19.45	1	2.31
	河北	0	0.28	0	17.90	0	6.01
	上海	0	0.03	4	19.24	0	1.03
	江苏	0	0.03	0	19.65	1	1.59
	浙江	0	0.02	3	19.34	0	0.97
	福建	0	0.19	2	14.79	0	0.71
	山东	0	0.13	0	17.56	1	2.83
	广东	0	0.12	2	19.04	0	0.47
	海南	0	0.05	-5	4.04	-1	-0.69
东北部	辽宁	0	0.23	0	17.72	0	4.75
	吉林	0	0.17	0	15.46	0	3.02
	黑龙江	0	-0.19	0	15.49	-1	2.03
中部	山西	0	0.34	0	15.72	0	6.17
	安徽	0	0.11	0	15.54	0	1.99
	江西	0	0.08	0	15.38	0	1.45
	河南	0	0.13	1	16.00	0	2.86
	湖北	0	0.21	0	14.50	0	2.72
	湖南	0	0.16	0	14.39	0	1.85
西部	内蒙古	0	0.28	-1	14.21	0	5.13
	广西	0	0.12	0	12.87	-1	1.35
	重庆	0	0.20	0	14.23	-1	2.45
	四川	0	0.34	0	13.73	0	1.77
	贵州	0	0.33	-3	13.50	0	5.08
	云南	0	0.40	0	12.97	1	2.90
	陕西	0	0.14	1	15.36	1	2.37
	甘肃	0	0.26	-3	13.63	0	4.09
	青海	0	-0.16	0	0.00	-1	0.60
	宁夏	0	0.43	0	14.63	0	8.08
	新疆	0	0.27	-3	4.61	0	2.00

从表 10.5 可以看出：①基于 GDP 能耗强度的发展度指数各地区在 2010 年和 2015 年之间的排名均没有发生任何变化。②基于能耗碳排放强度的发展度指数，相对于 2010 年，2015 年东部区域除了海南，其他部分地区发展度指数排名出现了一定幅度的上升；中部区域和东北部区域各地区发展度指数排名均没有发生任何变化；西部区域除了陕西发展度指数排名出现一定幅度上升，其他部分地区发展度指数排名出现一定幅度下降。③基于 GDP 碳排放强度的发展度指数，相对于 2010 年，2015 年东部区域，海南发展度指数出现一定幅度下降，天津、山东和江苏出现一定幅度上升，其他地区没有发生变化；中部区域和东北部区域除了黑龙江发展度指数出现一定幅度下降，其他地区发展度指数均未出现变化；西部区域云南和陕西发展度指数出现一定幅度上升，青海、广西和重庆发展度指数出现一定幅度下降，其他地区发展度指数均未出现变化。可见，相对于 2010 年，2015 年的 GDP 能耗强度和 GDP 碳排放强度出现较大幅度下降，但各地区基于 GDP 能耗强度和 GDP 碳排放强度的碳减排发展度指数排名却未发生较大变化。而相对于 2010 年，2015 年的能耗碳排放强度仅出现微幅上升，但各地区基于能耗碳排放强度的碳减排发展度指数排名却发生了较大变化。

表 10.6 为四大区域 2010 年和 2015 年三项基本指标的发展度指数情况。以变异系数作为各区域内部各地区发展度指数离散性。

表 10.6　各区域 2010 年和 2015 年三项基本指标的发展度指数情况

%

区域	统计指标	GDP 能耗发展度		能耗碳排放发展度		GDP 碳排放发展度	
		2010 年	2015 年	2010 年	2015 年	2010 年	2015 年
东部	均值	94.11	94.19	50.50	58.79	91.57	92.82
	方差	6.86	6.81	7.02	6.76	9.27	8.06
	变异系数	7.29	7.23	13.89	11.51	10.12	8.68
东北部	均值	85.15	85.21	47.29	54.93	80.73	83.31
	方差	3.75	3.57	3.38	3.34	5.45	4.53
	变异系数	4.40	4.20	7.15	6.08	6.75	5.44
中部	均值	85.52	85.66	52.43	60.37	82.95	85.17
	方差	7.94	7.87	9.45	10.52	9.24	8.28
	变异系数	9.28	9.19	18.02	17.42	11.14	9.73
西部	均值	78.47	78.65	58.69	65.09	77.04	79.35
	方差	7.97	7.97	17.27	16.60	11.41	10.53
	变异系数	10.16	10.13	29.43	25.51	14.81	13.27

从表10.6可以看出：①基于GDP能耗强度的发展度指数，东部区域变异系数仅下降了0.06%，东北部区域变异系数下降了0.20%，中部区域变异系数下降了0.09%，西部区域变异系数下降了0.03%。可见，GDP能耗强度的下降，导致四大区域内部各地区发展度指数变异系数均出现了下降，说明“十二五”各省、直辖市、自治区GDP碳排放强度下降，有利于促进各地区发展度指数的趋同。其中，对东北部区域内部各地区发展度指数趋同作用最大，其次是中部区域，然后是东部区域，最后是西部区域。②基于能耗碳排放强度的发展度指数，东部区域变异系数仅下降了2.38%，东北部区域变异系数下降了1.07%，中部区域变异系数下降了0.60%，西部区域变异系数下降了3.92%。可见，能耗碳排放强度的下降，导致四大区域内部各地区发展度指数变异系数均出现下降，说明“十二五”各省、直辖市、自治区GDP碳排放强度下降，有利于促进各地区发展度指数的趋同。其中，对西部区域内部各地区发展度指数趋同作用最大，其次是东部区域，然后是东北部区域，最后是中部区域。③基于GDP碳排放强度的发展度指数，西部区域变异系数仅下降了1.54%，东部区域变异系数下降了1.44%，中部区域变异系数下降了1.41%，东北部区域变异系数下降了1.31%。可见，在GDP能耗强度和能耗碳排放强度的共同作用下，GDP碳排放强度的下降，导致四大区域内部各地区发展度指数变异系数均出现了下降，说明“十二五”各省、直辖市、自治区GDP碳排放强度下降，有利于促进各地区发展度指数的趋同。其中，对西部区域内部各地区发展度指数趋同作用最大，其次是东部区域，然后是中部区域，最后是东北部区域。可见，“十二五”各地区单位GDP二氧化碳排放指标下降，有利于基于三个基础指标测度的碳减排发展度指数在四大区域内部的趋同，其中最有利的是基于能耗碳排放强度的发展度指数在各个区域内部的趋同。

综合来看，无论是发展度指数排名变化还是发展度指数数值变化，“十二五”各地区单位GDP二氧化碳排放指标下降，对基于能耗碳排放强度测度的发展度指数影响最大，其次是基于GDP碳排放强度的发展度指数变化，最后是基于GDP能耗强度的发展度指数变化。可见，相对于2010年，2015年的GDP能耗强度和GDP碳排放强度出现较大幅度下降，但各地区基于GDP能耗强度和GDP碳排放强度的碳减排发展度指数排名却未发生较大变化。而相对于2010年，2015年的能耗碳排放强度仅出现微幅上升，但各地区基于能耗碳排放强度的碳减排发展度指数排名却发生了较大变化。因此，未来政策更应该倾向于对能耗碳排放强度的调整。此外，从区域趋同度影响来看，“十二五”各地区单位 GDP 二氧化碳排放指标下降，对东北部区域的 GDP 能耗强度在各地区间的趋同作用影响最大，对西部区域的能耗碳排放强度在各地区间的趋同作用影响最大，两个方面的共同影响，对西部区域的 GDP 碳排放强度在各地区间的趋同作用影响最大。

10.3.4 基于成熟度的整体配额分配效率检验

10.3.4.1 基于整体碳减排发展度指数的效率检验

表 10.7 为根据前述公式计算所得的 2003—2015 年三项基本指标的整体发展度指数情况。

表 10.7 2003—2015 年三项基本指标的整体发展度指数情况

%

年份	GDP 能耗强度	能耗碳排放强度	GDP 碳排放强度
2003	79.17	60.33	77.23
2004	79.89	51.37	78.22
2005	79.15	61.53	77.51
2006	80.61	59.96	78.88
2007	80.64	67.99	79.25
2008	81.46	66.66	80.29
2009	83.35	62.23	81.93
2010	85.76	53.57	83.43
2011	83.89	54.20	81.01
2012	86.35	55.21	83.26
2015	85.89	61.03	85.40

从表 10.7 可以看出：①相对于 2010 年，2015 年基于 GDP 能耗强度的中国碳减排整体发展度指数出现了微幅上涨，涨幅为 0.2%；②基于能耗碳排放强度的中国碳减排整体发展度指数出现了较大幅度的上涨，涨幅为 13.93%；③在 GDP 能耗强度和能耗碳排放强度的共同作用下，基于 GDP 碳排放强度的中国碳减排整体发展度指数也出现了一定幅度的上涨，涨幅为 2.36%。从表 10.7 还可以看出，以 GDP 能耗强度为基础指标，2015 年整体发展度指数相对于 2012 年出现了一定幅度的下降；而以能耗碳排放强度为基础指标，2015 年整体发展度指数相对于 2012 年出现了较大幅度的

上升。可见，以当前相对均匀的方式进行碳减排目标分析，虽然较大幅度提升了整体能耗碳排放强度发展度，但却以牺牲整体 GDP 能耗强度发展度为代价，而 GDP 能耗强度是当前形势下中国碳减排的主要驱动因素。因此，未来的政策制定，需要对各省、直辖市、自治区制定差异化政策。

10.3.4.2　基于整体碳减排协调度指数的检验

表 10.8 为根据前述公式计算所得的 2003—2015 年三项基本指标的整体协调度指数情况。

表 10.8　2003—2015 年三项基本指标的整体协调度指数情况

%

年份	GDP 能耗强度	能耗碳排放强度	GDP 碳排放强度
2003	6.72	28.21	6.31
2004	27.74	06.09	20.47
2005	32.05	34.48	24.39
2006	38.12	30.49	30.15
2007	39.89	47.88	31.88
2008	44.38	41.77	37.37
2009	50.82	35.51	45.05
2010	59.04	13.41	50.26
2011	54.70	12.60	44.52
2012	62.26	16.59	53.35
2015	59.46	35.86	57.84

从表 10.8 可以看出：①相比较于 2010 年，2015 年基于 GDP 能耗强度的中国碳减排整体协调度指数出现了微幅上涨，涨幅不足 0.1%；②基于能耗碳排放强度的中国碳减排整体发展度指数出现了较大幅度的上涨，涨幅为 167.4%；③在 GDP 能耗强度和能耗碳排放强度的共同作用下，基于 GDP 碳排放强度的中国碳减排整体发展度指数也出现了一定幅度的上涨，涨幅为 15.1%。

从表 10.8 还可以看出，以 GDP 能耗强度为基础指标，2015 年整体协调度指数相对于 2012 年也出现了一定幅度的下降；而以能耗碳排放强度为基础指标，2015 年整体发展度指数相对于 2012 年出现了较大幅度的上升。可见，与整体碳减排发展度指数变化特征相似，以当前相对均匀的方式进行碳减排目标分析，虽然较大幅度提升了整体能耗碳排放强度协调度，但却以牺牲整体 GDP 能耗强度协调度为代价，而 GDP 能耗强度是当前形势下中国碳减排的主要驱动因素，因此，未来需要对各省、直辖市、自治区制定差异化政策。

10.3.4.3　基于整体碳减排协调发展度指数的检验

表 10.9 为通过前述整体碳减排发展度指数和协调度指数计算所得 2003—2015 年三项基本指标的整体协调发展度指数情况。

表 10.9　2003—2015 年三项基本指标的整体协调发展度指数情况

%

年份	GDP 能耗强度	能耗碳排放强度	GDP 碳排放强度
2003	23.06	41.25	22.08
2004	47.07	17.69	40.02
2005	50.37	46.06	43.47
2006	55.43	42.75	48.77
2007	56.72	57.06	50.27
2008	60.13	52.77	54.77
2009	65.09	47.01	60.75
2010	71.16	26.81	64.76
2011	67.74	26.13	60.05
2012	73.32	30.27	66.65
2015	71.46	46.78	70.28

从表 10.9 可以看出：①相对于 2010 年，2015 年基于 GDP 能耗强度的中国碳减排整体协调发展度指数出现了微幅上涨，涨幅不足 0.42%；②基于能耗碳排放强度的中国碳减排整体发展度指数出现了较大幅度的上涨，涨幅为 74%；③在 GDP 能耗强度和能耗碳排放强度的共同作用下，基于 GDP 碳排放强度的中国碳减排整体发展度指数也出现了一定幅度的上涨，涨幅为 8.5%。从表 10.9 还可以看出，以 GDP 能耗强度为基础指标，2015 年整体协调发展度指数相对于 2012 年出现了一定幅度的下降；而以能耗碳排放强度为基础指标，2015 年整体发展度指数相对于 2012 年出现了较大幅度的上升。可见，整体碳减排发展度指数和协调度指数的共同趋势，强化了以 GDP 能耗强度为基础指标的整体协调发展度指数的下降和以能耗碳排放强度为基础指标的整体协调发展度指数的上升。

11　地方政府的碳减排困境与博弈分析

11.1　中国碳市场现状

11.1.1　中国碳市场建设推进政策

碳市场建设是推进中国整体碳减排的重要途径，这已经形成共识。《中华人民共和国国民经济和社会发展第十二个五年规划纲要》为实现未来5年“单位国内生产总值二氧化碳排放降低17%”的发展目标，除了综合运用节约能源和提高能效、调整产业结构和能源结构、增加森林碳汇等多种手段外，还要“探索建立低碳产品标准、标识和认证制度，建立完善温室气体排放统计核算制度，逐步建立碳排放交易市场”。2012年11月8日，胡锦涛在党的十八大上所做的题为《坚定不移沿着中国特色社会主义道路前进为全面建成小康社会而奋斗》的报告，提出要实现“资源节约型、环境友好型社会建设取得重大进展；单位国内生产总值能源消耗和二氧化碳排放大幅下降”的发展目标，也要“积极开展节能量、碳排放权、排污权、水权交易试点”。2013年11月12日，十八届三中全会通过《中共中央关于全面深化改革若干重大问题的决定》，提出要“建设生态文明，必须建立系统完整的生态文明制度体系”，也要“发展环保市场，推行节能量、碳排放权、排污权、水权交易制度”。2011年8月31日，国务院发布《关于印发“十二五”节能减排综合性工作方案的通知》，进一步提出要“推进排污权和碳排放权交易试点”，完善主要污染物排污权有偿使用和交易试点，建立健全排污权交易市场，研究制定排污权有偿使用和交易试点的指导意见，并积极开展碳排放交易试点，建立自愿减排机制，推进碳排放权交易市场建设。

为落实上述重大文件对碳交易市场发展的要求，国家发改委及其他部委发布了一系列有关中国碳市场建设的推进政策，部分省、直辖市、自治区也发布了一系列碳市场建设试点政策。

11.1.1.1 国家层面的推进政策

为落实“十二五”规划关于逐步建立国内碳排放交易市场的要求，推动运用市场机制以较低成本实现2020年中国控制温室气体排放的行动目标，国家发改委同意北京、天津、上海、重庆、湖北、广东及深圳开展碳排放权交易试点的要求，并于2011年10月29日发布《关于开展碳排放权交易试点工作的通知》（发改办气候〔2011〕2601号），对北京、天津、上海、重庆、广东、湖北、深圳发改委关于碳排放权交易试点工作的开展提出了明确要求。为保障自愿减排交易活动有序开展，调动全社会自觉参与碳减排活动的积极性，为逐步建立总量控制下的碳排放权交易市场积累经验，奠定技术和规范基础，2011年12月1日，国务院发布的《关于印发“十二五”控制温室气体排放工作方案的通知》提出要“探索建立碳排放交易市场”，并进一步提出分步实施方案。第一步，建立自愿减排交易机制。通过确立自愿减排交易机制的基本管理框架、交易流程和监管办法，建立交易登记注册系统和信息发布制度，从而积极开展自愿减排交易活动。第二步，开展碳排放权交易试点。深入开展温室气体排放权分配方案的实施，并制定相应法规和管理办法，确保试点碳市场的启动和顺利运行，从而逐步形成区域碳排放权交易体系。第三步，加强碳排放交易支撑体系建设。制定相关工作规范和认证规则，研究制定减排量核算方法，严格审批条件和程序，加强监督管理和能力建设。第四步，加强碳排放交易机构和第三方核查认证机构资质审核，充实管理机构，培养专业人才，逐步建立统一的登记注册和监督管理系统。2012年6月13日，国家发改委关于印发《温室气体自愿减排交易管理暂行办法的通知》，对二氧化碳（CO_2）、甲烷（CH_4）、氧化亚氮（N_2O）、氢氟碳化物（HFCs）、全氟碳化物（PFCs）、六氟化硫（SF_6）等6种温室气体自愿减排量的交易活动进行规范，并规定经国家主管部门备案、核证机构核证的“核证自愿减排量”，以“吨二氧化碳当量”计，可在国家登记簿登记并在经备案的交易机构内交易，或用于抵消碳排放的减排量，于交易完成后在国家登记簿中予以注销。

此外，2012年12月31日，工信部、国家发改委、科技部、财政部等4个部门联合制订和发布《工业领域应对气候变化行动方案》，提出“建立健全促进工业低碳发展的市场机制”，要以政府为主导，以企业为主体，发挥碳价格的市场信号和激励作用，从而完善工业应对气候变化的市场机制，降低控制温室气体排放成本。同时要鼓励工业企业参与自愿减排交易，支持石化、化工、钢铁和水泥等行业重点企业开展碳排放交易试点，为建立全国碳交易市场打好基础。2014年9月19日，国家发改委印发的《国家应对气候变化规划（2014—2020）》还明确提出“建立碳交易制度”的五步要求：第一，推动自愿减排交易活动，探索建立基于项目的自愿减排交易与碳排放权交易之间的抵消机制；第二，深化碳排放权交易试点，开展北京、天津、上海、重庆、湖北、广东、深圳等碳排放权交易试点，并研究制定相关配套政策；第三，加快建立全国碳排放交易市场，在总结温室气体自愿减排交易和碳排放权交易试点工作基础上，研究制订碳排放交易总体方案，明确全国碳排放交易市场建设的战略目标、工作思路、实施步骤和配套措施；第四，健全碳排放交易支撑体系，制定不同行业减排项目的减排量核证方法，建立碳排放交易登记注册系统和信息发布制度，加强资质审核和监督管理，加快碳排放交易专业人才培养；第五，研究与国外碳排放交易市场衔接，统筹规划碳排放交易平台布局，积极参与全球性和行业性多边碳排放交易规则和制度的制定，密切跟踪其他国家（地区）碳交易市场发展情况，探索中国与其他国家（地区）开展双边和多边碳排放交易活动的相关合作机制。

11.1.1.2　地方政府的落实政策

（1）北京市试点碳市场建设的落实政策。2011年10月，国家发改委确定北京为全国首批碳排放权交易试点城市。2012年10月，国家发改委批复北京试点实施方案。2013年11月22日，北京市发改委发布了《关于开展碳排放权交易试点工作的通知》（京发改规〔2013〕5号）。为保障碳排放配额场外交易活动有序开展，2013年11月22日，北京市发改委、北京市金融工作局共同印发了《关于印发北京市碳排放配额场外交易实施细则（试行）的通知》（京发改规〔2013〕7号）。为进一步保障试点工作顺利开展，2013年12月27日，北京市第十四届人民代表大会常务委员会第八次会议通过了《北京市人民代表大会常务委员会关于北京市在严格控制碳排放总量前提下开展碳排放权交易试点工作的决定》。为促进依法实施行政处罚工作制度化、规范化、标准化，严格规范碳排放权交易行政处罚自由裁量权行使，维护相关法人单位合法权益，2014年5月6日，北京市发改委还发布了《关于印发规范碳排放权交易行政处罚自由裁量权规定的通知》。2014年6月，北京市发改委和北京市金融工作局联合发布了《关于印发北京市碳排放权交易公开市场操作管理办法（试行）的通知》。2014年9月2日，北京市发改委和北京市园林绿化局联合发布了《关于印发北京市碳排放权抵消管理办法（试行）的通知》（京发改规〔2014〕6号）。

（2）上海市试点碳市场建设的落实政策。按照《国家发展改革委办公厅关于开展碳排放权交易试点工作的通知》的要求，2012年7月3日上海市人民政府发布了《关于本市开展碳排放交易试点工作的实施意见》（沪府发〔2012〕64号）。为推动企业履行碳排放控制责任，实现本市碳排放控制目标，规范碳排放相关管理活动，推进碳排放交易市场健康发展，2013年11月6日，上海市政府第29次常务会议通过了《上海市碳排放管理试行办法》（沪府令第10号），并于2013年11月18日由上海市人民政府发布。根据《上海市碳排放管理试行办法》及《关于上海市开展碳排放交易试点工作的实施意见》的有关规定，2013年11月22日，上海市发改委发布了《关于印发〈上海市2013—2015年碳排放配额分配和管理方案〉的通知》（沪发改环资〔2013〕168号）。结合前面三个规定，2013年11月22日，上海市发改委发布了《关于印发〈上海市碳排放配额登记管理暂行规定〉的通知》（沪发改环资〔2013〕170号）。根据《上海市碳排放管理试行办法》的有关规定和要求，2014年1月10日，上海市发改委发布了《关于印发〈上海市碳排放核查第三方机构管理暂行办法〉的通知》（沪发改环资〔2014〕5号）。为进一步落实前述规定和促进试点碳市场有效运行，2014年3月12日，上海市发改委进一步发布了《关于印发〈上海市碳排放核查工作规则（试行）〉的通知》（沪发改环资〔2014〕35号）。

（3）深圳市试点碳市场建设的落实政策。为加快经济发展方式转变，优化环境资源配置，合理控制能源消费总量，推动碳排放强度的持续下降，根据法律、行政法规的基本原则和国务院《“十二五”控制温室气体排放工作方案》等有关规定，2012年10月30日，深圳市第五届人民代表大会常务委员会第十八次会议通过了《深圳经济特区碳排放管理若干规定》。为建设环境资源友好型社会，加快经济发展方式转变，促进节能减排和绿色低碳发展，建立和规范碳排放权交易市场，实现温室气体排放控制目标，根据《深圳经济特区碳排放管理若干规定》，2014 年 3 月 19 日，深圳市人民政府第五届一百零五次常务会议审议通过了《深圳市碳排放权交易管理暂行办法》（政府令 2014 年第 262 号）。

（4）天津市试点碳市场建设的落实政策。根据《国家发展改革委关于同意天津市低碳城市试点工作实施方案的通知》和《国家发展改革委办公厅关于开展碳排放权交易试点工作的通知》要求，2013 年 2 月 5 日，天津市人民政府发布了《关于印发天津市碳排放权交易试点工作实施方案的通知》。2013 年 12 月 18 日，天津市发改委发布了《关于发布天津市碳排放权交易试点纳入企业名单的通知》，通知根据天津市碳排放总量控制目标和相关行业碳排放等情况，结合初始碳核查、核算结果，确定了纳入企业名单。同时，为落实《国务院关于印发“十二五”控制温室气体排放工作方案的通知》中所提出的要求，2013 年 12 月 20 日，天津市人民政府发布了《关于印发天津市碳排放权交易管理暂行办法的通知》（津政办发〔2013〕112 号）。根据《天津市碳排放权交易管理暂行办法》及《天津市碳排放权交易试点工作实施方案》的有关规定，按照碳排放交易试点工作进度安排，2013 年 12 月 24 日，天津市发改委发布了《关于开展碳排放权交易试点工作的通知》（津发改环资〔2013〕1345 号）。

（5）重庆市试点碳市场建设的落实政策。根据《国家发展改革委办公厅关于开展碳排放权交易试点工作的通知》要求，2014 年 4 月 26 日，重庆市人民政府发布了《关于印发重庆市碳排放权交易管理暂行办法的通知》（渝府发〔2014〕17 号）。根据《重庆市碳排放权交易管理暂行办法》，2014 年 5 月 28 日，重庆市发改委发布了《关于印发重庆市碳排放配额管理细则（试行）的通知》（渝发改环〔2014〕538 号），同时还发布了《关于印发重庆市工业企业碳排放核算报告和核查细则（试行）的通知》（渝发改环〔2014〕542 号）、《关于印发重庆市工业企业碳排放核算和报告指南（试行）的通知》（渝发改环〔2014〕544 号）、《关于印发重庆市企业碳排放核查工作规范（试行）的通知》（渝发改环〔2014〕547 号）和《关于下达重庆市 2013 年度碳排放配额的通知》（渝发改环〔2014〕548 号）。

（6）广东省试点碳市场建设的落实政策。根据《国家发展改革委办公厅关于开展碳排放权交易试点工作的通知》要求，2012 年 9 月 7 日，广东省人民政府发布了《关于印发广东省碳排放权交易试点工作实施方案的通知》(粤府函〔2012〕264 号)。根据《关于印发广东省碳排放权交易试点工作实施方案的通知》要求，2013 年 11 月 25 日，广东省发改委发布了《关于印发广东省碳排放权配额首次分配及工作方案（试行）的通知》(粤发改资环函〔2013〕3537 号)。为实现温室气体排放控制目标，发挥市场机制作用，规范碳排放管理活动。2013 年 12 月 17 日，广东省人民政府第十二届 17 次常务会议通过了《广东省碳排放管理试行办法》(粤府令第 197 号)。为进一步做好碳排放权交易试点工作，根据《广东省碳排放管理试行办法》的规定，2014 年 3 月 18 日，广东省发改委发布了《关于〈广东省企业碳排放信息报告与核查实施细则（试行)〉的通知》(粤发改资环〔2014〕145 号)，2014 年 3 月 20 日，发布了《关于印发〈广东省碳排放配额管理实施细则（试行)〉的通知》(粤发改资环〔2014〕149 号)，2014 年 8 月 18 日，进一步发布《关于印发广东省 2014 年度碳排放配额分配实施方案的通知》(粤发改气候〔2014〕495 号)。

（7）湖北省试点碳市场建设的落实政策。根据《国家发展改革委办公厅关于开展碳排放权交易试点工作的通知》要求，2013 年 2 月 18 日，湖北省人民政府发布了《关于印发湖北省碳排放权交易试点工作实施方案的通知》(鄂政办发〔2013〕9 号)。为加强碳排放权交易市场建设，规范碳排放权管理活动，有效控制温室气体排放，推进资源节约、环境友好型社会建设。2014 年 3 月 17 日，湖北省人民政府常务会议审议通过了《湖北省碳排放权管理和交易暂行办法》(鄂政令第 371 号)。

自国家发改委同意在深圳、上海、北京、广东、天津、重庆和湖北 7 个省、市开展碳排放权交易试点，并于 2011 年 10 月 29 日发布《关于开展碳排放权交易试点工作的通知》(发改办气候〔2011〕2601 号）以后，深圳、上海、北京、广东、天津、重庆和湖北 7 个省、市出台的一系列试点碳市场建设的落实政策，对碳排放权交易试点工作的开展提出了明确要求，从而为 7 个省、市试点碳市场的启动运行提供了有力的保障。

11.1.2 中国试点碳市场运行情况

2011 年 10 月底，国家发改委发布了《关于开展碳排放权交易试点工作的通知》，正式批准在深圳、上海、北京、广东、天津、重庆和湖北 7 个省、市开展碳排放权交易试点。经过近两年的筹备，2013 年 6 月 18 日深圳市碳排放权交易市场正式开市，成为国内首个启动的试点碳市场。随后，2013 年 11 月 26 日上海市碳排放权交易市场开市，2013 年 11 月 28 日北京市碳排放权交易市场开市，2013 年 12 月 19 日广东省碳排放权交易市场开市，2013 年 12 月 26 日天津市碳排放权交易市场开市，2014 年 4 月 2 日湖北省碳排放权交易市场开市，2014 年 6 月 19 日重庆市碳排放权交易市场开市，至此全国 7 个省、市试点碳市场全部启动交易。以下为 7 个试点碳市场自开市以来的运行情况[①]。

（1）深圳市试点碳排放权交易市场运行情况。图 11.1 为深圳市试点碳市场排放权交易情况。从图 11.1 可以看出，自 2013 年 6 月 18 日深圳市碳排放权交易市场正式启动，除 2013 年 7 月份没有成交情况以外，其他每个月都有成交。从交易量的变化特征来看，2014 年 6 月份成交规模最大，达到 100 万吨以上；其次是 2014 年 12 月，达到 50 万吨以上。交易量存在明显的时期效应，这与市场运行规则和企业碳排放权清缴规则有关。其中，最高峰的成交量是次高峰的成交量的 2 倍以上。从成交价格的变化特征来看，2013 年 9 月至 2014 年 6 月，市场成交价格一直维持在 70～80 元/吨的较高价位上。2014 年下半年市场成交价格一直保持持续下降趋势，截至 2014 年 12 月，市场成交价格已经下降到 13 元/吨。相对于 2014 年 3 月的市场成交价最高峰价格 83 元/吨，下降了 84%。这一方面受市场供给影响，另一方面也受市场预期的影响。可见，市场成交量和成交价格之间的关联性较弱。总体来看，自深圳市碳排放权交易市场正式启动至 2014 年年底，深圳市碳交易市场共计成交 225.96 万吨碳，成交金额达到 1.23 亿元，成交单价达到 55 元/吨。

（2）上海市试点碳排放权交易市场运行情况。图 11.2 为上海市试点碳市场排放权交易情况。从图 11.2 可以看出，自 2013 年 11 月 26 日上海市碳排放权交易市场正式启动，除 2014 年 7 月和 8 月两个月没有成交量以外，其他每个月都有碳排放权成交。从交易量的变化特征来看，2014 年 6 月份成交规模最大，达到 81.65 万吨；其次是 2014 年 12 月，也达到 33.32 万吨。交易量存在明显的时期效应，这也与市场运行规则和企业碳排放权清缴规则有关。其中，最高峰的成交量是次高峰的成交量的 2 倍以上。从成交价格的变化特征来看，2013 年 12 月和 2014 年 1 月，成交价格维持在 30 元/吨左右；2014 年 2 月至 2014 年 6 月，成交价格维持在 40 元/吨左右；2014 年 9 月至 2014 年 12 月，成交价格维持在 35 元/吨左右。成交价格不存在明显的时期效应。可见，市场成交量和成交价格之间的关联性同

---

① 数据整理于中国碳排放交易网：http：//www.tanpaifang.com/。

样较弱。总体来看，自上海市碳排放权交易市场正式启动至2014年年底，上海市碳交易市场共计成交171.40万吨碳，成交金额达到6.51亿元，成交单价达到38元/吨。

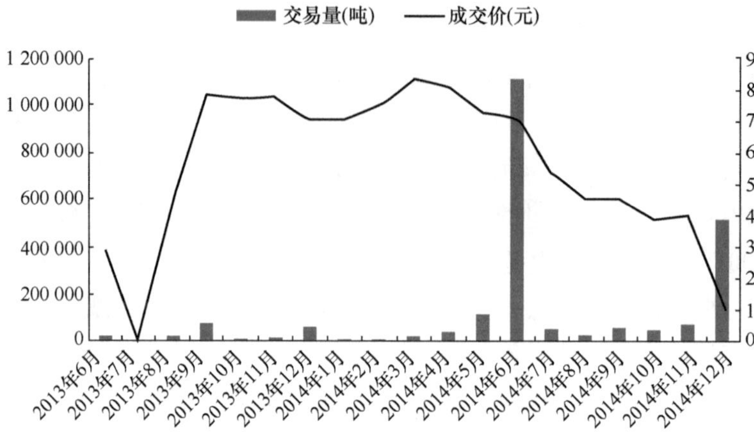

图11.1　深圳市试点碳市场排放权交易情况

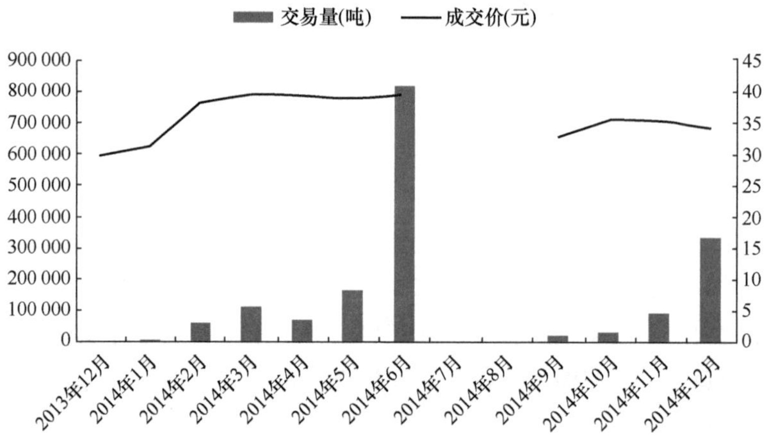

图11.2　上海市试点碳市场排放权交易情况

（3）北京市试点碳排放权交易市场运行情况。图11.3为北京市试点碳市场排放权交易情况。从图11.3可以看出，自2013年11月28日北京市碳排放权交易市场正式启动，每个月都有碳排放权成交。从交易量的变化特征来看，2014年6月份成交规模最大，达到43.82万吨；其次是2014年7月，也达到36.48万吨。交易量存在明显的时期效应，这也与市场运行规则和企业碳排放权清缴规则有关。其中，最高峰的成交量是次高峰的成交量的1.2倍。从成交价格的变化特征来看，除2014年7月市场成交价格达到70元/吨外，其他各个月份市场成交价格一直维持在50~55元/吨，不存在明显的时期效应。可见，市场成交量和成交价格之间的关联性较弱。总体来看，自北京市碳排放权交易市场正式启动至2014年年底，北京市碳交易市场共计成交105.88万吨碳，成交金额达到6.31亿元，成交单价达到60元/吨。

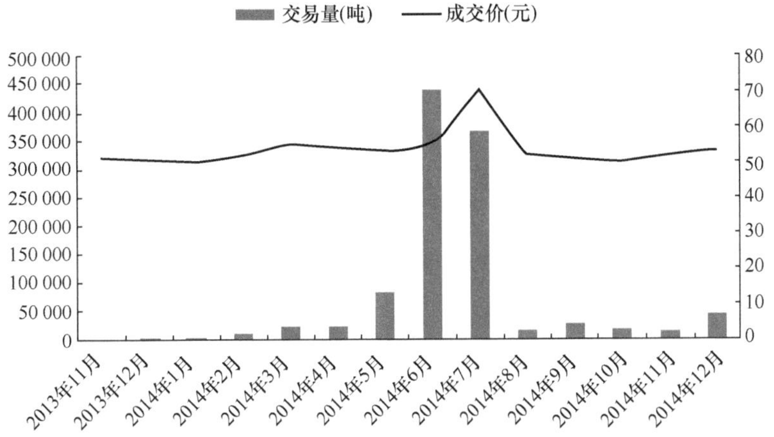

图11.3 北京市试点碳市场排放权交易情况

（4）广东省试点碳排放权交易市场运行情况。图11.4为广东省试点碳市场排放权交易情况。从图11.4可以看出，自2013年12月19日广东省碳排放权交易市场正式启动，除2014年1月和2月两个月没有成交量以外，其他每个月都有碳排放权成交。从交易量的变化特征来看，2014年6月份成交规模最大，达到45.18万吨；其次是2014年7月，也达到41.06万吨。交易量存在明显的时期效应，这也与市场运行规则和企业碳排放权清缴规则有关。其中，最高峰的成交量是次高峰的成交量的1.1倍。从成交价格的变化特征来看，2014年5月是市场成交价格高峰点，达到68元/吨。之前的市场成交价格一直维持在60元/吨以上，此后市场成交价格一直保持持续下降趋势，截至2014年12月市场成交价格下降到21元/吨，相对于高峰点时期的市场成交价格，下降了69%。成交价格不存在明显的时期效应。可见，市场成交量和成交价格之间的关联性同样较弱。总体来看，自广东省碳排放权交易市场正式启动至2014年年底，广东省碳交易市场共计成交117.57万吨碳，成交金额达到6.35亿元，成交单价达到54元/吨。

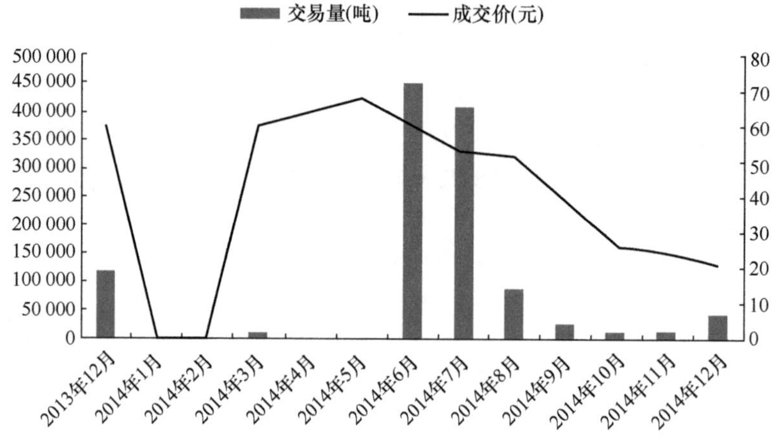

图 11.4　广东省试点碳市场排放权交易情况

（5）天津市试点碳排放权交易市场运行情况。图 11.5 为天津市试点碳市场排放权交易情况。从图 11.5 可以看出，自 2013 年 12 月 26 日天津市碳排放权交易市场正式启动，每个月都有碳排放权成交。从交易量的变化特征来看，2014 年 7 月份成交规模最大，达到 83.68 万吨；其次是 2014 年 1 月，仅达到 4.30 万吨。交易量存在明显的时期效应，这也与市场运行规则和企业碳排放权清缴规则有关。其中，最高峰的成交量是次高峰的成交量的近 20 倍。从成交价格的变化特征来看，2013 年 12 月和 2014 年 2 月，成交价格维持在 25 ~30 元/吨；2014 年 3 月至 2014 年 6 月，成交价格维持在 30 ~40 元/吨；2014 年 7 月，成交价格降到 20 元/吨以下；2014 年 8 月至 2014 年 12 月，成交价格维持在 25 ~30 元/吨。成交价格不存在明显的时期效应。可见，市场成交量和成交价格之间的关联性同样较弱。总体来看，自天津市碳排放权交易市场正式启动至 2014 年年底，天津市碳交易市场共计成交 100.71 万吨碳，成交金额达到 2.06 亿元，成交单价达到 20 元/吨。

（6）湖北省试点碳排放权交易市场运行情况。图 11.6 为湖北省试点碳市场排放权交易情况。从图 11.6 可以看出，自 2014 年 4 月 2 日湖北碳排放权交易市场正式启动，每个月都有碳排放权成交。从交易量的变化特征来看，2014 年 4 月市场正式启动的月份成交规模最大，达到 414.96 万吨；其次是市场正式启动的次月 2014 年 5 月，达到 97.50 万吨。交易量存在明显的时期效应，这也与市场运行规则和企业碳排放权清缴规则有关。其中，最高峰的成交量是次高峰的成交量的 4 倍以上。从成交价格的变化特征来看，除 2014 年 4 月市场正式启动的月份市场成交价格为 12 元/吨

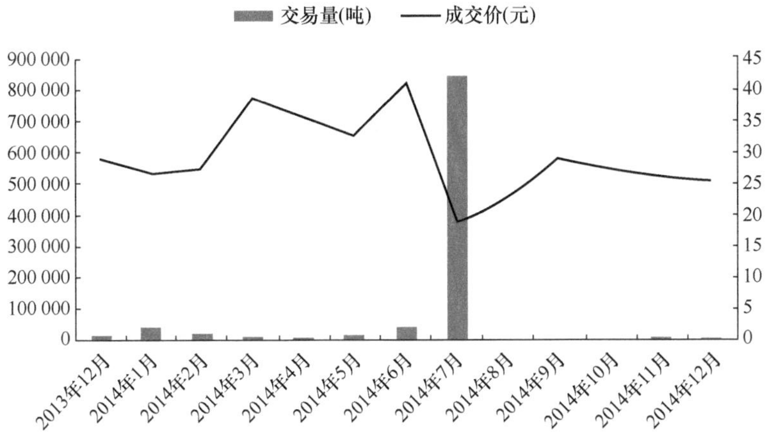

图 11.5 天津市试点碳市场排放权交易情况

外，其他时期的市场成交价格维持在 20～25 元/吨，不存在明显的时期效应。可见，市场成交量和成交价格之间的关联性同样较弱。总体来看，自湖北省碳排放权交易市场正式启动至 2014 年年底，湖北省碳交易市场共计成交 898.14 万吨碳，成交金额达到 1.66 亿元，成交单价达到 18 元/吨。

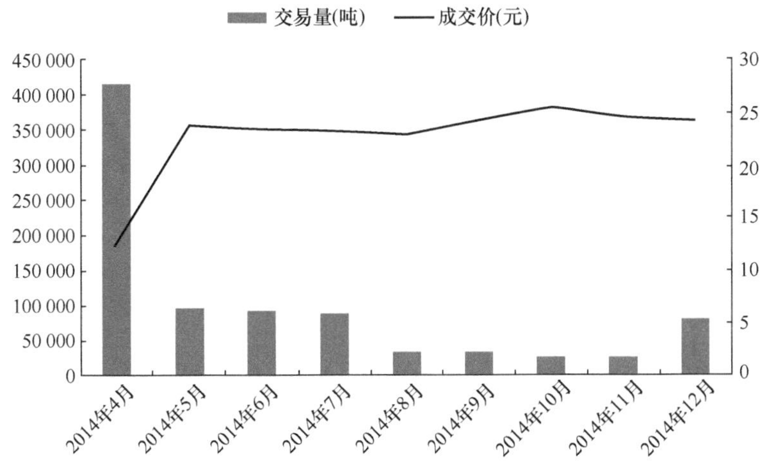

图 11.6 湖北省试点碳市场排放权交易情况

（7）重庆市试点碳排放权交易市场运行情况。图 11.7 为重庆市试点碳市场排放权交易情况。自 2014 年 6 月 19 日重庆市碳排放权交易市场正式启动，除了市场正式启动当月有碳排放权成交，其他各月均没有成交。市场正式启动当月成交量为 14.50 万吨，市场成交价格为 31 元/吨。

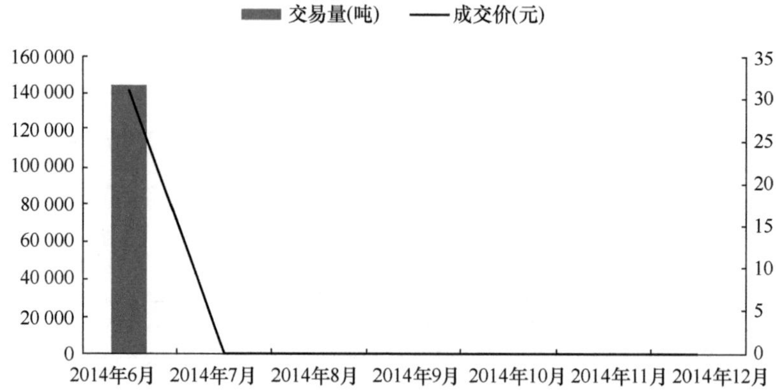

图 11.7　重庆市试点碳市场排放权交易情况

11.1.3　中国试点碳市场发展困境

各试点碳市场成交量无论是规模还是变化趋势均存在较大差异，且部分试点碳市场成交存在明显的不连续现象。表 11.1 为中国 7 个试点碳市场自启动交易以来的成交量变化情况。除了北京、天津和湖北 3 个试点市场，其他 4 个试点碳市场的交易均存在部分月份没有成交量的情况。尤其是重庆市，除了市场启动当月有成交量，此后截至 2014 年年底均没有成交量。

表 11.1　中国 7 个试点碳市场交易量变化情况

万吨

	深圳	北京	广东	上海	天津	湖北	重庆
2013 年 6 月	2.11						
2013 年 7 月	0.00						
2013 年 8 月	2.30						
2013 年 9 月	7.29						
2013 年 10 月	0.94						
2013 年 11 月	1.08	0.08					
2013 年 12 月	6.01	0.18	12.01	0.33	1.72		
2014 年 1 月	0.84	0.31	0.00	0.57	4.30		
2014 年 2 月	0.81	0.93	0.00	6.10	1.89		
2014 年 3 月	2.03	2.15	0.59	11.33	1.22		
2014 年 4 月	3.75	2.26	0.01	6.97	0.77	414.96	
2014 年 5 月	11.53	8.10	0.01	16.48	1.56	97.50	

续表

	深圳	北京	广东	上海	天津	湖北	重庆
2014 年 6 月	111. 14	43. 82	45. 18	81. 65	4. 12	91. 98	14. 50
2014 年 7 月	4. 98	36. 48	41. 06	0. 00	83. 68	89. 01	0. 00
2014 年 8 月	2. 36	1. 46	8. 98	0. 00	0. 16	33. 86	0. 00
2014 年 9 月	5. 32	2. 76	2. 52	2. 24	0. 14	34. 95	0. 00
2014 年 10 月	4. 57	1. 72	1. 44	3. 11	0. 06	27. 37	0. 00
2014 年 11 月	7. 35	1. 32	1. 54	9. 31	0. 63	28. 90	0. 00
2014 年 12 月	51. 54	4. 32	4. 23	33. 32	0. 45	79. 61	0. 00

从表 11. 1 可以看出，各试点碳市场成交量的变化存在明显的年中效应、年底效应和市场启动效应。年中效应表现为，深圳、北京、广东和上海均在 2014 年 6 月实现成交量的高峰期，而天津市在 2014 年 7 月实现成交量的高峰期；年底效应表现为，深圳和上海在 2014 年年底的成交量达到次高峰，湖北 2014 年 12 月的成交量也实现了大幅度的提升；市场启动效应表现为，湖北和重庆两个市场在启动当月的成交量均为当年成交量的高峰。从各个试点市场高峰期的成交量比较来看，湖北市场高峰期的成交量最大，为 414. 96 万吨；其次是深圳，达到 111. 14 万吨；再次为天津和上海，分别达到 83. 68 万吨和 81. 65 万吨；紧随其后的是北京和广东，分别为 43. 82 万吨和 45. 18 万吨。重庆市场高峰期的成交量最小，为 14. 5 万吨。可见，排名第一的湖北市场高峰期成交量是排名倒数第一的重庆市场高峰期成交量的近 30 倍。各试点碳市场成交量变化特征和规模均存在巨大差异。

各试点碳市场成交价格水平和变化同样存在巨大差异，且部分试点碳市场成交价格存在明显的跳跃性。表 11. 2 为中国 7 个试点碳市场自启动交易以来的成交价格变化情况。北京碳交易市场的成交价格最为稳定，除了 2014 年 7 月存在成交价格的异常波动，其他时期的成交价格均稳定在 50 ~ 55 元/吨。其次是湖北碳交易市场，除了市场启动交易当月的成交价格为 12. 35 元/吨外，其他时期的成交价格均稳定在22 ~ 26 元/吨；上海市碳交易市场的成交价格也相对稳定，除 2014 年 7 月和 8 月市场没有成交量外，其他月份的市场成交价格均稳定在 29 ~ 40 元/吨。深圳碳市场和广东碳市场的成交价格存在一个明显的下降趋势，深圳碳市场成交价格从 2014 年 3 月开始保持持续下降趋势，截至 2014 年 12 月市场成交价格下降到 12. 53

元/吨，相对于2014年3月高峰时期的价格下降了85%；广东碳市场成交价格从2014年5月开始保持持续下降趋势，截至2014年12月市场成交价格下降到20.82元/吨，相对于2014年5月高峰时期的价格下降了69%。天津碳市场成交价格呈阶段性波动特征，2014年9月至2014年12月市场成交价格基本稳定在25元/吨左右。

表11.2 中国7个试点碳市场成交价格变化情况

元/吨

	深圳	北京	广东	上海	天津	湖北	重庆
2013年6月	29.00						
2013年7月	0.00						
2013年8月	43.61						
2013年9月	78.46						
2013年10月	76.76						
2013年11月	77.62	51.25					
2013年12月	70.58	51.22	60.17	29.58	28.55		
2014年1月	70.52	50.46	0.00	31.14	26.31		
2014年2月	75.35	51.91	0.00	38.29	26.98		
2014年3月	83.50	55.00	60.35	39.25	38.59		
2014年4月	80.80	54.12	63.88	39.25	35.64	12.35	
2014年5月	72.46	53.08	67.90	38.78	32.42	23.86	
2014年6月	70.75	55.05	60.00	39.72	40.91	23.26	30.74
2014年7月	53.80	69.87	52.32	0.00	18.09	23.25	0.00
2014年8月	45.15	51.81	51.90	0.00	22.52	22.95	0.00
2014年9月	45.42	51.31	38.82	32.79	28.84	24.34	0.00
2014年10月	38.74	50.13	26.15	35.61	27.25	25.37	0.00
2014年11月	40.41	52.13	24.44	35.21	25.87	24.41	0.00
2014年12月	12.53	52.85	20.82	34.18	25.27	24.17	0.00

从表11.2可以看出，截至2014年12月，各试点碳市场的成交价格分别为：深圳12.53元/吨，北京52.85元/吨，广东20.82元/吨，上海34.18元/吨，天津25.27元/吨，湖北24.17元/吨，重庆没有成交。其中，北京的成交价格最高，为成交价格最低的深圳的4倍以上。可见，各碳市场成交价格水平和变化特征均存在巨大差异。

受成交量和成交价格的共同影响，各试点市场成交金额及其变化也存在巨大变化，且成交量和成交价格之间不存在明显的关联关系。表 11.3 为中国 7 个试点碳市场自启动交易以来的成交金额变化情况。

表 11.3　中国 7 个试点碳市场成交金额变化情况

亿元

	深圳	北京	广东	上海	天津	湖北	重庆
2013 年 6 月	61						
2013 年 7 月	0						
2013 年 8 月	100						
2013 年 9 月	572						
2013 年 10 月	72						
2013 年 11 月	84	4					
2013 年 12 月	424	9	723	10	49		
2014 年 1 月	59	16	0	18	113		
2014 年 2 月	61	48	0	234	51		
2014 年 3 月	169	118	35	445	47		
2014 年 4 月	303	122	0	274	28	5 124	
2014 年 5 月	835	430	1	639	51	2 327	
2014 年 6 月	7 863	2 412	2 711	3 243	169	2 140	446
2014 年 7 月	268	2 549	2 148	0	1 513	2 069	0
2014 年 8 月	107	76	466	0	4	777	0
2014 年 9 月	242	142	98	73	4	851	0
2014 年 10 月	177	86	38	111	2	694	0
2014 年 11 月	297	69	38	328	16	706	0
2014 年 12 月	646	228	88	1 139	11	1924	0

从表 11.3 可以看出，北京碳交易市场由于成交价格相对稳定，成交金额的变化特征与成交量的变化特征保持一致，也是 2014 年 6 月和 7 月的成交金额最高，分别达到 2 412 万元和 2 549 万元。上海碳交易市场也由于其成交价格相对稳定，而带来成交金额的变化特征与成交量的变化特征保持一致，也是在 2014 年 6 月达到最高峰，为 3 243 万元；2014 年 12 月达到一个次高峰，为 1 139 万元。湖北碳交易市场虽然在市场启动当月的成交价格仅相当于其他月份成交价格的一半，但由于市场启动当月的成交量要

高出其他月份成交量数倍，湖北碳交易市场在其市场启动当月的成交金额也为全年最高，达到5 124万元。虽然深圳和广东碳交易的成交价格存在明显的下降趋势，但由于成交量与成交价格并不存在完全的负向关联关系，因此，成交金额的变化特征在两个要素的共同影响下并不存在明显的趋势特征。其中，成交金额峰值主要受成交量的影响。天津碳交易成交价格虽然呈阶段性变化特征，但其成交金额的峰值也主要受成交量影响。

综合来看，深圳碳交易成交金额的峰值在7个试点碳市场中最大，重庆最小，前者相当于后者的近18倍。可见，各试点碳市场成交金额水平和变化特征也均存在巨大差异。同时，上述7个试点碳市场成交量和成交金额之间并不存在一致的关联关系，可见，上述7个试点碳市场的价格发现功能并没有得到明显的体现，各试点碳市场的运行依然需要不断完善。

各试点碳市场规模差异巨大，且与各试点碳市场所在地区碳排放量不存在明显的对应关系。综合来看，如表11.4所示，中国7个试点碳市场自启动以来，共计完成成交量达到1 634万吨，成交金额达到50 623万元，成交均价达到31元/吨。其中，深圳碳交易市场自启动以来，成交量达到226万吨，占7个试点碳市场成交量总和的13.83%；成交金额达到12 341万元，占7个试点碳市场成交金额总和的24.38%；成交均价为55元/吨，是整体均价的1.8倍。北京碳交易市场自启动以来，成交量达到106万吨，占7个试点碳市场成交量总和的6.48%；成交金额达到6 309万元，占7个试点碳市场成交金额总和的12.46%；成交均价为60元/吨，是整体均价的1.9倍。广东碳交易市场自启动以来，成交量达到118万吨，占7个试点碳市场成交量总和的7.19%；成交金额达到6 346万元，占7个试点碳市场成交金额总和的12.54%；成交均价为54元/吨，是整体均价的1.7倍。上海碳交易市场自启动以来，成交量达到171万吨，占7个试点碳市场成交量总和的10.49%；成交金额达到6 512万元，占7个试点碳市场成交金额总和的12.86%；成交均价为38元/吨，是整体均价的1.3倍。天津碳交易市场自启动以来，成交量达到101万吨，占7个试点碳市场成交量总和的6.16%；成交金额达到2 058万元，占7个试点碳市场成交金额总和的4.06%；成交均价为20元/吨，是整体均价的0.7倍。湖北碳交易市场自启动以来，成交量达到898万吨，占7个试点碳市场成交量总和的54.96%；成交金额达到16 611万元，占7个试点碳市场成交金额总和的32.81%；成交均价为18元/吨，是整体均价的0.6倍。重庆碳交易市场自启动以来，成交量达到15万吨，占7个试点碳市场成交量总和的0.89%；

成交金额达到446万元，占7个试点碳市场成交金额总和的0.99%；成交均价为30元/吨，与整体均价基本相当。

表11.4 中国7个试点碳市场截至2014年12月成交特征综合比较

	成交量（万吨）	占比（%）	成交金额（万元）	占比（%）
深圳	226	13.83	12 341	24.38
北京	106	6.48	6 309	12.46
广东	118	7.19	6 346	12.54
上海	171	10.49	6 512	12.86
天津	101	6.16	2 058	4.06
湖北	898	54.96	16 611	32.81
重庆	15	0.89	446	0.88
合计	1 634		50 623	

可见，深圳、北京、广东和上海4个经济发达地区的碳市场的成交金额占总体份额要明显高于其成交量占总体份额，即其成交均价要高于整体平均成交均价。而天津、湖北和重庆的碳市场成交金额占总体份额要明显低于其成交量占总体份额，即其成交均价要低于整体平均成交均价。综合来看，中国各试点碳市场无论是成交量、成交金额还是成交均价都存在明显的差异，且各试点碳市场成交量与其所处地区的碳排放规模不存在明显的对应关系。这不仅是当下各试点碳市场发展的困境所在，也是中国未来统一碳市场建设的最大困境所在。

11.2 地方政府碳减排困境和技术合作困境的静态博弈分析

根据《“十二五”节能减排综合性工作方案》和《“十二五”控制温室气体排放工作方案》两个方案，各省、直辖市、自治区是中国碳减排的主要责任主体。各省、直辖市、自治区之间碳减排的利益冲突往往表现在两个方面：一方面，各省、直辖市、自治区作为利益主体在经济发展和碳减排的双重压力下，基于经济发展的需求会对碳减排努力做出不同选择，从而给各省、直辖市、自治区碳减排带来困境；另一方面，在区域协调发展和低碳技术跨区推广的政策背景下，各省、直辖市、自治区将会面临在独立进行碳减排技术创新和从其他区域引入先进碳减排技术之间进行选择的问题，从而也会给省际碳减排技术合作带来困境。本节通过分别构建三个经典静态博弈模型，对上述两个方面进行研究。

11.2.1 地方政府碳减排困境的静态博弈分析

博弈论是研究在利益相互影响的局势中，理性的局中人（参与人）为了最大化自己的利益如何选择各自的策略以及这种策略的均衡问题（王文举，2010）。在省际碳减排空间博弈中，各省、直辖市、自治区都会为了最大化自身利益而进行博弈。根据前述文献在完全信息静态博弈框架下的研究分析可知，双方利益分配情况不同，往往会得出不同的博弈均衡结果。其中，关于省际碳减排困境的完全信息静态博弈，可以通过构建囚徒困境、智猪博弈和斗鸡博弈等三个最经典博弈模型分别加以分析。

11.2.1.1 地方政府碳减排困境的囚徒困境博弈分析

研究两个博弈局中人合作因利益冲突而难以实现，最常用的方法是著名的囚徒困境博弈分析。假设有两个经济发展水平和大气环境污染程度相当的地方政府（A，B），两个地方政府的碳减排博弈情况描述如下：

（1）两个地方政府都采取碳减排策略，则双方都可以从中得到 8 个单位的大气环境提升收益，但同时因为经济增长损失和碳减排成本而付出 5 个单位收益，因此，两个地方政府的净收益均为 3 个单位收益。

（2）两个地方政府都不采取碳减排策略，则双方都可以从中得到 6 个单位的经济发展收益，但同时因为大气环境污染的进一步恶化而付出 5 个单位收益，因此，两个地方政府的净收益均为 1 个单位收益。

（3）有一个地方政府采取碳减排策略，另一个地方政府不采取碳减排策略，则采取碳减排策略的地方政府得到 4 个单位的大气环境提升收益，但同时因为经济增长损失和碳减排成本而付出 5 个单位收益；不采取碳减排策略的地方政府同样得到 4 个单位的大气环境提升收益，同时也会获得 6 个单位的经济增长收益。因此，采取碳减排策略的地方政府获得的净收益为 -1 个单位收益，而不采取碳减排策略的地方政府获得的净收益为 10 个单位收益。

双方的支付如表 11.5 所示。

表 11.5 地方政府碳减排困境的囚徒困境博弈

B	A	
	减　排	不减排
减　排	3，3	-1，10
不减排	10，-1	1，1

从表 11.5 可以看出，纳什均衡的结果是地方政府 A 和地方政府 B 都

会选择不进行碳减排。囚徒困境反映了一个很深刻的问题，就是个人理性和集体理性往往会存在相互冲突的情况。尽管两个地方政府都进行碳减排，会使社会整体福利增加，但是如果地方政府 A 选择进行碳减排，而地方政府 B 选择不进行碳减排，那么地方政府 A 就会得不偿失，而地方政府 B 就会坐享其成。最后的结果就是两个地方政府都不会选择进行碳减排，这时的纳什均衡使得所有地方政府的福利都得不到提高。

11.2.1.2　地方政府碳减排困境的斗鸡博弈分析

在斗鸡博弈分析中，同样假设有两个经济发展水平和大气环境污染程度相当的地方政府 A 和 B。其与囚徒困境博弈情况相同的是：①两个地方政府都采取碳减排策略，则双方都可以从中得到 8 个单位的大气环境提升收益，但同时因为经济增长损失和碳减排成本而付出 5 个单位收益，因此，两个地方政府的净收益均为 3 个单位收益；②两个地方政府都不采取碳减排策略，则双方都可以从中得到 6 个单位的经济发展收益，但同时因为大气环境污染的进一步恶化而付出 5 个单位收益，因此，两个地方政府的净收益均为 1 个单位收益。

其与囚徒困境博弈情况不相同的是：有一个地方政府采取碳减排策略，另一个地方政府不采取碳减排策略，则采取碳减排策略的地方政府得到 7 个单位的大气环境提升收益，但同时因为经济增长损失和碳减排成本而付出 5 个单位收益，不采取碳减排策略的地方政府同样得到 4 个单位的大气环境提升收益，同时也会获得 6 个单位的经济增长收益，因此，采取碳减排策略的地方政府获得的净收益为 2 个单位收益，而不采取碳减排策略的地方政府获得的净收益为 10 个单位收益。

双方支付如表 11.6 所示。

表 11.6　地方政府碳减排困境的斗鸡博弈

B	A	
	减　排	不减排
减　排	3，3	2，10
不减排	10，2	1，1

从表 11.6 可以看出，纳什均衡的结果是：如果地方政府 A 选择进行碳减排，则地方政府 B 就会选择不进行碳减排；相反，如果地方政府 B 选择进行碳减排，则地方政府 A 就会选择不进行碳减排。斗鸡博弈存在两个纳什均衡：两个地方政府都进行碳减排能够使社会整体福利增加的情况没

有出现，而两个地方政府都选择不进行碳减排使得社会整体福利最差的情况也没有出现。

11.2.1.3　地方政府碳减排困境的智猪博弈分析

在智猪博弈分析中，假设地方政府A和地方政府B的经济发展水平存在差异，其中，地方政府A的经济发展水平要远高于地方政府B，则两个地方政府的碳减排博弈情况描述如下：

（1）两个地方政府都采取碳减排策略，则经济发展水平高的地方政府A从中得到12个单位的大气环境提升收益（良好的环境对于收入较高的人产生的效益更大），但同时因为经济增长损失和碳减排成本而付出5个单位收益。因此，经济发展水平高的地方政府A进行碳减排的净收益为7个单位收益。经济发展落后的地方政府B从中得到7个单位的大气环境提升收益，同时因为经济增长损失和碳减排成本而付出5个单位收益。因此，经济发展落后的地方政府B实行碳减排的净收益为2个单位收益。

（2）两个地方政府都不采取碳减排策略，则双方都可以从中得到6个单位的经济发展收益，但同时因为大气环境污染的进一步恶化而付出5个单位收益。因此，两个地方政府的净收益均为1个单位收益。

（3）经济发展水平高的地方政府A采取碳减排政策，而经济发展落后的地方政府B不采取碳减排政策。经济发展水平高的地方政府A从中得到10个单位的大气环境提升收益，但同时因为经济增长损失和碳减排成本而付出5个单位收益。因此，经济发展水平高的地方政府A进行碳减排的净收益为5个单位收益，经济发展落后的地方政府B从中得到4个单位的大气环境提升收益。

（4）经济发展落后的地方政府B采取碳减排政策，而经济发展水平高的地方政府A不采取碳减排政策。经济发展落后的地方政府B从中得到4个单位的大气环境提升收益，但同时因为经济增长损失和碳减排成本而付出5个单位收益。因此，经济发展落后的地方政府B进行碳减排的净收益为－1个单位收益，经济发展水平高的地方政府A从中得到10个单位的大气环境提升收益。

双方的支付如表11.7所示。

表11.7　地方政府碳减排困境的智猪博弈

B	A	
	减　排	不减排
减　排	2，7	−1，<u>10</u>
不减排	<u>4</u>，<u>5</u>	<u>1</u>，1

从表 11.7 可以看出，在这种情况下，纳什均衡的结果是，无论经济发展水平高的地方政府 A 选择碳减排还是不选择碳减排，经济发展落后的地方政府 B 的最优策略都是不进行碳减排。利用重复剔除的方法可以得到纳什均衡就是经济发展水平高的地方政府 A 进行碳减排，而经济发展水平落后的地方政府 B 坐享其成。因此，尽管从道义上来讲，经济发达地区的地方政府和经济落后地区的地方政府都应承担起相应的碳减排义务，但是，实际情况往往是经济发达地区需要自觉地承担起碳减排的责任。

11.2.2 地方政府碳减排技术合作困境的静态博弈分析

11.2.2.1 地方政府碳减排技术合作困境的囚徒困境博弈分析

在非重复博弈中，收益结构——相互合作（CC）相对于相互背叛（DD）的收益、单边背叛（DC）相对于无偿合作（CD）的收益——是分析合作问题的根本（奥耶，2010）。在此，可以对前述囚徒困境博弈进行更一般化的表述。假设有两个地方政府甲和乙，每个地方政府面对碳减排技术创新都有两个可以使用的策略："合作"和"背叛"（简写为"C"和"D"）。如果用 R 代表相互合作的收益，T 代表单边背叛的收益，S 代表无偿合作的收益，P 代表相互背叛的收益，则两个局中人的收益矩阵如表 11.8所示。

表 11.8 地方政府碳减排技术合作困境的囚徒困境博弈

B	A	
	合 作	不合作
合 作	R, R	S, $\underline{T}$
不合作	$\underline{T}$, S	$\underline{P}$, $\underline{P}$

其中，收益序列中首个收益数值代表乙的收益，第二个收益数值代表甲的收益。假设：①$T>R$，即在一个地方政府选择合作时，另一个地方政府选择背叛的收益要大于选择合作的收益；②$P>S$，即在一个地方政府选择背叛时，另一个地方政府选择背叛的收益要大于选择合作的收益；③$2R>2P$，即两个地方政府都选择合作的情况要比二者都选择背叛的情况好；④$2R>T+S$，即两个地方政府都选择合作的情况要比二者交替选择背叛与合作的情况好。当上述条件得到满足，如表 11.8 下划线所示，最终两个地方政府的策略选择（背叛，背叛）成为博弈的纳什均衡，"困境"是如果两个局中人都选择合作，他们的境况将都会得到提升，因为不仅 $2R>2P$，而且 $2R>T+S$，（合作，合作）才是二者的最优策略选择。与前述"囚徒

困境”的研究侧重点不同，此处“囚徒困境”描述的情况是，在现实的碳减排过程中，存在需要两个地方政府共同努力方可产生巨大碳减排收益的碳减排领域，如碳减排技术的重大创新。如果两个地方政府能够通力合作，完全有可能在某些碳减排技术领域做出重大的创新，但由于缺乏完善的契约或协议关系，选择不合作完全可以在对方完成重大创新后进行模仿学习并发挥后发优势，从而也自然会带来碳减排技术合作领域的“囚徒困境”问题。

11.2.2.2 地方政府碳减排技术合作困境的猎鹿博弈分析

值得关注的是，在两个地方政府关于碳减排重大技术创新合作的一系列非重复博弈中，还有一种经典博弈模型与囚徒困境博弈模型相对应，但合作变得更加容易实现，即猎鹿博弈（弗登博格，梯若尔，2011）。与囚徒困境博弈不同，如表 11.9 所示，在此博弈中，两个地方政府共同进行一项碳减排技术的重大创新，如果两个地方政府相互合作来完成这项重大技术创新，两个地方政府都将得到很高的合作收益（R），但如果其中一个地方政府中途背叛去追逐短期的微不足道的碳减排技术创新，则这项重大的碳减排技术创新就会失败，背叛者将会得到较少的背叛收益（T），而另一地方政府将会一无所获（S）。如果中途两个人都去追逐短期的微不足道的碳减排技术创新，则会获得少于一个背叛者追逐短期的微不足道的碳减排技术创新的收益（P）。由此可得，这一博弈的收益结构为：$R>T>P>S$。在此收益结构下，虽然只有在每个地方政府相信对方一定会合作的情况下，才能确保合作的稳定，但在单轮的猎鹿博弈中，重大的技术创新所带来的收益会有力地减少背叛对地方政府的诱惑。

表 11.9 地方政府碳减排技术合作困境的猎鹿博弈

B	A	
	合 作	不合作
合 作	$\underline{R}$，$\underline{R}$	S，T
不合作	T，S	$\underline{P}$，$\underline{P}$

11.3 地方政府碳减排困境的信号博弈分析

“5 年规划”和各项专项规划是地方政府释放发展目标的重要途径。面对经济增长和碳减排的两难困境，在经济规划中，不同增速预期的地方政府有可能会做出不相同的碳减排要求，也有可能会做出相同的碳减排要求。而在规划实施阶段，实现不同经济增速的地方政府有可能采取不同的碳减排政策，也有可能采取相同的碳减排政策。将两个过程进行比较还会发现，有很大一部分地方政府均出现了经济增长预期和碳减排要求与实际执行情况不一致的现象，即有的地方政府为保证经济增速而降低了碳减排要求，有的地方政府为保证碳减排而降低了经济增速要求，还有的地方政府同时降低了经济增速和碳减排要求。由此可见，面对经济增长和碳减排的两难困境，地方政府的行动符合明显的信号博弈中信号发送者的特征。这些特征使得信号博弈模型可以很好地对有关地方政府的分类及其碳减排政策选择进行分析。

11.3.1　博弈假设分析

由斯彭斯（Spence，1974）发展的信号博弈作为一种不完全信息动态博弈，在经济学文献中有着广泛的应用。例如，前述文献分析，地方政府和企业间的碳减排规制博弈具有明显的信号传递博弈特征，其中，地方政府是信号发送者（sender，用 S 表示），企业是信号接收者（receiver，用 R 表示）。信号传递博弈顺序及相关假设如下：

（1）根据哈萨尼（Harsanyi）转换原理，“自然”按照特定的概率分布 $p(t)$ 选择地方政府的类型，其中，$\sum p(t)=1$。$T=\{(t_1,t_2)\}$ 是地方政府的类型空间，t_1 表示地方政府为环境偏好型，t_2 表示地方政府为增长偏好型，如果以 r 代表“自然”选择环境偏好型政府的概率，则 $1-r$ 代表“自然”选择增长偏好型政府的概率。其中，$T=\{(t_1,t_2)\}$ 属于地方政府的私人信息，即地方政府知道自己所属的类型，而企业并不知道地方政府所属的类型。

（2）设定地方政府可选择的信号空间为 $m(t)\in M$，其中 $M=\{m_1,m_2\}$。m_1 表示地方政府对外宣称的是要进行严格的碳减排，m_2 表示地方政府对外宣称力保经济增长。企业可以根据地方政府发出的信号 $m(t)\in M$，形成对地方政府类型概率分布（先验概率）的推断。假设根据信号 m_1 推断地方政府为环境偏好型政府的概率为 p，则为增长偏好型政府的概率为 $1-p$；同理，根据信号 m_2 推断地方政府为环境偏好型政府的概率为 q，则为增长偏好型政府的概率为 $1-q$。在对地方政府类型进行推断后，企业选择行动 $a(m)\in A$，其中，$A=\{a_1,a_2\}$ 表示企业的行动空间。a_1 表示企业采取加大碳减排投入的行为，a_2 表示企业采取放松碳减排投入的行为。

（3）地方政府作为信息发送者的信息集为 $I_S(x_1)$ 和 $I_S(x_2)$，分别对应于观测到自然的选择为 t_1 和 t_2 ，行动为 m_1 和 m_2 。对应于信息集，地方政府的信号发送存在4个纯策略，分别为：策略1（m_1,m_1），即无论自然赋予地方政府的类型是 t_1 还是 t_2 ，地方政府发送的信号都是 m_1 ；策略2（m_1,m_2），即如果自然赋予地方政府的类型是 t_1 ，则地方政府发送的信号是 m_1 ，如果自然赋予地方政府的类型是 t_2 ，则地方政府发送的信号是 m_2 ；策略3（m_2,m_1），即如果自然赋予地方政府的类型是 t_2 ，则地方政府发送的信号是 m_1 ，如果自然赋予地方政府的类型是 t_1 ，则地方政府发送的信号是 m_2 ；策略4（m_2,m_2），即无论自然赋予地方政府的类型是 t_1 还是 t_2 ，地方政府发送的信号都是 m_2 。

（4）企业作为信息接收者的信息集为 $I_R(x_3,x_4)$ 和 $I_R(x_5,x_6)$ ，分别对应于观测到信号 m_1 和 m_2 ，行动为 a_1 和 a_2 。对应于信息集，企业的行动同样存在4个纯策略，分别为：策略1（a_1,a_1），即无论地方政府发送的信号是 m_1 还是 m_2 ，企业选择的行动都是 a_1 ；策略2（a_1,a_2），即如果地方政府发送的信号是 m_1 ，则企业选择的行动是 a_1 ，如果地方政府发送的信号是 m_2 ，则企业选择的行动是 a_2 ；策略3（a_2,a_1），即如果地方政府发送的信号是 m_1 ，则企业选择的行动是 a_2 ，如果地方政府发送的信号是 m_2 ，则企业选择的行动是 a_1 ；策略4（a_2,a_2），即无论地方政府发送的信号是 m_1 还是 m_2 ，企业选择的行动都是 a_2 。

（5）在给定地方政府类型 $T=\{(t_1,t_2)\}$ ，地方政府信号空间 $m(t)\in M$ ，企业的行动空间 $a(m)\in A$ ，以及地方政府和企业的策略空间 $S(m_i,m_j)$ 和 $S(a_i,a_j)$ 之后，其中 $i,j=(1,2)$ ，地方政府和企业的收益函数 $U_S(t_i,m_i,a_i)$ 和 $U_R(t_j,m_j,a_j)$ 则可以分别表示为：

① $U_S(t_1,m_1,a_1)=W_1-G_1$ ，$U_R(t_1,m_1,a_1)=-C$ ，表示环境偏好型政府释放了严格进行碳减排的信号，企业按照信号行事，严格进行碳减排控制，则政府获得碳减排所带来的社会福利提升收益为 W_1 ，但由此导致经济增长速度下滑所带来的损失为 G_1 ，企业严格进行碳减排控制的投入成本为 C 。

② $U_S(t_1,m_1,a_2)=G_1'-W_1'$ ，$U_R(t_1,m_1,a_2)=B-F$ ，表示环境偏好型政府释放了严格进行碳减排的信号，企业并没有按照信号行事，并放松了碳减排控制，则政府因经济增长速度提升而获得的收益为 G_1' ，但因大气环境污染所带来的社会福利损失为 W_1' ，企业因此获得的产量效益为 B ，并由此承担的碳减排超标的惩罚为 F 。

③ $U_S(t_1,m_2,a_1)=W_1-G_1-A$ ，$U_R(t_1,m_2,a_1)=-C$ ，表示环境偏好

型政府释放了追求经济增长的信号，企业并没有按照信号行事，而是严格进行碳减排控制，则政府获得环境治理所带来的社会福利提升收益同样为 W_1 ，由此导致经济增长速度下滑所带来的损失也为 G_1 ，同时还要承担政府形象和信誉损失 A ，企业严格进行碳减排控制的投入成本也为 C 。

④ $U_S(t_1,m_2,a_2)=G_1'-W_1'-A$ ，$U_R(t_1,m_2,a_2)=B-F$ ，表示环境偏好型政府释放了追求经济增长的信号，企业按照信号行事，放松了对碳减排的控制，则政府因经济增长速度提升而获得的收益为 G_1' ，因大气环境污染[①]所带来的社会福利损失为 W_1' ，同时还要承担政府形象和信誉损失 A ，企业因此获得产量效益 B ，并由此承担碳减排超标惩罚 F 。

⑤ $U_S(t_2,m_1,a_1)=W_2-G_2+D$ ，$U_R(t_2,m_1,a_1)=-C$ ，表示增长偏好型政府释放了严格进行碳减排的信号，企业按照严格进行碳减排行事，则政府获得大气环境治理所带来的社会福利提升为 W_2 ，同时经济增长速度下滑所带来的损失为 G_2 ，并赢得环保声誉价值 D ，企业严格进行碳减排的投入成本为 C 。

⑥ $U_S(t_2,m_1,a_2)=G_2'-W_2'+D$ ，$U_R(t_2,m_1,a_2)=B$ ，表示增长偏好型政府释放了严格进行碳减排的信号，企业没有按照信号行事，而是放松了碳减排，则政府获得经济增长速度提升所带来的收益为 G_2' ，因大气环境污染所带来的社会福利损失为 W_2' ，政府同样会赢得环保声誉价值 D，企业因此获得的产量效益为 B 。

⑦ $U_S(t_2,m_2,a_1)=W_2-G_2$ ，$U_R(t_2,m_2,a_1)=-C$ ，表示增长偏好型政府释放了追求经济增长的信号，企业没有按照信号行事，而是严格进行碳减排，则政府获得大气环境治理所带来的社会福利提升收益为 W_2 ，同时因经济增长速度下滑所带来的损失为 G_2 ，企业严格进行碳减排的投入成本为 C 。

⑧ $U_S(t_2,m_2,a_2)=G_2'-W_2'$ ，$U_R(t_2,m_2,a_2)=B$ ，表示增长偏好型政府释放了追求经济增长的信号，企业按照信号行事，放松了对碳排放的治理，则政府获得经济增长所带来的收益为 G_2' ，同时接受大气环境污染所带来的社会福利下降 W_2' ，企业获得的产量效益为 B 。

关于收益函数，因为不同类型的政府对大气环境治理所带来的福利提升和大气环境污染所带来的经济增长的价值判断不同。针对环境偏好型政

---

① 未有特别说明，本节大气环境污染和碳排放的经济含义一致，有时候为了表达问题的一般性，往往会使用大气环境污染对碳排放进行替代，但问题研究的思路和结论针对碳排放同样适用。

府，大气环境治理所带来的福利提升要小于大气环境污染所带来的经济增长，即 $W - G > 0$ 。针对增长偏好型政府，大气环境治理所带来的福利提升要小于大气环境污染所带来的经济增长，即 $W - G < 0$ 。在此基础上，可将地方政府与企业的信号博弈模型用图 11.8 所示的博弈树进行表示。

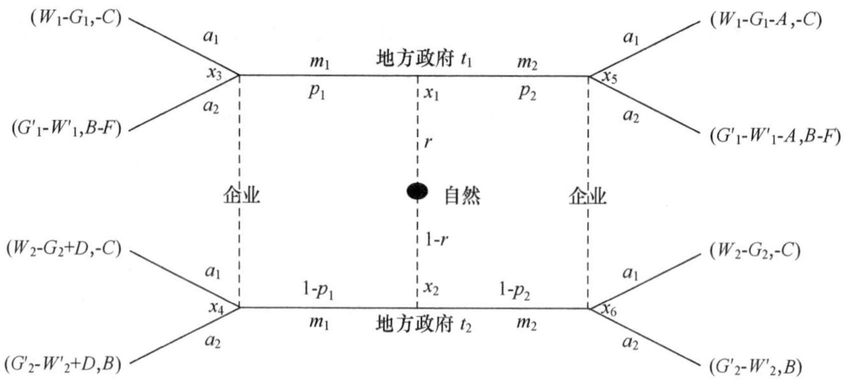

图 11.8　地方政府和企业的碳减排规制信号博弈树

11.3.2　博弈均衡分析

关于地方政府环境规制的信号博弈均衡的求解，首先，需要满足精炼贝叶斯纳什均衡实现的三个条件，具体如下：

（1）地方政府知道自己的类型，其选择发生在单决策结信息集中，而企业不知道地方政府类型，需要在观测地方政府的信号后才会采取行动，即企业的选择发生在非单决策结的信息集上。因此，企业在观测到地方政府释放的信号 m_i 之后，必须对哪种类型的地方政府会释放 m_i 做一个推断，这个推断用概率分布可以表示为 $p(t_i \mid m_i)$ ，其中 $\sum p(t_i \mid m_i) = 1$ 。

（2）对于地方政府释放的每一个 m_i ，在给定推断的后验概率 $p(t_i \mid m_i)$ 的情况下，企业所采取的行动 $a^*(m_i)$ 必须满足企业期望效应最大化，即 $a^*(m_i) \in \mathrm{argMax}U_R(m_i, a_i)$ 。同样，对于自然选择的任何政府类型 t_i ，在给定企业行动 $a^*(m_i)$ 情况下，地方政府选择所释放信号 $m^*(t_i)$ 则必须满足其期望效应最大化，即 $m^*(t_i) \in \mathrm{argMax}U_S\{t_i, m_i, a^*(m_i)\}$ 。

（3）对于地方政府释放的每一个 m_i ，如果地方政府类型空间中存在 t_i 使得 $m^*(t_i) = m_i$ ，则企业通过 m_i 对 t_i 推断的后验概率，必须取决于贝叶斯法则和地方政府的信号发送策略选择，即：

$$p(t_i \mid m_j) = \frac{p(m_i \mid t_i) \cdot p(t_i)}{\sum_{t_i \in T_j} p(m_i \mid t_i) \cdot p(t_i)} \tag{11.1}$$

在满足上述三个信号博弈均衡实现的条件下，信号博弈一般可能会存在三种均衡：分离、混同和半分离。其中，半分离均衡仅是介于分离均衡和混同均衡之间的一种状态。在半分离均衡中，地方政府的收益将会小于分离均衡的收益。因此，从地方政府角度比较均衡的优劣，可以忽略对半分离均衡的讨论。在此，仅对分离均衡和混同均衡的情况进行分析，两种均衡的实现条件和含义分别如下：

11.3.2.1 分离均衡的实现条件及其含义

分离均衡中，地方政府根据自己的实际情况发送信号：如果属于增长偏好型，就发送加速经济增长的信号；如果属于环境偏好型，就发送严格进行碳减排的信号。企业根据政府所释放的信号采取对应的行动：如果得到的信号是加速经济增长，就会采取放松碳减排的行动；如果得到的信号是严格碳排放管制，就会采取严格进行碳减排的行动。结合上述信号博弈精炼贝叶斯纳什均衡所需满足的三个条件：

（1）后验概率条件，即企业必须对哪类政府会发送哪类信号做出一个符合贝叶斯法则的后验概率推断。根据分离均衡的含义，我们可以知道，分离均衡需要地方政府没有动机进行欺骗，也就是说不会在自己属于增长偏好型的情况下释放严格进行碳减排的信号，也不会在自己属于环境偏好型的情况下释放加速经济增长的信号。此时，企业结合信号对地方政府类型推断的后验概率条件应该满足$p(t_1 \mid m_1) = 1$，$p(t_1 \mid m_2) = 0$，同样也要满足$p(t_2 \mid m_2) = 1$，$p(t_2 \mid m_1) = 0$。由贝叶斯法则可知：

$$p(t_1 \mid m_1) = \frac{p(m_1 \mid t_1) \cdot p(t_1)}{\sum_{t_i \in T_j} p(m_1 \mid t_i) \cdot p(t_i)} = \frac{rp_1}{rp_1 + (1-r)(1-p_1)} = 1 \tag{11.2}$$

由此可得$p_1 = 1$。同理，可得$p_2 = 0$。

（2）在获得后验概率后，企业将会选择能够使自身期望效应最大的策略。根据分离均衡的含义和图 11.13 的博弈树可知，企业见到信号 m_1 就会选择采取严格的碳减排行动，而见到信号 m_2 就会采取放松碳减排的行动。为了能实现企业的期望效应最大化，就要求：$-C > B - F$，$B > -C$。

（3）在给定企业的行动策略后，地方政府将会采取能够实现其期望效应最大化的信号释放策略。根据分离均衡的含义和图 11.13 的博弈树可知：

地方政府如果属于环境偏好型，就会释放严格进行碳减排信号；而如果属于增长偏好型，就会释放加速经济增长信号。为了实现地方政府的期望效应最大化，需要满足的条件为：

$$\left.\begin{array}{l} W_1 - G_1 > G_1' - W_1' - A \\ W_2 - G_2 + D < G_2' - W_2' \end{array}\right\} \quad (11.3)$$

亦即要求：$W_1 + W_1' > G_1 + G_1' - A$ ，$G_2 + G_2' > W_2 + W_2' + D$ 。

综上所述，地方政府环境管制的信号博弈分离均衡的条件是：

$$\left.\begin{array}{l} F - C > B \\ B > - C \\ W_1 + W_1' > G_1 + G_1' - A \\ G_2 + G_2' > W_2 + W_2' + D \end{array}\right\} \quad (11.4)$$

其中，$B > - C$ 显然成立，其他几个不等式的含义是：

$F - C > B$ 表明，分离均衡的实现，首先环境偏好型地方政府必须设定对企业不进行碳减排的惩罚机制，企业必须承担超额碳排放被查处的风险损失 F ，且 F 要大于企业进行严格碳减排的投入成本 C 和企业放任碳排放所带来的经济收益 B 的总和。

$W_1 + W_1' > G_1 + G_1' - A$ 表明，分离均衡的实现，还要求环境偏好型地方政府对一定程度的碳减排所带来的福利提升 W_1 的价值评价与增长偏好型地方政府对一定程度的大气环境治理所带来的福利提升 W_1' 的价值评价之和，要高于两种类型地方政府对同等碳排放所带来的经济增长的提升收益 $G_1 + G_1'$ 与环境偏好型地方政府释放虚假信号所带来的伪装成本和信誉损失 A 之差。

$G_2 + G_2' > W_2 + W_2' + D$ 表明，分离均衡的实现，还得要求环境偏好型地方政府对同等碳排放所带来的经济增长的提升收益 G_2 和增长偏好型地方政府对一定程度的碳排放所带来的经济增长的提升收益 G' 之和，要高于增长偏好型地方政府对一定程度的碳减排所带来的福利提升 $W_2 + W_2'$ 与增长偏好型地方政府释放虚假信号所带来的声誉价值 D 之和。

综合起来看，分离均衡的实现条件，取决于 4 个要素：①企业环境污染被查处的风险损失 F 的大小，F 越大，则分离均衡的实现概率越大；②地方政府对大气环境治理和经济增长的偏好，偏好强度越大，则分离均衡的实现概率越大；③环境偏好型地方政府释放虚假信号所带来的伪装成本和信誉损失 A 的大小，同样，A 越大，则分离均衡的实现概率越大；④增长偏好型地方政府释放虚假信号所带来的声誉价值 D 的大小，D 越小，则分离均衡的实现概率越大。

11.3.2.2　混同均衡的条件及其含义

混同均衡中，无论是增长偏好型地方政府还是环境偏好型地方政府，两个类型的地方政府对外释放的信号都是严格碳减排管制或放松碳减排管制。此时，企业会认为地方政府释放的信号没有有用信息，不会对先验概率进行修正，即要求：$p(t_1 \mid m_1) = r$，$p(t_2 \mid m_1) = 1 - r$；同样也要满足 $p(t_1 \mid m_2) = r$，$p(t_2 \mid m_2) = 1 - r$。由贝叶斯法则可知：

$$p(t_1 \mid m_1) = \frac{p(m_1 \mid t_1) \cdot p(t_1)}{\sum_{t_i \in T_j} p(m_1 \mid t_i) \cdot p(t_i)} = \frac{rp_1}{rp_1 + (1 - r)(1 - p_1)} = r \tag{11.5}$$

$$p(t_2 \mid m_1) = \frac{p(m_1 \mid t_2) \cdot p(t_2)}{\sum_{t_i \in T_j} p(m_1 \mid t_i) \cdot p(t_i)} = \frac{(1 - r)(1 - p_1)}{rp_1 + (1 - r)(1 - p_1)} = 1 - r \tag{11.6}$$

由此可得 $p_1 = 0.5$，同理可得 $p_2 = 0.5$。

在获得上述后验概率后，针对地方政府所释放的不同信号，企业将会对应采取严格大气环境污染治理和放松大气环境污染治理。这两种行动将会带来以下两种不同的混同均衡情形：

第一种情形：如果增长偏好型地方政府和环境偏好型地方政府都混同于释放严格大气环境治理的信号，企业采取的行动是严格碳减排而不是放松碳减排，则需要满足两个条件。

（1）根据上述后验概率，企业采取严格碳减排行动的收益要大于采取放松碳减排的收益，即：

$$-rC + (1 - r)(-C) > r(B - F) + B(1 - r) \tag{11.7}$$

亦即要求：$r > B + C/F$。

（2）在给定企业采取严格碳减排的行动策略后，无论地方政府是增长偏好型还是环境偏好型，其选择释放严格碳减排信号所得的期望效用应该要大于释放追求经济增长信号所得到的期望效用，即：

$$\left.\begin{array}{l} W_1 - G_1 > W_1 - G_1 - A \\ W_2 - G_2 + D > W_2 - G_2 \end{array}\right\} \tag{11.8}$$

亦即要求：$A > 0$，$D > 0$。

综上所述，第一种情形下，地方政府环境管制的信号博弈混合均衡的条件是：

$$\left.\begin{array}{l} r > (B + C)/F \\ A > 0 \\ D > 0 \end{array}\right\} \quad (11.9)$$

$A > 0$ 和 $D > 0$ 是显而易见的。企业不会对先验概率进行修正，当企业推断环境偏好型地方政府的概率大于 $(B + C)/F$ 时，就会采取严格碳减排行为，而地方政府无论是环境偏好型还是增长偏好型均会释放严格碳减排的信号，从而发生混同均衡。

第二种情形：如果增长偏好型地方政府和环境偏好型地方政府都混同于释放放松碳减排的信号，企业采取的行动是放松进行碳减排而不是严格进行碳减排，则需要满足的条件也有两个。

（1）根据上述后验概率，企业采取放松碳减排行动的收益要大于采取严格进行碳减排的收益，即：

$$-rC + (1 - r)(-C) < r(B - F) + B(1 - r) \quad (11.10)$$

亦即要求：$r < B + C/F$ 。

（2）在给定企业采取放松环境治理的行动策略后，无论地方政府是增长偏好型还是环境偏好型，其选择释放放松碳减排信号所得的期望效用应该要大于释放严格碳减排信号所得到的期望效用，即：

$$\left.\begin{array}{l} G_1' - W_1' < G_1' - W_1' - A \\ G_2' - W_2' + D < G_2' - W_2' \end{array}\right\} \quad (11.11)$$

亦即要求：$A < 0$, $D < 0$ 。

综上所述，第二种情形下，地方政府进行碳减排管制的信号博弈混合均衡的条件是：

$$\left.\begin{array}{l} r < (B + C)/F \\ A < 0 \\ D < 0 \end{array}\right\} \quad (11.12)$$

式中，$A < 0$ 表明，在追求经济增长的大环境下，环境偏好型地方政府对外释放放松碳减排的信号，不仅不会带来信誉上的损害，反而有利于树立追求经济增长、吸引投资的形象，从而带来正面的影响，信誉损失值为负值，也即 A 小于零；$D < 0$ 则表明，在追求经济增长的大环境下，增长偏好型地方政府对外释放严格碳减排的信号，不仅不会带来声誉上的提升，而且不利于树立追求经济增长、吸引投资的形象，从而带来负面的影响，声誉提升值为负值，也即 D 小于零；企业不会对先验概率进行修正，当企业推断增长偏好型地方政府的概率小于 $(B + C)/F$ 时，就会采取放松碳减排

行为，而地方政府无论是环境偏好型还是增长偏好型均会释放放松碳减排的信号，从而发生混同均衡。

11.3.3 主要结论

由以上分析可以看出，在地方政府与企业的碳减排管制信号博弈中，存在两个均衡，但每个均衡的存在都有一定的条件：①在分离均衡中，信号真实反映了政府的私人信息：属于增长偏好型就发送加速经济增长的信号，属于环境偏好型就发送严格碳减排的信号，要实现良好的碳减排管制效果，针对环境友好型政府则需要给予更多的碳减排管制激励，而对增长友好型政府则需要弱化经济增长绩效考核机制；②在混合均衡中，两个类型的地方政府对外释放的信号有可能都是严格碳减排管制或放松碳减排管制，企业会认为地方政府释放的信号没有有用信息，此时若要实现良好的碳减排管制效果，企业与地方政府过往的接触经验尤为重要，即地方政府针对本地企业需要有严格的碳减排约束；③无论哪种类型的政府，针对企业，首先需要建立一套完善的碳减排指导和评价体系，对涉及碳减排管制的企业进行碳减排引导和治理效果评价，并设置碳减排评级，企业可以根据自己的期望评级采取对应的碳减排投入。当然，在此基础上建立一套对应的碳排放惩罚机制也同等重要，对于碳减排效果达不到要求的企业，需要处以罚款，并且罚款的金额要足够大，至少大于企业放松碳减排所带来的收益，这样才能杜绝企业的“投机”行为，实现市场有效均衡。

在地方分权体制和倚重经济增长的考核机制下，地方政府可能会以牺牲环境为代价来换取经济增长，这一推断已经成为在理论和实务上都备受争议的话题。在倚重经济增长的考核机制下，地方政府具有以放松碳减排规制为手段来争取流动性要素的动机，地方分权又给予地方政府通过快速发展本地经济而在地区间政治与财政竞争中脱颖而出的极大激励，碳减排管制成为地方政府与企业间的博弈工具，从而带来碳减排的失衡和资源配置的扭曲。这提醒我们，实现理想的碳减排管制效果还需要：①中央政府对地方政府的监督和规范，除了明确地方政府经济增长和碳减排的目标，还需要调整与地方政府考核有关的制度安排，逐步减轻 GDP 在考核中的权重，适当增加碳减排在地方政府考核中的权重；②地方政府不仅要明确经济增长和碳减排的目标和举措，还要向社会公示，并进行适当的碳减排技术研发投入和对企业进行指导，明确企业碳减排的评价体系和惩罚机制。

11.4　地方政府碳减排困境的演化博弈分析

上述研究虽然经历由概念性介绍、完全信息静态博弈、不完全信息静态博弈到不完全信息动态博弈不断完善和深入的过程，但分析的核心概念都是“均衡”。通常“均衡”概念存在两种解释方式：一种是理性主义的解释，另一种就是“大规模行动的解释”（黄凯南，2009）。上述研究均属于前一种解释，即经典博弈论“范式”下的解释，这种解释存在三个方面的局限：①“个体博弈”假设，忽略了对大规模群体性行为的关注，侧重于对两个参与者之间行动策略相互作用的研究，即使存在多个参与主体，往往也会被简化为两个类别不同的参与者在进行模型构建，没有考虑多个个体之间以及个体与群体之间的互动关系，但现实中，碳减排是全民和多主体行为，各个个体之间具有很强的模仿性。②“完全知识”假设，即假定博弈参与人拥有参与博弈并知晓策略收益的全部知识，有能力在进行策略选择时充分而完全地综合运用全部知识。但现实情况往往是参与人的知识相对有限，无论是地方政府、企业还是个人，都无法完全知晓碳减排博弈相关的全部知识，也无法准确无误地记忆全部知识，更无法充分而有效地使用全部知识。③“完全理性”假设，即在假定参与人具有“完全知识”的基础上，再假定参与人能够始终如一地以自身利益最大化为目标，且无论在何种不确定环境下，参与人都能够做出有利于自身利益最大化目标实现的最优选择。但现实中参与人的知识是不完全的，对知识的处理能力也是有限的，有时候也不一定是完全自私自利的。因此，地方政府的碳减排行为也是“有限理性”的。由此可见，碳减排的博弈分析，还需要进行“均衡”概念的另一种关于“大规模行动的解释”方面的研究，也即需要借助于演化博弈理论展开进一步的研究。

11.4.1　博弈假设分析

演化博弈理论与传统静态博弈理论和动态博弈理论不同的是，演化博弈理论的研究对象是由多个参与主体组成的群体而非个体；研究的目的也是考察不同群体规模大小的动态变化和策略选择的动态演化，而非进行个体之间的策略收益比较；研究的结论侧重于解释说明群体为何呈现当前的策略状态以及如何进行政策调节，从而有利于实现长期来看更符合社会福利最大化的目标，而非开展个人的策略均衡研究。演化博弈理论与传统静态博弈理论和动态博弈理论相同的是，演化博弈研究首先也需要构建一个博弈分析框架，也即同样需要进行博弈的前提假设和支付情况说明。为此，本节对省际碳减排行为的演化博弈模型做如下前提假设：

（1）群体结构假设。假设省际碳减排博弈的局中人有两个群体，分别为以广东、浙江为代表的东部发达地区的地方政府群体（简称 A）和以安徽、四川为代表的中西部地区的地方政府群体（简称 B）。

（2）策略空间假设。在给定国家整体碳减排目标的情况下，地方政府有充分空间进行技术作假骗取碳排放配额，通过综合权衡自身利益，地方政府可选择的行动集合假设为 D =（作假 $D1$，自律 $D2$）①。

（3）有限理性假设。两个地方政府群体的碳减排行为均“有限理性”，也即无须像传统静态和动态博弈中那样假设支付函数为博弈局中人的共同知识，局中人甚至可以不知道自己的收益支付水平。

（4）近视行为假设。由于不存在“完全知识”和“完全理性”假设，地方政府都是“有限理性”的，它们不相信它们现在的策略选择会对其他地方政府未来的策略选择产生显著影响，也不会理会其他地方政府是否会与它们一样进行同样的策略调整。而且，当前利益对地方政府的策略选择影响要远远大于未来利益对其策略选择的影响。

（5）策略惯性假设。在整体碳减排环境复杂而不确定的情况下，地方政府将会遵循“学习、尝试、适应、发展”的行为逻辑进行碳减排行为选择，在存在信息不完全、经验学习时滞、策略调整成本和有限理性假设下，地方政府群体选择的策略分布存在明显的惯性特征，也即地方政府群体策略调整是具有渐进性的。

在上述基本假设情况下，结合地方政府的碳减排和经济发展两个目标，地方政府可以针对其他地方政府的碳排放配额或碳减排政策做出快速反应，通过积极争取更多的碳排放配额或放松碳减排管制，来与其他地方政府争夺企业投资资源或直接获得更高的经济发展速度。针对特定的地方政府，参与博弈的不同经济发展水平的地方政府的不同策略选择和收益情况分别描述如下：

（1）当经济发达地区和经济落后地区均选择自律策略时，各自均会获得环境改善所带来的收益，但同样会因为约束经济发展而造成一定损失，双方按照各自的经济发展水平和环境特征获取对应收益，分别为 R_1 和 R_2 。

---

① 也可将此行动集合单纯地假设为（骗取配额，不骗取配额）。考虑研究的一般性，此处假设（作假、自律）行动集合可以将更多的碳减排问题包容在内。两种假设情况下的分析思路一致。

（2）当经济落后地区采取作假策略，而经济发达地区采取自律策略时，经济落后地区将会获得作假所带来的额外经济发展收益，但同时会造成环境损失，且额外经济发展收益会大于所造成的环境损失，两方面相抵消，经济落后地区采取作假策略所带来的净收益为 G_2；经济发达地区一方面会得到环境改善收益，但另一方面也会造成经济发展损失，还会因为经济落后地区超额碳排放而造成环境损失，假设各方面综合净损失为 F_1。因此，经济落后地区作假所得到的收益为 $R_2 + G_2$，而经济发达地区所得到的收益为 $R_1 - F_1$。

（3）当经济发达地区采取作假策略，而经济落后地区采取自律策略时，经济发达地区将会获得作假所带来的额外经济发展收益，但同时会造成环境损失，且额外经济发展收益会大于所造成的环境损失，两方面相抵消，经济发达地区采取作假策略所带来的净收益为 G_1；经济落后地区不会带来额外的经济发展收益，但会因为经济发达地区的超额碳排放而造成环境损失 F_2。因此，经济发达地区作假所得到的收益为 $R_1 + G_1$，而经济落后地区所得到的收益为 $R_2 - F_2$。

（4）当经济发达地区和经济落后地区均选择作假策略时，各自均会获得经济发展所带来的收益，但同样会因为对经济环境造成影响而带来一定损失。假设不考虑中央政府所采取的监管处罚，且作假时所获得的经济发展收益不仅要大于环境破坏所带来的损失，而且要大于双方都采取自律策略时所获得的收益，即此处获得了一个相对于双方都采取自律策略时所获得收益的超额收益，双方按照各自的经济发展水平和环境特征对应获取的超额收益分别为 E_1 和 E_2，即经济发达地区作假所得到的收益为 $R_1 + E_1$，而经济落后地区所得到的收益为 $R_2 + E_2$。

根据上述策略选择与收益情况分析，特定地方政府碳减排行为可以用表 11.10 的博弈矩阵表示。

表 11.10　地方政府碳减排策略的博弈矩阵

经济落后地区 A	经济发达地区 B	
	作　假	自　律
作　假	R_1+E_1　　R_2+E_2	R_1-F_1　　R_2+G_2
自　律	R_1+G_1　　R_2-F_2	R_1　　R_2

11.4.2　策略适应度分析

一般而言，演化博弈的演化过程主要由两个机制构成，一个是偏向一些种类的选择机制，另一个是产生多样性的变异机制（威布尔，2006）。其中，选择机制是为了检验群体策略的适应度，所谓策略的适应度，可以被简单理解为采用该策略的人数在每期博弈后的增长率；变异机制则是为了检验演化博弈均衡的稳定性。在具体的演化博弈分析中，往往会首先对局中人的策略适应度进行检验，然后对演化博弈均衡的稳定性进行检验。在演化博弈理论中，由泰勒和琼克（Taylor & Jonker，1978）提出的复制者动态（replicator dynamics）方程是一种运用最为广泛的基于选择机制的策略适应度分析模型，其核心思想则是：如果一种策略的适应度高于群体的平均适应度，则这种策略就会被群体中越来越多的参与者选择；反之，这种策略就会被群体中越来越多的参与者放弃。复制者动态方程的核心作用是可以用来模拟不同策略选择的群体比例随时间演化的过程。

首先，假设在经济发达地区的地方政府群体中，采取碳减排作假策略的地方政府比例为 p ，采取碳减排自律策略的地方政府比例为 $1-p$ ；假设经济落后地区的地方政府群体中，采取碳减排作假策略的地方政府比例为 q ，采取碳减排自律策略的地方政府比例为 $1-q$ 。先将经济发达地区的地方政府群体中，采取碳减排作假策略的地方政府比例 p 看作时间 t 的函数，则经济发达地区的地方政府群体中，采用碳减排作假策略的地方政府的概率的增长率，可以用复制者动态方程表示为：

$$dp/dt = p[E(D_1) - \overline{E}] \tag{11.13}$$

式中，$E(D_1)$ 为经济发达地区地方政府采取作假策略的适应度；$E(D_2)$ 为经济发达地区地方政府采取自律策略的适应度；$\overline{E}$ 为所有经济发达地区地方政府的平均适应度。根据表11.10，我们可求得：

$$E(D_1) = q(R_1 + E_1) + (1-q)(R_1 - F_1) \tag{11.14}$$

$$E(D_2) = q(R_1 + G_1) + (1-q)R_1 \tag{11.15}$$

$$\overline{E} = pE(D_1) + (1-p)E(D_2) \tag{11.16}$$

将式（11.16）代入式（11.13），可得：

$$dp/dt = p[E(D_1) - pE(D_1) - (1-p)E(D_2)] \tag{11.17}$$

再将式（11.14）和式（11.15）代入式（11.17），化简可得：

$$dp/dt = p(1-p)(qE_1 - qG_1 + qF_1 - F_1) \tag{11.18}$$

同理，将经济落后地区的地方政府群体中，采取作假策略的地方政府比例 q ，也看成时间 t 的函数，则经济落后地区的地方政府群体中，采取作假策略的地方政府的概率的增长率，可以用复制者动态方程表示为：

$$dq/dt = q[U(G_1) - \overline{U}] \tag{11.19}$$

式中，$U(G_1)$ 为经济落后地区地方政府采取作假策略的适应度；$U(G_2)$ 为经济落后地区地方政府采取自律策略的适应度；$\overline{U}$ 为所有经济落后地区地方政府的平均适应度。同样根据表 11.10，我们可求得：

$$U(G_1) = p(R_2 + E_2) + (1 - p)(R_2 - F_2) \tag{11.20}$$

$$U(G_2) = p(R_2 + G_2) + (1 - p)R_2 \tag{11.21}$$

$$\overline{U} = qU(G_1) + (1 - q)U(G_2) \tag{11.22}$$

将式（11.22）代入式（11.19）得：

$$dq/dt = q[U(G_1) - qU(G_1) - (1 - q)U(G_2)] \tag{11.23}$$

再将式（11.20）和式（11.21）代入式（11.23），化简可得：

$$dq/dt = q(1 - q)(pE_2 - pG_2 + pF_2 - F_2) \tag{11.24}$$

至此，地方政府自愿碳减排的策略适应度分析可以用由微分方程（11.18）和微分方程（11.24）组成的方程组来描述：

$$\left.\begin{aligned} dp/dt &= p(1 - p)[q(E_1 - G_1 + F_1) - F_1] \\ dq/dt &= q(1 - q)[p(E_2 - G_2 + F_2) - F_2] \end{aligned}\right\} \tag{11.25}$$

该方程组说明，随着时间变化，一种策略在群体中被采用的速度，与采用这种策略的适应度高出群体平均适应度的幅度正相关；一种策略在群体中被放弃的速度，与采用这种策略的适应度低于群体平均适应度的幅度正相关。也就是说，在演化博弈理论中，局中人的模仿概率与其所在群体的规模大小负相关。其所在群体占总体比例越大，其模仿群体内部策略的概率就越小；其所在群体占总体比例越小，其模仿群体内部策略的概率就越大。局中人的模仿概率与被模仿的群体的适应度正相关，如果一种新的策略的适应度很高，那么这种策略就会被越来越多的参与者选择；反之，该种策略可能逐渐被淘汰。通过整个演化博弈分析，我们将会看到，具有较高适应度的策略随着时间的推移逐步取代具有较低适应度的策略，而具有较低适应度的策略随着时间的推移将会逐步被具有较高适应度的策略所取代。地方政府之间的碳减排行为同样遵从这一规律。

11.4.3 策略稳定性分析

演化博弈分析的最终落脚点是“演化稳定策略”（evolutionarily stable strategy，ESS）的研究，演化稳定策略是演化博弈模型中最为基础的均衡概念，由史密斯和普顿斯（Smith & Price，1973）提出。所谓演化稳定策略，是指如果一个群体中的每一个个体都采取同样一种策略，那么在自然发展状态下，不会出现一个具有突变特征的策略而让群体中的个体改变其原有的策略，群体的策略是稳定而不可侵犯的（史密斯，2008）。其核心思想是：演化稳定策略必须具备稳定状态的抗扰动或“锁定”功能，使得小的突变者群体不可能侵入这个群体，亦即当地方政府策略选择比例 p 或 q 偏离了均衡状态的 $\hat{p}$ 或 $\hat{q}$ 时，复制者动态机制仍然能使当前的地方政府策略选择比例 p 或 q 重新恢复到均衡状态的 $\hat{p}$ 或 $\hat{q}$ 。在博弈均衡数学计算过程中要求：当突变策略侵入使得 $p > \hat{p}$ 时，则要求 $\mathrm{d}p/\mathrm{d}t > 0$ ，同理如果使得 $q > \hat{q}$ ，则也要求 $\mathrm{d}q/\mathrm{d}t > 0$ ；反之，当突变策略侵入使得 $p < \hat{p}$ 时，则要求 $\mathrm{d}p/\mathrm{d}t < 0$ ，同理如果使得 $q < \hat{q}$ ，则也要求 $\mathrm{d}q/\mathrm{d}t < 0$ ；当 $p = \hat{p}$ 或 $q = \hat{q}$，且 $\hat{p}$ 或 $\hat{q}$ 为演化稳定策略下的均衡点时，则要求 $\mathrm{d}p/\mathrm{d}t = 0$ 或 $\mathrm{d}q/\mathrm{d}t = 0$，且 p 或 q 对时间 t 的二阶导数均小于零。

根据弗里德曼（Friedman，1991）提出的方法，对于一个由微分方程系统描述的群体动态演化博弈行为来说，可以通过构建系统的雅可比矩阵来对其策略均衡点的局部稳定性条件进行计算和分析。上述由方程（11.18）和方程（11.24）组成的微分方程系统的雅可比矩阵为：

$$J = \begin{bmatrix} (1-2p)[q(E_1 - G_1 + F_1) - F_1] & p(1-p)(E_1 - G_1 + F_1) \\ q(1-q)(E_2 - G_2 + F_2) & (1-2q)[p(E_2 - G_2 + F_2) - F_2] \end{bmatrix} \tag{11.26}$$

矩阵 J 的行列式为：

$$\det(J) = (1-2p)[q(E_1 - G_1 + F_1) - F_1](1-2q)[p(E_2 - G_2 + F_2) - F_2] - p(1-p)(E_1 - G_1 + F_1)q(1-q)(E_2 - G_2 + F_2) \tag{11.27}$$

矩阵 J 的迹为：

$$\mathrm{tr}(J) = (1-2p)[q(E_1 - G_1 + F_1) - F_1] + (1-2q)[p(E_2 - G_2 + F_2) - F_2] \tag{11.28}$$

由方程组（11.25）的稳定点的分析可知，该系统有 5 个局部平衡点。使用雅可比矩阵的局部稳定分析法，通过方程（11.26）、方程（11.27）和方程（11.28）对这 5 个平衡点进行稳定性分析，可以得到如表 11.11 所示的计算结果。表 11.11 所给出的计算结果还可以转换为策略稳定趋势图，如图 11.9 所示。

表 11.11　地方政府碳减排策略的局部稳定分析结果

平衡点	det (J)	det (J) 符号	tr (J)	tr (J) 符号	局部稳定性
$p=0,\ q=0$	F_1F_2	+	$-F_1-F_2$	-	ESS
$p=0,\ q=1$	$(E_1-G_1)\ F_2$	+	$E_1-G_1+F_2$	+	不稳定
$p=1,\ q=0$	$(E_2-G_2)\ F_1$	+	$E_2-G_2+F_1$	+	不稳定
$p=1,\ q=1$	$(E_1-G_1)\ (E_2-G_2)$	+	$-E_1+G_1-E_2+G_2$	-	ESS
$p=F_2/\ (E_2+F_2-G_2)$ $q=F_1/\ (E_1+F_1-G_1)$	$\frac{F_1F_2\ (E_1-G_1)\ (E_2-G_2)}{(E_1+F_1-G_1)\ (E_2+F_2-G_2)}$	+	0		鞍点

由表 11.11 可见，上述地方政府群体性碳减排策略选择存在 5 个局部平衡点。其中，有 2 个局部平衡点分别对应图 11.10 中的 O 点（0，0）和 O''点（1，1），即经济发达地区和经济落后地区均采取自律策略或作假策略；其他 3 个局部平衡点分别为一个鞍点 D（p，q）和 2 个不稳定局部平衡点 A 点（1，0）和 B 点（0，1）。所谓鞍点，即沿着不稳定局部平衡点 A 点和 B 点方向即为不稳定的，而沿着稳定局部平衡点 O 点和 O''点方向即为稳定的奇点。

基于表 11.11 的分析结论，两个地方政府群体性博弈策略选择的长期动态演化趋势如图 11.9 所示。两个演化稳定策略局部平衡点 O 点和 O''点，以及两个不稳定局部平衡点 A 点和 B 点，共同围合成一个正方形区域。通过两个不稳定局部平衡点 A 点和 B 点连接而成的对角线将正方形 $OAO''B$ 划

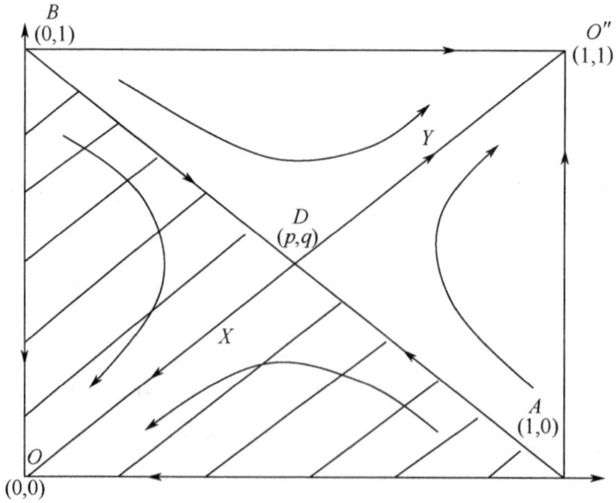

图 11.9　基于自然选择的策略稳定趋势图

分成两个区域，其中阴影区域假设为 X，空白区域假设为 Y。以两个演化稳定策略局部平衡点 O 点和 O''点连接而成的对角线作为参照，以弧状箭头线表示地方政府群体策略的收敛趋势。那么根据上述演化博弈的分析可以得出，无论是经济发达地区还是经济落后地区，两个地区群体碳减排行为的策略初始状态将直接决定两个地区群体碳减排行为的长期演化稳定策略的结果。当两个地区群体的策略初始状态处于空白部分的 Y 区域时，地方政府群体的策略将会收敛于 O''（1，1），即所有的地区都将会采取碳减排作假策略。当两个地区群体的策略初始状态处于阴影部分的 X 区域时，地方政府群体的策略组合将会收敛于 O（0，0），即所有的地区都将会采取碳减排自律策略。

11.4.4　主要结论

理论研究的一个重要目标是实现政策制定的指导意义。演化博弈分析不仅从博弈假设上更加贴近现实，而且对以群体为研究对象的策略选择机制和策略均衡演变趋势进行了更为直观的描述。研究的结果显示：当经济发达地区选择碳减排作假策略超过一定比例时，经济落后地区也会趋向于选择碳减排作假策略；而当经济发达地区选择碳减排作假策略低于一定比例时，经济落后地区则会趋向于选择碳减排自律策略。但从当前中国碳减排现实情况来看，经济发达地区应该承担更多的碳减排义务。因此，经济发达地区选择碳减排作假策略使得经济落后地区也趋向于选择碳减排作假策略的比例，要小于经济落后地区选择碳减排作假策略而使得经济发达地区也趋向于选择碳减排作假策略的比例；相反，经济发达地区选择碳减排自律策略使得经济落后地区也趋向于选择碳减排自律策略的比例，要大于经济落后地区选择碳减排自律策略使得经济发达地区也趋向于选择碳减排自律策略的比例。

上述研究结果还显示，虽然两个不同类型的地方政府群体在整个稳定趋势演化过程当中，通过不断学习和策略调整也会影响演化博弈的最终结果，但两个不同类型地方政府群体的策略初始状态对演化博弈的最终结果具有更强的决定性意义。如图 11.9 所示，以两个不稳定局部平衡点 A 点和 B 点连接而成的对角线将正方形 $OAO''B$ 划分成两个不同的策略初始状态。这将会带来两种截然不同的地方政府群体碳减排策略的长期演化结果，一种是大家都愿意看到的两个地方政府群体均普遍采取碳减排自律策略的长期演化结果，一种是大家都不愿意看到的两个地方政府群体均普遍采取碳减排作假策略的长期演化结果。

上述两种不同的地方政府群体策略初始状态所带来的两种截然不同的地方政府群体碳减排策略长期演化结果，其所隐含的政策指导意义在于，可以通过调整地方政府群体策略初始状态来实现理想的地方政府群体策略长期演化结果。如图 11.9 所示，如果能够通过调整政策而使得阴影区域 X 的面积增大，而空白区域 Y 的面积减少，则博弈的长期演化结果达到演化稳定策略平衡点 O（0，0）的机会就会增加，亦即两个地方政府群体都趋向于采取碳减排自律策略的机会就会增加。具体的政策手段包括：①增加经济落后地区采取碳减排自律策略时的收益和经济发达地区采取碳减排作假策略时的损失，这样经济落后地区采取碳减排自律策略的比例就会上升，而经济发达地区采取碳减排作假策略的比例就会降低；②增加经济发达地区采取碳减排自律策略时的收益和经济落后地区采取碳减排作假策略时的损失，这样经济发达地区采取碳减排自律策略的比例也会上升，而经济落后地区采取碳减排作假策略的比例就会降低；③降低经济发达地区和经济落后地区采取碳减排作假策略时的收益，这样经济发达地区和经济落后地区都采取碳减排作假策略的比例就会降低，作为一种理想状态，如果将两个地方政府群体都采取碳减排作假策略时的收益降到 0，则两个地方群体都会采取碳减排自律策略，这也将是博弈的长期演化结果。

值得说明的是，因为经济发达地区应该承担更高的碳减排责任，所以上述政策调控时，降低经济发达地区采取碳减排作假策略时的收益应该大于经济落后地区，而增加经济落后地区采取碳减排自律策略时的收益则应该大于经济发达地区，增加经济发达地区采取碳减排作假策略时的损失也应该大于经济落后地区。此外，上述分析没有考虑中央政府管制和统一碳市场的情形，在中央政府管制和统一碳市场的情况下，配额分配机制将成为重要的局中人收益矩阵调整手段，从而会影响局中人初始状态，并最终影响演化博弈的长期均衡结果的实现。

第四篇

碳排放权交易博弈及机制分析

发展低碳经济必然会对社会各个层面造成冲击，形成包括中央政府、地方政府、产业、企业、消费者等多方的博弈格局。本部分将使用博弈论与机制设计理论，首先完成碳排放权初始分配博弈分析。对碳排放权初始分配的三种主要方式进行介绍及评价，并就免费分配方式下市场参与者围绕碳排放权初始分配额度的协商谈判展开分析，围绕政策设计的动态一致性对碳排放权分配政策的制定提出建议。

其次，就供求关系、交易成本、市场势力对碳排放权交易价格的影响进行分析，针对碳排放权交易中厂商直购行为建立碳排放权价格的讨价还价模型，分析买卖双方的预期和成本因素对碳排放权成交价格的影响，并探讨市场势力下的碳排放权定价公式，给出规避市场势力的政策建议。

最后，介绍碳排放权拍卖机制。由于拍卖机制具有良好的揭示信息和减少代理成本的功能，所以在碳排放权交易的分配和流通市场中有重要的作用。在我国碳排放权交易的建设过程中，碳排放权拍卖方式的选择应该借鉴国外成熟市场的经验，并结合自身市场的特点进行设计和试点。

12　碳排放权初始分配博弈分析

12.1　碳排放权初始分配的主要方式

所谓碳排放权的初始分配，是指政府以排放许可证的形式对市场参与者规定允许排放二氧化碳的上限，获得许可证的厂商拥有了相应的排放二氧化碳的权利。由于碳排放权是有价值的，权证的所有者相当于获得了相应数量的资产。

碳排放权的初始分配是开展碳排放权交易的基础。碳排放权初始分配的关键在于公平性和有效性，实现二氧化碳排放量的合理配置。当前碳排放权的初始分配方式主要有三类：政府免费分配、公开拍卖以及二者结合的混合分配方式（鲁炜，崔丽琴，2003）。

12.1.1　免费分配

免费分配（full free）是指由政府管理者按照相关的标准来分配碳排放权，厂商不需要为此付出成本代价。免费分配方式又分为基于厂商外生标准（exogenous criteria）的分配和基于产量（output - based）的分配两种类型[①]。

基于厂商外生标准的分配是政府管理者在碳排放总量控制指标下依据

---

① Boemare C, Quirion P. Implementing greenhouse gas trading in Europe lessons from economic literature and international experiences [J]. Ecological Economics, 2002 (43): 213 - 230.

厂商的历史产量（Benchmarking）或历史二氧化碳排放量（Grandfathering）来进行碳排放权的分配，如美国的酸雨计划（acid rain - program）；基于产量的分配是政府管理者在碳排放总量控制指标下依据厂商现实的产量水平或二氧化碳排放量来分配碳排放权，这是一种相对的分配方式。政府按照厂商当前的产量和单位产量的碳排放标准（如每发电 1 千瓦·时获得 1 吨的碳排放权）分配其碳排放权，如欧盟的碳排放交易机制中就参考了基于产量的分配方式。

免费分配的优势在于容易为厂商所接受，易于在实践中推行。此种方式不仅没有增加厂商的成本，反而为厂商增加了一笔资产，在需要的时候可以在市场上出售。同时，一些研究者也指出免费分配的一些弊端。2002 年格拉姆顿和克尔（Gramton & Kerr）[①] 曾指出，免费分配方案导致效益损失；在分配效应上排放权所有者（shareholders）占有了全部的稀缺性价值（scarcity rents），而社会公众没有得到相应补偿；从长期看，免费分配也在总体上降低了企业的生产能力，并且在一定程度上妨碍了竞争。

12.1.2 公开拍卖

公开拍卖由于具备确定价格、资源所有权及实现其分配等特性，在碳排放权交易的初始分配阶段有重要应用。采用拍卖方式主要有两个主要原因：①对于碳排放权的价值，买者比卖者更清楚，通过拍卖可以确定其价格；②拍卖遵循“公开、公正、公平、价高者得”的拍卖规则，有助于碳排放权的优化配置，使碳排放权流向出价最高的厂商。简言之，公开拍卖具有揭示交易信息和减少交易成本的基本功能。

目前碳排放权公开拍卖一般采取密封式拍卖和公开加价式拍卖（详见第 15 章）的形式，研究者们认为密封式拍卖并不是碳排放权拍卖的最优方式，公开加价式拍卖由于具有相对透明的价格揭示程序，相较于密封式拍卖更具优势。但是由于密封式拍卖具有成熟的理论基础和丰富的实践经验，截至目前，密封式拍卖还是实践中使用最多的一种拍卖方式，在欧美等地的碳排放权交易中被广泛采用。

从理论研究角度而言，学者们更倾向于公开拍卖的分配方式，认为公开拍卖具有较高的分配效率。但是由于公开拍卖通常会增加厂商的成本，

---

① Gramton P, Kerr S. Tradable carbon permit auctions—how and why to auction not grandfather [J]. Energy Policy, 2002, 30 (4): 333 - 345.

在碳排放权交易初建时期不宜被采用。格拉姆顿和克尔（Cramton & Kerr，2002）、帕里和皮泽（Parry & Pizer，2003）曾从收入、成本、效率等角度分析探讨免费分配与公开拍卖的优劣，认为公开拍卖具有相对优势，但在交易体制建立之初，厂商更容易接受免费分配的方式。

12.1.3　混合方式

混合方式是指在碳排放权的分配中采用免费分配和公开拍卖相结合的方式。许多研究者都认同在碳排放权交易之初实施免费分配的方式，有利于厂商的接受和参与，然后设计不同的时间段，逐步降低免费分配的比例，提高拍卖的份额，过渡到完全拍卖方式。其中，如何设计免费分配的比例及阶段数是混合分配方式的难点。当前较为成熟的欧盟碳排放权交易体系（ETS），采用的就是这种混合分配方式。国家主要先选定诸如火电、焦炭、钢铁、造纸等高能耗、高排放的企业进行试点，在实验期内国家分配给这些企业的碳排放权至少95%是免费的，剩余的额度则可使用拍卖方式获得。在第二执行期内，免费分配的比例将下调至90%，此后阶段将逐渐下调比例，直至为零。

混合分配方式是一个调整政策变量的过渡式的动态过程，它既避免了全部免费分配所造成的效率损失等弊端，又避免了全部拍卖所引起的厂商的消极抵触。因此，混合分配是目前理论和实践中都较为推崇的分配模式。

比较以上三种分配方式，可以看出，从效率角度而言，公开拍卖是最优的分配方式①。拍卖方式有利于激发厂商节能减排、更新技术，促使新兴企业参与碳排放权交易。

但是，在碳排放权交易市场建设之初，完全拍卖方式不利于碳排放权交易的推广，而混合分配方式综合了免费分配和公开拍卖的优势，是当前碳排放权分配的主流模式，也应该为我国碳排放权交易所采用。而且，在我国当前碳排放权交易初建时期，为了吸引厂商参与交易，应该以免费分配方式为主（参照ETS的经验，其比例可以达到95%），此后随着碳排放权交易的成熟和规模的扩大再逐渐下调其比例，不断增加拍卖方式的比例。

---

① Fullerton D，Metcalf G. Environmental controls，scarcity rents，and preexisting distortions [J]. Journal of Public Economics，2001 (80)：249 - 267.

12.2 碳排放权分配额度的协商博弈分析

碳排放权的初始分配是碳排放权交易一级市场的重要组成，它关系到各个局中人（地区、厂商）的直接利益。局中人的目标是最大化自身的效用，而碳排放权额度的约束将使其追求最大化效用的进程受到限制，所以局中人本身缺乏参与碳排放权初始分配的动力，必须通过政府管理者的规制达成最终的分配方案。

在政府管理者对碳排放权的免费分配中，由于碳排放的总量目标是确定的，厂商（行业或地区）从效用最大化的角度势必都会尽力为自己争取较多的分配额度，一般而言厂商（行业或地区）都会就碳排放权的分配额度进行协商谈判，从而形成厂商（行业或地区）之间的博弈格局，出现比较典型的囚徒困境博弈、斗鸡博弈、智猪博弈、猎鹿博弈等博弈现象。下面以厂商间的分配额度协商为例，结合鲍弗瑞和罗森塞尔（Palfrey & Rosenthal，1989）模型（Fudenberg & Tirole，1991）详细进行分析。

12.2.1 协商博弈模型建立

假设两家厂商，$i = 1,2$，围绕碳排放权分配额度进行协商谈判。假设每家厂商的决策是配合或者不配合政府的分配方案，假设如果两家厂商中只要有一方选择配合政府的分配方案，则政府分配方案通过，两家厂商都可以得到 R 单位的收益；如果没有厂商配合，则政府分配方案需要调整，每家厂商都得到 0 单位的支付。假设每家厂商选择配合政府的分配方案的成本是 c_i，则本博弈的得益矩阵如图 12. 1 所示。

		厂商2	
		配　合	不配合
厂商1	配　合	$R\ \ c,\ R\ \ c$	$R\ \ c,\ R$
	不配合	$R\ \ R\ \ c$	0, 0

图 12.1　协商博弈

假设分配方案通过的收益是厂商共同的知识，每家厂商选择配合的成本是私人信息，即成本 c_i 代表厂商 i 的类型。其中，c_i 在 $[\underline{c},\bar{c}]$ 上服从均匀分布是共同知识，其分布函数为 $P(\cdot)$，且 $\underline{c} < R < \bar{c}$。

12.2.2 博弈模型求解

这是一个不完全信息下的静态博弈。此博弈的一个纯策略 $a_i(c_i)$ 可以视为是从 $[\underline{c},\bar{c}]$ 到 $\{0,1\}$ 的函数，其中，0 表示厂商选择不配合分配，1 表示厂商选择配合分配。

厂商 i 的支付函数为：

$$u_i(a_i,a_j,c_i) = R \cdot \max(a_1,a_2) - a_i c_i \quad (i = 1,2)$$

厂商 i 的期望效用函数为：

$$E_i = p_j u_i(a_i,1,c_i) + (1 - p_j) u_i(a_i,0,c_i)$$

式中，p_j 表示均衡状态下厂商 j 选择配合的概率。

所以厂商 i 会选择战略 $a_i^*(\cdot)$ 最大化自己的期望效用 $\max\limits_{a_i} E_i$ 。

当 $R - c_i > p_j \cdot R$ 时，厂商 i 会选择配合，即 $c_i < R(1 - p_j)$ 时，$a_i^*(c_i) = 1$ 。当 $R - c_i < p_j \cdot R$ 时，厂商 i 会选择不配合，即 $c_i > R(1 - p_j)$ 时，$a_i^*(c_i) = 0$ 。这表明存在分割点 c_i^* ，使得当 $c_i \in [\underline{c},c_i^*]$ 时（要求 $\underline{c} < c_i^*$ ），厂商 i 会选择配合。同理，存在一个 c_j^* ，使得当 $c_j \in [\underline{c},c_j^*]$ 时，厂商 j 会选择配合。

由于：

$$p_j = \text{prob}(\underline{c} \leqslant c_j \leqslant c_j^*) = P(c_j^*) = \frac{c_j^* - \underline{c}}{\bar{c} - \underline{c}}$$

同理：

$$p_i = \frac{c_i^* - \underline{c}}{\bar{c} - \underline{c}}$$

所以，均衡点应满足方程组：

$$\begin{cases} R - c_i^* = \dfrac{c_j^* - \underline{c}}{\bar{c} - \underline{c}}R \\ R - c_j^* = \dfrac{c_i^* - \underline{c}}{\bar{c} - \underline{c}}R \end{cases}$$

解得：

$$c_i^* = c_j^* = \frac{R^2 \bar{c} - R(\bar{c} - \underline{c})^2 - R\underline{c}(\bar{c} - \underline{c})}{R^2 - (\bar{c} - \underline{c})^2}$$

从而，本博弈的贝叶斯纳什均衡是：

当

$$c_1 \leqslant \frac{R^2 \bar{c} - R(\bar{c} - \underline{c})^2 - R\underline{c}(\bar{c} - \underline{c})}{R^2 - (\bar{c} - \underline{c})^2}$$

时，厂商 1 会选择配合；否则，不配合。

当

$$c_2 \leqslant \frac{R^2 \bar{c} - R(\bar{c} - \underline{c})^2 - R\underline{c}(\bar{c} - \underline{c})}{R^2 - (\bar{c} - \underline{c})^2}$$

时，厂商 2 会选择配合；否则，不配合。

12.2.3 博弈均衡分析

（1）若

$$\underline{c} < c_1 \leqslant \frac{R^2 \bar{c} - R(\bar{c} - \underline{c})^2 - R\underline{c}(\bar{c} - \underline{c})}{R^2 - (\bar{c} - \underline{c})^2}$$

$$\underline{c} < c_2 \leqslant \frac{R^2 \bar{c} - R(\bar{c} - \underline{c})^2 - R\underline{c}(\bar{c} - \underline{c})}{R^2 - (\bar{c} - \underline{c})^2}$$

则两家厂商均选择配合。

（2）若

$$\underline{c} < c_1 \leqslant \frac{R^2 \bar{c} - R(\bar{c} - \underline{c})^2 - R\underline{c}(\bar{c} - \underline{c})}{R^2 - (\bar{c} - \underline{c})^2}$$

$$\frac{R^2 \bar{c} - R(\bar{c} - \underline{c})^2 - R\underline{c}(\bar{c} - \underline{c})}{R^2 - (\bar{c} - \underline{c})^2} < c_2 \leqslant \bar{c}$$

则厂商 1 配合，厂商 2 不配合。

（3）若

$$\underline{c} < c_2 \leqslant \frac{R^2 \bar{c} - R(\bar{c} - \underline{c})^2 - R\underline{c}(\bar{c} - \underline{c})}{R^2 - (\bar{c} - \underline{c})^2}$$

$$\frac{R^2 \bar{c} - R(\bar{c} - \underline{c})^2 - R\underline{c}(\bar{c} - \underline{c})}{R^2 - (\bar{c} - \underline{c})^2} < c_1 \leqslant \bar{c}$$

则厂商 1 不配合，厂商 2 配合。这表现为厂商间的“智猪博弈”情形。

一般当参与碳排放权分配的厂商实力相差较为悬殊（不妨设厂商 2 的实力较弱）时，极易产生智猪博弈。

在此情形下“不配合”是厂商 2 的上策，最终的纳什均衡是（配合，不配合），即实力较强的厂商 1 选择配合政府分配方案，实力较弱的厂商 2 则选择不配合，但是也分享了分配方案带来的好处。这是一种典型的“搭便车”行为。

这种“搭便车”的现象主要是由一种不公平的支付和战略结构导致的。原因有二：①大气环境具有公共性和消费的非排他性；②个体的贡献、责任和收益在集体行动中难以辨别。因此，就碳排放权的分配和参与交易的先后方面形成了智猪博弈的格局。实力强劲的厂商以公平效率为由，要求实力较弱的厂商参与碳排放权的分配与交易；而实力较弱的厂商根据“公平但有区别的责任”原则，要求实力强劲的厂商先行为。政府管理者在分配方案设计时可以参考纳什均衡的概念就碳排放权交易的开展先行试点，再加以推广。

（4）若

$$\frac{R^2\bar{c} - R(\bar{c} - \underline{c})^2 - R\underline{c}(\bar{c} - \underline{c})}{R^2 - (\bar{c} - \underline{c})^2} < c_1 \leqslant \bar{c}$$

$$\frac{R^2\bar{c} - R(\bar{c} - \underline{c})^2 - R\underline{c}(\bar{c} - \underline{c})}{R^2 - (\bar{c} - \underline{c})^2} < c_2 \leqslant \bar{c}$$

则两家厂商均选择不配合协商。这表现为厂商间的“囚徒困境”。

若两家厂商选择配合，双方各得到 $R - c_i$ 单位的得益；若两家厂商选择不配合，双方各得到 0 单位的得益；若一方配合、一方不配合，则配合方得益为 $R - c_i$ 单位，相较于不配合方其得益将损失 c_i 单位。此时，对于两家厂商而言，不配合是各自的上策，最终实现的上策均衡为（不配合，不配合）。这其实是一个低效的结果，而帕累托最优状态（配合，配合）不能实现。

两家厂商都认为仅自己响应政府的号召，采取配合的态度协商碳排放权的分配，而对方采取不配合行为，这对分配政策没有任何影响，而且将会导致自身效用很大的损失；或者认为对方采取配合的态度，自己单方面不配合，既对分配政策不会产生决定性影响，还能增进自身的效用。所以每个厂商都有不配合的动机，最终必然会导致“公共地的悲剧”。也就是说，每个厂商理性地追求自身效用的最大化，结果导致合作减排下碳排放权额度分配不能达成。

12.2.4 其他情形

以上是不完全信息下协商博弈的情形，在现实谈判状态下还可能出现斗鸡博弈和猎鹿博弈。

（1）斗鸡博弈。两家势均力敌的厂商在碳排放权分配额度的协商谈判中极有可能出现斗鸡博弈的情形。假设厂商的策略选择为“配合”或“不配合”，则斗鸡博弈将有两个纯策略纳什均衡（配合，不配合）或

（不配合，配合），它们都是帕累托最优的；帕累托次优的结果是（配合，配合），即两家厂商均选择配合，彼此获取相应的得益；而（不配合，不配合）是帕累托无效的结果，造成厂商两败俱伤。为了避免出现（不配合，不配合）这种效率极差的状况，管理者的机制设计就变得极其重要。

在全球化时代，“共同发展”才是人类理性的选择。斗鸡博弈式的结局应该是在（配合，不配合）或（不配合，配合）之间选择或轮换。次优的结局应该是（配合，配合），而不应该是非理性的（不配合，不配合）。从得益矩阵可以看出，斗鸡博弈存在着利益分配和利益补偿的问题。管理者在机制设计时应该考虑公平原则，对选择配合的一方给予相应的政策扶持。

（2）猎鹿博弈。两家厂商在碳排放权分配额度的协商过程中，也可能表现出努力配合或一般应对的行为方式，出现所谓猎鹿博弈的状态。假设厂商的策略选择为“努力”或“一般”，则在本博弈中有两个纯策略的纳什均衡：（努力，努力）和（一般，一般）。其中（努力，努力）是帕累托均衡，而（一般，一般）是风险上策均衡。此时，并不存在个体利益与集体利益严重的背离情况，二者基本上是一致的。也就是说，碳排放权的分配和减排任务的分担是可以通过个体的分工与协作来实现的。

由于个体理性与集体理性具有一致性，局中人对绝对收益（共同利益）的关注要大于对相对收益的关注，彼此的主要目标是做大“蛋糕”，达成帕累托效率上的均衡。可是局中人策略具有依存性，从风险角度上，更容易达成（一般，一般）的均衡状态，而这却是帕累托次优的。因此，局中人合作成功与否的关键在于规避风险，使局中人的承诺和行为处于相互保证的状态。这与局中人存在的机会主义动机、环境的不确定性、过高的交易费用等因素有关。因此，管理者在制定分配机制时，应考虑信誉与信息对博弈效率的影响。

12.2.5 具体建议①

当前在我国碳排放权交易的建设中，首先面对的是地区间碳排放权初始分配难的困境。本节认为首先应该在分配中注意坚持“共同但有区别的责任”原则。我国幅员辽阔，由于资源禀赋和政策存在差异等原因，各地区的经济发展水平、产业结构等方面发展不均衡，如东北三省重工业发

---

① 聂力．论我国碳排放权交易市场的机制建设［J］．管理现代化，2012（6）：55－57.

达、西南地区多以农业为主、沿海地区较内陆地区发达等。政府在制定分配政策时应该结合各地区的经济规模、能源结构、产业结构等客观因素设定碳排放权的分配额度。

发达地区历史碳排放相对较多，应该承担更多的减排责任，但由于自身能耗已经较低，减排空间不大；而欠发达地区虽然拥有更大的减排空间和更低的减排成本，但同时也享有提高经济发展水平的诉求和权利。因此，通过开展两个地区间碳排放权交易，尤其是借助清洁发展机制的成功经验，可以协调碳排放权分配额度的“囚徒困境”。发达地区通过出资金、技术帮助欠发达地区实施减排，同时实现欠发达地区的可持续发展和发达地区的减排目标，达成共赢。

其次，先建立分配试点地区，再逐渐推广至全国。可以先选择高能耗、高排放的地区（产业）或者有代表性的地区，作为碳排放权分配的“先行者”，积累碳排放权许可的分配经验后再推向全国，可以有效防止分配中的“搭便车”现象。

最后，倡导低碳理念，引导厂商形成碳排放权分配合作意识。厂商只有意识到未来碳的资产性以及碳排放权交易市场的潜力和优势，才会积极主动参与，在面临碳排放许可额度的分配难题时，才能有合作和全局意识，避免上述困境，达成帕累托效率的均衡。

12.3　碳排放权分配政策的动态一致性分析

当前，国际碳排放权交易市场中碳排放权初始分配主要采取免费分配的方式。免费分配的主要优势在于便于操作，能够提高厂商的参与度，但难点是如何保证分配的公平、公正及效率。结合国际经验，碳排放权初始分配主要依据厂商的产量和单位碳排放量的情况，而其中的突出问题就是政府对厂商的真实产量、减少碳排放的边际成本并不了解，大多需要依靠厂商的上报来设定。由于存在信息的不完全和不对称，非常容易出现排放厂商谎报碳排放量的情况，给分配工作带来困难。因此，政府部门在设计分配政策时，要注意设法激励厂商“说真话”，合理地分配其碳排放权配额占其总排放量的比例，帮助其实现生产与减排的均衡发展。

本小节采用博弈论分析的方法，结合斯塔克尔伯格（Stackelberg）动态博弈模型，围绕分配政策的动态一致性，分析探讨在免费分配方式下政府管理者应如何设计碳排放权的分配政策，才能促使厂商报告其真实的碳排放量，才能更有利于政策的执行效率，为碳排放权免费分配的政策建设提供建议。

12.3.1 博弈模型建立

若某地区有 n 家碳排放厂商，1 个政府管理者。管理者的目标是设计合理的分配政策以确定每家厂商的碳排放权分配额度，厂商的决策目标是如何报告自己的碳排放量。由于排放厂商有谎报碳排放量的动机，管理者所设计的分配政策要注意促使厂商如实报告自身的碳排放总量。假设管理者和厂商事先签署合同，作为约定。

假设厂商报告的碳排放量记为 $g_i(i=1,2,\cdots,n)$；管理者确定的碳排放权分配额度用每位厂商报告的碳排放量的比例系数 $\alpha_i(i=1,2,\cdots,n)$ 表示，显然 $0<\alpha_i<1$。而余下的碳排放量由排放厂商自行削减，则各厂商自行削减的碳排放总量为 $G=\sum_{i=1}^{n}(1-\alpha_i)g_i$。

设各排放厂商得到的碳排放权的预算收入为：

$$R_i = p\,\alpha_i\,g_i \qquad (i=1,2,\cdots,n)$$

式中，p 是单位碳排放权的市场价格。

设管理者的效用函数①记为：

$$U_g = \sum_{i=1}^{n}\beta_i \ln(\alpha_i\,g_i)$$

式中，$\beta_i(0<\beta_i<1)$ 为加权系数，且 $\sum_{i=1}^{n}\beta_i=1$。

管理者的策略是选择合适的 α_i，最大化自身的效用，即：

$$\max_{\alpha_i} U_g = \max_{\alpha_i}\sum_{i=1}^{n}\beta_i\ln(\alpha_i\,g_i)$$
$$\text{s.t.}\quad \sum_{i=1}^{n}(1-\alpha_i)\,g_i \geqslant \Delta G \qquad (12.1)$$

式中，ΔG 是政府管理者确定的碳排放削减总量；加权系数 β_i 代表管理者分配碳排放权的政策倾向，表示管理者对厂商的偏好水平。

若 $\beta_i \neq \beta_j(i,j=1,2,\cdots,n)$，表示管理者实施非平均主义政策，对不同厂商有区别地进行分配政策扶持；否则，为平均主义政策，即对各排放厂商的分配政策扶持差别最小。

各排放厂商的效用函数为碳排放权的预算收入减去申报成本，记为：

① 由于 cobb – douglas 效用函数的任何单调变换都代表同样的偏好关系，故取其对数形式。

$$U_{f_i} = p\alpha_i g_i - C_i(g_i) \quad (i = 1,2,\cdots,n)$$

这里 $C_i(g_i)$ 表示第 i 个厂商的申报成本，这是由于每个厂商都会尽可能地多申报所需的碳排放量，故政府管理者会设定一些制度，如处以罚金或制造一定的声誉损失，来约束这种过量申报的行为。因此，厂商的策略是如何向管理者报告碳排放量 g_i ，最大化自身的效用，即

$$\max_{g_i} U_{f_i} = \max_{g_i} p\alpha_i g_i - C_i(g_i) \tag{12.2}$$

假设申报成本函数是单调递增的凸函数，这表示申报的边际成本随碳排放量的增加而增加，与“污染者付费、超标即重罚”的减排思想吻合。不妨设 $C_i(g_i) = \frac{c_i}{2} g_i^2$ 。这里，c_i 表示申报成本系数，c_i 越小，申报成本越小，表示企业的减排水平越强。一般而言，$c_i \neq c_j (i \neq j)$ ，即便碳排放量相同，由于产生的社会效益不同，厂商的减排水平也有差异。

12.3.2　不同时序博弈模型求解分析

免费分配方式下，碳排放权分配额度的设定通常采取两种方式：一种是政府管理者先设定各排放厂商的分配额度，然后厂商再申报自己的碳排放量，其后管理者再调整额度（下称政策一）；另一种是厂商先申报碳排放量，政府管理者再设定分配额度（下称政策二）。以下将结合斯塔克尔伯格模型，分别就政府管理者先行动以及排放厂商先行动两种情况展开分析，对以上两种分配政策进行评析。

12.3.2.1　模型 1：政府管理者先行动、排放厂商后行动的情形

若政府管理者先行动，即在博弈的第一阶段由管理者先决定各排放厂商的配给比例 α_i ，在观察到 α_i 后，各排放厂商再行动。第二阶段各厂商同时决定报告自身的碳排放量 g_i 。

由逆推归纳法，先求解第二阶段各厂商的反应函数，即：

$$\max_{g_i} U_{f_i} = \max_{g_i} p\alpha_i g_i - \frac{c_i}{2} g_i^2$$

求解其一阶条件得到厂商的反应函数：

$$g_i^{(1)①} = \frac{p\alpha_i}{c_i} \quad (i = 1,2,\cdots,n) \tag{12.3}$$

将式（12.3）代入第一阶段，即式（12.1），求解管理者的最优决策，即：

---

① 上标(1) 表示模型 1 的意思，同样，(2) 表示模型 2 的意思。

$$\max_{\alpha_i} U_g = \max_{\alpha_i} \sum_{i=1}^{n} \beta_i \ln(\alpha_i g_i^{(1)})$$

$$\text{s. t.} \sum_{i=1}^{n} (1 - \alpha_i) g_i^{(1)} \geqslant \Delta G$$

由于约束条件是线性函数，约束规格自动满足。

构造拉格朗日函数：

$$L(\alpha_i, \lambda) = \sum_{i=1}^{n} \beta_i \ln\left(\alpha_i \frac{p\,\alpha_i}{c_i}\right) - \lambda\left[-\sum_{i=1}^{n} (1 - \alpha_i) \frac{p\,\alpha_i}{c_i} + \Delta G\right]$$

则最优解应满足如下一阶条件：

$$\frac{\partial L}{\partial \alpha_i} = \frac{2\beta_i}{\alpha_i} + \lambda \frac{p(1 - 2\alpha_i)}{c_i} = 0 \tag{12.4}$$

$$\sum_{i=1}^{n} (1 - \alpha_i) \frac{p\alpha_i}{c_i} - \Delta G \geqslant 0 \tag{12.5}$$

$$\lambda\left[-\sum_{i=1}^{n} (1 - \alpha_i) \frac{p\alpha_i}{c_i} + \Delta G\right] = 0 \tag{12.6}$$

$$\lambda \geqslant 0 \tag{12.7}$$

其中，$i = 1, 2, \cdots, n$。

下面分两种情形求解此方程组。

（1）若 $\lambda = 0$，则式（12.4）不成立，故方程组无解。

（2）若 $\lambda > 0$，则由式（12.4）得到：

$$\frac{\alpha_i(1 - 2\alpha_i)}{\beta_i c_i} = \frac{\alpha_j(1 - 2\alpha_j)}{\beta_j c_j} \quad (i \neq j, \quad i, j = 1, 2, \cdots, n) \tag{12.8}$$

解上述联立方程组，即可得到最优解 $\alpha_i^{*(1)}$，进而求得 $g_i^{*(1)}$。由于该结果并不影响后续分析，这里就不再具体求出。

因此，[管理者选择分配额度 $\alpha_i^{*(1)}$，厂商选择上报 $g_i^{*(1)}$] 即为本博弈的子博弈完美纳什均衡。

同时由式（12.3）可知，厂商如实上报的碳排放量是碳排放权分配额度 α_i、碳排放权的单位价格 p 的增函数，是申报成本系数 c_i 的减函数。这表明配给比例系数越大、碳排放权的单位价格越高、厂商申报成本系数越小，厂商申报的碳排放量就会越大。

12.3.2.2　模型 2：厂商先行动、政府管理者后行动的情形

若管理者依据厂商申报的碳排放量 g_i 来确定各排放厂商应分得的碳排放量的比例系数 α_i，则本博弈就变为第一阶段厂商行动、第二阶段管理者行动的情形。下面求解其子博弈完美纳什均衡。

由逆推归纳法，先求解第二阶段管理者的最优反应函数：

$$\max_{\alpha_i} U_g = \max_{\alpha_i} \sum_{i=1}^{n} \beta_i \ln(\alpha_i g_i)$$

$$\text{s. t.} \sum_{i=1}^{n} (1 - \alpha_i) g_i \geqslant \Delta G$$

由于约束条件是线性函数，约束规格自动满足。

构造拉格朗日函数：

$$L(\alpha_i, \lambda) = \sum_{i=1}^{n} \beta_i \ln(\alpha_i g_i) - \lambda \left[- \sum_{i=1}^{n} (1 - \alpha_i) g_i + \Delta G \right]$$

其一阶最优条件为：

$$\frac{\partial L}{\partial \alpha_i} = \frac{\beta_i}{\alpha_i} - \lambda g_i = 0 \tag{12.9}$$

$$\sum_{i=1}^{n} (1 - \alpha_i) g_i - \Delta G \geqslant 0 \tag{12.10}$$

$$\lambda \left[- \sum_{i=1}^{n} (1 - \alpha_i) g_i + \Delta G \right] = 0 \tag{12.11}$$

$$\lambda \geqslant 0 \tag{12.12}$$

其中，$i = 1, 2, \cdots, n$ 。

下面分两种情形求解此方程组。

（1）若 $\lambda = 0$ ，则式（12.9）不成立，故方程组无解。

（2）若 $\lambda > 0$ ，则由式（12.9）得到：

$$\frac{\alpha_i g_i}{\beta_i} = \frac{\alpha_j g_j}{\beta_j} \quad (i \neq j, \quad i, j = 1, 2, \cdots, n) \tag{12.13}$$

解上述联立方程组，得到管理者的反应函数：

$$\alpha_i^{(2)} = \beta_i + \beta_i \frac{\left(\sum_{i \neq j} g_j - \Delta G \right)}{g_i} \tag{12.14}$$

再将式（12.14）代入第一阶段，即式（12.2），求解厂商的最优决策：

$$\max_{g_i} U_{f_i} = \max_{g_i} p \alpha_i^{(2)} g_i - \frac{c_i}{2} g_i^2$$

由一阶条件，可得：

$$g_i^{*(2)} = \frac{p}{c_i} \beta_i \tag{12.15}$$

将式（12.15）代入式（12.14）求得 $\alpha_i^{*(2)}$ 。

因此，[厂商选择上报$g_i^{*(2)}$，管理者选择分配额度$\alpha_i^{*(2)}$] 即为本博弈的子博弈完美纳什均衡。

由式（12.14）可知，管理者选择的分配比例是加权系数 β_i 、其余厂商申报量 $g_j(i \neq j)$ 的增函数，是自身申报量 g_i 的减函数。这表明管理者对厂商的偏好水平越高，厂商所分得的比例越大。同时可以看出，每家排放厂商对其他排放厂商创造正的外部效应，从而使得排放厂商如实申报排放量的积极性下降。

12.3.3　动态一致性分析

所谓政策的动态一致性①，是指假设没有任何新的信息出现，一个政策不仅在制定阶段是最优的，而且在制定之后的执行阶段也应该是最优的。如果一个政策只是在制定阶段是最优的，而在执行阶段并不是最优，这个政策就是动态不一致的。

对比上述两种不同时序的博弈模型：模型 1 是管理者先确定分配比例，厂商再申报碳排放量，这可以视为管理者不再调整分配额度的情况；而模型 2 是厂商先申报碳排放量，管理者再决定分配的比例，这既可以视为政策二的模拟情形，又可以视为管理者调整分配额度的情形。因此，整合模型 1 和模型 2，即为政策一的模拟情形。

政策一中的管理者之所以会调整分配额度，原因在于其初设的分配额度不满足动态一致性的要求，不是子博弈完美的纳什均衡。具体分析如下。

整合模型 1 和模型 2，给定管理者事先设定了分配比例 $\alpha_i^{(1)}$ ，若厂商相信管理者信守合同，则其最优上报量为 $g_i^{(1)} = \frac{p\,\alpha_i^{(1)}}{c_i}$ 。由模型 2 可知，管理者事后的一阶最优条件应满足式（12.13），即：

$$\frac{\alpha_i g_i}{\beta_i} = \frac{\alpha_j g_j}{\beta_j}$$

将 $g_i^{(1)}$ 代入，得到：

$$\frac{{\alpha_i^{(1)}}^2}{c_i \beta_i} = \frac{{\alpha_j^{(1)}}^2}{c_j \beta_j} \quad (i \neq j,\quad i,j = 1,2,\cdots,n) \tag{12.16}$$

而管理者事前的一阶最优条件满足式（12.8），即

$$\frac{\alpha_i^{(1)}(1 - 2\alpha_i^{(1)})}{\beta_i c_i} = \frac{\alpha_j^{(1)}(1 - 2\alpha_j^{(1)})}{\beta_j c_j} \quad (i \neq j,\quad i,j = 1,2,\cdots,n) \tag{12.17}$$

---

① 周晶，盛昭瀚，何建敏．基于动态博弈的企业集团政策动态一致性分析［J］．管理科学学报，2000（6）：49－53.

若分配比例 $\alpha_i^{(1)}$ 满足动态一致性要求，就必须同时满足式（12.16）和式（12.17），则有以下两种情况。

（1）若管理者采取平均主义政策，即 $\beta_i = \beta_j(i,j = 1,2,\cdots,n)$ ，则仅当 $c_i = c_j$ 时才实现政策的动态一致性。而由于 c_i 描述的是厂商的申报成本，代表厂商减排水平的高低，一般不会出现 $c_i = c_j$ 的情况，此时 $\alpha_i^{(1)}$ 不满足动态一致性要求。也就是说，假定厂商相信管理者的承诺，但是管理者没有遵守合同的积极性，自然，厂商也会预期到管理者的行为，不会相信管理者的事前承诺，必然会先采取行动，最终只有按事后的 $\alpha_i^{(2)}$ 比例分配才符合动态一致性的要求。如果想让事前约定 $\alpha_i^{(1)}$ 满足动态一致性的要求，则必须设立限制管理者随便改变事前约定的约束机制。

同时，在平均主义政策下由式（12.13）可以得到 $\alpha_i g_i = \alpha_j g_j$ ，表明分配给每个厂商的碳排放量相等，这显然是不合理的，会降低排放量较大但减排水平还不高的厂商真实报告的积极性。

此外，若管理者不信守承诺，违背事前约定的行为，也会使自己失去"先动优势"。假设管理者设定分配比例 α_i^* ，由式（12.14）可知 $\alpha_i^* > \beta_i$ ，在管理者先行动的情形下由式（12.3）求得厂商的申报量为 $g_i^{(1)} = \frac{p}{c_i} \cdot \alpha_i^*$ ；若管理者违背事前约定，导致厂商的申报量为 $g_i^{(2)} = \frac{p}{c_i}\beta_i$ ，而 $g_i^{(1)} > g_i^{(2)}$ ，这表明管理者的违约行为降低了厂商申报真实排放量的积极性。

（2）若管理者采取非平均主义政策，即 $\beta_i \neq \beta_j(i,j = 1,2,\cdots,n)$ ，此时只有同时满足 $\beta_i c_i = \beta_j c_j$ 和 $\alpha_i^{(1)} = \alpha_j^{(1)}$ 可以实现政策一的动态一致性。其中，$\beta_i c_i = \beta_j c_j$ 表明减排水平越强、申报成本越小、信誉越好的厂商，管理者制定分配政策时越偏爱；$\alpha_i^{(1)} = \alpha_j^{(1)}$ 表明无论哪家厂商，政府将执行同样的分配比例（这与许多现行的排污政策相吻合）。

通过以上分析可知，政府管理者在设计碳排放权免费分配政策时，应该注意以下两点：

第一，管理者在厂商先申报的基础上确立分配额度，这种分配政策具有动态一致性，但是从上述分析可以看出，由于每家排放厂商申报量会对其他排放厂商创造正的外部效应，从而使得排放厂商如实申报碳排放量的积极性下降。此时，政府必须对厂商的实际生产的碳排放量进行监测，这与欧盟排放贸易体系中现行的分配政策相呼应。现行的欧盟排放贸易体系的分配政策要求先由厂商上报碳排放的需求量，然后经由一个独立核查机构验证，再配发其碳排放权许可的分配额度。

第二，如果管理者先设定各厂商碳排放权的初始分配额度，则为保证分配政策的动态一致性，在分配政策执行过程中应该注意：①管理者必须严格遵守事前约定，不随意调整分配额度。可以通过分配额度公示、制定具体的约束制度等手段，防止管理者事后违约。②管理者应设定相同的分配比例额度，不要因为厂商的碳排放申报量不同就设置不同的分配额度，这样将不利于减排工作的执行。设置相同的分配比例额度有助于激发厂商申报真实碳排放量的积极性，并有利于管理者减排目标的实现。③管理者要杜绝平均主义的政策倾向，对减排能力强、信誉好的厂商，给予更多的分配政策扶持，这将有助于激励厂商主动减排的积极性。

12.4 小结

本章介绍并比较了碳排放权许可初始分配的三种方式，即免费分配、公开拍卖和混合方式的特点和分配效率。本章认为参照当前国际上较为成熟的碳排放权分配方式，我国碳排放权交易初建时期，应该以免费分配为主，辅以小份额的拍卖分配方式。

本章首先围绕碳排放权分配额度的协商困境展开分析，指出在当前我国的碳排放权分配中，各地区、产业、厂商间会出现智猪博弈、囚徒困境博弈、斗鸡博弈、猎鹿博弈等现象，并提出在分配中注意坚持“共同但有区别的责任”原则，合理设定碳排放权的分配额度。其次，通过试点再逐步推广，有效防止分配中的“搭便车”现象。最后，倡导低碳理念，引导厂商碳排放权分配中的合作意识。

免费分配方式下，碳排放权分配额度的设定通常采取两种方式：一种是政府管理者先设定各排放厂商的分配额度，然后由厂商申报自己的碳排放量，其后管理者再调整额度；另一种是厂商先申报碳排放量，然后由政府管理者设定分配额度。动态一致性是检验政府政策是否有效的一个重要指标。

本章主要从政策动态一致性的角度，对上述分配政策予以分析，得出如下结论：

第一，政府管理者宜采用排放厂商先申报所需的碳排放量，然后再制定碳排放权分配比例的分配策略。这符合政策的动态一致性要求，但是会降低排放厂商如实申报碳排放量的积极性。因此，政府必须对厂商实际生产的碳排放量进行严格监测。

第二，如果政府管理者先设定各厂商碳排放权的初始分配额度，则为保证分配政策执行的动态一致性，管理者必须做到设定的分配比例额度相同并且不得随意调整，同时杜绝平均主义的政策倾向，对减排能力强、信誉好的厂商，给予更多的政策扶持。

碳排放权的分配其实对于碳排放权交易的运转起着至关重要的作用，本章并没有从效率、公平的角度去设计碳排放权的分配机制，而是从动态一致性的角度对碳排放权的分配政策展开分析，今后可以从碳排放权的分配机制优化设计方面继续深入研究。

13　碳排放权交易价格博弈分析

13.1　碳排放权交易价格影响因素的理论分析

本章所讨论的交易价格均为碳排放权的流通市场的交易价格，碳排放权的流通市场即碳排放权交易的二级市场，是碳排放权交易市场的核心环节。碳排放权流通的实质是实现二氧化碳减排责任的有效分担。碳排放权的价格作为交易的第一要素，主要受到供给、需求以及市场交易因素的影响。

13.1.1　影响碳排放权价格的供给与需求因素①

厂商经由一级市场的分配获得许可的碳排放权，在二级市场的流通中必然要权衡碳排放权的边际价值，决定是通过自身减排还是借助市场交易实现碳排放权许可的约束目标。若厂商的减排成本相对较高，就会少减排而买入碳排放权；若厂商的减排成本相对较低，则会多减排并卖出碳排放权。通过交易，实现碳排放权流通市场的均衡价格。

在完全竞争的市场条件下，如图 13.1 所示，设政府某阶段发放的碳排放权总量（即二氧化碳允排量）记为 G^* ，由于一段时期内的碳排放总量是不变的，故碳排放权总供给曲线是一条垂直直线，记为 S_0 。总需求曲线记为 D ，代表总的减排成本。总供给曲线 S_0 与总需求曲线 D 的交点的纵坐

---

① 沈满洪，赵丽秋．排放权价格决定的理论探讨［J］．浙江社会科学，2012（5）：26－30．

标即碳排放权交易市场的均衡价格 p^* 。由于供给曲线完全没有弹性，碳排放权的价格完全由需求曲线的位置决定。而需求曲线的位置由厂商的边际减排成本决定，减排成本高的厂商愿意为买入碳排放权支付较高的价格，减排成本低的厂商则愿意卖出碳排放权，最终形成交易。此时所有的厂商的边际减排成本相等，且等于碳排放权交易市场的均衡价格。

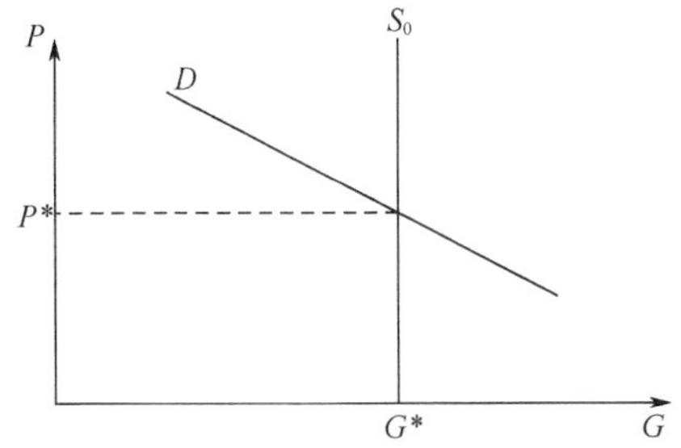

图 13.1 完全竞争条件下的均衡价格

13.1.1.1 影响碳排放权价格的主要供给因素

影响碳排放权供给量的主要因素有碳排放权的分配额度和碳排放权的交易规则。

（1）碳排放权的分配额度。碳排放权的分配额度是约定的减排交易阶段内，市场参与者被允许排放二氧化碳的最大额度。碳排放权的价格由它的分配额度占市场参与者实际的碳排放量的比例关系决定。如果该额度相对于参与者的实际碳排放量较小，则需求增加，碳排放权的价格上升；如果该额度相对于参与者的实际碳排放量较大，则需求减少，碳排放权的价格下降。以欧盟为例，欧盟各成员国参与的欧洲碳排放权的总体分配计划（称为 NAP）决定着各参与国的配给额度，并且分配计划数年制订一次，成为长期影响供给的最主要因素。

（2）碳排放权的交易规则。碳排放权的交易规则对碳排放权的供给影响，主要体现在交易项目（CDM 和 JI）与存储和借用制度两方面。

由于《京都议定书》确立的清洁发展机制（CDM）项目和联合履行（JI）项目所节约的碳排放量也可以转变为碳排放权的供给，这两类项目也成为影响碳排放权供给的因素之一。理论上这两类项目产生的碳排放权供给越多，价格就越低；反之，供给越少，价格越高。由于目前 CDM 项目和 JI 项目的市场规模比较小，当前阶段对碳排放权的供给和价格影响不大，但未来有不确定性。

所谓存储，是指市场参与者当前期未用完的碳排放权可以留待下一期使用；所谓借用，是指允许市场参与者使用未来期的碳排放权。理论上，如果当前期的存储制度减少碳排放权的供应量，则会导致碳排放权价格升高；若当前期的借用制度增加碳排放权的供应量，则会导致碳排放权价格下降。从管理者的角度，碳排放权的存储和借用制度，可以防止碳排放权价格的波动，提高市场效率。但是由于不方便监管，有不确定性和风险，欧盟的排放交易体系在第一阶段就禁止碳排放权的存储和借用。

13.1.1.2 影响碳排放权价格的主要需求因素

碳排放权的需求体现在对预期碳排放量的估计上，主要受经济增长、边际减排成本以及对未来碳排放权价格的预期等因素的影响。

（1）经济增长。大多数研究表明，经济增长会带来碳排放量的增加，在碳排放总量约束的条件下，碳排放量的总供给不变，碳排放量需求的增加将使需求曲线 D 上移，碳排放权的价格将提高；反之，则下降。

（2）边际减排成本。边际减排成本主要由低碳技术决定。长期的边际减排成本通常由低碳能源设备、技术投资决定；短期的边际减排成本和碳排放需求主要受不可预期的能源价格和需求量影响，如短期内石油、天然气、煤炭的价格波动，会影响碳排放权的价格。此外，研究表明，极端天气等因素也会导致能源需求量波动，影响碳排放权的价格。由于二氧化碳排放量绝大多数都与化石能源的使用有关，实现边际减排成本从高碳向低碳的转变是短期减排的唯一途径。如果一种化石能源只能被另一种含碳量更高的化石能源所代替，那么短期内其价格的上涨将带动碳排放量需求的增加，进而使碳排放权的价格升高。

（3）预期因素。对碳排放权价格未来的预期，会影响当前期的碳排放权价格。碳排放权的未来价格主要取决于市场供需状况以及需求量的变动情况。碳排放权交易市场的动态效率将使边际减排成本逐渐降低，而政府管理部门制定的二氧化碳减排量有渐增的趋势。边际减排成本的下降将使碳排放权交易的需求量减少，同时二氧化碳减排量的增大又使碳排放权的供给减少。这样由对减排技术和减排总量的不同预期，带动市场参与者生成对碳排放权价格变动的不同预期。若市场参与者预计未来碳排放权价格有上升的趋势，就会通过配额储存项目储存一定量的碳排放权以便未来出售，进而导致当前期的碳排放权供给减少，价格上升；反之，若市场参与者预计未来碳排放权价格有下降的趋势，将减少购买当前期的碳排放权，导致供给增加，价格下降。

13.1.2 影响碳排放权价格的市场交易因素

在现实交易中，完全竞争市场要求的交易成本为零、大量的买者和卖者以及完全信息等条件不能被一一满足，因此，在不完全竞争的市场条件下，交易成本、市场势力都会对碳排放权的交易价格产生影响。

13.1.2.1 交易成本

碳排放权交易市场中普遍存在着信息不充分、摩擦及交易不活跃的现象，由此产生了交易成本问题。

对交易成本的定义，新制度经济学家有不同的解释。第一种观点认为交易成本是为获取、保护和转让产权而支付的费用；第二种观点认为交易成本是经济体系运行的费用；第三种观点则将除鲁宾孙世界以外的费用都视为交易成本。科斯把交易成本看作因市场交易而发生的费用，认为交易成本包括四个方面[①]：①寻找和确定合适的贸易价格的活动成本；②确定合同签约人责任的成本；③接受这种合同有关的风险成本；④对从事市场贸易所支付的成本。交易费用可分为市场交易费用（包括信息搜寻费用、讨价还价和决策费用、监督和实施费用）、管理交易费用（包括建立、维持、改变组织结构的成本、运行成本、信息费用、商品和服务的运输）和政治交易费用（包括建立、维持、改变系统的正规和非正规政治组织的费用和政治制度运行费用）。同时，交易成本不容易度量，然而其大小可以通过市场中产品的卖价和买价之差来替代。

交易成本的高低是决定碳排放权交易顺利开展的关键因素。甘加达兰（Gangadharan，2000）[②] 具体研究了 1994 年的洛杉矶排放权交易市场，结果显示，交易成本对初期的排放权交易有重要影响，有 32% 的排放权交易因为交易成本过高而破裂。斯塔文斯（Stavins，1995）[③] 和卡森（Cason，2003）[④] 的研究表明，在排放权交易中，交易成本的存在使得厂商的边际治理成本与排放权的市场价格不相等，影响了排放权交易的效率，导致实际发生的排放权交易数量大大低于理论数值。通常，交易成本过高主要是由减排技术问题以及排放权交易市场的制度不合理两

---

① Coase R. The Problem of Social Cost [J]. Journal of Law and Economics, 1960 (3): 1-44.

② Gangadharan L. Transaction cost in pollution markets: a empirical study [J]. Land Economics, 2000 (76): 601-614.

③ Stavins R. Transactions Costs and Tradable Permits [J]. Journal of Environmental Management and Policy, 1995 (29): 133-148.

④ Cason T N, Gandgadharan L. Transactions Cost in Tradable Permit Markets: An Experimental Study of Pollution Market Designs [J]. Journal of Regulation Economics, 2003 (23): 145-165.

大因素导致的。交易成本会增加厂商减排的总成本，从而减少排放权交易的可能性。

交易成本对碳排放权交易及其价格的影响如图 13. 2 所示，横轴表示碳排放量，纵轴表示边际减排成本。曲线 $MC_{甲}$、$MC_{乙}$ 分别表示甲、乙两家厂商的边际成本曲线。当交易成本为零时，交易的均衡点为 E ，此时甲、乙两家厂商的边际减排成本相等，交易量为 G_0 。若存在交易成本，假设交易发生时成交量为 G_2 ，则厂商甲以单位价格 $\underline{P}$ 卖出（$G_2 - G_1$）的碳排放量（初始状态的碳排放量记为 G_1 ），厂商乙以单位价格 $\bar{P}$ 买入。$\bar{P} - \underline{P}$ 即单位碳排放权交易成本，此时相较于均衡状态下的价格 P ，减排成本将增加（$\bar{P} - \underline{P}$）（$G_2 - G_1$），即图中的方形区域。同时，交易成本的存在使厂商间的边际减排成本差别小于交易成本的交易不会发生，或者说会阻碍交易的发生。

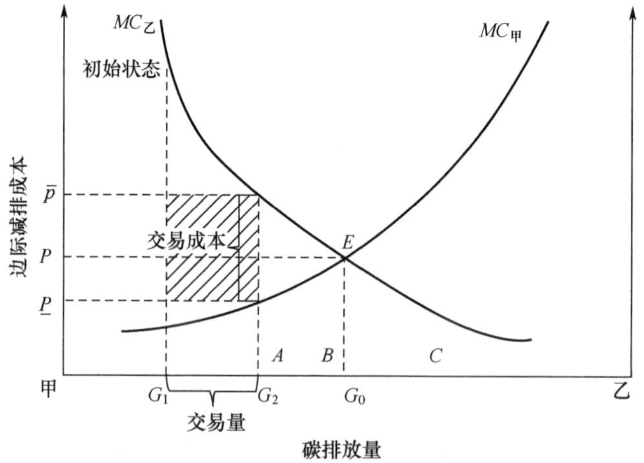

图 13. 2　交易成本对交易价格的影响

13. 1. 2. 2　市场势力

在现实的碳排放权交易中，极有可能出现规模较大的厂商或垄断厂商通过自身的买卖行为影响碳排放权价格的情况，即所谓的市场势力。这些厂商对碳排放权价格的影响主要表现为两类情形：情形一为利润最大化目标，即厂商主要是想实现自身减排成本和购买碳排放权成本的最小化；情形二为排他性目标，即厂商通过价格阻止其他厂商进入碳排放权交易市场。

下面结合图示说明市场势力对碳排放权价格的影响。假设市场上有一家垄断厂商，初始分配时获得较多的碳排放权，则它会通过买卖行为对碳排放权价格产生影响。如图 13.3 所示，横轴表示碳排放权的数量，纵轴表示碳排放权价格。厂商将选择最大化自身利润的 $MC = MR$ 的碳排放权供给量 G'，则单位碳排放权的市场价格为 P'，高于完全竞争下的市场价格 P。从图上可以看出，垄断情形下碳排放权的供给量和价格对完全竞争市场均衡的偏离程度取决于垄断厂商边际成本曲线的斜率。

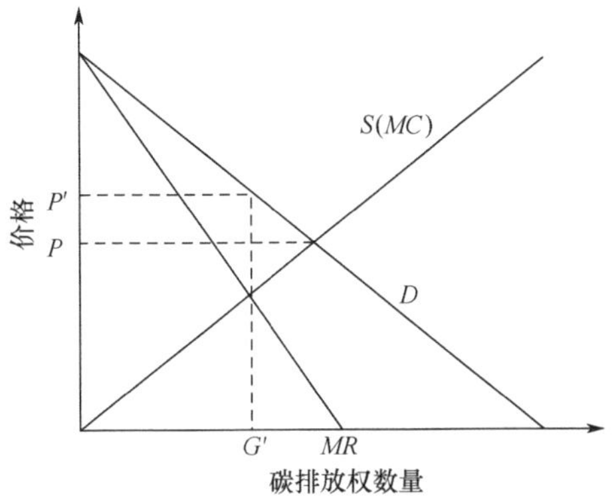

图 13.3　市场势力影响情形一：利润最大化

若垄断厂商想阻止其他厂商进入，则会储存碳排放权，如图 13.4 所示，厂商不提供剩余的碳排放权，造成碳排放权供给量大大减少，碳排放权价格升高，降低碳排放权交易的效率。

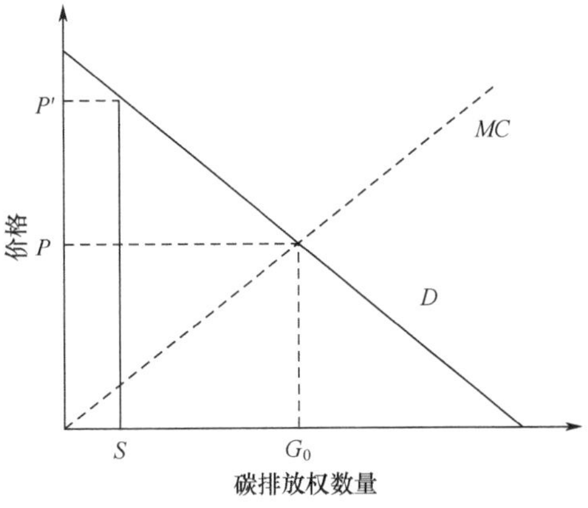

图 13.4　市场势力影响情形二：排他性

13.2 直购碳排放权价格的讨价还价博弈分析

当前我国碳排放权交易缺乏完善的价格指导体系。例如，我国当前发展最为迅速的 CDM 项目，缺乏合理的价格指导，致使我国碳排放权交易的成交价格远远低于国际碳排放权交易市场的平均水平。因此，对直购行为下碳排放权价格的讨价还价行为的研究，有助于为我国碳排放权交易市场的建设、碳排放权价格的管理提供建议。

本节模型基于厂商间的直购行为展开研究。由于碳排放权的价格受市场多因素影响变化较大，厂商间通常会签订合同来消除碳排放权价格的波动。合同签订过程中，买卖双方会围绕碳排放权的价格这一第一要素进行讨价还价。本节运用鲁宾斯坦的轮流出价讨价还价模型的思想，建立关于直购行为下碳排放权价格的讨价还价模型，对不完全信息下买方和卖方的讨价还价过程展开分析，对我国当前碳排放权交易中 CDM 项目的成交价格较低提供解释，并提出政策建议。

13.2.1 讨价还价博弈模型建立

假设在碳排放权交易市场中，买方和卖方都倾向于通过签订合同实现交易。为达成交易，双方主要围绕碳排放权单位价格和碳排放权的数量进行谈判。假设碳排放权交易的数量 q 是定值，双方仅就碳排放权的单位价格 p 进行讨价还价谈判。

假设 ω_b 和 ω_s 分别表示买方和卖方对未来碳排放权单位价格的预期。若 $\omega_b < \omega_s$，表示买方对碳排放权价格的预期小于卖方对碳排放权价格的预期，则交易不可能实现。只有 $\omega_b \geqslant \omega_s$，交易才可能达成。因此，合同的签订与否主要取决于买方和卖方对未来单位碳排放权价格的预期。本节主要研究在 $\omega_b \geqslant \omega_s$ 的条件下，买卖双方的讨价还价过程。

假设 ω_b 和 ω_s 都是私人信息，即 ω_b 表示买者的类型，ω_s 表示卖者的类型，且 ω_b 和 ω_s 都服从 $[a,b]$ 上的均匀分布。

在谈判过程中，谈判双方的出价并不是同时的，往往是一方给出一个价格，另一方选择接受或拒绝。如果拒绝，他可以给出自己的价格，双方再针对这个价格继续进行谈判，直到谈判结束为止①。且买方和卖方在讨

① 迈尔森．博弈论：矛盾冲突分析［M］．于寅，费剑平，译．北京：中国经济出版社，2001：314－327.

价还价的过程中都具有学习能力①，他们会根据对方的出价及行为的变化对对方的碳排放权价格预期进行估计，即卖方先出价 p_s，买方会修正他对 ω_s 的初始估计，将认为 ω_s 服从 $[a, p_s]$ 上的均匀分布。

假设这是一个 n（n 是外生变量）阶段的讨价还价博弈，卖方和买方轮流出价，第一阶段卖方出价 p_1^s，买方选择接受或者拒绝。若买方接受，谈判结束，卖方的得益为 $(p_1^s - \omega_s)q$，买方的得益为 $(\omega_b - p_1^s)q$。若买方拒绝，则博弈进入第二阶段，由买方出价 p_1^b，卖方选择接受或者拒绝。若卖方接受，谈判结束。由于谈判在第二阶段达成，双方的收益会有相应的损失，记 δ_s 和 δ_b 分别为卖方和买方的贴现因子（$0 < \delta_s < 1, 0 < \delta_b < 1$），则此时卖方的得益为 $\delta_s(p_1^b - \omega_s)q$，买方的得益为 $\delta_b(\omega_b - p_1^b)q$。若卖方拒绝，则博弈进入第三阶段……双方依次轮流出价，直至博弈的第 n 阶段。

整个博弈的结构取决于 n 的奇偶。若 n 为奇数，则第 n 阶段由卖方出价 $p_{(n+1)/2}^s$，无论买方接受与否，谈判都结束。如果买方接受，此时卖方的得益为 $\delta_s^{n-1}(p_{(n+1)/2}^s - \omega_s)q$，买方的得益为 $\delta_b^{n-1}(\omega_b - p_{(n+1)/2}^s)q$。如果买方拒绝，则双方的得益都为0。若 n 为偶数，则第 n 阶段由买方出价 $p_{n/2}^b$，无论卖方接受与否，谈判都结束。如果卖方接受，此时卖方的得益为 $\delta_s^{n-1}(p_{n/2}^b - \omega_s)q$，买方的得益为 $\delta_b^{n-1}(\omega_b - p_{n/2}^b)q$。如果卖方拒绝，则双方的得益都为0。

本博弈的扩展形如图 13.5 所示。

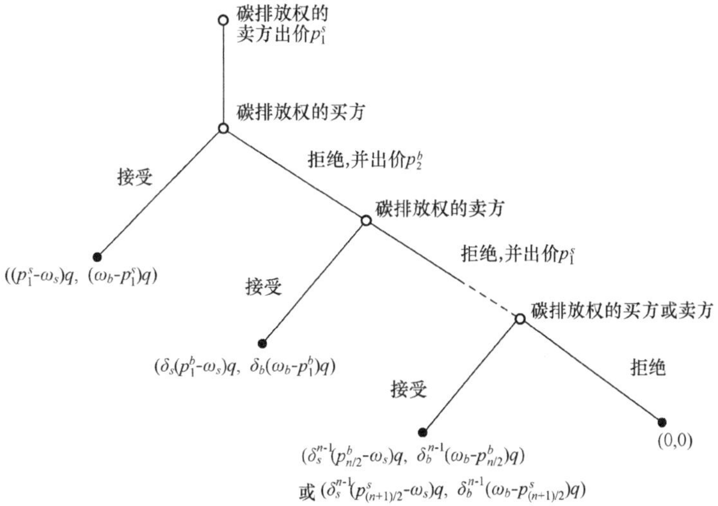

图 13.5　*n* 阶段讨价还价博弈的扩展形表示

① 谢识予. 经济博弈论［M］. 上海：复旦大学出版社，2002：286－290.

13.2.2 博弈模型求解

13.2.2.1 $n=2$ 时的两阶段讨价还价博弈

设第一阶段谈判中买方接受卖方提议价格的概率为 p_{ba}，第一阶段买方拒绝但第二阶段卖方接受提议价格的概率为 p_{br}；第二阶段谈判中卖方接受买方提议价格的概率为 p_{sa}，卖方拒绝买方提议价格的概率为 p_{sr}。

先看第二阶段卖方的策略选择（假设第一阶段买方拒绝了卖方提议价格），由于没有后续的讨价还价机会，卖方若选择拒绝得益为 0，若选择接受得益为 $\delta_s(p_1^b-\omega_s)q$，只要 $\delta_s(p_1^b-\omega_s)q\geqslant 0$，则卖方当然选择接受。即：

$$p_1^b\geqslant\omega_s \tag{13.1}$$

接着，求解此阶段买方的提议价格。买方此时知道卖方本阶段的选择标准［即式（13.1）］，并且买方判断卖方碳排放权价格的预期服从 $[a, p_1^s]$ 上的均匀分布。因此，买方的提议价格 p_1^b 应满足下式：

$$\max_{p_1^b}[\delta_b(\omega_b-p_1^b)q\,p_{sa}+0\,p_{sr}] \tag{13.2}$$

其中：

$$p_{sa}=p\{p_1^b\geqslant\omega_s\}=\frac{p_1^b-a}{p_1^s-a}$$

$$p_{sr}=p\{p_1^b<\omega_s\}=\frac{p_1^s-p_1^b}{p_1^s-a}$$

代入式（13.2）得：

$$\max_{p_1^b}[\delta_b(\omega_b-p_1^b)q\frac{p_1^b-a}{p_1^s-a}] \tag{13.3}$$

由一阶条件，解得：

$$p_1^b=\frac{a+\omega_b}{2} \tag{13.4}$$

从而卖方的得益为 $\frac{\delta_s q}{2}(a+\omega_b-2\omega_s)$，买方的得益为 $\frac{\delta_b q}{2}(\omega_b-a)$。

倒推至第一阶段，买方若是接受第一阶段卖方的提议价格，得益为 $(\omega_b-p_1^s)q$，只要 $(\omega_b-p_1^s)q\geqslant\frac{\delta_b q}{2}(\omega_b-a)$，即当 $\omega_b\geqslant\frac{2p_1^s-\delta_b a}{2-\delta_b}$ 时，买方会选择接受提议。卖方也知道买方的这一决策方式，故卖方第一阶段的提议价格 p_1^s 应满足：

$$\max_{p_1^s}[(p_1^s-\omega_s)q\,p_{ba}+\frac{\delta_s q}{2}(a+\omega_b-2\omega_s)\,p_{br}] \tag{13.5}$$

其中：

$$p_{ba} = p\left\{\omega_b \geqslant \frac{2p_1^s - \delta_b a}{2-\delta_b}\right\} = \frac{2(b-p_1^s) - \delta_b(b-a)}{(2-\delta_b)(b-a)}$$

$$p_{br} = p\left\{\omega_b < \frac{2p_1^s - \delta_b a}{2-\delta_b}\right\} p_{sa} = \frac{2(p_1^b - a)}{(2-\delta_b)(b-a)}$$

代入式（13.5）得到：

$$\max_{p_1^s}\left[(p_1^s - \omega_s)q\frac{2(b-p_1^s) - \delta_b(b-a)}{(2-\delta_b)(b-a)} + \frac{\delta_s q}{2}(a+\omega_b - 2\omega_s)\frac{2(p_1^b - a)}{(2-\delta_b)(b-a)}\right]$$

由一阶条件解得：

$$p_1^s = \frac{(2-\delta_b)(b-a) + 2\omega_s + 2a}{4} \tag{13.6}$$

综上分析可知，本博弈的完美贝叶斯纳什均衡为：

第一阶段卖方报价 $p_1^s = \dfrac{(2-\delta_b)(b-a) + 2\omega_s + 2a}{4}$，若买方的预期 $\omega_b \geqslant \dfrac{2p_1^s - \delta_b a}{2-\delta_b}$，则买方接受报价 p_1^s；否则拒绝报价，谈判进入第二阶段。

第二阶段买方报价 $p_1^b = \dfrac{a+\omega_b}{2}$，若卖方的预期 $\omega_s \leqslant p_1^b$，则卖方接受报价 p_1^b；否则拒绝报价，谈判结束。

13.2.2.2 $n = 3$ 时的三阶段讨价还价博弈

设第一阶段谈判中买方接受卖方提议价格的概率为 p_{ba}，第一阶段买方拒绝但第二阶段卖方接受提议价格的概率为 p_{br}；第二阶段谈判中卖方接受买方提议价格的概率为 p_{sa}，第二阶段卖方拒绝但第三阶段买方接受提议价格的概率为 p_{sr}；第三阶段谈判中买方接受卖方提议价格的概率为 p'_{ba}，第三阶段买方拒绝卖方提议价格的概率为 p'_{br}。

先看第三阶段买方的策略选择（假设第二阶段卖方拒绝了买方提议价格），由于没有后续的讨价还价机会，买方若选择拒绝得益为0，若选择接受得益为 $\delta_b^2(\omega_b - p_2^s)q$，只要 $\delta_b^2(\omega_b - p_2^s)q \geqslant 0$，则买方当然选择接受。即：

$$p_2^s \leqslant \omega_b \tag{13.7}$$

接着，求解此阶段卖方的提议价格。卖方此时知道买方本阶段的选择标准［即式（13.7）］，并且卖方判断买方碳排放权价格的预期服从［p_1^b，p_1^s］上的均匀分布。因此，卖方的提议价格 p_2^s 应满足下式：

$$\max_{p_2^s}[\delta_s^2(p_2^s-\omega_s)q\,p'_{ba}+0\,p'_{br}] \tag{13.8}$$

其中：

$$p'_{ba}=p\{p_2^s\leqslant\omega_b\}=\frac{p_1^s-p_2^s}{p_1^s-p_1^b}$$

$$p'_{br}=p\{p_2^s>\omega_b\}=\frac{p_2^s-p_1^b}{p_1^s-p_1^b}$$

代入式（13.8）得：

$$\max_{p_2^s}\left[\delta_s^2(p_2^s-\omega_s)q\frac{p_1^s-p_2^s}{p_1^s-p_1^b}\right] \tag{13.9}$$

由一阶条件，解得：

$$p_2^s=\frac{p_1^s+\omega_s}{2} \tag{13.10}$$

从而卖方的得益为$\frac{\delta_s^2q}{2}(p_1^s-\omega_s)$，买方的得益为$\frac{\delta_b^2q}{2}(2\omega_b-p_1^s-\omega_s)$。

逆推至第二阶段看卖方的策略选择，卖方若是接受了第二阶段买方的提议价格，其得益为$\delta_s(p_1^b-\omega_s)q$，只要$\delta_s(p_1^b-\omega_s)q\geqslant\frac{\delta_s^2q}{2}(p_1^s-\omega_s)$，卖方会选择接受提议。即：

$$\omega_s\leqslant\frac{2p_1^b-\delta_sp_1^s}{2-\delta_s} \tag{13.11}$$

买方也知道卖方的这一决策方式，并且买方判断卖方碳排放权价格的预期服从$[a,p_1^s]$上的均匀分布。因此，买方第二阶段的提议价格p_1^b应满足：

$$\max_{p_1^b}\left[\delta_b(\omega_b-p_1^b)q\cdot p_{sa}+\frac{\delta_b^2q}{2}(2\omega_b-p_1^s-\omega_s)\cdot p_{sr}\right] \tag{13.12}$$

其中：

$$p_{sa}=p\left\{\omega_s\leqslant\frac{2p_1^b-\delta_sp_1^s}{2-\delta_s}\right\}=\frac{2(p_1^b-a)-\delta_s(p_1^s-a)}{(2-\delta_s)(p_1^s-a)}$$

$$p_{sr}=p\left\{\omega_s>\frac{2p_1^b-\delta_sp_1^s}{2-\delta_s}\right\}\cdot p'_{ba}=\frac{2(p_1^s-p_2^s)}{(2-\delta_s)(p_1^s-a)}$$

代入式（13.12）得到：

$$\max_{p_1^b}\left[\delta_b(\omega_b-p_1^b)q\frac{2(p_1^b-a)-\delta_s(p_1^s-a)}{(2-\delta_s)(p_1^s-a)}+\right.$$
$$\left.\frac{\delta_b^2q}{2}(2\omega_b-p_1^s-\omega_s)\frac{2(p_1^s-p_2^s)}{(2-\delta_s)(p_1^s-a)}\right] \tag{13.13}$$

由一阶条件解得：

$$p_1^b = \frac{2a + 2\omega_b + \delta_s(p_1^s - a)}{4} \tag{13.14}$$

从而卖方的得益为：

$$\frac{\delta_s q}{4}[2a + 2\omega_b + \delta_s(p_1^s - a) - 4\omega_s]$$

买方的得益为：

$$\frac{\delta_b q}{4}[2\omega_b - 2a - \delta_s(p_1^s - a)]$$

倒推至第一阶段，买方若是接受第一阶段卖方的提议价格，得益为 $(\omega_b - p_1^s)q$，只要：

$$(\omega_b - p_1^s)q \geqslant \frac{\delta_b q}{4}[2\omega_b - 2a - \delta_s(p_1^s - a)]$$

买方会选择接受提议。即：

$$\omega_b \geqslant \frac{(4 - \delta_b\delta_s)p_1^s - a\delta_b(2 - \delta_s)}{4 - 2\delta_b} \tag{13.15}$$

卖方也知道买方的这一决策方式，故卖方第一阶段的提议价格 p_1^s 应满足：

$$\max_{p_1^s}\{(p_1^s - \omega_s)q\,p_{ba} + \frac{\delta_s q}{4}[2a + 2\omega_b + \delta_s(p_1^s - a) - 4\omega_s]\,p_{br}\} \tag{13.16}$$

其中：

$$P_{ba} = p\left\{\omega_b \geqslant \frac{(4 - \delta_b\delta_s)p_1^s - a\delta_b(2 - \delta_s)}{4 - 2\delta_b}\right\}$$

$$= \frac{(4 - 2\delta_b)b - (4 - \delta_b\delta_s)p_1^s + a\delta_b(2 - \delta_s)}{(4 - 2\delta_b)(b - a)}$$

$$P_{br} = p\left\{\omega_b < \frac{(4 - \delta_b\delta_s)p_1^s - a\delta_b(2 - \delta_s)}{4 - 2\delta_b}\right\}\cdot p_{sa}$$

$$= \frac{(4 - \delta_b\delta_s)[2(p_1^b - a) - \delta_s(p_1^s - a)]}{(4 - 2\delta_b)(b - a)}$$

代入式（13.16）得到：

$$\max_{p_1^s}\left\{(p_1^s - \omega_s)q\frac{(4 - 2\delta_b)b - (4 - \delta_b\delta_s)p_1^s + a\delta_b(2 - \delta_s)}{(4 - 2\delta_b)(b - a)} + \right.$$

$$\frac{\delta_s q}{4}[2a + 2\omega_b + \delta_s(p_1^s - a) - 4\omega_s]\cdot$$

$$\left.\frac{(4-\delta_b\delta_s)[2(p_1^b-a)-\delta_s(p_1^s-a)]}{(4-2\delta_b)(b-a)}\right\} \quad (13.17)$$

由一阶条件解得：

$$p_1^s = \frac{4(2-\delta_b)(b-a)}{(4-\delta_b\delta_s)(4+\delta_s^3)} + \frac{a(\delta_s^3-2\delta_s^2+2)}{4+\delta_s^3} + \frac{2(1+\delta_s^2)}{4+\delta_s^3}\omega_s + \frac{\delta_s^2}{4+\delta_s^3}(p_1^b-\omega_b) \quad (13.18)$$

综上分析可知，本博弈的完美贝叶斯纳什均衡为：

第一阶段卖方报价 $p_1^s = \frac{4(2-\delta_b)(b-a)}{(4-\delta_b\delta_s)(4+\delta_s^3)} + \frac{a(\delta_s^3-2\delta_s^2+2)}{4+\delta_s^3} + \frac{2(1+\delta_s^2)}{4+\delta_s^3}\omega_s + \frac{\delta_s^2}{4+\delta_s^3}(p_1^b-\omega_b)$，若买方的预期 $\omega_b \geqslant \frac{(4-\delta_b\delta_s)p_1^s - a\delta_b(2-\delta_s)}{4-2\delta_b}$，则买方接受报价 p_1^s；否则拒绝报价，谈判进入第二阶段。

第二阶段买方报价 $p_1^b = \frac{2a+2\omega_b+\delta_s(p_1^s-a)}{4}$，若卖方的预期 $\omega_s \leqslant \frac{2p_1^b-\delta_s p_1^s}{2-\delta_s}$，则卖方接受报价 p_1^b；否则拒绝报价，谈判进入第三阶段。

第三阶段卖方报价 $p_2^s = \frac{p_1^s+\omega_s}{2}$，若买方的预期 $\omega_b \geqslant p_2^s$，则买方接受报价 p_2^s；否则拒绝报价，谈判结束。

以此类推，可求得任意给定的 $n < \infty$ 的完美的贝叶斯纳什均衡。同理，可以求解买方先出价的讨价还价博弈情形。

13.2.3 博弈均衡分析与建议

（1）在两阶段讨价还价博弈中，由式（13.4）、式（13.6）可以得到：

$$\frac{\partial p_1^s}{\partial \omega_s} = \frac{1}{2} > 0, \frac{\partial p_1^b}{\partial \omega_b} = \frac{1}{2} > 0$$

在三阶段讨价还价博弈中，由式（13.10）、式（13.14）、式（13.18）可以得到：

$$\frac{\partial p_2^s}{\partial \omega_s} = \frac{1}{2} > 0, \frac{\partial p_1^b}{\partial \omega_b} = \frac{1}{2} > 0, \frac{\partial p_1^s}{\partial \omega_s} = \frac{2(1+\delta_s^2)}{4+\delta_s^3} > 0$$

这说明买卖双方的报价是关于自身的价格预期的增函数，若自身预期价格较高，报价就高；反之，自身预期价格较低，报价就低。而双方对价格的预期主要取决于两个主要因素：一是对碳排放权交易市场交易情况、实时报价的了解；二是取决于自身投入成本多少，如生产中的低碳技术的运用、交易费用的投入等。

（2）在两阶段讨价还价博弈中，由式（13.6）可知：

$$\frac{\partial p_1^s}{\partial \delta_b} = -\frac{b-a}{4} < 0$$

在三阶段讨价还价博弈中有：

$$\frac{\partial p_1^s}{\partial \delta_b} = \frac{4(\delta_s - 2)}{(4 - \delta_b \delta_s)^2} < 0$$

这表明卖方的报价是关于买方的贴现因子的减函数，δ_b 越高，表明买方花费成本越低、越有耐心，则卖方报价越低。

由式（13.14）可知：

$$\frac{\partial p_1^b}{\partial \delta_s} = \frac{p_1^s - a}{4} > 0$$

这表明买方的报价是关于卖方的贴现因子 δ_s 的增函数，δ_s 越低，表明卖方花费成本越高、越缺乏耐心，则买方报价越低。而贴现因子则主要受市场交易效率、交易成本、交易意识等主要因素影响。

（3）在两阶段讨价还价博弈中，由式（13.6）可知：

$$\frac{\partial p_1^s}{\partial (b-a)} = \frac{2-\delta_b}{4} > 0$$

在三阶段讨价还价博弈中，由式（13.18）可知：

$$\frac{\partial p_1^s}{\partial (b-a)} = \frac{4(2-\delta_b)}{(4-\delta_b \delta_s)(4+\delta_s^3)} > 0$$

这说明卖方的报价是关于 $(b-a)$ 的增函数。$(b-a)$ 越小，卖方的报价越低；反之，$(b-a)$ 越大，卖方的报价越高。这里的 (a,b) 是买卖双方根据实时碳排放权交易市场的竞价情况得出的估计区间。若碳排放权交易市场的透明度越高、信息越完备，则 a 与 b 之间的距离越大；反之，a 与 b 之间的距离就越小。

又由式（13.14）、式（13.10）可知：

$$\frac{\partial p_1^b}{\partial p_1^s} = \frac{\delta_s}{4} > 0, \frac{\partial p_2^s}{\partial p_1^s} = \frac{1}{2} > 0$$

表明后期买卖双方的出价都是关于卖方首次出价的增函数。也就是说，最终成交价格的高低取决于首位出价者价格定位的高低。因此，碳排放权双方讨价还价交易具有先动优势，先行动者占优。

联系上述博弈模型，在项目交易中我国当前碳排放权成交价格既受谈判交易的技巧因素影响，如报价的先动优势、谈判的耐心程度等，也受碳排放权交易市场的建设程度影响，如碳排放权市场信息不完备、市场的监管（交易规则、制度）力度、低碳技术运用水平以及买卖双方的交易意识和低碳理念等。

以我国 CDM 项目交易为例分析。首先，虽然 CDM 项目交易成功的案例已经不少，但我国当前 CDM 项目交易很多都是国外买方主动上门进行合作谈判，而且分散在各行业、各城市，占据了交易的先动优势，拥有碳排放权价格定位的主动权。

其次，我国目前的生产力水平、能源结构以及发展阶段决定了我国大多数企业采取的是高碳式生产方式，低碳生产技术水平比较落后；同时，我国的企业又普遍缺乏碳排放权主动交易的意识，没有认识到碳排放权的资产性质，从而我方企业对价格的预期普遍较低，而对交易中的成本因素基本忽略（因为我国很多参与 CDM 项目交易的企业都认为若交易成功能获益很好，交易不成功也没有什么损失），从而国外买家也越发会压低报价（低于市场预期价格）。

最后也是最重要的，我国 CDM 项目市场目前还是处于一种分散的、不公开透明的状态，绝大多数企业对碳排放权市场知之甚少，这就产生了信息的不对称、不完备。信息差别大，使得我国企业在谈判中处于弱势地位，从而造成我国 CDM 项目谈判的最终成交价格与国际碳排放权交易市场的价格相去甚远，国内企业遭受损失。国家只好为此专门设置 CDM 项目交易的最低指导价格加以调控。

因此，我国在开展碳排放权交易的过程中，必须加快建设一个统一、公开的碳排放权交易市场，将项目交易与配额交易都纳入统一、公开的碳排放权交易市场。虽然我国目前在 7 个试点省、市已经建立起碳排放权交易市场，但这些市场分布零散且处于封闭状态，而且不同市场的交易规则不同，阻碍了许多大型跨区域企业集团加入，影响企业参与交易的积极性。通过建立统一、公开的碳排放权交易市场，提高实时碳排放权交易市场的透明度，为交易者构建公平的交易平台、创设畅通的信息渠道，有利于交易成本的减少、碳排放权价格的稳定、交易信息的畅通以及交易效率的提高。

同时，要加强低碳理念的宣传，培养企业碳排放权交易的意识。未来的碳就是资产，企业只有改变高碳、高能耗的陈旧生产方式，加强交易的主动性和积极性，才能赢得发展。这样交易双方对碳排放权价格的预期也随之提升，有助于碳排放权价格的良性发展。

13.3 市场势力影响下碳排放权定价研究

13.3.1 研究意义

在影响碳排放权价格的诸多因素中，市场势力是碳排放权交易市场发展中极易出现的一种现象。例如，在《京都议定书》签订之后的国际碳排放权交易市场的创建中，市场势力作为影响价格的一个重要因素已经显现。《京都议定书》执行的第一个阶段（1997—2012）所指定的二氧化碳排放目标是以 1997 年的排放水平为基准预测的，5 年的发展时间导致所有参与国的经济情形发生变化，各自的碳排放量与预测目标也不尽相同。例如，俄罗斯、乌克兰等国经济转轨导致经济停滞，使得它们的碳排放量远远低于以 1997 年为基准的估计值，这些国家将出现较多的剩余排放权。有学者研究指出，它们不仅不会减少排放，而且还会设法占有更多的排放权用于交易，以实现对碳排放权交易市场的垄断。

我国碳排放权交易市场的创建也存在类似的问题。当前我国政府已经出台加快创建我国碳排放权交易市场的政策建议，深圳等 7 个省、市碳排放权交易试点工作已经陆续展开，并逐渐向全国推进。这一过程中的一个突出问题就是我国各地区的经济发展速度、技术水平、特色产业差别很大。东南部沿海地区经济比较发达，中西部地区相对落后；有些地区以重工业为主，有些地区以农业为主。这些差异也造成它们对碳排放量的需求不尽相同，减排潜力也千差万别。同时还存在不同地区的经济发展方向、速度与预期不一致的现象，导致当前某个时期制定的碳排放目标与几年后实际的碳排放量之间存在着较大的偏差。类似的情形在各行业和各厂商之间也是普遍存在的。例如，某些厂商（减排能力强的）会出现碳排放权剩余，而某些厂商（减排能力弱的）将出现碳排放权严重不足的情况。碳排放权不足的厂商为维持生产的正常运作和利润的增长，就必须到碳排放权交易市场上购买相应数量的碳排放权，否则将面临高额的罚款。此时拥有碳排放权剩余的厂商会成为市场上的卖方，也会联合起来成为市场价格的操纵者。厂商中碳排放权不足的最大买家或者买家联盟也将成为一个最有力的与卖家议价的市场参与者，进而控制市场价格的走势。

通常有两类厂商会表现出市场支配力，一类是在碳排放权交易市场中拥有大量碳排放权排放权证的卖家，另一类是碳排放权交易市场中需要大份额碳排放权排放权证的买家。他们的行为都会对碳排放权的市场交易价格产生控制力。而作为政府的管理者，必须对掌握市场控制力的厂商进行管制，维持正常、平稳的交易价格，这对碳排放权交易市场的设计与管理有重要意义。

关于碳排放权交易参与者的市场支配能力对碳排放权价格的影响研究目前几乎不见。现实的市场是充满摩擦的，是一个不完全竞争市场，剩余的碳排放量通常会导致市场无效。如果剩余的碳排放量集中在某个市场参与者手中达到一定程度，必然会形成对市场的控制力，出现垄断行为。那么，产生市场势力的主要因素是什么？如何对市场势力进行约束？本节主要从政府管理者的角度展开研究，分析市场势力影响碳排放权交易价格的主要因素、市场势力出现的条件，提出管理者对拥有市场控制力的厂商的管制对策。

13.3.2 博弈模型建立与求解

参考 Maeda 模型（2003），建构一个有大量厂商参与的碳排放权交易市场的博弈模型，旨在分析碳排放权的定价结构，给出市场势力出现的条件。设计大量厂商参与的碳排放权交易市场是为了满足市场的竞争性。

本节模型与 Maeda 模型的区别主要在于：Maeda 模型假设存在两个市场决定者，本节模型假设只有一个市场决定者，因为通过市场势力的比较，原则上只存在一个占优的决定者。

Maeda 模型假设每个协约国都没有减排约束，而且每个协约国具有相似的成本结构，显然，这与实际情况不符。本节模型假设每个厂商都要完成管理者提前设定的减排目标，履行减排任务，并且每个厂商的减排水平也不相同。这样的假设对于管理者政策的制定更具有现实意义。

13.3.2.1 模型的描述与假设

假设当前我国碳排放权交易市场中有 n 家厂商，其中，设厂商 1 为“市场决定者”，其余 $n-1$ 家厂商作为“价格接受者”。所谓市场决定者，是指可以通过决定碳排放权的买卖数量来控制碳排放权市场价格的厂商；所谓价格接受者，是指接受碳排放权交易价格的厂商。

此外，该市场还满足如下假设：

假设 1　碳排放权市场中厂商的数目 n 足够大。

假设 2　记国家制定的二氧化碳排放总量为 G^*；厂商 $i(i=1,2,\cdots,n)$ 的减排量为 x_i；实际生产所需的碳排放量为 y_i；拥有的碳排放权排放

许可的数量为 g_i ；市场中碳排放权数量的总和符合国家制定的碳排放总目标，即 $\sum_{i=1}^{n} g_i = G^*$ 。

假设3　当前期碳排放权不允许储存到下期，若对于厂商 i 而言，有 $y_i - g_i > 0$ ，则说明厂商 i 的碳排放权不足，需要进行减排或者买入碳排放权；若 $y_i - g_i < 0$ ，则说明厂商 i 的碳排放权充足，其储存的碳排放权数量超过实际生产所需的碳排放量，可以出售剩余的碳排放权。

假设4　厂商 i 的碳排放权交易量记为 t_i 。若 $t_i > 0$ ，表示买入相应数量的碳排放权；若 $t_i < 0$ ，则表示卖出相应数量的碳排放权。由于所有的厂商都参与交易，市场维持供求平衡状态，即 $\sum_{i=1}^{n} t_i = 0$ 。

假设5　厂商 i 的减排成本函数记为 $C_i(x_i) = \frac{c_i}{2} x_i^2$ ，其中，c_i 为减排成本系数，代表厂商减排水平的高低。

假设6　为了后续公式的书写方便，记：

$$Y_k = \sum_{i=k}^{n} y_k ; C_k = \left(\sum_{i=k}^{n} c_k^{-1} \right)^{-1}$$

13.3.2.2　完全竞争市场下碳排放权的均衡价格

完全竞争市场环境下，所有的厂商进行交易和减排的权衡，设市场碳排放权的单位价格为 p ，则每个厂商的最优决策要使得减排成本最小，即：

$$\min_{x_i > 0; t_i} p\, t_i + \frac{c_i}{2} x_i^2$$

$$\text{s.t.} \quad y_i - g_i - x_i - t_i \leqslant 0$$

由于约束条件是线性函数，约束规格自动满足。

构造拉格朗日函数：

$$L(x_i, t_i, \lambda) = p\, t_i + \frac{c_i}{2} x_i^2 - \lambda(-y_i + g_i + x_i + t_i)$$

其一阶必要条件满足：

$$\frac{\partial L}{\partial x_i} = c_i x_i - \lambda = 0 \tag{13.19}$$

$$\frac{\partial L}{\partial t_i} = p - \lambda = 0 \tag{13.20}$$

$$y_i - g_i - x_i - t_i \leqslant 0 \tag{13.21}$$

$$\lambda(y_i - g_i - x_i - t_i) = 0 \tag{13.22}$$

$$\lambda \geqslant 0 \tag{13.23}$$

以下分两类情形讨论：

若 $\lambda = 0$，则由式（13.19），解得 $x_i = 0$，与条件不符，舍掉。

若 $\lambda > 0$，解得：

$$x_i^* = \frac{p}{c_i}$$

$$t_i^* = y_i - g_i - \frac{p}{c_i}$$

又，市场是出清的，则满足 $\sum_{i=1}^{n} t_i = 0$，所以有：

$$\sum_{i=1}^{n} (y_i - g_i - \frac{p}{c_i}) = 0$$

从而完全竞争市场下的均衡价格为：

$$p^c = C_1(Y_1 - G^*) = \frac{c_1 C_2}{c_1 + C_2}(Y_1 - G^*) \quad (13.24)$$

由于：

$$\frac{\partial p^c}{\partial c_i} = C_1^{-2} c_i^{-2}(Y_1 - G^*) > 0$$

市场均衡价格 p^c 是关于厂商 i 的边际减排成本的增函数，边际减排成本越高，均衡价格越高。

13.3.2.3　市场势力影响下碳排放权的价格

若市场中的厂商 1 具有绝对市场势力，成为市场价格的决定者，其余厂商为价格的追随者。设厂商 1 的决策行为导致碳排放权的市场价格为 p^m，由逆推归纳法，先求价格接受者的决策行为：

$$\min_{x_i > 0; t_i} p^m(t_1) t_i + \frac{c_i}{2} x_i^2$$

$$\text{s.t.} \quad y_i - g_i - x_i - t_i \leqslant 0 \quad (i = 2, 3, \cdots, n)$$

其解答过程与模型 1 类似不再重复，得到：

$$x_i^*(t_1) = \frac{p^m(t_1)}{c_i} \quad (i = 2, 3, \cdots, n)$$

$$t_i^* = y_i - g_i - \frac{p^m(t_1)}{c_i}$$

结合市场出清条件 $\sum_{i=1}^{n} t_i = 0$，求得此时的平衡价格为：

$$p^m(t_1) = C_2(t_1 + Y_2 - G^* + g_1)$$

然后，再求厂商 1 的决策行为，即：

$$\min_{x_1>0;t_1} p^m(t_1)\,t_1 + \frac{c_1}{2}{x_1}^2$$

$$\text{s.t.} \quad y_1 - g_1 - x_1 - t_1 = 0$$

$$p^m(t_1) = C_2(t_1 + Y_2 - G^* + g_1)$$

则有：

$$\min_{t_1} U_1 = \min_{t_1} C_2(t_1 + Y_2 - G^* + g_1)\,t_1 + \frac{c_1}{2}(y_1 - g_1 - t_1)^2$$

由一阶条件解得：

$$t_1 = \frac{c_1(y_1 - g_1) - C_2(Y_2 - G^* + g_1)}{2\,C_2 + c_1}$$

从而市场价格：

$$p^m = \frac{C_2\,c_1}{2C_2 + c_1}(y_1 - g_1) + \frac{C_2(1 - C_2)}{2C_2 + c_1}(Y_2 - G^* + g_1) \quad (13.25)$$

此即市场势力影响下的碳排放权交易价格。

13.3.2.4　市场势力对碳排放权价格的影响分析

记减排总量为 $\Delta G = Y_1 - G^*$ ，厂商 i 的减排量为 $\Delta g_i = y_i - g_i$ ，则式（13.24）变为：

$$p^c = \frac{c_1\,C_2}{c_1 + C_2}\Delta G$$

式（13.25）变为：

$$p^m = \frac{C_2\,c_1}{2C_2 + c_1}\Delta g_1 + \frac{C_2(1 - C_2)}{2C_2 + c_1}(\Delta G - \Delta g_1)$$

从而：

$$\frac{p^m}{p^c} = \frac{(c_1 + C_2)(c_1 + C_2 - 1)}{c_1(2\,C_2 + c_1)}\frac{\Delta g_1}{\Delta G} + \frac{(c_1 + C_2)(1 - C_2)}{c_1(2\,C_2 + c_1)} \quad (13.26)$$

若市场中厂商的数目 n 非常大，则有：

$$\lim_{n\to\infty} C_2 = \lim_{n\to\infty}\left(\sum_{i=2}^{n} {c_i}^{-1}\right)^{-1} = 0$$

故取 $C_2 \cong 0$ ，则式（13.26）可以表示为：

$$\frac{p^m}{p^c} \cong \frac{\Delta g_1}{\Delta G} + \frac{1}{c_1}\left(1 - \frac{\Delta g_1}{\Delta G}\right) \quad (13.27)$$

记：

$$\frac{p^m}{p^c} = \alpha, \frac{\Delta g_1}{\Delta G} = \delta \qquad (0 < \delta < 1)$$

这里，δ 表示厂商 1 的减排额度占市场总减排额度的比例，则式（13.11）可以表示为：

$$\alpha \cong \delta + \frac{1}{c_1}(1 - \delta) \tag{13.28}$$

通过此式可以得出，厂商 1 的市场支配力与其减排额度占市场总减排额度的比例值和厂商的减排水平两个因素相关。具体分析如下。

（1）若 $c_1 = 1$，则 $\alpha \cong 1$，即 $p^m \cong p^c$。表明厂商 1 不具备市场支配力，此时市场等同于完全竞争市场状态。

（2）若 $0 < c_1 < 1$，恒有 $\alpha > 1$，即 $p^m > p^c$。表明厂商 1 具备市场支配力，且排放权价格高于完全竞争下的均衡价格。

此时：

$$\frac{\partial\alpha}{\partial\delta} = 1 - \frac{1}{c_1} < 0$$

δ 越小，α 越大，即厂商 1 所分担的减排比例越小，其市场支配力越强。又：

$$\frac{\partial\alpha}{\partial c_1} = - c_1^{-2}(1 - \delta) < 0$$

c_1 越小，α 越大，即厂商 1 的减排水平越高，其市场支配力越强。

（3）若 $c_1 > 1$，恒有 $\alpha < 1$，即 $p^m < p^c$。表明厂商 1 具备市场支配力，且排放权价格低于完全竞争下的均衡价格。

此时：

$$\frac{\partial\alpha}{\partial\delta} = 1 - \frac{1}{c_1} > 0$$

δ 越小，α 越小，即厂商 1 所分担的减排比例越小，其市场支配力越强。又：

$$\frac{\partial\alpha}{\partial c_1} = - c_1^{-2}(1 - \delta) < 0$$

c_1 越大，α 越小，即厂商 1 的减排水平越低，其市场支配力越强。

13.3.3 模型评价与政策建议

13.3.3.1 模型结论的评价

哈恩（Hahn，1984）证明当存在市场支配力的时候，排放价格可能超过市场价格，也可能低于市场价格，这与本节的结论是一致的。哈恩在其文章当中，令 Q_1^* 为在竞争的市场环境中具有市场支配力的企业所需拥有的排放权的数量，如果该企业最初得到的排放权的数量少于 Q_1^*，那么该企业所设置的价格低于竞争条件下的均衡价格。如果该企业最初得到的排放权的数量大于 Q_1^* ，那么他所设置的排放权价格将高于竞争水平。通过数值分析，哈恩观察到前者的垄断行为所产生的效果要弱于后者。他还断言“垄断和垄断行为的相对重要性可能对参数的变化非常敏感”。在这一点上，本节的结论［式（13.28）］与他的结论存在一致性。

而蒂腾伯格（Tietenberg，1985）提到的排放权初始分配的不重要性与本节的结论是相悖的。通过本模型所确立的价格公式，可以看到碳排放权的初始分配决定了厂商的减排额度的相对大小，进而影响价格的偏离。

本节所提出的式（13.28），其优点是形式简洁，而且便于转换成文字描述，不足是在使用它估算受市场支配力影响的市场价格及价格偏离程度时，要注意对厂商的边际减排水平做出估计，并确认厂商间的减排额度比例。由于厂商的边际减排成本通常是其私人信息，政府管理者要想获得这一信息需要花费较大的成本，这在一定程度上增加了管理的难度。

13.3.3.2 政策建议

对政府管理部门而言，加强对市场价格的预测能力和对市场势力的防范是非常重要的。通过本节模型所建立的结论，政府管理部门可以借助式（13.25）估算一个有市场支配力厂商出现的碳排放权市场价格，通过式（13.28）指明具有市场支配力的厂商对均衡价格的扰动主要体现为其减排额度占市场总减排额度的比例值和减排水平两个因素。

更重要的是，借助式（13.28），通过制度、政策的制定，政府可以有效规避有市场支配力的厂商对碳排放权价格的影响。通过上述分析可以看出，对于减排水平较高的垄断厂商，政府应该减少分配给其的碳排放权额度，使其减排额度增加；对于减排水平较低的垄断厂商，则要促使其努力提高减排水平，并提高其减排额度，以减少其对市场价格的影响。

综上所述，政府在对碳排放权流通市场价格进行管理的过程中，首先要重视对碳排放权的初始分配，碳排放权初始分配的效率将直接影响碳排放权流通市场的交易价格和市场势力的形成。其次，加大减排技术的推广，有利于碳排放权交易市场的均衡发展。政府通过技术支持、政策扶持等激励手段促进高能耗的大型厂商的减排水平的提高，有利于碳排放权交易价格向均衡价格靠近。

13.4 小结

本章首先从理论方面分析了碳排放权流通市场的供给、需求以及交易成本、市场势力因素对碳排放权交易价格的影响。

接着围绕我国当前碳排放权交易中 CDM 项目的成交价格较低这一现象，建立碳排放权交易中直购行为的讨价还价模型展开研究，得出如下结论：

第一，双方的报价是自身对碳排放权价格预期的增函数，自身预期价格较高，报价就高；反之，自身预期价格较低，报价就低。

第二，交易中卖方的报价是买方贴现因子的减函数，而买方的报价是卖方贴现因子的增函数；同时卖方报价受实时交易市场的透明度的影响，市场信息越完备、市场透明度越高，卖方报价越高。

本章重点探讨了市场势力存在情况下对碳排放权交易价格的影响，建立了市场势力存在下的交易定价公式，并指明垄断厂商的市场支配力对均衡价格的扰动主要体现为垄断厂商的减排额度占市场总减排额度的比例值和垄断厂商的减排水平两个因素。

如果垄断厂商的减排水平较高或承担的减排比例较小，它将表现为碳排放权的供给方对市场具备支配力，使碳排放权价格高于完全竞争下的均衡价格；如果垄断厂商的减排水平较低或承担的减排比例较低，它将表现为碳排放权的需求方对市场具备支配力，使碳排放权价格低于完全竞争下的均衡价格。

关于碳排放权交易市场的定价问题一直是研究的热点，今后可以围绕交易双方的风险特性、讨价还价能力进一步探究。

14 碳排放权交易形成机制分析

由于我国现阶段的生产方式相对落后，高碳、高能耗行业结构亟待调整，碳排放权交易开展之初，极有可能出现“无人问津”的情景。其原因在于：一是我国现阶段没有强制减排的目标，没有建立完善的规制，利益最大化的理性厂商不会自觉履行减排目标；二是现阶段我国经济仍以粗放式增长为主，绝大多数厂商间的边际减排成本相差无几，很难出现碳排放指标的结余，缺乏交易的原动力。因此，我国碳排放权交易的开展尤其在最初阶段急需政府力量的引导与规制。

政府对碳排放权交易的规制是碳排放权交易顺利开展的根本。碳排放权交易建设之初，就必须加强对碳排放权交易的规制，否则碳排放权交易无从开展。例如，欧盟的排放交易机制就建立了严格的政府规制核查措施，如果厂商当年的实际碳排放量超出配给的额度，而它又没有在碳排放权交易市场购买相应的配额，则必须缴纳罚金，罚金的单价远高于同期单位碳排放权的市场价格，同时将超额排放的厂商名单予以公示，相当于点名批评。厂商在下一年度，必须通过减排实现碳排放权的节余或者通过购买碳排放权将上一年度的差额补齐。同时，政府要注意激励厂商参与碳排放权交易的主动性，正确的激励源自对提高厂商参与交易意愿度的内在动因的分析，只有外在的政府规制力量和内在的厂商参与交易的主动性双向配合，才能更好地促进碳排放权交易的形成和发展。

本章首先围绕厂商和政府就违规排放的博弈均衡展开分析，对政府的规制提出建议，同时指出激励厂商参与碳排放权交易的内在因素；进而分析交易成本对厂商参与碳排放权交易意愿度的影响；通过建立、分析碳排放权交易中低碳技术转移机制，为提高厂商参与碳排放权交易积极性提供建议。

14.1 政府规制作用分析

碳排放权交易是以总量控制为基础的。如果一定时段、一定区域内排放厂商严格按照所赋予的碳排放权进行排放、交易，且厂商在存在超出规定额度的碳排放量时按规定到碳排放权交易市场购买、补齐，则在该时段该区域内二氧化碳排放总量对环境带来的危害将始终保持在可控制范围内。但是理性厂商的最终目的是最大化自身利润，当厂商所拥有的碳排放权数量远远不能满足其生产排放的需要时，违规排放（即私下排放，违反碳排放交易的相关制度）对厂商而言是极具诱惑力的选择，因为违规排放相对于参与碳排放权交易而言是无须花费任何成本的一种处理方式。而厂商违规排放会导致环境恶化，给社会带来巨大的负效应。

显然，政府管理部门并不愿意见到这种情况发生。为了控制违规排放，管理部门必须设计一系列的规制，对厂商的排放行为进行监管。一旦发现违规排放，必须对该厂商采取严厉的惩罚措施（如欧盟的碳排放权交易监管体系），使得厂商在选择违规排放行为时面临一定的风险，从而降低其违规排放行为，提高碳排放权交易的参与度。惩罚措施可以包括巨额罚金、通报批评甚至停产整顿等多种方式。所收取的罚金既可以用来对违规排放带来的环境破坏进行补救，也可以用作开展碳排放权交易市场建设、管理等的其他费用。

14.1.1 博弈背景分析

对于社会公众的代表——政府而言，倡导碳排放权交易所获得的效益具有多重性（生态效益、社会效益、经济效益等）、社会性和长期性。对于整个碳排放权交易市场经济运行的主体——厂商而言，开展碳排放权交易将带来减排成本的降低、减排效率的提高，因而企业将有动力参与交易。但同时企业是理性的，其追求自身利润的最大化，并且更关注当前的利益。在碳排放权交易建设初期，受市场机制不完善和厂商“投机心理”的影响，超额排放的厂商缺乏通过交易购买碳排放权的积极性和自觉性，需要政府的主导和监督。而一旦政府采取相应的规制措施，厂商和政府之间就会围绕各自的利益追求展开博弈。

14.1.2　规制博弈模型建立

14.1.2.1　博弈策略空间的假设

（1）违规排放厂商是理性的，追求自身效用的最大化；政府追求整个社会的综合效用（经济、生态、环境等）的最大化。

（2）政府有两种举措：基于厂商违规排放行为的强化规制和放松规制。强化规制要付出规制成本，同时对违规排放的厂商处以罚金。

（3）违规排放厂商有两种对策，即参与碳排放权交易购买碳排放权（简称“参与交易”）和违规排放，其中参与交易要付出相应的成本（如交易费用等）。

（4）只要政府检查，厂商的违规排放行为就会被发现，不存在隐瞒而不被发现的情形。

（5）将违规排放的厂商名单公之于众，进行通报批评。

14.1.2.2　博弈模型中的变量假设

（1）设厂商违规排放的效用为 U_1 ，参与交易要付出交易成本 C_1 ，同时参与交易将使厂商受到激励进行低碳技术的更新、降低生产成本，折算为厂商当期增加 $\Delta U(\Delta U > 0)$ 的效用。

（2）设政府放松规制得到效用 U_2 ，强化规制需要付出规制监察成本 C ，厂商参与交易将使政府获益，社会综合效用为 S 。强化规制下政府对违规排放的厂商处以罚金 F ，并对厂商通报批评，所造成的声誉损失记为 L 。

14.1.2.3　博弈的得益矩阵

基于上述假设建立博弈的支付矩阵，如图 14.1 所示。

厂商	政府	
	强化规制（q）	放松规制（$1-q$）
参与交易（p）	$U_1-C_1+\Delta U, U_2-C+S$	$U_1-C_1+\Delta U, U_2+S$
违规排放（$1-p$）	U_1-F-L, U_2-C+F	U_1, U_2

图 14.1　得益矩阵

（1）$C_1 - \Delta U > 0$，受到碳排放权交易的成本和技术激励“滞后性”的影响，参与交易厂商的实施成本大于实施获益。

（2）$F > C$，厂商违规排放被处以的罚金要大于政府的检查成本，保证了政府强化规制的可行性。

（3）$F + L > C_1 - \Delta U$，政府强化规制下厂商违规排放的得益小于厂商参与交易的得益，保证了厂商碳排放权交易的参与性。

若条件（2）和条件（3）两个条件中有一个不满足，本博弈的纳什均衡为（厂商违规排放，政府放松规制）或（厂商违规排放，政府强化规制），通过交易买入碳排放权的行为不能实现，碳排放权交易无法开展。

14.1.3 博弈模型求解

考查此得益矩阵，易知博弈不存在纯策略下的纳什均衡（见图 14.1 箭头），求解混合策略的纳什均衡。设 P 为厂商实施参与交易的概率，q 为政府强化规制的概率。

对政府而言，给定厂商策略的概率分布 $(p, 1-p)$，政府强化规制的期望得益为：

$$\pi_{政府}(p,1) = p \cdot (U_2 - C + S) + (1-p) \cdot (U_2 - C + F)$$

政府放松规制的期望得益为：

$$\pi_{政府}(p,0) = p \cdot (U_2 + S) + (1-p) \cdot U_2$$

求解 $\pi_{政府}(p,1) = \pi_{政府}(p,0)$，得到：

$$p^* = \frac{F - C}{F} \tag{14.1}$$

对厂商而言，给定政府策略的概率分布 $(q, 1-q)$，厂商参与交易的期望得益为：

$$\pi_{厂商}(1,q) = q \cdot (U_1 - C_1 + \Delta U) + (1-q) \cdot (U_1 - C_1 + \Delta U)$$

厂商违规排放的期望得益为：

$$\pi_{厂商}(0,q) = q \cdot (U_1 - F - L) + (1-q) \cdot U_1$$

求解 $\pi_{厂商}(1,q) = \pi_{厂商}(0,q)$，得到：

$$q^* = \frac{C_1 - \Delta U}{F + L} \tag{14.2}$$

此博弈的混合策略纳什均衡为 $[(p^*, 1-p^*), (q^*, 1-q^*)]$，即厂商以 p^* 的概率选择参与交易，政府以 q^* 的概率对厂商强化规制。

14.1.4 博弈均衡分析

当厂商以高于 p^* 的概率参与交易时，政府放松规制的期望得益大于强化规制的期望得益，政府将放松规制。当政府以高于 q^* 的概率对厂商进行规制时，厂商参与交易的期望得益大于违规排放的期望得益，厂商将主动参与交易。因此，为促进碳排放权交易的形成，政府的规制设计应该注意提高厂商参与交易的概率 p^* ，降低政府强化规制的概率 q^* ，使整个社会的帕累托效率得到改进。

由式（14.1）和式（14.2）可知：

（1）增加罚金 F ，有助于提高厂商参与交易的概率 p^* ，降低政府强化规制的概率 q^* 。F 越大，表明政府的惩罚力度越大，而厂商受到惩罚约束后将提高参与交易的主动性，政府放松规制。但同时也要警惕政府可能出于罚金的获益而表现出“不作为”。

（2）减少政府的规制检查成本 C ，有助于提高厂商参与交易的概率 p^* 。这表明政府规制检查成本越小，规制的可信性越强，厂商将提高参与交易的主动性。

（3）降低厂商参与交易的交易成本 C_1 ，有助于减少政府强化规制的概率 q^* 。厂商参与交易的交易成本越小，厂商参与碳排放权交易的积极性越高，政府放松规制。

（4）低碳技术带来的增加效用 ΔU 越大，政府强化规制的概率 q^* 越小。低碳技术的吸收带给厂商效用的增加，推动厂商主动参与交易，政府放松规制。

（5）声誉损失 L 的增大，有助于减少政府强化规制的概率 q^* 。声誉的影响有助于减少厂商违规排放的效用，激励厂商参与交易的主动性，政府放松规制。

综上所述，罚金和声誉影响可以作为有效的规制手段保障碳排放权交易的顺利开展。提高罚金、扩大声誉影响可以有效地规制厂商行为，保证厂商参与碳排放权交易的行为。因此，政府为了提高监督效率，必须努力降低规制成本。

同时可以看到，真正推动厂商主动参与交易、促进碳排放权交易形成、提升碳排放权交易活跃度的内在因素，是碳排放权交易成本的降低和厂商低碳技术的学习、转移。接下来的两节将主要围绕这两点因素进行分析，提出建议。

14.2　交易成本影响作用分析

新制度经济学认为，交易成本妨碍甚至阻止了市场的形成，这种成本是利用经济制度的成本，或者说是制度的运行费用（科斯，等，1994）。在碳排放权交易的实施过程中，受现实中交易成本的影响，厂商在个体理性的驱动下会依据政府的规制策略决策自身的最优排放量、需要购买碳排放权的数量、技术减排以及违规排放的二氧化碳量，以实现自身效用的最大化。

本节通过构建政府规制下厂商面临参与交易、技术减排以及违规排放情景时的行为决策模型，分析影响厂商决策的主要因素，指出交易成本对厂商参与交易意愿的影响，进而提出降低交易成本的具体建议。

14.2.1 博弈模型建立①

假设在碳排放权交易市场中有 n 个厂商，政府首先在一级市场中将碳排放权分配给每个厂商，将分配所得的碳排放权许可记为 l_i^0（假设分配量均小于实际生产需要）；然后每个厂商依据自身实际情况开展生产，如果碳排放额度不足，则企业可以通过市场购买、技术减排或者私下违规排放获得。

政府管理部门会对厂商 i 违规排放的行为进行惩罚。设计如下规制：对排放厂商进行监察，设违规排放量为 v_i，监察水平记为 $\alpha_i(v_i)(0 < \alpha_i \leqslant 1)$，$\alpha_i(v_i)$ 是违规排放量 v_i 的函数，满足 $\alpha_i'(v_i) > 0, \alpha_i''(v_i) > 0$ 且 $\alpha_i(0) > 0$，这表示监察水平随着违规排放量的增大而增大，边际监察水平递增。而且，即便没有违规排放，政府也要进行监察，此时虽然政府管理部门耗费的成本相对较大，但是对于厂商违规排放行为的监督更加全面。

对违规排放的厂商收取罚金记为 $F_i(v_i)$，并予以通报批评。通报批评给违规厂商带来相应的声誉损失记为 $L_i(v_i)$，并且：$F_i'(v_i) > 0$，$F_i''(v_i) > 0$，$F_i(0) = 0$；$L_i'(v_i) > 0$，$L_i''(v_i) > 0$，$L_i(0) = 0$。这表明罚金和声誉损失均为违规排放量的增函数，违规量越大，罚金和声誉损失越大，且边际罚金额度和边际声誉损失递增。

假设1　未实施监察下厂商排放 e_i 单位的碳排放量获得的利润为 $B_i(e_i)$，并且 $B_i'(e_i) > 0, B_i''(e_i) < 0$，表明厂商利润随着碳排放量的增大而增大，且边际利润递减。

假设2　碳排放权交易市场上单位碳排放权的成交价格为 p。

① 陈德湖，李寿德，蒋馥．排污权交易市场中的厂商行为与政府管制［J］．系统工程，2004（3）：44－46.

假设 3　厂商 i 参与碳排放权交易的数量为 t_i，交易成本函数记为 $T_i(t_i)$，且 $T_i'(t_i) > 0$，表示交易成本是交易量的增函数，交易量越大，交易成本越多。

假设 4　厂商 i 通过技术减排的碳排放量记为 x_i，减排成本函数记为 $C_i(x_i)$。

假设 5　监察水平为 100%（即 $\alpha_i = 1$）时，政府管理部门付出的成本为 C。

假设 6　厂商 i 违规排放 v_i 单位的碳排放量给社会造成的负效用为 $D(v_i)$。

假设 7　厂商参与市场交易的碳排放权数量为 t_i，t_i 取值可正可负。$t_i > 0$，表示厂商买入碳排放权；$t_i < 0$，表示厂商卖出碳排放权。

假设 8　p，$B(e)$，$D(v)$，$T(t)$，C，$C(x)$，$F(v)$，$L(v)$ 为厂商和管理部门的共同知识。

假设 9　政府管理部门一旦对厂商进行检查，必然可以查出厂商是否违规排放，如违规排放，一定可以查出其真实违规排放数量。

假设 10　政府管理部门与厂商均为风险中性。

14.2.2　博弈模型求解

在实际操作中，管理部门的目的是尽量减少厂商的违规排放带来的环境危害。但是，如果因此而花费的管理成本过大，管理部门将不胜负荷，得不偿失。假定管理部门的目标是使监察机制的成本和违规排放带来的环境危害之和最小化，则政府管理部门的效用函数为：

$$U_g = \sum_{i=1}^{n} [C\alpha_i(v_i) + D(v_i)] - \sum_{i=1}^{n} \alpha_i(v_i) F_i(v_i)$$

厂商的决策目标是希望在政府监察规制下，权衡自身的碳排放量 e_i、参与市场交易的碳排放权数量 t_i，以及违规排放的碳排放量 v_i，实现自身效用的最大化。厂商的效用函数是：

$$U_f = B_i(e_i) - p\,t_i - T_i(|t_i|) - C_i(x_i) - \alpha_i(v_i)[F_i(v_i) + L_i(v_i)]$$

假设政府管理者的目标是确定监察水平 $\alpha_i(v_i)$，然后厂商基于政府的监察机制，决策自身生产、参与交易以及违规排放的碳排放量额度。

由逆推归纳法先求解厂商的最优决策，即：

$$\max_{e_i,t_i,x_i} U_f = \max_{e_i,t_i,v_i} B_i(e_i) - p\,t_i - T_i(|t_i|) - C_i(x_i) - \alpha_i(v_i)[F_i(v_i) + L_i(v_i)]$$

$$\text{s.t.}\quad t_i + l_i^0 + x_i + v_i = e_i, v_i \geqslant 0$$

由一阶条件得到：

$$\frac{\partial U_f}{\partial e_i} = B_i'(e_i) - \alpha_i'(v_i)[F_i(v_i) + L_i(v_i)] - \alpha_i(v_i)[F_i'(v_i) + L_i'(v_i)] = 0 \tag{14.3}$$

$$\frac{\partial U_f}{\partial t_i} = -p - T_i'(|t_i|)\ |t_i|' + \alpha_i'(v_i)[F_i(v_i) + L_i(v_i)] + \alpha_i(v_i)[F_i'(v_i) + L_i'(v_i)] = 0 \tag{14.4}$$

$$\frac{\partial U_f}{\partial x_i} = -C_i'(x_i) + \alpha_i'(v_i)[F_i(v_i) + L_i(v_i)] + \alpha_i(v_i)[F_i'(v_i) + L_i'(v_i)] = 0 \tag{14.5}$$

因为目标函数是严格凸函数，且约束条件为线性，通过求解式（14.3）、式（14.4）、式（14.5）联立方程组可以得到唯一的最优反应 $(e_i^*, t_i^*, x_i^*, v_i^*)$。

然后政府管理部门在考虑厂商的最优反应下，选择最佳监察水平：

$$\min_{\alpha_i} U_g = \sum_{i=1}^{n} [C\,\alpha_i(v_i^*) + D(v_i^*)] - \sum_{i=1}^{n} \alpha_i(v_i^*)\ F_i(v_i^*)$$

可以通过设定具体的函数关系，求出其最佳监察水平（由于以下主要分析厂商的决策行为，故最佳监察水平的求解略过）。

14.2.3 厂商决策行为分析

观察厂商最优决策的三个一阶条件式（14.3）、式（14.4）、式（14.5），得出如下结论：

（1）若企业参与碳排放权交易不违规排放，即 $v_i = 0$，代入式（14.4）中得到：

$$p + T_i'(|t_i|)\ |t_i|' = \alpha_i(0)[F_i'(0) + L_i'(0)] \tag{14.6}$$

由式（14.6）推知：

当 $p + T_i'(|t_i|)\ |t_i|' \leq \alpha_i(0)[F_i'(0) + L_i'(0)]$ 时，厂商会参与碳排放权交易，不选择违规排放；当 $p + T_i'(|t_i|)\ |t_i|' > \alpha_i(0)[F_i'(0) + L_i'(0)]$ 时，厂商会选择违规排放。这表明厂商违规排放的决策取决于碳排放权的市场价格、交易成本和政府实施的惩罚政策。

（2）联立式（14.3）、式（14.4）、式（14.5）得到：

$$p + T_i'(|t_i|)\ |t_i|' = B_i'(e_i) \tag{14.7}$$

$$p + T_i'(|t_i|)\ |t_i|' = C_i'(x_i) \tag{14.8}$$

由此推知，厂商的最优生产排放量和技术减排量的确定取决于碳排放权的单位价格和边际交易成本，而与政府设置的规制策略无关。

当 $t_i > 0$ 时，$|t_i|' = 1$，有 $p + T_i'(|t_i|) = B_i'(e_i) = C_i'(x_i)$。

结合式（14.4）可知，当 $p + T_i'(|t_i|) \leqslant B_i'(e_i) = C_i'(x_i)$ 时，厂商选择买入碳排放权。此时厂商将增加生产排放量，减少技术减排量。

当 $t_i < 0$ 时，$|t_i|' = -1$，有 $p - T_i'(|t_i|) = B_i'(e_i) = C_i'(x_i)$。

结合式（14.4）可知，当 $p - T_i'(|t_i|) \geqslant B_i'(e_i) = C_i'(x_i)$ 时，厂商卖出碳排放权。此时厂商将减少生产排放量，增加技术减排量。

当 $p - T_i'(|t_i|) < B_i'(e_i) < p + T_i'(|t_i|)$ 时，厂商不参与碳排放权交易。

这说明厂商参与碳排放权交易的意愿与碳排放权的市场价格、边际交易成本以及厂商原来的边际利润相关。当厂商的边际利润大于碳排放权价格与边际交易成本之和时，厂商选择买入碳排放权；当厂商的边际利润小于碳排放权价格与边际交易成本之差时，厂商选择卖出碳排放权。

综上分析，在碳排放权交易中厂商的行为选择（参与交易、技术减排还是违规排放）主要取决于碳排放权的市场价格、交易成本和政府规制政策等外部因素，而且在政府监察水平确定、当前期的市场价格确定的情形下，交易成本的降低，保证了碳排放权交易市场的参与性，并且交易成本的降低将进一步降低政府的基础监察水平，提升政府规制效率。

同时，厂商参与交易的意愿与交易成本的大小直接相关。式 $p - T_i'(|t_i|) < B_i'(e_i) < p + T_i'(|t_i|)$ 表明，边际交易成本的增大减少了厂商的参与动机，降低了碳排放权交易市场的效率。

14.2.4　降低碳排放权交易成本的建议①

结合以上分析可以看出，厂商的交易决策行为直接受到碳排放权交易中交易成本的影响。交易成本越大，企业参与度越低，越容易选择违规排放，市场均衡扭曲越严重，进而严重影响碳排放权交易市场的建立和运行。

由科斯定理可知，碳排放权交易中的交易成本可以分为外生和内生两种类型。外生交易成本指的是碳排放权交易进行之前的社会福利损失，主要包括：碳排放权的产权明晰；碳排放权交易市场的建立、规则的制定；碳排放总量及单位碳排放权额度的设定；对排放厂商的监督；交易厂商寻求交易信息的成本。

---

① 胡民. 基于交易成本理论的排污权交易市场运行机制分析［J］. 理论探讨，2006（5）：83－85.

内生交易成本指的是由碳排放权交易参与者行为造成的社会福利损失。它主要指厂商利用碳排放权交易规则的漏洞、监测制度的不完善以及政府监督成本高等现象采取的违规排放等机会主义行为。这种机会主义行为会导致碳排放权交易市场高额的内生费用，使厂商失去参与交易的意愿。

其中，对厂商决策行为有影响的交易成本主要包括碳排放权交易市场交易规则的制定、对排放厂商的监督、交易厂商寻求交易信息的成本。降低碳排放权交易实施中的交易成本，可以从以下几点入手：

第一，通过碳排放权产权的明晰，使碳排放权成为商品，进而进行碳排放权交易，实现资源的最优配置。

第二，加快建设碳排放权交易市场体系，制定合理的碳排放权交易规则。明确碳排放权交易的各种类型，确定交易费用。

第三，建立统一完善的碳排放权交易平台，有效减少交易主体的信息搜集成本，提高市场的运行效率。

第四，建立健全碳排放权交易的拍卖机制，利用拍卖形式合理进行碳排放权的分配和交易，有效减少交易成本。

第五，建立健全对厂商碳排放量的监测、监督系统，保障碳排放权交易顺利进行。

14.3 低碳技术转移机制分析

碳排放权交易的形成与市场活跃度很大程度上取决于市场参与者的边际减排成本、减排能力的差异。只有边际减排成本参差不同、高低有别，才能推动碳排放权交易的形成并提高碳排放权交易的效率。有研究表明，碳排放权交易市场内潜在参与厂商的边际减排成本差异越明显，交易发生的可能性也越高，即厂商间的边际减排成本差异越大，越有利于碳排放权交易市场的建立与发挥效力①。在我国目前粗放式的经济增长中，厂商间很难产生减排水平的差别，从而造成碳排放权供给关系的缺乏。因此，低碳技术的学习、转移就是碳排放权交易形成的原动力，只有厂商间有了减排水平的差异，碳排放权有了盈余和不足，交易才可能发生，才能实现我

① 陈磊，张世秋．排污权交易中企业行为的微观博弈分析［J］．北京大学学报：自然科学版，2005（11）：926－934．

国整体的减排目标。

同时，当前我国的碳排放权交易主要集中于 CDM 项目，在成交量剧增的同时，我们也应该清楚地意识到我国所面临的低碳减排的严峻形势。CDM 项目本身要求发达国家的买家提供技术和资金帮助发展中国家生产，节余的碳排放权可以抵消其减排额度。而就我国目前的实施情形而言，双方的交易更多地集中在资金方面，技术的转移却没有实现，这对参与交易中的我方厂商是非常不利的。本节将主要借助霍尔斯特龙（Holstrom）和米尔格罗姆（Milgrom）的委托代理模型，分析影响低碳技术转移的主要因素，促进碳排放权交易的良性发展。

14.3.1 博弈模型建立①

假设在碳排放权交易项目中买卖双方围绕低碳技术的转移进行交易。买方是低碳技术的需求方，主动提出学习对方的低碳技术，作为报酬将由低碳技术产生的节余的碳排放量按一定比例支付给低碳技术的卖方。

假设 1　低碳技术的卖方拥有的低碳技术存量为 T，在短期内 T 是一个连续常量，可以分割出售。

假设 2　低碳技术卖方转让技术的意愿度记为 $\alpha(0 < \alpha < 1)$，α 表示转让技术占原有技术存量 T 的比例，α 无法观察。从而卖方最终转让的低碳技术量为 $\Delta T = \alpha T$。

假设 3　低碳技术的买方全部吸收了转移的低碳技术，并转化成产出，节余了一定数量的碳排放量 Y。

假设 4　由能力理论②可知，知识决定能力，能力决定产出，所以假设节余的碳排放量 Y 是低碳技术 T 的函数，即 $Y = f(T)$。为求解方便，假设节余的碳排放量是关于低碳技术的线性函数，即 $Y = T + \theta$，其中，θ 是均值为零、方差等于 σ^2 的正态分布随机变量，表示外生的不确定性因素。买方吸收了低碳技术后，节余的碳排放量记为 $\Delta Y = \Delta T + \theta$。

假设 5　买方将节余的碳排放量按一定的比例记为 β，支付给低碳技术的卖方作为报酬，即支付 $C = \beta\Delta T = \alpha\beta T$。

假设 6　买方因为主动寻求低碳技术，故设其是风险中性的。而卖方的效用函数具有不变绝对风险规避特征，即 $U_s = -e^{-\rho w}$，其中，ρ 是绝对风

① 戴俊，盛昭瀚．企业内部知识市场交易机制的模型建构与研究［J］．预测，2004（4）：19，48－51．

② 贺小刚．企业持续竞争优势的资源观阐释［J］．南开管理评论，2002，5（4）：32－37．

险规避度量，w 是实际货币收入，卖方的风险成本为$\frac{\rho\beta^2\sigma^2}{2}$。

假设7 记买方吸收技术的成本函数为 $C_b(\Delta T)=\frac{1}{2}b_b\Delta T^2=\frac{1}{2}b_b(\alpha T)^2$，卖方转移技术的成本函数为 $C_s(\Delta T)=\frac{1}{2}b_s\Delta T^2=\frac{1}{2}b_s(\alpha T)^2$，其中，$b_b>0$ 和 $b_s>0$ 分别为买方和卖方的成本系数。

14.3.2 博弈模型求解

由于买方是风险中性的，故其期望效用为：

$$EU_b=\Delta T-C-C_b(\Delta T)=\alpha(1-\beta)T-\frac{1}{2}b_b(\alpha T)^2$$

由于卖方是风险规避的，此时，卖方期望效用等价于其确定性等价收入，即随机收入的均值减去风险成本，故其期望效用为：

$$EU_s=C-C_s(\Delta T)-\frac{\rho\beta^2\sigma^2}{2}=\alpha\beta T-\frac{1}{2}b_s(\alpha T)^2-\frac{\rho\beta^2\sigma^2}{2}$$

若卖方的保留收入水平记为 $\bar{w}$，则卖方参与技术转移交易必须满足参与约束（IR）——卖方参与交易的期望效用不能小于其保留收入水平，即 $EU_s\geqslant\bar{w}$，所以有：

$$\alpha\beta T-\frac{1}{2}b_s(\alpha T)^2-\frac{\rho\beta^2\sigma^2}{2}\geqslant\bar{w}(IR)$$

本模型中的买方通过决策 β 的取值，促使卖方决策 α 的取值实现低碳技术的转移，获取最大效用。

因此，卖方最大化期望效用即：

$$\max_{\alpha}EU_s=\max_{\alpha}\left[\alpha\beta T-\frac{1}{2}b_s(\alpha T)^2-\frac{\rho\beta^2\sigma^2}{2}\right]$$

由一阶条件得到：

$$\alpha=\frac{\beta}{b_sT}(IC)$$

此即卖方的激励约束（IC）。

买方此时的最优决策即：

$$\max_{\beta}EU_b=\max_{\beta}\left[\alpha(1-\beta)T-\frac{1}{2}b_b(\alpha T)^2\right]$$

$$\text{s.t.}\quad (IR)\alpha\beta T-\frac{1}{2}b_s(\alpha T)^2-\frac{\rho\beta^2\sigma^2}{2}\geqslant\bar{w}$$

$$(IC)\alpha=\frac{\beta}{b_sT}$$

在最优决策时，买方没有必要给卖方大于 $\bar{w}$ 的支付，故取参与约束：

$$\beta T - \frac{1}{2} b_s (\alpha T)^2 - \frac{\rho \beta^2 \sigma^2}{2} = \bar{w}$$

代入目标函数，即：

$$\max_{\beta}\left[\frac{\beta}{b_s} - \frac{\rho \beta^2 \sigma^2}{2} - \frac{1}{2} b_b \left(\frac{\beta}{b_s}\right)^2 - \frac{1}{2} b_s \left(\frac{\beta}{b_s}\right)^2 - \bar{w}\right]$$

由一阶条件得到：

$$\beta = \frac{b_s}{b_s\rho \sigma^2 + b_s + b_b}$$

从而：

$$\alpha = \frac{1}{(b_s\rho \sigma^2 + b_s + b_b)T}$$

进而实现转移的技术量为：

$$\Delta T = \alpha T = \frac{1}{b_s\rho \sigma^2 + b_s + b_b}$$

14.3.3　模型解的分析与建议

由

$$\frac{\partial\beta}{\partial b_s} = \frac{b_b}{(b_s\rho \sigma^2 + b_s + b_b)^2} > 0$$

知最优合约中的 β 是关于 b_s 的增函数，说明卖方技术转移成本越高，买方为了激励卖方产生同样的技术转移水平，就要提高 β 的值。

由

$$\frac{\partial\beta}{\partial b_b} = -\frac{b_s}{(b_s\rho \sigma^2 + b_s + b_b)^2} < 0$$

知最优合约中的 β 是关于 b_b 的减函数，说明买方吸收技术的成本越高，最优风险角度希望 β 越小。

由

$$\frac{\partial\beta}{\partial\rho} = -\frac{{b_s}^2 \sigma^2}{(b_s\rho\sigma^2 + b_s + b_b)^2} < 0;\frac{\partial\beta}{\partial\sigma^2} = -\frac{{b_s}^2\rho}{(b_s\rho\sigma^2 + b_s + b_b)^2} < 0$$

知最优合约中的 β 是关于 ρ,σ^2 的减函数，说明卖方越是风险规避，技术转移的方差越大，买方的风险成本越高，最优风险角度希望 β 越小。

同理，转移的技术量 ΔT 是关于 b_s,b_b,ρ,σ^2 的减函数，表明买卖双方的成本越大、卖方风险规避度越高、技术转移的方差越大，最终转移的技术量越低。其中，买方的成本较大，将降低卖方的报酬，进而降低卖方的技术转移量。

因此，在当前的碳排放权交易尤其是CDM项目的交易建设中，政府管理部门可以通过以下措施促进低碳技术的转移，实现厂商边际减排成本的分化，增强碳排放权的供需关系，扩大碳排放权交易市场容量，进而提高厂商参与碳排放权交易的积极性。

第一，通过搭建碳排放权交易的统一平台，加强交易信息的共享，增强交易双方的信任合作，降低卖方的风险规避度。

第二，通过具体政策制度简化技术交易流程，有效降低买卖双方技术转移的交易成本。可以看出，有效降低卖方的技术转移成本 b_s ，对于我方技术买主而言是非常有利的，既降低了给予卖方的支付报酬，又增加了技术转移量。

第三，增强我方技术吸收能力，通过厂商员工培训，优化技术人员的知识结构，提高厂商学习、吸收技术的能力，降低技术吸收成本。

第四，创设技术成果转化的便捷通道，降低技术转移的不确定性，强化技术转移的产出效果，增强厂商主动学习低碳技术的动力。

总之，低碳技术的学习和引入是形成碳排放权交易市场的先决条件。低碳技术的引入，使厂商间产生边际减排成本差异，从而促进碳排放权交易市场的建立。反过来，参与碳排放权交易的过程，也激发了厂商减排的积极性，提高了学习低碳技术的主动性。这种良性的循环对碳排放权交易体系的完善是有益的。

14.4 小结

政府对碳排放权交易的规制是碳排放权交易顺利开展的根本。违规排放相对于参与碳排放权交易而言是无须花费任何成本的一种处理方式，对厂商而言始终是极具诱惑的处理方式。但违规排放势必给环境治理、社会效益带来严重的负效用。为了降低这种负效用，政府必须对违规排放进行规制。本章首先通过建立厂商和政府之间的规制博弈模型，分析提高厂商参与交易积极性、降低政府规制的主要影响因素。接着本章分析了影响厂商参与碳排放权交易的一个重要因素——交易成本，交易成本的出现严重制约了碳排放权的交易效率。其中，重点研究了交易成本对企业交易行为、违规行为的影响，提出了节约交易成本的相关建议。

由于碳排放权交易的形成基础是厂商间的减排水平存在差别，厂商间的边际减排成本差异越大，交易节约的成本也就越大，交易发生的可能性就越高，越有利于碳排放权交易市场的建立和效率提高。而边际减排成本的提高依赖于低碳技术的引入、学习。本章最后探讨了影响碳排放权交易的低碳技术转移机制，分析了影响技术转移的主要因素，为碳排放权交易形成提供有效激励。

综上所述，本章提出以下建议。

第一，增强政府的规制能力，设计科学有效的监测、监督制度。由于政府和厂商间存在的信息不对称，政府属于信息劣势的“委托人”，企业则是拥有私人信息的“代理人”，政府必须加强对厂商碳排放量的监测和监督。例如，设计科学的碳排放量的监测体系，掌握厂商真实的碳排放量，通过制定严格的监督机制和法律法规有效约束厂商的违规排放行为。同时，政府也应接受厂商的监督，通过设置政绩指标考核体系，降低政府的规制成本，加强政府监管的透明度建设。

第二，降低碳排放权的交易成本，推进碳排放权交易市场形成。交易成本的存在严重制约着碳排放权交易的建设。由于碳排放权交易的内生、外生交易成本呈现明显的此消彼长的关系，建设完善的碳排放权交易体系，必须要全面降低碳排放权交易的总成本，具体包括实现碳排放权的明晰界定，制定碳排放权交易的具体规则，创设统一的碳排放权交易市场，建立科学严格的监测监管制度，等等。

第三，加强低碳技术投入，创设扶持厂商学习、引入低碳技术的动力机制。低碳技术的研发和使用，是我国碳排放权交易顺利开展的前提保障。我国是资源消耗大国，粗放式的经济增长导致我国厂商间的边际减排成本差别较小，不利于碳排放权交易的开展。政府应该通过技术扶持、资金支持等有效措施，强化厂商学习、引入低碳技术的信心和动力；通过努力创设技术成果转化的便捷通道，让厂商真正体会到低碳技术的实惠，从而产生学习、引入低碳技术的持久动力。

本章的研究侧重微观分析，今后的研究可以从不完全信息下政府规制、激励机制的设计，如何提高市场交易效率等方面进行深入探讨。

15 碳排放权交易拍卖机制分析

15.1 碳排放权拍卖机制

15.1.1 碳排放权拍卖机制比较

碳排放权的单位相同，彼此可以相互替代，故碳排放权的拍卖应属于同质多物品的拍卖。从现行经验来看，国际上同质多物品拍卖主要采用密封式拍卖（sealed - bid auction）和公开加价式拍卖（ascending auction）两种形式。

15.1.1.1 密封式拍卖

在密封式拍卖中，每个投标人同时、独立地向拍卖人提交需求量表，表明自己的价格需求函数。拍卖人将这些数据汇总成总需求曲线，总需求曲线与总供给曲线的交点所对应的价格即为出清价格（clearing price）。在此价格之上的所有投标者都会成交，所有在出清价格点上的需求按比例进行分配，而低于出清价格的投标将会遭到拒绝（图 15.1）。

密封式拍卖又可分为单价拍卖、歧视性拍卖和维克里（Vickrey）拍卖三种类型。对比这三种类型，奥瑟布尔和克拉姆顿（Ausubel & Cramton, 1996）指出，在单价拍卖和歧视性拍卖方式下，投标人都会尽可能地用各种复杂的方法来隐瞒其价值，从而使出价低于其真实价值，这种差别式的出价行为导致这两种拍卖方式并非完全有效。在维克里拍卖方式下，

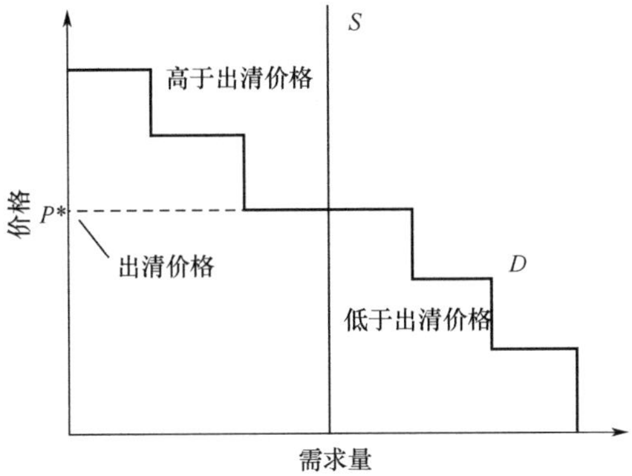

图 15.1　密封式拍卖示意图

出价最高的投标人以次高价获得拍卖品。在私有价值环境下，维克里拍卖能减少投标人的价值隐瞒行为，各投标人按其真实的需求曲线竞标是占优战略，可以克服前两种拍卖方式无效性的缺陷。但在实践中，维克里拍卖的执行困难较多。克拉姆顿和克尔（Cramton & Kerr，2002）认为，当没有明显的市场势力存在时，单一价格拍卖的效率接近维克里拍卖。而且，由于单一价格拍卖中规模小的投标者可以从规模大的投标者隐瞒自身真实估价的行为中获利，从而可以提高规模较小的投标者参与拍卖的积极性。实际操作中，单一定价方式简便可行、价格清晰，更易为投标人所接受。

15.1.1.2　公开加价式拍卖

在公开加价式拍卖中，有两种具体的拍卖方式：需求计划式拍卖（demanded schedules）和上行时针式拍卖（ascending clock）。需求计划式拍卖可以看作多轮密封式拍卖（sealed - bid auction），每一轮由投标者提交需求量表，并按照这些需求量表绘制需求曲线，产生出清价格，然后成交，再进入下一轮。需要注意的是在以后的每一轮中，投标人的投标数量必须是减少的。在上行时针式拍卖（ascending - clock auction）中，在标示盘（clock）上标明现时价格，然后由投标者报出在这一价格下的需求量，如果总的需求量超过了供给量，就提高价格进入下一轮，直到需求量小于供给量为止，确定用于分配的价格标准。

公开加价式拍卖和密封式拍卖比较起来有很多优势，其中最重要的优势体现为较好的价格揭示程序。在公开加价的过程中，每次任何一个投标者都拥有提高其报价的机会，最后是报价最高者中标。对具有共同价值属性的同质物品来说，投标人的估价会依赖其他人的信息，公开加价式拍卖程序不断揭示相对透明的价格的过程，加强了投标人估价的信心，他们可以根据价格信息调整自身的需求量，最后由真正需要标的物的投标人中标，从而不必担心出现“赢者的诅咒”。

虽然大多数学者的研究表明，公开加价式拍卖比密封式拍卖更具优势，但是公开加价式拍卖对时间、地点有严格要求，实施起来相对困难。因此，虽然密封式拍卖并不是碳排放权拍卖的最优方式，但对于政府管理者而言，普遍采用的是理论和实践经验相对丰富的一阶密封拍卖方式（第一价格密封拍卖）。

15.1.2 碳排放权拍卖机制选择

本章主要选取一阶密封拍卖方式和双向拍卖方式对碳排放权交易拍卖机制展开分析。

当前，西方国家碳排放权拍卖的主流定价机制是竞拍价格最高者获得碳排放权，并且支付自己的出价，这种拍卖方式具有一阶密封拍卖的特性。因此，在研究碳排放权拍卖中竞拍者的行为时，可以借助一阶密封拍卖模型来说明参与减排的厂商的竞拍策略。本章第 2 节采用一阶密封价格拍卖方式对碳排放权的拍卖进行研究，同时由于碳排放权属于同质多物品，所以选用多轮一阶密封拍卖方式。

双向拍卖由于具有“多对多”的市场结构，与现实交易情况更为吻合，在当今市场交易的电力、水权、在线拍卖、金融市场等诸多领域有着广泛的应用。“实验经济学之父”史密斯①通过实验发现，即使在买卖双方人数都很少、供求信息不充分的情况下，双向拍卖市场都能达到新古典经济学所预测的竞争均衡，有着很高的价格发现效率。而且双向拍卖中买卖双方之间存在供给和需求的平等关系，能够有效地解决窜谋和恶意报价问题②。因此，本章第 3 节研究碳排放权交易双向拍卖的线性报价均衡。

15.1.3 碳排放权拍卖的意义

碳排放权拍卖对我国碳排放权交易市场的建设是十分必要的。

从宏观角度来看意义在于：碳排放权拍卖相对公平、公正，可以

---

① Smith V L. An experimental study of competitive market behavior [J]. Journal of Political Economy, 1962 (70): 111 - 137.

② 刘树林，汪寿阳，黎建强．投标与拍卖的几个数学模型［J］．管理科学学报，1998，1 (2): 11 - 16.

减少免费分配所引起的地区、行业等利益集团的争执；碳排放权拍卖所得可以提高政府管理部门的财政收入，减少社会成本，提高减排治理效率。

从微观角度来看意义在于：碳排放权拍卖可以为碳排放权交易市场提供一个可以参考的价格信号，提高碳排放权的分配效率，为碳排放权市场的建立提供支持；碳排放权拍卖有助于提高竞拍厂商减排的积极性，激励厂商学习低碳技术、转变落后的生产方式；碳排放权拍卖有利于提高碳排放权交易市场的参与性，边际减排成本高但经济效益好的厂商、新兴厂商都可以通过拍卖获得碳排放权，提高了碳排放权交易效率。

15.2 碳排放权交易中的多轮一阶密封拍卖

本节研究碳排放权交易中的多轮一阶密封拍卖。在拍卖中，参与拍卖的厂商只知道自己对被拍卖的碳排放权的估价，而不知道其他厂商的估价，构成了不完全信息博弈。而且在碳排放权拍卖中，由于不同排放厂商的边际减排成本差异很大，碳排放权对于厂商的价值各有不同。边际减排成本高的厂商对于碳排放权的估价较高，而边际减排成本低的企业对于碳排放权的估价则较低。碳排放权拍卖具有明显的私人价值属性，本节采用独立私人价值模型来描述买者对于单位碳排放权的估价。

15.2.1 碳排放权一阶密封拍卖基础模型

所谓一阶密封拍卖方式，是指竞拍方同时、单独对拍卖品出价，并采用密封方式将价格交给拍卖人，拍卖人从所有竞拍方的报价中，选出出价最高者作为赢者，赢者获得拍卖品并向拍卖方支付其出价。其中，竞拍方的出价只有自己知道，别人并不知晓，出价是其私人信息。

在简化所有前提条件的情况下，下面列出单位碳排放权拍卖的一阶密封拍卖基础模型。

15.2.1.1 基本假设与要素分析

假设碳排放权拍卖中有 n 个风险中性的竞拍方（买方）和 1 个拍卖方（卖方）。

单位碳排放权对竞拍方的价值记为 $v_i, i = 1, 2, \cdots, n$ 。v_i 为竞拍方 i 的私人信息，每个竞拍方只知道自己的私人价值 v_i ，而不知道他人的私人价值

$v_j(i \neq j)$ 。同时存在共同知识：v_i 是分布在 $[\bar{v}, \underline{v}]$ 上的一个随机变量，且分布函数为 $F_i(v)$ ，密度函数为 $f_i(v)$ 。

设 b_i 是竞拍方 i 的报价，若拍卖成功则取得碳排放权的净效用 $v_i - b_i$ ，则竞拍方 i 的预期收益为：

$$R_i = (v_i - b_i)\text{prob}\{b_i \text{ 是最高价}\} = (v_i - b_i)F^{n-1}(t) \quad (15.1)$$

15.2.1.2　竞拍方的最优策略

设竞拍方最优策略函数为 $b(v)$ ，且出价 $b(v)$ 为其价值 v 的严格递增可微函数①，其含义是私人价值大的竞拍方其最优报价严格大于私人价值小的竞拍方的最优报价。最优策略意味着，私人估价为 v 的减排厂商，当竞拍策略是 $b(v)$ 时，期望收益是最高的。任何其他高于或低于 $b(v)$ 的投标，其收益并不是最高。因此，只要找出 $b(v)$ 的表达式，就确定了竞拍方的最优竞拍策略。

当竞拍方的私人价值是 v 时，根据式（15.1），最大化其期望收益：

$$\max_t R(v,t) = [v - b(t)]F^{n-1}(t) \quad (15.2)$$

最优解应该满足一阶条件，$\left.\frac{\partial R}{\partial t}\right|_{t=v} = 0$ ，即：

$$-b'(v)F^{n-1}(v) + [v - b(v)](n-1)F^{n-2}(v)f(v) = 0 \quad (15.3)$$

将初始条件 $b(v) = v$ 代入，即得

$$b(v) = v - \frac{\int_{\underline{v}}^{v} F^{n-1}(t)\,\mathrm{d}x}{F^{n-1}(v)} \quad (15.4)$$

式中，$v \in [\bar{v}, \underline{v}]$ 。

容易验证，$b(v)$ 是一个单调增函数，所以私人价值高者，其竞拍价格也高，但出价总是小于其私人价值（隐藏价值）。按照一阶密封拍卖规则，出价最高者即私人价值最高的竞拍方赢得碳排放权。

15.2.2　改进的碳排放权多轮一阶密封拍卖模型

在大部分拍卖理论研究中，对竞拍方的购买能力通常没有任何限制。但在实际拍卖中，由于竞拍方受到自身的边际减排成本和资本等因素的影响，常常要考虑投入拍卖的金额的预算约束。此外，政府管理者通常会委托专门机构或者碳交易所进行碳排放权的拍卖，拍卖成功后，交易所一般都要收取一定的佣金。

① 可微性是一个技术性假设，严格递增来自最大化行为。

因此，下面着重分析在碳排放权的多轮一阶密封拍卖中，佣金和竞拍方的预算约束两个因素的引入对交易者决策的影响，重点分析竞拍方的报价策略以及拍卖双方、交易所的期望收益。

15.2.2.1　多轮一阶密封拍卖模型建立

拍卖方通过碳排放权交易所采用一阶密封拍卖方式拍卖数量为 Q 的碳排放权，$n(n \geqslant 2)$ 个风险中性的竞拍方同时密封报价，报价内容是碳排放权的单价 p_i 和碳排放权的购买数量 q_i 的组合，其中 $p_i > 0, q_i > 0, i = 1, 2, \cdots, n$ 。开封后由单价最高的竞拍方按照其报价获得其相应价格和数量的碳排放权，其他竞拍方均无所获，他们和剩余的碳排放权一同进入下一轮一阶密封拍卖，依次循环直到所有碳排放权出清。

为使上述模型易于处理，假设如下。

假设1　设单位碳排放权对竞拍方的价值记为 $v_i, i = 1, 2, \cdots, n$ 。v_i 为竞拍方 i 的私人信息，每个竞拍方只知道自己的私人价值 v_i ，而不知道他人的私人价值 $v_j(i \neq j)$ 。同时存在共同知识：v_i 服从 $(0,1]$ 上的均匀分布。

假设2　若拍卖成交，竞拍方将按单位成交价的比例 $k(0 < k < 1)$ 向交易所支付佣金。

假设3　设竞拍方 i 的预算（即拍卖中的可用资金）为 $C_i, i = 1, 2, \cdots, n$。C_i 为竞拍方 i 的私有信息。同时有 $Qp_i \geqslant C_i \geqslant (1 + k) p_i q_i, i = 1, 2, \cdots, n$ ，说明竞拍方的约束资金无法购买全部的碳排放量，此为共同知识。其中，$p_i = p_i(v_i) \geqslant 0$ 是竞拍方 i 的竞拍单价，它是单位碳排放权估价 v_i 的严格递增可微函数。由于各自私人信息不同，出价也不同。对买方而言，博弈是对称的，故 $p_i(v_i) = p_j(v_j)$ 。

在拍卖过程中，每个竞拍方的战略是根据自己对碳排放权的评价和对其他竞拍方对碳排放权评价的判断来决策报价 p_i 和数量 q_i 的一个组合，该过程实际上是一个竞拍方的静态贝叶斯博弈。

15.2.2.2　同基准点模型的比较分析

基准点模型（benchmark model）是研究拍卖问题的基础模型，许多重要的拍卖模型都是在改变它的基本假设条件下推演而来的。表 15.1 清晰表明了本节模型与基准点模型的差异。

表 15.1 本节模型与基准点模型条件的差异比较

比较内容		模型		
		基准点模型	本节模型	异同
基本假定	拍卖品数量	单物品	同质多物品	不同
	买卖双方风险态度	风险中性	风险中性	相同
	买方对称性	对称(估计服从同一分布)	对称(估计服从同一分布)	相同
	价值模型	独立私人价值模型	独立私人价值模型	相同
	最终支付额	报价额	单价与数量之积	不同
	竞拍方合作性	非合作博弈	非合作博弈	相同
	交易费用	不存在	存在佣金	不同
其他条件	竞拍方目标	最大化期望效用	最大化期望效用	相同
	竞拍方报价内容	价格	单位价格和数量	不同
	预算约束	无	有	不同

具体而言，本节模型与基准点模型相比存在以下差异：

（1）本节模型研究的是碳排放权的拍卖，这属于同质多物品拍卖范畴，与基准点模型研究的单物品拍卖不同。

（2）本节模型研究的是碳排放权这种同质多物品拍卖，故最终支付额为竞拍方的单位报价与购买数量的乘积。而基准点模型研究的是单物品拍卖，故其最终支付额为竞拍方的报价。

（3）本节模型存在交易费用，即竞拍方要向交易所支付佣金，这与基准点模型不存在交易费用的基本假设不同。拍卖法规定，拍卖应交由专门的拍卖公司操作，故拍卖公司会从拍卖行为中提取部分佣金。本节模型引入了交易中的第三方碳排放权交易所，研究支付佣金的比例为常数时竞拍方的报价策略。

（4）本节模型研究的是碳排放权这种同质多物品拍卖，故其报价内容包括两项，一项是单位碳排放权的拍卖价格，另一项是以该价格购买的碳排放权的数量。这与基准点模型中竞拍方只有拍卖品的价格一项报价内容不同。

（5）本节模型考虑了竞拍方的预算约束，这是受竞拍方的购买能力所限，假设竞拍方竞拍金额有上限约束，而基准点模型中没有考虑预算约束这一限制。

15.2.2.3 模型求解

首先求解第一轮拍卖中竞拍方的出价策略。在第一轮拍卖中，竞拍方

i 的期望效用是：

$$\pi_i = [v_i - (1+k)p_i]\, q_i \prod_{j \neq i} \text{prob}\{p_j < p_i\} \quad (i = 1,2,\cdots,n)$$

由对称性，考虑竞拍方 i 的均衡出价策略，记：

$$p_i(v_i) = p^*(v_i) \quad (i = 1,2,\cdots,n)$$

此时，$p_j < p_i$ 的概率为：

$$\text{prob}\{p_j < p_i\} = \text{prob}\{p^*(v_j) < p_i\} = \text{prob}\{v_j < p^{*-1}(p_i)\}$$

设 $\Phi(p_i) = p^{*-1}(p_i)$，并由 v_i 服从 $(0,1]$ 上的均匀分布的假设，推得：

$$\text{prob}\{p_j < p_i\} = \text{prob}\{v_j < \Phi(p_i)\} = \Phi(p_i)$$

因此，竞拍方 i 的期望效用是：

$$\pi_i = [v_i - (1+k)p_i]\, q_i\, \Phi^{n-1}(p_i) \quad (i = 1,2,\cdots,n)$$

又竞拍方 i 的预算为 C_i 满足 $C_i \geqslant (1+k)p_i q_i$，从而 $q_i \leqslant \dfrac{C_i}{(1+k)p_i}$，又因为 p_i 一定时，q_i 越大，期望收益 π_i 越大。所以，根据期望效用最大化原则，取 $q_i = \dfrac{C_i}{(1+k)p_i}$。

此时，竞拍方 i 的期望效用函数为：

$$\pi_i = [v_i - (1+k)p_i]\frac{C_i}{(1+k)p_i}\Phi^{n-1}(p_i)$$

即：

$$\pi_i = \left[\frac{v_i}{(1+k)p_i} - 1\right] C_i \Phi^{n-1}(p_i)$$

可以看到 C_i 的大小仅影响期望效用 π_i 的大小，并不影响出价 p_i 的取值。

求解：

$$\max_{p_i} \pi_i = \max_{p_i}\left[\frac{v_i}{(1+k)p_i} - 1\right] C_i \Phi^{n-1}(p_i)$$

（1）若 $n > 2$，则由一阶条件得到：

$$\frac{\partial \pi_i}{\partial p_i} = C_i\left[-\frac{v_i}{(1+k)p_i^2}\right]\Phi^{n-1}(p_i) +$$

$$C_i\left[\frac{v_i}{(1+k)p_i} - 1\right](n-1)\Phi^{n-2}(p_i)\Phi'(p_i) = 0$$

即：

$$\left[-\frac{v_i}{(1+k)\,p_i^{\,2}}\right]\Phi(p_i)+\left[\frac{v_i}{(1+k)\,p_i}-1\right](n-1)\,\Phi'(p_i)=0 \tag{15.5}$$

因为在均衡情况下，$p_i = p^*(v_i)$，所以 $\Phi(p_i) = p^{*-1}[p^*(v_i)] = v_i$。将其代入式（15.5），得到：

$$\left[-\frac{\Phi(p_i)}{(1+k)\,p_i^{\,2}}\right]\Phi(p_i)+\left[\frac{\Phi(p_i)}{(1+k)\,p_i}-1\right](n-1)\,\Phi'(p_i)=0$$

求解上述微分方程，得到：

$$p_i^{\,*}=\frac{1}{1+k}\cdot\frac{n-2}{n-1}v_i \quad (i=1,2,\cdots,n) \tag{15.6}$$

进而：

$$q_i^{\,*}=\frac{n-1}{n-2}\cdot\frac{C_i}{v_i} \quad (i=1,2,\cdots,n) \tag{15.7}$$

因此，第一轮拍卖中竞拍方 i 的均衡报价策略为：

$$\{(p_1^{\,*},q_1^{\,*}),(p_2^{\,*},q_2^{\,*}),\cdots,(p_n^{\,*},q_n^{\,*})\}$$

对于其他轮拍卖，以上推导依然成立，只是要调整参与人数 n 的大小。

（2）若 $n=2$，则竞拍方 i 的期望效用是：

$$\max_{p_i}\pi_i=\max_{p_i}\left[\frac{v_i}{(1+k)\,p_i}-1\right]C_i\Phi(p_i)$$

其一阶条件为：

$$\left[-\frac{v_i}{(1+k)\,p_i^{\,2}}\right]\Phi(p_i)+\left[\frac{v_i}{(1+k)\,p_i}-1\right]\Phi'(p_i)=0$$

同样，代入 $\Phi(p_i) = p^{*-1}[p^*(v_i)] = v_i$ 解微分方程，得到：

$$p_i^{\,*}=\frac{1}{1+k}\cdot\frac{v_i}{\ln v_i}$$

因为 $v_i\in(0,1]$，所以 $p_i^{\,*}$ 此时为 v_i 的单调减函数，与假设前提不符，故不存在贝叶斯均衡。

综上所述，在多轮一阶密封拍卖中，当竞拍方数 $n>2$ 时，首轮中竞拍方的最优报价为 $\{(p_1^{\,*},q_1^{\,*}),(p_2^{\,*},q_2^{\,*}),\cdots,(p_n^{\,*},q_n^{\,*})\}$，其中，竞拍方 i 的最优报价为 $(p_i^{\,*},q_i^{\,*})=\left(\frac{1}{1+k}\cdot\frac{n-2}{n-1}v_i,\frac{n-1}{n-2}\cdot\frac{C_i}{v_i}\right)$，$i=1,2,\cdots,n$，此结论可以依次套用于其他轮拍卖。

此时，竞拍方 i 的期望收益为：

$$\pi_i=\left[\frac{v_i}{(1+k)\,p_i}-1\right]C_i\Phi^{n-1}(p_i)=\frac{C_i}{n-2}v_i^{\,n-1} \tag{15.8}$$

拍卖方的期望收益为：

$$\pi_s = E(p_i^* q_i^*) = \frac{C_i}{1+k} \tag{15.9}$$

交易所的期望收益为：

$$\pi_m = E(k p_i^* q_i^*) = \frac{kC_i}{1+k} \tag{15.10}$$

15.2.2.4　均衡分析

（1）分析竞拍方的竞拍策略［式（15.6）、式（15.7）］可以得出如下结论：竞拍价格与竞拍方的资金预算约束没有关系，只与单位碳排放权对竞拍方的价值 v_i 、交易所要求的佣金系数 k 以及竞拍人数 n 的多少相关。其中，竞拍价格随着单位碳排放权对竞拍方价值 v_i 的增大而提高，v_i 越大，竞拍者的出价就越高，出价最高者得到相应的碳排放权。这与提高碳排放权的配置效率是吻合的。竞拍价格随着参与竞拍人数 n 的增多而提高，当 $n \to \infty$ 时$p_i^* \to v_i$ ，说明当竞拍人数趋于无穷时，拍卖人几乎得到竞拍人估计价值的全部。竞拍价格是关于佣金系数 k 的减函数，其随着 k 值的减小而提高。

竞拍数量与交易所收取的佣金比例没有关系，只与资金预算约束 C_i 、单位碳排放权对竞拍方的价值 v_i 和竞拍人数 n 的大小有关。竞拍数量随着预算约束 C_i 值的增大而增大，随着竞拍方估值 v_i 的增大而减小，随着竞拍人数 n 的增多而减少。

（2）围绕各方的期望收益进行分析［式（15.8）、式（15.9）、式（15.10）］，可以得出如下结论：由式（15.8）可知，竞拍方的期望收益随着预算约束 C_i 值的增大而增加，随着竞拍方估值 v_i 的增大而增加，随着竞拍人数 n 的增多而减少。由式（15.9）、式（15.10）可知，拍卖方和交易所的收益都与竞拍方的资金预算约束 C_i 和佣金系数 k 有关。而且，两方的收益都随着预算约束 C_i 值的增大而增大。而佣金系数 k 的增大会增加交易所的收益，降低拍卖方的收益。

总之，上面的推导证明了在预算约束和交纳佣金的限制条件下，竞拍方的出价受支付佣金大小的影响，但并不受其预算约束的影响，即竞拍方的经济实力没有影响其竞拍进程；竞拍方的竞拍数量会受到自身预算约束的限制。交易所与拍卖方的期望收益会同时受到佣金比例和预算约束的影响。

而且，在碳排放权拍卖的过程中，如果排放厂商通过竞拍获得数量为

q_i 的碳排放权，则就相当于节约了减排 q_i 数量的二氧化碳处理成本，其值记为 $\Delta C = (v_i - p_i)q_i$ ，其中，排放厂商对单位碳排放权的估计价值 v_i 相当于其减排 q_i 数量的二氧化碳的平均减排成本。

通过拍卖，碳排放权流向了减排成本最高的厂商，减排工作更多地由减排成本较低的厂商承担，这样降低了减排的社会总成本，提高了减排的治理效率。

15.3 碳排放权交易中的双向拍卖

在同质物品的交易中，双向拍卖与传统的具有“一对多”市场结构的拍卖方式相比，更受市场的偏爱，如纳斯达克和芝加哥商品交易市场都采用了不同形式的双向拍卖机制。由于双向拍卖采用的是“多对多”的市场结构，与现实中的交易市场相似。在拍卖中潜在的卖者和买者同时开价，卖者要价，买者出价，拍卖商选择成交价格清算市场，所有要价低于成交价的卖者卖出，所有出价高于成交价的买者买入；在成交价格下的总供给等于总需求。由于参与拍卖的双方信息都不完全，交易双方面临的是如何报价以及是否接受出价等一系列复杂的决策过程。

本节将结合双向拍卖基础报价的“约束型零信息”模型、查特金和萨缪尔逊的双方叫价模型，构建碳排放权交易中的双向拍卖模型，为碳排放权交易中的拍卖机制以及双方的直购谈判交易提供报价策略。

15.3.1 双向拍卖的基准报价模型

双向拍卖的基准报价模型即“零信息”模型，由歌德（Gode）和桑德（Sunder）创建。“零信息”模型按照交易双方的报价是否受到条件约束这一条件分为“约束型零信息”和“无约束零信息”两种具体的表现形式。

假设双向拍卖市场允许的最高报价为 o_{max} ，最低报价为 o_{min} ，第 i 个竞拍方的报价记为 b_i ，第 i 个竞拍方对竞拍商品的估价记为 v_i ，第 i 个拍卖方的报价记为 s_i ，第 i 个拍卖方的成本记为 c_i 。

“约束型零信息”模型要求交易中竞拍方的报价不能高于其对竞拍商品的估价，拍卖方的报价不能低于其成本，否则报价被视为无效。其数学描述为：$b_i \sim [o_{min}, v_i]$ 的均匀分布；$s_i \sim [c_i, o_{max}]$ 的均匀分布。

“无约束零信息”模型则对拍卖双方的报价没有任何约束限制，其数学描述为：$b_i \sim [o_{\min}, o_{\max}]$ 的均匀分布；$s_i \sim [o_{\min}, o_{\max}]$ 的均匀分布。拍卖双方的报价可以是市场最低报价和最高报价间均匀分布的任意值，竞拍方的报价可以高于其对竞拍商品的估价（$b_i > v_i$），拍卖方的报价可以低于其成本（$s_i < c_i$）。

歌德和桑德经过研究发现，“约束型零信息”模型代表市场中的有限理性个体，“无约束零信息”模型代表市场中的无理性个体，在双向拍卖中无论市场参与者是否具有理性，市场都最终表现出集体理性，最终效率达到90%以上。

15.3.2　改进的碳排放权双向叫价拍卖模型

15.3.2.1　模型建立

假设碳排放权交易市场中某竞拍厂商（需求方/买方）需要购买 Q 单位的碳排放权，某拍卖厂商（供给方/卖方）可以提供相同单位的碳排放权，二者组成双向叫价拍卖，拍卖是否成功取决于双方的报价。其中，政府管理部门担任价格机制的设计者，按双方的报价制定合理的成交价格。

假设卖方提供 Q 单位的碳排放权的生产成本（或该商品对卖者的价值）是 $c \in [\underline{c}, \bar{c}]$，该单位的碳排放权对买方的价值是 $v \in [\underline{v}, \bar{v}]$，且 $\bar{v} > \underline{c}$。其中 v 和 c 都是买方、卖方的私人信息，对方都不知道。但 c 和 v 的分布是共同的知识：$v \sim [\underline{v}, \bar{v}]$ 的均匀分布；$c \sim [\underline{c}, \bar{c}]$ 的均匀分布 。

政府管理部门规定：买卖双方同时报价，记卖方的报价为 p_s，买方的报价为 p_b。若 $p_s > p_b$，则交易不发生；若 $p_s \leqslant p_b$，则双方按成交价格 $p = kp_s + (1-k)p_b (0 < k < 1)$ 进行交易。

卖方的效用函数记为：

$$U_s = \begin{cases} k p_s + (1-k) p_b - c, & \text{若 } p_s \leqslant p_b \\ 0, & \text{若 } p_s > p_b \end{cases}$$

买方的效用函数记为：

$$U_b = \begin{cases} v - [k p_s + (1-k) p_b], & \text{若 } p_s \leqslant p_b \\ 0, & \text{若 } p_s > p_b \end{cases}$$

成交价格中的参数 k 体现了政府管理者对买卖双方的关心（扶持）程度。k 越大（小），表示卖方获得的效用越大（小）。

这是一个不完全信息的静态博弈，交易双方分别决策自己的报价战略，其中 p_s 是 c 的函数，p_b 是 v 的函数。

15.3.2.2 模型求解

根据上述描述，当下面两个条件成立时，战略组合 $[p_s^*(c), p_b^*(v)]$ 是本博弈的贝叶斯纳什均衡。

条件一：对所有的 $c \in [\underline{c},\bar{c}]$，$p_s^*(c)$ 是下列最优化问题的解：

$$\max_{p_s}\{kp_s + (1-k)E[p_b(v)\mid p_b(v) \geqslant p_s] - c\}\cdot \text{prob}\{p_b(v) \geqslant p_s\} \tag{15.11}$$

式中，$E[p_b(v)\mid p_b(v) \geqslant p_s]$ 表示给定买方出价高于卖方的要价时，卖方预期的买方的出价。

条件二：对所有的 $v \in [\underline{v},\bar{v}]$，$p_b^*(v)$ 是下列最优化问题的解：

$$\max_{p_b}\{v - [(1-k)p_b + kE[p_s(c)\mid p_b \geqslant p_s(c)]]\}\cdot \text{prob}\{p_b \geqslant p_s(c)\} \tag{15.12}$$

式中，$E[p_s(c)\mid p_b \geqslant p_s(c)]$ 表示给定买方出价高于卖方的要价时，买方预期的卖方的要价。

这个博弈虽然有很多贝叶斯纳什均衡，但迈尔森和萨特思韦特（Myerson & Satterthwaite）在 1983 年曾证明，在参与双方估价都是均匀分布的情况下，双向拍卖的线性战略均衡比其他任何的贝叶斯纳什均衡带给参与者的期望收益都高。因此，本节选择研究买卖双方均采用线性报价战略均衡的情况。

这里假设买卖双方的线性报价战略如下：

$$\begin{cases} p_s(c) = \alpha_s + \beta_s c \\ p_b(v) = \alpha_b + \beta_b v \end{cases}$$

因为 $v \sim [\underline{v},\bar{v}]$ 的均匀分布，所以 $p_b \sim [\alpha_b + \beta_b \underline{v}, \alpha_b + \beta_b \bar{v}]$ 的均匀分布。从而：

$$\begin{aligned} \text{prob}\{p_b(v) \geqslant p_s\} &= \text{prob}\{\alpha_b + \beta_b v \geqslant p_s\} \\ &= \text{prob}\left\{v \geqslant \frac{p_s - \alpha_b}{\beta_b}\right\} \\ &= \frac{\beta_b \bar{v} - p_s + \alpha_b}{\beta_b(\bar{v} - \underline{v})} \end{aligned} \tag{15.13}$$

$$\begin{aligned} E[p_b(v)\mid p_b(v) \geqslant p_s] &= \frac{\dfrac{1}{\beta_b(\bar{v}-\underline{v})}\displaystyle\int_{p_s}^{\alpha_b+\beta_b\bar{v}} x\mathrm{d}x}{\text{prob}\{p_b(v) \geqslant p_s\}} \\ &= \frac{\beta_b \bar{v} + \alpha_b + p_s}{2} \end{aligned} \tag{15.14}$$

将式（15.13）、式（15.14）代入表示卖者的目标函数（即条件一）的式（15.11）中，得到：

$$\max_{p_s}\left[k\,p_s+(1-k)\frac{\beta_b\bar{v}+\alpha_b+p_s}{2}-c\right]\cdot\frac{\beta_b\bar{v}-p_s+\alpha_b}{\beta_b(\bar{v}-\underline{v})}$$

由一阶条件得到：

$$p_s=\frac{k}{k+1}\beta_b\bar{v}+\frac{k}{k+1}\alpha_b+\frac{1}{k+1}c \tag{15.15}$$

可以看出，如果买方选择线性战略，那么卖方的最优反应也是线性的。

同理，因为 $c\sim[\underline{c},\bar{c}]$ 的均匀分布，所以 $p_s\sim[\alpha_s+\beta_s\underline{c},\alpha_s+\beta_s\bar{c}]$ 的均匀分布。从而：

$$\begin{aligned}\text{prob}\{p_b\geqslant p_s(c)\}&=\text{prob}\{p_b\geqslant\alpha_s+\beta_s c\}\\&=\text{prob}\left\{c\leqslant\frac{p_b-\alpha_s}{\beta_s}\right\}\\&=\frac{p_b-\alpha_s-\underline{c}\beta_s}{\beta_s(\bar{c}-\underline{c})}\end{aligned} \tag{15.16}$$

$$\begin{aligned}E[p_s(c)\mid p_b\geqslant p_s(c)]&=\frac{\dfrac{1}{\beta_s(\bar{c}-\underline{c})}\displaystyle\int_{\alpha_s+\beta_s\underline{c}}^{p_b}x\mathrm{d}x}{\text{prob}\{p_b\geqslant p_s(c)\}}\\&=\frac{p_b+\alpha_s+\underline{c}\beta_s}{2}\end{aligned} \tag{15.17}$$

将式（15.16）、式（15.17）代入表示买者的目标函数（即条件二）的式（15.12）中，得到：

$$\max_{p_b}\left\{v-\left[(1-k)\,p_b+k\frac{p_b+\alpha_s+\underline{c}\beta_s}{2}\right]\cdot\frac{p_b-\alpha_s-\underline{c}\beta_s}{\beta_s(\bar{c}-\underline{c})}\right\}$$

由一阶条件得到：

$$p_b=\frac{k-1}{k-2}\underline{c}\beta_s+\frac{k-1}{k-2}\alpha_s-\frac{1}{k-2}v \tag{15.18}$$

联立式（15.15）和式（15.18），解得均衡的线性战略为：

$$p_s^*(c)=\frac{1}{k+1}c+\frac{k}{2}\left(\bar{v}+\frac{1-k}{k+1}\underline{c}\right)$$

$$p_b^*(v)=\frac{1}{2-k}v+\frac{1-k}{2}\left(\underline{c}+\frac{k}{2-k}\bar{v}\right)$$

15.3.2.3 均衡的分析

（1）交易发生的约束条件。在均衡线性战略下，只有 $p_s \leqslant p_b$ 时，即

$$v \geqslant \frac{2-k}{k+1}c + \frac{k}{2}\bar{v} - \frac{(1-k)(2-k)}{2(k+1)}\underline{c} \tag{15.19}$$

时，交易才可能发生。

同时按“约束型零信息”的约束条件，当 $p_s(c) < c$，即 $c > \frac{k+1}{2}(\bar{v} + \frac{1-k}{k+1}\underline{c})$ 时，交易不会发生。当 $p_b(v) > v$，即 $v < \frac{2-k}{2}(\underline{c} + \frac{k}{2-k}\bar{v})$ 时，交易也不会发生。

（2）均衡下买卖双方的效用分析。政府根据双方的报价，确定成交价格为：

$$\begin{aligned} p^E &= k p_s^*(c) + (1-k) p_b^*(v) \\ &= \frac{k}{k+1}c + \frac{1-k}{2-k}v + \frac{k}{2(2-k)}\bar{v} + \frac{1-2k}{2}\underline{c} \end{aligned}$$

①在碳排放权交易达成的情形下，买方的效用为：

$$U_b = v - p^E = \frac{1}{2-k}v - \frac{k}{k+1}c - \frac{k}{2(2-k)}\bar{v} - \frac{1-2k}{2}\underline{c}$$

由式（15.19）得到：

$$U_b \geqslant \frac{1-k}{k+1}(c-\underline{c}) + \frac{k^2}{1+k}\underline{c} > 0$$

因此，在线性均衡战略下，与碳排放权交易未达成的情形相比较，买方的效用得到提高。

②但对于卖方而言，在碳排放权交易成交的情形下，其效用为：

$$U_s = p^E - c = \frac{-1}{k+1}c + \frac{1-k}{2-k}v + \frac{k}{2(2-k)}\bar{v} + \frac{1-2k}{2}\underline{c}$$

由于其值的正负不能判定，故成交情形下，卖方的效用未必会得到提高。

若 $U_s > 0$，可得到：

$$v \geqslant \frac{2-k}{(1-k)(1+k)}c + \frac{k}{2(1-k)}\bar{v} - \frac{(1-2k)(2-k)}{2(1-k)}\underline{c} \tag{15.20}$$

进一步联系式（15.19）和式（15.20），令

$$\frac{2-k}{k+1}c + \frac{k}{2}\bar{v} - \frac{(1-k)(2-k)}{2(k+1)}\underline{c} \geqslant$$

$$\frac{2-k}{(1-k)(1+k)}c + \frac{k}{2(1-k)}\bar{v} - \frac{(1-2k)(2-k)}{2(1-k)}\underline{c}$$

求得：

$$c \leqslant \frac{k(k+1)}{2-k}\bar{v} - \frac{3k-1}{2}\underline{c}$$

若记 $c_0 = \frac{k(k+1)}{2-k}\bar{v} - \frac{3k-1}{2}\underline{c}$，则当 $c \leqslant c_0$ 时，在式（15.19）情形下，卖方效用得到提高；当 $c > c_0$ 时，在式（15.20）情形下，卖方效用得到提高。

又因为

$$\frac{\partial c_0}{\partial k} = \frac{-k^2+4k+2}{(2-k)^2}\bar{v} - \frac{3}{2}\underline{c} > \frac{3}{2}(\bar{v}-\underline{c}) > 0 \quad \left(k \geqslant \frac{1}{2}\right)$$

所以政府可以通过增加对卖方的扶持力度，使得在交易达成的情形下，双方的事后效用都得到提高。

可以看出，线性均衡战略下交易的达成必然带来买方效用的增加，而卖方的效用是否增加具有不确定性。为了提高卖方的事后效用，政府应该增强对卖方的扶持力度，以促进卖方参与双向拍卖的积极性，进而实现碳排放权交易效率的帕累托改进。

15.4　小结

拍卖机制由于具有良好的揭示信息和减少代理成本的功能，在碳排放权交易的分配和流通市场中有重要的应用。在我国碳排放权交易的建设过程中，碳排放权拍卖方式的选择应该借鉴国外成熟市场的经验，并结合自身市场的特点进行设计和试点。本章主要围绕一阶密封拍卖方式和双向拍卖方式展开研究。

本章在一阶密封拍卖的基础模型上，设计引入竞拍人资金预算约束和竞拍人支付交易所佣金的多轮一阶密封拍卖模型。研究表明，竞拍方的出价受到支付佣金大小的影响，但并不受其预算约束的影响，即竞拍方的经济实力没有影响其竞拍进程；竞拍方的竞拍数量会受到自身预算约束的限制。同时，预算约束的增大会增加竞拍方、拍卖方、交易所三方的期望收益，而佣金系数的增大会增加交易所的收益，降低拍卖方的收益。

由于双向拍卖在同质多物品的现实市场中广泛应用，本章在双向拍卖的基础报价的“约束型零信息”模型、查特金和萨缪尔逊的双方叫价模型基础上加以扩充，构建了更为一般的买卖双方价值服从均匀分布、成交价格体现管理者偏好的双方叫价模型，求解其线性报价战略均衡。

关于碳排放权拍卖机制的设计，可以进一步地放宽模型中的各种条件。例如，在竞拍方是风险厌恶、行为不具有对称性、价值模型是关联价值模型或共同价值模型等条件下进行竞拍方策略的研究，以及在“一对一”双向拍卖基础上建立“多对多”双向拍卖模型。

第五篇
碳税效应、最优税率及配套机制

碳税作为目前公认的解决人类社会发展高碳困境最有效的手段，已经在欧洲许多国家推广并取得了良好的成效。除了能够降低碳排放外，碳税还有助于促进环境税制改革和应对国际贸易中的“绿色壁垒”，这些优点使得许多国家正积极筹措制定自己的碳税政策。

我国作为负责任的大国，对国际社会做出了大幅度降低碳排放的承诺。为了实现这一承诺，碳税已经被我国政府明确确定为“十二五”期间需要开征的税种。在此背景下，对我国碳税相关问题的前瞻性研究成为目前制定碳税政策的迫切需要。与现有研究主要强调产业差异的做法不同，本篇认为，我国碳税政策制定需要考虑区域差异，并从区域差异角度对碳税效应、最优税率和配套机制等方面进行研究。

碳税在欧洲的实践经验表明，碳税对能源消费、经济增长和收入分配的影响是政府制定碳税政策时应该考虑的关键因素。我国是一个大国，区域间的经济发展模式存在很大差异。本篇通过运用面板数据模型、分位数回归模型和对应分析等方法研究发现，碳税在我国不同区域能源消费、经济增长和收入分配上存在较大的系统性差异。这就要求我国的碳税政策不但需要考虑产业间差异，还需要重视区域间差异。由于区域差异化的税收政策可能诱发多层级政府间产生策略行为的风险，区域化碳税政策的有效实施必须依赖于其他一系列配套机制。本篇结合中国式财政分权的特征分别构建了完全信息动态博弈模型和多任务委托代理模型进行分析，对我国有效实施区域差异化碳税政策需要采取的配套机制改革提出建议。

16　碳税的政策效应及其区域差异

16.1　碳税政策效应经济机制分析

自20世纪90年代开始，出于对全球气候变暖的担忧，北欧一些国家推出了碳税，旨在降低每年的能源消耗和二氧化碳排放。同时，随着对碳税认识的加深，人们逐渐意识到碳税除了节能减排以外，对经济社会还存在着其他方面的影响，并由此形成了目前欧洲国家正在进行的以碳税为核心的环境税制改革（environmental tax reforms，ETR）。本章通过总结前人针对此次改革进行的研究成果，认为碳税的政策效应包括三个方面：能源消费效应、经济增长效应和收入分配效应。

能源消费效应是指由于碳税赋予二氧化碳排放成本，并主要对不同能源基于其含碳量差异征收差异化税收，碳税的开征会使得能源消费下降，进而实现碳排放的下降。其实，碳税降低碳排放的作用是通过能源消费效应完成的，能源消费效应的强弱依赖于经济主体对碳排放成本的敏感性和经济体的能源消费结构，这就使得该效应的强度在不同地区存在不同。这从目前欧洲等地的政策实践中就可以看出。例如，芬兰于1990年推出了碳税政策，是世界上第一个推出碳税政策的国家。截至目前，芬兰的碳税制度历经三次改革。第一阶段，1990—1994年，在此阶段碳税单纯地通过能源产品的含碳量来确定。第二阶段，1994—1996年，芬兰对碳税进行了改革，将原来的碳税完全由能源产品含碳量确定的做法，改变为起初的60%由含碳量确定、后面的40%由能源产品含能量确定。1997年芬兰又进行了一次改革，经过这次改革，碳税完全由能源产品燃烧释放的二氧化碳量来确定。这一系列改革显示，芬兰的碳税政策对二氧化碳的针对性越来越强，在碳税改革的背景下从20世纪90年代开始芬兰的能源需求开始下降。根据特里等（Terry et al，2009）的测算，碳税政策使得芬兰2003年的能源需求相比90年代初下降了5%，而在其他实行碳税政策的国家，同期能源消费均出现了下降，平均下降幅度为4%。

经济增长效应是指开征碳税以后由于提高了能源成本，相应削弱了生产部门的竞争力，导致经济增长放缓。实际上碳税的经济增长效应也是一国政府决定是否推出碳税时考虑的核心问题。根据“双重红利”的思想，如果将征收的碳税用于校正现存的税制扭曲，则能够抵消碳税对经济增长的负面影响，从而可以实现无成本，甚至负成本的节能减排。这一学说坚定了政府推出碳税的决心，但是对于这种“双重红利”在实践中是否存在还处于争论之中。因此，碳税对经济增长的负面效应，依然是目前当局者考虑是否推出碳税的最大担忧。

收入分配效应是指碳税政策对国民收入在劳动和资本要素之间分配形成的影响。一方面，碳税通过提高能源价格，在抑制能源消费和碳排放的同时，对能源使用效率形成了影响。例如，恩沃尔森（Enevoldsen，2005）的研究认为，通过10年的碳税征收，丹麦的能源生产率提高了30%。能源使用效率的提高会改变生产要素的边际产出率，从而改变不同要素在国民收入中分配的比重。另一方面，碳税一般对能源产品进行征收，这些产品的需求弹性一般较低且具有累退性。通过对碳税的转嫁，居民比企业的税负可能更大，这就提高了劳动要素要求的成本，进而使得劳动需求下降，降低了劳动要素所得在收入分配中的比重。截至目前，碳税的收入分配效应并未引起人们足够的重视，此方面的研究还相对较少（Floros，2005；张明文，等，2009）。但是对于任何一个执政当局来说，除了碳税政策的经济效应外，碳税的收入分配效应也是制定碳税政策时应该考虑的又一问题。

总之，控制碳排放的经济政策可以分为两类，一类是数量控制导向型的碳排放权交易政策，另一类是价格干预导向型的碳税政策。其中，碳税政策具有的无须确定减排基准年、有利于增加财政收入、减少税制扭曲、实施和监管成本较低等特点，使得碳税手段在提高经济效益、促进社会公平、获得公众支持、避免滋生寻租方面比碳排放权交易手段更具优势。但是碳税政策除了具有抑制碳排放的能源消费效应的特点外，作为一种税收，势必对经济增长和收入分配形成影响。值得注意的是，由于碳税具有间接性，其政策效应的发挥依赖于经济主体出于自身利益对碳税做出的反应。由于中国各地区自然禀赋和经济发展模式存在差异，地区间碳排放量决定因素不同（王俊松，贺灿飞，2010），统一碳税政策在不同区域间的各种政策效应也可能不同。因此，对碳税政策效应进行实证分析，尤其注意其中的区域差异性，成为我国政府制定碳税政策时必须考虑的新课题。

16.2 碳税政策效应区域差异的实证分析

16.2.1 模型设定与数据说明

迄今为止，对碳税政策效应进行实证研究的文献大量采用了 CGE 模型（金艳鸣，等，2007；苏明，等，2009；曹静，2009；张明喜，2010；朱永彬，等，2010；何建武，李善同，2010）。CGE 模型由于在经济主体最优化行为机制的基础上考虑多部门和多市场的同时均衡，被视为一般均衡模型的应用和投入产出模型的深化，能对经济系统变动做出较为全面系统的模拟。但是 CGE 模型存在以下缺陷（张欣，2010）：第一，模型假设在基期经济系统实现了一般均衡状态；第二，对各经济主体的行为机制设计存在主观性；第三，模型数据源于基期的社会核算矩阵，而社会核算矩阵的编制存在差异性；第四，模型难以正确模拟区域间联系。CGE 模型在分析某区域与其他区域间联系时，一般都将其他区域视为一个整体，使得多区域 CGE 模型本质上只是一个“两区域”CGE 模型，必然造成模型设定偏倚。事实上，如何开发一个“真正的”多区域 CGE 模型是未来 CGE 模型发展的方向之一。因此，CGE 模型主要被学者们用于分析碳税对产业差异性的影响，而非区域差异性的影响。

与 CGE 模型方法不同，张明文等（2009）首次利用面板数据模型方法，通过 1996—2006 年的省级数据分析了碳税对我国 28 个省、直辖市和自治区的影响，发现了碳税的政策效应存在着区域差异，然而其模型建立的逻辑性、估计方法的合理性和对区域差异特征揭示的深刻性尚可改进。

另外，如前所述，碳税政策效应的区域差异性源于区域经济发展水平的差异，随着某区域经济发展水平的改变，碳税在该地区的政策效应可能改变。因此，分析碳税政策效应区域差异性，关键需要考虑经济发展水平的差异性。传统面板数据模型只能分析不同截面或者不同时期的差异，同时，面板数据模型建立在最小二乘法基础之上，要求数据满足经典假设并只能分析自变量对因变量条件均值的影响，这些因素导致面板数据模型难以系统地揭示出碳税政策效应的区域差异性特征。出于上述考虑，本节在拓展张明文等（2009）模型的基础上，同时利用面板数据模型和面板数据分位数回归模型对我国碳税政策效应区域差异进行实证分析并将结果进行比较。

20 世纪 70 年代石油危机之后，能源消费在经济增长中的作用受到了越来越多学者的关注。自从 1977 年拉什和塔托姆（Rashe & Tatome）首次将能源要素引入 C－D 生产函数以后，这种方法被大量学者认同，并逐渐成为能源经济学中研究能源消费的一种标准方法，如下式①所示：

$$Y_{it} = \lambda_i K_{it}^{\alpha_i} L_{it}^{\beta_i} E_{it}^{\gamma_i} = K_{it}^{\alpha_i} L_{it}^{\beta_i} E_{it}^{\gamma_i} e^{A_i} \tag{16.1}$$

式中，e 为自然对数的底（下同）。

近年来，学者们注意到税制结构会影响生产函数中的各项参数，其原因在于税制结构对经济增长和收入分配的影响。税收对收入分配具有直接影响，但是对经济增长的影响需要通过影响生产要素的决策才能实现（李涛，黄纯纯，周业安，2011）。李绍荣、耿莹（2005）认为，税制结构会在对社会的专业化和劳动分工程度产生影响的基础上，对生产要素效率形成影响，在生产要素既定的市场经济中，生产要素效率对经济增长和收入分配都具有决定性作用，从而税制结构会对社会的经济增长和收入分配形成影响。而生产要素效率在 C－D 生产函数中是由要素的生产弹性决定的，因此，这种影响可以用税制结构对各要素生产弹性的影响来反映②。

结合以上两个方面，可以将碳税对能源消费、经济增长和收入分配产生影响的生产函数表示为：

$$Y_{it} = K_{it}^{\alpha_i(x_i,\cdot)} L_{it}^{\beta_i(x_i,\cdot)} E_{it}^{\gamma_i(x_i,\cdot)} e^{A_i(x_i,\cdot)} \tag{16.2}$$

式中，$\alpha_i(x_i,\cdot)$，$\beta_i(x_i,\cdot)$，$\gamma_i(x_i,\cdot)$，$A_i(x_i,\cdot)$ 分别表示各生产要素弹性和技术参数与碳税因素和其他未知影响因素之间的函数关系。

---

① 此处我们设 $\lambda_i = e^{A_i}$，因为 $\lambda_i > 0$，所以该假设成立。

② 需要注意，根据李绍荣、耿莹（2005）的研究，税制结构还会影响技术水平参数 A。因此，为了后面建模方便，我们在式（16.1）式中引入了自然对数的底 e。

我们假设函数均为线性函数，则式（16.2）转化为：

$$Y_{it} = K_{it}^{c_{iK}+\alpha_i x_i+\varepsilon_{iK}} L_{it}^{c_{iL}+\beta_i x_i+\varepsilon_{iL}} E_{it}^{c_{iE}+\gamma_i x_i+\varepsilon_{iE}} \mathrm{e}^{c_{ie}+\delta_i x_i+\varepsilon_{ie}} \tag{16.3}$$

对式（16.3）两边同时取对数，得到

$$\log(Y_{it}) = C_i + \alpha_i x_{it}\log(K_{it}) + \beta_i x_{it}\log(L_{it}) + \gamma_i x_{it}\log(E_{it}) + \delta_i x_{it} + \mu_{it} \tag{16.4}$$

式中，x_{it} 表示碳税因素；C_i 和 μ_{it} 分别为 c_i 和 ε_i 的线性组合。

尽管式（16.2）在形式上与张明文等（2009）的模型一致，但是二者本质上存在不同。在张明文等（2009）的模型中，μ_{it} 假设为服从经典假设，但是根据式（16.3）易知：

$$\mu_{it} = \varepsilon_{iK}\log K_{it} + \varepsilon_{iL}\log L_{it} + \varepsilon_{iE}\log E_{it} + \varepsilon_{ie} \tag{16.5}$$

由式（16.5）可见，μ_{it} 的同方差性、无自相关性，甚至正态性都值得商榷。此处，我们先假设 μ_{it} 服从正态分布且无序列相关①，但在截面和时间两个维度上都存在异方差，这意味着利用式（16.4）对各参数进行估计时，需要先对残差结构进行设置。在分位数模型中，我们将放宽正态性、同方差性和无自相关性的假设。

如式（16.4）所示，我们建立面板数据模型，变量 Y_{it}，K_{it}，L_{it}，E_{it}，x_{it} 分别表示 i 省 t 年的地区生产总值、全社会固定资产投资总额、就业人员数、能源消费总额和碳税占一般预算收入的比重。参数 α_i，β_i，γ_i 表示碳税比重对资本、劳动、能源产出弹性的影响系数，δ_i 表示碳税比重对经济增长的影响系数。如果 α_i，β_i 符号相反，则说明碳税会通过影响劳动和资本的产出效率进而影响收入在要素中的分配；如果 γ_i 为正，则表明碳税提高了能源的产出效率，这是由于碳税促进了能源的集约化利用，使得在其他要素不变条件下，同样的产出需要的能源数量减少，从而对能源消费产生了抑制效应；δ_i 衡量了碳税对经济增长的贡献，为负数的话表明碳税抑制了经济增长，为正数的话表明碳税促进了经济增长。通过对式（16.4）的估计，能够分析碳税对各地区能源消费、经济增长和收入分配的影响②。

在全球范围内，碳税都是一种新型的税种，虽然备受各国关注，但截至目前，也仅集中在北欧的一些国家征收。本质上，碳税的作用机制在于通过提高使用各种化石能源的成本，提高经济主体实施化石能源替代的积

① 目前尚无检验面板数据序列相关的标准方法。

② 对模型的进一步说明可以参见张明文等（2009）的研究。

极性，减少其对化石能源的需求，以降低碳排放总量。因此，我国诸多碳税征收方案提出，可以将碳税设计为资源税的一种。受此启发，本节用资源税数据代替目前缺失的碳税数据进行实证检验，这种做法与张明文等（2009）一致。

考虑到1994年分税制改革以及随后财政体制中一系列过渡性政策的影响，本节选取的观测期为1996—2008年，鉴于数据的可得性，剔除上海和西藏两个截面。数据来源于《新中国统计资料60年汇编》，各变量均采用实际值。

16.2.2 面板数据模型分析

进行面板数据模型分析时，必须首先对模型的设定形式进行检验。根据模型中各待估参数向量各分量间关系的不同，模型可以被分为三类。

（1）无个体影响的不变系数模型，即模型满足 H_1 假设：

$$H_1: c_i = c, \alpha_i = \alpha, \beta_i = \beta, \gamma_i = \gamma, \delta_i = \delta \quad (i = 1, \cdots, N)$$

（2）截距项存在个体影响，斜率项无个体影响的变截距模型，即模型满足 H_2 假设：

$$H_2: \alpha_i = \alpha, \beta_i = \beta, \gamma_i = \gamma, \delta_i = \delta \quad (i = 1, \cdots, N)$$

（3）截距项和斜率项都存在个体影响的变斜率模型，即模型违背上述两个假设。

如果接受了 H_1，则可以将模型设定为不变系数模型，不用再对 H_2 进行检验；如果拒绝 H_1，则检验 H_2，接受 H_2，模型设定为变截距模型，拒绝 H_2，模型设定为变系数模型。如果检验结果接受 H_1 或者 H_2，则我国碳税对区域能源消费、经济增长和收入分配的影响将不存在差异；否则，可以认为碳税政策效应的区域差异存在。

通过 F 检验计算得出：

$$F_1 = 25.904 > F_{0.01}(140, 232) = 1.45$$

$$F_2 = 26.370 > F_{0.01}(112, 232) = 1.33$$

故模型设定为变系数模型。这也意味着碳税对能源消费、经济增长和收入分配的影响将存在着区域差异性。

更进一步，本节的样本包括我国29个省、直辖市、自治区的数据，研究目的在于对比省、直辖市、自治区间的差异性，因此采用固定效应模型（高铁梅，等，2006）。此外，对各残差序列进行方差齐次性检验，结果如

表 16.1 所示。由表 16.1 可见，截面之间存在显著的异方差①。因此，我们采用 White 对角阵（white diagonal）进行加权。

表 16.1 方差齐次性检验结果

统计量	统计量值	*P* 值
Bartlett	207.72	0.000 0
Levene	4.23	0.000 0
Brown – Forsythe	3.14	0.000 0

基于上述设定，得到如表 16.2 所示参数估计结果。从表 16.2 可以发现，不同省、直辖市、自治区间的相同参数的估计结果差异较大，难以发现政策效应明显系统性的区域差异特征。可见面板数据模型虽然能够检验出碳税政策效应区域差异的存在，但是却无法对这种差异性进行很好的估计。本节认为原因在于碳税政策效应的区域差异性源于区域经济发展水平的差异，随着某区域经济发展水平的改变，碳税在该地区的政策效应可能改变。因此，分析碳税政策效应的区域差异性，关键需要考虑经济发展水平的差异性。传统面板数据模型只能分析不同截面或者不同时期的差异，同时面板数据模型建立在最小二乘法基础之上，要求数据满足一系列假设并只能分析自变量对因变量条件均值的影响，这些因素导致面板数据模型难以系统地揭示出碳税政策效应的区域差异性特征。因此，下面用面板数据分位数回归模型分析上述区域差异性特征。

表 16.2 变系数模型参数估计结果

区域 i	α_i	β_i	γ_i	δ_i	区域 i	α_i	β_i	γ_i	δ_i
北京	-18.97***	15.71	86.49***	-386.67***	湖北	0.61	10.99**	-0.33	-52.86***
天津	2.67***	13.37***	1.34	-81.45***	湖南	4.54	-144.04	8.50	61.02
河北	-0.10	1.93	0.34**	-10.23	广东	17.98***	1.69	-14.23	-30.39
山西	0.10***	0.12	0.08	-1.52	广西	-0.77	16.65***	1.16	-79.93***
内蒙古	0.61***	0.51	-0.70***	-2.08	海南	0.52	0.57	0.24	-6.48*

① 对于时间维度的异方差，没有统一检验方法，根据“从一般到特殊”的原则，我们假设在时间维度上也存在异方差。

续表

区域 i	α_i	β_i	γ_i	δ_i	区域 i	α_i	β_i	γ_i	δ_i
辽宁	0.14 *	-0.05	0.24	-1.70	重庆	0.58 ***	5.56 **	0.25	-30.03 **
吉林	0.61 ***	-1.67	-0.08	4.59	四川	-0.05	55.04	-0.04	-253.61
黑龙江	0.13 ***	-0.45 **	0.24 ***	0.27	贵州	0.52 *	0.22	0.06	-4.41
江苏	1.69 **	44.18 *	0.27	-214.46 **	云南	-0.50	1.59	1.92 ***	-14.85
浙江	14.99 **	27.92 **	-23.03 **	-95.77 ***	陕西	0.20	6.88 ***	-0.79 ***	-29.45 ***
安徽	0.18	0.58	0.54	-6.33	甘肃	0.06	0.43	0.71 ***	-5.81
福建	-0.85	1.57	2.77 ***	-17.19	青海	0.38 ***	-0.75	-0.05	1.55
江西	0.03	-3.90 **	1.64 **	9.58	宁夏	0.53 **	3.56 **	0.03	-20.40 ***
山东	0.06	3.66 **	0.04	-17.61 **	新疆	0.22 ***	-0.20	0.06	-0.58
河南	-0.19	1.34 **	0.84 ***	-9.64 ***					

注：*表示在10%的显著性水平下显著；**表示在5%的显著性水平下显著；***表示在1%的显著性水平下显著。

16.2.3 面板分位数模型分析

分位数回归方法与最小二乘法描述自变量对因变量条件分布均值的影响不同，分位数回归刻画了自变量对因变量条件分布不同分位数的影响，而且不易受到数据非正态性的影响。因此，与最小二乘法相比，分位数回归更加稳健且能刻画因变量条件分布的形状（范允奇，王文举，2011）。对于面板数据，由于可能存在不可观测效应，使用分位数回归时需要对估计方法进行一定的修正。目前公认的方法主要有两种，第一种是凯恩克（Koenker，2004）建议的方法，他证明当模型为固定系数模型且扰动项不存在序列相关时，参照固定效应模型的方法引入虚拟变量后，参数的LAD估计量具有一致性；另一种方法是阿布拉瓦亚和达尔（Abrevaya & Dahl，2008）提出的，他们建议在解释变量中加入 $\bar{x}_i$ 来估计不可观测效应，即：

$$y_{it} = \psi + x_{it}\theta + \bar{x}_i\xi + a_i + u_{it} = \psi + x_{it}\theta + \bar{x}_i\xi + v_{it} \tag{16.6}$$

当 x_{it} 与 v_{it} 相互独立时，对各参数的估计也是一致估计量。与凯恩克（2004）的方法相比，阿布拉瓦亚和达尔（2008）的优点在于可以估计不

可观测效应 c_i 与 $\bar{x}_i$ 之间的关系，但是两种方法在本质上都是相似的，即认为面板数据中的不可观测效应属于“固定效应”。由此，本节将模型（16.4）设定为：

$$\log Q_{y_{it}}(\tau \mid x_{it}) = c(\tau) + \alpha(\tau)x_{it}\log(K_{it}) + \beta(\tau)x_{it}\log(L_{it}) + \gamma(\tau)x_{it}\log(E_{it}) + \delta(\tau)x_{it} \tag{16.7}$$

式中，$i = 1,\cdots,N, t = 1,\cdots,T$，$Q_{y_{it}}(\tau \mid x_{it})$ 为给定 x_{it} 条件下 y_{it} 的 τ 分位数；$\alpha(\tau)$，$\beta(\tau)$，$\gamma(\tau)$，$\delta(\tau)$ 是给定分位数 τ 条件下解释变量对被解释变量的影响系数。

随着 τ 的改变，各系数也在不断改变，因此式（16.7）也可视为一个变系数模型。式（16.7）中系数的改变是基于经济发展水平的不同，而式（16.4）中系数的改变是基于截面的不同。因此，根据前面对表 16.2 的分析结果，式（16.7）比式（16.4）更适合分析碳税政策效应的区域差异。分位数水平设置为各十分位数，参数估计结果如表 16.3 所示。

表 16.3　面板数据分位数回归参数估计结果

分位数	0.1	0.2	0.3	0.4	0.5	0.6	0.7	0.8	0.9
$\alpha(\tau)$	0.179 **	0.161 *	0.152 ***	0.157 ***	0.156 ***	0.162 ***	0.165 ***	0.184 ***	0.167 ***
$\beta(\tau)$	−0.298 ***	−0.309 ***	−0.293 ***	−0.275 ***	−0.287 ***	−0.290 ***	−0.272 ***	−0.257 ***	−0.309 ***
$\gamma(\tau)$	0.154	0.183	0.208 ***	0.233 ***	0.265 ***	0.253 ***	0.250 ***	0.266 ***	0.317 ***
$\delta(\tau)$	−0.429	−0.427	−0.729 **	−1.093 ***	−1.256 ***	−1.168 ***	−1.268 ***	−1.626 ***	−1.606 ***

注：*表示在10%的显著性水平下显著；**表示在5%的显著性水平下显著；***表示在1%的显著性水平下显著。

通过表 16.3，在 1% 的显著水平下本节发现：①当经济发展水平较低时，碳税对能源消费和经济增长的抑制效应并不明显；②经济发展到一定阶段后，碳税对能源消费和经济增长都起到了抑制效应，并且抑制效应的强度均随着经济发展水平的提高而增强；③碳税使得资本的产出效率提高，劳动的产出效率降低，从而提高了资本要素在总收入中的分配份额，降低了劳动要素的分配份额。

面板数据分位数模型的研究表明，回归系数会随着经济发展水平不同存在差异。

采用李善同、侯永志（2003）的分类方法，我们把样本中的 29 个省、直辖市、自治区分为 8 大经济区域，划分标准如表 16.4 所示。

表 16.4　经济区域划分标准

经济区域	所含省、直辖市、自治区	经济区域	所含省、直辖市、自治区
东北区域	辽宁、吉林、黑龙江	黄河中游区域	陕西、山西、河南、内蒙古
北部沿海区域	北京、天津、河北、山东	长江中游区域	湖北、湖南、江西、安徽
东部沿海区域	江苏、浙江	西南区域	云南、贵州、四川、重庆、广西
东南沿海区域	福建、广东、海南	大西北区域	甘肃、宁夏、青海、新疆

进行对应分析时采用的距离是卡方距离，相应的标准化方法为对行和列进行标准化处理。由于分析的是两个变量各状态之间的差异性和相似性，正态化方法采用对称化方法，对应分析结果用 SPSS13.0 得出，如图 16.1所示。

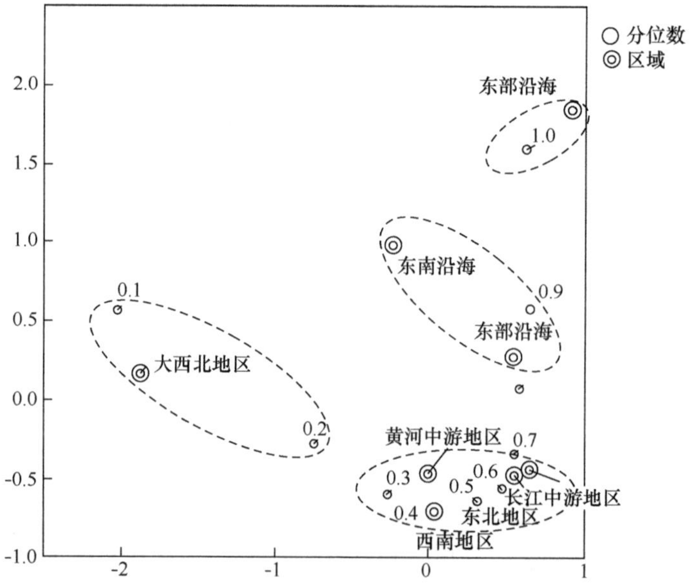

图 16.1　对应分析结果

从图 16.1 可以看出，29 个省、直辖市、自治区大致可以分为 4 类，结合表 16.3 的参数估计结果，我们发现：①在碳税对能源消费的影响方面，除大西北地区以外的其他地区均存在显著的抑制效应，并且这种效应由西向东逐渐增强，东部沿海地区和东南沿海地区表现最强；②在碳税对经济增长的影响方面，除大西北地区以外的其他地区都存在着显著的抑制效应，并且这种效应在沿海地区最强，其他区域差异不大；③在碳税对收入分配的影响方面，碳税在各区域都导致资本要素在总收入中的分配比例增加，劳动要素的分配份额降低，并且这种影响在大西北地区弱于在其他地区，其他地区之间差异不大。

16.3　我国建立区域差异化碳税政策的必要性分析

为了控制日益增长的碳排放和日益严峻的全球气候变暖问题，“碳税”这个词汇在20世纪末出现在了经济学研究之中，并伴随着环境税制改革运动在北欧一些国家开始推出。但是旨在控制环境问题的碳税势必对经济增长造成影响，为了使这种对国家竞争力的负面影响最小化，推出碳税的欧洲国家针对本国国情通过数次改革逐渐形成了目前差异化的碳税政策。这些政策经验又被称为“欧洲经验”，是目前世界上任何一个国家在研究和设计碳税时必须学习的。

“欧洲经验”的主要优点是：在进行碳税税制设计时为了维护本国国际竞争力，形成了一套“从居民到产业，从产业到特殊产业”的产业导向型差异税制。这种产业差异化的碳税税制结合了欧洲各国经济发展的特点，在欧洲取得了很好的综合效果。但是这种模式运用在中国存在固有的缺陷。欧洲各国领土较小，区域差异问题不太严重，而我国是世界上面积较大的几个国家之一，区域经济发展差异化程度可以说是全世界最严重的国家。正如上面分析的，我国的区域差异化程度足以使得碳税的各种效应在各地区出现不容忽视的差异。这就使得我国在进行碳税税制设计时面临比欧洲各国更为复杂的问题，不但要重视产业差异，还要关注区域差异，而后者恰恰是目前实践中尚未受到关注的新难题。

根据本节的分析，我国建立区域差异化的碳税政策具有必要性，这是因为：①碳税的减排效果主要依赖于碳税对东部和中部地区能源消费起到的抑制作用，碳税税率的制定需要更多地考虑这些地区的能源消费特征；②碳税对除大西北以外地区的经济增长具有抑制效应，鉴于当前中西部地区经济发展水平较低、经济建设的目标较重，碳税政策的制定需要考虑各地区，尤其是东北地区、中部地区和西南地区的经济承受能力；③碳税能够提高资本要素在总收入中的分配比例，降低劳动要素的分配比例，鉴于当前我国劳动要素收入分配比例过低的现状，碳税的推出可能扩大我国收入分配差距，而且这种收入分配效应存在区域差异性。

综上所述，我国可以考虑设计存在区域差异性的碳税政策，而非统一碳税政策，在碳税政策上对中西部地区相对倾斜，从而达到在控制碳排放的同时促进我国区域间经济的健康、快速、协调发展。区域差异化碳税政策的核心是税率的确定，如何选择适合不同区域的合理碳税税率，将在下一章进行研究。

17　差异化区域最优碳税税率研究

17.1　最优碳税理论及其发展

17.1.1　最优碳税理论起源

最优碳税理论可以追溯到庇古（Pigou，1928）对外部性及其矫正的研究。庇古在他的经典著作《公共财政研究》（*A Study in Public Finance*）中对环境问题进行了探讨，并提出了外部性及其解决的办法。所谓外部性（externality），其实是一种在现实经济中很常见的现象。经济主体在经济活动中通常都以自身利益最大化为导向，在进行行为选择时考虑的是自身承担的成本和自身能获得的收益，这种成本和收益被称为私人成本（private cost）和私人收益（private profit）。另外，经济主体在进行经济活动时，除了能够给行为主体带来私人成本和私人收益外，对整个社会也会造成影响，这种影响被称为社会成本（society cost）和社会收益（society profit）。对于一部分经济活动来说，它给行为主体带来的私人成本和私人收益恰好等于社会成本和社会收益，但是对于另一部分经济活动来说，私人成本和私人收益不等于社会成本和社会收益。当出现后一种情况时，经济学就称该经济活动存在外部性。例如，某人在一家餐馆中吸烟，此时他的旁边还有其他顾客在用餐，那么对于吸烟的这一行为，不但吸烟者自己需要为此承担一部分成本（即私人成本），他附近的其他顾客由于吸入了含有尼古丁的空气，也需要为此付出一部分成本（即外部成本）。因此，社会成本等于吸烟者的私人成本加上其余顾客的外部成本，从而出现了外部性。

根据私人成本和私人收益与社会成本和社会收益大小关系的不同，外部性可以分为正外部性（positive externality）和负外部性（negative externality）。当某项活动的私人收益小于社会收益时，称这种活动造成正外部性。当某项活动的私人成本小于社会成本时，称这种活动存在负外部性。对于存在正外部性的活动，由行为主体进行的自愿提供往往导致提供不足；对于存在负外部性的活动，由行为主体进行的自愿提供又往往导致供给过量。

庇古（1928）认为，环境污染问题之所以会在现实中存在，是由于行为主体的活动存在着负外部性，为了矫正这种行为，需要将外部成本“内部化”，使得行为主体的私人成本与社会成本一致，从而实现整个社会的福利最大化。外部成本“内部化”可以考虑采用政府征税的方式解决。具体做法是针对存在负外部性的活动征收额外的税收，税收的量恰好等于社会成本与私人成本之间的差额，从而使得社会成本与私人成本一致，这种矫正税被后人称为“庇古税（Pigou Tax）”。如图 17.1 所示，厂商进行某项活动时边际成本为 PMC，社会边际成本为 SMC，假设私人边际收益 PMR 等于社会边际收益 SMR。无论是完全竞争厂商还是不完全竞争厂商，当 PMC 小于 SMC 时存在负外部性，此时厂商进行自主决策时会将经济活动定在 q_1 处，高于社会福利最大化需要的 q_2，对厂商征收的庇古税等于 XC，使得厂商的私人边际成本等于社会边际成本，达到外部成本“内部化”，从而厂商的最优决策点将由 q_1 下降到 q_2，实现厂商自发满足社会最优要求。

庇古（1928）的这一研究成果为政府通过税收治理环境污染奠定了理论基础，并指出了税收用于治理环境污染时的税率。可见，庇古税不但从“质”的方面，而且从“量”的方面为税收矫正环境污染打下了理论基础，为后续学者建立第一代的碳税理论指明了方向，同时也为政府通过征税治理环境的做法提供了理论支持。在之后的近半个世纪，庇古税都被经济研究人员视为标准的环境税理论依据。

但是庇古（1928）的研究仅仅停留在局部均衡分析的基础之上。随着经济学的发展，理论研究领域出现了用一般均衡分析方法扩展局部均衡分析方法的趋势。桑德莫（Sandmo，1967）通过在一般均衡框架下引入庇古税，建立了第一代最优碳税理论。桑德莫的这一研究结果同时建立在庇古

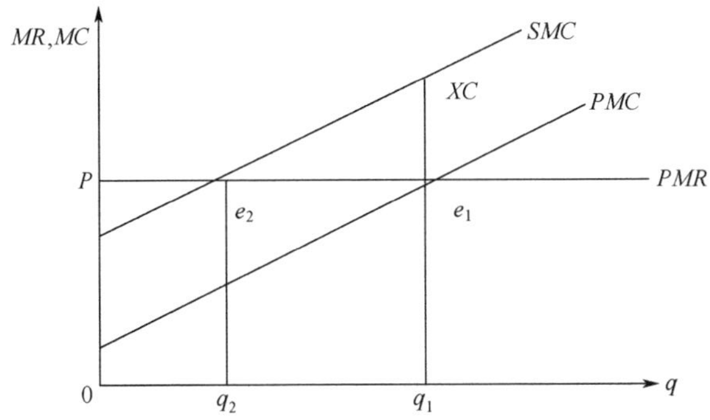

(a) 完全竞争厂商

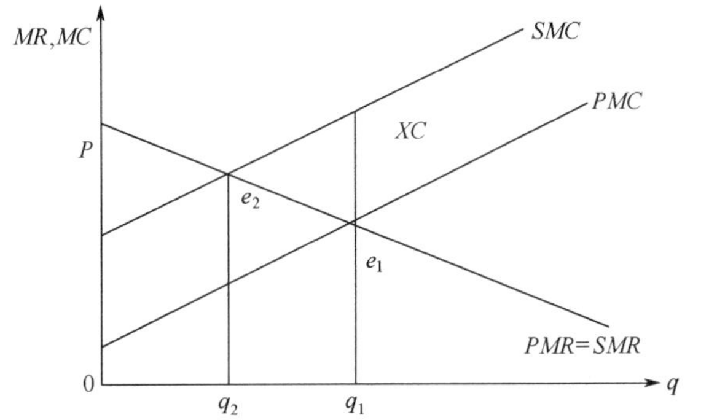

(b) 不完全竞争厂商

图 17.1　庇古税对负外部性的矫正

（1928）和拉姆齐（1927）的研究之上。拉姆齐（1927）应导师庇古的要求撰写了一篇名为《对税收理论的贡献》（*A Contribution to the Theory of Taxation*）的经典论文。在这篇论文中，拉姆齐就政府应该如何对一个家庭征收不同的商品税用于国防支出以实现福利最大化的问题进行研究，得到了最优商品税的征收规则，即对不同商品设置的税率应该使得不同商品课税后需求量下降的比例相同。这一规则也被后人称为“拉姆齐法则”。桑德莫（1975）第一次在一般均衡框架下对环境税率问题进行了研究，并将根据商品征税的拉姆齐法则和根据商品的边际环境损害征税的庇古法则结合起来的叠加性原则建立了第一代最优碳税理论。

桑德莫的第一代最优碳税理论揭示了最优碳税税率并不等于庇古税，这可以视为最优碳税理论发展的第一次飞跃，对之后的研究具有深远的影响。实际上，在我国最优碳税理论的发展过程中，直至20世纪末学者们的研究还大多停留在对第一代最优碳税理论的局部修正上。

17.1.2 “双重红利”下的最优碳税理论

第一代最优碳税理论的最大贡献在于揭示了最优碳税与庇古税的差异。但是由于它的理论基础建立在庇古法则和拉姆齐法则之上，忽略了商品之间的替代和互补关系，没有考虑闲暇这种商品，并且仅将分析局限在碳税征收环节而遗漏了碳税的使用环节。针对这些缺陷，皮尔斯（Pearce，1991）受尼科尔斯（Nichols，1984）、特克拉（Terkla，1984）、李和米斯欧勒克（Lee & Misiolek，1986）等人的启发，开始将注意力从单纯的环境税征收扩展到环境税的征收和使用过程，开始注意到了环境税与其他税收之间的替代关系，提出了环境税制改革的思想，即征收环境税的同时对所得税进行减免，在中性环境税改善环境的同时提高就业以获得“双重红利”。这种“双重红利”的思想一经提出，立即受到研究者和政府的关注，并形成最优碳税理论的一次进步。

此后，在整个20世纪90年代，学者们开始将注意力投向关于环境税“双重红利”的研究当中。博文伯格和穆积（Bovenberg & Mooij，1994）、博文伯格（1999）、博文伯格和普洛格（Bovenberg & Ploeg，1998）、古尔德尔（Goulder，1995）以及肖伯（Schob，1994）等人的成果是这一阶段的代表性研究。这些研究都表明，由于经济中现存的税制扭曲，环境税与扭曲性税收之间会产生一个税收交互效应，从而使得最优的环境税税率低于庇古税税率水平。

但是21世纪初，施瓦茨和里佩托（Schwartz & Repetto，2000）在环境税能够改善环境质量并且矫正税收扭曲的基础上指出，环境质量改善带来的健康收益同样可以改变人们的行为选择。对环境税“双重红利”的分析需要抛弃以往认为消费者效用函数和环境质量可以分离的假定，因为在此假定下消费者劳动与闲暇间的关系将脱离环境质量，无法刻画健康收益的影响。为此，施瓦茨和里佩托建立了包含消费、闲暇和环境质量的不可分性效用函数（non - separable utility function）。由于此时环境质量对劳动供给起了正向影响，最优的环境税税率仍然应该高于庇古税税率水平。

通过这些理论研究，学者们发现最优环境税税率和庇古税税率孰高关键在于污染性商品和闲暇商品之间的交叉价格弹性的正负。因此，学者对“双重红利”是否存在及其条件进行了实证研究。韦斯特和威廉斯（West & Williams，2004）第一次对次优条件下污染品与闲暇的交叉价格弹性进行实证研究，发现二者之间是互补关系，并非一些理论研究中假定的替代关系，这意味着最优环境税税率应该高于庇古税税率水平。塔克达（Takeda，

2007）通过建立多部门动态可计算一般均衡模型（CGE 模型）对日本的碳税进行研究，发现在税收中性的条件下，“双重红利”只存在于将碳税收入替代资本税的情况下，而并不发生在将碳税用于替代劳动者税负的情况下。其实，迄今为止，在实证研究方面学者们尚未得到“双重红利”是否存在的一致结论。

“双重红利”的思想主导的这次最优碳税理论依然属于第二代环境税理论的分支。这些理论的提出减轻了环境税推出的压力，大大提高了环境税理论走向现实的可能性，但是主要还停留在揭示最优税率与庇古税税率孰高的问题上，而不能最终确定最优税率的值，并且由于理论假设的不同而尚未达成统一的意见。另外值得注意的是，直到这一时期碳税依然还没有受到学者们的专门重视，碳税研究还主要是沉寂在环境税研究之下。

17.1.3　经济增长框架下的最优碳税理论

环境污染与经济增长之间的关系其实一直是学者们争论的一个“焦点”。一部分学者认为，环境质量与经济增长之间存在着相互抑制的作用，经济增长需要以环境质量为代价。另一部分学者则坚持比较积极的观点，认为环境质量和经济增长之间互不排斥，环境质量是经济持续增长的必要条件。如果前者的观点是正确的，则社会需要在环境质量与经济增长之间进行权衡，这就涉及社会应该“容忍”的最优环境污染问题。如果后者的观点是正确的，则环境质量可以被视为保持经济增长的一种投入要素。由于维护环境质量是需要成本的，这就会涉及环境质量的最优投入问题。可见，无论属于哪种情形，环境质量与经济增长之间都必然存在一个最优的配比关系。当税收被政府用于控制环境污染、提高环境质量时，也就必然存在经济增长背景下的最优税率问题。

另外，近年来随着全球对气候问题和碳排放的重视，碳税问题变得格外紧迫，碳税研究大有引领环境税研究的趋势。从最近 10 年开始，针对碳税的特有属性，理论界逐渐出现了一批新型的碳税理论。碳税属于环境税的一个子类，但是却具有引致性、广泛性和经济抑制性等其他环境税种没有的特性。引致性是指人们对碳税的兴趣来源于人们认为大气中二氧化碳浓度加剧了温室气体排放和全球变暖，以及由此导致的人们对环境威胁的普遍担忧。在 20 世纪 90 年代以前，二氧化碳的危害性尚未被人们发现。广泛性是指碳税以碳排放为征税对象，引发碳排放的活动涵盖经济中的大部分活动，影响触及经济生活的几乎所有角落，并且在实施过程中同时涉及多个层级的政府。经济抑制性是指碳税会对经济活动起到抑制效应，并且由于碳税存在广泛性，这种抑制效应可能意味着碳税的实施需要付出巨大的经济成本，其实政府权衡是否推出碳税时的主要担忧也来源于它的经济抑制性。

针对碳税抑制经济增长的这种担忧，一批学者开始在经济增长框架下引入碳税，并据此研究最优碳税税率的确定。格雷杜斯和斯马尔德斯（Gradus & Smulders，1993）对标准新古典经济增长模型、罗马尔（Romar,1986）模型和卢卡斯（Lucas，1988）模型进行了拓展，把环境引入居民效用函数，并把污染作为物质生产活动的一种副产品，以此研究政府对环境污染的最优治理投入。在格雷杜斯和斯马尔德斯（1993）的研究中，政府对环境污染的治理不是通过税收政策而是通过对环保研发（R&D）的投入完成的。因此，这一研究并未涉及最优税收的讨论，但这一新思路被其他学者采纳用于分析最优碳税的确定。

沿着这条思路，博文伯格和穆积（1997）将以往研究中的双重红利导向的静态模型扩展为考虑内生经济增长的环境税收与经济增长之间关系的动态优化模型。这一研究发现，将以往对产出的征税转移为污染税后，经济增长将从两个途径得到刺激。这一模型开创了后人在经济增长框架下研究最优环境税收的范式。在此基础上，富勒顿和金（Fullerton & Kim，2008）将研究扩展到了环境税、经济增长和社会福利三个方面。他们的研究将影响减排技术和经济增长的公共研发投入、影响资本形成的扭曲性税收、影响环境质量的污染税以及自然资源的再生性融合 4 个方面融合在内生经济增长模型中。

除了这些国外学者的研究成果，我国学者也在这个方面进行了一些尝试。刘凤良和吕志华（2009）通过在内生增长模型中同时融入环境质量和环境税，以社会福利最大化为目标，推导了最优路径上的环境税，并结合中国的数据对此进行了估算。张和刘（Zhang & Liu，2010）通过建立一个简单的柯布道格拉斯生产函数，以产量最大为目标，对我国最优森林碳税进行估算，认为最优值为每吨二氧化碳 18. 5 元。

第三代碳税理论的最大进步在于通过经济增长框架，使最优碳税研究从以往单纯注重消费者行为扩展为同时关注消费者、生产者、政府等多部门。通过这种扩展，学者们在估算最优碳税的时候，可以抛弃以往通过估算碳排放边际负效应以及商品间交叉价格弹性，然后间接确定最优税率的做法，转而采用考查更多经济部门的高级数量经济学方法。这种进步使得研究人员在研究最优碳税税率时，可以考虑经济数据的时间、空间和经济部门间溢出效应等三个维度。

前面通过对最优碳税理论两次变革的回顾，大致梳理了三代最优碳税理论的演变过程。从这些演变过程中我们可以发现以下三个特点：首先，在研究思路上，人们对最优碳税的认识已经超越了以往微观层面上的庇古税，转而关注到税收与经济增长、社会福利等宏观目标之间的关系，即从单纯的对外部性的关注扩展到了对一系列宏观经济变量之间关系的把握。其次，在研究方法上，对最优碳税的研究经历了从局部均衡分析方法过渡到一般均衡分析方法，从静态模型过渡到动态模型，从纯理论分析过渡到更为贴近现实的计量分析、数值模拟等一系列分析。最后，在研究内容上，从对单一碳税问题的研究转变为对碳税及其配套政策的研究。

在我国，碳税研究才刚刚起步，目前国内研究主要还处于介绍西方环境税“双重红利”假说的阶段，在研究主题和方法上没有实质性突破，对实践的指导力依然相对较弱（史学文，等，2003；曹虎啸，2003；王京芳，等，2005；武亚军，2005；刘红梅，等，2007）。随着节能减排被放到全国性和战略性的高度，这些研究已经大大落后于现实的需要。一部分学者受第三代最优碳税理论启发，开始运用可计算一般均衡模型（CGE 模型）对这一问题进行研究。例如，魏远涛等（2002）利用一个 CGE 模型，定量分析了征收碳税对中国经济和温室气体排放的影响；曹静（2009）结合中国国情，评价了基于污染量控制的排污权交易与基于价格变化的碳税机制的优缺点，在得出碳税更适合中国国情的结论后，通过动态 CGE 模型对碳税税率设定和碳税的经济效应进行了分析；张明喜（2010）首先对国内外碳税相关的实证研究进行述评，然后建立我国开征碳税的 CGE 模型并进行了模拟。研究发现，征收碳税对我国的经济影响不大，短期内减少 GDP 约 0.51 %，长期内减少 GDP 约 0.08%，但二氧化碳的排放量将大幅度下降。同时，碳税对经济结构中各个行业的产出具有负面影响，对矿产采掘业的影响最大。这些研究的共同特点在于模型不但涉及多个经济主体部门，而且具有明显的目标导向，一般都将经济增长或者社会福利作为最优化目标。

这些基于 CGE 模型的研究由于在经济主体最优化行为机制的基础上考虑多部门和多市场的同时均衡，被视为一般均衡模型的应用化和投入产出模型的深化，能对经济系统变动做出较为全面系统的模拟。但是，CGE 模型存在如下缺陷（张欣，2010）：第一，模型假设在基期经济系统实现了一般均衡状态；第二，对各经济主体的行为机制设计存在研究者的主观性；第三，模型数据源于基期的社会核算矩阵，而社会核算矩阵的编制存在差异性；第四，模型难以正确模拟区域之间的联系。CGE 模型在分析某区域与其他区域之间的联系时，一般都将其他区域视为一个整体，使得多区域 CGE 模型本质上只是一个“两区域”CGE 模型，必然造成模型设定偏倚。事实上，开发一个“真正的”多区域 CGE 模型是未来 CGE 模型发展的方向之一。另外，在确定最优税率时，CGE 模型方法主要通过数值模拟完成，缺乏严格的理论基础。因此，我们有必要继续摸索其他适用于研究我国最优碳税的模型方法。

17.2 我国区域最优碳税模型设计

结合上一章对我国碳税政策效应区域差异实证研究的结果，下面提出一个动态多部门优化模型，对最优碳税税率决定因素进行研究，并在此基础上结合我国实际数据对区域最优碳税税率进行推导。

17.2.1 生产模块

以第 16 章实证研究的结果作为依据，为了保证模型间的一致性与研究的序贯性，假设总量生产函数与式（16.4）相同，此处采用柯布道格拉斯函数形式，则 i 地区 t 时刻的总产量为：

$$Y_{it} = A(x_i)K_{it}^{\alpha x_i}L_{it}^{\beta x_i}E_{it}^{\gamma x_i} \tag{17.1}$$

式中，$A(x_i) = \mathrm{e}^{(r-\delta x_i)t}$，e 为自然对数底数 。

假设 $\alpha + \beta + \gamma = 1$ ①，对上式两边同时除以 $L_{it}{}^{x_i}$ ，转化为人均生产函数：

$$y_{it} = A(x_i)k_{it}^{\alpha x_i}\mathrm{e}_{it}^{\gamma x_i} = A(x_i)\cdot F_{it} \tag{17.2}$$

式中，$F_{it} = k_{it}^{\alpha x_i}\mathrm{e}_{it}^{\gamma x_i}$ 。

假设资本和能源的价格分别为 τ_K ，τ_E ，则均衡条件下有：

$$\left.\begin{aligned}\partial y_{it}/\partial k_{it} = A(x_i)\cdot\partial F_{it}/\partial k_{it} = \tau_K \\ \partial y_{it}/\partial e_{it} = A(x_i)\cdot\partial F_{it}/\partial \mathrm{e}_{it} = \tau_E\end{aligned}\right\} \tag{17.3}$$

可得：

$$\frac{\tau_K}{\tau_E} = \frac{\partial F_{it}/\partial k_{it}}{\partial F_{it}/\partial \mathrm{e}_{it}} = \frac{\alpha\cdot \mathrm{e}_{it}}{\gamma\cdot k_{it}} \tag{17.4}$$

---

① 该假设符合我国数据，检验过程见第 16.2 节。

从而有人均资本与人均能源消费之间关系式：

$$k_{it} = \frac{\alpha \cdot \tau_E \cdot e_{it}}{\gamma \cdot \tau_K} \tag{17.5}$$

将式（17.4）代入式（17.3），得到能源需求决定式：

$$A(x_i) \cdot \gamma^{1-\alpha x_i} \cdot x_i \cdot \left(\frac{\alpha}{\tau_K}\right)^{\alpha x_i} \cdot e_{it}^{(\alpha+\gamma)x_i-1} = \tau_E^{\ 1-\alpha x_i} \tag{17.6}$$

设 $A(x_i) \cdot \gamma^{1-\alpha x_i} \cdot x_i \cdot \left(\frac{\alpha}{\tau_K}\right)^{\alpha x_i} = S_i$ ，则有：

$$\ln S_i + [(\alpha + \gamma)x_i - 1] \cdot \ln e_{it} = (1 - \alpha x_i)\ln\tau_E \tag{17.7}$$

由于 S_i 中不包含 e_{it} ，τ_E ，可以推知：

$$\frac{\Delta e_{it}/\Delta\tau_E}{e_{it}} = \frac{\partial \ln e_{it}}{\partial \tau_E} = -\frac{1 - \alpha x_i}{1 - (\alpha + \gamma)x_i} \cdot \frac{1}{\tau_E} \tag{17.8}$$

则有：

$$\frac{\Delta e_{it}}{e_{it}} = -\frac{1 - \alpha x_i}{1 - (\alpha + \gamma)x_i} \cdot \frac{\Delta\tau_E}{\tau_E} \tag{17.9}$$

假设对能源征收碳税为从价税，设地区 i 碳税为 tax_i，则得到能源消费变动方程：

$$\dot{e}_i = -\frac{1 - \alpha x_i}{1 - (\alpha + \gamma)x_i} \cdot tax_i \tag{17.10}$$

又根据式（17.3），得到资本变动方程：

$$\dot{k}_i = \frac{\Delta k_{it}}{k_{it}} = \frac{\Delta\tau_E}{\tau_E} + \frac{\Delta e_{it}}{e_{it}} = tax_i - \frac{1 - \alpha x_i}{1 - (\alpha + \gamma)x_i} \cdot tax_i$$

$$= -\frac{\gamma x_i}{1 - (\alpha + \gamma)x_i} \cdot tax_i \tag{17.11}$$

对人均生产函数式（17.2）两边取对数，结合能源消费变动方程式（17.10）和资本变动方程式（17.11）得到人均产量变动方程：

$$\dot{y}_i = \alpha x_i \dot{k} + \gamma x_i \dot{e} + (r - \delta x_i) = -\frac{\gamma x_i}{1 - (\alpha + \gamma)x_i} \cdot tax_i + (r - \delta x_i) \tag{17.12}$$

17.2.2 消费模块

对消费模块的分析关键在于如何设定效用函数。对效用函数的设定需要遵循一系列规则，下面首先对这一系列规则进行总结，在此基础上提出本节的效用函数，从而加强消费模块的理论基础。

效用函数是一个关于经济主体占有经济资源量的二阶可导函数。为了符合偏好的不饱和性（non - satiation）和边际效用递减等特征，效用函数的一阶导数必须大于零而二阶导数小于零。需要注意的是，对于边际效用递减规律的要求在一些场合也被写为风险厌恶性（risk aversion），实际上边际效用递减与风险厌恶是一致的。这似乎并不容易理解，但是我们可以从一个公平赌局（fair game）的例子中感受到这种一致性。假设一个投资者具有关于自身占有财富的效用函数，并且这个效用函数具有边际效用递减特征。为了简单起见，不妨使该效用函数具有如下形式：

$$U(w) = \sqrt{w} = w^{0.5} \tag{17.13}$$

易知，该效用函数满足上述一阶条件和二阶条件：

$$U'(w) = 0.5w^{-0.5} > 0$$
$$U''(w) = -0.25w^{-1.5} < 0 \tag{17.14}$$

此时假设该投资者面临一个公平赌局。为了简单起见，假设该赌局是一个抛硬币游戏，如果正面朝上则该投资者获得10元，背面朝上则该投资者一分钱也得不到，为了加入这个游戏该投资者必须首先交纳5块钱。通过简单的计算可以看到，投资者参与这个赌局的预期收益等于零。那么这个投资者是否会加入这个游戏呢？根据效用理论，该投资者是否参与这个游戏关键在于加入这个游戏是否能给他带来超过5块钱的效用。如果游戏带来的效用大于5块钱的效用，则该投资者参与该游戏；反之，如果游戏带来的效用小于5块钱的效用，则该投资者不参与该游戏。结合该投资者的效用函数式（17.13），我们可以分别计算出这一公平赌局与5块钱给该投资者带来的效用。

公平赌局的效用为：

$$0.5 \cdot U(0) + 0.5 \cdot U(10) = \frac{\sqrt{10}}{2}$$

5块钱的效用为：

$$U(5) = \sqrt{5} = \frac{\sqrt{20}}{2}$$

根据上式可知，对于该投资者来说，具有确定性的5块钱能带来更高的收益，不应该参与这个公平赌局。因此，从风险特征方面来说，该投资者具有风险厌恶性特征。可见，边际效用递减与风险厌恶具有内在一致性。有时也将风险厌恶型效用函数的这种特征描述为“期望收益的效用大于效用的期望值”（图17.2）。

由于效用函数的用途在于比较某经济主体对于不同经济资源或者不同投资之间的偏好程度，我们可以将效用函数进行变形，只要变形后的效用函数不改变原效用函数衡量的不同经济资源或者不同投资之间的排序关

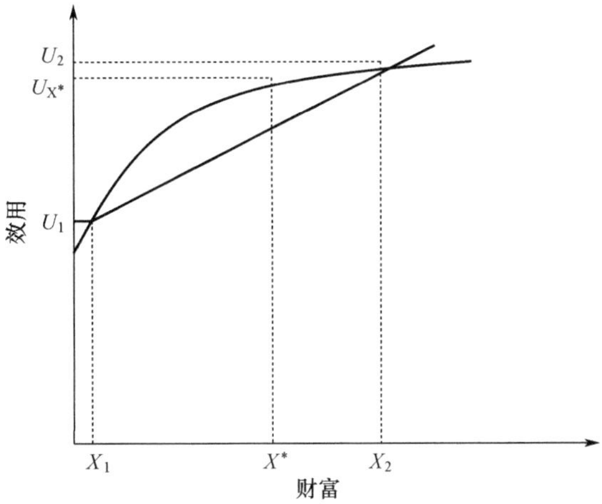

图 17.2 风险厌恶型效用函数

系，则变形后的效用函数与原效用函数对我们来说都是无差别的。可见效用函数并不具有唯一性，我们将一个效用函数乘以一个正数再加上一个常数并不改变原效用函数的特征，这种变化被称为正反射变化，如下式所示：

$$V(w) = aU(w) + b$$

由于正反射变化并不改变效用函数的实质，效用函数的差异并不是由效用函数的形式简单决定的。一般常用效用函数一阶导数和二阶导数之间的数量关系来区别不同效用函数之间的实质性差异，这种数量关系被称为 Pratt - Arrow 风险态度。常用的 Pratt - Arrow 风险态度包括 Pratt - Arrow绝对风险态度和 Pratt - Arrow 相对风险态度，定义式分别如下：

Pratt - Arrow 绝对风险态度：

$$A(w) = -\frac{U''(w)}{U'(w)}$$

Pratt - Arrow 相对风险态度：

$$A(w) \cdot w = -\frac{U''(w)}{U'(w)} \cdot w$$

式中，$A(w)$ 表示风险厌恶系数。

根据 Pratt - Arrow 绝对风险态度和 Pratt - Arrow 相对风险态度的不同，常用的效用函数分为不变绝对风险厌恶效用函数和不变相对风险厌恶效用函数两类。不变绝对风险厌恶效用函数的一般形式如下式所示：

$$U(w) = -e^{-A \cdot w}$$

一阶条件：

$$U'(w) = A \cdot e^{-A \cdot w} > 0$$

二阶条件：

$$U''(w) = -A^2 \cdot e^{-A \cdot w} < 0$$

如果采用不变绝对风险厌恶效用函数，则意味着从资金绝对量角度来看，投资者具有不变的风险态度。例如，投资者有500元现金时购买的风险资产为500元，当他持有的现金提高到1 000元时购买的风险资产仍然为500元。换句话说，只要投资者持有的风险资产数量得到了满足，他并不会由于手中现金的增加而提高对风险资产的持有量。

不变相对风险厌恶效用函数的一般形式如下式所示：

$$U(w) = \frac{w^{\lambda} - 1}{\lambda}, \lambda < 1 \tag{17.15}$$

一阶条件：

$$U'(w) = w^{\lambda - 1} > 0$$

二阶条件：

$$U''(w) = (\lambda - 1) w^{\lambda - 2} < 0$$

如果采用不变相对风险厌恶效用函数，则意味着从资金相对量角度来看，投资者具有不变的风险态度。例如，投资者有500元现金时，用250元购买风险资产，风险资产占资金总量的50%；当他的现金提高到1 000元时，则会用500元购买风险资产，风险资产仍然占资金总量的50%。换句话说，投资者持有的风险资产占总资产的比重是恒定的。

但是式（17.15）所示的效用函数有一个缺陷，就是当 $\lambda = 0$ 时没有定义。为了弥补这一缺陷，学者们通过求极限在 $\lambda = 0$ 处补充了定义，提出了更加标准的不变相对风险厌恶效用函数：

$$U(w) = \begin{cases} \dfrac{w^{\lambda} - 1}{\lambda}, & \text{当 } \lambda < 1 \text{ 且 } \lambda \neq 0 \text{ 时} \\ \log w, & \text{当 } \lambda = 0 \text{ 时} \end{cases}$$

上式所示的效用函数也被称为不变弹性效用函数（iso - elastic utility function）。当 $\lambda = 0$ 时，不变弹性效用函数退化为对数效用函数，而对数效用函数在计算上具有简便性。因此，对数效用函数成为众多研究中采用的标准效用函数。

另外，介于不变绝对风险厌恶效用函数和不变相对风险厌恶效用函数，学者们提出了可变风险厌恶效用函数，这类效用函数的常见特征如下式所示：

$$A(w)\cdot w=-\frac{U''(w)}{U'(w)}\cdot w=a+b\cdot w \qquad (a,b>0)$$

为了提高本节研究结果的一般性，本节将消费者单期的效用函数设定为最为通用的对数效用函数，具体如下：

$$U(C_i,N)=\log C_i+\theta\log N$$

式中，C_i 表示 i 地区代表性居民的消费；N 表示环境质量①；θ 衡量与消费相比代表性居民对环境质量的重视程度，θ 越大则代表性居民对环境质量越重视。

另外，为了简便起见，同时结合我国实际数据（图 17.3），假设消费决定于收入水平并且具有恒定的边际消费倾向。结合式（17.8），则有：

$$\dot{C}_i=\text{MPC}\cdot\dot{y}_i=\text{MPC}\cdot\left[-\frac{\gamma_i x_i}{1-(\alpha_i+\gamma_i)x_i}\cdot\text{tax}_i+(r-\delta_i x_i)\right] \tag{17.16}$$

式中，MPC 为边际消费倾向。

由于代表性消费者是永续的，最终社会代表性居民的终身效用函数为：

$$W_i=\int_0^{+\infty}(\log C_i+\theta\log N)\cdot e^{-\rho_i t}dt$$

式中，e 为自然对数的底；ρ_i 为 i 地区代表性居民效用的时间折现率。

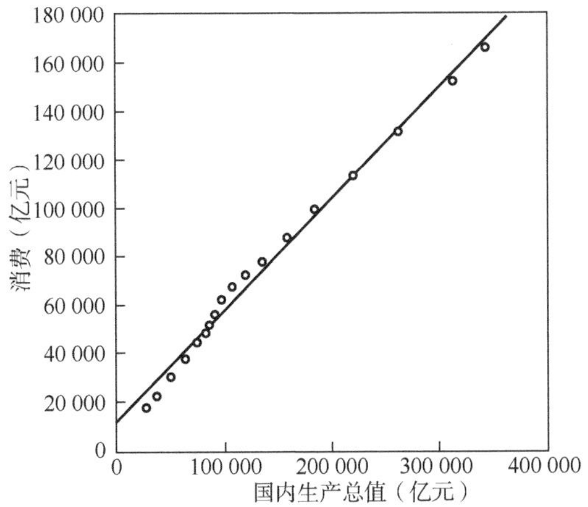

图 17.3 1992—2009 年我国国内生产总值与消费关系图

① 由于碳排放导致的污染具有跨界性的特点，因此本节在环境质量方面不区分地区。

17.2.3 环境模块

在环境模块中本节主要关注如何对不同因素对环境质量的影响进行模型化。实际上，环境质量是一个内涵较为广泛的概念，刻画环境质量需要用到多元指标体系。本节主要针对碳税问题进行研究，因此将环境质量的内涵缩小到与碳排放有关的环境问题上，这也是目前研究碳排放及碳税问题的标准做法（Fullerton & Kim，2008；曹静，2009；刘凤良，吕志华，2009；何建武，李善同，2010）。据此，本节假设环境质量的破坏因素来源于对能源的使用导致的碳排放。

环境受到破坏以后，在物理作用、化学作用和生物相互作用的条件下会对破坏进行自身矫正。以碳排放为例，当二氧化碳排放到空气中以后，植物的光合作用对它的吸收转化、河流水域对它的溶解都会降低大气中二氧化碳的浓度，从而改善环境质量。另外，一般认为自然环境的自净能力与自然环境的质量正相关。当自然环境质量较好时，环境的自净能力较强；反之，则较弱。为了将自然环境的这种自净能力模型化，学者们（Fullerton & Kim，2008；刘凤良，吕志华，2009）提出了将自然环境视为一种可再生资源的办法，本节同样采用这种做法。

结合以上两个方面，本节设定的环境质量变动方程如下式所示：

$$\dot{N} = -\theta_e \cdot e_i + \theta_N \cdot N \tag{17.17}$$

式中，N 表示环境质量；θ_e 表示能源污染系数；θ_N 表示环境自净能力系数。

17.2.4 模型求解

结合上述三个模块，研究最优碳税的目的就在于基于碳税对经济主体经济行为影响的条件，使得代表性居民的终身效用最大化，从而将得到如下动态最优化问题：

$$\max_{tax_i} W = \int_0^{+\infty} (\log C_i + \theta \log N) \cdot e^{-\rho_i t} dt$$

$$\text{s.t.} \quad \dot{C}_i = \text{MPC} \cdot \left[-\frac{\gamma_i x_i}{1-(\alpha_i+\gamma_i)x_i} \cdot \text{tax}_i + (r - \delta_i x_i) \right]$$

$$\dot{N} = -\theta_e \cdot e_i + \theta_N \cdot N \tag{17.18}$$

下面对式（17.18）进行求解：

$$\tau_{E,i} = (1 + \text{tax}_i) \cdot \tau_{E_0,i} \tag{17.19}$$

式中，$\tau_{E_0,i}$ 表示能源的不含税价格。

根据前式可以得到式（17.20）：

$$e_i = (1 + \text{tax}_i)^{-\frac{1-\alpha_i x_i}{1-(\alpha_i+\gamma_i)x_i}} \cdot J_i \tag{17.20}$$

其中：

$$J_i = \left[\tau_{E_0,i}^{(1-\alpha_i x_i)} \cdot S_i\right]^{-\frac{1}{1-(\alpha_i+\gamma_i)x_i}} \tag{17.21}$$

根据式（17.18），假设现值汉米尔顿函数如下式所示：

$$H_{c,i} = \log C_i + \theta\log N + \lambda_{C,i} \cdot \dot{C}_i + \lambda_{N,i} \cdot \dot{N} \tag{17.22}$$

将式（17.16）、式（17.17）和式（17.20）代入式（17.22），得到：

$$H_{c,i} = \log C_i + \theta\log N + \lambda_C \cdot \mathrm{MPC} \cdot \left[-\frac{\gamma_i x_i}{1-(\alpha_i+\gamma_i)x_i} \cdot \mathrm{tax}_i + (r-\delta_i x_i)\right] +$$

$$\lambda_N \cdot \left[-\theta_e \cdot (1+\mathrm{tax}_i)^{-\frac{1-\alpha_i x_i}{1-(\alpha_i+\gamma_i)x_i}} \cdot J_i + \theta_N \cdot N\right] \tag{17.23}$$

根据最大值原理，我们可以得到如下一系列一阶条件：

$$\left.\begin{aligned} &\frac{\partial H_{c,i}}{\partial \mathrm{tax}_i} = 0 \\ &\dot{\lambda}_{C,i} = -\frac{\partial H_{c,i}}{\partial C_i} + \rho_i \cdot \lambda_{C,i} \\ &\dot{\lambda}_{N,i} = -\frac{\partial H_{N,i}}{\partial N} + \rho_i \cdot \lambda_{N,i} \end{aligned}\right\} \tag{17.24}$$

根据式（17.24）中的第一个式子，可以得到：

$$\frac{\partial H_{c,i}}{\partial \mathrm{tax}_i} = \lambda_{N,i} \cdot \theta_{\mathrm{e}} \cdot J_i \cdot \left[\frac{1-\alpha_i x_i}{1-(\alpha_i+\gamma_i)x_i}\right] \cdot (1+\mathrm{tax}_i)^{-\frac{2-(2\alpha_i x_i+\gamma_i x_i)}{1-(\alpha_i+\gamma_i)x_i}} -$$

$$\frac{-\lambda_{C,i} \cdot \mathrm{MPC} \cdot \gamma_i x_i}{1-(\alpha_i+\gamma_i)x_i} = 0$$

将上式进行化简，发现该式等价于：

$$\frac{\lambda_{N,i}}{\lambda_{C,i}} = \frac{\mathrm{MPC} \cdot \gamma_i x_i \cdot (1+\mathrm{tax}_i)}{\theta_{\mathrm{e}} \cdot (1-\alpha x_i) \cdot \mathrm{e}_i} \tag{17.25}$$

式（17.25）描述了两个修正的共态变量与控制变量之间的关系。从经济学角度，该式也刻画了消费与环境质量的影子价格以及碳税之间的关系。

下面我们将目光转向式（17.24）中关于修正共态变量变动方程的两个式子：

$$\begin{cases} \dot{\lambda}_{C,i} = -\dfrac{\partial H_{c,i}}{\partial C_i} + \rho_i \cdot \lambda_{C,i} \\ \dot{\lambda}_{N,i} = -\dfrac{\partial H_{c,i}}{\partial N} + \rho_i \cdot \lambda_N \end{cases}$$

对上式进行化简，得到：

$$\begin{cases}\dot{\lambda}_{C,i} = -\dfrac{1}{C_i} + \rho_i \cdot \lambda_{C,i} \\ \dot{\lambda}_{N,i} = -\dfrac{\theta}{N} + (\rho_i - \theta_N \cdot N) \cdot \lambda_N\end{cases}$$

对上式进行求解，得到：

$$\left.\begin{aligned}\lambda_{C,i} &= \frac{1}{C_i \cdot \rho_i} + K^* \cdot e^{\rho_i t} \\ \lambda_N &= \frac{\theta}{N \cdot (\rho_i - N \cdot \theta_N)} + K^{**} \cdot e^{(\rho_i - N\theta_N)t}\end{aligned}\right\} \tag{17.26}$$

式中，K^*，K^{**}为待定常数。

为了确定这两个待定常数，还需要加入横截条件。由于式（17.18）是一个无限水平问题，结合式（17.22）的现值汉米尔顿函数，可以得到关于两个修正共态变量的横截条件：

$$\left.\begin{aligned}\lim_{t \to +\infty} \lambda_{C,i} \cdot e^{-\rho_i t} &= 0 \\ \lim_{t \to +\infty} \lambda_N \cdot e^{-\rho_i t} &= 0\end{aligned}\right\} \tag{17.27}$$

联立式（17.26）和式（17.27），可以确定 K^*，K^{**} 两个待定参数，得到：

$$\left.\begin{aligned}K^* &= 0 \\ K^{**} &= 0\end{aligned}\right\} \tag{17.28}$$

将式（17.28）代入式（17.26），求得两个共态变量为：

$$\begin{cases}\lambda_{C,i} = \dfrac{1}{C_i \cdot \rho_i} \\ \lambda_N = \dfrac{\theta}{N \cdot (\rho_i - N \cdot \theta_N)}\end{cases}$$

将上式代入式（17.25），求得 i 区域最优碳税税率：

$$\begin{aligned}\mathrm{tax}_i^* &= \frac{\theta \cdot \rho_i \cdot C_i \cdot \theta_e \cdot (1 - \alpha_i x_i) \cdot e_i}{\mathrm{MPC} \cdot N \cdot (\rho_i - N \cdot \theta_N) \cdot \gamma_i x_i} - 1 \\ &= \frac{\theta \cdot y \cdot \theta_e \cdot (1 - \alpha_i x_i) \cdot e_i}{\gamma_i x_i \cdot N \cdot \left(1 - \dfrac{N \cdot \theta_N}{\rho_i}\right)} - 1\end{aligned} \tag{17.29}$$

式（17.29）即区域最优碳税的决定式。从该式可以看到，最优碳税税率主要与该区域居民对环境质量的重视程度 θ、居民效用的时间折现率 ρ_i、人均总产出 y、环境质量 N、能源污染系数 θ_e、环境自净能力系数 θ_N、人均能源消费 e_i、碳税对资本的产出弹性影响系数 α_i、碳税对能源的

产出弹性影响系数 γ_i 等因素，即 9 个参数有关，如表 17.1 所示。

表 17.1 区域最优碳税与各影响因素关系分类

与区域最优碳税正相关的因素	与区域最优碳税负相关的因素
居民对环境质量的重视程度 θ	碳税对资本的产出弹性影响系数 α_i
人均总产出 y	碳税对能源的产出弹性影响系数 λ_i
能源污染系数 θ_e	环境质量 N
环境自净能力 $N \cdot \theta_N$	居民效用的时间折现率 ρ_i
人均能源消费 e_i	

结合表 17.1，下面对区域最优碳税与各个影响因素之间关系特征背后的逻辑进行简要阐述。首先，对区域最优碳税与各个正相关因素间的政策含义进行分析。居民对环境质量的重视程度 θ 越高，则居民对环境质量更加偏好，对碳税的容忍度越强，区域最优碳税越高。人均总产出 y 越高，则居民能负担的环境治理成本越高，从而区域最优碳税也将提高。能源污染系数 θ_e 越大，则能源消费的环境外部性成本越大，对环境外部性成本进行内部化需要的碳税水平越高，这一点体现了“庇古税”的思想。环境自净能力 $N \cdot \theta_N$ 越强，最优碳税水平越高，这与我们的直觉相悖。造成这种关系的原因在于环境自净能力 $N \cdot \theta_N$ 与环境质量 N 之间具有固有关系，考察任何一方与最优碳税的关系都必须同时将另一方的影响考虑进来。环境自净能力 $N \cdot \theta_N$ 与环境质量 N 正相关，而环境质量 N 与最优碳税之间的关系是负相关关系，从这个角度上来说环境自净能力 $N \cdot \theta_N$ 对最优碳税的正向影响实际上可以视为是对环境质量 N 对最优碳税负向影响的一种修正。这也意味着，较高的环境自净能力并不能成为降低环境保护政策力度的依据。人均能源消费 e_i 与区域最优碳税之间的关系也是正相关关系，一个区域的人均能源消费较高，则该地区对环境的影响较大，根据“污染者付费”原则，对该区域需要实行更为严格的环境保护措施，从而最优碳税水平也将较高。

其次，对区域最优碳税与各个负相关因素之间关系的政策含义进行分析。碳税对资本和能源的产出弹性影响系数 α_i 和 λ_i 越大，对应的区域最优碳税水平越低。这是因为虽然碳税提高了资本和能源的产出弹性，但是这种提高是以劳动产出弹性降低为代价的，劳动产出弹性的降低会减少总产出中对劳动要素分配的比例，不利于社会公平。另外，碳税对各种生产要素弹性的影响，实际上体现的是碳税对资源配置的影响，这种影响改变了原有的以总产出和私人成本之间产额最大化为目标的要素搭配最优比例，是需要成本的。因此，碳税对资本和能源产出弹性的边际影响越大，区域最优碳税水平越低。环境质量 N 越高，区域最优碳税税率越低。这是由于环境质量越高，则社会能够容忍的环境成本越大，故需要的最优碳税水平越低。居民效用的时间折现率 ρ_i 越高，区域最优碳税税率越低。这是由于居民效用的时间折现率越高，居民对当期效用的重视程度就更高，则对未来效用的重视程度更低。碳税主要通过对经济发展模式的影响，用当前经济增长降低的成本换取未来环境质量提升带来的收益。较高的居民效用时间折现率会使得居民更加重视当前经济增长，对未来环境质量重视程度降低。因此，较高的居民效用的时间折现率对应着较低的区域最优碳税水平。

17.3 碳税效应差异化的区域划分和我国区域最优碳税税率估算

结合我国各个经济区域的数据，对适合我国各个经济区域的最优碳税税率进行估算。估算的过程涉及两个方面的问题，首先是对经济区域的划分，其次是对上述模型中各要素生产弹性系数之和等于 1 进行检验，另外还需要对各个区域上述 9 个参数进行确定。

17.3.1 碳税效应差异化的区域划分

经济区域不同于行政区域，经济区域划分本身就是一个复杂的问题。由于我国不同地区历史沿革、自然禀赋、产业机构、发展模式和人文特征存在差异，我国各个地区之间势必形成多个具有内部相似性的跨行政区域的经济区域。如何对这些经济区域进行划分，成为人们研究的一个重要课题。一般认为，对经济区域的划分不但要以经济发展规律为依托，而且要有助于人们进行区域问题的研究和区域政策的制定。这就导致在划分经济区域时根据不同的研究目的人们会得到不同的划分标准。但一般说来，各个区域间资源配置方式、产业结构布局、经济增长模式、经济发展水平等几个指标是必须要考虑的。结合本章的研究目的，本节借鉴李善同、侯永志（2003）的研究提出了以下几个适用于本节的划分经济区域时应当遵循的标准：①某个经济区域包含的地区人均收入水平差异不大；②某个经济区域包含的地区碳税对各生产要素弹性影响相近；③某个经济区域包含的地区经济发展模式相似；④某个经济区域包含的地区必须具有相似的经济资源禀赋；⑤各个经济区域具有相当的面积广度，尽量减少经济区域总数，以防止各个经济区域间由于差异碳税形成的税收竞争；⑥某个经济区域包含的地区在行政划分上完整；⑦某个经济区域包含的地区必须在空间上连续；⑧某个经济区域包含的地区在经济体制构成比例上接近。

根据上述标准，结合第16章的研究结果，对照表16.4我们将整个中国大陆划分为三个区域：第一区域包括东部沿海地区、东南沿海地区和北部沿海地区；第二区域包括东北地区、黄河中游地区、长江中游地区和西南地区；第三区域包括大西北地区。结果如表17.2所示①。

表17.2 最优碳税下的区域划分

经济区域	包括的省、直辖市、自治区
第一区域	北京、天津、河北、山东、江苏、浙江、福建、广东、海南
第二区域	辽宁、吉林、黑龙江、陕西、山西、河南、内蒙古、湖北、湖南、江西、安徽、云南、贵州、四川、重庆、广西
第三区域	甘肃、宁夏、青海、新疆

17.3.2 我国区域最优碳税税率估算

前述模型是基于我国生产函数在附加能源要素后规模报酬不变这一假设。本节先对这一假设在我国是否成立进行实证检验，然后再估算不同区域的最优碳税税率。对我国生产函数规模报酬不变假设进行检验相当于对我国生产函数计量方程进行系数约束条件检验。最基本的系数约束条件检验主要采用的方法包括 t 检验、χ 检验和 F 检验，这三种检验方法简便易行，但是仅能对回归系数的线性系数约束条件进行检验，并且使用时需要对回归方程进行适当的变化。下面以一个简单的线性约束为例，简要对其中最常用的 F 检验进行说明。假设原模型具有如下形式：

$$Y = \beta_0 + \beta_1 X_1 + \beta_2 X_2 + \cdots + \beta_k X_k + \mu \qquad (17.30)$$

对式（17.30）进行估计可以得到一组待估参数组合 $\hat{\beta}_0, \hat{\beta}_1, \hat{\beta}_2, \cdots, \hat{\beta}_k$，以及残差序列 e。

现在考虑对模型施加如下约束：

$$\beta_1 + \beta_2 = 1, \beta_{k-1} = \beta_k \qquad (17.31)$$

为了利用 t 检验、χ 检验和 F 检验等方法对约束式（17.31）进行检验，需要首先对式（17.30）做适当的改变。将式（17.31）代入式（17.30），

① 与第16章相同，受数据限制，样本剔除上海和西藏。

经过化简以后可以得到：

$$Y=\beta_0+\beta_1X_1+(1-\beta_1)X_2+\cdots+\beta_{k-1}X_{k-1}+\beta_{k-1}X_k+\mu^* \quad (17.32)$$

$$Y^*=\beta_0+\beta_1X_1^*+\beta_3X_3+\cdots+\beta_{k-1}X_{k-1}^*+\mu^* \quad (17.33)$$

其中，$Y^*=Y-X_2$；$X_1^*=X_1-X_2$；$X_{k-1}^*=X_{k-1}+X_k$。

对式（17.33）进行回归，可以得到新的待估参数组合 $\hat{\beta}'_0$，$\hat{\beta}'_1$，$\hat{\beta}'_3$，…，$\hat{\beta}'_{k-1}$，以及残差序列 e^*。

一般将对式（17.30）的估计结果称为无约束样本回归模型，将对式（17.33）的估计结果称为受约束样本回归模型。无约束模型和受约束模型的残差序列之间存在如下关系：

$$e^{*T}e^*=e^Te+(\hat{\beta}^*-\hat{\beta})^TX^TX(\hat{\beta}^*-\hat{\beta}) \quad (17.34)$$

其中，

$$\hat{\beta}=(\hat{\beta}_0 \quad \hat{\beta}_1 \quad \hat{\beta}_2 \quad \cdots \quad \hat{\beta}_k)^T$$

$$\hat{\beta}^*=(\hat{\beta}'_1 \quad \hat{\beta}'_1 \quad \hat{\beta}'_1 \quad \cdots \quad \hat{\beta}'_{k-1})^T$$

$$X=(1 \quad X_1 \quad X_2 \quad \cdots \quad X_k)^T$$

从式（17.34）可以发现，由于 $(\hat{\beta}^*-\hat{\beta})^TX^TX(\hat{\beta}^*-\hat{\beta})>0$，受约束模型的残差平方和必然不会小于无约束模型的残差平方和。因此，施加约束以后的模型式（17.33）的解释力度必然小于无约束模型式（17.30）。但是如果我们施加的约束式（17.31）符合各变量间的真实关系，那么受约束模型的残差平方和与无约束模型的残差平方和相比提高的幅度不大。因此，受约束模型虽然与无约束模型相比解释力度下降，但这种下降程度在统计上是不显著的，F 检验正是运用这一思路对施加的约束是否合理进行检验。

假设模型扰动项的离差为 σ，则有：

$$\frac{e^Te}{\sigma^2}\sim\chi^2(n-k_U)$$

$$\frac{e^{*T}e^*}{\sigma^2}\sim\chi^2(n-k_R)$$

$$\frac{(e^{*T}e^*-e^Te)}{\sigma^2}\sim\chi^2(k_U-k_R)$$

式中，n 为样本容量；k_U 为无约束模型待估参数个数；k_R 为约束模型待估参数个数。

从而可以得到如下 F 检验统计量：

$$F = \frac{(e^{*T}e^{*} - e^{T}e)/k_U - k_R}{e^{T}e/n - k_U} \sim F(k_U - k_R, n - k_U) \quad (17.35)$$

利用式（17.35）可以对模型系数约束条件进行检验，但是这种检验只能局限在约束条件为线性约束的场合。针对这一不足，统计学家们发展了新的检验方法，其中最常用的是 Wald 检验。

Wald 检验通过对无约束模型进行估计来进行，而不需要对约束模型进行估计。Wald 检验的基本思路如下：假设无约束模型的估计值为 b，如果约束条件式

$$g(\beta) = 0 \quad (17.36)$$

成立的话，那么无约束模型的估计参数 b 应该非常接近满足约束条件式（17.36）。因此，通过分析无约束模型与约束条件之间的接近程度，就可以对约束条件式（17.36）是否成立进行判断。然而如何对这种接近程度设定一个标准，成为检验能否进行的关键。在对这种接近程度的标准进行设定的过程中，用到了一个常用的数理统计学结论：

假设存在服从均值为 μ 、方差协方差矩阵为 $\sum$ 的正态分布的 n 维随机向量：

$$x \sim N(\mu, \textstyle\sum) \quad (17.37)$$

其中，$\sum$ 为正定矩阵，则有：

$$(x - \mu)' \textstyle\sum^{-1} (x - \mu) \sim \chi^2(n) \quad (17.38)$$

下面对 Wald 检验的细节进行检验阐述。假设有以下一个一般化的非线性回归模型：

$$y = f(\beta) + \varepsilon \quad (17.39)$$

式中，y 与 ε 为 n 维列向量；β 为待估的 k 维列向量；n 为样本容量；k 为待估参数个数。

假设对式（17.39）施加一般化的约束条件：

$$H_0: g(\beta) = 0 \quad (17.40)$$

式中，$g(\beta)$ 是一个可导的从 k 维向量空间到 q 维向量空间的函数：$R^k \rightarrow R^q$，即 $g(\beta) = 0$ 对 β 施加了 q 个约束条件。

则 Wald 检验首先计算如下 Wald 统计量：

$$W = g(\beta)'\left[\frac{\partial g(\beta)}{\partial \beta}\hat{V}(b)\frac{\partial g(\beta)}{\partial \beta}\right]g(\beta) \mid_{\beta=b} \quad (17.41)$$

式中，b 是无约束模型待估参数的估计值；$\hat{V}(b)$ 是 b 方差的估计值。

$\hat{V}(b)$ 的计算方法如下：

$$\hat{V}(b) = s^2 \left[\frac{\partial f(\beta)}{\partial \beta} \frac{\partial f(\beta)}{\partial \beta} \right]^{-1} \Bigg|_{\beta = b} \tag{17.42}$$

式中，s^2 是对无约束模型扰动项 u 方差的估计值。则：

$$s^2 = \frac{u'u}{n - k} \tag{17.43}$$

但是根据求 $\left[\frac{\partial f(\beta)}{\partial \beta} \frac{\partial f(\beta)}{\partial \beta} \right]^{-1} \Bigg|_{\beta = b}$ 的方法不同，对于 $\hat{V}(b)$ 的计算可以有不同的值。例如，$\hat{V}(b)$ 可以是利用 White 或者 Newey - West 方法计算求得的一个稳健方差矩阵估计值。这样，在 H_0 约束式（17.40）的条件下，式（17.41）得到的 Wald 统计量便渐进地满足了 $\chi^2(q)$ 分布。

除了使用卡方分布外，在 Wald 检验过程中较为常用的还使用 F 分布。这主要只针对线性回归模型且约束条件为线性约束。例如，有线性回归模型：

$$y = X\beta + \varepsilon \tag{17.44}$$

具有线性约束：

$$H_0: R\beta - r = 0 \tag{17.45}$$

式中，R 是一个 $q \times k$ 矩阵；r 是一个 q 维向量。

则 Wald 统计量为：

$$W = (Rb - r)' \left[Rs^2 (X'X)^{-1} R' \right]^{-1} (Rb - r) \tag{17.46}$$

在 H_0 的约束条件下，式（17.46）定义的 Wald 统计量也渐进地服从 $\chi^2(q)$ 分布。在这一结论下，加上对 ε 假设服从独立正态同分布，对于有限的确定性样本我们将得到以下 F 分布统计量：

$$F = \frac{W}{q} = \frac{(\tilde{u}'\tilde{u} - u'u)/q}{(u'u)/(n - k)} \sim F(q, n - k) \tag{17.47}$$

式中，$\tilde{u}$ 为受约束模型的残差估计值；u 为无约束模型的残差估计值。

可见，Wald 检验的 F 分布统计量方法也是将受约束模型与无约束模型的残差估计值进行比较。

值得注意的是，对于 Wald 检验的 F 分布统计量方法只适用于线性回归模型且约束条件为线性约束的情况。对于 ARMA 模型、非线性模型或者模型残差估计值使用 White 或者 Newey - West 之类的非线性方法进行估算的模型，并不具有上述良好的有限样本性质。此时，F 统计量的结果仅能作为参考使用。

另外需要注意的是，当 Wald 检验用于检验非线性约束时，除了要以卡方统计量的检验结果为准以外，约束的形式可能会改变检验的结果。例如，假设对于回归模型：

$$Y = X_0 + \beta_1 X_1 + \beta_2 X_2 + \beta_3 X_3 + \varepsilon \tag{17.48}$$

约束条件为：

$$H_0 : \beta_1 \beta_2 = 1 \tag{17.49}$$

此时如果将约束条件写为：

$$H'_0 : \beta_1 - 1/\beta_2 = 0 \tag{17.50}$$

则利用式（17.49）与式（17.50）检验的结果可能会不一致。遗憾的是，目前还没有办法能够解决这一问题（Davidson & MacKinnon，1993）。

本节采用我国1996—2008 年的 GDP、资本要素投入量、劳动要素投入量、能源消费总量和碳税占税收收入比重对我国总量生产函数规模报酬不变假设进行检验。我国没有对社会资本存量进行统计，资本要素投入量采用资本形成总额代替，劳动要素投入量用全国就业人员数量衡量。由于碳税尚未开征，依然用与之最接近的资源税代替。数据均来源于《中国统计年鉴》，并且以 1978 年的不变价格进行转换。利用上述变量，通过 Wald 检验对前式中碳税对各生产要素产出弹性规模报酬不变假设进行检验，结果如表 17.3 所示。

表 17.3 生产函数规模报酬不变假设检验结果

Wald 检验 $H_0 : \alpha + \beta + \gamma = 1$		
统计量	统计量值	P 值
F 统计量	0.030 273	0.865 7
卡方统计量	0.030 273	0.861 9

从表 17.3 可以看出，无论是 F 统计量还是卡方统计量都显示对生产函数做出的规模报酬不变的假设是成立的。

下面对三个区域的最优碳税税率进行估算。这首先涉及对这些区域中影响最优碳税税率的 9 个参数进行估算。根据表 17.2 的划分方法，每个区域均包含有多个不同的省、直辖市、自治区，而这 9 个参数在每个省、直辖市、自治区中的取值都不一定相同，在计算不同区域的各个参数值时，本节将区域内各个省、直辖市、自治区相应参数值取算术平均数。

根据参数估值方法的不同，9 个参数可以被分为三类。第一类数据可以直接从统计年鉴中找到，本章中的这一部分数据采自《2009 年中国统计年鉴》。这些数据包括人均总产出 y 、人均能源消费 e_i 。通过计算不同区域包含的各个省、直辖市、自治区相应的算术平均值得到：第一区域人均总产出 2.925 3 万元，人均能源消费 5.125 吨标准煤；第二区域人均总产出 1.630 4 万元，人均能源消费 4.719 吨标准煤；第三区域人均总产出 1.371 7万元，人均能源消费 7.415 吨标准煤。

第二部分参数直接从第 16 章的实证结果中得到。这些参数包括碳税对资本和能源的产出弹性影响系数 α_i ，λ_i ，以及各区域碳税占税收收入比重 x_i 。通过在各区域中取其所包含的各个省、直辖市、自治区的相应算术平均数得到。碳税对第一区域资本和能源产出弹性影响系数分别为 0.175 5 和 0.291 5，碳税占税收收入比重为 0.598 2%；碳税对第二区域资本和能源产出弹性影响系数分别为 0.158 4 和 0.241 8，碳税占税收收入比重为 1.859 5%；碳税对第三区域资本和能源产出弹性影响系数分别为 0.170 0 和 0.168 5，碳税占税收收入比重为 2.212 5%。

第三部分参数不能直接得到，本节利用相关计量方法估算得到。这些参数包括环境质量 N 、能源的污染系数 θ_e 、居民对环境质量的重视程度 θ 、环境自净能力系数 θ_N 、居民效用的时间折现率 ρ_i 。

模型中的环境质量 N 与物理学或者环境科学中关于环境质量的物理指标并不相同，这主要有两个方面的原因。由于环境质量 N 要纳入代表性居民的效用函数，不能将模型中的环境质量 N 单纯局限在其物理意义上，更多地应该从效用水平上进行衡量。这一原因引出了另一个导致差异的原因。环境质量其实是一个多元化的指标，温度、降雨量、湿度、自然灾害等各种因素会影响环境质量，将影响环境质量的各种因素纳入其中构造出一个衡量环境质量的单一指标不但不切实际而且可能背离本节的研究目的。例如，假设某地适宜的年均降雨量为 500 毫米，而该地某年实际降雨量为 200 毫米，这样的环境质量必将导致干旱，但是我们不能说环境质量下降了 60%，因为降雨量与碳排放的关系可能不大，这并不是研究低碳发展政策时需要关心的环境质量。出于这两个原因，我们需要寻找适合本模型的其他环境质量衡量指标。实际上，在现有的对碳排放问题进行研究的文献中，一般都是把环境质量视为一种存量资本（刘凤良，吕志华，2009；Fullerton & Tim，2006）。美国华盛顿的世界观察研究所在对现有研究报告进行分析总结后认为，如果全球保持目前的碳排放趋势，到 2050 年人类将面临不可逆转的环境灾难。除此以外，国际能源署（IEA）在《能源技术展望：2008—2050 年的能源情景与战略》中也认为，按照目前的情况不加改变的话，2050 年的碳排放水平将是目前的 1.3 倍，全球平均气温将上升 6℃，人类将面临巨大的灾难①。因此，我们可以将环境质量 N 视为一种资本存量，这种资本存量与碳排放相关，在碳排放过程中被逐渐削减。这样根据式（17.18），得到②：

$$\left.\begin{aligned} \dot{N} &= -\theta_e \cdot e_{it} + \theta_N \cdot N \\ N_{42} &= 0 \\ e_{it} &= e_{2008} \cdot e^{a(t-2008)} \end{aligned}\right\} \tag{17.51}$$

式中，a 为能源消费的平均增长率，满足：

$$a^{41} = 1.3 \tag{17.52}$$

对环境质量的求解实际上是对如下微分方程的求解：

$$\left.\begin{aligned} \dot{N} &= -\theta_e \cdot e_{it} + \theta_N \cdot N \\ \int_0^{42} \dot{N} \mathrm{d}t &= 0 \end{aligned}\right\} \tag{17.53}$$

先对式（17.53）中的第一个式子进行求解：

$$\begin{aligned} N_t &= e^{\int \theta_N \mathrm{d}t}[C - \theta_e e_t \cdot e^{-\int \theta_N \mathrm{d}t}] \\ &= e^{\theta_N t}[C - \theta_e e_0 \cdot e^{\int (\ln a - \theta_N)\mathrm{d}t}] \\ &= e^{\theta_N t}\left[C - \frac{\theta_e e_0 \cdot e^{(\ln a - \theta_N)t}}{(\ln a - \theta_N)}\right] \end{aligned} \tag{17.54}$$

再将式（17.53）中的第二个式子代入式（17.54）中，得到：

$$C = \frac{\theta_e e_0 \cdot e^{42(\ln a - \theta_N)}}{(\ln a - \theta_N)}$$

从而：

$$N_0 = \frac{\theta_e e_{2008}}{\ln a - \theta_N} \cdot [e^{(\ln a - \theta_N) \cdot 42} - 1] \tag{17.55}$$

从式（17.55）中可以看到，对当期环境质量 N 进行确定，需要首先确定能源污染系数 θ_e 和环境自净能力系数 θ_N 。下面首先对能源污染系数 θ_e 进行估算。关于能源的污染系数，目前仍然有不同的定义。由于我们关注的是碳排放，所以能源污染系数应该从碳排放量角度入手进行定义，实际上是单位能源消耗的碳排放系数。根据 IEA 统计的数据，我国 2008 年的

---

① 林伯强．中国能源政策思考［M］．北京：中国财政经济出版社，2009：102.

② 2008—2050 年中间有 42 年，环境质量 N 的角标 42 对应的就是 2050 年。

碳排放量为 6 533 554 千吨，综合能耗量为 285 000 万吨标准煤，因此能源污染系数 θ_e 为：

$$\theta_e = \frac{6\ 533\ 554}{285\ 000 \times 10} = 2.292\ 48 \qquad (17.56)$$

下面对环境自净能力系数 θ_N 进行设定。同样，环境的自净能力具有多方面的含义，而本节主要关注的是自然环境对二氧化碳存量的自净能力。物理学和气象学的相关研究表明，自然环境对二氧化碳的自净是持续渐进的，任何一个时间点上被吸收的二氧化碳存量来源于之前的不同时期，在这些来源于不同时期的二氧化碳存量中，停留时间最长的为 3 000 年。为了简便起见，假设大气中不同时期二氧化碳的存量被吸收的速度都是匀速的，则环境自净能力系数 θ_N 可以定义为：

$$\theta_N = \frac{1}{3\ 000} \qquad (17.57)$$

居民效用的时间折现率 ρ_i 也需要我们进行估算。同样，对于这个参数的值目前尚无一致的结果。居民效用的时间折现率 ρ_i 越高，居民越看重当期效用；居民效用的时间折现率 ρ_i 越低，居民越看重未来的效用，倾向于将今天的经济资源用于未来的消费。目前学者们估算的我国居民效用的时间折现率 ρ_i 主要处于 0.05 以下水平，并且这个数值存在较大的区域差异，经济越发达地区该数值越大（Bovenberg & Smulders，1995，1996；卢盛荣，邹文杰，2006；陈学彬，傅东升，葛成杰，2006）。综合这些因素，本节设定居民效用的时间折现率 ρ_i 在第一区域、第二区域和第三区域分别为 0.04，0.01 和 0.01。

居民对环境质量 θ 的重视程度至今没有统一的确定方法。在现有研究中，学者们对这个参数的设定基本上采用的是主观设定的方法（Nordhaus，1994；刘凤良，吕志华，2009），缺乏相应理论支撑。实际上，环境偏好一直伴随着人类社会的发展史。虽然在农业文明阶段，人类对自然环境的改变能力还不强，对自然环境的重视程度还处于相对较弱的阶段，但仍然有一部分有识之士表现出了对自然环境的重视。

尽管环境偏好已经进入经济学研究范畴一段时间，但是如何确定居民的环境偏好这个问题尚未得到很好的解决。目前，比较得到认可的定义认为，居民的环境偏好可以通过居民愿意对环境质量改善支付的价格来衡量。基于这一标准，出现了不同的居民环境偏好衡量办法。一部分学者采用调查问卷形式分析居民的环境偏好（Bhat，1992；Lo'pez，1994；Selden & Song，1995）。这种方法主要的优点是调查人员对样本的控制具有直接性，并且强调环境偏好影响中的微观因素，从而可以比较不同人群或者不同区域对环境偏好的差异。但是它也有一些固有的缺点，如受调查样本覆盖面的限制，结果缺乏广泛的一致性。另外，被调查者对调查问卷的回答可能受其他因素干扰，最终结果的可信度存在不足。另一部分学者则抛弃了以微观调查样本为基础的做法，转而将目光投向宏观数据（Rashid，Jusoff & Kassim，2009）。这种做法的主要思路是关注社会对环境质量方面的投入与社会可利用资源之间的关系，由于其依据的是宏观数据，其可信程度比前一种做法大大提高。本节采用第二种做法，结合我国数据对居民环境质量重视程度 θ 进行设定。

居民环境质量重视程度 θ 可以用居民在环境质量方面的自愿支出占总支出的比重来衡量。居民对环境质量的支出中有一部分是“刚性”支出，这部分“刚性”支出并不由居民资源决定，其更多地受到政策法规的影响，不受居民收入的影响。因此，在分析过程中需要将这部分“刚性”支出扣除。另外，环境质量是一种公共物品，对它的“购买”主要依赖的是公共部门的投入，而在实践中公共预算的制定主要采用的是增量法。这样可以得到以下居民行为最优化模型：

$$\max_{Y',N} U = \log Y' + \theta \log N \tag{17.58}$$

$$\text{s.t.} \quad Y' + N = Y - \overline{N}$$

式中，Y 表示代表性居民总收入；N 表示对环境质量的“自愿”支出；$\overline{N}$ 表示对环境质量的“刚性”支出；Y' 表示居民对环境质量以外其他部分的支出。

根据式（17.58）得到居民最优环境质量“自愿”支出与其他支出之间的关系如下：

$$\theta = N/Y'$$

假设政府预算采用增量法，则：

$$\overline{N_t} = Y'_t \cdot \frac{N_{t-1} + \overline{N_{t-1}}}{Y'_{t-1}}$$

因此，居民环境质量重视程度 θ 满足：

$$\theta = \frac{N_t + \overline{N_t}}{Y'_t} - \frac{N_{t-1} + \overline{N_{t-1}}}{Y'_{t-1}} \tag{17.59}$$

将2006年、2007年、2008年三年的数据代入式（17.59），计算得到 $\theta = 0.0014$。

根据上述参数设定，结合式（17.48）计算得到第一区域、第二区域和第三区域的最优碳税税率水平分别为16%，2.86%和8.61%。若转化为从量税，以煤炭为例，按照每吨煤炭出厂价500元计算，则每吨煤炭需要承担的碳税水平在第一区域、第二区域和第三区域分别为80元、14.3元和43.05元。

17.4 结论与分析

本章提出了一个针对我国区域差异而设计的最优碳税模型，该模型本质上涉及代表性居民跨时效用最大化的过程。研究居民跨时效用最大化过程的模型是拉姆齐模型，但是该模型有一个局限，即模型中的边际消费倾向是不断变化的（王国成，1995），这与现实情况差异很大。本节的目的是处理现实问题，因此采用边际消费不变的假设。

从最终结果来看，不同区域的最优碳税税率水平基本呈现出中西部地区的税率优惠、沿海地区税率水平最高的态势。其中，大西北地区税率水平高于其他中西部地区，这主要是因为这些地区属于能源密集型地区，地区GDP的构成中由能源行业贡献的比重较大，在这些地区实行统一较高的税率不但有利于全国范围的经济发展方式转变，而且能够弱化地区碳税差异引发的税收竞争。

另外，本章的模型对碳税采用的是从价税的方式。由于碳税在经济影响上与资源税类似，已经有学者提出将碳税作为资源税科目下的子类进行征收。虽然目前在实践中碳税一般采用从量税的方式进行征收，但是资源税却正在经历着从量税向从价税改变的过程。这实际上已经体现出了从价税在对资源环境进行调控方面比从量税更加具有优势。从价税的优势体现在税收随着商品价格的变动而自发同向变动，这不但剔除了同种商品不同质量等级的影响，有利于税负的公平性，而且对于资源型商品来说可以做到税负与商品稀缺度的联动，有利于及时发挥税收调节功能。从价税与从量税相比，更容易比较本国与外国之间的税负差异，有利于政府及时应对外围情况改变。另外，从价税比从量税在税收征管方面更具有简便性，降低了征收成本。因此，从价税模式应该是碳税未来的发展方向。

将本章模型中得到的最优碳税税率转化为从量税可以看到，最终结果都在每吨煤炭80元以下。按照每吨煤炭燃烧释放2.6吨二氧化碳计算，则每吨二氧化碳的碳税水平应该在30元以下。在实践操作中，考虑到企业对碳税的适应过程，结合“欧洲经验”，一般都在开征时给予企业50%以上的税收优惠，这样算的话我国开征碳税时若采用从量税方式，则每吨二氧化碳征收的碳税不宜超过 15 元，这与国家发改委计划的在“十二五”期间对每吨二氧化碳排放征收 10 元碳税的计划一致，远低于目前欧盟以航空业为依托对其他国家航空公司征收的每吨碳排放 11 欧元左右的碳税。这表明在碳减排问题上全球协作机制建立是极为关键的一步，“共同但有区别的责任”和“各自能力”原则是解决碳排放问题必须遵守的共同纲领，有悖于这些原则的做法只能加大全球在控制碳排放过程中的成本，诱发新贸易保护主义思想，加深国际合作的难度。

18 碳税减排机制博弈分析

对于我国而言，开征碳税必须要考虑各个地区的区域差异，如第17章的分析，我国不同地区的碳排放强度、能源强度等相差较大。2010年，第5类地区的碳排放强度是8.02吨/万元，而第1类地区的碳排放强度仅为1.72吨/万元，前者是后者的4.67倍；第5类地区单位GDP能耗为3.17吨/万元，而第1类地区的GDP能耗仅为0.94吨/万元。上述情况表明，东部经济[①]发达地区的企业生产技术水平较高、能源消耗较低，而西部地区的企业生产技术相对落后、能源消耗较高。我国大多数高能耗的减排重点行业，如电力、石化、钢铁等，一般的市场结构都为寡头垄断的结构。因此，本章构建一个双寡头垄断模型来具体分析开征碳税对东西部厂商的产量、利润、社会福利等的影响，并且分析对企业进行补贴是否可以削弱这种不利影响。

18.1 一般模型

为了简单起见，仅考虑单一市场情形。考虑到高能耗产业一般都具有寡头垄断的市场结构，我们假设单一市场上的厂商是Cournot竞争的，市

① 虽然前部分将全国按照经济水平和碳排放强度划分为5个区域，但是出于建模的考虑，我们仅选取第1类和第5类作为代表，第1类地区经济水平高、碳排放强度低，第5类地区经济水平低、碳排放强度高，而且为了方便理解，我们与一般文献保持一致，仍然沿用东部和西部的叫法。

场上的厂商生产的产品都是同质的，厂商数量为 n ，但是厂商的生产成本是不同的，每个厂商的生产成本用 $C_i(q_i,e_i)(i=1,2,\cdots,n)$ 表示，q_i,e_i 分别是单个厂商的产量和排放量。开征碳税，对二氧化碳排放量进行监管后，意味着厂商进行生产时，二氧化碳作为一种新的要素投入将不再免费获得，厂商必须为获得二氧化碳而支付相应的成本，我们称这个过程为碳成本内化。因此，厂商的生产成本可以分为两部分：一部分是传统意义上的成本，也就是非碳成本；一部分就是监管后新增的碳成本。所有厂商的产量、排放量分别用 $Q=\sum_{i=1}^{n}q_i$，$E=\sum_{i=1}^{n}e_i$ 表示，消费者效用函数为 $U(Q)=aQ-\frac{1}{2}bQ^2$ ，即产品的逆需求函数是线性的。国家规定的总的排放量用 $\overline{E}$ 来表示。

征收碳税本质上是一个两阶段博弈问题。第一阶段，国家要设定碳税的税率。税率设定需要考虑多方面的内容：要考虑税收的计税依据，是按照产量来征税，还是按照排放量来征税；要考虑税率的形式，是对所有厂商都征收相同的税率，还是针对不同的厂商实施差异化的税率；要考虑国家征税的目的，是以货币衡量的环境损失最小，还是社会福利最大，抑或是有明确的降低排放的目标等。从模型的角度出发，征税目标不同将会直接导致税率不同。第二阶段，各个厂商会根据国家设定的碳税，以利润最大化的原则来安排自己的生产并进行减排。

出于分析的简便，本节考虑国家按照排放量来征税。增加二氧化碳排放给环境带来的损失实难衡量，从短期来考虑，环境的损失忽略不计。本节中，国家征收碳税的目的在于降低二氧化碳排放或者是社会福利最大，抑或是二者兼而有之。

本节利用倒推法进行求解，并采用子博弈完美纳什均衡作为博弈的均衡解。

在第二阶段，厂商在给定碳税 t_i（统一碳税时，$t_1=\cdots=t_n$ ）的情况下进行生产和减排，单个厂商最优模型为：

$$\max_{q_i,e_i}\pi_i=P(Q_i)\cdot q_i-C_i(q_i,e_i)-t_ie_i$$

写出上述模型的一阶条件为：

$$\frac{\partial\pi_i}{\partial q_i}=P_i+P'_iq_i-\frac{\partial C_i(q_i,e_i)}{\partial q_i}=0$$

$$\frac{\partial \pi_i}{\partial e_i} = -\frac{\partial C_i(q_i, e_i)}{\partial e_i} - t_i = 0$$

根据上述两式，可以求得各个厂商的最优产量 q_i^* 和最优碳排放量 e_i^* ：

$$q_i^* = g(t_1, t_2, \cdots, t_n)$$

$$e_i^* = f(t_1, t_2, \cdots, t_n)$$

博弈的第一阶段，政府的目标是在碳排放总量一定的条件下考虑社会福利的最大化。我们定义社会福利为：

$$W = CS + PS + T$$

式中，$CS = \int_0^Q P(Z)dz - P(Q) \cdot Q$ 是消费者剩余；$PS = \sum_{i=1}^{n} \pi_i$ 是生产者剩余；$T = \sum_{i=1}^{n} t_i e_i$ 是政府收入。

在这里，我们不考虑二氧化碳排放所带来的货币损失。因此，政府的决策模型为：

$$\max_{t_1, \cdots, t_n} W$$

$$\text{s. t.} \quad \sum_{i=1}^{n} e_i = \overline{E}$$

解上述最优模型，我们可以得出 t_i ，进而可以计算出单个厂商的产量、排放量、减排成本等。

18.2 碳税下厂商竞争博弈模型

考虑到我国东西部地区企业在生产技术、减排成本上的差异，我们假定单一市场上有两个代表性的厂商进行 Cournot 竞争，厂商一来自经济发达的东部地区，厂商二来自经济欠发达的中西部地区，两个厂商生产的产品是同质的，具体差别仅体现在生产成本的不同上。

借鉴萨茨塔克斯（Sartzetakis，2004）的成本函数定义，在考虑碳成本内化的情况下，每个厂商都会采取措施进行减排，厂商可以通过减少产量或者是在不降低产量的情况下通过缩减自身单位产量的碳排放（abatement per unit of output，用 z_i 表示）来达到减排的目的。因此，厂商总的减排量（total abatement）为 $Z_i = z_i \cdot q_i$ ，总的减排成本（cost of abatement）采取减排量的二次函数形式，即总的减排成本为 $A_i(z_i, q_i) = \gamma_i (z_i \cdot q_i)^2$ 。其中，$\gamma_i(\gamma_i > 0)$ 表示不同厂商减排技术的大小，当其他条件不变时，γ_i 的值越大，表明减排成本越高，减排难度越大。厂商总的成本函数为 $C_i(z_i, q_i) =$

$c_iq_i + \gamma_i (z_i \cdot q_i)^2$。

在没有监管之前，每个厂商单位产量的碳排放，即碳排放强度为$\rho_i(i = 1,2)$。考虑到东部地区厂商现有的技术设备、减排技术优于西部地区的厂商，因此，假设$\rho_1 < \rho_2$。又因为，东部地区厂商的减排难度、减排成本要高于西部地区厂商，因此，假设$\gamma_1 > \gamma_2$。在完全信息下，按照各个厂商的边际减排成本征收差异化的碳税可能是最优的，但是现实中，随着厂商数量的增多，实施差异化的碳税变得不可行。因此，此处假设征收统一的碳税。

如上所述，博弈的结构如图 18.1 所示。

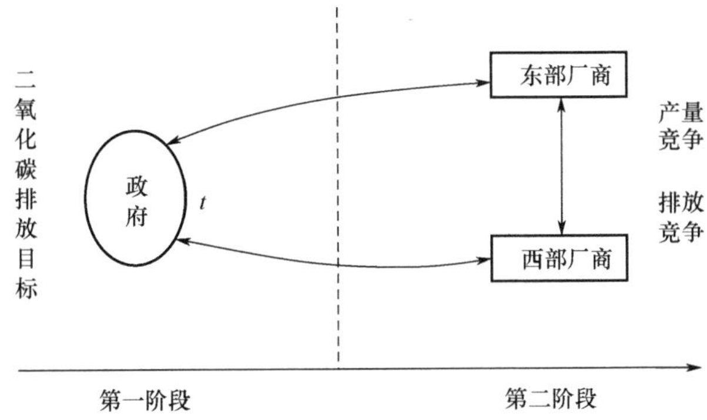

图 18.1 对东西部地区厂商开征碳税的博弈图形

采用倒推法进行求解，首先考虑厂商的产量决策和减排量的决策。单个厂商的利润最大化模型表述为：

$$\max_{z_i,q_i}\pi_i = [a - b(q_i + q_j)] \cdot q_i - c_i \cdot q_i - \gamma_i \cdot (z_iq_i)^2 - t(\rho_iq_i - q_iz_i) \quad (i = 1,2)$$

写出上述模型的一阶条件：

$$\frac{\partial \pi_i}{\partial q_i} = a - 2bq_i - bq_j - c_i - 2\gamma_iz_i^2q_i - t(\rho_i - z_i) = 0 \qquad (18.1)$$

$$\frac{\partial \pi_i}{\partial z_i} = -2\gamma_iz_iq_i^2 + tq_i = 0 \qquad (18.2)$$

由上述一阶条件可得：

$$q_i^{t*} = \frac{a + c_j - 2c_i + t(\rho_j - 2\rho_i)}{3b} \quad (i \neq j,\quad i,j = 1,2) \qquad (18.3)$$

因此，总产量：

$$Q^{t*} = \frac{2a - (c_1 + c_2) - t(\rho_1 + \rho_2)}{3b} \tag{18.4}$$

单个厂商缩减碳排放强度造成的减排量：

$$z_i q_i = \frac{t}{2\gamma_i} \quad (i = 1,2) \tag{18.5}$$

由 $\gamma_1 > \gamma_2$ 可知，西部厂商减排成本较低，因此会承担更多的减排任务。

厂商缩减碳排放强度造成的总的减排量：

$$z^s = z_1 q_1 + z_2 q_2 = \frac{t}{2} \cdot \left(\frac{\gamma_1 + \gamma_2}{\gamma_1 \gamma_2}\right)$$

单个厂商的减排成本：

$$A_i(z_i, q_i) = \frac{t^2}{4\gamma_i}$$

总的减排成本：

$$A_1(z_1, q_1) + A_2(z_2, q_2) = \frac{t^2}{4} \cdot \left(\frac{\gamma_1 + \gamma_2}{\gamma_1 \gamma_2}\right)$$

考虑到没有减排约束下的 Cournot 模型中的产量 $\hat{Q} = \frac{2a - (c_1 + c_2)}{3b}$①，因此，在政府开征碳税后，社会总产出必定减少，减少额为：

$$\Delta Q = \hat{Q} - Q^{t*} = \frac{t(\rho_1 + \rho_2)}{3b}$$

且 $\frac{\partial \Delta Q}{\partial t} > 0$。

与 Cournot 模型相比，单个厂商的产量的变化额分别为：

$$\Delta q_i = \hat{q}_i - q_i^{t*} = \frac{t(2\rho_i - \rho_j)}{3b} \quad (i = 1,2)$$

$\rho_1 < \rho_2$，特别地：

$\rho_1 < \frac{1}{2}\rho_2$ 时，$\Delta q_1 < 0, \Delta q_2 > 0$，即征收碳税后东部地区厂商的产量会增加，而西部地区厂商的产量会减少。

---

① 本章凡是带有^的符号，都对应没有减排的 Cournot 模型中的符号。

$\frac{1}{2}\rho_2 < \rho_1 < \rho_2$ 时，$\Delta q_1 > 0, \Delta q_2 > 0$，即征收碳税后东西部地区厂商的产量都会减少。

结论 1：对碳排放总量征税必定会带来社会总产出 ΔQ 的减少，且 $\frac{\partial \Delta Q}{\partial t} > 0$。但是东西部厂商的产量未必都减少，厂商的产量是否减少取决于东西部厂商间的碳排放强度的差异。当东部厂商的碳排放强度略低于西部厂商时 $\left(\frac{1}{2}\rho_2 < \rho_1 < \rho_2\right)$，二者的产量都减少；当东部厂商的碳排放强度远低于西部厂商时 $\left(\rho_1 < \frac{1}{2}\rho_2\right)$，东部厂商的产量反而会有所上升。

接下来，考虑最优税率的设定。假设政府征收碳税主要是出于减排的目的，政府希望达到的减排量为 $\overline{E}$（$\overline{E}$ 是外生的），那么 $\sum_{i=1}^{2} \rho_i q_i - z_i q_i = \overline{E}$，将式（18.2）、式（18.3）代入即可得：

$$t^* = \frac{6b\gamma_1\gamma_2(\rho_1\hat{q}_1 + \rho_2\hat{q}_2 - \overline{E})}{4\gamma_1\gamma_2(\rho_1^2 + \rho_2^2 - \rho_1\rho_2) + 3b(\gamma_1 + \gamma_2)}$$

引入符号 $\Delta E(\Delta E = \rho_1\hat{q}_1 + \rho_2\hat{q}_2 - \overline{E} = \hat{E} - \overline{E})$，表示与 Cournot 模型相比厂商碳排放量总的减少额，则碳税可以改写为：

$$t^* = \frac{6b\gamma_1\gamma_2\Delta E}{4\gamma_1\gamma_2(\rho_1^2 + \rho_2^2 - \rho_1\rho_2) + 3b(\gamma_1 + \gamma_2)}$$

可见最优税率仅是 $\overline{E}$（ΔE）的函数。且 $\frac{\partial t^*}{\partial \Delta E} > 0$，即国家要求的减排量越高，则征收的碳税也相应越高；$\frac{\partial t^*}{\partial \gamma_i} > 0$，在其他条件不变时，厂商的减排难度提高，征收的碳税也相应会提高。

进一步计算厂商的利润，可得：

$$\pi_i^t = (a - bQ^{t^*}) \cdot q_i^{t^*} - (c_i + t\rho_i)q_i^{t^*} + \frac{t^2}{4e_i} \quad (i \neq j, \quad i,j = 1,2)$$

可见，厂商的利润最终仅是关于 $\overline{E}$ 的函数。

引入 Cournot 模型的符号，并对上式进行整理，可得：

$$\pi_1^t = \hat{\pi}_1 + \frac{t(\rho_2 - 2\rho_1)}{3b}(a - b\hat{Q} - c_1) + \frac{t^2(\rho_2 - 2\rho_1)^2}{9b} + \frac{t(\rho_2 - 2\rho_1)}{3}\hat{q}_1 + \frac{t^2}{4\gamma_1}$$

其中 $\hat{\pi}_1$ 是 Cournot 模型中厂商 1 的利润。

当$\rho_1 < \frac{1}{2}\rho_2$ 时，上式中的第二、三、四、五项均为正，此时 $\pi_1^t - \hat{\pi}_1 > 0$ ，即征收碳税后东部厂商的利润也是增加的。

结论 2：当东部厂商的碳排放强度远低于西部厂商时$\left(\rho_1 < \frac{1}{2}\rho_2\right)$，东部厂商不仅产量会增加，利润也会增加。

进而考虑一下社会福利：

$$W^t = aQ^{t*} - \frac{1}{2}b\,(Q^{t*})^2 - (c_1 q_1^{t*} + c_2 q_2^{t*}) - (t^*)^2 \cdot \left(\frac{1}{4\gamma_1 + 4\gamma_2}\right)$$

将式（18.3）至式（18.5）代入上式并引入符号 $\hat{E}_i = \rho_i \hat{q}_i, i = 1,2$ ，可得：

$$\hat{W} - W^t = \frac{t^*}{3}\left[\left(2 - \frac{\rho_2}{\rho_1}\right)\hat{E}_1 + \left(2 - \frac{\rho_1}{\rho_2}\right)\hat{E}_2\right] + \frac{(t^*)^2}{18b}(\rho_1 + \rho_2)^2 + \frac{(\gamma_1 + \gamma_2)}{4\gamma_1\gamma_2}(t^*)^2$$

观察上式可知，当$\frac{1}{2}\rho_2 < \rho_1 < \rho_2$ 时，上式各项均为正，因此 $\hat{W} - W^t > 0$。

结论 3：当东西部厂商碳排放强度差距不大$\left(\frac{1}{2}\rho_2 < \rho_1 < \rho_2\right)$时，$\hat{W} - W^t > 0$，即开征碳税的社会福利必定减少。

接下来，通过数值模拟的方式观察一下厂商的产量、利润、社会福利随着ρ 和γ 变化的情况，我们取 $a = 1\,400$ ，$b = 0.1$ ，碳排放缩减比例为10%。我们考虑以下四种情形。

情形 1：东西部厂商成本相同。

$c_1 = 200$ ，$c_2 = 200$ ，$\gamma_1 = 0.6$ ，$0.1 \leqslant \gamma_2 \leqslant 0.6$ ，$\rho_1 = 0.4$ ，$\rho_2 = 0.6$

情形 2：东部厂商成本低于西部厂商。

$c_1 = 200$ ，$c_2 = 250$ ，$\gamma_1 = 0.6$ ，$0.1 \leqslant \gamma_2 \leqslant 0.6$ ，$\rho_1 = 0.4$ ，$\rho_2 = 0.6$

情形 3：东西部厂商成本相同。

$c_1 = 200$ ，$c_2 = 200$ ，$\gamma_1 = 0.6$ ，$\gamma_2 = 0.4$ ，$\rho_1 = 0.4$ ，$0.4 \leqslant \rho_2 \leqslant 0.8$

情形 4：东部厂商成本略低于西部厂商。

$c_1 = 200$ ，$c_2 = 250$ ，$\gamma_1 = 0.6$ ，$\gamma_2 = 0.4$ ，$\rho_1 = 0.4$ ，$0.4 \leqslant \rho_2 \leqslant 0.8$

观察图 18.2 至图 18.7 可知，在其他条件不变时，不论二者成本如何，东西部厂商的利润、产量都随着西部厂商减排难度的提高而降低。如果二者成本相同，东西部厂商的利润和产量差距不大；如果西部厂商的生产成本也高于东部厂商，那么二者的利润和产量的差距会较大。

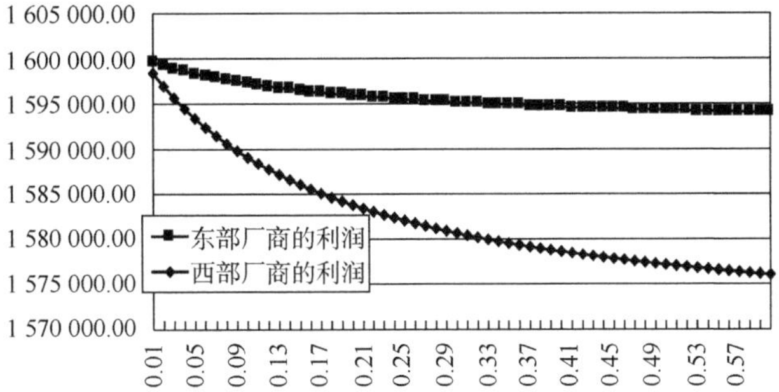

图 18.2 情形 1 下厂商利润的变化

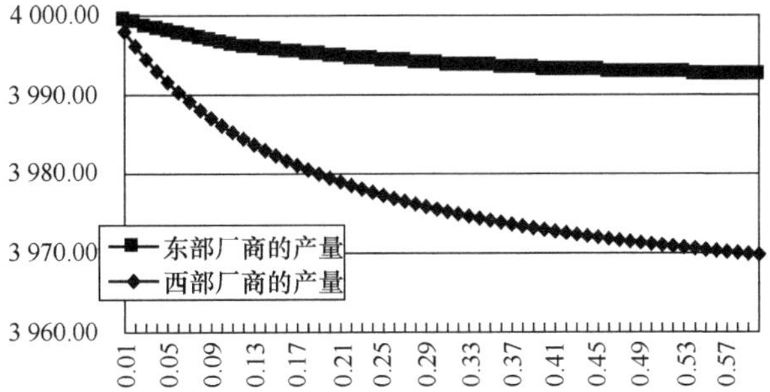

图 18.3 情形 1 下厂商产量的变化

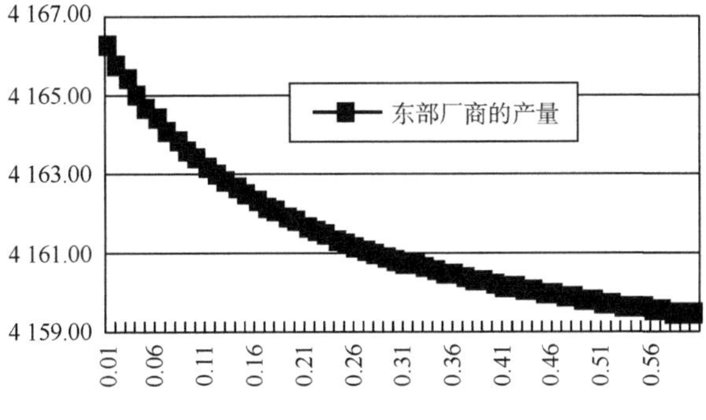

图 18.4 情形 2 下东部厂商产量变化

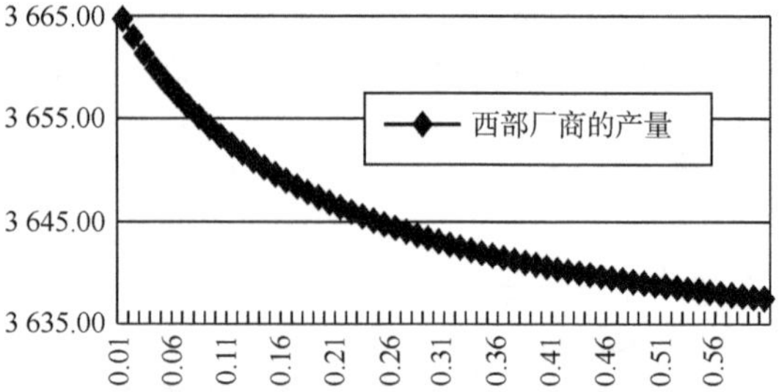

图 18.5　情形 2 下西部厂商产量变化

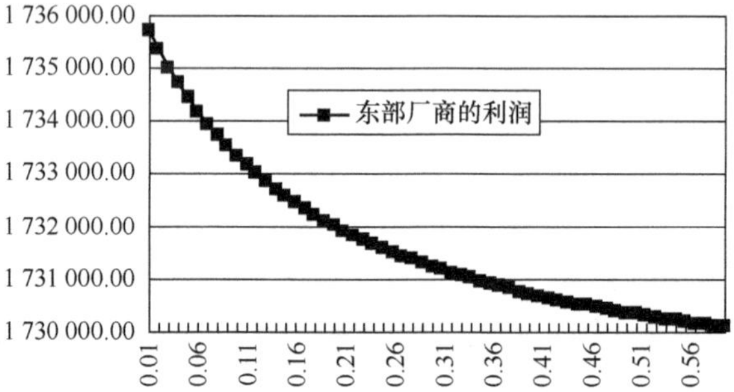

图 18.6　情形 2 下东部厂商利润变化

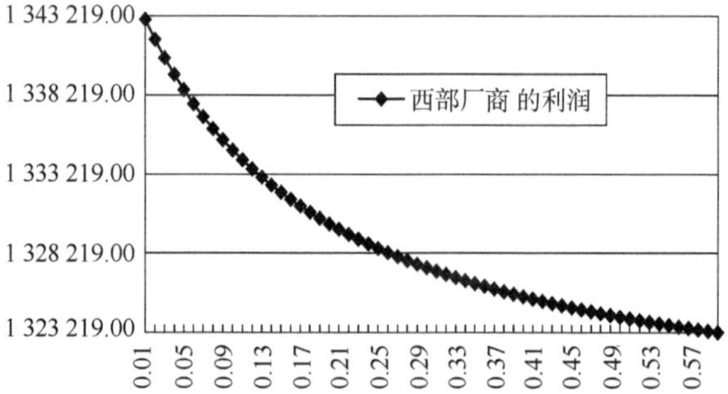

图 18.7　情形 2 下西部厂商利润变化

观察图 18.8 至图 18.11 可知，在其他条件不变时，不论二者成本如何，东部厂商的产量和利润会随着西部厂商的碳排放强度的增加而增加，西部厂商的产量和利润则会随着自身的碳排放强度的增加而减少。

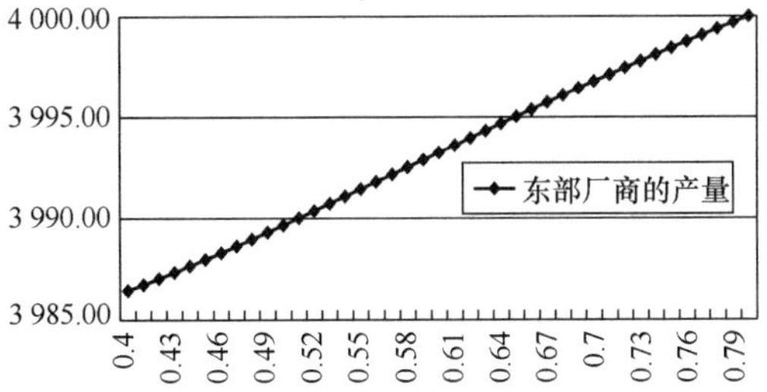

图 18.8 情形 3 下东部厂商产量变化

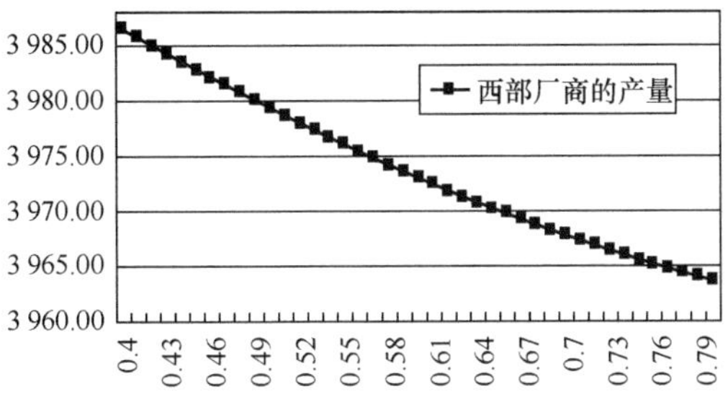

图 18.9 情形 3 下西部厂商产量变化

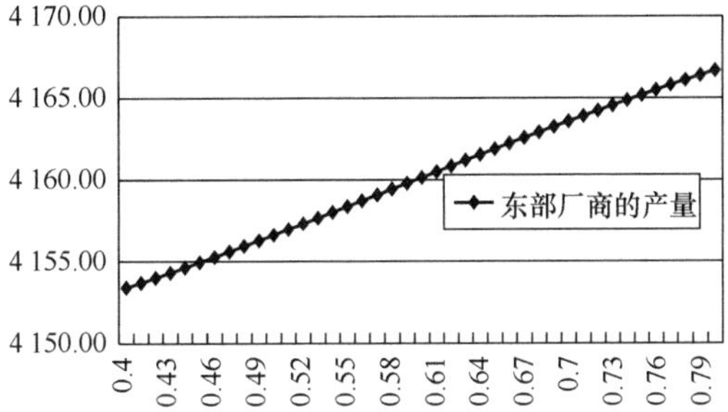

图 18.10 情形 4 下东部厂商产量变化

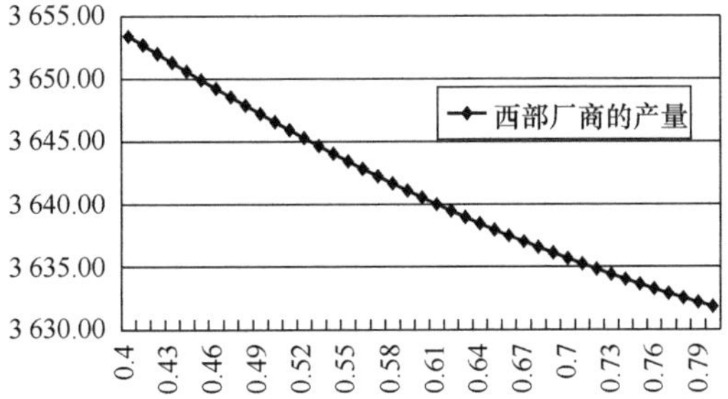

图 18.11 情形 4 下西部厂商产量变化

观察图 18. 12 和图 18. 13 可知，不论东西部厂商的成本如何，在开征碳税的情况下，社会的总福利比不征碳税时要低，而且社会福利的降低额会随着西部厂商的减排成本和碳排放强度的上升而增加。

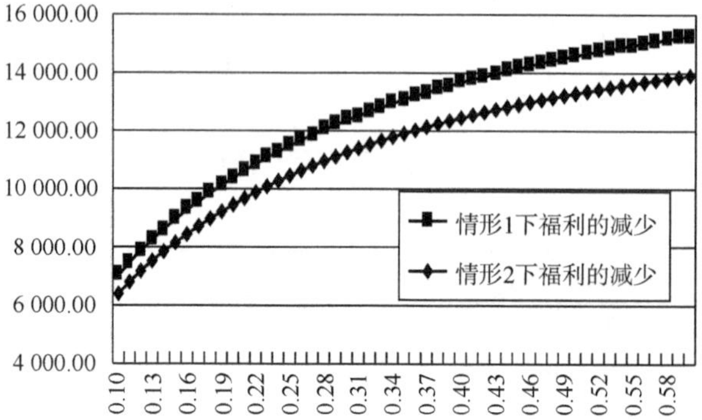

图 18. 12　情形 1、情形 2 下社会福利的减少

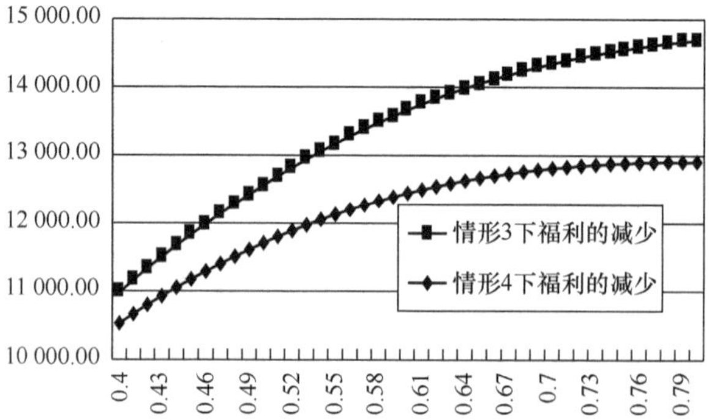

图 18. 13　情形 3、情形 4 下社会福利的减少

本节建立了一个东西部厂商竞争的双寡头模型，考虑了在减排任务外生时，开征统一碳税下东西部厂商的产量、利润以及社会福利的变化，结果如下：

（1）对碳排放总量征税必定会带来社会总产出的减少，并且随着碳税的增加社会总产出的减少额也会增加。但是开征碳税下东西部厂商的产量未必都减少，厂商的产量是否减少取决于东西部厂商间的碳排放强度的差异。当东部厂商的碳排放强度略低于西部厂商时（$\frac{1}{2}\rho_2 < \rho_1 < \rho_2$），东西部厂商的产量和利润都会减少；当东部厂商的碳排放强度远低于西部厂商时（$\rho_1 < \frac{1}{2}\rho_2$），东部厂商的产量和利润都会增加。

（2）当东西部厂商碳排放强度差距不大（$\frac{1}{2}\rho_2 < \rho_1 < \rho_2$）时，统一碳税情形下的社会福利必定减少。

（3）数值模拟的结果显示，在开征碳税的情况下，当其他条件不变时，不论东西部厂商的生产成本如何，东西部厂商的产量和利润都随着西部厂商减排难度的提高而降低。东部厂商的产量和利润会随着西部厂商的碳排放强度的增加而增加，西部厂商的产量和利润则会随着自身的碳排放强度的增加而减少。

18.3　碳税补贴下厂商竞争博弈模型

由上节的分析可知，当东西部厂商的排放强度差异不大时，统一开征碳税，厂商的产量和利润都会下降，西部厂商的产量和利润下降的比例更大。为了降低开征碳税可能对不发达地区经济造成的负面影响，一般国家征收碳税后都会对厂商进行补贴或者返还。在现实中，各个国家补贴的对象用途、返还的依据不尽相同。例如，法国使用排污费（effluent fees）对减排设备和监测设备进行投资补贴；瑞典所征的氮氧化合物的税收按照电厂的发电量全部返还给企业；德国实行绿色税收改革，对于能源密集型产业而言，超过一定门槛（a certain threshold）的能源税将进行返还；丹麦将部分税收补贴企业用于其社会保障金的支付；澳大利亚的“碳税”法案对家庭进行全部或部分补贴和减税，同时对国内各产业，特别是对清洁能源开发领域进行补贴。

本节考虑国家将所收的碳税对厂商进行补贴，以降低单独开征碳税对东西部厂商造成的产量和利润的负面影响。假设碳税的补贴是按照产量来进行的，单位产量的补贴额用 s 来表示，其余的假设与第 18.2 节完全相同。

图 18.14 所示仍然是一个两阶段的博弈问题。首先，政府要根据碳排放量的目标来设定 t 和 s；然后，厂商再根据碳税和补贴的额度来安排生产和进行减排。

采用倒推法进行求解，首先考虑厂商的产量决策和减排量决策。单个厂商的利润最大化模型表述为：

$$\max_{z_i,q_i}\pi_i = [a - b(q_i + q_j)] \cdot q_i - c_i \cdot q_i - \gamma_i \cdot (z_i q_i)^2 - t(\rho_i q_i - q_i z_i) + s q_i \quad (i = 1,2)$$

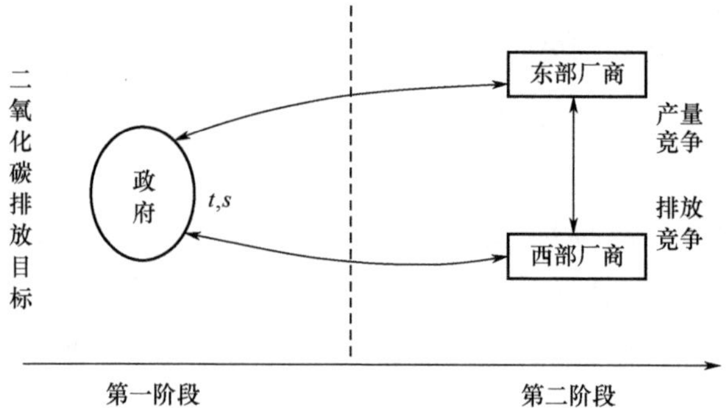

图 18.14　补贴下博弈关系图

上述模型的一阶条件为：

$$\frac{\partial \pi_i}{\partial q_i} = a - 2bq_i - bq_j - c_i - 2\gamma_i z_i^2 q_i - t(\rho_i - z_i) + s = 0$$

$$\frac{\partial \pi_i}{\partial z_i} = -2\gamma_i z_i q_i^2 + tq_i = 0$$

由上述一阶条件可得：

$$q_i^S = \frac{a + c_j - 2c_i + t(\rho_j - 2\rho_i) + s}{3b} \quad (i \neq j, \quad i,j = 1,2) \quad (18.6)$$

并且：

$$\frac{\partial q_i^S}{\partial t} = \frac{\rho_j - 2\rho_i}{3b} \quad (i \neq j, \quad i,j = 1,2)$$

观察上式可知，当东西部厂商碳排放强度相差不大时，即当 $\frac{1}{2}\rho_2 < \rho_1 < \rho_2$ 时，$\frac{\partial q_i^S}{\partial t} < 0 (i = 1,2)$，也就是东西部厂商的均衡产量随着碳税的提高都会下降：

$$\frac{\partial q_i^S}{\partial s} = \frac{1}{3b} \quad (i \neq j, \quad i,j = 1,2) \quad (18.7)$$

比较式（18.6）和式（18.3）可知，不论是东部厂商还是西部厂商的产量都较补贴以前有所提高，而且增加的幅度相同。

因此，总产量：

$$Q^S = \frac{2a - (c_1 + c_2) - t(\rho_1 + \rho_2) + 2s}{3b}$$

$$\frac{\partial Q^S}{\partial t} = \frac{-(\rho_1 + \rho_2)}{3b} \quad (18.8)$$

$$\frac{\partial Q^S}{\partial s}=\frac{2}{3b} \tag{18.9}$$

单个厂商缩减碳排放强度造成的减排量的表达式与没有补贴时的情形相同：

$$z_iq_i=\frac{t}{2\gamma_i}\quad (i=1,2)$$

单个厂商的实际排放量用 $E_i(i=1,2)$ 来表示，因此：

$$E_i=\rho_iq_i-q_iz_i$$

$$\frac{\partial E_i}{\partial s}=\frac{\rho_i}{3b}\quad (i=1,2) \tag{18.10}$$

接下来，考虑最优税率的设定。假设政府希望在减排量缩减为 $\overline{E}$（$\overline{E}$ 是外生的）的前提下以追求社会福利最大为目的，社会福利的定义与第 18.1 节相同，仍然是“消费者剩余＋生产者利润＋政府收入”。因此，政府的最优决策模型为：

$$\max_{t,S}W=aQ-\frac{1}{2}bQ^2-\sum_{i=1}^{2}c_iq_i-\sum_{i=1}^{2}\gamma_i\,(z_iq_i)^2$$

$$\text{s.t.}\quad E_1+E_2=\overline{E}$$

上述模型的拉格朗日函数为：

$$L(\lambda,t,s)=aQ(t,s)-\frac{1}{2}b\cdot Q^2(t,s)-c_1q_1(t,s)-c_2q_2(t,s)-t^2\left(\frac{1}{4e_1}+\frac{1}{4e_2}\right)+\lambda[E_1(t,s)+E_2(t,s)-\overline{E}]$$

上述函数的一阶条件为：

$$\frac{\partial L(\lambda,t,s)}{\partial t}=a\frac{\partial Q}{\partial t}-b\cdot Q\cdot\frac{\partial Q}{\partial t}-c_1\cdot\frac{\partial q_1}{\partial t}-c_2\cdot\frac{\partial q_2}{\partial t}-t\left(\frac{1}{2e_1}+\frac{1}{2e_2}\right)+\lambda\left(\frac{\partial E_1}{\partial t}+\frac{\partial E_2}{\partial t}\right)$$

$$\frac{\partial L(\lambda,t,s)}{\partial s}=a\frac{\partial Q}{\partial s}-b\cdot Q\cdot\frac{\partial Q}{\partial s}-c_1\cdot\frac{\partial q_1}{\partial s}-c_2\cdot\frac{\partial q_2}{\partial s}+\lambda\left(\frac{\partial E_1}{\partial s}+\frac{\partial E_2}{\partial s}\right)$$

$$\frac{\partial L(\lambda,t,s)}{\partial\lambda}=\rho_1q_1-q_1z_1+\rho_2q_2-q_2z_2=\overline{E}$$

将式（18.7）至式（18.10）代入上面的一阶条件进行整理，并引入下列符号：

$$a_1=\frac{2\rho_1\rho_2-2\rho_1^2-2\rho_2^2}{3b}-\left(\frac{1}{2\gamma_1}+\frac{1}{2\gamma_2}\right)$$

$$a_2 = \frac{\rho_1 + \rho_2}{3b}$$

$$b_1 = \frac{\rho_1 + \rho_2}{3} \cdot \left(\frac{1}{2\gamma_1} + \frac{1}{2\gamma_2}\right) + \frac{\rho_1 + \rho_2}{3b} \cdot (2\rho_1\rho_2 - \rho_1^2 - \rho_2^2)$$

$$b_2 = \frac{2}{3} \cdot \left(\frac{1}{\gamma_1} + \frac{1}{\gamma_2}\right) - \frac{2 \cdot (2\rho_1\rho_2 - \rho_1^2 - \rho_2^2)}{3b}$$

$$d_1 = \overline{E} - (\rho_1\hat{q}_1 + \rho_2\hat{q}_2) = -\Delta E$$

$$d_2 = b\hat{Q} \cdot \left(\frac{1}{2\gamma_1} + \frac{1}{2\gamma_2}\right) + \hat{Q}(\rho_1^2 + \rho_2^2)$$

可求得补贴下的最优补贴率和碳税税率：

$$t^{S*} = \frac{a_2 d_2 - b_2 d_1}{a_2 b_1 - a_1 b_2}$$

$$s^* = \frac{b_1 d_1 - a_1 d_2}{a_2 b_1 - a_1 b_2}$$

进而可得到补贴总额与碳税总和的比：

$$\theta = \frac{s(q_1 + q_2)}{t(E_1 + E_2)}$$

以上碳税、补贴的符号及其变化很难观察，我们通过数值模拟寻找具体的变化情况。仍取 $a = 1\ 400$，$b = 0.1$，碳排放目标缩减比例为10%。与上节相同，我们仍然模拟四种情况。

情形1：东西部厂商成本相同。

$c_1 = 200$，$c_2 = 200$，$\gamma_1 = 0.6$，$0.1 \leqslant \gamma_2 \leqslant 0.6$，$\rho_1 = 0.4$，$\rho_2 = 0.6$

情形2：东部厂商成本低于西部厂商。

$c_1 = 200$，$c_2 = 250$，$\gamma_1 = 0.6$，$0.1 \leqslant \gamma_2 \leqslant 0.6$，$\rho_1 = 0.4$，$\rho_2 = 0.6$

情形3：东西部厂商成本相同。

$c_1 = 200$，$c_2 = 200$，$\gamma_1 = 0.6$，$\gamma_2 = 0.4$，$\rho_1 = 0.4$，$0.4 \leqslant \rho_2 \leqslant 0.8$

情形4：东部厂商成本略低于西部厂商。

$c_1 = 200$，$c_2 = 250$，$\gamma_1 = 0.6$，$\gamma_2 = 0.4$，$\rho_1 = 0.4$，$0.4 \leqslant \rho_2 \leqslant 0.8$

从图18.15、图18.17、图18.19、图18.21可知，在其他条件不变时，不论东西部厂商生产成本如何，随着西部厂商减排成本的上升或者碳排放强度的增加，西部厂商的产量和利润都会下降，东部厂商的产量和利润都会增加。

从图18.16、图18.18、图18.20、图18.22可知，碳税税率和补贴率一般都随着西部厂商减排成本的上升或者碳排放强度的增加而增加，而且不论在何种情形下，碳税税率始终要小于补贴率。

从图 18.23 至图 18.26 可知，采取补贴后社会福利的变动方向是不确定的，与不征税时相比，社会福利可能增加也可能减少。

在上述四种情形下，随着西部厂商减排难度的增强，或是碳排放强度的提高，补贴的比例 θ 是在下降的，如图 18.27 所示。

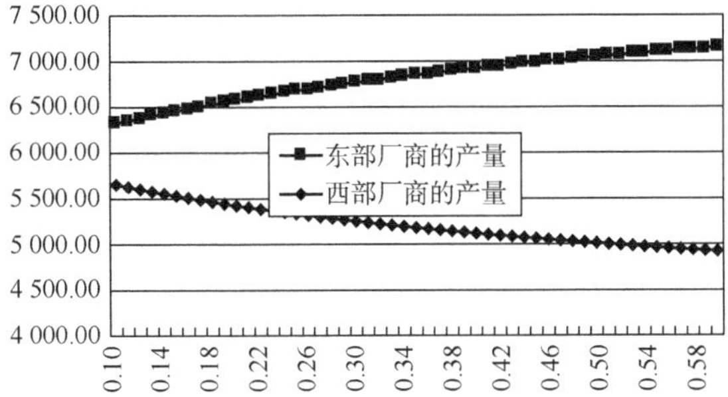

图 18.15 情形 1 下厂商的产量变化

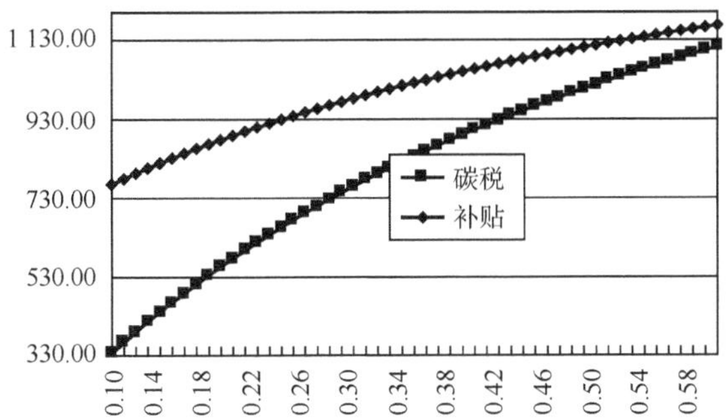

图 18.16 情形 1 下的碳税与补贴

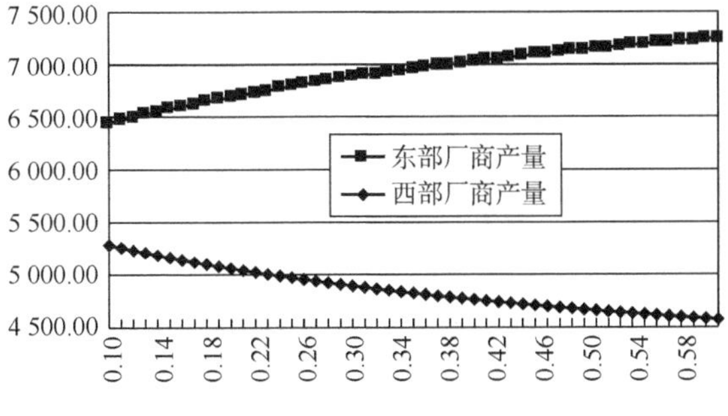

图 18.17 情形 2 下厂商的产量变化

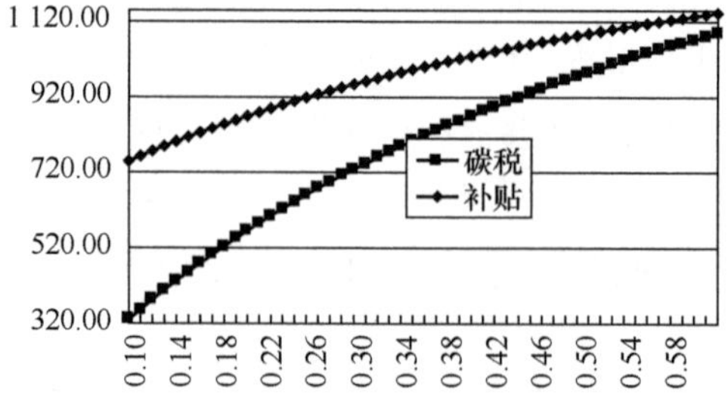

图 18.18　情形 2 下的碳税与补贴

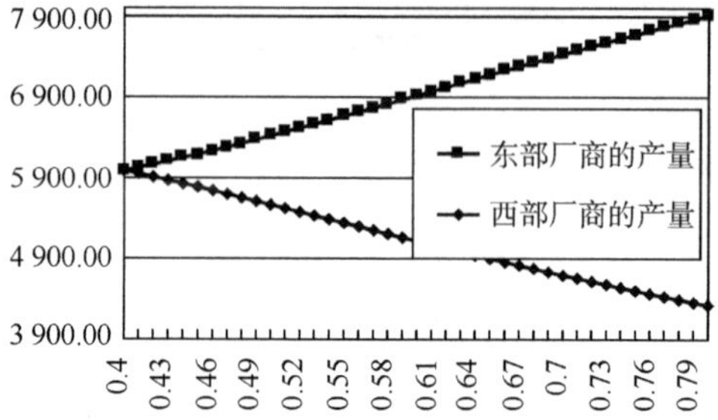

图 18.19　情形 3 下厂商的产量变化

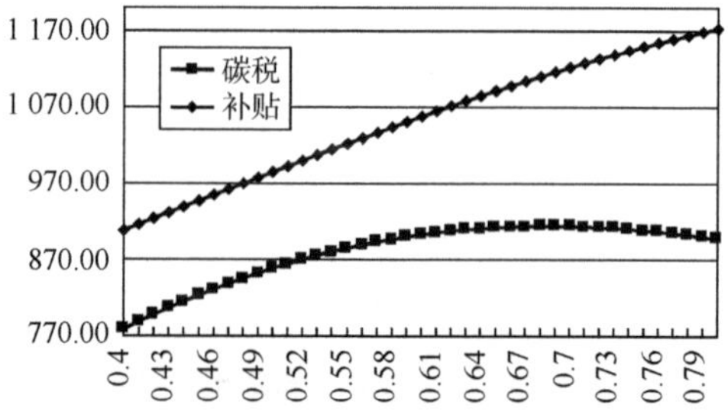

图 18.20　情形 3 下的碳税与补贴

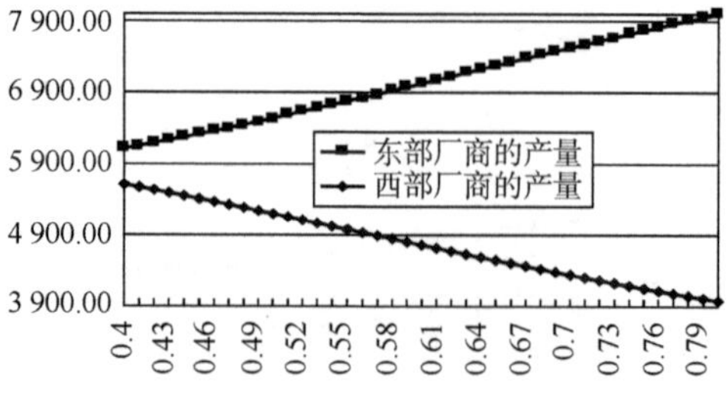

图 18.21　情形 4 下厂商的产量变化

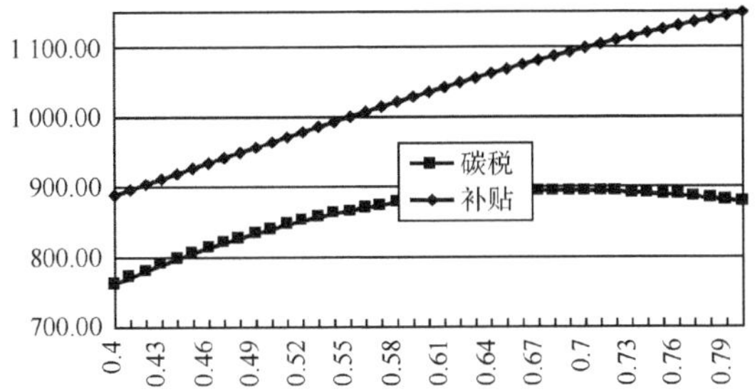

图 18.22 情形 4 下的碳税与补贴

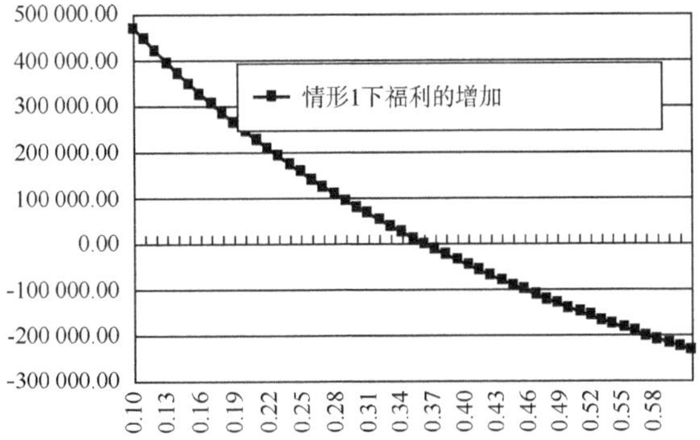

图 18.23 情形 1 下社会福利增加额的变化

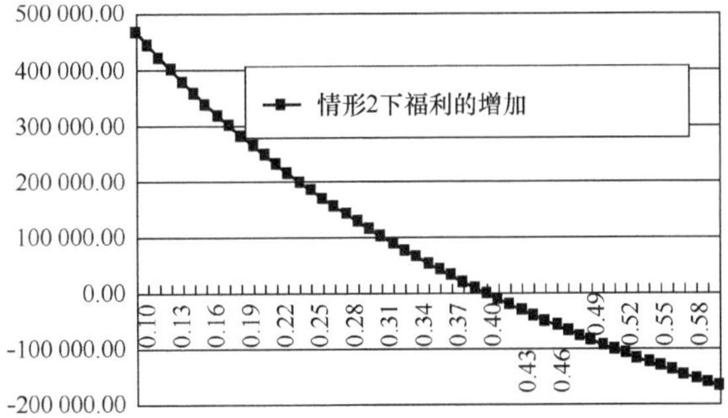

图 18.24 情形 2 下社会福利增加额的变化

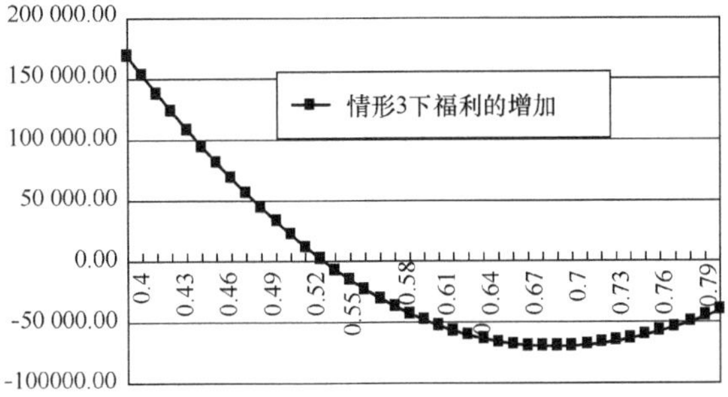

图 18.25 情形 3 下社会福利增加额的变化

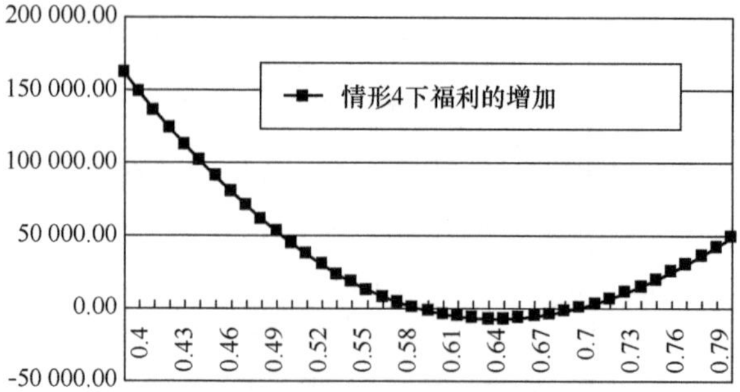

图 18.26　情形 4 下社会福利增加额的变化

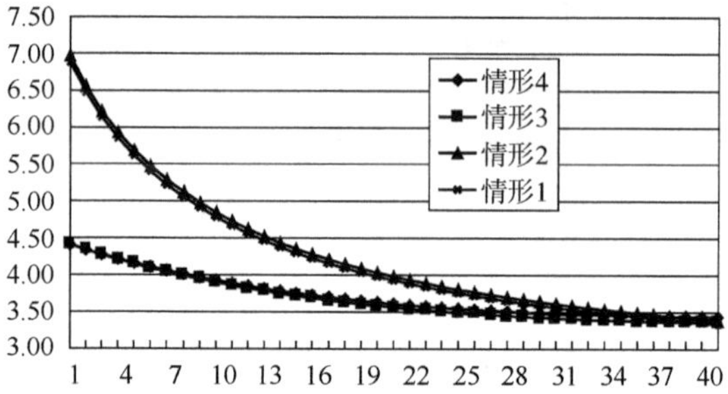

图 18.27　4 种情形下的 θ

本节研究了开征碳税的同时对企业进行产量补贴情形下东西部厂商的产量、利润以及社会福利的变化，结果如下：

（1）在开征碳税且对厂商的产量进行补贴时，社会福利的变化不定，可能增加也可能减少。

（2）数值模拟的结果显示，在开征碳税并且进行补贴时，当其他条件不变时，不论东西部厂商生产成本如何，随着西部厂商减排成本的上升或者碳排放强度的增加，西部厂商的产量和利润都会下降，东部厂商的产量和利润都会增加。碳税税率和补贴率一般都随着西部厂商减排成本的上升或者碳排放强度的增加而增加，而且不论在何种情形下，碳税税率始终要小于补贴率。

19　中国式财政分权下区域碳税政策配套机制研究

19.1　西方联邦制下区域环境政策执行有效性分析

近年来受财政联邦主义[①]改革的国际潮流和财政联邦主义理论发展的影响，地方政府在环境规制中的重要性日渐突出，学者们对政府进行环境规制的研究已经超越了传统的局限，不再关注环境利用外部性、环境稀缺性或者环境利用中的“搭便车”行为等问题，开始思考在联邦体制下中央政府和地方政府应该如何作为才能实现环境规制的有效性，并逐渐产生了环境联邦主义理论这一崭新的经济学理论分支。实际上，环境联邦主义可以被视为财政联邦主义在环境规制领域的新发展。因此，对环境联邦主义的理解和把握需要建立在对财政联邦主义了解的基础上。

随着人类社会的发展，在现代社会中政府在进行公共管理时面临的任务变得越来越复杂，单一层级的政府已经难以应付来自一国各地的诉求，地方政府在社会管理方面发挥的作用日渐增强，政府在经济活动中的角色从放任自由的“小政府”转变为进行经济干预常态化的“大政

① 联邦主义和分权的概念都涉及权威在各级政府之间的配置。不同的是，联邦主义同时涉及经济和政治方面，而分权往往被人们局限地定义在经济层面，尤其是财政方面。不过，“财政分权”和“财政联邦主义”在经济学文献中通常没有太大的区别。在本节中“分权”与“联邦主义”不做区别，由于“环境联邦主义”是一个近年来刚出现的概念，为了在说法上与现有文献统一，避免引起读者的误解，本节针对某些特定概念使用“联邦主义”，其他概念则使用“分权”。

府”。在这种背景下，各个国家政府在履行社会管理职能过程中逐渐建立了财政联邦制。值得指出的是，财政联邦制并非仅能在联邦制国家中存在，单一制国家依然可以实行财政联邦制。财政联邦制实际上是在财政支出责任、财政收入权利、政府规制和转移支付四个方面在中央和地方之间进行有效划分。

在全球进行财政联邦制改革的背景下，许多学者开始对财政联邦制是否能提高经济效益进行思考，并逐渐形成了一套财政联邦主义理论。最早形成的财政联邦主义理论被现在的人们称为传统财政联邦主义理论或者第一代财政联邦主义理论。这一时期是财政联邦主义理论的形成时期，占据经济学研究方法舞台的主要是传统的新古典经济学分析框架，集中考虑一个国家应该怎么划分不同等级的政府的职能。这一阶段的理论以政府总是善意的并有效的（即不存在政府失灵）为前提。在这一阶段理论的发展过程中，泰伊布特（Tiebout，1956）、马斯格雷夫（Musgrave，1959）和奥茨（Oates，1972）做出了巨大的贡献。他们分别就分权下的某一方面提出了自己的见解，这些见解后来都成为财政联邦主义理论的基础。由于他们做出了这些巨大贡献，第一代财政联邦主义理论有时也被人们称为TOM理论。在萨缪尔森提出公共物品理论分析框架的基础上，泰伊布特（Tiebout）在他发表的《地方支出的纯理论》（*A Pure Theory of Local Expenditures*）这篇文章中，将公共物品的理论进行了深化，扩展到了分析地方性公共物品的范畴。在这篇文章中，他证明了当存在地方居民“用脚投票”的机制时，居民的流动会给地方政府形成竞争动力，这种竞争动力的存在使得地方政府能够更加有效地从本地居民的实际意愿出发提供地方性公共物品。泰伊布特模型的假设条件如下：

第一，居民具有完全的流动性，即可以无成本地在不同辖区间自由选择居住地，以使所选择的辖区的公共产品和税收组合最能满足居民的个人偏好。

第二，居民对不同辖区的公共物品和税收组合的信息能够充分了解。

第三，存在足够多的辖区提供各式各样的组合，使得各个居民都能找到最适合自己居住的一个辖区。

第四，各辖区公共产品和税收不具有公共性。

第五，各辖区都以最低的平均生产成本生产公共产品。

在上述假设下，泰伊布特认为，如果流动成本为零，每个人就挑选那些最能提供符合他们意愿的公共产品——税收组合的辖区。这样，“用脚投票”的机制就显示出了居民的真实偏好。但实践上，泰伊布特模型的假设过于苛刻，难以在现实中成立。

马斯格雷夫在前者的研究成果之上，把财政职能具体化为资源配置职能、收入分配职能和经济稳定职能，并对这三种职能怎么在中央政府和地方政府之间分配做出论述。其中，由于地方政府对居民的偏好的认知更为直接以及支出安排上更加灵活，资源配置职能是地方政府职能的主要方面，而由于某些财政工具的实施具有外部性，收入分配和稳定经济则主要通过中央政府实现。因此，地方财政支出必须从资源配置的效率角度出发考虑。马斯格雷夫的模型认为，由于公共物品具有不同的受益范围，需要由不同的政府单位来提供。

马斯格雷夫的贡献主要在于明确地指出了财政职能，并以此为基础，对中央财政和地方财政的活动进行了区分。马斯格雷夫的理论对地方财政支出理论的建立具有重大贡献。

奥茨也对地方财政分权的合理性做出了说明。他假设存在两个民众的集合 A 和 B，每个集合内的人口具有相同偏好，但集合之间的人口的偏好不一样。另外，A 和 B 这两个集合中的人口都只消费 X 和 Y（某种消费集合）。最后他还假定，收入分配在全社会已经达到最优，因此每个人口集（A 或者 B）可以看成内含一个人的人口单位。在上述假设下，社会福利极大化就可以被表达成下列线性规划：

$$\max_{(X^A, Y^A)} U^A(X^A, Y^A) \tag{19.1}$$

$$\text{s.t.} \quad U^B(X^B, Y^B) \geqslant \overline{U}$$

$$F(X^A, Y^A, X^B, Y^B) = 0$$

最优解必须满足的一阶条件为：

$$MRS^A_{X^A, Y^A} = MRS^B_{X^B, Y^B} = MRT_{X, Y} \tag{19.2}$$

即 A 和 B 对于 X 和 Y 的消费的边际替代率相等，且等于生产 X 和 Y 的边际转换率。但此时，由于 X 和 Y 给人们带来的效用的满足程度不一样，所以一般来说 $X^A \neq Y^A$，$X^B \neq Y^B$。以上是线性规划的最优解条件。

只要中央提供的公共物品满足这一最优化条件，则达到了效率标准，是否分权都具有相同的效果。但中央只能给 A 和 B 提供相同量的公共物品，一般来说，最优化条件无法满足，通过把公共物品由中央政府提供变为由地方政府提供，可以提高最终结果的效率。因此，奥茨认为，对于那些被所有地区的所有人口消费的，并且无论由中央提供还是由地方提供都具有相同成本的公共物品来说，让地方政府分别将帕累托最优的产出水平提供给它们各自的选民，总是比由中央政府向全体选民同时等量提供任何特定的产出水平有效率。

然而，奥茨（1972）的理论并不十分令人满意。这是因为他的定理建立在中央政府对每个人口子集只能提供相同数量的公共物品这个假设之上，而这么严格的约束似乎与现实存在冲突。

由泰伊布特、马斯格雷夫和奥茨三位学者发展出的理论构成了第一代财政分权理论，他们共同指出地方政府在实施某些财政职能方面比中央政府更具优势，他们倡导的这种理论使得实践者在改革中更加重视地方政府的作用，可以说第一代财政分权理论积极引导和配合了当时西方世界政府职能改革的大趋势。以美国为例，在 20 世纪 70 年代尼克松政府时期，美国政府实行了新联邦主义改革，旨在改变罗斯福新政形成的合作联邦主义。合作联邦主义的特点是权力主要集中在联邦政府，地方政府在公共管理活动中的作用被弱化，这种公共管理模式已经不能适合当时美国的发展需要。尼克松政府推行新联邦主义改革，目的在于通过联邦政府对地方政府的"分权"，实现"还权于州""还政于民"的新式联邦政府体制。到了 20 世纪 80 年代的里根政府时期，美国地方政府在经济管理活动中的地位上升到了前所未有的高度。

但是正当这场在西方世界里的新联邦主义进行得如火如荼的时候，公共管理部门内部开始爆发出一系列的问题。随着政府对经济活动干预的加强，以及各级政府在经济活动中扮演的角色越来越重要，政府机构开始变得过于庞大，并在政府机构内部形成了形式主义、部门主义等一系列新型的官僚主义倾向，进而导致政府机构效率低下和民众对政府强烈不满。此时，人们又开始对 20 世纪 70 年代以来实行的单纯的中央向地方"分权"的做法进行反思，并逐渐兴起了公共选择理论。

20 世纪的最后 20 年兴起的公共选择理论试图对传统财政理论不讨论政府行政过程的做法提出批评，传统的财政理论建立在政府总是善意的假设前提之下，而公共选择理论最突出的贡献就在于使人们认识到了政府失灵的存在。公共选择理论，或者称为集体选择理论，萌芽于 19 世纪数学领域对投票问题的研究。后来经过瑞典经济学家维克塞尔等人的工作，产生于数学领域的这些关于投票问题的"悖论"被融合到了对财政学的研究当中。然而，如果从经济学发展的脉络上看，公共选择理论实际上可以被视为古典政治经济学的延续。公共选择理论对传统财政理论的冲击范围相当广泛，几乎涉及后者的方方面面。在这方方面面的抨击中，核心的就是使人们深化对市场失灵与政府干预之间的关系。这种关系体现在前者只是后者的必要条件，而不是充分条件。换句话说，市场失灵不能成为需要政府干预的理由，我们做出是否需要进行政府干预的决定，不但需要明确是否存在市场失灵，还要认清政府干预是否会导致情况更加恶化，即是否存在政府失灵。

在方法论上，公共选择理论也形成了与传统财政学理论的差异。这些差异如下：

第一，将个人主义引入政府机构的分析过程。公共选择理论宣扬了“政府机械论”的观点，认为公共部门存在的原因是个人为了实现自身目标而需要这样的载体。当没有公共部门时，社会进入“丛林状态”，人们可以“无所顾忌”地对抗他人，或者被他人“征服”。这样的局面使得社会成为一个由暴力资源控制的环境，不利于任何人实现自己的个人目标。为了避免这种丛林式的无序状态，人们对公共部门形成了需求。因此，从公共部门诞生的第一天起，它就被赋予了实现个人目标的“使命”。这种观点与“政府有机论”形成鲜明对比。“政府有机论”认为，政府是一个由多个部分组成的有机体，个人不能脱离组织，脱离了组织以后的个人是没有意义的，组织的目标也是“超越”个人目标的，组织的利益高于一切。可见，公共选择理论可以视为个人主义的思想在公共经济学中的扩展。

第二，将经济人假设引入政府机构分析过程。传统经济学虽然采用经济人假设，但是主要将这一假设赋予市场中进行经济活动的主体。公共选择理论在“政府机械论”的基础上将经济人假设扩展到了公共机构中。公共选择理论认为，当政府组织被定位为个人目标实现的载体以后，政府机构中工作的个人并不像传统经济学理论中想象的是无私的，他们也与进行其他经济活动的个人一样是“自利”的，他们并不会由于服务于公共机构而变得更好或者更坏。

第三，将交易活动拓展到政治活动。公共选择理论认为，政治活动也可以被看作交易活动，不同活动所追求的目标并不存在差异，同样是以实现自身利益最大化为目标。两种活动的差异在于追求目标时受到的制度约束不同，换句话说，两类活动在追求同样的个人目标时的成本存在差异，公共部门的工作人员在追求自身目标时会更多考虑经济成本以外的政治成本。

依照上述方法论，公共选择理论形成了与传统经济学理论的显著差异，主要体现为如下两点：

首先，公共选择理论不再像以往传统财政学那样将政府视为一个“善意且有效”的机构。公共选择理论认为，政府部门作为一个组织具有特定的组织目标，而这种组织目标并不一定等同于选民的目标，这就使得政府部门在进行公共事务管理时脱离了选民的利益，转而追求实现自身利益。因此，政府机构不应该是“善意且有效的”，而应该是“自私而能力有限”的。

其次，公共选择理论提出政府分权的结果受到政府间结构的影响。由于政府机构是具有“私念”的组织，不同层级的政府之间为了实现自身利益会开展一系列策略性活动，这些策略性活动会影响到公共物品的有效提供。因此，人们需要从不同层级政府间的相互关系入手，研究探讨能够提供有效公共物品的模式。

公共选择理论打开了传统经济学中关于公共决策的“黑箱”，使人们认识到研究政府公共管理活动需要注意很多与以往经济学常理不一致的地方。但是我们也可以看到，公共选择理论仅涉及政府机构中“自私”的一面，并未考虑到政府机构也是可以被“改良”的，这不免显得过于悲观。基于以上思路，研究人员开始把目光转向关注政府行为背后的激励机制，并思考如何依据这些激励机制对政府间的关系进行改革，以再次实现政府在公共事务管理中的“有效性”，自此，财政分权理论也从第一代进入到第二代。

第二阶段的研究结果被称为第二代财政分权理论，在这一领域取得显著成绩的代表人物包括蒙蒂罗拉、钱、温格斯特和麦金农（Montinola，Qian，Weingast & McKinnon）等以及其他一些学者。在这一阶段，研究人员提出了“市场维护型的财政联邦主义（market preserving federalism）”（傅勇，2007）这样一个概念。市场维护型的财政联邦主义理论包含下述含义：在一个好的政府结构下市场效率才能形成，而要形成一个好的政府结构，就要使政府的行为受到一定的约束。法制、分权水平和民主等通常被认为是达到这一目标的机制。在研究的方法论上，第二代财政分权理论超越了传统财政分析思路，避免以断定某项公共服务的单纯经济性为起点来探讨政府在其中的作用。取而代之的是从公共服务本身的经济特点、环境因素和政治因素出发，综合考虑各种利益机制的作用对政府职能实施的影响。例如，有学者运用信息经济学的方法，分析了政府治理结构中信息反馈机制所起到的影响和作用。无论这些学者研究的出发点与落脚点如何，博弈论与信息经济学这种研究框架毋庸置疑成为现代主流经济学的研究方法。

随着人类社会的不断发展，环境问题的重要性日益提升，各国政府都开始积极“投身”到环境保护的“战斗”中，开始探寻自身在这场环境保护斗争中应该“扮演”怎样的角色。以西方资本主义国家的主要阵地美国为例，1970 年尼克松政府为了应对日益恶化的环境问题，成立了美国国家环境保护局（U. S. Environmental Protection Agency）。美国国家环境保护局在美国国会的督促下立竿见影地于同年颁布了《清洁空气法案》（*Clean Air Act*）。在这一法案中，美国国家环境保护局作为一个独立的联邦机构对美国各州最多允许排放的污染气体量标准进行了统一的规定。两年之后，美国国家环境保护局针对水污染制订了《清洁水法案》（*Clean Water Act*），然而这次颁布的《清洁水法案》却改变了之前制订《清洁空气法案》时美国国家环境保护局作为联邦机构对各州制定统一的空气质量控制标准的做法，转而将水质量控制标准的制定工作交给各州政府自行完成。这次转变依托于西方世界进行的财政联邦主义改革的大环境，是政府的环境保护工作由环境集权主义转向环境联邦主义的一个缩影。

虽然在世界范围内环境集权主义开始向环境联邦主义过渡，但实际上，环境集权主义与环境联邦主义之间的“斗争”尚未停止。以美国克林顿政府为例，2000 年美国国家环境保护局出台了一项旨在减少美国饮用水中砷污染程度的“砷规则”（arsenic rule）。这项“砷规则”要求美国各州的饮用水中砷含量降低 80%。由于各州以及一个州内部各地的情况不同，“砷规则”在各州的实施成本出现了非常大的差异。以纽约为例，为了达到“砷规则”的要求，每户居民一年的成本在 1 美元以下，但是在其他人口规模很小的地区，为了达到“砷规则”的要求，每户居民每年要承担的成本超过了 300 美元。事后证明，“砷规则”的制定给美国居民带来的收益远远小于付出的成本。

通过以上案例，学者们总结出，由于环境的外部性和“搭便车”行为的存在，政府部门在环境保护工作中必须发挥主导作用，但是在现代多层级政府的背景下，为了使政府在环保活动中能够正确、有效地发挥作用，还需要思考各级政府在环保活动中的定位。那么究竟应该如何对不同层级的政府在环保活动中“扮演的角色”进行准确定位呢？不同学者对这个问题有自己不同的回答，这些不同的回答即形成了环境联邦主义理论。

（1）“民主的实验室”假说。历史上各国中央政府在环境保护方面大多采用较为集权的模式，对于不同层级的政府在环境保护活动中“扮演的角色”该如何进行定位的回答，主要是围绕地方政府在实现环境保护活动中的优势以及中央和地方关系如何权衡等方面开展讨论的。1932 年美国联邦最高法院大法官布兰代斯（Brandeis）提出，“当本地的选民允许的情况下，一个富有创新精神的地方政府可以作为一个实验室，去尝试一些新的社会和经济改革，这样做可以在获得改革经验的同时避免对整个国家造成的危险……”，这可能是最早的关于地方政府在实施环境保护活动中具有优势的观点。布兰代斯的这一观点将地方政府视为一个“民主的实验室（laboratories of democracy）”，在 20 世纪 90 年代被一些研究环境保护问题的西方学者和政府关注。20 世纪 90 年代，美国总统克林顿在对其发起的新政府运动（reinventing government）进行说明的时候就认为，由于受到过多的法律程序制约，整个政府在实施社会管理职能活动中已经出现了政府创新力不够、运作模式过于陈旧、无法解决许多现实问题等一系列情况，在环境保护领域更为突出。例如，美国环保总局前局长雷利（Reilly，1989）认为，现存体制在解决环境问题上由于缺乏深刻性与层次性而变得失败。他认为在解决环境问题上美国政府需要发展出一套新的体制，地方政府的角色不应当仅仅是一个“报告者”。可以说，自 20 世纪 90 年代开始，人们已经注意到中央集权的环境保护管理模式已经极大地不适应社会的公共需要，必须对这种集权模式进行改革。

在这种背景下，以纽约为代表的一些地方政府在环境保护方面走出了自己的一步。首先，纽约州政府在环境政策的适用性方面进行了重新审视。联邦政府以往出台的一些环境政策虽然看似“完备”，但是由于在实施过程中形成“自报告”（self - reporting）制度和政府工作人员工作中存在各类“摩擦”，政府实际上很难对诸如许可证之类控制环境污染的措施的实施效果进行监督。在这种境况下，政策的有效性要求制定环境保护法律法规避免一些利益集团进入受规制的产业。基于这种考虑，纽约州对接受环境法规约束的行业和活动类型进行定义，设定了接受规制产业的相关条件，对不同的受规制产业之间的重要性关系进行排序，发展出了一套受规制者受规制程度改变的准则。

（2）“扑向底层的竞争”假说。正当人们将地方政府视为“民主的实验地”，沉浸于扩大地方政府权力、加大推进地方自主改革时，一批有识之士意识到了对地方政府的“放权”也可能起到负面效果。具有戏剧性的是，最早提出这种观点的学者却是最早提出“民主的实验地”观点的大法官布兰代斯。在布兰代斯（1932）提出“民主的实验地”之后仅一年，他提出了另外一个观点“扑向底层的竞争（race to the bottom）”假说。“扑向底层的竞争”假说目前已经成为经济学和法学中一个被人们广为接受的假说。实际上，在亚当·斯密的《国富论》中已经出现了关于这个假说的一些思想。在《国富论》中亚当·斯密主要针对地方政府对生产中的税基流动问题进行了论述，认为：“企业的股东也是世界中的一个居民，他并不属于某一特定的国家。在这种情况下，他会离开对他征收较高税负的一些国家，而将他的企业转入其他可以继续经营并且税负较低的国家。在他进行企业转移的时候，还可能将其他财产也转向那些征收较低税负的国家。”亚当·斯密的这一论述暗示了不同国家之间的政策差异对企业和居民等一些经济主体活动的影响。之后的学者将他的这种论断进行拓展，将其运用到了针对一个国家内部地方之间关系的研究中。

“扑向底层的竞争”假说有一个特点，就是这种假说一般都预示着一种人们不大愿意看到的结果，即对地方政府的“放权”会造成地区之间的过度竞争，最终导致整个国家境况的恶化。例如，波拉尼（Polanyi）在他的著作《大变革》（*The Great Transformation*）中就写道：“如果人类的命运完全由市场机制主导，那么结果将是对社会的破坏。大自然将受到破坏，土地、河流将被污染，甚至人类的生产力都将受到毁坏。”当然，纯粹的自由市场主义在世界上并不存在，也许波拉尼的论断显得过于悲观，但是“扑向底层的竞争”假说至少给人们一种警示，让人们知道对地方政府的“放权”应该存在一个“度”，过度放权的结果并非极大地发挥了地方政府的“民主的实验地”功能，反而会造成其他一系列难以扭转的问题。那么究竟如何掌握这个“度”呢？回答这个问题的关键实际上是考虑地方政府之间的策略互动行为。根据不同的场景假设，学者们提出了不同的地方政府策略互动模型，如布吕克纳（Brueckner，2002）。如图 19.1 所示，模型主要可以被分为两类。

第一类为外溢性模型（spillover model）。这种模型认为，一个地区的效用水平除了受该地区决策变量的影响，还直接受到其他地区决策变量的影响，后者即通常所说的外溢效应。因此，某地区的效应函数可以写为：

$$V(z_i, z_{-i}; X_i) \tag{19.3}$$

式中，z_i 表示地区 i 的决策变量；z_{-i} 表示其他地区的决策变量；X_i 表示地区 i 的其他特征变量。

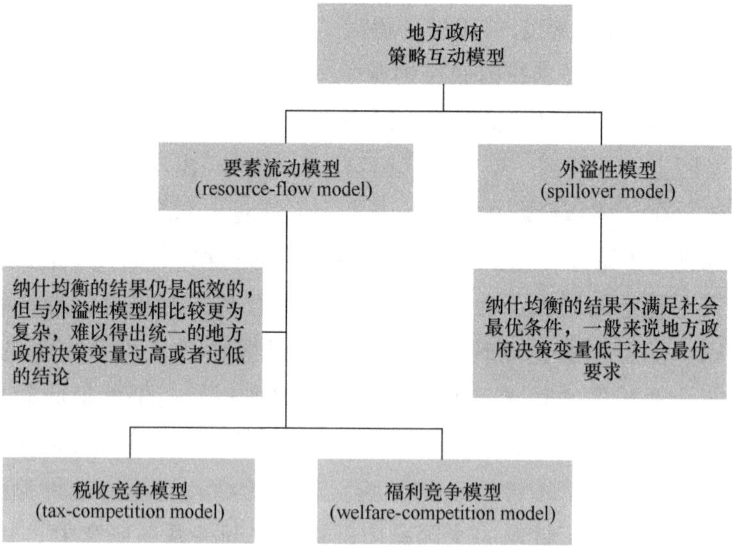

图 19.1　地方政府策略互动模型分类

由于地区 i 以自身效用最大化为目标，必然选择自身的决策变量，满足：

$$\frac{\partial V}{\partial z_i} \equiv V_{z_i} = 0 \tag{19.4}$$

易知，该偏导数值是关于其他地区的决策变量 z_{-i} 和本地区其他特征变量 X_i 的函数。因此，最优的本地区决策变量水平 z_i 也是关于其他地区的决策变量 z_{-i} 和本地区其他特征变量 X_i 的函数，即：

$$z_i = R(z_{-i};X_i) \tag{19.5}$$

上式即被称为地区 i 的反应函数。

在地方策略互动模型中，我们主要关心的是各地方政府决策变量之间的关系，在上述反应函数的两边同时对其他地区的决策变量求偏导，得到：

$$\frac{\partial z_i}{\partial z_j} \equiv R_{z_j} = -\frac{V_{z_i z_j}}{V_{z_i z_i}} \tag{19.6}$$

这实际上就是本地区效用函数二阶导数的一个函数。其中，$V_{z_i z_i}$ 根据效用函数的定义必然是一个负数，而 $V_{z_i z_j}$ 的符号却是不确定的。根据 $V_{z_i z_j}$ 符号的正负水平不同，地区之间的策略互动行为可能存在不同模式：

$$\frac{\partial z_i}{\partial z_j} = \begin{cases} > 0, 当 V_{z_i z_j} > 0 \\ < 0, 当 V_{z_i z_j} < 0 \\ = 0, 当 V_{z_i z_j} = 0 \end{cases} \tag{19.7}$$

当属于第一种模式时，各地方政府之间的行为同向化，典型的例子即“扑向底层的竞争”；当属于第二种模式时，各地方政府之间的行为差异化；值得注意的是，即使属于第三种模式，也不能认为地方政府之间的策略互动不存在，这是因为这种模式的出现可能是由地方效用函数存在加性可分（additively separable）而导致的。实际上，对于整个社会来说，最优条件应该满足：

$$V_{z_i} + \sum_j V_{z_j} = 0 \tag{19.8}$$

但实际上我们可以看到，地方政府的策略行为无论在什么条件下都不能使得上述社会最优条件成立，以正外部性为例（“扑向底层的竞争”其实就是正外部性的例子），地方政府的最优决策变量水平总是低于社会要求的最优水平。

值得注意的是，产生外溢性的因素除了基础设施、教育、医疗等常见的具有外部性的政府支出外，其他一些如环保支出、环境规制等因素也可能产生外溢性，这主要是通过信息外溢性得到的。汉斯利和凯斯（Besley & Case，1995）在外溢性模型框架下提出了一个标尺竞争（yardstick - competition）模型。这一模型极大地拓展了外溢性模型对现实的解释范围。

在标尺竞争模型中，选民同时关注本地区和其他地区的税收和政府服务水平，以判断本地区的地方政府是否在浪费资源，进而决定是否对其进行“罢黜”。在模型中，选民的效应函数被设定为：

$$U(y_i - T_i, q_i; X_i) \tag{19.9}$$

式中，T_i 是本地区选民支付的税收；q_i 是他得到的公共服务水平。

在每一个地区，税收都被用于以最低的成本生产公共服务以及与选民福利无关的“寻租”活动。选民将“寻租”活动看作对公共资源的浪费，但是选民无法监督政府对公共资源的利用情况。由于可以观察到其他地区选民接受的税负水平和公共服务水平，本地区选民会以此为参照判断本地区的政治家是否称职。在这种情况下，本地区居民心中会产生一个公共服务与税负间的最小产出比 q_i/T_i，这个最小产出比是本地区政治家“连任”所要达到的最低水平。最小产出比依赖于其他地区公共服务和税收的投入产出比例，即：

$$\frac{q_i}{T_i} = \phi\left[\left(\frac{q}{T}\right)_{-i}\right] \tag{19.10}$$

一般来说，更高的 q_j/T_j 要求更高的 q_i/T_i 。据此，效用函数可以改写为：

$$U\left\{y_i - T_i, T_i\phi\left[\left(\frac{q_j}{T_j}\right)_{-i}\right]; X_i\right\} \equiv V(T_i, T_{-i}; X_i) \tag{19.11}$$

从上式可知，当其他地区公共服务的投入产出比趋于对选民有利时，这一信息会扩散到本地居民处，从而对本地政府形成“压力”。

上面所述即外溢性模型的一般模型框架。在对环境问题的研究中，学者们将上述模型进行了局部微调，主要体现在对地区效用函数的调节上。在环境研究模型中，一般将效用函数设定为：

$$U(c_i, p_i; X_i) \tag{19.12}$$

式中，p_i 为 i 地区的污染水平。

为了在模型中加入外溢效应，模型一般假设地区 i 的污染水平 p_i 与本地区和其他地区的环境保护支出 a_i ，a_{-i} 有关，即：

$$p_i = P\left(\sum_j a_j\right) \quad (P' < 0) \tag{19.13}$$

这样在模型中就存在正外溢性效应。基于该模型，部分学者认为，地方政府在环境保护活动中如果具有较大自主权的话，将会导致“扑向底层的竞争”，如桑德勒和萨金特（Sandler & Sargent，1997）、弗雷德里克森和米利米特（Fredriksson & Millimet，2002）等。

第二类为要素 - 流动模型（resource - flow model）。除外溢性模型以外，其他一些学者提出要素 - 流动模型解释地方政府间的“扑向底层的竞争”。要素 - 流动模型与外溢性模型最大的区别在于，要素 - 流动模型中某地区 i 的效用水平并不直接受其他地区决策变量 z_{-i} 的影响，取而代之的是，该地区的效用水平受其境内占有的特定要素存量的影响，而这些特定的要素存量又受到本地区决策变量 z_i 和其他地区决策变量 z_{-i} 的影响。在要素 - 流动模型中，本地区的效用函数被定义为：

$$V(z_i, s_i; X_i) \tag{19.14}$$

式中，s_i 即本地区 i 占有的特定资源的数量。

根据假设，某地区的特定资源占有量与本地区和其他地区的决策变量相关，因此：

$$s_i = H(z_i, z_{-i}; X_i) \tag{19.15}$$

这样，i 地区的效用函数最终可以被改写为：

$$V(z_i,s_i;X_i) = V[z_i,H(z_i,z_{-i};X_i);X_i] = V(z_i,z_i;X_i) \quad (19.16)$$

可以看出，外溢性模型和要素－流动模型虽然有着不同的前提假设，但是二者具有相同形式的效用函数。运用与前面相同的方法，我们可以判断出在要素－流动模型中不同地区决策变量之间的关系。但是，在要素－流动模型中研究不同地区决策变量的关系时需要同时考虑 $V(\cdot)$ 和 $H(\cdot)$ 两个函数的性质，这比外溢性模型稍显复杂。

要素－流动模型中有两个被学者们广泛接受的例子，一个是税收竞争模型（tax－competition model），另一个是福利竞争模型（welfare－competition model）。在税收竞争模型中，某地区利用两种生产要素生产私人物品，一种生产要素是可流动的资本要素 K_i，另一种生产要素是不可流动的劳动力要素 L_i，人均资本存量用 k_i 表示。各地区均存在一个对资本征收的税收 t_i。由于资本要素可以流动并且总是追逐利益最大化，因此在均衡条件下必然要求各地区资本的净收益率相同，即：

$$f'(k_i) - t_i = \rho \quad (i = 1,\cdots,n) \quad (19.17)$$

$$\sum_{i=1}^{n} k_i = n\bar{k} \quad (19.18)$$

式中，$f(\cdot)$ 表示人均生产函数；ρ 表示资本的净收益率，是由模型内生决定的；$\bar{k}$ 表示平均的人均资本存量；t_i 相当于一般模型框架中出现的决策变量 z_i。

通过式（19.17）和式（19.18），实际上可以得到关于 i 地区人均资本存量 k_i 和资本净收益率 ρ 的决定式：

$$k_i = H(t_i,t_{-i}) \quad (19.19)$$

$$\rho = G(t)$$

通过求偏导，可以得到 i 地区人均资本存量函数的一阶特征：

$$H_{t_i} < 0 \quad (19.20)$$

即某地区的人均资本存量随着该地区资本税负的提高而减少。除上述私人物品以外，各地区还生产公共物品。假设公共物品的生产成本为单位成本，公共物品的产量就完全由资本税税收收入决定，则某地区人均公共物品占有量 q_i 等于该地区人均资本税纳税额，即：

$$q_i = t_i k_i \quad (19.21)$$

假设整个社会人均资本占有量相同，用 c_i 表示 i 地区人均私人物品消费量，则该地区占有的人均私人物品量相当于该地区的人均工资加上人均资本净收益，即：

$$c_i = w(k_i) + \rho \bar{k} \tag{19.22}$$

将上述条件进行综合，则某地区的效用函数可以表示为：

$$U[w(k_i) + \rho \bar{k}, t_i k_i; X_i] = U[w(H[t_i, t_{-i}]) + G(t)\bar{k}, t_i H[t_i, t_{-i}]; X_i]$$
$$\equiv V(t_i, t_{-i}; X_i) \tag{19.23}$$

这样，某地区的效用函数形式上就与要素－流动模型中的相同，而某地区的最优资本税率水平也就与其他地区的资本税率联系在了一起。地方政府为了占有更多资本，会进行税收竞争，形成“税收模仿（tax mimicking）”的局面，最终导致“扑向底层的竞争”。在原始模型中，地方政府的决策变量是对本地区资本征收的资本税，实际上这些决策变量可以是其他类型的税收或者政策制度。后来学者们将税收竞争模型进行修改，将决策变量更换为政府在环境方面的规制措施，用于揭示对地方政府“放权”后在环境规制方面可能出现的“扑向底层的竞争”，典型的例子如“污染者天堂”假说等（Mani & Wheeler，1999；Eskeland & Harrison，2003；Millimet & List，2004）。

除了税收竞争模型外，要素－流动模型还有一个代表性的例子，即福利竞争模型（Brueckner，2000；Figlio，Kolpin & Reid，1999）。这类模型的特点是假设在某地区存在一个利他主义的“富人”，他会将自己收入的一部分 b_i 无偿“捐献”给本地区具有较低劳动技能的“穷人”，而 b_i 即对应要素－流动模型中的地方决策变量 z_i 。具有较低劳动技能的劳动者的工资水平等于 $w(L_i)$ ，其中，L_i 代表该地区“穷人”的数量，$w' < 0$ ，这里的 L_i 就相当于要素－流动模型中的特定资源数量 s_i 。这样，具有较低劳动技能的“穷人”收入即为：

$$w(L_i) + b_i \equiv Y_i \tag{19.24}$$

假设“穷人”的边际报酬在各个地区相同，则“穷人”在不同地区的分布必须满足：

$$w(L_i) + b_i \equiv Y \tag{19.25}$$

$$\sum_{i=1}^{n} L_i = \bar{L} \tag{19.26}$$

其中，“穷人”不变的收入水平 Y 是内生决定的，$\bar{L}$ 则表示整个社会“穷人”的数量。与税收竞争模型中的处理方式一样，通过对上述两式进行转换并且求偏导，可以得到：

$$L_i = H(b_i, b_{-i}) \tag{19.27}$$

$$H_{b_i} > 0$$

即随着本地区对“穷人”转移支付力度的提高，本地区的低技能劳动力数量会增加。

与税收竞争模型不同的，福利竞争模型关注的是“富人”的效用函数。“富人”的效用函数决定于其私人物品消费量水平、本地区“穷人”收入水平（假定“富人”是善意的）和其他本地区特有资源的影响，具有如下形式：

$$U(c_i, Y_i; X_i) \tag{19.28}$$

由于“富人”会对“穷人”进行转移支付，“富人”接受的预算约束为：

$$c_i = y_i - \frac{b_i L_i}{m} \tag{19.29}$$

式中，m 表示本地区“富人”所占的比例；y_i 表示“富人”的收入（模型中假设为外生变量）。

在这一约束条件下，上述效用函数可以写为：

$$U\left[y_i - \frac{b_i L_i}{m}, w(L_i) + b_i; X_i\right] = U\left[y_i - \frac{b_i H[b_i, b_{-i}]}{m}, w(H[b_i, b_{-i}]) + b_i; X_i\right]$$

$$\equiv v(b_i, b_{-i}; X_i) \tag{19.30}$$

这样，通过改变决策变量 b_i，本地区就可以提供一个更高的转移支付水平吸引“穷人”进入，从而对资源在不同地区的分布形成影响。从上述效用函数可以看到，本地区最优的转移支付水平 b_i 会受到其他地区转移支付水平 b_{-i} 的影响，这样就可以得到前面所述的各地区的反应函数。根据反应函数的具体形式，就可以求得不同地区间决策变量的关系。

在福利竞争模型中，将本地区居民分为“穷人”和“富人”。“穷人”的数量决定了本地区占有的经济资源，但“穷人”并不进入本地区的效用函数，不影响本地区占有的经济资源的“富人”的效用反而完全决定了本地区的效用水平。可见，这种“穷人”和“富人”的划分其实暗示着普通选民和政治家的区别。这种区别是需要引起注意的，因为这意味着学者们对地方政府间策略互动的研究已经深入到了重新考虑地方政府“本来面目”的层次。这种思想从公共选择理论开始，重要性得到了显著的提升。

从前面论述可以看到，无论是外溢性模型还是要素－流动模型，对各地方之间策略互动进行分析的关键都是建立一个涉及本地区决策变量 z_i 如何最佳地依赖于其他地区决策变量 z_{-i} 的反应函数。为了检验这种假说对现实世界的解释能力，一些学者对此进行了实证研究。这些实证研究的关键都是检验该反应函数在现实中是否能存在。一般来讲，进行实证研究的回归模型设定为如下形式：

$$z_i = \beta \sum_{-i} w_{i,-i} z_{-i} + X_i \theta + \varepsilon_i \tag{19.31}$$

式中，β，θ 即回归系数；ε_i 为随机扰动项；$w_{i,-i}$ 代表非负的权重，该权重是事先设定好的非负数，用于衡量不同地区之间的相关程度，也可以视为其他地区的一种特征属性。

值得注意的是，在对上述回归模型进行估计的时候，需要注意发生在其他地区决策变量 z_{-i} 上的内生解释变量问题、空间自相关问题和发生在区域特征属性变量 X_i 上的内生解释变量问题。

虽然在一些公共服务领域的实证研究表明了“扑向底层的竞争”的存在（Ladd，1992；Heyndels & Vuchelen，1998；Brett & Pinkse，2000），但是在环境保护领域，这种“扑向底层的竞争”可能并不显著。美国 20 世纪 80 年代里根政府时期是分权最严重的时期，当时在环境保护方面美国联邦政府出台了一系列措施，旨在提高地方政府的自主决策能力，加强环境保护活动的主动性。这种政策大背景为地方政府在环境保护领域实施“扑向底层的竞争”塑造了良好的氛围。但是与人们的意料相反，在这一时期美国各地地方政府不但没有降低环境保护的力度，反而对环境保护工作更为重视，提出了更高的环境规制手段（Oates，1988，2002，2009）。

（3）“规模经济效应”假说。由于“扑向底层的竞争”假说不能很好地对地方政府环境保护活动进行解释，学者们提出了其他一些假说，最直接的是“规模经济效应”假说。这种假说认为，政府在进行规制的过程中存在着规模经济，通过联邦政府实现的规制覆盖面比地方政府大，联邦政府在规制过程中具有规模经济效应。与此相反，另一些学者则认为，“分权”会使得公共规制通过许多不同的地方政府同时实施获得优势，因此，规制主体单位规模越小，规制效率越高。

实际上，从 20 世纪 90 年代开始，“规模经济效应”假说已经不能像以前那样为中央政府在环境政策上实行的集权主义提供支持。目前的环境问题已经是一些地方性的问题，需要不同的地方政府按照自己的方式解决，这既是理论研究的趋势，也是政策实践的需要。在理论研究方面，当政府的环境规制政策刚刚开始进入公众视线的时候，人们对环境问题的认识还处于空白阶段。此时理论研究的主要目的在于对公众进行一种“启蒙”教育，让公众对环境问题有一个大致的认识，激发公众认识到环境问题的紧迫性，而研究和提出具体的、有效的措施还不是当时的主要任务。在这个阶段，以中央政府为背景的研究机构进行的研究由于具有权威性和全局性，更加容易被大众接受，唤起大众的认识。但是目前，西方发达国家民众对环境问题认识的深度已经大大提高，地方政府在环境规制中无论在资金投入还是人员配置方面都已经超过了中央政府，地方政府对环境问题的研究水平已经有了本质的提升，开始注重地方在环境问题和解决方案中的地区差异性，中央政府背景的研究机构的优势已经大大削弱。巴特勒和梅西（Butler & Macey，1996）就认为，“无论中央政府在环境问题上具有怎样的规模经济优势，这种优势目前都已经让位于人们在解决环境问题方面对地方差异性的重视”。

在实践方面，中央政府的环境政策虽然在早期的环境规制活动中起到了中心作用，但其先导性并非像大家一般认识的那样。以美国为例，最早的关于环境规制的法规并非是由联邦政府颁布的，而是由地方政府在20世纪60年代颁布的。马萨诸塞州于1963年首先颁布了关于海滨湿地的保护条例，这比中央政府环境法律法规的出台提前了将近10年的时间。

实际上，地方政府的推动是西方国家在环境问题上获得一系列成功的重要因素，地方政府的贡献甚至超过了中央政府。但是在西方国家，当中央政府也开始制定环境保护法规时，其严格程度要高于地方政府。这也导致目前在西方发达国家很多具有垄断地位的大企业往往热衷于中央制定的环境规制法案。这是因为借助这些法案，处于垄断地位的大企业可以更好地保护其自身的垄断势力。

可见，“规模报酬效用”假说虽然具有理论上的直接性，但是该假说依然不能够解释西方国家的环境保护实践，特别是20世纪90年代以后的政策实践。

（4）“规制捕获”假说。针对“扑向底层的竞争”假说的不足，一批学者从公共选择理论的角度提出了关于政府环境规制问题的新解释。公共选择理论创建于20世纪50年代，是利用经济学的方法对非市场选择进行研究的新型理论。公共选择理论传承了18世纪、19世纪数学家对投票问题进行研究的成果，以瑞典经济学家维克塞尔对财政决策问题的研究成果作为其诞生的标志。后来公共选择理论在阿罗（Arrow）、布莱克（Black）、布坎南（Buchanan）、塔洛克（Tullock）等人的发展下逐渐壮大起来，并成为人们研究政府决策问题的主流方法。

公共选择理论将经济学的研究方法融入政府决策的研究当中，这些方法主要包括方法论上的个人主义、经济人假设和交易政治。基于这些前提条件，在公共选择理论的发展过程中学者们逐渐形成了投票悖论、单峰定律、中间投票人定理、利益集团理论、寻租理论等一系列超越传统经济学的理论。这些理论为后人研究政府决策奠定了理论基础。

在环境规制方面，学者们也发展出了基于公共选择理论的不同研究成果（Olson，1965；Tavares，2005）。当中央政府在环境规制方面采用集权化的政策时，各个地方将面临同样的规制力度，但由于不同地方的内在属性存在差异，这种统一化的环境规制手段将是高成本的。为了实现环境规制政策对经济的负面影响最小化，需要根据不同地方的特征采用公司差异化（firm - by - firm differentiated）的政策。但是政府机构在出台公司差异化的规制政策的时候，需要对不同公司的成本信息有一个了解，但是这些信息是政府不知道的，需要公司自身提供给政府决策部门，并且政府的信息弱势在中央政府身上比地方政府显得还要严重。这就使得公司在给政府提供信息时会考虑自身利益发出虚假信息，影响公司差异化政策的效果。更为严重的是，由于中央政府和地方政府在公司信息方面同时具有劣势，可能出现进行规制的政府被公司“捕获”，即公司通过支付给规制政府一部分私人利益以换取规制政府在制订规制方案时考虑公司利益，这被学者们称为“规制捕获（regulatory capture）”。值得注意的是，即使环境规制在分权情境下进行，“规制捕获”也并不一定意味着地方政府会放松环境规制的力度，因为更高的环境规制力度可能反而是某些垄断企业所希望的。

（5）环境联邦主义理论的启示与不足。近年来，随着实践中传统的由中央政府主导的集权式的环境规制活动的局限性日益突出，学者们开始将目光转向地方政府在环境规制活动中所“扮演的角色”，强调多层级政府在环境规制活动中应该如何定位。这种实践的需要使得学者们开始将环境规制理论与研究不同层级政府间关系的联邦主义理论相结合，并逐渐形成由“民主实验室”假说、“扑向底层的竞争”假说、“规模经济效应”假说和“规制捕获”假说等一系列成果组成的环境联邦主义理论。可以看出，环境联邦主义理论融合了当前经济学的新兴研究成果，打开了传统经济学中关于公共决策的“黑箱”，使人们认识到了对政府公共管理活动研究需要注意很多与以往经济学常理不一致的地方。

通过环境联邦主义理论，人们对不同层级政府在环境规制活动中的地位在一定程度上达成了一致，即中央政府在环境规制活动开展的初期由于具有权威性和示范性，可以处于主导地位；但当环境规制活动进展到一定程度，环境规制措施的基本构架达成以后，无论是从环境规制成本的角度，还是从效率的角度来看，都应该更加突出地方政府在环境规制活动中的地位。换句话说，环境规制活动必然从“集权化”的运行模式走向“分权化”的运行模式。

那么，建立环境规制活动“分权化”的运行模式时应该注意哪些问题呢？环境联邦主义理论主要通过上述“民主实验室”假说、“扑向底层的竞争”假说、“规模经济效应”假说、“规制捕获”假说对这一问题进行回答。但令人遗憾的是，迄今为止关于这四种假说孰是孰非的问题依然没有统一的结论，而且学者们也正在探索其他能够解释和指导环境规制活动“分权化”改革的新理论。

另外值得注意的是，迄今为止的环境联邦主义所依赖的联邦主义理论都是基于西方财政分权实践形成的，其特点在于中央政府和地方政府可以被视为“经济人”。然而，这种情况与我国的实践却不相符，我国的财政分权属于非典型财政分权，中央政府和地方政府不能简单地被视为“经济人”，而是同时具有了“经济人”和“政治人”的特征（张永生，2008）。这就使得环境联邦主义理论用来指导我国实践难免出现“水土不服”。为此，下面从我国政府间结构特征出发，首先对中国式分权下地方政府行为特征进行分析，在此基础上通过建立符合我国不同层级政府偏好特征的不完全信息动态博弈模型，对我国不同层级政府在环境规制活动中应该“扮演的角色”进行分析，以期将环境联邦主义理论拓展至中国式财政分权下。

19.2 中国式财政分权下地方政府行为特征分析

分权是指国家最高等级机构把行使公共职能的权利和义务赋予下级机构的行为。分权不仅仅局限于财政分权，可以涉及多个方面的职能下放，包括行政和市场的许多方面。把握住分权的类型，有助于理解如何成功地施行分权战略。

联邦主义和分权的概念都涉及权威在各级政府之间的配置，并且在经济学文献中通常不做太严格的区分。西方学术界一般提到的典型财政联邦主义是以一定政治背景为基础的，这种政治背景主要指各层级的政府之间没有从属关系，是以平等的地位面对该国的宪法。因此，各级政府都自主地享有立法和执法的权力，并且各级政府各自对所辖的居民负责。按照这种标准，我国的财政分权体制具有自身一定的特殊性。因此，学者们提出了“中国式财政分权”的概念。

“中国式财政分权”这个概念强调中国同时具有政治上的集权和经济上的分权的特点，以及由此导致的中国与俄罗斯等国政治体制不同带来的不同激励。沿着这一思路，傅勇（2007）把“中国式财政分权”归属为中国经济改革与政治改革步伐不一致导致的结果。总之，与世界上大多数国家财政分权和政治上的联邦主义相伴随的情况不同，中国的财政分权是与集权化的政治管理体制相伴而生的（范允奇，王文举，2010）。

西方学者认为，由于各地居民具有完全信息及自由流动性，所以他们都能清楚地知道自己辖区和其他辖区的地方政府的运作效率。在此基础上，各地居民会对地方政府的行政效果做出评价，并根据自己的偏好移居到最适合自己的辖区。同时，地方官员也知道自己辖区居民具有评价不同辖区治理效果的动机，并能依据评价结果做出对地方官员有利或不利的行动。因此，地方政府权力在很大限度上被避免了滥用。然而，现实中存在的各种各样的成本和不完全性，加上我国的特殊性，使得上述机制对我国的实践来说并无太大的意义。

19.3 中国式财政分权下区域碳税配套机制设计

19.3.1 完全信息动态博弈分析

已有一些学者的研究认为，地方政府在环境保护活动中存在动力不足的问题（邱桂杰，齐贺，2011；李俊斌，刘恒科，2011），但是这些结论还主要局限在实证研究领域，对其进行深入分析的数理研究尚属空白。通过构建完全信息动态博弈模型①和不完全信息动态博弈模型②分别对这一问题进行研究，两个模型的结果均表明，由于上下级政

① 见第6.4.1节。
② 见第6.4.2节。

府行政地位不同（如上级政府可以决定下级政府的人事任命），下级政府存在迎合上级政府的动机，并且这种动机随着上级政府对下级政府的行政控制力的加大而增强。在这种情况下，不论双方博弈的顺序如何，地方政府在公共管理事务中的“偏好优序”必然出现，并且偏离的程度随着中央政府行政控制力的增强而加大。

我们假设存在一个中央政府 C 和一个地方政府 L 共同履行对该地方的公共管理职能，即共同承担了该地区的事权。两级政府的“预算”分别为 B_c 和 B_l ①。根据公共选择理论的观点，我们并不假设两级政府是“全能且善意”的，这样两级政府的政府事务根据是否能给相应政府官员带来效用，可以分为三类项目（表 19.1）：第一类为能同时满足中央政府和地方政府偏好并共同承担成本的项目 G_c，G_l；第二类为符合中央政府偏好，但不受益于该地区，并由中央承担成本的项目 X_c；第三类为符合地方政府偏好，但不受益于中央，并由地方承担成本的项目 X_l ②。

表 19.1　两级政府公共事务项目分类

	符合中央政府官员效用	不符合中央政府官员效用
符合地方政府官员效用	第一类项目	第三类项目
不符合地方政府官员效用	第二类项目	

对于第一类项目，由于中央政府和地方政府同时受益，具有公共物品的非排他性的特征，两级政府从中获得的效用取决于 $G = G_c + G_l$。对于第二类和第三类项目，仅有某级政府能从中获得收益，具有私人物品的特征。假设政府公共事务项目的单位成本分别为 P_x 和 P_g，其中，P_x 为具有私人商品属性的项目单位成本，P_g 为具有公共物品属性的项目单位成本。中央政府效用函数和纯地方政府效用函数（即不存在

① 此处的“预算”不同于普通意义上的预算，此处同时包括政府为了履行公共管理职能所愿意承担的显性和隐性经济成本。例如，某地政府为了减少 1 吨的碳排放需要减少 20 元的经济产出，并且这 20 元的损失是通过本地企业经济活动的下降来补偿的，则这 20 元虽然不直接相当于地方政府预算的显性减少额，但也是地方政府在进行环境保护时付出的隐性经济成本。实际上，这部分隐性成本也正是政府在推出碳税时的主要顾虑（详细论述参见第 3 章）。

② 我们假设既不符合中央政府官员效用也不符合地方政府官员效用的项目是不存在的，因为在这些项目上的付出不会带来任何收益，即属于“坏的商品（bad goods）”。

迎合中央动机的地方政府的效用函数）分别为 $U_c(X_c,G)$ 和 $U_l^p(X_l,G)$，则 $G = G_c + G_l$ 同时也是该地区居民最终得到的公共服务。$U_c(X_c,G)$ 和 $U_l^p(X_l,G)$ 都满足边际效用递减原则。

值得注意的是，根据公共选择理论的观点，地方政府的效用函数 $U_l^p(X_l,G)$ 也并不一定贴近该地区居民的真实偏好，即地方政府并不一定代表该地方居民的偏好。其实，在地方政府负责的两类项目中，由于第一类项目同时能够给自己和上级带来效用，地方政府就可以利用这类项目迎合上级，但是第三类项目由于不符合中央的偏好而仅符合自身偏好，在这类项目上不会出现迎和行为。

参数 p 是反映行政因素强度的指标，也是“自上而下的标尺竞争”程度的度量，衡量地方政府迎合中央政府动机的强弱。它的大小决定于中央对地方行政控制力的强弱。我们设 $0 \leqslant p \leqslant 1$（应当指出，$p = 0$ 或者 $p = 1$ 在现实中都是不恰当的，即地方政府不可能完全独立于中央政府，也不可能完全不顾当地的利益）。p 越大，表示中央政府对地方政府的行政控制力越强，地方政府的迎合动机越大。由于地方政府存在迎合中央的动机，此时的地方政府效用中必然混杂了一部分中央政府的效用。我们把与地方政府这种效用对应的效用函数称为混地方政府效用函数，表示为 $U_l^m = p \cdot U_c(X_c,G) + (1-p) \cdot U_l^p(X_1,G)$ 。可见，纯地方政府效用函数是混地方政府效用函数在 $P = 0$ 时的特殊情况。在上面一系列假定下，运用拉格朗日方法，中央政府和地方政府在资源配置方式上的最优选择转变为通过各自选择 (X_c,G_c) 和 (X_l,G_l) 最大化以下拉格朗日函数：

中央政府：

$$L_c = U_c(X_c,G) + \mu(P_x \cdot X_c + P_g \cdot G_c - B_c) \tag{19.32}$$

地方政府：

$$L_l = p \cdot U_c(X_c,G) + (1-p) \cdot U_l(X_l,G) + \lambda(P_x \cdot X_l + P_g \cdot G_l - B_l) \tag{19.33}$$

接下来我们运用二阶段完全信息动态博弈的方法，分别考虑中央先行和地方先行两种情况。由于在实践中，地方政府的政策灵活性高于中央政府，中央先行的情况可能会更接近于现实。因此，先考虑中央先行的情况。此时地方政府在观察到了中央政府的行动之后才做出决策。地方政府的行动受到了中央政府行动的影响，是中央政府决策变量的函数。由于中央政府能够知道自己的行动对地方政府造成的影响，中央政府会利用地方政府的这种行为模式，选择最有利于自己的行动。

我们首先求解第二阶段博弈的子博弈完美纳什均衡条件。给定（X_c, G_c），地方政府最优的选择应满足：

$$\left.\begin{aligned}&(1-p)\cdot \partial U_l^p/\partial X_l+\lambda\cdot P_x=0\\&(1-p)\cdot \partial U_l^p/\partial G_l+p\partial U_c/\partial G_c+\lambda\cdot P_g=0\\&X_l\cdot P_x+G_l\cdot P_g-B_l=0\end{aligned}\right\}\qquad(19.34)$$

合并式（19.34）前两个式子，我们得到地方政府最大化自身效用的必要条件：

$$[(1-p)\partial U_l/\partial X_l]/[(1-p)\partial U_l/\partial G_l+p\partial U_c/\partial G_l]=P_x/P_g\qquad(19.35)$$

通过观察易知，由于 $\partial U_l/\partial X_l$，$\partial U_l/\partial G_l$ 和 $\partial U_c/\partial G_l$ 都必然位于大于0的区域，给定除 p 以外的其他变量不变，等式左边随着 p 的增大而变小①。进而，当 p 越大时，为了达到最优，根据边际效用递减规律，地方政府会提高对 G_l 的努力程度，降低对 X_l 的努力程度。这样的结果就表现为地方政府更加重视第一类公共事务项目，而忽视第三类项目。因此，我们得出以下结论。

结论1：在中央先行的情况下，考虑了行政因素后地方第一类政府事务项目的最优重视程度比不考虑行政因素时的大，第三类政府事务项目的最优重视程度比不考虑行政因素时的小，并且随着地方政府迎合动机的增强，地方政府两种情况下的最优重视程度差距增大。

接下来，我们分析博弈的第一阶段，中央政府在认识到自己的行为如何影响地方政府的情况下，会怎么选择最优的策略？因为在考虑了行政因素后，地方最优的第一类政府事务项目重视程度比不考虑行政因素时大，所以考虑了行政因素后中央的第一类政府事务项目带来的边际效用必然低于不考虑行政因素时的边际效用，并且随着 P 值的上升，降低的程度显得更加严重。从而，在考虑到了行政因素后，中央政府必然倾向于减少自己的第一类政府事务项目，产生上级政府的机会主义行为，即把责任下压。

结论2：在中央先行的情况下，考虑行政因素后的中央政府最优的第一类的政府事务项目重视程度必然低于不考虑行政因素时的最优值，并产生了中央政府把公共管理事务责任下压的机会主义行为。这样中央政府在

---

① 我们可以将式（19.35）左边对 p 求导。容易看出，当 $\partial U_l/\partial X_l$，$\partial U_l/\partial G_l$ 和 $\partial U_c/\partial G_l$ 均大于0时，导数小于0。

第二类项目上的最优投入就会提升。而且，这种效应随着中央政府对地方政府的行政控制力的加大而增强。

在考虑了中央政府先行的情况后，我们接下来考虑地方政府先行的情况。一般来说，由于地方政府的政策灵活性较强，政府公共事务的履行过程，往往是中央政府先行的情况。但由于中央政府的权力较大，可以对政府行为进行事后修正。例如，中央政府为弥补地方政府支出不足而进行专项补贴，便具有这种性质。因此，我们考虑地方政府先行的情况也是有现实意义的。

同样，根据求解子博弈完美纳什均衡的方法，第一步，我们先找出中央政府的反应函数。易知，中央政府问题最优化的一阶条件为：

$$\left.\begin{array}{l}\partial U_c/\partial X_c + \mu P_x = 0 \\ \partial U_c/\partial G_c + \mu P_g = 0 \\ P_g \cdot G_c + P_x \cdot X_c - B_c = 0\end{array}\right\} \tag{19.36}$$

从而我们得到中央政府最优策略的必要条件：

$$\frac{\partial U_c/\partial X_c}{\partial U_c/\partial G_c} = \frac{P_x}{P_g} \tag{19.37}$$

根据式（19.37）我们可以确定一个 G_c 关于 G_l 的函数 $G_c = G_c(G_l)$，并且，根据公共物品的性质，我们可以得到 $-1 < \partial G_c/\partial G_l < 0$。接下来我们将 $G_c = G_c(G_l)$ 代入地方政府目标函数，通过一阶条件，我们得到地方政府最优策略的必要条件：

$$\frac{(1-p)\dfrac{\partial U_l^p}{\partial X_l}}{p\dfrac{\partial U_c}{\partial G_c} + (1-p)\dfrac{\partial U_l^p}{\partial G_l}} = \frac{\left(1 + \dfrac{\partial G_c}{\partial G_l}\right)P_x}{P_g} \tag{19.38}$$

我们将此时地方政府的最优策略与中央政府先行的情况进行比较。由于 $-1 < \partial G_c/\partial G_l < 0$，在其他条件不变的情况下，式（19.38）的右边小于式（19.38）的左边。由此可以得到如下结论。

结论 3：在其他条件不变时，中央政府后行情况下地方政府最优的第一类政府事务重视程度小于它在中央政府先行时的情况。

出现这种情况的原因是地方政府知道中央政府存在事后修正的动机，弥补地方政府的行动不足。在这种情况下，地方政府便可以将更多的预算留存，用于第二类政府事务项目。因此，我们可以看到，改变两级政府的行动顺序，有利于缓解中央政府的机会主义行为。这似乎意味着增强中央对地方转移支付金额的灵活性，有利于缓解财政支出偏好问题。这与我国现实相反，原因在于增强中央关于对地方转移支付金额的灵活性，会诱使地方政府“跑部钱进”。这实际上降低了地方政府提供公共物品的成本，即 P_g 减小了，从而促使政府公共事务中的“偏好优序”问题更为严重。

结论4：由于在中央后行的情况下，地方政府“跑部钱进”的行为降低了其提供第一类公共事务项目的成本，所以此时地方政府的迎合性倾向可能增强。

接下来，我们分析此时的行政因素对两级政府履行政府公共事务的影响。容易看到，随着 p 的增加，式（19.38）左边的值不断减小。

结论5：在中央后行的情况下，考虑了行政因素后地方对第一类公共事务项目的最优重视程度比不考虑行政因素时的大，而对第三类项目的最优重视程度总会比不考虑行政因素的低，并且随着地方政府迎合动机的增强，两种条件下的最优重视程度的差距增大。

通过以上5个结论，我们可以看到，当引入行政因素后，地方政府对第一类政府事务项目重视程度总会出现上升，对第三类政府事务项目重视程度会出现下降，并且这种偏向的程度随地方政府的迎合动机的增强而加大，而这种迎合动机的强度与“自上而下的标尺竞争”的强度正相关。另外，中央政府通过事后修正措施，最多只能减小偏向的程度，而不能将它完全消除，甚至可能加剧地方政府在政府事务中的“偏好优序”。

上述结果为我们提供了关于目前地方政府对环境保护活动缺乏动力问题的一种解释以及解决的方法。当前地方政府缺乏环境保护动力的原因就在于涉及环境保护的公共事务项目在目前的情形下处于第三类项目的地位。根据公共选择理论的观点，地方政府体现的并非民众的偏好，而是地方政府官员的偏好。在目前的形势下，地方政府官员的效用主要通过上级政府对其政绩进行“补偿”而得到体现，而目前上级政府对经济指标的关心偏重，对下级政府政绩的考核主要从经济增长、税收收入等“硬指标”角度进行，因而能够促进这些方面的公共事务项目发展，同时给中央政府和地方政府带来效用。诸如环境质量之类的“软指标”虽然能够给地方民众，进而给地方政府带来效用满足，但是却难以实质性地提升中央政府对地方政府官员的评价（邱桂杰，齐贺，2011）[①]。因此，这些项目属于第三

---

① 为了便于说明，本节将既能满足地方民众效用，又能提高地方官员政绩的指标称为“硬指标”，因为实践中这些指标往往成为地方政府考虑的硬性任务；将仅能满足地方民众效用，但是不能提高地方官员政绩的指标称为“软指标”，因为实践中地方政府对这些指标往往只是进行象征性的考虑。

类项目。根据上述模型的结论可知，只要地方政府不是完全独立于中央政府，那么地方政府在环境规制方面的动力总会不足，并且这种不足将随着中央政府对地方政府控制力的增强而变得严重。在无法保证地方政府完全独立性的条件下，扭转地方政府的动力不足只能通过将环境保护从第三类项目换入第一类项目，即在地方政府考核评价体系中纳入对环境质量的考核，将其从以往的“软指标”转化为“硬指标”。

19.3.2 多任务委托代理模型分析

以上完全信息动态博弈模型的优点是不仅直接明了，而且已经很好地揭示了地方政府在履行政府管理事务中存在的“偏好优序”，同时为解决目前地方政府环境保护动力不足的问题提出了建议。但上述模型对中央和地方之间完全信息的要求与现实情况相比过于苛刻。中央和地方之间往往存在信息不对称，中央处于信息弱势。由于我国存在“自上而下的标尺竞争”，地方更贴近于中央的代理人的角色。基于这些考虑，上述模型对中央政府怎样选择激励机制这个环节讨论明显不足。为了弥补这些个缺陷，本节再构建一个不完全信息动态博弈模型，分析地方政府的“偏好优序”问题。同时，下面不再对政府的公共事务项目进行分类，这意味着下面模型的结论更具一般性。另外，下面的模型抛弃了公共选择理论中关于政府“邪恶”的激进观点，转而采用较为平和的假设，认为政府是“善意”的，但信息不对称导致政府并非“全能”。基于这样的假设得出的结论可以告诉我们，“偏好优序”问题即使在“善意”政府的条件下也可能存在，只要存在信息不对称。这也拓展了下面模型结论的一般性。

我们采用不完全信息动态博弈中的多任务委托代理模型进行分析①。假设中央政府 C 是委托人，地方政府 L 是代理人。地方政府同时代理中央政府的利益 $B(a_1,a_2)$ 和地方居民的利益 $R(a_1,a_2)$，且二者都是关于 $a=(a_1,a_2)$ 严格递增的凹函数。地方政府在两种利益上的重视程度不一定相同，对中央政府激励的重视程度为 m $(0<m<1)$，对地方居民利益的重视程度为 $(1-m)$。地方政府对本地居民的真实偏好的了解，相比中央政府来说具有信息优势②。由于信息不对称，中央政府自己的目标函数一般与地方居民的真实偏好存在偏差。在这种情况下，中央政府委托地方政府

① 为了使讨论简便，不失一般性，我们假设这里的“多任务”为“两任务”。

② 但不要求地方政府与居民的偏好完全一致，即地方政府是“善意”的，但不一定“全能”。

执行公共事务管理职能，以使得地方政府在不同类型公共事务上的努力 $a = (a_1, a_2)$ 符合自己的目标。地方政府努力带来的成本为 $C(a_1, a_2)$ ，是关于 $a = (a_1, a_2)$ 严格递增的凸函数。但是中央政府并不能直接观察到地方政府的努力程度，而只能观察到地方政府的行为结果：

$$X(a_1, a_2) = \mu(a_1, a_2) + \varepsilon \tag{19.39}$$

式中，ε 为白噪声向量[①]。

在这种情况下，中央政府设计出一种激励机制，以使得地方政府在努力水平不能被中央政府直接观察到的情况下，还能以中央政府的目标实现最优化为己任。

假设中央政府对地方政府的激励机制 $S(x)$ 采用线性激励：

$$S(x) = \beta^T X(a_1, a_2) \tag{19.40}$$

式中，$\beta^T = (\beta_1, \beta_2)$ 。

假设中央政府属于风险中型，地方政府属于风险规避型且具有不变的绝对风险规避系数 ρ ，则地方政府（代理人）的确定性综合收益为：

$$\begin{aligned} CE = & m[\alpha + \beta^T \mu(a_1, a_2) - \frac{1}{2}\rho\beta^T \Sigma\beta] + \\ & (1 - m)R(a_1, a_2) - C(a_1, a_2) \end{aligned} \tag{19.41}$$

中央政府（委托人）的期望收益为：

$$TCE = B(a_1, a_2) - E[S(x)] = B(a_1, a_2) - \alpha - \beta^T \mu(a_1, a_2) \tag{19.42}$$

式中，α 用于保证地方政府（代理人）的参与约束得到满足。

在中央与地方的这场博弈中，地方政府总是要参与的，因此 $\alpha = 0$ 。为了使地方政府的努力符合需要，中央政府的问题变为：

$$\begin{aligned} \max_{\beta} TCE = & B(a_1, a_2) - \frac{1}{2}\rho\beta^T \Sigma\beta + \\ & \frac{1 - m}{m} R(a_1, a_2) - \frac{C(a_1, a_2)}{m} \end{aligned} \tag{19.43}$$

$$\begin{aligned} \text{s.t.} \quad (a_1, a_2) \in \operatorname{argmax} m\left[\beta^T \mu(a_1, a_2) - \frac{1}{2}\rho\beta^T \sum \beta\right] + \\ (1 - m)R(a_1, a_2) - C(a_1, a_2) \end{aligned}$$

假定中央政府是善意的，也是以居民的利益为导向，但由于信息不对

---

① 也许会有人把地方政府在不同类别公共服务的支出额等价地看作地方政府在不同类别支出上的努力程度，这是不对的，一个原因是公共服务的支出存在刚性，另一个原因是不同类别公共服务的自身属性不同。例如，支农支出大于行政管理费并不等于政府相比政府部门利益，更倾向农村集体的利益。

称，中央政府只能让自己的利益尽量贴近居民的偏好。因此，我们设 $B(a_1,a_2) = \hat{R}(a_1,a_2)$，$\hat{R}(a_1,a_2)$ 为中央政府对地方居民效用函数的估计。那么中央政府的问题又转化为：

$$\max_{\beta} \text{TCE} = \frac{B(a_1,a_2)}{m} - \frac{1}{2}\rho\beta^T\sum\beta - \frac{C(a_1,a_2)}{m} \tag{19.44}$$

$$\text{s. t.} \quad (a_1,a_2) \in \text{argmax} m\left[\beta^T\mu(a_1,a_2) - \frac{1}{2}\rho\beta^T\sum\beta\right] + (1-m)R(a_1,a_2) - C(a_1,a_2)$$

为简单起见，令 $X(a_1,a_2) = (a_1+\varepsilon_1 \quad a_2+\varepsilon_2)^T$，则：

$$m\beta_i + (1-m)R_i(a_1,a_2) = C_i(a_1,a_2) \qquad (i=1,2) \tag{19.45}$$

式中，$R_i(a_1,a_2) = \frac{\partial R}{\partial a_i}$，$C_i(a_1,a_2) = \frac{\partial C}{\partial a_i}$。

式（19.3）隐含地决定了努力程度 $a_i^* = a_i^*[m\beta^T,(1-m)R_i]$。为了便于比较，我们再设 a_B^* 满足 $\beta_i = C_i(a_B^*)$，a_p^* 满足 $R_i(a_p^*) = C_i(a_P^*)$。由于委托人以最大化 $TCE = B(a) - E[S(X)] = B(a) - \beta^T\mu(a)$ 为目标，在 a_B^* 点必有 $B_i(a_B^*) = \beta_i$。因此，a_B^* 和 a_p^* 分别表示 $m=1$（即地方政府仅重视来自中央的激励而完全忽视地方居民利益）的努力程度和 $m=0$（即地方政府仅重视地方居民利益而完全忽视来自中央的激励）的努力程度。对式（19.45）两边再对 a 导，得到二阶条件：

$$m\frac{\partial\beta}{\partial a} + (1-m)R_{ij}(a) = [C_{ij}] \tag{19.46}$$

这里：

$$\frac{\partial\beta}{\partial a} = \begin{pmatrix} \frac{\partial\beta_1}{\partial a_1} & \frac{\partial\beta_1}{\partial a_2} \\ \frac{\partial\beta_2}{\partial a_1} & \frac{\partial\beta_2}{\partial a_2} \end{pmatrix};\ [C_{ij}] = \begin{pmatrix} C_{11} & C_{12} \\ C_{21} & C_{22} \end{pmatrix} \tag{19.47}$$

使用式（19.45）和式（19.46），我们得到委托人最大化 TCE 的一阶条件为：

$$\frac{B_i}{m} = \frac{\rho}{m}\{[C_{ij}] - (1-m)R_i\}\sum\beta + \frac{m\beta + (1-m)R_i}{m} \tag{19.48}$$

从而：

$$\beta = \{mI + \rho[(C_{ij}) - (1-m)R_{ij}]\sum\}^{-1}[B_i - (1-m)R_i] \tag{19.49}$$

对于制定 β 的中央来说，由于信息不对称，不能观测到 R_i，只能取

$\hat{R}_i = B_i$，则：

$$\beta = \{mI + \rho[(C_{ij}) - (1-m)B_{ij}]\sum\}^{-1} mB_i \qquad (19.50)$$

一般地，可知：

$$\beta_i = \frac{mB_i}{m + \rho\{\sigma_{ii}[C_{ii} - (1-m)B_{ii}] + \sigma_{ij}[C_{ij} - (1-m)B_{ij}]\}} \qquad (19.51)$$

接下来对式（19.45）和式（19.46）联立进行静态比较分析。我们不妨假设 $B_i > R_i$，即相比来说中央更偏好 i 类公共事务项目。由式（19.45）我们可以清晰地看到，a_i^* 的水平受到 $m\beta_i$ 的影响，并且 a_i^* 必定在 a_B^* 和 a_P^* 之间。a_i^* 具体更靠近 a_B^* 还是 a_P^* 取决于 m 和（$1-m$）之间的大小比较。m 越大则越靠近 a_B^*，m 越小则越靠近 a_P^*。因此，对于第 i 类公共事务项目来说，m 增大会通过两种机制产生交互效应使 a_i^*（地方政府实际选择的最优努力水平）以更快的速度超过 a_p^*（地方居民需要的最优努力水平）（图 19.2）。

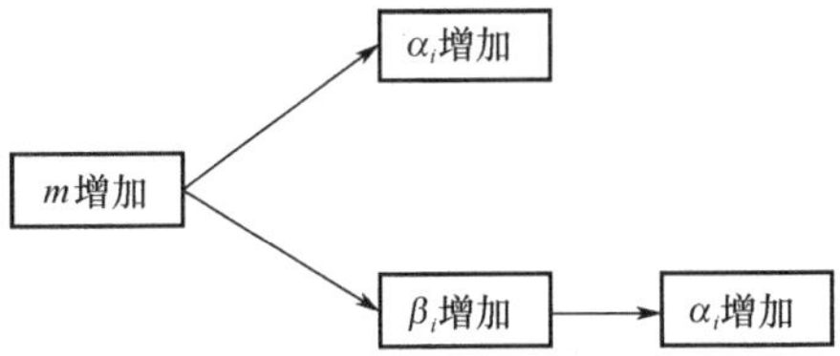

图 19.2　迎合动机传导机制示意图

图 19.2 中的第一条传导机制体现地方政府的迎合动机，即 m 增强直接增强 a_i^*。第二条传导机制体现中央政府的机会主义倾向导致的责任下放，即 m 增强使得中央政府增强激励，从而间接使 a_i^* 增强。两种效应的总效应使地方最优的努力程度更接近 a_B^*，更偏离 a_P^*。类似的情况也发生在 $B_i < R_i$ 时。总之，m 增强会通过两种途径导致地方最优的努力程度更接近 a_B^*，更偏离 a_p^*。进一步，由于信息不对称，中央对地方居民偏好的估计与地方居民的真实偏好之间总是存在差异，m 增强直接导致地方居民福利水平下降。通过以上分析我们可以得出以下两个结论。

结论 1：政治上的集权程度越高，地方选择的最优努力程度 a_i^* 将更接近 a_B^*，更偏离 a_P^*。由于中央的偏好与地方居民之间难免存在差异（这种情况在政治集权环境中更容易出现），出现了地方官员的偏好与地方居民意愿的偏离，地方居民的福利水平会下降。

结论2：有三种方式可以改变政治集权国家中地方政府支出偏好的问题，分别是：①减小 m ，具体做法是降低中央对地方官员的人事控制权；②减小 B_i 与 R_i 之间的差异，减少中央和地方居民之间的信息不对称，具体做法是加强群众话语权，完善群众信息反馈机制；③直接调整 B_i ，具体做法是转变不合理的干部考核评价机制。

根据上述结论可以看到，即使在地方政府“善意”的条件下，只要信息不对称和政府间的隶属关系存在，也不能保证地方政府在环境保护活动中具有足够的动力。在中央政府和地方政府、中央政府和民众之间存在信息不对称的情况下，对地方政府缺乏环境保护动力的解决方式可以分为两类。首先，当地方政府与民众之间不存在信息不对称时，可以通过降低中央政府对下级政府的控制力，增强地方政府独立性，来提高地方政府在环境保护活动中的动力。其次，如果地方政府与民众之间的信息不对称存在，则需要通过采取加强民众的表达权和监督权，完善信息反馈机制，转变中央政府对地方政府不合理的考核评价机制等方式提升地方政府对环境保护的动力。

19.4 结论与建议

由于我国区域辽阔，不同地区之间经济发展模式和发展水平差异较大，碳税对经济增长、收入分配和能源消费的影响程度存在很大不同，使得我国在实行碳税政策时需要采取不同于欧洲的模式，即采取地区差异化的碳税政策。但是地区差异化的碳税政策的有效实施对地方政府行为导向的正确性具有较高要求。民众和政府、中央政府和地方政府之间的信息不对称，以及我国多层级政府之间存在的隶属关系，塑造了我国特有的分权模式。在这种中国式分权模式下，地方政府对环境保护活动的内在动力与西方国家的地方政府存在差异，如果不对我国地方政府对待环境保护活动的现有行为模式进行扭转，则地方差异化的区域碳税政策将很难在现实中有效实施。这种差异和危险其实已经在目前的实践中露出“端倪”，这可以通过比较一些典型事件得到认识。欧洲国家均为小国，采取的是全国统一的减排政策，与我国实践的需要有差距。而美国与我国同样是一个大国，目前实行的也是地区差异化的减排政策，对我国借鉴意义较大。因此，下面对外国典型事件的分析主要集中在美国。

典型事件一：里根政府时期的美国地方政府环保实践。

为满足美国国内社会发展的需要，尼克松推行了通过对地方政府放权以重新调整联邦政府和地方政府关系的新联邦主义。在此之后，福特和里根等美国总统继续推行尼克松的这种主张，并在里根政府时期达到中央政府对地方政府分权的顶峰。同时，也就是在这一时期，民众对环境问题的认识经过了蒙昧阶段，把环境保护提高到了一个前所未有的高度。在里根政府时期，地方政府在环境保护活动上具有前所未有的自主权。一些学者通过对这一时期的实证研究发现，当时在环境保护方面美国联邦政府出台了一系列措施，旨在提高地方政府的自主决策能力，加强环境保护活动的主动性。这种政策大背景为地方政府在环境保护领域实施“扑向底层的竞争”塑造了良好的氛围。但是与人们的意料相反，在这一时期美国各地地方政府不但没有降低环境保护的力度，反而对环境保护工作更为重视，提出了更高的环境规制手段（Oates，1988，2002，2009）。

典型事件二：美国地方政府减排活动中的激进态度。

针对目前全球变暖的问题，美国联邦政府并未推出全国性的减排政策。可以说，美国联邦政府在这个问题上的态度是消极的，这从美国政府对《京都议定书》、哥本哈根会议等国际事务中的态度上就可以看出。但是实际上，美国并没有因为联邦政府的消极态度而放弃对碳排放问题的规制，而是将这类规制事务放在了地方政府身上。在美国，对于减排的政策措施是由地方政府独立决定的。根据传统环境联邦主义的观点，这完全可能导致地方政府在减排问题上出现“扑向底层的竞争”。然而，结果却仍然出乎人们的意料，以加利福尼亚为代表的一些地方政府推出了较为激进的减排措施（Kousky & Schneider，2003；Engel，2005，2006；Rade & Mundo，2007）。

典型事件三：我国地方政府在环境保护中的消极态度。

虽然我国于 2003 年推出了《环境影响评价法》，但是据统计资料显示，2004 年我国查明的环境违法企业有 2.7 万家，在全国仅 12 个省中存在的环境执法缺失事件达到 4 000 多起。2005 年，我国地方政府中没有设立环境执法机构的县级政府超过 300 个。我国中央政府于 2005 年推出了《环境保护违法违纪行为处分暂行规定》，对待环境问题的决心虽然有所提高，但是仍然没能扭转地方政府在环境问题上的消极态度，如 2007 年太湖“蓝藻事件”，2009 年曝光的长江上游流域水利资源过度开发、无序建设小水电站事件，2011 年神农架地区超量建设水电站引发大面积断流，导致 30 多种珍稀鱼类面临灭绝事件，等等。

结合上述模型的分析结果，本节认为，区域化的碳税政策是适合我国国情的，但是这种区域差异化的政策执行的有效性依赖于对多层级政府在环境保护中扮演“角色”的准确定位。结合目前我国政府间的经济和行政关系，要形成中央政府与地方政府在环境保护问题上的良性互动，中央政府除了在统一性的法律法规上进行引导，树立正确舆论导向，还需要从加强群众话语权、完善信息反馈机制、转变干部考核评价体系等体制改革方面入手。

附　表

附表2.1　1980—2010年中国能源消费总量及能源消费结构

年份	能源消费		能源消费结构（%）			
	总量（万吨标准煤）	增长率（%）	煤炭	石油	天然气	水、核、风电
1980	60 275		72.2	20.7	3.1	4.0
1981	59 447	−1.37	72.7	20.0	2.8	4.5
1982	62 067	4.41	73.7	18.9	2.5	4.9
1983	66 040	6.40	74.2	18.1	2.4	5.3
1984	70 904	7.37	75.3	17.4	2.4	4.9
1985	76 682	8.15	75.8	17.1	2.2	4.9
1986	80 850	5.44	75.8	17.2	2.3	4.7
1987	86 632	7.15	76.2	17.0	2.1	4.7
1988	92 997	7.35	76.1	17.1	2.1	4.7
1989	96 934	4.23	76.1	17.1	2.1	4.7
1990	98 703	1.82	76.2	16.6	2.1	5.1
1991	103 783	5.15	76.1	17.1	2.0	4.8
1992	109 170	5.19	75.7	17.5	1.9	4.9
1993	115 993	6.25	74.7	18.2	1.9	5.2
1994	122 737	5.81	75.0	17.4	1.9	5.7
1995	131 176	6.88	74.6	17.5	1.8	6.1
1996	135 192	3.06	73.5	18.7	1.8	6.0
1997	135 909	0.53	71.4	20.4	1.8	6.4
1998	136 184	0.20	70.9	20.8	1.8	6.5
1999	140 569	3.22	70.6	21.5	2.0	5.9
2000	145 531	3.53	69.2	22.2	2.2	6.4
2001	150 406	3.35	68.3	21.8	2.4	7.5
2002	159 431	6.00	68.0	22.3	2.4	7.3
2003	183 792	15.28	69.8	21.2	2.5	6.5
2004	213 456	16.14	69.5	21.3	2.5	6.7
2005	235 997	10.56	70.8	19.8	2.6	6.8
2006	258 676	9.61	71.1	19.3	2.9	6.7
2007	280 508	8.44	71.1	18.8	3.3	6.8
2008	291 448	3.90	70.3	18.3	3.7	7.7
2009	306 647	5.21	70.4	17.9	3.9	7.8
2010	324 939	5.97	68.0	19.0	4.4	8.6

附表 2.2　中国 1980—2010 年的 GDP、能源消费总量及能源消费的二氧化碳排放

年份	GDP（万亿元）	能源消费总量（亿吨标准煤）	能源消费的二氧化碳排放量（亿吨）
1980	0.454 6	6.027 5	14.519 2
1981	0.488 9	5.944 7	14.281 8
1982	0.533 0	6.206 7	14.901 8
1983	0.598 6	6.604 0	15.821 1
1984	0.724 4	7.090 4	17.088 9
1985	0.904 1	7.668 2	18.510 0
1986	1.027 4	8.085 0	19.546 3
1987	1.205 1	8.663 2	20.971 5
1988	1.503 7	9.299 7	22.507 3
1989	1.700 1	9.693 4	23.460 1
1990	1.871 8	9.870 3	23.810 2
1991	2.182 6	10.378 3	25.100 8
1992	2.693 7	10.917 0	26.362 1
1993	3.526 0	11.599 3	27.872 8
1994	4.810 8	12.273 7	29.383 7
1995	5.981 1	13.117 6	31.270 9
1996	7.014 2	13.519 2	32.175 6
1997	7.806 1	13.590 9	32.075 4
1998	8.302 4	13.618 4	32.074 3
1999	8.847 9	14.056 9	33.248 6
2000	9.800 0	14.553 1	34.142 9
2001	10.806 8	15.040 6	34.848 2
2002	11.909 6	15.943 1	36.980 5
2003	13.497 7	18.379 2	43.113 8
2004	15.945 4	21.345 6	49.947 1
2005	18.361 7	23.599 7	55.327 7
2006	21.590 4	25.867 6	60.703 8
2007	26.642 2	28.050 8	65.713 0
2008	31.603 0	29.144 8	67.537 0
2009	34.032 0	30.664 7	70.981 0
2010	39.976 0	32.493 9	74.117 2

附表 2.3 1980—2010 年中国的 GDP 和能源强度

年份	GDP（万亿元）		能源强度（吨标准煤/万元）	
	当年价	2005 年不变价	当年价	2005 年不变价
1980	0.454 6	1.759 9	32.277 0	8.336 9
1981	0.488 9	1.852 1	29.686 3	7.836 9
1982	0.533 0	2.019 9	29.645 9	7.823 5
1983	0.598 6	2.239 1	27.850 9	7.445 1
1984	0.724 4	2.578 9	25.054 8	7.037 5
1985	0.904 1	2.926 2	21.752 1	6.720 5
1986	1.027 4	3.185 1	20.137 2	6.495 9
1987	1.205 1	3.554 0	18.336 9	6.217 5
1988	1.503 7	3.954 9	15.758 0	5.991 3
1989	1.700 1	4.115 6	14.167 1	5.852 2
1990	1.871 8	4.273 6	13.146 2	5.758 0
1991	2.182 6	4.665 9	11.841 4	5.539 2
1992	2.693 7	5.330 3	10.008 4	5.057 8
1993	3.526 0	6.074 7	8.164 2	4.738 9
1994	4.810 8	6.869 3	6.357 0	4.452 1
1995	5.981 1	7.619 7	5.551 3	4.357 5
1996	7.014 2	8.382 4	4.937 2	4.131 4
1997	7.806 1	9.161 7	4.444 6	3.787 0
1998	8.302 4	9.879 3	4.004 1	3.364 9
1999	8.847 9	10.632 1	3.750 1	3.120 8
2000	9.800 0	11.528 5	3.474 7	2.953 7
2001	10.806 8	12.485 4	3.227 2	2.793 3
2002	11.909 6	13.619 4	3.101 9	2.712 5
2003	13.497 7	14.984 8	3.352 6	3.019 8
2004	15.945 4	16.496 0	3.316 4	3.205 7
2005	18.361 7	18.361 7	3.153 3	3.153 3
2006	21.590 4	20.689 3	2.971 0	3.100 4
2007	26.642 2	23.619 4	2.549 3	2.875 5
2008	31.603 0	25.895 1	2.226 2	2.716 9
2009	34.032 0	28.281 1	2.260 3	2.719 9
2010	39.976 0	31.235 6	2.065 5	2.643 4

附表 5.1　我国三次产业结构

%

年份	第一产业	第二产业	第三产业
1978	28. 2	47. 9	23. 9
1979	31. 3	47. 1	21. 6
1980	30. 2	48. 2	21. 6
1981	31. 9	46. 1	22. 0
1982	33. 4	44. 8	21. 8
1983	33. 2	44. 4	22. 4
1984	32. 1	43. 1	24. 8
1985	28. 4	42. 9	28. 7
1986	27. 1	43. 7	29. 1
1987	26. 8	43. 6	29. 6
1988	25. 7	43. 8	30. 5
1989	25. 1	42. 8	32. 1
1990	27. 1	41. 3	31. 5
1991	24. 5	41. 8	33. 7
1992	21. 8	43. 5	34. 8
1993	19. 7	46. 6	33. 7
1994	19. 9	46. 6	33. 6
1995	20. 0	47. 2	32. 9
1996	19. 7	47. 5	32. 8
1997	18. 3	47. 5	34. 2
1998	17. 6	46. 2	36. 2
1999	16. 5	45. 8	37. 8
2000	15. 1	45. 9	39. 0
2001	14. 4	45. 2	40. 5
2002	13. 7	44. 8	41. 5
2003	12. 8	46. 0	41. 2
2004	13. 4	46. 2	40. 4
2005	12. 1	47. 4	40. 5
2006	11. 1	47. 9	40. 9
2007	10. 8	47. 3	41. 9
2008	10. 7	47. 4	41. 8
2009	10. 3	46. 2	43. 4
2010	10. 1	46. 7	43. 2

附表 5.2　城镇居民的分类消费支出

元

年份	消费支出	食品	衣着	居住	家庭设备用品	交通通信	文教娱乐	医疗保健	杂项
1992	1 671.73	883.65	235.41	99.68	140.68	44.17	147.45	41.51	79.20
1993	2 110.81	1 058.20	300.61	140.01	84.96	80.63	194.01	56.89	95.50
1994	2 851.34	1 422.49	390.38	193.16	251.42	132.68	250.75	82.89	127.56
1995	3 537.57	1 766.02	479.20	250.18	296.94	171.01	312.71	110.11	151.39
1996	3 919.47	1 904.71	527.95	300.85	298.15	199.12	374.95	143.28	170.45
1997	4 185.64	1 942.59	520.91	358.64	316.89	232.90	448.38	179.68	185.65
1998	4 331.61	1 926.89	480.86	408.39	356.83	257.15	499.39	205.16	196.95
1999	4 615.91	1 932.10	482.37	453.99	395.48	310.55	567.05	245.59	228.79
2000	4 998.00	1 958.31	500.46	500.49	439.29	395.01	627.82	318.07	258.54
2001	5 309.01	2 014.02	533.66	547.96	438.92	457.02	690.00	343.28	284.13
2002	6 029.88	2 271.84	590.88	624.36	388.68	626.04	902.28	430.08	195.84
2003	6 510.94	2 416.92	637.73	699.39	410.34	721.13	934.38	475.98	215.10
2004	7 182.10	2 709.60	686.79	733.53	407.37	843.62	1 032.80	528.15	240.24
2005	7 942.88	2 914.39	800.51	808.66	446.52	996.72	1097.46	600.85	277.75
2006	8 696.55	3 111.92	901.78	904.19	498.48	1 147.12	1 203.03	620.54	309.49
2007	9 997.47	3 628.03	1 042.00	982.28	601.80	1 357.41	1 329.16	699.09	357.70
2008	11 242.85	4 259.81	1 165.91	1 145.41	691.83	1 417.12	1 358.26	786.20	418.31
2009	12 264.55	4 478.54	1 284.20	1 228.91	786.94	1 682.57	1 472.76	856.41	474.21
2010	13 471.45	4 804.71	1 444.34	1 332.14	908.01	1 983.70	1 627.64	871.77	499.15
2011	15 160.89	5 506.33	1 674.70	1 405.01	1 023.17	2 141.69	1 851.74	968.98	581.26

附表 5.3　农村居民的分类消费支出

元

年份	消费支出	食品	衣着	居住	家庭设备用品	交通通信	文教娱乐	医疗保健	杂项
1992	659. 01	379. 26	52. 51	104. 90	36. 67	12. 24	43. 77	24. 14	5. 52
1993	769. 65	446. 83	55. 33	106. 79	44. 67	17. 41	58. 38	27. 17	13. 07
1994	1 016. 81	598. 47	70. 32	142. 34	55. 46	24. 02	75. 11	32. 07	19. 02
1995	1 310. 36	768. 19	89. 79	182. 21	68. 48	33. 76	102. 39	42. 48	23. 06
1996	1 572. 08	885. 49	113. 77	219. 06	84. 22	47. 08	132. 46	58. 26	31. 74
1997	1 617. 15	890. 28	109. 41	233. 23	85. 41	53. 92	148. 18	62. 45	34. 27
1998	1 590. 33	849. 64	98. 06	239. 62	81. 92	60. 13	159. 41	68. 13	32. 88
1999	1 577. 42	829. 02	92. 04	232. 69	82. 27	68. 73	168. 33	70. 02	34. 33
2000	1 670. 13	820. 52	95. 95	258. 34	75. 45	93. 13	186. 72	87. 57	52. 46
2001	1 741. 09	830. 72	98. 68	279. 06	76. 98	109. 98	192. 64	96. 61	56. 42
2002	1 834. 31	848. 35	105. 00	300. 16	80. 35	128. 53	210. 31	103. 94	57. 66
2003	1 943. 30	886. 03	110. 27	308. 38	81. 65	162. 53	235. 68	115. 75	43. 01
2004	2 184. 65	1031. 91	120. 16	324. 25	89. 23	192. 63	247. 63	130. 56	48. 27
2005	2 555. 40	1 162. 16	148. 57	370. 16	111. 44	244. 98	295. 48	168. 09	54. 52
2006	2 829. 02	1 216. 99	168. 04	468. 96	126. 56	288. 76	305. 13	191. 51	63. 07
2007	3 223. 85	1 388. 99	193. 45	573. 80	149. 13	328. 40	305. 66	210. 24	74. 19
2008	3 660. 68	1 598. 75	211. 80	678. 80	173. 98	360. 18	314. 53	245. 97	76. 67
2009	3 993. 45	1 636. 04	232. 50	805. 01	204. 81	402. 91	340. 56	287. 54	84. 10
2010	4 381. 82	1 800. 67	264. 03	835. 19	234. 06	461. 10	366. 72	326. 04	94. 02
2011	5 221. 13	2 107. 34	341. 34	961. 45	308. 88	547. 03	396. 36	436. 75	121. 99

附表 5.4　我国历年总人口以及城乡人口数

年份	年末总人口	城镇		乡村	
		人口数（万人）	比重（%）	人口数（万人）	比重（%）
1978	96 259	17 245	17.92	79 014	82.08
1979	97 542	18 495	18.96	79 047	81.04
1980	98 705	19 140	19.39	79 565	80.61
1981	100 072	20 171	20.16	79 901	79.84
1982	101 654	21 480	21.13	80 174	78.87
1983	103 008	22 274	21.62	80 734	78.38
1984	104 357	24 017	23.01	80 340	76.99
1985	105 851	25 094	23.71	80 757	76.29
1986	107 507	26 366	24.52	81 141	75.48
1987	109 300	27 674	25.32	81 626	74.68
1988	111 026	28 661	25.81	82 365	74.19
1989	112 704	29 540	26.21	83 164	73.79
1990	114 333	30 195	26.41	84 138	73.59
1991	115 823	31 203	26.94	84 620	73.06
1992	117 171	32 175	27.46	84 996	72.54
1993	118 517	33 173	27.99	85 344	72.01
1994	119 850	34 169	28.51	85 681	71.49
1995	121 121	35 174	29.04	85 947	70.96
1996	122 389	37 304	30.48	85 085	69.52
1997	123 626	39 449	31.91	84 177	68.09
1998	124 761	41 608	33.35	83 153	66.65
1999	125 786	43 748	34.78	82 038	65.22
2000	126 743	45 906	36.22	80 837	63.78
2001	127 627	48 064	37.66	79 563	62.34
2002	128 453	50 212	39.09	78 241	60.91
2003	129 227	52 376	40.53	76 851	59.47
2004	129 988	54 283	41.76	75 705	58.24
2005	130 756	56 212	42.99	74 544	57.01
2006	131 448	58 288	44.34	73 160	55.66
2007	132 129	60 633	45.89	71 496	54.11
2008	132 802	62 403	46.99	70 399	53.01
2009	133 450	64 512	48.34	68 938	51.66
2010	134 091	66 978	49.95	67 113	50.05
2011	134 735	69 079	51.27	65 656	48.73

附表 7.1　我国历年能源生产情况

年份	能源生产总量（万吨标准煤）	占能源生产总量的比重（%）			
		原煤	原油	天然气	水、核、风电
1978	62 770	70.30	23.70	2.90	3.10
1980	63 735	69.40	23.80	3.00	3.80
1985	85 546	72.80	20.90	2.00	4.30
1990	103 922	74.20	19.00	2.00	4.80
1991	104 844	74.10	19.20	2.00	4.70
1992	107 256	74.30	18.90	2.00	4.80
1993	111 059	74.00	18.70	2.00	5.30
1994	118 729	74.60	17.60	1.90	5.90
1995	129 034	75.30	16.60	1.90	6.20
1996	133 032	75.00	16.90	2.00	6.10
1997	133 460	74.30	17.20	2.10	6.50
1998	129 834	73.30	17.70	2.20	6.80
1999	131 935	73.90	17.30	2.50	6.30
2000	135 048	73.20	17.20	2.70	6.90
2001	143 875	73.00	16.30	2.80	7.90
2002	150 656	73.50	15.80	2.90	7.80
2003	171 906	76.20	14.10	2.70	7.00
2004	196 648	77.10	12.80	2.80	7.30
2005	216 219	77.60	12.00	3.00	7.40
2006	232 167	77.80	11.30	3.40	7.50
2007	247 279	77.70	10.80	3.70	7.80
2008	260 552	76.80	10.50	4.09	8.62
2009	274 619	77.30	9.90	4.10	8.70
2010	296 916	76.60	9.80	4.20	9.40

附表 7.2　1993—2010 年分部门的能源产出弹性

部门	年份	煤炭	石油	天然气	热力	电力
1	1993	-0.056 2	0.032 8	0.001 4	0.120 2	0.262 4
1	1994	-0.056 5	0.033 1	0.001 4	0.121 6	0.264 2
1	1995	-0.055 1	0.034 7	0.001 7	0.139 2	0.267 3
1	1996	-0.052 3	0.034 4	0.001 6	0.148 0	0.262 1

续表

部门	年份	煤炭	石油	天然气	热力	电力
1	1997	-0.046 9	0.039 6	0.003 1	0.230 5	0.267 0
1	1998	-0.048 8	0.037 6	0.002 8	0.197 4	0.265 1
1	1999	-0.048 1	0.038 0	0.002 8	0.197 5	0.265 9
1	2000	-0.047 9	0.038 3	0.002 8	0.198 0	0.266 6
1	2001	-0.047 5	0.038 6	0.002 8	0.198 5	0.267 8
1	2002	-0.046 5	0.040 1	0.003 0	0.220 8	0.269 8
1	2003	-0.046 8	0.040 9	0.003 1	0.229 9	0.272 6
1	2004	-0.047 6	0.041 5	0.003 1	0.239 0	0.275 2
1	2005	-0.047 8	0.041 8	0.003 2	0.240 3	0.275 8
1	2006	-0.046 6	0.043 0	0.003 3	0.256 5	0.277 7
1	2007	-0.044 4	0.044 9	0.003 5	0.285 2	0.279 8
1	2008	-0.044 6	0.044 7	0.003 5	0.284 7	0.279 3
1	2009	-0.044 8	0.044 8	0.003 5	0.285 5	0.280 0
1	2010	-0.042 9	0.046 7	0.002 8	0.310 4	0.282 3
2	1993	0.574 0	0.135 7	0.177 4	0.063 0	0.762 4
2	1994	0.579 6	0.137 8	0.179 5	0.064 1	0.766 5
2	1995	0.581 3	0.138 7	0.180 2	0.064 2	0.770 9
2	1996	0.575 3	0.140 0	0.178 9	0.064 9	0.766 1
2	1997	0.580 6	0.139 4	0.180 2	0.064 7	0.772 9
2	1998	0.585 9	0.139 7	0.181 0	0.064 4	0.775 8
2	1999	0.589 2	0.138 7	0.181 8	0.063 8	0.778 9
2	2000	0.591 6	0.138 9	0.182 6	0.063 9	0.782 2
2	2001	0.594 2	0.139 6	0.183 8	0.064 1	0.786 3
2	2002	0.595 5	0.140 3	0.184 4	0.064 5	0.788 3
2	2003	0.601 8	0.143 3	0.186 9	0.065 9	0.793 9
2	2004	0.607 2	0.147 9	0.189 2	0.068 1	0.797 9
2	2005	0.608 3	0.148 7	0.189 8	0.068 5	0.800 1
2	2006	0.609 3	0.148 9	0.190 3	0.068 7	0.800 9
2	2007	0.612 4	0.150 6	0.192 0	0.069 6	0.804 6
2	2008	0.618 0	0.151 5	0.194 1	0.070 1	0.810 4
2	2009	0.616 2	0.152 0	0.194 0	0.070 3	0.809 0
2	2010	0.618 2	0.152 3	0.194 9	0.070 3	0.812 2

续表

部门	年份	煤炭	石油	天然气	热力	电力
3	1993	-0.243 5	0.303 3	-0.007 8	0.498 5	0.494 7
3	1994	-0.239 7	0.307 7	-0.006 7	0.505 9	0.499 0
3	1995	-0.232 8	0.313 5	-0.006 5	0.512 9	0.507 3
3	1996	-0.233 1	0.310 5	-0.006 2	0.509 3	0.503 4
3	1997	-0.230 2	0.310 0	-0.006 9	0.507 4	0.501 9
3	1998	-0.224 4	0.315 9	-0.007 2	0.515 9	0.508 5
3	1999	-0.226 3	0.315 0	-0.007 6	0.512 2	0.506 9
3	2000	-0.220 8	0.316 0	-0.007 5	0.513 2	0.506 7
3	2001	-0.218 3	0.317 7	-0.007 5	0.515 6	0.508 4
3	2002	-0.217 7	0.319 7	-0.007 4	0.518 6	0.511 7
3	2003	-0.218 0	0.321 4	-0.022 6	0.517 7	0.511 3
3	2004	-0.221 7	0.319 8	-0.005 9	0.521 1	0.512 8
3	2005	-0.215 3	0.324 9	-0.006 0	0.529 1	0.518 5
3	2006	-0.210 7	0.329 1	-0.006 1	0.535 9	0.523 5
3	2007	-0.208 6	0.330 6	-0.006 0	0.538 2	0.525 9
3	2008	-0.207 7	0.333 3	-0.005 7	0.541 9	0.529 3
3	2009	-0.206 7	0.334 3	-0.005 6	0.543 5	0.530 4
3	2010	-0.201 5	0.334 6	-0.005 4	0.543 6	0.528 8
4	1993	-0.693 3	0.146 7	0.011 2	0.226 7	0.502 6
4	1994	-0.696 0	0.145 6	0.012 3	0.226 8	0.503 2
4	1995	-0.697 8	0.150 3	-0.011 9	0.233 1	0.514 0
4	1996	-0.687 9	0.146 9	-0.016 5	0.228 1	0.505 6
4	1997	-0.679 2	0.147 5	0.002 0	0.224 2	0.499 9
4	1998	-0.681 5	0.152 0	0.004 1	0.228 1	0.505 2
4	1999	-0.686 4	0.153 7	0.001 2	0.229 6	0.509 1
4	2000	-0.678 2	0.157 3	0.000 1	0.231 0	0.510 7
4	2001	-0.676 5	0.160 0	0.000 8	0.233 0	0.513 5
4	2002	-0.678 8	0.161 8	0.003 9	0.235 1	0.517 3
4	2003	-0.683 9	0.160 9	0.002 8	0.235 9	0.520 3
4	2004	-0.691 1	0.164 3	0.007 7	0.240 4	0.528 9
4	2005	-0.686 2	0.166 8	0.007 0	0.242 8	0.530 9
4	2006	-0.685 0	0.170 9	0.007 7	0.246 1	0.536 7

续表

部门	年份	煤炭	石油	天然气	热力	电力
4	2007	-0.684 9	0.173 2	0.006 4	0.248 8	0.540 2
4	2008	-0.683 1	0.175 6	-0.000 4	0.251 1	0.542 8
4	2009	-0.681 1	0.174 2	-0.000 1	0.249 3	0.540 2
4	2010	-0.671 8	0.177 3	-0.001 4	0.250 2	0.539 7
5	1993	-0.360 1	-0.050 0	-0.189 4	0.717 3	0.666 2
5	1994	-0.353 6	-0.044 9	-0.184 8	0.719 1	0.664 4
5	1995	-0.347 6	-0.042 2	-0.186 5	0.718 2	0.666 9
5	1996	-0.323 5	-0.024 2	-0.165 6	0.713 5	0.665 3
5	1997	-0.320 4	-0.020 5	-0.161 3	0.716 2	0.669 1
5	1998	-0.340 2	-0.038 7	-0.190 9	0.721 2	0.668 4
5	1999	-0.338 2	-0.037 2	-0.195 9	0.730 7	0.676 5
5	2000	-0.333 3	-0.033 6	-0.196 8	0.736 6	0.681 2
5	2001	-0.330 4	-0.031 4	-0.195 9	0.738 3	0.683 6
5	2002	-0.328 9	-0.028 6	-0.196 9	0.750 8	0.691 4
5	2003	-0.325 9	-0.025 1	-0.192 4	0.753 5	0.696 1
5	2004	-0.325 1	-0.023 2	-0.188 7	0.757 1	0.699 6
5	2005	-0.320 2	-0.020 6	-0.191 4	0.761 3	0.703 3
5	2006	-0.318 1	-0.018 9	-0.193 8	0.767 9	0.707 7
5	2007	-0.316 8	-0.018 6	-0.195 1	0.767 8	0.707 1
5	2008	-0.327 2	-0.025 5	-0.203 2	0.772 3	0.711 8
5	2009	-0.325 0	-0.024 3	-0.204 3	0.774 7	0.713 0
5	2010	-0.319 0	-0.021 5	-0.207 1	0.777 1	0.712 7
6	1993	0.153 9	-0.096 5	-0.075 1	0.102 7	0.750 0
6	1994	0.155 4	-0.085 1	-0.060 7	0.105 0	0.743 7
6	1995	0.156 5	-0.081 8	-0.013 0	0.105 3	0.750 3
6	1996	0.161 4	-0.090 1	0.022 2	0.106 2	0.771 0
6	1997	0.166 6	-0.093 4	-0.056 6	0.110 8	0.785 5
6	1998	0.166 1	-0.094 9	-0.044 0	0.110 2	0.783 2
6	1999	0.166 3	-0.095 1	-0.015 4	0.109 8	0.790 5
6	2000	0.166 6	-0.094 5	-0.017 9	0.110 3	0.793 4
6	2001	0.167 2	-0.092 8	-0.023 3	0.111 2	0.795 5
6	2002	0.168 6	-0.091 1	-0.019 0	0.112 3	0.800 1

续表

部门	年份	煤炭	石油	天然气	热力	电力
6	2003	0. 171 0	-0. 092 5	-0. 022 2	0. 114 0	0. 809 8
6	2004	0. 173 7	-0. 080 8	-0. 032 9	0. 117 6	0. 805 7
6	2005	0. 174 6	-0. 077 3	-0. 033 3	0. 118 6	0. 803 9
6	2006	0. 176 2	-0. 076 4	-0. 032 4	0. 119 8	0. 810 5
6	2007	0. 175 5	-0. 073 5	-0. 034 5	0. 119 3	0. 807 7
6	2008	0. 173 7	-0. 078 9	-0. 033 7	0. 117 3	0. 810 7
6	2009	0. 175 2	-0. 075 9	-0. 039 0	0. 118 7	0. 811 1
6	2010	0. 177 0	-0. 066 6	-0. 047 1	0. 121 4	0. 806 9
7	1993	0. 462 6	-0. 008 7	0. 425 7	-0. 084 9	0. 209 1
7	1994	0. 464 9	-0. 009 2	0. 427 0	-0. 088 9	0. 210 8
7	1995	0. 480 4	-0. 009 2	0. 445 5	-0. 086 6	0. 218 1
7	1996	0. 476 4	-0. 008 9	0. 431 8	-0. 087 0	0. 214 7
7	1997	0. 481 5	-0. 010 4	0. 438 4	-0. 088 2	0. 216 7
7	1998	0. 486 2	-0. 010 2	0. 444 4	-0. 088 5	0. 219 3
7	1999	0. 491 9	-0. 010 0	0. 448 6	-0. 088 7	0. 222 2
7	2000	0. 495 0	-0. 009 9	0. 452 7	-0. 088 5	0. 224 3
7	2001	0. 497 7	-0. 009 5	0. 456 7	-0. 087 6	0. 226 3
7	2002	0. 496 8	-0. 009 6	0. 456 0	-0. 087 2	0. 226 2
7	2003	0. 504 6	-0. 007 9	0. 465 9	-0. 080 6	0. 230 8
7	2004	0. 508 6	-0. 008 2	0. 469 1	-0. 081 1	0. 232 8
7	2005	0. 512 3	-0. 008 4	0. 470 1	-0. 083 2	0. 232 6
7	2006	0. 513 9	-0. 007 8	0. 473 5	-0. 080 8	0. 234 3
7	2007	0. 518 6	-0. 007 5	0. 479 5	-0. 080 3	0. 237 2
7	2008	0. 516 3	-0. 007 6	0. 476 5	-0. 079 9	0. 236 2
7	2009	0. 520 9	-0. 007 3	0. 480 0	-0. 079 0	0. 238 5
7	2010	0. 525 9	-0. 006 3	0. 489 5	-0. 077 1	0. 241 7
8	1993	-0. 678 9	0. 084 7	0. 209 6	0. 230 9	0. 798 8
8	1994	-0. 683 9	0. 087 7	0. 213 1	0. 234 9	0. 810 7
8	1995	-0. 682 0	0. 088 3	0. 212 2	0. 233 7	0. 808 5
8	1996	-0. 685 0	0. 092 5	0. 216 9	0. 238 5	0. 822 0
8	1997	-0. 673 5	0. 093 0	0. 213 8	0. 236 1	0. 810 3
8	1998	-0. 672 6	0. 092 1	0. 212 9	0. 234 9	0. 807 1

续表

部门	年份	煤炭	石油	天然气	热力	电力
8	1999	-0.668 2	0.094 5	0.214 2	0.236 2	0.808 5
8	2000	-0.668 0	0.096 8	0.216 1	0.238 4	0.813 8
8	2001	-0.666 9	0.098 5	0.217 1	0.239 6	0.816 1
8	2002	-0.671 0	0.099 4	0.218 8	0.241 7	0.822 2
8	2003	-0.676 0	0.101 7	0.221 8	0.245 0	0.830 8
8	2004	-0.680 8	0.102 3	0.222 9	0.246 6	0.836 7
8	2005	-0.682 2	0.104 8	0.224 9	0.248 9	0.842 4
8	2006	-0.684 8	0.107 2	0.227 7	0.251 7	0.850 3
8	2007	-0.686 8	0.109 2	0.229 8	0.253 9	0.856 2
8	2008	-0.689 8	0.108 1	0.229 5	0.253 6	0.856 5
8	2009	-0.689 3	0.108 0	0.228 9	0.253 3	0.855 9
8	2010	-0.689 0	0.109 9	0.230 8	0.255 8	0.860 6
9	1993	0.404 5	0.150 9	0.117 1	0.299 2	0.248 9
9	1994	0.410 7	0.154 2	0.120 5	0.305 6	0.254 4
9	1995	0.407 4	0.152 3	0.117 4	0.302 8	0.250 9
9	1996	0.413 7	0.156 0	0.123 7	0.310 5	0.257 7
9	1997	0.413 4	0.156 0	0.123 5	0.310 2	0.257 9
9	1998	0.408 8	0.154 0	0.120 0	0.307 1	0.253 3
9	1999	0.411 6	0.155 1	0.120 2	0.307 6	0.255 2
9	2000	0.414 5	0.157 2	0.122 7	0.312 0	0.258 5
9	2001	0.416 1	0.158 8	0.124 9	0.315 2	0.261 2
9	2002	0.416 7	0.160 0	0.126 8	0.318 0	0.263 0
9	2003	0.420 0	0.160 8	0.126 8	0.320 7	0.263 9
9	2004	0.422 3	0.162 3	0.129 2	0.330 3	0.263 0
9	2005	0.423 7	0.163 5	0.130 7	0.333 8	0.264 7
9	2006	0.426 4	0.165 2	0.132 2	0.337 3	0.267 7
9	2007	0.430 2	0.167 8	0.135 7	0.342 7	0.271 9
9	2008	0.434 5	0.170 3	0.138 9	0.348 8	0.275 0
9	2009	0.435 6	0.170 5	0.139 1	0.349 7	0.275 6
9	2010	0.440 0	0.174 5	0.142 3	0.355 8	0.280 6
10	1993	0.264 4	0.501 4	0.123 1	0.493 7	0.305 8
10	1994	0.266 4	0.505 5	0.123 1	0.497 6	0.308 4

续表

部门	年份	煤炭	石油	天然气	热力	电力
10	1995	0.267 3	0.506 7	0.124 1	0.498 1	0.308 9
10	1996	0.265 0	0.503 0	0.123 7	0.494 7	0.306 4
10	1997	0.265 2	0.504 1	0.122 1	0.495 8	0.307 0
10	1998	0.266 7	0.507 3	0.123 2	0.499 1	0.308 8
10	1999	0.267 2	0.508 5	0.121 6	0.500 1	0.309 6
10	2000	0.269 3	0.513 2	0.123 7	0.504 9	0.312 4
10	2001	0.270 5	0.515 7	0.124 4	0.507 2	0.313 9
10	2002	0.271 8	0.518 5	0.125 9	0.509 8	0.315 7
10	2003	0.275 6	0.525 1	0.128 5	0.515 3	0.319 8
10	2004	0.277 5	0.527 2	0.132 0	0.515 8	0.322 0
10	2005	0.281 4	0.534 7	0.134 8	0.522 8	0.326 2
10	2006	0.283 8	0.539 6	0.136 4	0.527 1	0.329 2
10	2007	0.286 3	0.544 8	0.138 2	0.531 7	0.332 5
10	2008	0.287 6	0.546 6	0.139 6	0.533 2	0.333 8
10	2009	0.288 3	0.548 2	0.140 3	0.534 8	0.334 4
10	2010	0.290 7	0.554 1	0.142 1	0.541 0	0.337 7
11	1993	-0.540 0	-0.022 9	0.391 6	-0.547 9	0.545 2
11	1994	-0.539 6	-0.018 7	0.406 2	-0.551 0	0.554 5
11	1995	-0.530 9	-0.017 0	0.400 2	-0.537 8	0.550 5
11	1996	-0.526 5	-0.014 7	0.401 5	-0.534 4	0.550 3
11	1997	-0.525 3	-0.016 6	0.395 2	-0.535 2	0.548 7
11	1998	-0.516 9	-0.013 4	0.396 2	-0.526 3	0.548 2
11	1999	-0.518 2	-0.011 9	0.404 2	-0.528 4	0.553 0
11	2000	-0.510 0	-0.008 8	0.406 3	-0.523 9	0.554 4
11	2001	-0.508 8	-0.007 4	0.410 3	-0.524 2	0.558 2
11	2002	-0.509 6	-0.005 9	0.416 1	-0.525 7	0.564 1
11	2003	-0.508 3	-0.004 2	0.419 9	-0.525 0	0.569 0
11	2004	-0.507 6	-0.002 6	0.424 0	-0.522 3	0.574 9
11	2005	-0.510 8	-0.001 5	0.431 2	-0.527 6	0.580 9
11	2006	-0.512 7	-0.000 5	0.436 5	-0.531 0	0.587 0
11	2007	-0.510 0	0.001 8	0.440 9	-0.528 1	0.591 7
11	2008	-0.506 1	0.005 3	0.449 5	-0.525 1	0.598 0

续表

部门	年份	煤炭	石油	天然气	热力	电力
11	2009	-0.509 8	0.004 8	0.451 7	-0.528 5	0.601 0
11	2010	-0.508 9	0.006 7	0.457 8	-0.531 7	0.607 6
12	1993	-0.332 5	0.305 6	-0.060 6	0.150 2	0.460 9
12	1994	-0.332 0	0.305 7	-0.003 4	0.150 3	0.464 5
12	1995	-0.324 7	0.301 1	0.003 1	0.140 8	0.461 5
12	1996	-0.331 4	0.320 0	-0.042 0	0.155 1	0.476 2
12	1997	-0.327 6	0.311 5	0.107 9	0.135 8	0.470 3
12	1998	-0.325 2	0.316 5	0.031 1	0.144 7	0.474 6
12	1999	-0.321 2	0.318 7	-0.019 9	0.149 5	0.474 1
12	2000	-0.319 9	0.319 7	-0.025 1	0.150 9	0.474 8
12	2001	-0.316 4	0.320 6	-0.020 8	0.152 7	0.474 7
12	2002	-0.317 4	0.322 9	-0.018 1	0.155 1	0.476 3
12	2003	-0.317 5	0.327 8	-0.017 7	0.159 4	0.482 7
12	2004	-0.315 4	0.336 5	-0.033 6	0.173 4	0.492 0
12	2005	-0.313 8	0.340 0	-0.034 5	0.176 6	0.497 3
12	2006	-0.313 1	0.343 7	-0.036 9	0.179 4	0.502 9
12	2007	-0.306 2	0.346 8	-0.042 2	0.183 8	0.507 0
12	2008	-0.308 3	0.343 2	-0.022 3	0.177 7	0.506 6
12	2009	-0.306 1	0.349 5	-0.019 8	0.183 4	0.513 9
12	2010	-0.302 1	0.357 4	-0.023 7	0.187 8	0.521 9
13	1993	-0.196 9	0.106 8	0.116 2	-0.001 3	0.125 6
13	1994	-0.198 5	0.108 0	0.120 8	0.003 8	0.128 0
13	1995	-0.197 1	0.108 9	0.119 3	0.003 5	0.130 3
13	1996	-0.202 5	0.115 4	0.133 2	0.012 3	0.137 7
13	1997	-0.201 4	0.115 5	0.132 1	0.012 3	0.138 6
13	1998	-0.196 6	0.117 5	0.136 4	0.016 5	0.142 0
13	1999	-0.191 3	0.119 5	0.139 6	0.019 6	0.145 4
13	2000	-0.190 3	0.119 9	0.139 8	0.020 0	0.145 8
13	2001	-0.188 3	0.121 5	0.143 3	0.022 7	0.148 5
13	2002	-0.186 0	0.123 2	0.147 6	0.025 1	0.150 1
13	2003	-0.189 1	0.125 1	0.151 0	0.025 9	0.152 8
13	2004	-0.187 0	0.127 6	0.155 2	0.029 6	0.156 3

续表

部门	年份	煤炭	石油	天然气	热力	电力
13	2005	-0.184 2	0.129 0	0.157 4	0.030 9	0.157 7
13	2006	-0.183 8	0.130 5	0.160 9	0.034 0	0.160 1
13	2007	-0.183 1	0.131 5	0.161 5	0.034 6	0.162 0
13	2008	-0.180 9	0.133 0	0.164 9	0.037 2	0.164 3
13	2009	-0.179 4	0.133 8	0.165 9	0.037 5	0.165 7
13	2010	-0.178 3	0.135 3	0.167 7	0.039 1	0.168 5
14	1993	0.076 3	0.388 6	-0.035 1	0.054 5	0.435 7
14	1994	0.082 9	0.391 4	-0.043 2	0.040 7	0.433 4
14	1995	0.086 3	0.399 1	-0.043 9	0.039 4	0.439 7
14	1996	0.085 1	0.398 4	-0.035 2	0.059 2	0.451 1
14	1997	0.086 7	0.400 7	-0.034 6	0.061 0	0.453 1
14	1998	0.084 9	0.398 8	-0.032 3	0.063 9	0.454 0
14	1999	0.085 5	0.400 4	-0.030 4	0.068 2	0.456 8
14	2000	0.087 3	0.403 2	-0.029 9	0.069 1	0.460 0
14	2001	0.087 5	0.403 5	-0.028 6	0.071 0	0.461 8
14	2002	0.088 2	0.406 1	-0.027 3	0.074 6	0.465 3
14	2003	0.089 7	0.409 6	-0.027 0	0.076 0	0.470 8
14	2004	0.092 0	0.416 9	-0.025 6	0.081 2	0.478 9
14	2005	0.092 7	0.419 8	-0.025 6	0.082 0	0.482 5
14	2006	0.093 7	0.422 5	-0.024 4	0.085 0	0.486 6
14	2007	0.094 5	0.425 0	-0.023 4	0.087 7	0.490 0
14	2008	0.093 8	0.421 7	-0.022 3	0.088 7	0.488 4
14	2009	0.095 1	0.426 5	-0.022 1	0.090 2	0.494 0
14	2010	0.096 8	0.429 6	-0.021 3	0.092 4	0.497 2
15	1993	-0.227 0	0.650 7	-0.002 4	0.342 9	0.338 0
15	1994	-0.227 3	0.650 7	-0.002 9	0.349 6	0.342 1
15	1995	-0.224 1	0.647 1	-0.002 9	0.343 8	0.334 4
15	1996	-0.214 1	0.652 9	-0.002 9	0.345 9	0.340 6
15	1997	-0.209 2	0.657 0	-0.003 3	0.349 7	0.342 1
15	1998	-0.209 0	0.654 9	-0.003 2	0.347 1	0.341 2
15	1999	-0.206 6	0.659 5	-0.003 2	0.349 2	0.342 5
15	2000	-0.206 6	0.660 6	-0.003 2	0.348 6	0.342 9

续表

部门	年份	煤炭	石油	天然气	热力	电力
15	2001	-0. 206 1	0. 661 7	-0. 003 1	0. 348 8	0. 343 5
15	2002	-0. 204 7	0. 665 9	-0. 011 2	0. 354 0	0. 347 3
15	2003	-0. 207 1	0. 669 9	-0. 011 3	0. 358 7	0. 352 2
15	2004	-0. 211 7	0. 674 4	-0. 002 0	0. 361 6	0. 355 0
15	2005	-0. 209 7	0. 677 9	-0. 002 2	0. 366 7	0. 359 5
15	2006	-0. 208 1	0. 683 4	-0. 002 1	0. 372 7	0. 363 7
15	2007	-0. 207 6	0. 689 7	-0. 002 1	0. 380 5	0. 368 4
15	2008	-0. 205 5	0. 691 5	-0. 001 9	0. 379 5	0. 368 5
15	2009	-0. 207 0	0. 692 4	-0. 001 9	0. 381 9	0. 371 0
15	2010	-0. 205 4	0. 697 4	-0. 001 9	0. 384 6	0. 373 2
16	1993	-0. 257 6	0. 048 4	0. 215 9	0. 090 1	0. 145 7
16	1994	-0. 255 2	0. 049 8	0. 218 9	0. 091 8	0. 147 6
16	1995	-0. 254 2	0. 050 3	0. 219 4	0. 092 0	0. 148 4
16	1996	-0. 249 3	0. 051 8	0. 221 2	0. 093 5	0. 149 5
16	1997	-0. 247 6	0. 051 9	0. 220 7	0. 093 4	0. 149 7
16	1998	-0. 245 9	0. 052 7	0. 222 3	0. 094 4	0. 150 5
16	1999	-0. 244 7	0. 053 5	0. 224 2	0. 095 3	0. 151 5
16	2000	-0. 242 6	0. 054 5	0. 226 6	0. 096 6	0. 152 8
16	2001	-0. 240 5	0. 055 6	0. 229 1	0. 097 7	0. 154 1
16	2002	-0. 240 3	0. 056 2	0. 230 9	0. 098 7	0. 155 2
16	2003	-0. 241 2	0. 057 2	0. 234 3	0. 100 4	0. 157 3
16	2004	-0. 240 9	0. 058 8	0. 238 9	0. 102 5	0. 159 8
16	2005	-0. 239 4	0. 060 0	0. 241 8	0. 104 2	0. 161 8
16	2006	-0. 237 5	0. 061 3	0. 245 0	0. 105 8	0. 163 7
16	2007	-0. 234 5	0. 062 9	0. 248 6	0. 107 4	0. 165 7
16	2008	-0. 232 9	0. 063 6	0. 250 3	0. 108 3	0. 166 7
16	2009	-0. 232 6	0. 064 0	0. 251 4	0. 108 9	0. 167 5
16	2010	-0. 231 2	0. 064 9	0. 253 6	0. 109 8	0. 168 3

附表 7.3　经济低速增长时能源结构优化模型的解

	情形 1	情形 2	情形 3	情形 4	情形 5
DC_1	-794.82	-814.49	-835.10	-854.89	-875.68
DC_2	-3 861.46	-3 806.85	-3 762.90	-3 708.55	-3 665.75
DC_3	-1 100.95	-1 145.79	-1 211.67	-1 256.54	-1 322.26
DC_4	-1 001.27	-959.71	-1 006.99	-965.50	-1012.73
DC_5	-1 431.81	-1 388.12	-1 375.25	-1 331.31	-1 318.25
DC_6	1 573.94	1 580.05	1 588.22	1 594.33	1 602.62
DC_7	-329.85	-327.25	-326.43	-323.85	-323.08
DC_8	-6 806.08	-6 631.07	-6 686.75	-6 511.30	-6 565.76
DC_9	-8 724.35	-8 603.42	-7 875.59	-7 757.54	-7 043.46
DC_{10}	-21 311.96	-20 160.76	-18 959.79	-17 808.47	-16 609.78
DC_{11}	-1 071.63	-1 015.74	-963.25	-906.58	-852.01
DC_{12}	-213.53	-214.31	-184.63	-185.56	-156.50
DC_{13}	-257.46	-257.53	-258.50	-258.61	-259.64
DC_{14}	-875.92	-879.03	-897.09	-900.34	-918.44
DC_{15}	-891.07	-942.70	-995.15	-1 046.83	-262.10
DC_{16}	-2 242.91	-2 383.70	-2 519.94	-2 652.13	-2780.70
DO_1	-1 208.13	-1 238.02	-1 269.36	-1 299.43	-1 331.03
DO_2	-1 148.81	-1 132.57	-1 119.49	-1 103.32	-1 090.59
DO_3	174.00	181.09	191.50	198.59	208.98
DO_4	193.01	185.00	194.11	186.11	195.22
DO_5	-199.11	-193.03	-191.24	-185.13	-183.32
DO_6	-92.58	-92.94	-93.42	-93.78	-94.27
DO_7	-5 187.98	-5 147.09	-5 134.07	-5 093.50	-5 081.49
DO_8	-3 156.57	-3 075.40	-3 101.23	-3 019.86	-3 045.11
DO_9	1 423.64	1 403.90	1 285.14	1 265.88	1 149.35
DO_{10}	517.39	489.44	460.28	432.33	403.23
DO_{11}	-485.80	-460.46	-436.67	-410.97	-386.24
DO_{12}	-1 662.21	-1 668.29	-1 437.25	-1 444.47	-1 218.28
DO_{13}	-12 267.36	-12 270.85	-12 317.00	-12 322.41	-12 371.27

续表

	情形 1	情形 2	情形 3	情形 4	情形 5
DO_{14}	427. 65	429. 17	437. 99	439. 57	448. 41
DO_{15}	−93. 35	−98. 76	−104. 25	−109. 67	−27. 46
DO_{16}	−1 642. 50	−1 745. 61	−1 845. 37	−1 942. 18	−2 036. 33
DG_{1}	3. 88	3. 97	4. 07	4. 17	4. 27
DG_{2}	955. 27	941. 76	930. 89	917. 45	906. 86
DG_{3}	−41. 62	−43. 32	−45. 81	−47. 50	−49. 99
DG_{4}	−18. 63	−17. 86	−18. 73	−17. 96	−18. 84
DG_{5}	−31. 72	−30. 75	−30. 47	−29. 49	−29. 20
DG_{6}	−7. 41	−7. 44	−7. 47	−7. 50	−7. 54
DG_{7}	299. 89	297. 53	296. 78	294. 43	293. 74
DG_{8}	1 538. 50	1 498. 94	1 511. 52	1 471. 86	1 484. 17
DG_{9}	297. 87	293. 74	268. 89	264. 86	240. 48
DG_{10}	−220. 16	−208. 27	−195. 87	−183. 97	−171. 59
DG_{11}	−120. 29	−114. 02	−108. 13	−101. 77	−95. 64
DG_{12}	−6. 29	−6. 31	−5. 44	−5. 46	−4. 61
DG_{13}	731. 42	731. 63	734. 38	734. 70	737. 61
DG_{14}	−214. 63	−215. 40	−219. 82	−220. 62	−225. 05
DG_{15}	−207. 78	−219. 82	−232. 05	−244. 10	−61. 12
DG_{16}	911. 57	968. 80	1 024. 17	1 077. 89	1 130. 14
DH_{1}	1. 94	1. 99	2. 04	2. 09	2. 14
DH_{2}	114. 88	113. 26	111. 95	110. 33	109. 06
DH_{3}	77. 49	80. 64	85. 28	88. 44	93. 07
DH_{4}	−282. 59	−270. 86	−284. 20	−272. 49	−285. 82
DH_{5}	166. 64	161. 56	160. 06	154. 95	153. 43
DH_{6}	158. 32	158. 93	159. 76	160. 37	161. 20
DH_{7}	−667. 79	−662. 52	−660. 85	−655. 62	−654. 08
DH_{8}	1 298. 01	1 264. 64	1 275. 26	1 241. 80	1 252. 18
DH_{9}	23. 36	23. 04	21. 09	20. 77	18. 86
DH_{10}	471. 65	446. 17	419. 59	394. 11	367. 59

续表

	情形 1	情形 2	情形 3	情形 4	情形 5
DH_{11}	-141.93	-134.52	-127.57	-120.07	-112.84
DH_{12}	9.05	9.09	7.83	7.87	6.64
DH_{13}	32.18	32.19	32.31	32.33	32.46
DH_{14}	78.82	79.10	80.73	81.02	82.65
DH_{15}	154.40	163.34	172.43	181.39	45.41
DH_{16}	-359.45	-382.01	-403.85	-425.03	-445.64
DE_1	-878.77	-900.51	-923.30	-945.17	-968.16
DE_2	3 669.91	3 618.01	3 576.24	3 524.58	3 483.91
DE_3	-1 337.67	-1 392.16	-1 472.20	-1 526.72	-1 606.57
DE_4	-3 431.76	-3 289.30	-3 451.33	-3 309.15	-3 471.03
DE_5	-2 843.61	-2 756.83	-2 731.28	-2 644.02	-2 618.08
DE_6	-2 141.96	-2 150.28	-2 161.40	-2 169.72	-2 180.99
DE_7	-1 358.24	-1 347.53	-1 344.12	-1 333.50	-1 330.36
DE_8	-9 018.77	-8 786.87	-8 860.64	-8 628.16	-8 700.33
DE_9	-567.43	-559.56	-512.23	-504.55	-458.10
DE_{10}	-14 039.18	-13 280.83	-12 489.70	-11 731.27	-10941.63
DE_{11}	-4 332.18	-4 106.23	-3 894.04	-3 664.92	-3 444.34
DE_{12}	32.19	32.31	27.84	27.98	23.60
DE_{13}	-410.56	-410.68	-412.22	-412.40	-414.04
DE_{14}	-1 391.41	-1 396.35	-1 425.04	-1 430.20	-1 458.96
DE_{15}	-4 705.04	-4 977.65	-5 254.58	-5 527.44	-1 383.93
DE_{16}	-4 949.44	-5 260.12	-5 560.76	-5 852.47	-6 136.17
x_1	0.047 3	0.048 7	0.050 8	0.052 4	0.039 9
x_2	0.030 4	0.020 1	0.013 4	0.004 6	0.058 8
x_3	0.173 4	0.175 7	0.177 3	0.174 8	0.146 4
y_1	0.295 1	0.286 6	0.280 0	0.271 2	0.222 9
y_2	0.029 0	0.037 4	0.047 2	0.054 2	0.082 5
y_3	0.254 2	0.252 9	0.248 0	0.251 8	0.288 5

附表 7.4　经济中速增长时能源结构优化模型的解

	情形 1	情形 2	情形 3	情形 4	情形 5
DC_1	-864.54	-885.93	-908.36	-929.87	-952.49
DC_2	-4 200.17	-4 140.77	-4 092.97	-4 033.85	-3 987.30
DC_3	-1 197.52	-1 246.30	-1 317.95	-1 366.76	-1 438.25
DC_4	-1 089.10	-1 043.89	-1 095.31	-1 050.19	-1 101.56
DC_5	-1 557.40	-1 509.87	-1 495.88	-1 448.09	-1 433.88
DC_6	1 712.00	1 718.65	1 727.53	1 734.18	1 743.19
DC_7	-287.11	-284.84	-284.12	-281.88	-281.21
DC_8	-7 403.08	-7 212.72	-7 273.28	-7 082.44	-7 141.68
DC_9	-9 489.61	-8 821.16	-8 108.58	-7 368.17	-6 642.83
DC_{10}	-23 181.35	-21 929.17	-20 622.86	-19 370.56	-18 066.72
DC_{11}	-1 165.63	-1 104.84	-1 047.75	-986.10	-926.75
DC_{12}	-232.26	-233.11	-200.83	-201.83	-170.23
DC_{13}	-280.04	-280.12	-281.18	-281.30	-282.41
DC_{14}	-952.75	-956.13	-975.78	-979.31	-999.01
DC_{15}	-969.24	-1 025.39	-1 082.44	-1 138.65	-1 195.82
DC_{16}	-2 698.64	-2 868.04	-3 031.96	-3 191.01	-3 345.70
DO_1	-1 314.10	-1 346.62	-1 380.70	-1 413.41	-1 447.78
DO_2	-1 249.58	-1 231.91	-1 217.69	-1 200.10	-1 186.25
DO_3	-0.55	-0.57	-0.61	-0.63	-0.66
DO_4	209.94	201.23	211.14	202.44	212.34
DO_5	-216.57	-209.96	-208.02	-201.37	-199.39
DO_6	-100.71	-101.10	-101.62	-102.01	-102.54
DO_7	-5 643.05	-5 598.57	-5 584.41	-5 540.28	-5 527.21
DO_8	-3 433.45	-3 345.17	-3 373.25	-3 284.74	-3 312.22
DO_9	-979.85	-1 225.31	-1 107.80	-1 345.83	-1 241.33
DO_{10}	187.74	177.60	167.02	156.88	146.32
DO_{11}	-528.41	-500.85	-474.97	-447.02	-420.12
DO_{12}	-1 808.01	-1 814.62	-1 563.32	-1 571.17	-1 325.14
DO_{13}	-13 343.40	-13 347.20	-13 397.39	-13 403.28	-13 456.43

续表

	情形 1	情形 2	情形 3	情形 4	情形 5
DO_{14}	465. 16	466. 82	476. 41	478. 13	487. 75
DO_{15}	1. 14	1. 21	1. 28	1. 34	1. 41
DO_{16}	-1 976. 24	-2 100. 29	-2 220. 33	-2 336. 81	-2 450. 09
DG_1	4. 22	4. 32	4. 43	4. 54	4. 65
DG_2	1 039. 07	1 024. 37	1 012. 55	997. 92	986. 40
DG_3	-45. 27	-47. 12	-49. 83	-51. 67	-54. 37
DG_4	-20. 26	-19. 42	-20. 38	-19. 54	-20. 49
DG_5	-34. 50	-33. 45	-33. 14	-32. 08	-31. 77
DG_6	-8. 06	-8. 09	-8. 13	-8. 16	-8. 20
DG_7	326. 20	323. 63	322. 81	320. 26	319. 50
DG_8	1 673. 45	1 630. 42	1 644. 11	1 600. 97	1 614. 36
DG_9	324. 00	319. 51	292. 48	288. 09	261. 57
DG_{10}	239. 48	226. 54	213. 05	200. 11	186. 64
DG_{11}	-116. 58	-110. 50	-104. 79	-98. 63	-92. 69
DG_{12}	-6. 84	-6. 86	-5. 91	-5. 94	-5. 01
DG_{13}	795. 58	795. 80	798. 80	799. 15	802. 32
DG_{14}	-233. 46	-234. 29	-239. 10	-239. 97	-244. 80
DG_{15}	-226. 01	-239. 10	-252. 40	-265. 51	-278. 84
DG_{16}	1 096. 79	1 165. 64	1 232. 26	1 296. 91	1 359. 77
DH_1	2. 11	2. 16	2. 22	2. 27	2. 32
DH_2	124. 96	123. 19	121. 77	120. 01	118. 63
DH_3	256. 54	266. 99	282. 34	292. 80	308. 12
DH_4	-244. 63	-234. 47	-246. 02	-235. 89	-247. 43
DH_5	195. 86	189. 88	188. 12	182. 11	180. 32
DH_6	172. 21	172. 88	173. 77	174. 44	175. 34
DH_7	-726. 36	-720. 64	-718. 81	-713. 13	-711. 45
DH_8	1 576. 51	1 535. 98	1 548. 87	1 508. 23	1 520. 85
DH_9	25. 41	25. 06	22. 94	22. 60	20. 52
DH_{10}	654. 57	619. 21	582. 33	546. 96	510. 15

续表

	情形 1	情形 2	情形 3	情形 4	情形 5
DH_{11}	-154.37	-146.32	-138.76	-130.60	-122.74
DH_{12}	9.85	9.88	8.52	8.56	7.22
DH_{13}	35.01	35.02	35.15	35.16	35.30
DH_{14}	85.73	86.04	87.81	88.12	89.90
DH_{15}	167.94	177.67	187.56	197.30	207.20
DH_{16}	-204.49	-217.33	-229.75	-241.80	-253.52
DE_{1}	-760.22	-779.04	-798.75	-817.67	-837.56
DE_{2}	4 161.59	4 102.73	4 055.37	3 996.79	3 950.67
DE_{3}	-1 455.01	-1 514.27	-1 601.33	-1 660.64	-1 747.50
DE_{4}	-3 732.78	-3 577.83	-3 754.07	-3 599.41	-3 775.49
DE_{5}	-3 093.04	-2 998.65	-2 970.86	-2 875.94	-2 847.73
DE_{6}	-2 053.68	-2 061.66	-2 072.32	-2 080.30	-2 091.10
DE_{7}	-1 477.38	-1 465.73	-1 462.02	-1 450.47	-1 447.05
DE_{8}	-9 809.86	-9 557.62	-9 637.86	-9 384.98	-9 463.48
DE_{9}	4 424.87	4 432.36	4 057.39	3 996.58	3 628.69
DE_{10}	-15 270.64	-14 445.77	-13 585.24	-12 760.29	-11 901.39
DE_{11}	-4 712.17	-4 466.41	-4 235.60	-3 986.39	-3 746.46
DE_{12}	71.66	71.92	61.96	62.27	52.52
DE_{13}	-182.49	-182.55	-183.23	-183.31	-184.04
DE_{14}	-1 378.80	-1 383.69	-1 412.13	-1 417.24	-1 445.74
DE_{15}	-5 117.74	-5 414.27	-5 715.49	-6 012.28	-6 314.17
DE_{16}	-5 955.10	-6 328.92	-6 690.64	-7 041.62	-7 382.97
x_1	0.068 7	0.067 8	0.068 3	0.067 1	0.068 1
x_2	0.000 0	0.000 0	0.000 0	0.000 0	0.000 0
x_3	0.147 3	0.146 4	0.149 2	0.150 8	0.148 5
y_1	0.378 5	0.371 5	0.366 1	0.358 9	0.352 8
y_2	0.006 0	0.006 0	0.006 0	0.006 0	0.006 0
y_3	0.206 4	0.208 3	0.201 9	0.201 8	0.200 7

附表 9.1　各地区 2003—2010 年的二氧化碳排放量

万吨

地区	2003 年	2004 年	2005 年	2006 年	2007 年	2008 年	2009 年	2010 年
北京	8 391.01	9 058.50	9 471.59	9 914.58	10 517.34	10 120.55	10 206.33	10 308.83
天津	7 041.34	8 163.36	9 398.51	10 021.73	10 818.22	11 541.39	12 767.04	13 119.55
河北	33 104.44	37 482.86	46 148.86	48 204.55	52 261.74	54 815.58	56 723.96	61 797.05
山西	25 031.70	26 615.72	27 660.70	30 521.73	32 955.78	37 014.47	37 648.48	40 079.75
内蒙古	12 779.34	21 037.84	24 238.13	27 680.56	35 104.18	42 705.38	45 779.73	47 672.87
辽宁	23 809.70	25 765.10	28 551.03	32 669.12	36 814.01	37 511.47	41 156.60	42 428.46
吉林	6 693.74	11 591.72	15 003.11	16 774.04	17 970.35	18 715.48	19 056.20	20 644.46
黑龙江	11 974.73	13 100.89	12 317.46	18 079.60	18 789.12	20 002.20	20 276.80	21 514.79
上海	13 933.15	15 266.50	16 226.46	16 775.27	17 771.81	18 151.15	18 186.61	19 315.21
江苏	23 429.49	30 900.37	39 434.35	43 779.57	46 292.08	49 016.12	50 325.66	54 787.38
浙江	16 753.67	20 629.03	24 435.87	28 133.94	31 744.22	32 326.43	33 017.96	34 586.57
安徽	17 255.30	15 503.91	15 051.11	17 093.94	18 817.34	21 773.28	24 022.09	24 492.62
福建	8 140.99	10 045.13	12 278.19	13 496.49	15 982.53	16 452.42	18 430.99	19 137.64
江西	7 320.47	8 564.04	9 212.31	10 312.06	12 117.31	12 282.08	13 154.71	13 651.35
山东	31 817.65	38 604.32	55 591.80	59 994.45	66 153.53	70 311.57	72 349.93	76 866.35
河南	20 143.01	23 740.40	31 278.43	35 834.68	43 350.99	43 780.08	45 385.76	50 030.63
湖北	16 820.13	18 505.73	18 948.61	22 575.41	25 089.57	25 353.44	27 413.19	31 777.02
湖南	10 004.09	11 461.43	18 077.42	20 462.00	22 534.64	22 904.79	23 707.54	24 507.69
广东	24 752.76	28 784.13	33 340.72	36 387.85	39 727.55	40 775.76	43 130.09	45 759.95
广西	6 176.16	8 477.31	9 425.06	10 954.42	12 386.82	12 530.23	14 258.31	15 383.95
海南	1 503.40	1 425.78	1 570.57	1 727.01	2 047.18	2 370.80	2 515.63	2 582.23
重庆	5 977.17	6 653.60	7 930.63	8 761.22	9 589.22	12 539.12	13 192.08	13 017.36
四川	13 609.11	17 349.02	16 386.74	16 921.00	19 899.96	22 481.91	25 109.93	26 198.87
贵州	11 578.11	12 987.86	14 957.90	17 366.67	18 095.34	17 230.74	19 336.29	19 352.21
云南	8 835.82	5 710.10	13 289.24	14 941.66	16 083.11	16 185.64	18 432.12	18 377.36
陕西	7 855.16	9 757.09	10 888.37	11 961.91	14 425.98	16 324.30	18 031.75	21 132.62
甘肃	6 850.26	7 778.46	8 530.11	9 103.28	9 948.54	10 588.98	10 221.52	12 426.55
青海	1 822.11	1 947.97	2 026.81	2 466.80	2 623.08	3 098.43	3 173.14	2 965.62
宁夏	5 457.39	4 060.12	4 920.06	5 806.60	6 911.98	7 441.54	8 178.69	9 476.54
新疆	7 666.09	9 501.08	10 520.15	11 804.98	12 940.84	14 117.22	16 231.63	17 113.70
平均值	13 217.58	15 348.98	18 237.01	20 350.90	22 658.81	24 015.42	25 380.69	27 016.84
最大值	33 104.44	38 604.32	55 591.80	59 994.45	66 153.53	70 311.57	72 349.93	76 866.35
最小值	1 503.40	1 425.78	1 570.57	1 727.01	2 047.18	2 370.80	2 515.63	2 582.23

附表 9.2　各地区 2003—2010 年的二氧化碳排放强度

吨/万元

地区	2003 年	2004 年	2005 年	2006 年	2007 年	2008 年	2009 年	2010 年
北京	2.552	2.415	2.258	2.092	1.938	1.710	1.564	1.432
天津	2.953	2.956	2.967	2.759	2.578	2.361	2.242	1.962
河北	4.847	4.861	5.278	4.863	4.674	4.453	4.189	4.067
山西	9.824	9.068	8.369	8.188	7.628	7.896	7.619	7.121
内蒙古	6.206	8.451	7.863	7.540	8.021	8.284	7.596	6.878
辽宁	4.050	3.885	3.835	3.842	3.764	3.383	3.281	2.962
吉林	2.700	4.168	4.811	4.677	4.316	3.875	3.473	3.307
黑龙江	2.712	2.656	2.238	2.930	2.719	2.590	2.356	2.218
上海	2.296	2.203	2.107	1.933	1.778	1.655	1.533	1.476
江苏	1.842	2.115	2.357	2.278	2.096	1.970	1.799	1.738
浙江	1.895	2.038	2.141	2.164	2.129	1.969	1.847	1.729
安徽	3.947	3.129	2.722	2.747	2.648	2.718	2.656	2.363
福建	1.535	1.694	1.855	1.777	1.826	1.664	1.660	1.513
江西	2.530	2.614	2.494	2.485	2.580	2.310	2.187	1.991
山东	2.555	2.686	3.359	3.160	3.052	2.896	2.656	2.513
河南	2.933	3.040	3.507	3.512	3.707	3.340	3.123	3.060
湖北	2.945	2.914	2.661	2.802	2.717	2.421	2.306	2.329
湖南	2.034	2.079	2.937	2.947	2.823	2.519	2.293	2.068
广东	1.802	1.825	1.858	1.766	1.678	1.560	1.504	1.420
广西	1.838	2.257	2.217	2.268	2.228	1.998	1.996	1.886
海南	2.138	1.832	1.831	1.778	1.820	1.911	1.816	1.607
重庆	2.696	2.676	2.860	2.810	2.654	3.032	2.776	2.339
四川	2.464	2.787	2.338	2.127	2.185	2.224	2.169	1.966
贵州	8.909	8.969	9.257	9.527	8.647	7.399	7.453	6.613
云南	3.448	2.002	4.275	4.307	4.131	3.759	3.819	3.390
陕西	3.486	3.836	3.801	3.666	3.818	3.712	3.609	3.690
甘肃	5.143	5.239	5.139	4.920	4.787	4.628	4.050	4.404
青海	5.059	4.817	4.466	4.797	4.495	4.678	4.352	3.527
宁夏	14.798	9.900	10.818	11.330	11.967	11.441	11.238	11.473
新疆	4.659	5.182	5.174	5.231	5.111	5.023	5.342	5.093
平均值	3.893	3.810	3.927	3.907	3.817	3.646	3.483	3.271
最大值	14.798	9.900	10.818	11.330	11.967	11.441	11.238	11.473
最小值	1.535	1.694	1.831	1.766	1.678	1.560	1.504	1.420

附表 9.3　各地区 2003—2010 年的人均二氧化碳排放量

吨/人

地区	2003 年	2004 年	2005 年	2006 年	2007 年	2008 年	2009 年	2010 年
北京	5.763 1	6.067 3	6.158 4	6.271 1	6.440 5	5.970 8	5.815 6	5.254 5
天津	6.964 7	7.972 0	9.011 0	9.322 5	9.702 4	9.814 1	10.395 3	10.097 5
河北	4.890 6	5.504 9	6.736 1	6.988 2	7.527 3	7.843 1	8.063 8	8.590 6
山西	7.553 3	7.980 7	8.244 6	9.043 5	9.712 9	10.851 5	10.984 7	11.213 9
内蒙古	5.356 5	8.792 6	10.086 6	11.461 7	14.453 1	17.471 2	18.623 1	19.283 7
辽宁	5.655 5	6.109 8	6.764 0	7.649 1	8.565 4	8.693 3	9.480 9	9.698 2
吉林	2.475 5	4.279 0	5.524 0	6.160 1	6.582 5	6.845 5	6.956 0	7.516 4
黑龙江	3.138 9	3.432 2	3.224 5	4.729 2	4.913 5	5.229 3	5.299 7	5.612 5
上海	7.890 4	8.319 7	8.584 2	8.540 9	8.612 1	8.479 3	8.228 2	8.388 2
江苏	3.141 5	4.107 5	5.196 9	5.718 3	5.994 1	6.314 9	6.443 7	6.962 1
浙江	3.449 5	4.188 5	4.896 1	5.547 1	6.158 1	6.201 8	6.258 7	6.350 2
安徽	2.799 8	2.489 4	2.459 3	2.797 7	3.075 7	3.549 0	3.918 1	4.111 8
福建	2.324 7	2.846 4	3.451 5	3.765 2	4.425 3	4.521 4	5.027 7	5.182 1
江西	1.720 8	1.999 1	2.136 9	2.376 5	2.774 1	2.791 4	2.968 0	3.059 3
山东	3.486 9	4.205 3	6.011 2	6.444 8	7.062 4	7.466 5	7.639 7	8.017 0
河南	2.083 7	2.443 2	3.334 6	3.815 4	4.631 5	4.643 1	4.784 0	5.319 3
湖北	2.958 7	3.247 8	3.318 5	3.965 5	4.402 5	4.439 4	4.792 5	5.547 7
湖南	1.501 4	1.711 2	2.857 6	3.226 4	3.546 0	3.590 1	3.700 8	3.730 2
广东	2.761 8	3.159 4	3.626 4	3.853 8	4.112 6	4.121 7	4.257 7	4.382 7
广西	1.271 6	1.734 0	2.022 5	2.321 3	2.597 9	2.601 8	2.936 2	3.337 1
海南	1.853 8	1.743 0	1.896 8	2.065 8	2.422 7	2.776 1	2.911 4	2.973 0
重庆	2.132 3	2.382 0	2.834 4	3.120 1	3.405 3	4.416 7	4.614 2	4.512 7
四川	1.664 5	2.144 5	1.995 5	2.071 4	2.448 6	2.762 6	3.067 8	3.256 6
贵州	2.991 8	3.326 8	4.010 2	4.706 4	4.982 2	4.791 6	5.466 9	5.562 7
云南	2.019 2	1.293 3	2.986 3	3.333 0	3.562 9	3.562 8	4.032 4	3.993 7
陕西	2.139 4	2.650 5	2.950 6	3.233 6	3.890 1	4.391 1	4.838 6	5.657 7
甘肃	2.699 9	3.060 6	3.351 6	3.574 4	3.904 2	4.151 1	4.000 7	4.854 2
青海	3.412 2	3.614 1	3.732 6	4.501 5	4.751 9	5.592 8	5.693 8	5.263 1
宁夏	9.409 3	6.905 0	8.255 1	9.613 6	11.331 1	12.041 3	13.081 7	14.971 8
新疆	3.963 9	4.840 1	5.233 9	5.758 5	6.177 0	6.624 7	7.519 4	7.832 0
平均值	3.649 2	4.085 0	4.696 4	5.199 2	5.738 9	6.085 0	6.393 4	6.684 4
最大值	9.409 3	8.792 6	10.086 6	11.461 7	14.453 1	17.471 2	18.623 1	19.283 7
最小值	1.271 6	1.293 3	1.896 8	2.065 8	2.422 7	2.601 8	2.911 4	2.973 0

参考文献

[1]Albrecht J, Francois D, Schoors K. A Shapley decomposition of carbon emissions without residuals[J]. Energy Policy, 2002 (30): 727 -736.

[2]Andersen M S. Governance by Green Taxes: Implementing Clean Water Policies in Europe[J]. Environmental Economics and Policy Studies, 1999 (2).

[3] Ang B W, Choi K H. Decomposition of aggregate energy and gas emission intensities for industry: a refined Divisia index method[J]. Energy Journal, 1997, 18 (3): 59 -73.

[4]Ang B W, Liu F L. A new energy decomposition method: perfect in decomposition and consistent in aggregation[J]. Energy, 2001, 26 (6): 537 - 548.

[5]Ashford N, Ayers C, Stone R. Using Regulation to Change the Market for Innovation[J]. Harvard Environmental Review, 1998 (9).

[6]Bent Sφrensen. Pathways to climate stabilization[J]. Energy Policy. 2008.

[7] Besley T, Case A. Does Electoral Accountability Affect Economic Policy Choices, Evidence from Gubernatorial Term Limits[J]. The Quarterly Journal of Economics, 1995,110(3).

[8]Bovenberg A L, Mooij R A. Environmental Levies and Distortionary Taxation[J]. American Economic Review,1994 (84).

[9]Bovenberg A L, Mooij R A. Environmental Tax Reform and Endogenous Growth[J]. Journal of Public Economics, 1997 (63).

[10] Bovenberg A L, Van der Ploeg F. Tax Reform, Structural Unemployment and the Environment[J]. Scandinavian Journal of Economics, 1998 (100).

[11]Bovenberg A L. Green Tax Reforms and the Double Dividend: an Updated Reader's Guide[J]. International Tax and Public Finance, 1999 (6).

[12]Bruvoll A, Larsen B M. Greenhouse Gas Emission in Norway: Do Carbon Taxes Work[J]. Energy Policy, 2004 (32).

[13]Kousky C, Schneider S H. Global Climate Policy: Will Cities Lead the Way? [J]. Climate Policy, 2003 (3):359 -372.

[14]Pigou C. A Study in Public Finance[M]. London: Macmillan and Co., 1928.

[15]Chakravarty S, Chikkatur A, de Coninck H, et al. Sharing global CO_2 emission reductions among one billion high emitters[J]. Proceedings of the National Academy of Sciences of the United States of America, 2009.

[16]Brett C, Pinkse J. The Determinants of Municipal Tax Rates in British Columbia[J]. Canadian Journal of Economics, 2000 (33).

[17] Millimet D, List J. The Case of the Missing Pollution Haven Hypothesis[J]. Journal of Regulatory Economics, 2004 (26).

[18]Weisbach D A. Carbon Taxation in Europe: Expanding the EU Carbon Price[J]. Working Paper, 2011 (6).

[19]Markell D L. States as innovators: it's Time for a New Look th Our "Laboratories of Democracy" in the Effort to Improve Our Approach to Environmental Regulation[J]. Albany Law Review, 1994,2 (58).

[20]Vogel D. Trading Up and Governing across: Transnational Governance and Environmental Protection[J]. Journal of European Public Policy,1997 (12).

[21] Davidson R, MacKinnon J G. Estimation and Inference in Econometrics[M]. New York: Oxford University Press. 1993.

[22]Duf T D. Carbon Taxation in British Columbia[J]. Vermont Journal of Environmental Law,2009 (10).

[23]Elzen M, Berk M, Both S, et al. FAIR 1. 0: An interactive model to explore options for differentiation of future commitments in international climate policy making[R]. Holland: RIVM Report, 2000.

[24]Enevoldsen M. The Theory of Environmental Agreements and Taxes [M]. Cheltenham: Edward Elgar, 2005.

[25] Engel K H, Saleska S R. Subglobal Regulation of the Global Commons: The Case of Climate Change[J]. Ecology Law Quarterly, 2005 (32).

[26] Eskeland G S, Harrison A E. Moving to Greener Pastures? Multinationals and the Pollution Haven Hypothesis[J]. Journal of Development Economics, 2003 (2).

[27] Figlio D N, Van Kolpin W, Reid W E. Do States Play Welfare Games? [J]. Journal of Urban Economics, 1999 (46).

[28] Vlachou F N. A Energy Demand and Energy – related CO_2 Emissions in Greek Manufacturing: Assessing the Impact of a Carbon Tax [J]. Energy Economics, 2005 (27).

[29] Fredriksson P, Millimet D L. Strategic Interaction and the Determination of Environmental Policy across U. S. States [J]. Journal of Urban Economics, 2002 (1).

[30] Don Fullerton, Seung R K. Environmental Investment and Policy with Distortionary Taxes, and Endogenous Growth [J]. Journal of Environmental Economics and Management, 2008 (56).

[31] Garnaut R. The Garnaut Climate Change Review [M]. Cambridge: Cambridge University Press, 2008: 634.

[32] Glen P P, Edgar G H. CO_2 embodied in international trade with implications for global climate policy [J]. Environmental Science & Technology, 2008, 42(5): 1401 – 1407.

[33] Gottinger H W. Greenhouse Gas Economics and Computable General Equilibrium [J]. Journal of Policy Modeling, 1998, 20(5): 537 – 580.

[34] Goulder L H. Environmental Taxation and the "Double Dividend": A Reader's Guide [J]. International Tax and Public Finance, 1995 (2).

[35] Ladd H F. Polution Growth, Density and the Costs of Providing Public Services [J]. Urban Studies, 1992 (2).

[36] Butler H, Macey J. Using Federalism to Improve Environmental Policy [M]. Washington D. C.: AEI Press, 1996.

[37] Heynels B, Vuchelen J. Tax Mimicking among Belgian Municipalities [J]. National Tax Journal, 1998 (3).

[38] Holmstrom B, Milgrom P. Multi – Task Principal – Agent Analyses: Incentive Contracts, Asset Ownership and Job Design [J]. Journal of Law, Economics and Organization, 1991.

[39] Brueckner J K. Fiscal Decentralization in Developing Countries: The Effects of Local Corruption and Tax Evasion [J]. Annals of Economics and Finance, 2000 (5).

[40] Brueckner J K. Strategic Interaction among Government: An Overview

of Empirical Studies[J]. Working paper, University of Illinois, 2002.

[41] Abrevaya J, Dahl C M. The Effects of Birth Inputs on Birthweight: Evidence from Quantile Estimation on Panel Data[J]. Journal of Business and Economic Statistics, 2008 (26).

[42] Munksgaard J, Pedersen K A. CO_2 accounts for open economies: producer or consumer responsibility? [J]. Energy Policy, 2001 (29): 327 - 334.

[43] Jin, Qian, Weingast. Regional Decentralization and Fiscal Incentives: Federalism, Chinese Style[J]. Journal of Public Economics, 2005, 89 (9 - 10).

[44] Johnston D, Lowe R, Bell M. An Exploration of the Technical Feasibility of Achieving CO_2 Emission Reductions in Excess of 60% Within the UK Housing Stock by the Year 2050[J]. Energy Policy, 2005 (33): 1643 - 1659.

[45] Hassett K A, Mathur A, Metcalf G E. The Incidence of a U. S. Carbon Tax: A Lifetime and Regional Analysis[J]. Energy Journal, 2009, 30 (2): 155 - 178.

[46] Koji Shimada, Yoshitaka Tanaka, Kei Gomi, et al. Developing a long - term local society design methodology towards a low - carbon economy: An application to Shiga Prefecture in Japan [J]. Energy Policy, 2007 (35): 4688 - 4703.

[47] Lans Bovenbergm A, Smulders S. Transitional Impacts of Environmental Policy in an Endogenous Growth Model [J]. International Economic Review, 1996 (37): 861 - 893.

[48] Lans Bovenbergm A, Smulders S. Environmental Quality and Pollution - Augmenting Technological Change in A Two - Sector Endogenous Growth Model [J]. Journal of Public Economics, 1995 (57): 369 - 391.

[49] Lee D R, Misiolek W S. Substituting Pollution Taxation for Genera Taxation: Some Implications for Efficiency in Pollution Taxation[J]. Journal of Environmental Economics and Management, 1986 (13).

[50] Lo'pez. The environment as a factor of production: the effects of economic growth and trade liberalization [J]. Journal of Environmental Economics and Management 1994 (27): 163 - 184.

[51]Olson M. The Logic of Collective Action: Public Goods and the Theory of Groups[M]. Massachusetts: Harvard University Press,1965.

[52]Mani M, Wheeler D. In Search of Pollution Havens Dirty Industry in the World Economy,1960 - 1995[J]. World Bank Discussion Paper, 1999.

[53]Finus M. Game Theory and International Environmental Cooperation [M]. [S.l.]: Edward Elgar Publishing, 2001.

[54] Narayan Kumar, Narayan Seema. Carbon dioxide emissions and economic growth: Panel data evidence from developing countries[J]. Energy Policy,2010,38 (1):661 -666.

[55]Stern N. Stern Review on the Economics of Climate Change[M]. Cambridge: Cambridge University Press,2006.

[56] Nichols A L. Trageting Economic Incentives for Environmental Protection[M]. Cambridge, MA:MIT Press, 1984.

[57]Oates W E, Schwab R M. Economic Competition among Jurisdictions: Efficiency Enhancing or Distortion Inducing? [J]. Journal of Public Economics, 1988 (35).

[58]Oates W E. Fiscal and Regulatory Competition: Theory and Evidence [J]. Perspektiven der Wirtschaftspolitik ,2002 (3): 377 -390.

[59] OECD. Environmental Outlook to 2030 [M]. Paris: OECD Publishing,2008. 517 .

[60]Pan Jiahua,Chen Ying. Carbon Budget Proposal: A Framework for an Equitable and Sustainable International Climate Regime[J]. Social Sciences in China, 2010.

[61]Pearce D. The Role of Carbon Taxes in Adjusting to Global Warming [J]. Economic Journal,1991 (101).

[62]Porter M. America's Green Strategy[J]. Scientific American, 1991 (264).

[63] Porter M, Van der Linde C. Toward a New Conception of the Environment - Competitiveness Relationship [J]. Journal of Economic Perspectives, 1995, 4 (9).

[64]Barro R J. Government Spending in a Simple Model of Endogenous Growth[J]. Journal of Political Economy, 1990(98).

[65]Gradus R, Smulders S. The Trade - off between Environmental Care

and Long – term Growth – Pollution in There Prototype Growth Model [J]. Journal of Economics, 1993,2 (58).

[66] Richardson M, Kuder G F. Making a Rating Scale that Measures[J]. Personnel Journal,1933 (12).

[67] Lucas R E. On the Mechanics of Economic Development[J]. Journal of Monetary Economics, 1988,1 (22).

[68] Rasche R H, Tatom J A. The Effects of the New Energy Regime on Economic Capacity, Production and Prices [J]. Federal Reserve Bank of St. Louis, 1977 (5).

[69] Koenker R. Quantile Regression for Longitudinal Data[J]. Journal of Multivariate Analysis,2004 (91).

[70] Romer P M. Increasing Returns and Long Run Growth[J]. Journal of Political Economy, 1986 (94): 1002 –37.

[71] Wendner R. An Applied Dynamic General Equilibrium Model of Environmental Tax Reforms and Pension Policy[J]. Journal of Policy Modeling, 2001,23(3):25 –50.

[72] Tavares S. Does Rapid Liberalization Increase Corruption? [J]. Public Economics, 2005 (8).

[73] Sandmo A. Optimal Taxation in the Presence of Externalities [J]. Swedish Journal of Economics,1967 (77).

[74] Sartzetakis. On the efficiency of competitive markets for emission permits[J]. Environmental & Resource Economics, 2004, 27 (1):1 –19.

[75] Schwartz J, Repetto R. Non separable Utility and the Double Dividend Debate: Reconsidering the Tax – Interaction Effect [J]. Environmental and Resource Economics, 2000 (15).

[76] Selden T M, Song D. Neoclassical Growth, the J Curve for Abatement, and the Inverted U Curve for Pollution[J] . Journal of Environmental Economics and Management, 1995, 29 (2):162 –168.

[77] Shiro Takeda. The Double Dividend from Carbon Regulation in Japan [J]. Journal of the Japanese and International Economics, 2007 (9).

[78] Sun J W. Changes in energy consumption and energy intensity: a complete decomposition model[J]. Energy Economics, 1998 (20): 85 –100.

[79] Terkla D. The Efficiency Value of Effluent Tax Revenue[J]. Journal

of Environmental Economics and Management,1984 (11).

[80]Barker T, Junankar S, Pollitt H, et al. The Effects of Environmental Tax Reform on International Competitiveness in the European Union: Modelling with E3ME[M]. Oxford: Oxford University Press, 2009.

[81]Treffers T, Faaij A P C, Sparkman J, et al. Exploring the Possibilities for Setting up Sustainable Energy Systems for the Long Term: Two Visions for the Dutch Energy System in 2050[J]. Energy Policy, 2005 (33): 1723 –1743.

[82] UNDP. Human Development Report 2007/2008 – Fighting Climate Change: Human Solidarity in A Divided World [M]. New York: Palgrave Macmillan, 2008: 339.

[83] Oates W E. A Reconsideration of Environmental Federalism [J]. Discussion Paper, 2001 (11).

[84]Oates W E. Environmental Federalism[J]. RFF Policy Commentary Series, 2009 (9).

[85]Wang Wenju, Xiang Qifeng. Accounting and Responsibility Allocation on Carbon Emissions Embodied in International Trade[J]. China Economist, 2012 (7).

[86]Dietmar W. Locational Choies of Firms and Decentralized Environmental Policy with Various Instruments[J]. Journal of Urban Economics, 1995 (37).

[87]West S E, Williams R C. Estimates from a Consumer Demand System: Implication for the Incidence of Environmental Taxes [J]. Journal of Environmental Economics and Management, 2004 (5).

[88] Nordhaus W D. Managing the Global Commons: The Economics of Climate Change[M]. Cambridge, MA: MIT Press. 1994.

[89]鲍健强,苗阳,陈锋,等. 低碳经济:人类经济发展方式的新变革[J].中国工业经济,2008 (4).

[90]曹虎啸. 环境税的倍加红利分析[J].税务与经济,2003 (4).

[91]曹静. 走低碳发展之路:中国碳税政策的设计及 CGE 模型分析[J].金融研究,2009 (12).

[92]曾静静,曲建升,张志强. 国际温室气体减排情景方案比较分析[J]. 地球科学进展,2009 (4).

[93]陈工. 经合组织国家税务与环境专家关于开征环境税的看法和借鉴[J].财金贸易,1997 (6).

[94]陈文颖,吴宗鑫,何建坤. 全球未来碳排放权“两个趋同”的分配方法[J]. 清华大学学报:自然科学版,2005 (6).

[95]陈文颖,吴宗鑫. 气候变化的历史责任与碳排放限额分配[J]. 中国环境科学,1998 (6).

[96]陈文颖,吴宗鑫. 碳排放权分配与碳排放权交易[J]. 清华大学学报:自然科学版,1998 (12).

[97]陈学彬,傅东升,葛成杰. 我国居民个人生命周期消费投资行为动态优化模拟研究[J]. 金融研究,2006 (2).

[98]陈迎. 气候变化的经济分析[J]. 世界经济,2000 (1).

[99]崔景华. 我国碳税制度要素设计研究[J]. 财经理论与实践,2011 (1).

[100]丁菊红,邓可斌. 政府偏好、公共品供给与转型中的财政分权[J]. 经济研究,2008 (7).

[101]丁仲礼,段晓男,葛全胜,等. 国际温室气体减排方案评估及中国长期排放权讨论[J]. 中国科学:D 辑:地球科学,2009 (12).

[102]丁仲礼,段晓男,葛全胜,等. 2050 年大气二氧化碳浓度控制:各国碳排放权计算[J]. 中国科学:D 辑:地球科学,2009 (8).

[103]杜立民. 我国二氧化碳排放的影响因素:基于省级面板数据的研究[J]. 南方经济,2010 (11).

[104]段茂盛,庞韬. 全国统一碳排放权交易体系中的配额分配方式研究[J]. 武汉大学学报:哲学社会科学版,2014 (5).

[105]樊纲,苏铭,曹静. 最终消费与碳减排责任的经济学分析[J]. 经济研究,2010 (1).

[106]范柏乃,卞晓龙. 我国省域经济社会发展协调度的实际测度与空间分布研究[J]. 行政与法,2013 (12).

[107]范允奇,王文举. 我国经济增长对碳排放驱动效应的实证研究[J]. 贵州财经学院学报,2011 (3).

[108]范允奇,王文举. 欧洲碳税政策实践对比研究与启示[J]. 经济学家,2012 (7).

[109]范允奇. 我国经济增长诱发碳排放的模型比较与实证[J]. 统计与决策,2012 (3).

[110]范允奇. 我国碳税效应、最优税率和配置机制研究[D]. 北京:首都经济贸易大学,2012.

[111]付允,马永欢,刘怡君,等.低碳经济的发展模式研究[J].中国人口·资源与环境,2008 (3).

[112]傅勇.中国式分权、地方财政模式与公共物品供给:理论与实证研究[D].上海:复旦大学,2007.

[113]高鹤.基于财政分权和地方政府行为的转型分析框架[J].改革,2004 (4).

[114]高培勇,杨之刚.走向“公赢”的中国多级财政[M].北京:中国财政经济出版社,2005.

[115]高鹏飞,陈文颖.碳税与碳排放[J].清华大学学报:自然科学版,2002 (10).

[116]高铁梅.计量经济分析方法与建模:Eviews 应用及实例[M].北京:清华大学出版社,2006.

[117]国务院发展研究中心课题组.国内温室气体减排:基本框架设计[J].管理世界,2011 (10).

[118]国务院发展研究中心课题组.全球温室气体减排:理论框架和解决方案[J].经济研究,2009 (3).

[119]国务院发展研究中心课题组.二氧化碳国别排放账户:应对气候变化和实现绿色增长的治理框架[J].经济研究,2011 (12).

[120]范里安.微观经济分析[M].3 版.北京:中国人民大学出版社,2015.

[121]何建坤,陈文颖,滕飞,等.全球长期减排目标与碳排放权分配原则[J].气候变化研究进展,2009 (6).

[122]何建武,李善同.二氧化碳减排与区域经济发展[J].管理评论,2010 (6).

[123]贺菊煌,沈可挺,徐嵩龄.碳税与二氧化碳减排的 CGE 模型[J].数量经济技术经济研究,2002 (10).

[124]洪兴建.一个新的基尼系数子群分解公式:兼论中国总体基尼系数的城乡分解[J].经济学:季刊,2008,8 (1).

[125]纪玉山,赵洪亮.发展权视角下的中国碳排放责任分析[J].综合竞争力,2010 (4).

[126]蒋金荷.中国碳排放量测算及影响因素分析[J].资源科学,2011 (4).

[127]金艳鸣,雷鸣,黄涛,等.环境税收对区域经济环境影响的差异性

分析[J]. 经济科学,2007 (3).

[128]李峰,王文举. 中国试点碳市场配额分配方法比较研究[J]. 经济与管理研究,2015 (4).

[129]李峰. 中国碳减排成熟度与配额分配机制研究[D]. 北京:首都经济贸易大学,2015.

[130]李国志,李宗植. 中国二氧化碳排放的区域差异和影响因素研究[J]. 中国人口·资源与环境,2010 (5).

[131]李俊斌,刘恒科. 地方政府环境责任论纲[J]. 社会科学研究,2011 (2).

[132]李开盛. 论全球温室气体减排责任的公正分担:基于罗尔斯正义论的视角[J]. 世界经济与政治,2012 (3).

[133]李凯杰,曲如晓. 碳排放配额初始分配的经济效应及启示[J]. 国际经济合作,2012 (3).

[134]李丽平,任勇,田春秀. 国际贸易视角下的中国碳排放责任分析[J]. 环境保护,2008 (6).

[135]李平,李淑云,沈得芬. 碳关税问题研究:背景,征收标准及应对措施[J]. 国际金融研究,2010 (9).

[136]李齐云,商凯. 碳税减排政策设计[J]. 财政研究,2009 (10).

[137]李善同,侯永志. 中国大陆:划分八大社会经济区域[J]. 经济前沿,2003 (5).

[138]李绍荣,耿莹. 中国的税收结构、经济增长与收入分配[J]. 经济研究,2005 (5).

[139]李涛,黄纯纯,周业安. 税收、税收竞争与中国经济增长[J]. 世界经济,2011 (4).

[140]李小平,卢现祥. 国际贸易、污染产业转移和中国工业 CO_2 排放[J]. 经济研究,2010 (1).

[141]李艳梅,付加锋. 中国出口贸易中隐含碳排放增长的结构分解分析[J]. 中国人口·资源与环境,2010 (8).

[142]李永刚. 中国碳税风险及其应对[J]. 华南农业大学学报:社会科学版,2011 (3).

[143]林伯强. 中国能源政策思考[M]. 北京:中国财经出版社,2009.

[144]刘凤良,吕志华. 经济增长框架下的最优环境税及其配套机制研究:基于中国数据的模拟运算[J]. 管理世界,2009 (6).

[145]刘红梅,孙梦醒,王宏利,等.环境税“双重红利”研究综述[J].税务研究,2007 (7).

[146]刘华军,赵浩. 中国二氧化碳排放强度的地区差异分析[J]. 统计研究,2012 (6).

[147]刘明磊,朱磊,范英.我国省级碳排放绩效评价及边际减排成本估计:基于非参数距离函数方法[J].中国软科学,2011 (3).

[148]刘小川,汪曾涛.二氧化碳减排政策比较以及我国的优化选择[J].上海财经大学学报,2009 (8).

[149]刘占成,王建安,于汶加,等.中国区域碳排放研究[J].地球学报,2010 (10).

[150]卢盛荣,邹文杰.货币政策地区效应的微观基础研究:我国省际居民消费储蓄行为的实证分析[J].经济科学,2006 (5).

[151]陆新元,等.关于我国生态环境补偿收费政策的构想[J].环境科学研究,1994 (1).

[152]马述忠,陈颖. 进出口贸易对中国隐含碳排放量的影响(2000—2009):基于国内消费视角的单区域投入产出模型分析[J]. 财贸经济,2010 (12).

[153]聂华林,周建鹏,张华.基于减排效应的能源类企业碳税政策的优化选择研究[J].资源科学,2011 (10).

[154]聂力.低碳时代基于节能减排的博弈均衡分析[J].技术经济与管理研究,2011 (12).

[155]聂力.我国碳排放权交易博弈分析[D].北京:首都经济贸易大学,2013.

[156]聂力.中国碳排放权交易博弈分析[M].北京:首都经济贸易大学出版社,2014.

[157]聂力,王文举.我国碳排放权成交价格博弈研究[J].价格理论与实践,2014 (5).

[158]潘家华,陈迎. 碳预算方案:一个公平、可持续的国际气候制度框架[J]. 中国社会科学,2009 (5).

[159]潘家华,郑艳.基于人际公平的碳排放概念及其理论含义[J].世界经济与政治,2009 (10).

[160]齐绍洲,李锴.区域部门经济增长与能源强度差异收敛分析[J].经济研究,2010 (2).

[161]祁悦,谢高地.碳排放空间分配及其对中国区域功能的影响[J].资源科学,2009 (4).

[162]邱桂杰,齐贺.政府官员效用视角下的地方政府环境保护动力分析[J].吉林大学社会科学学报,2011 (7).

[163]邱俊永,钟定胜,俞俏翠,等. 基于基尼系数法的全球 CO_2 排放公平性分析[J]. 中国软科学,2011 (4).

[164]任国强,尚金艳.基于相对剥夺理论的基尼系数子群分解方法研究[J]. 数量经济技术经济研究,2011 (8).

[165]任娟.多指标面板数据融合聚类分析[J].数理统计与管理,2013 (1).

[166]任志娟.碳交易对上市公司的影响分析:基于事件分析法的研究[J].东岳论坛,2012 (11).

[167]任志娟.碳税、碳交易与行政命令减排:基于 Cournot 模型的分析[J]. 贵州财经学院学报,2012 (6).

[168]任志娟.中国碳排放区域差异与减排机制研究[D].北京:首都经济贸易大学,2014.

[169]戎惠良.西方国家运用税收保护环境的做法值得借鉴[J].税务研究,1994 (4).

[170]商凯.促进我国二氧化碳减排的碳税政策研究[D].济南:山东大学,2009.

[171]沈可挺.碳关税争端及其对中国制造业的影响[J].中国工业经济,2010 (1).

[172]史学文,曹虎啸,孙晓勇.环境税的简单经济学分析[J].税务研究,2003 (11).

[173]司言武.环境税经济效应研究:一个趋于全面分析框架的尝试[J].财贸经济,2010 (10).

[174]司言武.最优环境税税率确定研究[J].社会科学战线,2010 (10).

[175]宋德勇,刘习平.中国省际碳排放空间分配研究[J].中国人口·资源与环境,2013 (5).

[176]苏明,等.我国开征碳税的效果预测和影响评价[J].经济研究参考,2009 (72).

[177]孙欣.省级节能减排效率变动及收敛性研究:基于 Malmquist 指数

[J]. 统计与信息论坛,2010 (6).

[178]王斌. 环境污染治理与规制博弈研究[D]. 北京:首都经济贸易大学,2013.

[179]王灿,陈吉宁,邹骥. 基于 CGE 模型的 CO_2减排对中国经济的影响[J]. 清华大学学报:自然科学版,2005 (12).

[180]王方军,王文举. 北京"十二五"时期碳强度年度目标分解研究[J]. 首都经济贸易大学学报,2013 (2).

[181]王峰,吴丽华,杨超. 中国经济发展中碳排放增长的驱动因素研究[J]. 经济研究,2010 (2).

[182]王国成. 拉姆齐消费:投资模型研究[J]. 数量经济技术经济研究,1995 (4).

[183]王京芳,刘丽丽,盛其杰. 环境税的倍加红利效应及 CGE 模型对其的支持[J]. 城市环境与城市生态,2005 (3).

[184]王俊松,贺灿飞. 能源消费、经济增长与中国 CO_2排放量变化:基于 LMDI 方法的分解分析[J]. 长江流域资源与环境,2010 (1).

[185]王明远. 论碳排放权的准物权和发展权属性[J]. 中国法学,2010 (6).

[186]王群伟,周鹏,周德群. 我国二氧化碳排放绩效的动态变化、区域差异及影响因素[J]. 中国工业经济,2010 (1).

[187]王伟中,陈滨,鲁传一,等.《京都议定书》和碳排放权分配问题[J]. 清华大学学报:哲学社会科学版,2002 (6).

[188]王文举. 经济博弈论基础[M]. 北京:高等教育出版社,2010.

[189]王文举. 博弈论应用与经济动态模拟[M]. 北京:中国社会科学出版社,2010.

[190]王文举. 博弈论应用与经济学发展[M]. 北京:首都经济贸易大学出版社,2016.

[191]王文举,范允奇. 碳税对区域能源消费、经济增长与收入分配影响实证研究[J]. 长江流域资源与环境,2012 (6).

[192]王文举,范允奇. 碳税政策效应区域差异性实证分析[C]//文魁. 应用经济学前沿. 北京:首都经济贸易大学出版社,2012.

[193]王文举,李峰. 国际碳排放核算标准选择的公平性研究[J]. 中国工业经济,2013 (3).

[194]王文举,李峰. 中国工业碳减排成熟度研究[J]. 中国工业经济,

2015 (8).

[195]王文举,李峰. 中国碳市场统一价格指数编制研究[J]. 学习与探索,2016 (7).

[196]王文举,李峰. 碳排放权初始分配制度的欧盟镜鉴与引申[J]. 改革,2016 (7).

[197]王文举,向其凤. 国际贸易中的隐含碳排放核算及责任分配[J]. 中国工业经济,2011 (10).

[198]王文举,向其凤. 中国产业结构调整及其节能减排潜力评估[J]. 中国工业经济,2014 (1).

[199]王文举,杨颖梅. 投标人参考点效应与最优公开保留价博弈分析[J]. 数量经济技术经济研究,2012 (5).

[200]王文举,杨颖梅. 投标人平行串谋与最优公开保留价博弈分析[J]. 经济与管理研究,2011 (10).

[201]王文举,张桂喜. 经济预测、决策与对策[M]. 2 版. 北京:首都经济贸易大学出版社,2012.

[202]王文军,庄贵阳. 碳排放权分配与国际气候谈判中的气候公平诉求[J]. 外交评论(外交学院学报),2012 (1).

[203]王燕,王昀,白靖. 日本碳税实践及对我国的启示[J]. 税务研究 ,2011 (4).

[204]王怡. 我国碳排放量情景预测研究:基于环境规制视角[J]. 经济与管理,2012 (4).

[205]王翊,黄余. 公平与不确定性:全球碳排放分配的关键问题[J]. 中国人口·资源与环境,2011,S2.

[206]王铮,朱永彬,刘昌新,等. 最优增长路径下的中国碳排放估计[J]. 地理学报,2010 (12).

[207]魏本勇,王媛,杨会民,等. 国际贸易中的隐含碳排放研究综述[J]. 世界地理研究,2010 (2).

[208]魏远涛,格罗姆斯洛德. 征收碳税对中国经济与温室气体排放的影响[J]. 世界经济与政治,2002 (8).

[209]魏云捷. 碳税的国际经验及启示[J]. 中国证券期货,2011 (5).

[210]武亚军,宣晓伟. 环境税经济理论及对中国的应用分析[M]. 北京:经济科学出版社,2002.

[211]向其凤. 中国碳排放总量产业间分配研究[D]. 北京:首都经济贸

易大学,2013.

[212]向其凤,王文举.中国能源结构调整及其节能减排潜力评估[J].经济与管理研究,2014(7).

[213]肖黎姗,王润,刘健,等.福建省能源消费碳排放和低碳能源发展研究[J].环境科学与技术,2011 (11).

[214]肖泽群,祁明,黄瑞东.包含碳排放税因素的技术创新增长效应分析:基于内生增长模型的研究[J].生态经济,2011 (5).

[215]宣晓伟,张浩.碳排放权配额分配的国际经验启示[J].中国人口·资源与环境,2013 (12).

[216]薛刚.关于我国碳税设计中的持有选择研究[J].中国人口·资源与环境,2010 (20).

[217]薛刚.我国碳税设计中的政策目标协调问题研究[J].中国软科学,2010 (10).

[218]严成樑,龚六堂.我国税收的经济增长效应与社会福利损失分析[J].经济科学,2010 (2).

[219]杨骞,刘华军. 中国二氧化碳排放的区域差异分解及影响因素:基于1995—2009年省际面板数据的研究[J]. 数量经济技术经济研究,2012 (5).

[220]杨骞,刘华军.中国碳强度分布的地区差异与收敛性:基于1995—2009年省际数据的实证研究[J].当代经济,2012 (2).

[221]杨俊,王佳,张宗益.中国省际碳排放差异与碳减排目标实现:基于碳洛伦兹曲线的分析[J].环境科学学报,2012 (8).

[222]杨毛洪,张敖芳.外部效应:污染税与生态保护[J].环境保护,1990 (1).

[223]杨通进. 全球正义:分配温室气体排放权的伦理原则[J]. 中国人民大学学报,2010 (2).

[224]杨杨,杜剑.碳税的国际经验与借鉴[J].涉外税务,2010 (1).

[225]杨颖梅,王文举,等. 密封招标博弈分析[M]. 北京:中国社会科学出版社,2013.

[226]杨颖梅,王文举.进入成本对最优公开保留价影响的博弈分析[J].经济与管理研究,2013 (6).

[227]杨颖梅,王文举.异质进入成本对隐藏保留价影响的博弈分析[J].首都经济贸易大学学报,2013 (6).

[228]杨源,蔡闻佳,王灿,等. 基于聚类分析的碳强度目标分解研究[J]. 气候变化研究进展,2012 (4).

[229]杨泽伟. 碳排放权:一种新的发展权[J]. 浙江大学学报:人文社会科学版,2011 (3).

[230]姚昕,刘希颖. 基于增长视角的中国最优碳税研究[J]. 经济研究,2010 (11).

[231]于超,谭忠富. 基于排放绩效的燃煤电厂碳税优化模型[J]. 华东电力,2011 (6).

[232]岳超,王少鹏,朱江玲,等. 2050 年中国碳排放量的情景预测:碳排放与社会发展Ⅳ[J]. 北京大学学报:自然科学版,2010 (4).

[233]张建民. 2005—2020 年中国能源需求情景及碳排放国际比较研究[J]. 中国能源,2011 (1).

[234]张景华. 碳税的收入分配效应研究[J]. 经济论坛,2010 (9).

[235]张明文,等. 碳税对经济增长、能源消费与收入分配的影响分析[J]. 技术经济,2009 (6).

[236]张明喜. 我国开征碳税的 CGE 模拟与碳税法条文设计[J]. 财贸经济,2010 (3).

[237]张先锋,韩雪,张庆彩. 基于偏最小二乘模型的碳排放区域差异及影响因素的实证分析[J]. 工业技术经济,2013 (7).

[238]张欣. 可计算一般均衡模型的基本原理与编程[M]. 上海:上海人民出版社,2010.

[239]张永生. 政府间事权与财权如何划分[J]. 经济社会体制比较,2008 (2).

[240]张志强,曲建升,曾静静. 温室气体排放评价指标及其定量分析[J]. 地理学报,2008 (7).

[241]赵玉焕. 碳税对芬兰产业国际竞争力影响的实证研究[J]. 北方经贸,2011 (3).

[242]郑兵云. 多指标面板数据的聚类分析及其应用[J]. 数理统计与管理,2008 (2).

[243]郑艳,梁帆. 气候公平原则与国际气候制度构建[J]. 世界经济与政治,2011 (6).

[244]周建,易点点. 中国碳排放省级差异及其影响因素与减排机制研究[J]. 上海经济研究,2012 (11).

[245]周茂荣,谭秀杰. 欧盟碳排放交易体系第三期的改革、前景及其启示[J]. 国际贸易问题,2013 (5).

[246]朱承亮,岳宏志,师萍. 环境约束下的中国经济增长效率研究[J]. 数量经济技术经济研究,2011 (5).

[247]朱江玲,岳超,王少鹏,等. 1850—2008 年中国及世界主要国家的碳排放:碳排放与社会发展 I [J]. 北京大学学报:自然科学版,2010 (4).

[248]朱军. 低碳经济中的最优财税政策分析[J]. 中国财政,2010 (6).

[249]朱启荣. 中国出口贸易中的 CO_2 排放问题研究[J]. 中国工业经济,2010 (1).

[250]朱潜挺,吴静,洪海地,等. 后京都时代全球碳排放权配额分配模拟研究[J]. 环境科学学报,2015 (1).

[251]朱勤,彭希哲,陆志明,等. 人口与消费对碳排放影响的分析模型与实证[J]. 中国人口·资源与环境, 2010 (2).

[252]朱永彬,等. 碳税政策的减排效果及其对我国经济的影响分析[J]. 中国软科学,2010 (4).

[253]邹秀萍,陈劭锋,宁森,等. 中国省级区域碳排放影响因素的实证分析[J]. 生态经济. 2009 (3).

[254]高培勇,杨之刚. 走向“公赢”的中国多级财政[M]. 北京:中国财政经济出版社,2005.